U0189986

中国海洋大学教材建设基金资助

海洋恢复生态学

主　编　李永祺　唐学玺

副主编　周　斌　王其翔　王　影

编　委　王　悠　肖　慧　张鑫鑫　张　璟
　　　　袁梦琪　董文隆　孙田力　胡顺鑫
　　　　陈红梅　沙婧婧　菅潇扬　王　明
　　　　曾小霖

中国海洋大学出版社

·青岛·

内容简介

本书是恢复生态学领域以海洋生态系统为特色的专业教材。全书共四篇十六章。第一篇是概论篇，主要介绍海洋恢复生态学的内涵和定义、海洋恢复生态学产生的背景、海洋恢复生态学发展历史以及海洋恢复生态学的研究内容；第二篇是基础理论篇，主要介绍海洋生态系统、海洋生态系统退化、海洋恢复生态学的理论基础和学科基础；第三篇是技术方法篇，主要介绍海洋生态恢复的程序以及海洋生物、生境和生态系统恢复的方法与技术；第四篇是应用案例篇，主要介绍国内外在典型海洋生态受损区、典型海洋环境污染区和典型海洋生态灾害发生区生态恢复的典型案例。

本书可作为海洋生态学和海洋环境科学专业本科生和研究生教材，同时可供从事海洋恢复生态学以及相关学科的科技人员参考。

图书在版编目（CIP）数据

海洋恢复生态学 / 李永祺, 唐学玺主编. —青岛：中国海洋
大学出版社，2016.2
　ISBN 978-7-5670-1082-6

Ⅰ.①海…　Ⅱ.①李…　②唐…　Ⅲ.①海洋生态学－生态系生
态学－教材　Ⅳ.①Q178.53

中国版本图书馆CIP数据核字（2016）第020387号

出版发行	中国海洋大学出版社
社　　址	青岛市香港东路23号　　266071
网　　址	http://www.ouc-press.com
出版人	杨立敏
责任编辑	孙玉苗　魏建功
电子信箱	94260876@qq.com
印　　制	青岛名扬数码印刷有限责任公司
版　　次	2016年3月第1版
印　　次	2016年3月第1次印刷
成品尺寸	185 mm × 260 mm
印　　张	47.75
字　　数	876千
印　　数	1～2100
定　　价	96.00
订购电话	0532-82032573（传真）

前　言

海洋恢复生态学（Marine Restoration Ecology）是研究海洋生态系统退化的原因、过程以及退化生态系统评价、修复和管理的理论与技术的一门新兴学科，是恢复生态学大家庭中年轻的成员。

海洋与陆地一样，在人类的开发热潮中，海洋生态系统也受到了严重的破坏，突出表现在污染和生境受损、生态系统退化、海洋生态灾害频发以及海洋生物资源衰竭等方面。据统计，全球海洋至少有40%的海域受到人类的严重影响，海洋生态系统的60%已经退化或正在以不可持续的方式被使用，造成了巨大的经济和社会损失。因此，海洋恢复生态学成为目前全球备受关注的、最有活力和发展速度最快的学科之一。

海洋恢复生态学是从实践中诞生的一门学科，随着海洋资源的大开发以及海洋环境保护的深入开展而发展起来。国际海洋环境保护大体经历了三个阶段：第一阶段，20世纪50～70年代，人们开始关注海洋的污染问题；第二阶段，大致为20世纪80年代，一些发达国家的关注点从海洋环境污染拓展到海洋生态恶化问题；第三阶段，20世纪90年代以来，可持续发展思想引入海洋环保领域，海洋生态修复、基于生态系统的海洋管理以及全球环境变化等问题成为新的关注热点。我国海洋恢复生态学的发展大体与世界同步，目前已开展的工作主要集中在生境修复和景观生态恢复、生物资源恢复和生态系统恢复等方面。进入21世纪，随着恢复生态学（以陆地为特色）课程和教材建设的逐渐成熟和完善，我国的一些高等院校和科研院所为海洋生态学及相关专业相继开设了海洋恢复生态学（以海洋为特色）专业课程，但其教材建设明显滞后。目前，以海洋为特色的海洋恢复生态学的教材在国内外尚未见出版，仅有几部海洋生态恢复领域的学术专著，主要总结了一些项目的专题研究成果，或是介绍此领域的国内外研究现状和实践。

　　为此，我们在多年授课和研究实践的基础上，编写了《海洋恢复生态学》，力求理论和实践相结合，做到理论系统、方法先进和案例生动。本书的最大特点就是充分突出了海洋特色。在内容上，本书注重基础理论、方法和案例三个方面；在编写安排上，本书按照概论、基础理论、技术方法和应用案例依次呈现。在每一章最后都附有本章小结、思考题和拓展阅读资料，以利于学生进一步思考和研读。为了满足读者深入研究的需要，本书还附有翔实的参考文献。

　　本书的第一篇由李永祺和张璟撰写，第二篇由唐学玺和王其翔撰写，第三篇由周斌和张鑫鑫撰写，第四篇由王影和肖慧撰写。全书由唐学玺和王悠统稿。

　　特别感谢全国人大资源与环境委员会委员吕彩霞博士、中国海洋大学于志刚校长、李巍然副校长和教务处的领导给予的大力支持和帮助，感谢中国海洋大学出版社的魏建功编审在编写规范、体例和格式上的指导。中国海洋大学海洋生命学院海洋生态学研究室的研究生陈剑明、王鸿、张焕新、刘腾飞、姜永顺、王梓、唐柳青、刘骋跃、张智鹏、马青清、李晓红、徐宁宁、赵新宇、宋政娇和何冬在资料收集整理、图表绘制等方面做了大量工作，在此一并感谢！

　　由于编者水平有限，书中难免存在疏漏和不妥之处，敬请读者批评指正。

李永祺　　唐学玺

2015年1月于中国海洋大学

目　录

第二篇　基础理论篇

第三篇　技术方法篇

第一篇 概论篇

概论篇共分四章，分别论述海洋恢复生态学的内涵和定义、海洋恢复生态学诞生的背景、海洋恢复生态学的发展简史以及海洋恢复生态学的研究内容。

第一章 海洋恢复生态学的内涵和定义

科学技术名词是知识传播和科技交流的载体。了解一门学科的内涵及相关的名词、术语是开启知识之门的钥匙。

恢复生态学属于应用生态学的范畴，海洋恢复生态学是恢复生态学中年轻的成员。要理解海洋恢复生态学的内涵，应先了解应用生态学以及与生态恢复相关的术语。

第一节 应用生态学

应用生态学是生态学的重要组成部分，目前已发展成一庞大的学科门类。

一、定义

1990年，在我国《应用生态学报》创刊号上，沈善敏明确提出了应用生态学的定义：研究协调人类与生物、资源、环境之间关系以达到和谐目的的科学。

在2004年出版的《应用生态学》的前言中，主编何兴元指出，应用生态学是认识、研究人类与生物圈之间关系和协调此种复杂关系以达到和谐发展目的的一门科学，它着重于研究人类活动对生物圈带来的影响，尤其重视那些易为人们所忽略的长期生态学后果，并致力寻求对社会进步、经济发展、资源和环境保护等具有较好兼容性的技术政策。

二、应用生态学与经典生态学的区别

应用生态学与经典（传统）生态学都是生态学的重要组成部分。后者着重研究自然生态系统的结构和功能，而前者侧重于研究人类干预自然生态系统的效应及相关对策措施。应用生态学认为，人类既是自然生态系统中的杂食性消费者，又是生态系统的调控者。胡涛（1990）提出的生态系统生物构成的四元结构（图1-1）较形象地表述了作为生态系统的调控者——人类在生态系统中的生态位。

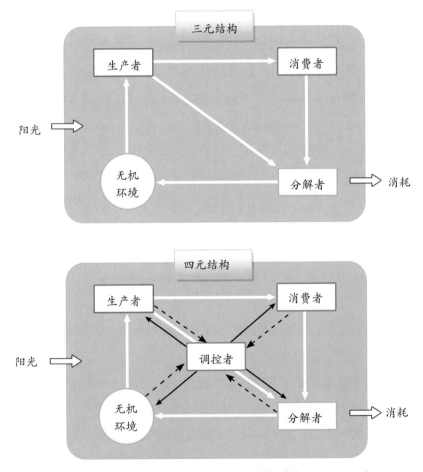

图1-1　生态系统结构（胡涛，1990；转绘自何兴元，2004）

三、恢复生态学是应用生态学的一个分支学科

Nienhuis等（2002）明确提出，恢复生态学是生态学的一个分支学科。当今，应用生态学已发展成一个庞大的学科门类，何兴元将恢复生态学归于应用生态学的一个分支学科（图1-2）。

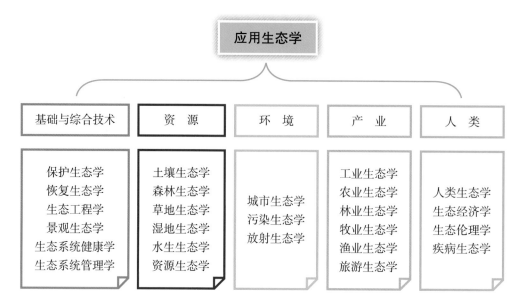

图1-2　应用生态学的分支学科（引自何兴元，2004）

第二节　与恢复生态学相关的术语

与恢复生态学相关的术语较多，一方面反映了不同研究者的专业、目标和研究对象的差异，另一方面也表明恢复生态学是一门快速发展、涉及面广的学科。

一、恢复与修复

恢复与修复这两个词，在我国学术界中使用比较混乱，如生态恢复与生态修复经常被混用。严格说来，这两个词的内涵和用法是有差别的。比如，身体健康的恢复，很少有人说身体健康的修复；按这种用法，恢复侧重于表述状态。又如，战争中失地的修复，很少用失地的恢复；按这种说法，修复侧重于表述结果。

盛连喜（2002）在其主编的《环境生态学导论》中认为，"恢复"（restoration），强调主体（生态系统）的一种状态，实现方式包括自然与人为恢复，按原意是使一个受损生态系统的结构和功能回复到接近或达到其受干扰前的状态；"修复"（rehabilitation），其意义与恢复基本相同，但强调人类对受损生态系统的重建与改进，强调人的主观能动性。按此理解，从环境生态学的角度看，修复更具有现实意义和实践意义。

二、相关的术语

在西方学术刊物中，与恢复相关的术语有多个，较常见的如下。

"restoration"，译为"恢复"，指受损害的生境或生态系统恢复到受破坏前的状态。

"rehabilitation"，译为"修复"，指去除干扰并使生态系统恢复原有的利用方式，但不一定恢复到原来的状态；或指根据土地的利用计划将受干扰和破坏的土地恢复到具有生产力的状态，确保该土地保持稳定的生产状态，不再造成环境恶化，并与周围环境的景观保持一致。

"reclamation"，译为"改良"或"改造"，指将被干扰和破坏的生境恢复到使原来定居的物种能够重新定居，或者使与原来物种相近似的物种能够定居，即改善环境条件以便使原有的生物能够生存；通常用在原有景观被严重破坏后的恢复。

"enhancement"，译为"改进"，指对原有受损生态系统进行重新修复，以使系统的某些结构和功能得以提高。

"remedy"，译为"修补"，指修补受损生态系统的部分结构或功能，使其得以良性发展。

"renewal"，译为"更新"，指通过人工保育或改造，促进生态系统的更新和向新的层次演替。

"revegetation"，译为"再植"，指尽可能恢复一个生态系统的任何部分和功能；或者恢复其原来的土地利用类型，即指通过栽植、播种植被，恢复生态系统的结构与功能。

"replacement"，译为"更替"，指提供相同的立体条件或构建类似生态系统，以替代受损生态系统。

"reconstruction"，译为"重建"，指通过人工建设或改良措施，恢复生态系统的部分结构与功能。

以上各术语，都可视为广义生态恢复的内涵。

第三节 生物修复

生物修复的概念，最初来源于应用微生物去除生活污水和工业废水中有毒、有害化学物质和有机污染物的治理。近一二十年来，生物修复技术已发展到工业化程度，并被广泛应用于对土壤、底泥、水体等环境污染（如石油、农药等）的治理，且除利用微生物外，还可利用植物和动物。

一、生物修复的定义

生物修复（bioremediation），指利用生物特别是微生物来催化降解环境污染物，减小或最终消除环境污染的受控或自发过程，是在微生物降解基础上发展起来的新兴环保技术（Madsen，1991）。

马文漪等（1998）提出的定义：生物修复技术是利用微生物、植物及其他生物，将环境中的危险性污染物降解为二氧化碳或转化为其他无害物质的工程技术系统。

王建龙等（2001）认为，生物修复的基本定义是利用生物，特别是微生物降解有机污染物，从而修复被污染环境或消除环境污染物的一个受控或自发进行的过程。生物修复的目的是去除环境中的污染物，使其浓度降至环境标准规定的安全浓度之下。

熊治廷（2010）给生物修复下的定义：生物修复是指利用天然存在的或人类培养的生物（包括微生物、植物和动物）的代谢活动减少环境中有毒、有害物质的浓度或使其无害化，使污染环境部分或完全恢复到原始状态的过程。

二、生物修复的类别

生物修复的技术在不断发展，其概念和内涵也在不断变化。

黄铭洪等（2003）认为，生物修复的定义基本上可归结为广义和狭义的两大类。狭义的定义，指通过微生物的作用清除土壤和水体中的污染物，或是使污染物无害化的过程，它包括自然的和人为控制条件下的污染物降解或无害化过程（Scragg，1999）。广义的定义，指一切以利用生物为主体的污染治理技术，它包括利用植物、动物和微生物吸收、降解、转化土壤和水体中的污染物，使污染物的浓度降低到可接受的水平，或将有毒有害的污染物转化为无害的物质，也包括将污染物稳定化，以减少其向周边扩散（Terry等，2001）。

生物修复，按所利用的生物种类，可分为微生物修复、植物修复、动物修复；按被修复的污染环境，可分为土壤生物修复、水体生物修复、大气生物修复；按修复的实施方法，可分为原位生物修复、易位生物修复；按是否人工干预，可分为自然生物修复和人工生物修复。另外，在生物资源学中，也常把通过人工调控，使某种经济生物的种群数量恢复的措施称为生物修复。

第四节　生态恢复

有关生态恢复的概念、内涵，因研究对象、目标、过程和采用的技术不同而有较大的差异。至今，已有不少学者提出了种种生态恢复的定义。

一、侧重于目标的定义

Diamond（1987）认为，生态恢复就是再造一个自然群落，或再造一个自我维持并保持后代具有持续性的群落。

美国自然资源委员会（The US Natural Resource Counicl）1995年提出"生态恢复是使一个生态系统恢复到接近其受干扰前的状况"。

Jordan（1995）认为，使生态系统恢复到先前或历史上（自然的或非自然的）状态即为生态恢复。

章家恩等（1999）认为，生态恢复是指停止人为干扰，解除生态系统所承受的超负荷压力，依靠生态本身的自动适应、自组织和自我调控能力，按生态系统自身规律演替，通过其休养生息的漫长过程，使生态系统向自然状态演化。

二、侧重于过程的定义

例如，Bradshaw（1987）提出，生态恢复是有关理论的一种"酸性试验"（acid test，或译为严密试验验证），它研究生态系统自身的性质、受损机制及修复过程。Harper（1987）认为，生态恢复是关于组装并试验群落和生态系统如何工作的过程。Cairns等（1992）认为，生态恢复是使受损生态系统的结构和功能恢复到受干扰前状态的过程。Hobbs等（1996）认为，生态恢复是重建某区域历史上有的植物和动物群落，而且保持生态系统和人类的传统文化功能的持续性过程。

国际恢复生态学会（SER）认为，生态恢复是协助生态完整性的过程。生态整合性包括生物多样性、生态过程和结构、区域和历史背景及可持续的文化习俗（Nienhuis等，2002）。

孙书存等（2005）比较了上述两类定义（表1-1）。

表1-1 不同导向（尺度）的生态恢复定义（引自孙书存等，2005）

强调重点	定义举例	优 点
目标导向	一个生态系统流向接近于干扰前状态的回归	提出了寻找接近干扰前状态的参照系统问题，强调对生态比较的参数选择，确定生态演替中的问题
过程导向	对生物多样性和动态平衡受到损害的生态系统进行修复的过程	包括了生态损害的社会要素，强调社区行动在恢复中的作用，认识到恢复活动在实际社会背景下的限制

三、较为完整的定义

1995年，国际恢复生态学会发布了再次修改的生态恢复定义，即生态恢复是帮助研究整合性的恢复和管理过程的科学，生态整合性包括生物多样性、生态过程和结构、区域及历史情况、可继续的社会实践等广泛的范围。

何兴元（2004）认为，生态恢复是指根据生态学原理，通过一定的生物、生态以及工程的技术与方法，人为地改变和切断生态系统退化的主导因子或过程，调整、配置和优化系统内部及其与外界的物质、能量和信息的流动过程及时空秩序，使生态系统的结构和组成保持一定的完整性，保证生态功能正常持续发挥。

以上两个定义表述较为完整。但Elliott等（2007）提出的定义，简明且比较切合实际。他们认为生态恢复不是指将生态系统完全恢复到其原始的状态，而是指通过恢复使生态系统的功能不断得到恢复与完善。

按Elliott所提出的生态恢复概念，凡是有利于污染环境的生物治理、退化生态系统的组织结构和功能得以恢复和改善的研究和实践，不论其所用的技术和方法、时空尺度大小，包括生物修复，均可归于生态恢复范畴。目前，我国的生态环境，既有污染问题，也有生态破坏问题，而且大多交互在一起。有关海洋环境的生物治理和退化生态系统的恢复，大多统称为生态恢复。对此，本书所采用的生态恢复一词，包括生物修复和生态恢复。

第五节　恢复生态学与海洋恢复生态学的概念

一、生态恢复与恢复生态学

生态恢复与恢复生态学是两个相互联系但又有区别的概念。恢复生态学作为应用生态学的一个分支学科，包括科学理论基础和应用技术两个方面。在理论层面，它致力于构建和发展相关的理论体系，为生态恢复提供科学支撑；在技术、方法层面，它致力于形成生态恢复的技术体系，包括生态恢复的目标、原则、方法、时间、评估指标和标准、组织实施、监测等。其中评估标准包括退化生态系统的诊断标准、退化生态系统恢复的评估标准。而生态恢复往往是指某一类型退化生态系统的修复，或是某一生态恢复工程，是恢复生态学应用的一个具体实例，其应用实践的经验或教训，又进一步助推恢复生态学的发展。

二、恢复生态学的定义

恢复生态学（Restoration Ecology）是由Aber和Jordan两位英国学者于1985年首先提出的。两位学者认为，恢复生态学是一门研究生态恢复的学科，是应用生态学的一个分支。

国际恢复生态学会（SER）2004年对恢复生态学的定义：恢复生态学是研究如何修复被人类活动损害的原生生态系统的多样性和动态的一门学科，其内涵包括帮助恢复和管理原生生态系统的完整性和过程。

我国有些学者也提出了恢复生态学的定义。比如，1996年余作岳认为，恢复生态学是研究生态系统退化的原因、退化生态系统恢复与重建的技术和方法、生态学过程与机制的科学。《恢复生态学》（2009）给出的定义：恢复生态学是介绍生态恢复的科学原理和技术方法的一门新兴学科，其科学定义可以概括为研究生态系统退化机制、恢复机制和管理过程的科学（董世魁等，2009）。

三、 海洋恢复生态学的内涵

海洋恢复生态学目前尚无明确的定义。我们认为，海洋恢复生态学（Marine Restoration Ecology）是研究海洋生态系统退化的原因、过程，以及退化生态系统的评价、修复和管理的理论和技术的一门新兴学科。根据国内外有关的研究内容与发展趋势，海洋恢复生态学包括四方面内容，即生境恢复、生物恢复、生态系统恢复与生态景观恢复。

对海洋恢复生态学内涵的理解，以下几点值得重视。

（1）由于海洋环境、海洋生态系统（结构、组成和功能）与陆地的环境、生态系统有明显的差异，因此海洋恢复生态学的一些原理、技术和方法也有自己的特点。

（2）海洋生态系统，根据其地理位置、区域、气候、海流、物理、化学、生物、地质等条件，又可分为许多各具特色的生态系统，如海湾生态系统、河口生态系统、潮间带生态系统、海岛生态系统、红树林生态系统、珊瑚礁生态系统、海草生态系统、底栖生态系统、养殖生态系统等。不同生态系统各有其特点，导致系统退化的原因各异。因此，生态恢复成功与否，既要注意共性问题，更应重视特殊性，加强针对性。

（3）海洋生态恢复，一般应重视以自然恢复为主，辅以人工修复措施。要有足够的时空尺度，除了选用适宜的生物对象外，还应结合必要的工程技术。

（4）海洋生态恢复需要纳入海洋综合管理的工作内容，管理工作（包括跟踪监测）应贯穿整个恢复过程。

（5）由于海洋的流动性、海洋环境的复杂性和多变性、以及海洋生态系统退化往往具有潜在性和海洋生态系统一旦受到破坏恢复的艰巨性，加之迄今我们的知识不足，因此，必须在生态恢复的实践中不断充实、发展恢复生态学的理论和技术。

最后，正如 *Restoration Ecology* 主编 Allen（2003）强调指出，恢复生态学不单是一门自然科学，更多时候社会因素在起作用；无论恢复生态学的目标如何改变，其决策总是社会的。因此，海洋恢复生态学的研究和发展，必须为社会、经济、环境、生态的健康发展服务。

小结

恢复生态学是应用生态学的一门分支学科，应用生态学是研究人类与地球生态系统和谐的科学。海洋恢复生态学是恢复生态学大家庭的年轻成员。由于恢复生态学还很年轻，有些名词、术语有待规范，学科内涵有待充实。

思考题

1. 为什么说应用生态学是研究人类与地球生态系统和谐的科学？

2. 如何准确地理解生态恢复、生态修复、生物修复等名词？

3. 如何理解海洋恢复生态学的内涵？

拓展阅读资料

1. 何兴元. 应用生态学[M]. 北京：科学出版社，2004.

2. 董士魁，刘世梁，邵新庆，黄晓霞. 恢复生态学[M]. 北京：高等教育出版社，2009.

第二章 海洋恢复生态学的背景

在自然和人类活动的双重压力下，地球的陆地和海洋的环境、资源和生态系统正在发生深刻的变化，生态系统正在日益退化、恶化。这是以研究人类与地球生态系统和谐为使命的恢复生态学产生的背景。

不少学者认为，我们已经进入了"人类控制的世纪"，"一个人类活动成为影响地球和自然循环支配因素的时代"。人类在取得物质文明巨大成就的同时，对陆地和海洋生态系统构成了严重的威胁，以恢复退化生态系统为中心的恢复生态学也随之产生和发展。

第一节 全球生态系统在退化

一、千年生态系统评估再次敲响了警钟

2005年发表的联合国《千年生态系统评估》（*Millenium Ecosystem Assessment*）指出：① 在过去50年，人类改变生态系统的速度比以前任何时期都快；② 生态系统对人类福祉作出巨大贡献的同时，自身却在日益退化；③ 生态系统退化的现象在这个世纪的前半叶将日益严重，从而有可能影响到联合国千年发展目标的实现；④ 要扭转生态系统退化的现象，必须要有明显的政策和制度的改变。报告还强调指出：人类的生

存总是依赖于生物圈及其生态系统提供的各项服务功能；目前全球性生态系统退化对人类福利和经济发展造成的冲击日益加剧。

《中国实施千年发展目标进展情况报告》（2010）也指出，我国尽管付出了巨大的努力，投入了大量的资金，但有迹象表明土壤、湖泊、河流、湿地、草原、海洋及沿海地区的生态环境在持续恶化。尽管我国为减缓生态破坏做出了巨大努力，但是过去30年快速的经济发展仍然导致了我国很多地方生态系统质量的下降。很多破坏已经从局部演变成了系统的问题。

二、全球处于环境与发展的转折点

自1950年以来，随着全球人口的增加，科学技术的进步，人类在创造巨大物质财富和辉煌的现代文明的同时，却对资源和环境产生了强烈的冲击，经济发展与环境保护之间的矛盾更加突出（图2-1）。

图2-1 经济发展与环境保护矛盾

快速的经济增长给我国带来了史无前例的资源和环境压力，也带来了一系列社会问题。与20世纪80年代相比，我国生态与环境问题无论在类型、规模、结构、性质以及影响程度上都发生了深度变化（见插文）。环境、生态、灾害和资源四大生态环境问题共存，并相互叠加、相互影响，不同于发达国家传统的生态环境问题特征。

我国的生态环境破坏也表现出一些新特征：一是生态环境破坏已经从小的区域扩展到大的范围；二是单一因素造成的生态破坏已经发展成为区域性的功能破坏，这导致了许多重要生态区的严重退化，其至丧失生态功能。

我国生态与环境面临的新问题

（1）全国范围的主要污染物排放已超过环境承载力。污染与破坏已从陆地蔓延到近海，从地表延伸到地下，从单一污染发展到复合污染。工业结构性污染呈现不同空间尺度的梯度性转移和变化；在一些重要经济区域和流域形成了点源、面源污染共存，生活、生产污染叠加，各种新旧污染物交织，水、气、土壤污染交互影响的复杂态势。

（2）新污染物质和持久性有机污染物的危害逐步显现。一些新型污染物质，如抗生素、内分泌干扰素、藻类毒素、杀虫剂、氧化副产物等对生态系统、食品安全、人体健康存在着更大的风险和更久远、更难以预料的潜在影响。

（3）生态与环境问题变得更加复杂、风险更加巨大。一系列重大环境问题，如湖泊与近岸海域水体富营养化、区域酸沉降与城市大气复合污染、土壤与面源污染、有毒有害污染物排放、区域（流域）生态系统退化、生物多样性减少、外来物种入侵和遗传资源流失、突发的重大环境污染事件等，越来越多地危及社会稳定与环境安全。生态修复和建设给国家和地方财政造成了沉重的负担。

（4）能源消耗的快速增长，对煤炭的过度依赖，以及对其他化石燃料使用的快速增长正在引起新的环境问题，如局部烟雾、区域空气污染和气候变化。

（5）环境问题成为新的外交热点。在当前经济全球化、市场一体化的过程中，资源与环境的国际贸易争端与摩擦不断加剧，履行国家环境义务、改善全球环境质量、保障自然资源供给、突破绿色贸易壁垒等，已成为我国外交事务的新热点和基本内容之一。

来源："中国环境与发展国际合作委员会年度政策报告"
《机制创新与和谐发展》，中国环境科学出版社，2008年，第31-32页

三、 地球生态系统已严重超载

1996年，Wackernagel提出了生态足迹（ecological footprints）的概念，将人类社会经济活动对生态环境的影响比喻成"一只载着人类与人类所创造的城市、工厂等的巨脚踏在地球上留下的脚印"，用以形象比喻并提醒人类生产、开发活动对生态系统的影响是否超出了自然环境的承载力（见插文）。目前，已有许多学者对全球、地区、国家、城市等不同尺度区域的生态足迹以及发展战略的生态足迹进行了研究，寻求减小生态足迹的策略。

据研究，2007年人类生态足迹已达到180亿全球公顷（ghm^2），人均为2.7 ghm^2。而地球的生物承载力是1.19×10^{10} ghm^2，人均生物承载力是1.8 $g hm^2$。这意味着地球生态系统已超载50%。按目前的消费水平，人类需要1.5个地球才能满足需要，或者说，地球需要一年半的时间才能产生出人类2007年一年中消费的可再生资源和吸纳掉该年人类排放的二氧化碳（《中国环境与发展国际合作委员会2010年年会报告》）。

生态足迹

生态足迹（ecological footprints）是一个形象化的概念，用来衡量人类对自然资本的利用程度和自然界为人类提供的生命支持服务功能的一种方法。其基本原理是人类要维持生存和发展，必须消费各种产品、资源和服务。而人类占用的这些自然资本量在一定程度上是可以定量衡量的，且都与地球表面相联系。生态足迹分析法用"生物生产性土地"来表示自然资本，将人类所消费的自然资本折算成生物生产性土地面积，即生态足迹面积。

在实际估算时，将人类利用的生物性土地分归不同类别，例如，化石能源土地面积按吸收化石燃料释放二氧化碳所需新栽森林面积折算；粮食、蔬菜、果实按实际消耗量所占的土地生产面积计算等，考虑到各类生产性土地之间生产力的差异，用当量因子将它们转换成具有等价生产力的面积，并设定各类土地在空间上是互相排斥的前提，最后进行加总，得出该地区、国家或世界的生态足迹。

尽管生态足迹这个方法还有一些不足之处，如指标设定、静态分析、科技水平等，但它用一些基于土地面积的简单、直观指标，可以较形象地提醒人们要时刻关注对大自然的索取是否超过了自然的承载能力，并寻求实现人与大自然和谐共处的方式。

研究指出，我国近半个世纪的发展轨迹是经济与社会全面发展的轨迹，也是生态系统的承载力不断提高与面临更大的生态需求压力的轨迹。

虽然我国生态足迹总量增长很快，仅次于美国，跃居世界第二位。但我国的人均生态足迹相对较低。2007年，我国人均生态足迹为2.2 ghm^2，较全球平均水平低0.5 ghm^2，在核算的153个国家中居第74位。在我国，人均消费增长正成为驱动生态足迹增长的首要因素。尤其是城市中的富人，其消费水平接近于发达国家的标准（如能源利用方面）。我国城市的生活消费模式正朝着"高标准、超豪华""国际接轨"的方向发展。整体上，我国经济实质上已经进入到一个以消费结构升级所拉动的重化工发展阶段。我国各地生态足迹分布很不均衡，人均生态足迹增幅居前五位的省市是上海、北京、天津、广东和重庆。

四、脆弱的土地、森林、草原和淡水生态系统

联合国环境规划署（United Nations Environment Programme，UNEP）2000年的调查结果表明，由于人类干扰已导致了全球5×10^9 hm^{2}以上的植被土地退化，使全球43%的陆地植被生态系统的服务功能受到了影响；全球有植被覆盖（包括人工植被）的土地中有2×10^9 hm^{2}退化；全球每年以$5 \times 10^6 \sim 7 \times 10^6$ hm^{2}的惊人速度使土地沙漠化；全球荒漠化或受荒漠化影响的土地有3.6×10^9 hm^{2}以上（占全球干旱面积的70%）。此外，弃耕的旱地还以每年$9 \times 10^6 \sim 1.1 \times 10^7$ hm^{2}的速度递增；全球退化的热带雨林面积有4.27×10^8 hm^2，并且还在以每年1.54×10^7 hm^{2}的速度递增。人类面临着合理恢复、保护和开发自然资源的挑战。全世界每年进行生态恢复投入的经费达100亿~224亿美元（彭少麟，2003）。

据《全国生态示范区建设规划纲要（1996~2050年）》报告，我国的自然资源和生态环境破坏十分严重：全国水土流失面积为3.67×10^8 hm^2，占国土面积的38.2%；沙漠化土地面积为3.34×10^7 hm^2，每年仍以2.1×10^5 hm^{2}的速度扩展；沙化、退化、盐碱化草地面积为9×10^7 hm^2，每年还以6.7×10^5 hm^{2}的速度扩展；全国自然灾害频繁发生，危害加重，每年因灾损毁的土地达1.3×10^5 hm^{2}以上；全国亟待整治和恢复的废弃矿地占2×10^6 hm^{2}以上。

我国境内有许多脆弱的水生生态系统，包括湖泊、河流和湿地。特别是在大城市周边地区，地下水位不断下降，农村的一些含水层也遭受地下水抽取或者污染的威胁。我国正付出很大的努力来解决这些问题，但是迄今为止只取得了部分成效。2008年我国环境状况公报指出，在全国200条河流的400个国控监测断面中，只有55%满足

地表水环境质量Ⅰ～Ⅲ级的要求。低于这些标准的被认为是中度到重度污染水平，如黄河、淮河和海河。我国第三大淡水湖——太湖继续承受着由未经处理的生活污水和工业废物而引起的藻类暴发问题的困扰（《中国环境与发展国际合作委员会2010年年会报告》）。

第二节　海洋生态系统受损严重

海洋与陆地一样，在人类的开发热潮中，海洋生态环境也受到了严重的伤害。海洋生态系统受损害，突出表现在生境受损、典型海洋生态系统退化、海洋生态灾害频发以及海洋生物资源过度开发与利用等方面。

正如2011年联合国在里约热内卢召开的可持续发展会议（United Nations Conference on Sustainable Development）发表的文件所指出：近几十年海洋经济的快速增长，主要是通过对海洋非可持续开发的途径获得的；据统计，全球海洋至少有40%的海域受到人类的严重影响，主要海洋生态系统的60%已经退化或正在以不可持续的方式被使用，造成了巨大的经济和社会损失。

海洋污染、过度捕捞以及大规模开发，是导致海洋和河口生态系统受损的主要因素。海洋生态系统退化，主要表现在以下诸方面。

一、生境受到严重损害

海洋生物的生长和繁殖，离不开良好的生活环境。由于人类的侵犯，近海生活环境被大量侵占，水质和底质日益恶化，对海洋生物构成严重威胁。生境损害主要表现在以下四方面。

（一）滨海湿地、河口和海湾面积大大缩小

滨海湿地、河口和海湾面积大大缩小，导致许多海洋生物产卵场、育幼场和栖息地受损。

滨海湿地和河口是海洋生态系统的重要组成部分，它是由海洋与陆地相互作用而形成的具有特殊功能的自然综合体。滨海湿地和河口由于营养物质丰富而成为生物多样性丰富、生产力高的海域（见插文）。但半个世纪以来，大规模开发活动已导致其面积锐减。例如，50多年来，美国已损失滨海和河口湿地8.7×10^6 hm²，法国、德国

等国家也减少了约60%。

湿地简介

1971年，国际自然和自然资源保护联盟（International Union for the Conservation of Nature and Natural Resources, IUCN）在伊朗的拉姆萨（Ramsar）召开会议，通过了《关于特别是作为水禽栖息地的国际重要湿地公约》（*Convention on Wetlands of International Importance Especially as Waterfowl Habitat*），简称《湿地公约》（*Wetland Convention*）或《拉姆萨公约》（*Ramsar Convention*）。该公约是政府间的协定，至2014年11月，湿地公约共有168个缔约成员，我国也于1992年加入该公约。公约旨在通过保护和恢复湿地保护迁徙的珍惜鸟类。

《湿地公约》对湿地下了定义，即其为天然或人工、长久或暂时性的沼泽地、泥潭地或水域地带，静止或流动的淡水、半咸水、咸水水体，包括低潮时水深不超过6 m的水域；同时，还包括邻接湿地的河湖沿岸、沿海区域以及位于湿地范围内的岛屿或低潮时水深不超过6 m的海水水体。对于这个定义，学术界尚有一些异议，但较普遍被采用。

《湿地公约》还提出了湿地分类系统：Ⅰ级单位为天然湿地和人工湿地；Ⅱ级单位分为海洋–海岸湿地和内陆湿地；海洋–海岸湿地Ⅲ级单位和编号如下表。

Ⅱ级单位	编号	Ⅲ级单位
海洋–海岸湿地	A	永久性浅海水域：多数情况下低潮时水位小于6 m，包括海湾和海峡
	B	海草层：包括潮下藻类、海草、热带海草植物生长区
	C	珊瑚礁：珊瑚礁及邻近水域
	D	岩石性海岸：包括近海岩石性岛屿、海边峭壁
	E	沙滩、砾石与卵石滩：包括滨海沙洲、海岬以及沙岛；沙丘及丘间沼泽
	F	河口水域：河口水域和河口三角洲水域
	G	滩涂：潮间带泥滩、沙滩和海岸其他咸水沼泽
	H	盐沼：包括滨海盐沼、盐化草甸
	I	潮间带森林湿地：包括红树林、沼泽和海岸淡水沼泽、森林
	J	咸水、碱水潟湖：有通道与海水相连的咸水、碱水潟湖
	K	海岸淡水湖：包括淡水三角洲潟湖
	2K(a)	海滨岩溶洞穴水系：滨海岩溶洞穴

　　湿地与人类的生存、繁衍、发展息息相关，是自然界最富有生物多样性的生态景观和人类最重要的生存环境之一，它不仅为人类的生产、生活提供多种资源，而且具有巨大的环境功能和效益，被誉为"地球之肾"。在世界自然保护联盟（IUCN）、联合国环境规划署（UNEP）和世界自然基金会（WWF）共同颁布的世界自然保护大纲中，湿地与森林、海洋并称为全球三大生态系统。

　　在我国，根据湿地功能和效应的重要性，凡符合下列一标准，即被视为具有国家重要意义的湿地。

　　（1）一个生物地理区湿地类型的典型代表或特有类型湿地。

　　（2）面积≥10 000 hm²的单块湿地或多块湿地复合体并具有重要生态学或水文学作用的湿地系统。

　　（3）具有濒危或渐危保护物种的湿地。

　　（4）具有我国特有植物或动物种分布的湿地。

　　（5）20 000只以上水鸟度过其生活史重要阶段的湿地，及一种或一亚种水鸟总数的1%终生或生活史的某一阶段栖息地的湿地。

　　（6）它是动物生活史特殊阶段赖以生存的生境。

　　（7）具有显著的历史或文化意义的湿地。

我国的滨海湿地分布总体以杭州湾为界，分为南、北两部分。

杭州湾以北的滨海湿地，除山东半岛和辽东半岛的部分地区为基岩性海滩外，多为砂质和淤泥质海滩，由环渤海湿地和江苏滨海湿地组成。环渤海湿地主要由辽宁三角洲和黄河三角洲组成，江苏滨海湿地主要由长江三角洲和废黄河三角洲组成。

杭州湾以南的滨海湿地以基岩性海滩为主。其主要河口及海湾有钱塘江－杭州湾、晋江口－泉州湾、珠江河口湾和北部湾等。在河口及海湾的淤泥质海滩上分布有红树林，从海南至福建北部沿海滩涂及台湾西海岸均有分布。在西沙群岛、中沙群岛、南沙群岛，以及台湾、海南沿海还分布有热带珊瑚礁（张晓龙等，2005）。

根据1991年全国海岸带和滩涂资源综合调查，我国0 m以上的滩涂面积约有21 703 km²，大陆沿岸潮下带水深在0～15 m的浅海面积为123 802 km²。我国大规模开发滨海湿地始于20世纪50年代，据不完全统计，目前已丧失滨海滩涂湿地面积约21 900 km²，约为沿海湿地总面积的50%（中国科学院《中国海洋与海岸工程生态安全中若干科学问题及对策建议》，2014）。

又据上海市1990年、1997年、2000年、2005年和2009年的卫星遥感影像数据解释结果，以及相应的海图测量数据，得到的–5 m以上近海及海岸湿地面积在近20年里逐年减少，2000年之后更是急速减少（丁平兴，2013；图2–2）。

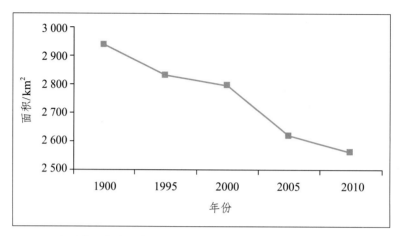

图2–2　1990年以来上海市近海及海岸–5 m以上湿地面积变化（引自丁平兴，2013）

海湾和河口的滨海是许多大、中城市所在地。由于围填海，我国许多海湾的面积急剧减少（表2–1）。

近年来，由于过度开发，胶州湾湿地面积不断缩小，由1988年的508 km²下降到2012年的343.5 km²，面积缩小了约39%；胶州湾湿地生态系统遭到破坏，1985年胶州湾湿地曾调查到的鸟类有260种，最新的调查仅发现156种。目前，胶州湾内的自然岸线仅有8.5 km，非常稀缺（城市信报，2014年7月8日）。

表2–1　围垦面积大于50 km²的海湾名录（引自吴桑云等，2011）

海湾名	海湾面积/km²	滩涂面积/km²	围垦面积/km²	围垦面积占海湾面积/%
青堆子湾	156.8	131.8	75	47.8
莱州湾	6 966	812.19	413	5.9
丁字湾	143.75	119.01	51.4	35.8
胶州湾	578	125	224.8	38.9
海州湾	876.39	188.49	69.47	7.9
杭州湾	5 000	550	733	14.66

续表

海湾名	海湾面积/km²	滩涂面积/km²	围垦面积/km²	围垦面积占 海湾面积/%
三门湾	775	295	113.3	14.6
大目涂	115	90.7	60	52.2
台州湾	911.56	258.75	115.67	12.7
乐清湾	463.6	220.8	54.47	11.7
兴化湾	619.4	250	75.27	12.2
汕头湾	92.52	43.26	54.07	58.4
广海湾	196.2	65.7	74.2	37.8
水东港	216	65	71.34	33.0
湛江湾	490	153	129	26.3
雷州湾	780	—	70.5	9.0

（二）近海环境污染严重

以20世纪50年代日本的水俣湾发生严重的重金属——汞污染为开端，继而西方国家许多海湾、河口富营养化和受到农药污染，美国和苏联大规模核武器试验造成海洋放射性污染，1967年超级油轮"托利卡尼翁"（Torrey Canyon）在英吉利海峡触礁失事导致超过10万吨原油泄入海中；海洋污染问题引起了世人的高度关注（李永祺，2012）。80年代后，海洋污染已由工业发达国家向发展中国家扩散，尤其是海洋污染事故频繁发生，沿海城市、工业区的近海环境污染大都十分严重。

近十多年来，近海污染的主要物质主要是氮、磷营养盐，石油，重金属，农药和持久性有机污染物（persistent organic pollutants（POPs），如多氯联苯（PCBs）、多环芳烃（PAHs）和多溴联苯醚（PBDEs）等）。

海洋的污染物，主要是来自陆地的排放。例如，氮、磷主要来自城镇生活污水、农田和畜牧养殖业的排入。而油污染，主要来自海上油轮事故溢油事故和海上油田作业的溢油事故。例如，2002年装载着7.7万吨燃油的巴哈马油轮"威望号"在西班牙海域沉没，泄漏6万吨燃油，严重污染了西班牙、葡萄牙和法国数千千米海岸。又如2011年，美国路易斯安娜州位于墨西哥湾的"深水地平线（Deepwater Horizon）"钻井平台发生爆炸，并发大火（图2-3），导致11名工作人员丧生，数十万吨原油泄入墨西哥湾，使当地渔业蒙受巨大损失，成为有史以来海上油污染最严重的事故。

图2-3　2011年深水地平线平台爆炸

　　2011年3月，日本沿海强震引发福岛核电站核泄漏事故。该事故导致的海洋放射性污染问题引起世人高度关度。据估测，事故所排放的放射性碘和铯的量分别接近1986年切尔诺贝利核事故发生后同类物质泄露量的73%和60%。大量放射性废水排入海洋，污染了西北太平洋海域。日本文部科学省2011年3月27日宣布，在从宫城县气仙沼市到千叶县铫子市近海南北约300 km范围的海底泥土中，检测出最高浓度相当于通常水平数百倍的放射性物质（青岛晚报，2011年5月29日）。

　　我国自20世纪70年代末以来，海洋污染日趋严重。正如《中国海洋发展报告（2010年）》指出，从20世纪70年代末开始，我国海洋环境总体质量持续恶化，污染损害事件频繁发生；30多年来，排海污水和污染物数量持续增加，海水、海洋沉积物和海洋生物质量持续恶化，局部海域的恶化趋势有所缓解。

　　孟伟等（2012）指出，我国近岸海域污染防治面临近海海域陆源污染尚未有效控制、水体富营养化、海上船舶与港口污染、海上养殖污染、重点河口和海湾的POPs污染等主要问题。

　　同时，我国近海的石油污染问题亦十分突出。据交通部海事局统计，1973～2006年，我国沿海共发生大小船舶溢油事故2 635起，其中50 t以上的船舶重大溢油污染事故69起，总溢油量37 077 t。其中，渤海湾、长江口、台湾海峡和珠江口水域被公认为是我国沿海船舶重大溢油污染事故高风险水域。近些年大连和青岛的储油库因灾导致成千上万吨原油泄入海湾以及2011年渤海"蓬莱19-3"油田海底溢油事故，均造成海域大面积油污染。随着海上油运、海上油田开采、沿海地区大型石油化工和储油库建设的迅速发展，我国沿海灾难性油污染事故风险也进一步加大。

2000年，美国国家科学研究委员会（National Research Council, NRC）在其报告中指出，富营养化已成为威胁近海生态系统健康最主要的因素之一。

海洋富营养化（eutrophication）是指海水中营养物质过度增加，并导致生态系统有机质增多、低氧区形成，藻华暴发等一系列异常改变过程（俞志明，2011）。我国沿海富营养化问题突出表现在以下方面。① 营养盐污染海域面积广。自2000年以来，我国近海未达到清洁海域水质标准的面积超过13万平方千米，约占我国近岸海域（水深10 m以内）面积的一半。② 无机氮和活性磷酸盐是导致我国近海污染物超标的主要原因。③ 渤海的辽东湾、渤海湾、莱州湾以及长江口、杭州湾、珠江口都是营养盐污染问题突出的海域。④ 近岸海域氮污染问题突出。据对长江口海域的调查表明，在过去40年里，长江口海域硝酸盐和活性磷酸盐的浓度都明显上升：硝酸盐浓度由11 μmol/L上升到97 μmol/L，活性磷酸盐浓度由0.4 μmol/L上升到0.95 μmol/L。长江口海水中的氮磷比也相应从30～40增加到150（《中国海洋可持续发展的生态环境问题与政策研究》，2011）。海域富营养化将破坏海域的生态平衡，导致生态系统结构和功能的改变或退化，引起有害藻华和缺氧区扩大等生态灾害（图2-4）。

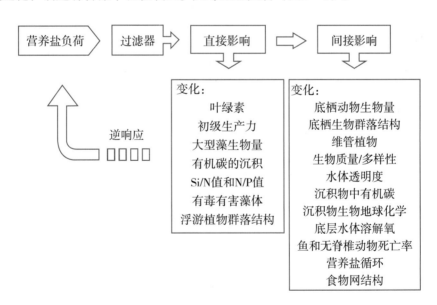

图2-4 现代近海富营养化概念模型（转绘自俞志明，2011）

应当指出的是，目前海洋的污染物种类繁多，对海域往往构成复合污染。各种污染物入海后的理化过程有别，彼此之间的作用也很复杂，对生态系统的影响呈现多样化、复杂化。随着沿海地区大力发展核电，放射性污染问题也应受到关注。

（三）近海"死亡区"扩大

溶解于海洋中的氧气，通常称为"溶解氧"（dissolved oxygen, DO）。DO是海洋动、植物生长和繁殖的最重要的生态因子之一，是反映海洋生态环境质量的一项重要指标。海洋中DO主要来自海－气交换，以及在海洋真光层中浮游植物、藻类和海草的光合作用。而海水中氧的消耗过程主要有生物的呼吸作用、有机质的分解和无机物的氧化作用。通常将DO含量低于2 mg/L的水体称为低氧水体（hypoxia），在此临界值以下，鱼类可能会逃离水体，而底栖生物则濒临死亡。由于低氧对海洋生物会造成极大的伤害，因此低氧区又被称为"死亡区"（dead zone）。

自20世纪80年代发现美国长岛湾底层海水夏季低氧的严重事件以来，各国纷纷报道了观测到河口和海湾的低氧现象，如切萨皮克湾、北海、东京湾、波罗的海、黑海、亚得利亚海东北部等。在墨西哥湾，主要是由于密西西比河排入过多的营养盐造成缺氧区，其面积超过70 000 km²。据报道，全球"死亡区"的数量和面积都在扩大，全球累计有400个"死亡区"（图2－5），所占面积超过24万平方千米。

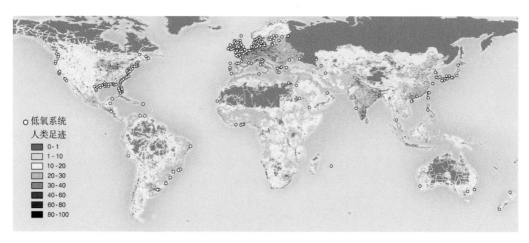

图2－5　全球报道的"死亡区"累计数量及分布（引自Diaz & Rosenberg，2008）

按"死亡区"发生的频率和持续的时间，大致可分为：短暂性"死亡区"，缺氧现象只偶尔发生，其重复周期大于1年；周期性"死亡区"，每年均发生数次，持续时间在数小时到数周的缺氧现象；季节性"死亡区"，一般在每年夏季或秋季发生缺氧现象；持续性"死亡区"，缺氧持续时间较长，甚至跨年度。

目前普遍认为，来自陆地的营养物质和有机物过量、微藻暴发性繁殖及水交换能力弱的海区易形成"死亡区"。

我国东海长江口外和南海珠江口外海域的底层，在夏季常发生低氧现象。长江口低氧区从出现的频率看，以123°00′ E，30°50′ N附近海域最高，该区水深约40 m，低氧区中心位置的分布与长江口外槽的走势十分相似。长江口外低氧区的最早记录发现于1958年9月和1959年7日至8月。随后几年的调查结果表明，缺氧区的面积存在动态变化，而近十年来低氧区面积又比以前扩大（表2-2）。因此认为，缺氧区的形成除了由长江口海域赤潮频发和大量有机质分解导致以外，还与该区海底地形、台湾暖流有关（洪华生等，2012）。

表2-2　长江口外低氧区中心位置、面积和最低含量的历史记录（引自洪华生等，2012）

时间	地点		最低氧含量/(mg/L)	低氧区面积/km²
	北纬（N）	东经（E）		
1958-09	29°14′	122°08′	0.73	2 300
1959-07	23°59′	123°32′	1.73	—
1959-08	31°15′	122°45′	0.34	1 600
1976~1985-08	31°00′	123°00′	≥0.80	14 700
1981-08	30°50′	123°00′	2.0	<100
1985-08	31°15′	122°30′	2.0	—
1988-08	30°50′	123°00′	1.96	<300
1990-08	32°00′	122°30′	0.77	>2 800
1998-08	32°10′	124°00′	1.44	600
1999-08	30°51′	122°59′	1.0	13 700
2002-08	32°00′	122°29′	1.73	<500
	31°00′	123°00′	1.99	
2003-06	30°50′	122°50′	1.0	5 000
2003-09	30°49′	122°56′	0.8	20 000
	31°55′	122°45′	<1.5	
2005-08	32°09′	122°46′	1.55	—
2006-07	32°42′	122°23′	1.36	—
2006-08	32°30′	123°00′	0.87	17 000

二、 典型海洋生态系统退化

典型海洋生态系统，如珊瑚礁生态系统、红树林生态系统、海草生态系统、以及河口和海湾生态系统，在人类的干扰下均明显退化。

（一）珊瑚礁生态系统退化

珊瑚礁（图2-6）是分布于热带、亚热带的典型海洋生态系统。

全球海洋珊瑚礁有两个发育中心：一个在大西洋，它的中心是在加勒比海；另一个在印度洋-太平洋，它的中心是澳大利亚-东南亚海域，大体分布在赤道两侧南北纬30°之间的海域。迄今，已发现有珊瑚礁分布的国家和地区超过100个，覆盖面积约为284 300 km^2（International Coral Reef Initiative（ICRI），2014）。

图2-6 珊瑚礁

珊瑚礁生态系统有着丰富的生物资源，其海洋生物物种的多样性可与热带雨林相当，也是天然药物资源的宝库，还是旅游、休闲胜地。此外，珊瑚礁可抗击风浪，对陆地和海岸起着保护作用。

然而，人类活动和全球气候变化，已对世界珊瑚礁产生了严重的威胁，珊瑚的覆盖率和生物多样性都发生了急剧的变化。琉球在进行港湾建设时掩埋了大大小小的珊瑚礁，使历经上万年形成的生机勃勃的珊瑚礁海域如今却形同荒漠。在马来西亚，由于棘冠海星（*Acanthaster planci*）的大量繁殖，导致珊瑚礁大量死亡。但人为的环境破坏和污染，要比棘冠海星的危害更大。丁加奴乐浪岛的珊瑚礁是世界上最大的珊瑚礁之一，但因受损严重，该珊瑚礁生态系统中的海洋生物难以生存（陈兰芝，2000）。

据《2008年世界珊瑚礁现状报告》，全世界范围内的珊瑚礁有54%处于退化状态，其中15%将在今后10～20年消失（特别是东南亚和加勒比海海域），另外20%可能在20～40年消失（《中国海洋发展报告》，2011）。

我国的珊瑚礁主要分布在南沙群岛、西沙群岛、东沙群岛，以及台湾、海南周边。少量不成礁的珊瑚分布在香港、广东、广西的沿岸，以及福建东山岛等地。

通常将珊瑚覆盖率超过50%以上视为珊瑚礁生态系统的健康标准之一。在20世纪80年代之前，西沙永兴岛、海南三亚湾、广东大亚湾的珊瑚覆盖率都在60%以上，但进入90年代后，除了永兴岛的珊瑚覆盖率依然可达较高的水平外，三亚湾、大亚湾的珊瑚覆盖率均急剧下降（图2－7和图2－8）。三亚鹿回头活珊瑚覆盖率在20世纪60年代达到80%左右，到90年代仅维持在40%左右，而到2006年进一步下降至12%左右。

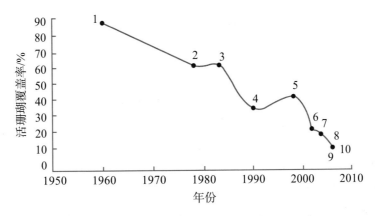

图2－7 三亚鹿回头珊瑚覆盖率变化趋势（引自赵美霞，2010）

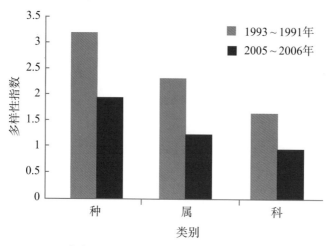

图2-8 1993~1994年与2005~2006年三亚珊瑚礁多样性变化（引自赵美霞，2009）

（二）红树林生态系统退化

全世界红树植物种类有24科30属83种（或变种），有两个分布中心。一个是西方中心类群，主要以太平洋的斐济和汤加群岛为界，分布于热带美洲东西沿岸及西印度群岛，北可达佛罗里达半岛，南至巴西，经大西洋至非洲西岸，在中美洲西岸及加勒比海与南美北岸。西方中心共有种类14种。另一个是东方（旧大陆）中心，即以印度尼西亚的苏门答腊和马来半岛西岸为中心，其中可分为三支：一支从孟加拉湾—印度沿岸—斯里兰卡—阿拉伯半岛到非洲东岸，包括马尔加什；另一支是澳大利亚、新西兰沿岸；再一支是印度尼西亚各岛沿岸—菲律宾—中南半岛至中国。西太平洋由于受黑潮的影响，红树植物一直可分布到日本九州。东方中心共有种类72种。（孙鸿烈等，2005）

在我国，红树林（图2-9）自然分布于广东、广西、海南、福建和台湾。而秋茄（*Kandelia candel*）属于红树植物中的耐寒种类，在我国已逐步驯化北移至浙江省。

图2-9 红树林

由于人为的砍伐、干扰，在20世纪下半叶期间，世界红树林面积锐减，红树林资源迅速减少。据统计，1980年世界红树林面积约1 880万公顷，但到2005年减少至1 520万公顷，25年间减少了360万公顷（世界粮农组织，2007）。

红树林海岸减灾案例

实例一：1986年7月21日第9号强台风登陆，广西沿海海堤被冲垮80%，经济损失2.98亿元。幸存的海堤都是堤外红树林生长较好的海堤。例如，广西英罗港马鞍岭土筑海堤长1.8 km，堤身几十年未修过，但因堤外有茂密的红树林的庇护，在9号强台风中只决口几处，损失少。相反，海堤外无红树林生长的地段，即使是石砌的岸堤也损失惨重。例如，合浦竹林盐场全长6～7 km的海堤都是石砌海堤，堤底还有台阶，但在9号台风中崩溃缺口21处，其中崩溃缺口最长可达1.3 km。

时隔10年，同样是在广西英罗港马鞍岭红树林区，一场有林存无林亡的强台风又为我们上了一堂悲壮的生态效益课。1996年9月9日10时40分，15号强台风卷起巨浪扑向在英罗港红树林内潮沟和林外200 m余处裸滩停泊避风的400多艘渔船。停泊在林外裸滩的40余艘渔船中除2艘带锚向东南海区漂移1.5 km而幸免于难外，其余的顷刻间在狂风巨浪中离散翻沉，遇难22人；而停泊于林内潮沟的350多艘渔船和船上的人员因有红树林的庇护全部安然无恙。

实例二：1985年第7号强台风袭击广东遂溪县西部海岸，风力11级，阵风12级。该县界炮、北潭两镇沿海的团结、斗佗、全帮、安塘、金围等6条堤围因有无红树林而出现不同的结果。堤外无红树林的团结围被冲垮了128 m，红树林带宽不足10 m的安塘围被冲垮了37 m，其余4个堤围外因有40～160 m宽红树林带的保护而未出现一处险情。广东廉江高桥镇的红寨海堤修建于1947年，围垦农田400余公顷。50多年来在无数次狂风恶浪的袭击中只出现过一个小缺口，从无险情出现，其根本原因是堤围外生长着大面积发育良好的红树林。

来源：吕彩霞，《中国红树林保护与合理利用规划》，海洋出版社，2002年。

我国南方各省，在20世纪七八十年代大量砍伐红树林，将红树林湿地开发成养殖塘、农田或进行基础设施，使红树林面积大大减少。1956年红树林面积为40 000～42 000 hm^2，1986年锐减为21 283 hm^2，到90年代初仅剩下15 122 hm^2。广东沿海，红树林在1956年、1986年和90年代初，其面积分别为21 273 hm^2、3 526 hm^{2}和3 813 hm^2（李永祺等，2012）。

可喜的是，政府和当地老百姓逐渐认识到红树林在经济、社会、尤其是减灾方面的作用（见插文），自20世纪90年代起，通过建立国家和省级自然保护区（如海南东寨红树林国家级自然保护区、广东湛江红树林国家级自然保护区、广西山口红树林国家级自然保护区等），对红树林生长较集中的区域进行有效保护，并研究和进行红树的人工栽植等生态恢复工作，使我国红树林的面积得以逐年恢复。

（三）河口和海湾生态系统退化

世界许多沿海国家，在历史上或至今都因人类的开发活动，致使海湾和河口生态系统的结构和功能受到明显的损害，如日本的水俣湾、美国的切萨比克湾和旧金山湾以及墨西哥湾等。旧金山湾，自18世纪中叶以来，随着人口增加和经济发展，在过去150年里，潮滩湿地减少了78%，注入该湾的淡水减少约1/2，水质受到严重污染。在1974～2001年间，该湾的苏珊湾，浮游生物量下降了约80%，大型浮游动物新糠虾（*Neomysis* spp.）几乎绝迹。

我国沿海的河口和海湾，近几十年来由于人为活动的影响，导致浮游植物、浮游动物和底栖生物的群落结构、多样性都发生了很大的变化。

1. 长江口生态系统的变化

根据对1959年以来多次调查资料的比较分析，1959年至20世纪80年代，长江口水域浮游植物的种类主要为硅藻，其次是甲藻。但自20世纪90年代以来，浮游植物的群落结构发生了显著变化，突出表现在甲藻的种类和丰度显著增加，而硅藻的种类和丰度明显减小（图2-10和图2-11）。

国家海洋局海洋环境监测中心自三峡水库蓄水后连续5年的监测结果表明，长江口门以内水域浮游植物种类数从20世纪90年代初期的97种降至90年代末期的60余种，21世纪初降至51种，之后基本维持在30种左右。同时，甲藻所占浮游植物群落的比重由5%上升到25%（徐韧等，2008）。

同样，生活在长江口门以内水域的浮游动物种类数也有明显下降，从20世纪80年代的105种下降到90年代的76种，之后又进一步下降至30种左右（徐韧等，2008）。

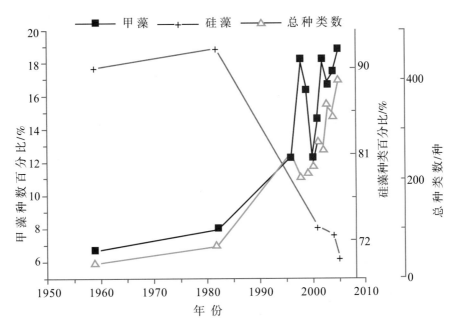

图2－10 近50年来长江口海域浮游植物总种类数及硅藻、甲藻组成比例

（引自章飞燕，2009；转绘自丁兴平，2013）

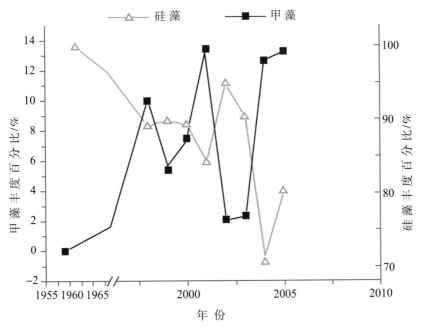

图2－11 近50年来长江口海域硅藻、甲藻细胞丰度百分比

（引自章飞燕，2009；转绘自丁兴平，2013）

但长江口邻近海域，进入21世纪以来，由于中小型浮游动物种类和水母类的增加，浮游动物的种类数不仅没有降低，反而上升。

长江口附近海域，大型底栖动物的生物量、生物种数也发生了较大的变化。刘录三等（2008）认为，长江口底栖生物群落的变化大致可分为三个阶段：第一阶段是20世纪90年代以前，底栖生物群落无论是物种数、生物量都维持相对高的水平（稳定期）；第二阶段发生在20世纪90年代初至2005年，底栖生物群落的上述指标均有所降低；第三阶段是2005年后，底栖生物群落得到一定程度恢复（缓慢恢复期）。

表2-3显示自1978年以来，长江口大型底栖动物的变化状况。

表2-3　长江口底栖生物种类组成的变化（引自丁平兴等，2013）

调查时间/年	总种数	种数及其所占比例					
		多毛类	软体动物	甲壳动物	棘皮动物	底栖鱼类	其他
1978~1979	153	52（34.0）*	35（22.9）	41（26.8）	0（0）	25（16.3）	—
1982~1983	153	51（33.3）	33（21.6）	37（24.2）	3（2.0）	27（17.6）	2（1.3）
1988	135	—	—	—	—	—	—
1990	32	5（15.6）	5（15.6）	8（25.0）	1（3.2）	9（28.1）	4（12.5）
1990~1991	35	6（17.1）	5（14.3）	9（25.7）	1（2.9）	10（28.6）	4（11.4）
1996	30	5（16.7）	8（26.7）	7（23.3）	1（3.3）	8（26.7）	1（3.3）
1998	24	6（25）	2（8.3）	9（37.5）	0（0）	6（25.0）	1（4.2）
2002	19	3（31.6）	6（31.6）	3（15.8）	1（5.3）	1（5.3）	2（10.5）
2005	62	17（27.4）	14（22.6）	27（43.5）	4（6.5）	0（0）	0（0）
2007	50	26（52.0）	9（18.0）	8（16.0）	4（8.0）	0（0）	3（6.0）
2009	54	38（70.4）	7（13.90）	3（5.6）	2（3.7）	1（1.9）	3（5.6）
2010	30	21（70.0）	4（13.3）	3（10.0）	2（6.7）	0（0）	2（6.7）

注：*括号内的数字表示种类组成比例（%）；"—"为没有明确数据。

2. 胶州湾生态系统的变化

胶州湾浮游植物群落，几十年来其结构发生了明显的变化，表现出网采浮游植物丰度下降、优势种类减少、赤潮发生频率增加等生态特征（表2-4）。

1977年2月~1978年1月，鉴定出胶州湾浮游动物共有116种，分为8门12纲27目64科66属，以后调查的浮游动物种数均少于此数（表2-5）。

最近几十年，胶州湾的大型底栖生物也发生了明显的变化。从1980年到1999年，其种类数呈逐年递减的趋势，合计共减少135种。其中减少最多的是多毛类，共减少77种；软体类次之，共减少55种；甲壳类减少了14种；棘皮类减少了6种。但进入21世纪后，大型底栖动物的种类数又有所回升（吴桑云等，2011年）。

表2-4 不同年代胶州湾浮游植物物种数目及优势种组成的变化（引自孙松等，2012）

调查时间 比较项目		1977年2月~ 1978年1月 （钱树本等）	1980年6月~ 1981年11月 （郭玉洁等）	1997~1998年 （吴玉霖等）	2003~2004年 （刘东艳等）
物种 数目	硅藻	152种	100种	117种	91种
	甲藻	24种	15种	12种	32种
优 势 种 类 组 成 特 征	春	冰河拟星杆藻 扁面角毛藻 皇冠角毛藻 窄隙角毛藻 刚毛根管藻	冰河拟星杆藻 扁面角毛藻 皇冠角毛藻 窄隙角毛藻	尖刺伪菱形藻 加拉星平藻 冰河拟星杆藻 窄隙角毛藻	中肋骨条藻 窄隙角毛藻 冰河原甲藻 新月柱鞘藻 诺氏海链藻
	夏	浮动弯角藻 丹麦细柱藻 诺氏海链藻 旋链角毛藻	旋链角毛藻 双实角毛藻 浮动弯角藻 柔弱几内亚藻	中肋骨条藻 旋链角毛藻 圆筛藻	新月柱鞘藻 中肋骨条藻 浮动弯角藻 诺氏海链藻 尖刺伪菱形藻 圆海链藻 旋链角毛藻
	秋	拟旋链角毛藻 浮动弯角藻 中肋骨条藻 扁面角毛藻 尖刺伪菱形藻 奇异角毛藻	浮动弯角藻 奇异菱形藻 丹麦细柱藻 新月柱鞘藻 中肋骨条藻	柔弱角毛藻 笔尖根管藻 中肋骨条藻 扁面角毛藻	中肋骨条藻 加拉星杆藻 冰河原甲藻 圆海链藻
	冬	中肋骨条藻 扁面角毛藻 柔弱角毛藻 旋链角毛藻	冰河拟星杆藻 中肋骨条藻 尖刺伪菱形藻 扁面角毛藻	冰河拟星杆藻 加拉星平藻 尖刺伪菱形藻 中肋骨条藻	中肋骨条藻 加拉星平藻 诺氏海链藻 圆海链藻

在20世纪80年代之前，胶州湾和青岛潮间带生物种类多种多样，是内地一些高等学校生物学专业教学的实习地点。后来，由于潮间带大都被围填，现已丧失了此功能。

表2-5　胶州湾浮游动物种数长期变化（引自吴桑云等，2011）

项目	1977年2月~1978年1月	1980年6月~1981年11月	1991~1993年	2004年1月~2004年12月
鉴定种数	116	80	43	81
原生动物门	31	1	1	1
毛颚动物门	3	3	1	4
节肢动物门	43	28	26	42
腔肠动物门	35	38	8	33
被囊动物门	3	2	2	1
其他	6	8	1	—
资源来源	黄世玟，1982	肖贻昌等，1992	高尚武等，1995	孙松等，2008

（四）海草生态系统退化

海草是唯一淹没在浅海水下的被子植物。海草与陆地植物一样，也有根茎叶的分化，也是通过光合作用获得自身生长所需能量的初级生产者。其花在水下结果，然后发芽（图2-12）。大多数海草外形十分相似，从匍匐的根茎向上生长。海草叶片柔软，长而薄，其间有气道，是单轴生长形式。海草的花着生于叶丛的基部，雄蕊（花药）和雌蕊（花柱和柱头）高出花瓣之上，花粉一般为念珠形且黏结成链状（图2-12）。

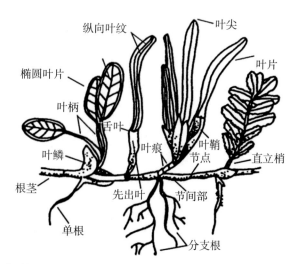

图2-12　海草床及海草形态结构（转绘自黄小平，2007）

海草在世界上大部分沿岸海域均有分布，最北在北纬70° 30′的挪威Veranger海湾，最南在南纬54°的麦哲伦海峡。海草在世界沿海的分布有三个明显的中心，最大中心位于东南亚岛国地区，其余两个中心分别是日本、朝鲜半岛地区，以及澳大利亚西南部沿岸地区（黄小平，2007）。

海草能从潮间带向下扩展到60 m深处，在潮下带长得最旺盛，呈稠密的地毯状分布，多者每平方米可达4 000棵。和海洋中的其他初级生产者不同，海草是有根的植物。其他海藻的生产力取决于水中营养物质的浓度，而海草则主要从沉积物或基质中吸收营养物质。

与陆地上的草类有所不同，陆地上的草类被各种食草的动物（如牛、羊、兔等）大量吃食，但直接食用海草的海洋动物并不多，主要是海胆、海龟和少数鱼类。海草有很高的生态价值（见插文）。丰富的海草食物源进入浅海生态系统，主要是通过碎屑的途径（图2-13）。因此，海草床受到破坏，将直接和间接导致以海草为食物来源的生态系统受害。

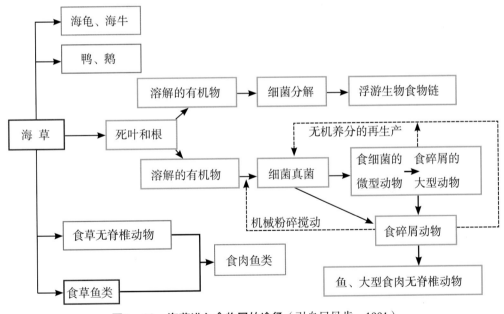

图2-13　**海草进入食物网的途径**（引自尼贝肯，1991）

据报道，世界上已发现的海草可以分为5科13个属，一共60种。在我国，海菖蒲（*Enhalus acoroides*）、海龟草（*Thalassia hemprichii*）、喜盐草（*Halophila ovalis*）、海神草（*Cymodocea rotundata*）、二药藻（*Halodule uninervis*）和斜叶藻（*Syringodium suitability*）等是暖水性，分布于广东、海南和广西沿海；虾形藻属

（*Phyllospadix*）和大叶藻（*Zostera marina*）是温水性，主要分布于辽宁、河北、山东等沿海；日本大叶藻（*Zostera japonica*）的分布可延伸到福建、台湾、广东和广西等沿海（陈永年，2004）。热带的海草种类数要比温带的多些。与淡水中的水生植物相比，海草的种类要少很多。

海草的生态价值

由海草构成的复杂生境为各种经济鱼类和甲壳类动物提供栖息场所、庇护场所、育仔场所。

海草床提高沿岸海域的生物多样性和生境多样性。

海草床通过降低水中悬浮物和吸收营养物质来改善水质。

海草光合作用释放出的氧气改善水质并供给其他生物群落。

制造有机物质。死亡的海草也是复杂食物链形成的基础，细菌分解海草腐殖质，为沙虫等动物提供食物。

通过营养物质的再生和循环，在全球碳循环中具有重要意义。

海草是浅海水域食物链的重要基础，直接食用海草的动物包括儒艮（*Dugong dugon*）、海胆、绿海龟（*Chelonia mydas*）、海马等。

海草生长于沿海海岸淤泥质或砂质沉积物上，可减弱海浪的冲击力，减少沙土流失，起到巩固海岸线的作用。

可用于盖海草房、编制席子、床垫等。

来源：黄小平，黄良民，2007年；略作修改

据资料统计，生长在全球12个国家或地区的海草资源日益恶化，有些地区海草已经绝迹，并危及到其他海洋生物的生存。全世界海草分布面积大约是177 000 km²，但自20世纪90年代以来，在10年内约有26 000 km²的海草区消失，大约减少了15%（Green & Shrot，2003）。

我国沿海海草床也受到严重损害。比如，山东威海市海岸浅海大叶藻原先十分茂盛，老百姓用大叶藻盖屋顶，冬暖夏凉，成为渔村的特色，但近20年海边很少能采到大叶藻。又如荣成市的天鹅湖，是个小海湾，20世纪70年代前，因湾内大叶藻长得好，有利于海参的生长繁殖，成为"参库"。80年代初，湾口被堵，影响湾内与湾外水交换，致使大叶藻大量死亡，以大叶藻为饵的海参也大量死亡。

在华南沿海，破坏海草资源的主要因素有两个方面：一是人类活动，二是台风引起的风暴潮、巨浪的破坏。损害海草床的人类活动主要有海水养殖、围网捕鱼、毒虾、电虾和炸鱼、采挖贝、耙螺、底网拖渔、人为污染，以及挖港池和疏浚航道等（黄小平，2007）。例如，广西合浦，在养殖范围的海域海草已绝迹，而在合浦的定洲沙、高沙头、英罗港一带10 m以浅海域因拖网作业，将海草连根翻起，对海草造成严重破坏。而人工采挖沙虫、螺、蛤也常把海草连根翻起，使海草无法生存。

三、海洋生态灾害频发

赤潮等生态灾害在世界范围的沿海时有发生。但是，近些年来在我国沿海发生的赤潮、绿潮、褐潮、水母旺发和外来生物入侵等生态灾害，频率之高、规模之大和影响之严重都是历史上少见的。

（一）赤潮灾害

1. 赤潮在世界沿海扩展快

赤潮（red tide）泛指由于海洋浮游生物的过度繁殖而造成海水变色（一般为红色）的现象（图2-14）。在我国的香港则称之为"红潮"。由于引起海水变色的赤潮藻（有时是原生动物）不同，所以赤潮发生时海水颜色并不都是红色。1952年，我国在莱州湾和黄河口附近海域最早记录了夜光藻形成的赤潮。

图2-14 赤潮

近些年，国际科学界将那些造成直接危害的赤潮，称为有害藻类水华（harmful algal bloom，HAB），而把一些无直接危害的赤潮（如一些硅藻引起的赤潮）不归于此类（齐雨藻，2003）。因此，有害藻华指海水中能够引起鱼类死亡、水产品染毒或生态系统结构和功能改变的藻类增殖或聚集。在我国，微藻形成的有害藻华，常被称作"有害赤潮"。

有害赤潮在全球分布广，扩展也快。例如，能产生麻痹性贝毒的有害赤潮塔玛亚历山大藻（*Alexandrium tamarense*），在20世纪70年代仅知在欧洲、北美、日本附近的温带海域出现，但在90年代就扩展到了南半球；另一种产麻痹性贝毒的赤潮藻微小亚历山大藻（*A. minutum*），1988年仅发现于埃及，但此后在澳大利亚、意大利、爱尔兰、法国、西班牙、葡萄牙、土耳其、泰国、新西兰、日本、中国，以及北美地区也逐渐被发现。

20世纪90年代后，尤其是进入21世纪以来，赤潮发生频次和涉及的海域面积均骤增。2001～2009年，我国沿海年均发生赤潮79次，赤潮面积达到16 300 km²，赤潮发生次数和累计面积均高于20世纪90年代，且赤潮发生有从局部海域向全部近岸海域扩展的态势。

在我国的四个海区中，东海的长江口及其邻近海域赤潮发生的频率和规模最大（图2－15），而且赤潮优势种的演变也很突出。在20世纪90年代以前，长江口邻近海域的赤潮主要以中肋骨条藻（*Skeletonema costatum*）等硅藻形成的赤潮为主。但自20世纪中后期以来，以东海原甲藻（*Prorocentrum donghaiense*）、米氏凯伦藻（*Karenia mikimotoi*）和链状亚历山大藻（*Alexandrium catenella*）为优势种的大规模甲藻赤潮开始出现，优势种已经呈现出从硅藻向甲藻的演变。

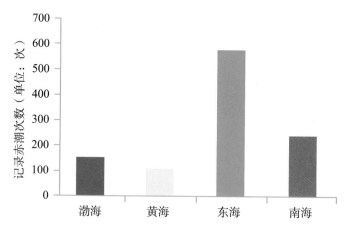

图2－15　我国沿海四个海区有害藻华发生情况对比
（引自《中国海洋可持续发展的生态环境与政策研究》，2013）

据国家重大基础研究计划项目"中国近海有害赤潮发生的生态学、海洋学机制及预测防治"的研究认为，长江口及其邻近海域的富营养化是东海大规模甲藻赤潮形成的重要原因。长江径流携带入海的大量溶解无机氮，使氮的"过剩"问题非常突出。大量"过剩"的氮能被甲藻利用，从而导致大规模甲藻赤潮的发生（《中国环境与发展国际合作委员会，2010年年会报告》）。

2. 在赤潮藻中以甲藻种类最多

据统计，海洋中有3 365~4 024种浮游藻类，其中赤潮种类约占6%，为184~267种；有毒种约占2%，为60~78种。有毒种多属于甲藻门的甲藻纲，该纲有1 514~1 880种，其中能形成赤潮的有93~127种，而有毒藻种数为45~57种（表2-6），占有毒浮游藻种类总数的80%左右。

表2-6 全球海洋中甲藻各目的种类、赤潮种类以及有毒种类的统计

（引自齐雨藻，2003）

目	种数	赤潮藻种数	有毒藻种数
Actimiscales	8~11	0	0
Rachydiniales	7~8	0	0
Demomonadales	6	0~1	0
Dinamoebales	2	0	1
Dinococcales	4	0	1
Dinophysales	240~382	3~4	7~11
Dinotrichales	3	0	0
Ebriales	3	0~1	0
Grymnodinales	512~529	31~52	9~14
Noctilucales	15~19	1	0~1
Oxyrrhinales	2	1	0
Peridiniales	656~788	46~53	21~22
Prorocentrales	30~83	11~13	7~8
Protaspidales	4~6	0~1	0
Pyrocystales	7~17	0	0
可疑甲藻	15~17	0	0
总数	1 514~1 880	93~127	45~57

3. 赤潮发生的特点及危害

赤潮的发生是海洋生物、化学、物理、气象等多种因素综合作用的一种异常生态现象，其特点主要有如下几点。

（1）发生机制复杂，目前尚难以预测。赤潮发生是在多种海洋环境因子共同影响下形成的过程。其发生的机制因不同的藻种、不同海域环境有较大差异，复杂多变。尽管世界各国对赤潮全面开展调查研究已近半个世纪了，但至今尚难以较为准确地预测预报。

（2）形成赤潮的生物种类多，且各有特点。目前世界范围内已经报道能形成赤潮的生物种类有260多种，在我国沿海有140多种。不同种类赤潮生物，其生长繁殖的需求条件不同。且赤潮生物对生态环境有较强的适应力，还有年际、季节演替。因此，对赤潮生物的生理、生态如无详细的了解，则很难揭示其暴发的机制。

（3）暴发快，范围广。赤潮的暴发是一个由量变到质变的过程。在生态环境条件适宜时，优势种能大量聚集、快速繁殖，在短时间内密度达到很高的水平，导致水体变色、水质恶化。大规模赤潮暴发时，其面积可达数千甚至上万平方千米。例如，2005年春季，长江口暴发的有毒米氏凯伦藻赤潮，其面积达19 270 km²。

（4）对经济、海洋生物和人体危害加重。赤潮暴发一方面对生态环境产生损害，水质恶化、生态失衡；另一方面造成经济损失，危害人类健康。

有毒赤潮生物产生毒素，可毒害其他生物，也可通过海产品使人致毒，甚至造成死亡。目前已检出的赤潮毒素主要有麻痹性贝毒（piarrhetic shellgish poisoning，PSP）、腹泻性贝毒（piarrhetic shellgish poisoning，DSP）、记忆缺失性贝毒（amnesic shellgish poisoning，ASP）、神经性贝毒（neurotexic shellgish poisoning，NSP）和西加鱼毒（ciguatera fish poisoning，CFP）等。

在几种藻毒素中，PSP是分布最广、危害最大的一种。人体PSP的中毒症状主要为面部肌肉麻木，严重的会因呼吸肌麻痹而导致死亡。据统计，全球范围内，发生过1 600多次人类中毒事件，中毒人数超过900人，死亡超过200人。中毒事件在我国也时有发生。例如，1986年2月，福建省东山县沼安湾顶部的瓷窑村曾发生一起严重的PSP中毒事件。当地群众采食附近生长的菲律宾蛤仔（*Ruditapes philippinarum*），导致136人中毒；其中严重者59人，1人死亡（张水浸等，1994）。又如，2005年6月，在浙江南麂列岛周边暴发的米氏凯伦藻赤潮，影响面积达500 km²，造成直接经济损失3 100万元，间接经济损失1 190万元；2012年5月，发生在福建平潭的米氏凯伦藻赤潮，影响面积虽然只有60 km²，但却造成大批养殖鲍鱼死亡，直接经济损失超过2.2亿元。

（二）褐潮灾害

褐潮实际上是赤潮的一种类型。20世纪80年代在美国东海岸出现了由一种微小的藻类形成的藻华，因藻华期间，细胞密度极高，海水颜色呈棕褐色，而被称作"褐潮"（brown tide）。经鉴定，该种藻为抑食金球藻（*Aureococcus anophagefferens*），藻细胞直径约2 μm，属微微型单细胞藻。褐潮曾对美国东海岸的贝类和海草床造成伤害，至今仍是美国东海岸最严重的生态灾害之一。

2009年6月，在我国河北省秦皇岛沿海出现了一类新的有害藻华，大量微小单细胞藻聚集使海水呈黄褐色，前后持续40 d，面积约1 000 km²。藻华扩展到秦皇岛海水浴场，使入浴者身上沾上了黏黏糊糊的藻细胞，甚为不舒服。同时，在藻华区内有2/3养殖的扇贝、牡蛎出现滞长和死亡。这引起了国家和河北省的高度重视，成立科技专项，开展研究和整治工作。经研究表明，主要原因种与美国褐潮藻是同一个种类，也是抑食金球藻。据2013年调查，这种微微型藻的生物量占浮游植物总生物量的80%左右。褐潮自2009年以来，在夏季已连续在秦皇岛海域出现，2010年暴发面积达3 350 km²，养殖生产损失约2亿元。

至今，除了河北省秦皇岛沿海和山东省荣成市个别海湾发生褐潮外，我国沿海其他海区尚无发现。为什么在秦皇岛沿海连续多年发生褐潮，至今仍未找到科学的答案。

（三）绿潮灾害

绿潮（green tide），指的是由大型绿藻——浒苔（*Ulva prolifera*）、孔石莼（*U. pertusa*）等形成的大规模藻华，在法国等一些沿海国家也时有发生，但就其暴发时的面积，我国最为严重。从2007年开始，我国黄海海域连续多年出现大规模绿潮，其中尤以2008年影响最为严重。

2008年5月30日，我国海监飞机在青岛东南150 km的海域发现大面积浒苔，影响面积约为12 000 km²，实际覆盖面积100 km²。从6月中旬开始，绿潮从黄海中部海域漂移至青岛附近海域（图2-16）。

绿潮漂浮在青岛近海，曾一度对2008年夏季奥运会帆船比赛的运动场造成威胁。到6月底，浒苔的影响面积达25 000 km²，实际覆盖面积为650 km²（图2-17）。为了保证奥运会顺利举办，青岛军民在省、市政府的领导和山东其他沿海地区的大力支持下，开展了清理浒苔的战斗；到7月15日，共清除浒苔100多万吨，从而保证了帆船比赛的顺利举行。

图2-16 绿潮

2009年3月24日，在江苏省吕泗以东海域又发现零星漂浮的浒苔。6月4日在江苏省盐城以东约100 km海域发现漂浮浒苔，分布面积约6 550 km²，实际覆盖面积42 km²。7月份浒苔分布又进一步扩大，达58 000 km²（图2-18），实际覆盖面积约2 100 km²，超过2008年的面积。但这次绿潮没有在青岛靠岸，而是漂流到山东半岛的威海和烟台附近海域，进入8月份以后，浒苔逐渐减少，8月底近海海面浒苔消失。

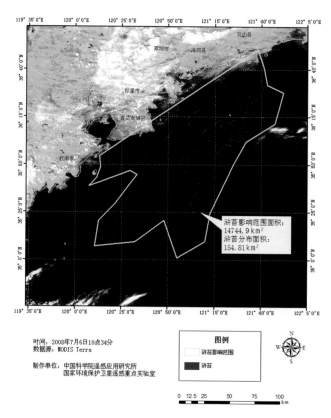

图2-17 2008年7月6日对浒苔暴发的卫星监测结果

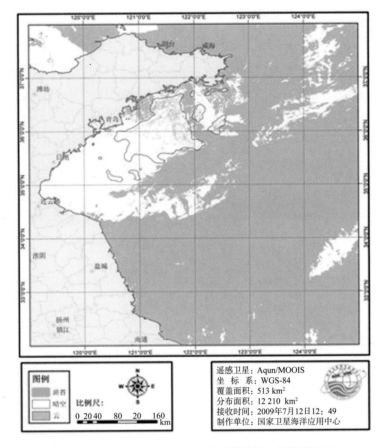

图2-18 2009年7月12日对浒苔暴发的卫星监测结果

浒苔大规模暴发，严重影响近海生态系统和海水养殖业，给当地的社会经济造成了重大的损害。例如，山东省日照市刘家湾某养殖场滩涂养殖的四角蛤蜊，往年年产200 t左右，但2008年因受浒苔影响，仅产出50 t。2008年浒苔暴发，山东省经济损失高达12.88亿元。

（四）水母灾害

水母灾害（Jellyfish bloom）俗称水母旺发，是指海洋中一些大型无经济价值或有毒的水母，在一定条件下暴发性增殖或异常聚集，形成对近海生态环境和渔业危害的一种生态异常现象。

形成生态灾害的水母种类很多。我国近海主要是海月水母（*Aurelia aurita*，图2-19）、沙海蜇、霞水母，其中主要优势种为沙海蜇和白色霞水母。白色霞水母在我国沿海分布范围广、数量多，其成体伞径可达100 cm。

图2-19　海月水母暴发引起的水母灾害

　　水母属于腔肠动物，身体结构简单，为低等海洋动物，但其生活史却较为复杂，有性世代和无性世代交替出现。其水螅体可在不利环境中较长时间存活，当环境条件适宜时又可大量繁殖。

　　大型水母在近海大量暴发造成了许多危害。比如，世界不少国家都曾发生滨海电站因水母堵塞冷却进水口被迫暂时关闭电站的事故。2008年，美国加州的代阿布洛峡谷核电站因水母入侵被迫手动关闭。2011年，日本、以色列和苏格兰核电站因水母堵塞管道而被迫停电。2009年7月6日至8日，青岛胶州湾畔的华电青岛有限公司海水泵房取水口涌进了大量的海月水母，严重堵塞海水循环泵的过滤网，危及电厂的循环水系统，30多名工人连续清理了两天，才使电站免于受损。日本每年因直径2 m以上的巨型水母暴发而造成的渔业损失超过1.2亿元。根据美国国家科学基金会的报告，每年全球大约有1.5万宗水母伤人事件。我国每年夏天海水浴场都发生过入浴者被水母蜇伤、甚至致死的事故。

　　全球至少有14片海域经常发生水母大暴发，其中包括黑海、地中海、美国夏威夷海域以及墨西哥湾。黑海因水母大量繁殖，每年旅游业和渔业经济损失可达数亿美元。

　　很多生态学家认为，由于水母的持续增加，水母有可能取代鱼类等大型生物成为海洋生态系统的主导性生物，对海洋生态系统健康带来极大危害，甚至会导致生态系统的灾难（Jackson等，2001；Richardson等，2009）。但也有专家认为，水母将来未必会成为海洋生态系统的统治者，目前缺乏足够的证据说明水母的增加是趋势性还是阶段性（Condon等，2012）。

但孙松等（2012）对胶州湾近20年来小型水母的调查数据显示，胶州湾中的水母种类和数量的确在增加，而且增加的幅度也比较大（图2-20）。与20世纪90年代相比，胶州湾海域的水母种类共增加了20种，总数增加了5倍。因此，不能简单地说生物多样性在减少。孙松认为，随着全球变暖，海水温度上升，热带海域的物种也有可能随之迁移至温带海域，使物种种类发生变化（孙松，2014年10月14日在青岛召开的"全球生物多样性大会"上的报告）。小型水母数量的增多，对胶州湾生物多样性、生态系统的结构与功能等均产生很大影响。孙松（2014）认为，我们不仅要关注海洋生物多样性的变化，更要关注种类的改变、功能群的变化；如许多海域饵料生物被水母等胶质类生物所取代引起生态系统的失衡等问题，海洋生态系统是否会因此发生结构性的改变，进而影响其对人类的服务功能（青岛晚报，2014年10月14日）。

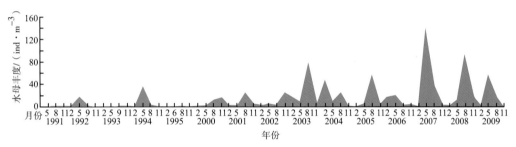

图2-20 胶州湾小型水母丰度长期变化（引自孙松等，2012）

（五）外来物种入侵

外来物种（alien species，exotic species，introduced species，nonindigenous species），是指那些出现在过去或现在物种自然分布及潜在分区之外，经不同载体携带传送而在新分布区出现的物种、亚种或亚型等分类单元，包括其所有可能存活、继而繁殖的部分、配子或繁殖体。相反，过去本地已经存在的物种称为本地种（native species）或固有种及土著种（indigenous species）。对当地生态环境、生物多样性、人类健康和经济发展造成或可能造成危害的外来物种，则被称为入侵物种（invasive species）。外来物种造成损害，即被称为生物入侵（biological invasions）。

人类通过对海洋开发活动，如渔业捕捞、水产养殖引种、水生生物贸易、科学研究、交通运输等途径，都可能会有意或无意引入该区域历史上并未出现过的新物种。另外，通过海流、大气等途径也会自然地传送。

科学引进外来物种，对农业、种植业、养殖业的发展是有益的。例如，我国引进的海湾扇贝（*Argopecten irradians*）、大菱鲆（*Scophthalmus maximus*）等，对发展我国海水养殖业都作出了贡献。但引进互花米草（*Spartina alterniflora*），沙筛贝（*Mytilopsis sallei*）等却有害。

1. 病源微生物和赤潮生物的入侵

海洋病原微生物的入侵，主要是通过水产品贸易和船舶压载水的途径。船舶压载水携带病原微生物、赤潮生物所引发的海洋生态安全问题，已被全球环境基金组织（Global Environment Facility, GEF）认定为威胁海洋的四大原因之一（即陆源对海洋污染、海洋生物资源被掠夺式开发、海洋生物栖息环境受破坏以及船舶压舱水造成的海洋入侵物种对海洋环境的侵害）。据估计，每年在全球各地间转运的船舶压载水约 1×10^{10} t。一艘载重为 1×10^5 t 的货船携带的压载水量可达 $3 \times 10^4 \sim 5 \times 10^4$ t，平均每立方米的压载水有浮游生物 1.1×10^8 个、细菌 1×10^{11} 个、病毒 1×10^{12} 个，每天有 3 000～4 000种生物（包括细菌、病毒、藻类和海洋动物的胚胎、幼体）随压载水在全球海洋中转运、传播（表2-7）。

表2-7 山东省3地港口入境船舶压载水中检出细菌主要种类和检出率

（引自贾俊涛等，2010）

名称	检出率/%		
	烟台	日照	青岛
嗜水气单胞菌（*Aeromonas hydrophila*）	84	67	58
溶藻弧菌（*Vibrio alginolyticus*）	75	67	50
创伤弧菌（*Vibrio vulnificus*）	25	37	33
副溶血弧菌（*Vibrio parahaemolyticus*）	31	17	17
大肠埃希氏菌（*Escherichia coli*）	53	27	75
洋葱伯克霍尔德菌（*Burkholderia cepacia*）	53	30	33
阴沟肠杆菌（*Enterobacter cloacae*）	59	37	50
产气肠杆菌（*Enterobacter aerogenes*）	44	33	50
布氏柠檬酸杆菌（*Citrobacter braakii*）	16	10	25
弗氏柠檬酸杆菌（*Citrobacter freundii*）	38	23	50
解鸟氨酸克雷伯氏菌（*Klebsiella ornithinolytica*）	50	33	42

据澳大利亚检疫局（AQIS）估计，超过172种生物入侵澳大利亚海域，这些入侵物种大都是通过压载水传播的，其中仅腰鞭毛虫（*Pyrocystis lunula*）就造成数亿元的损失。

2006年，在山东省长岛县的南隍城岛附近海域首次发生由塔玛亚历山大藻引发的赤潮，经分析可能也是由压载水带入的，因为在该湾的渔业码头的船压载水中检测到这种藻的孢囊平均数量达3.8×10^5个/升（宗秀凯等，2009）。

2. 互花米草的危害

互花米草（*Spartina alterniflora*）是多年生草本，生长在潮间带，植株耐盐耐淹，抗风浪，种子可以随风传播。互花米草原生长在美国，1979年被引入我国（图2-21）。

图2-21 互花米草

据国家海洋局（2008）报告，互花米草在我国滨海湿地的分布面积已达34 451 hm²，分布范围北起辽宁、南至广西，覆盖了除海南、台湾之外的沿海地区。其中，江苏、浙江、上海和福建四省市的互花米草面积占全国总分布面积的94%。

互花米草的引进，在固滩、护堤方面取得了一定的效益，但其弊大于利。主要原因是互花米草生长蔓延极快，侵占滩涂湿地，且易堵塞航道、影响船只进出港，影响水交换和威胁本土海岸生态系统，如使大片红树林消失等。2003年1月国家环保总局公布了首批入侵我国的16种外来入侵种名单，互花米草作为唯一的海岸盐沼植物名列其中。美国、英国、澳大利亚等国，也采取措施，对互花米草进行控制和清除（Kriwoken，2000）。

四、 过度捕捞和近海养殖对海洋生态系统产生威胁

海洋渔业是人类优质蛋白的一个重要来源，是沿海国家海洋经济的重要组成部分。但随着海洋渔业的迅速发展，其对海洋生态系统的影响也日益显现，特别是过度捕捞和大规模海水养殖，已使海洋生态系统发生了令人担忧的变化，显著影响了渔业的可持续发展。

（一）过度捕捞

世界捕捞和水产养殖的产量从1950年到2010年持续增长（图2-22）。但自1974年联合国粮食及农业组织（Food and Agriculture Organization, FAO）开始监测全球渔业资源种群以来，低度开发和适度开发种群的比例呈持续下降的趋势，从1974年的40%下降至2007年的20%，而被完全开发的种群比例从1974年的50%下降至20世纪90年代的45%，2007年又增加至52%。占世界海洋捕捞业产量的30%的前10位种类多数已被完全或过度开发。例如，秘鲁鳀（*Peruvian anchovy*）在东太平洋的2个主要种群已被完全和过度开发，北太平洋的狭鳕（*Theragra chalcogramma*）已被完全开发，东太平洋的蓝鳕（*Micromesistius poutassou*）也被完全开发。世界上17个主要的渔场现在捕捞产量已达到或超过其渔业资源的承受能力，9个渔场处于渔获量下降的状态。

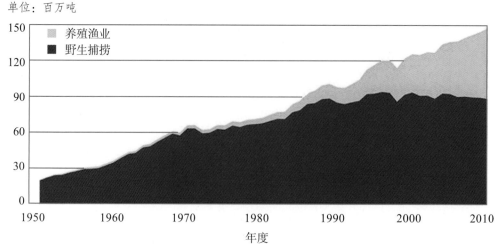

单位：百万吨

图2-22　世界捕捞和水产养殖的产量
（引自《全球渔业与水产养殖状况报告》，2014）

我国海洋渔业资源的开发也由开发利用不足发展到过度捕捞的状态。捕捞过度不仅严重影响了渔业资源的补充，导致渔业群落结构的改变和资源的衰退，并对生态系统产生了严重影响。1982年、1992～1993年、1998年，在渤海用相同的网具和方法前后进行过三次渔业生物调查，结果如表2-8所示。渤海渔业生物资源的数量在16年间发生了显著的变化。

表2-8 渤海水域渔业生物资源指数的年间变化（单位：kg/h）

（引自唐启升等，2012年）

年份	春季（5～6月）		夏季（8月）		秋季（10月）		三个季节平均			
	鱼类	无脊椎动物	鱼类	无脊椎动物	鱼类	无脊椎动物	鱼类			无脊椎动物
							中上层鱼类	底层鱼类	合计	
1982	120.500	7.591	68.802	29.319	99.098	43.804	51.995	43.471	95.466	26.905
1992～1993	48.428	5.227	115.670	19.029	61.868	29.212	53.071	22.251	75.322	17.823
1998	3.029	1.504	4.189	0.392	15.618	3.403	7.014	0.598	7.612	1.766

过度捕捞还改变了捕食者和被捕食者对象的生物关系，改变了生物之间的食物网结构，并使渔获物的质量下降，突出表现在低龄化和小型化，以及性成熟逐渐提前。比如，东海带鱼（*Trichiurus poustassou*），平均肛长已从1963年的256.48 mm减小到1983年的226.29 mm，到2003年只有186.7 mm（林龙山等，2008）。

（二）近海养殖

近海大规模养殖，已促使近海由自然生态系统向半人工生态系统演变。

由于海洋渔业资源衰退，因而世界大多数沿海国家都在加大海水养殖业的发展。我国是世界最大的海水养殖国家，据统计，2010年，我国海水养殖面积为210万公顷，其中鱼类7.9万公顷、甲壳类31万公顷、贝类130万公顷、藻类12万公顷。另外，还有100多万公顷的池塘和底播养殖面积。

海水养殖业在发展渔业经济、增加水产品供应、扩大就业和渔民增收方面都有重要的作用，但大规模养殖对近海生态环境和生态系统也产生了许多负面影响，如养殖带来的自身污染，与自然生物种群竞争食物和空间，对典型生态系统造成威胁等（图2-23）。

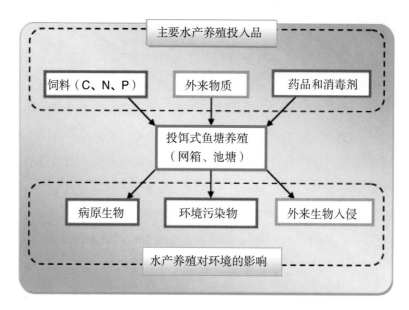

图2-23　海水养殖的生态环境安全问题

（引自《中国海洋与海岸工程生态安全中若干科学问题及对策建议》，2014）

小结

本章列举的事实已充分表明，全球海洋和陆地生态系统正在退化。联合国《千年生态系统评估》的钟声应当进一步唤起世人的警醒！为了保护人类共同的家园，我们一方面要采取更有效的政策和制度保护海洋和陆地生态系统；另一方面，要通过科学研究，采取综合的科学、工程技术对已经受到损害和退化的生态系统进行恢复。

思考题

1. 举例说明你所了解的海洋或陆地生态系统受损、退化的实例，并分析其原因、危害和恢复措施。

2. 简述我国沿海有哪些典型的海洋生态系统，其地理分布、主要生态特征、现状及其在海洋生态文明建设中的作用。

3. 简述近半个世纪以来，我国沿海发生过哪些生态灾害，并说明其频率、规模、危害和产生的原因。

4. 评述海水养殖的利与弊。

拓展阅读资料

1. Millennium Ecosystem Assessment. Millennium ecosystem assessment synthesis report [R]. 2005. http://www.millenniumassessment.

2. IOC/UNESCO, IMO, FAO, UNDP. United Nations Conference on Sustainable Development: a blueprint for ocean and coastal sustainability [R]. Paris: IOC/UNESCO, 2011.

3. International geosphere-biosphere programme "Anthropocene the geology of humanity" [R]. Global Change, 2012.

4. 中国环境与发展国际合作委员会. 生态系统管理与绿色发展[R]. 北京：中国环境科学出版社，2010.

5. 俞志明，沈志良. 长江口水域富营养化[M]. 北京：科学出版社，2011.

6. 吴桑云，王文海，丰爱平，等. 我国海湾开发活动及其环境效应[M]. 北京：海洋出版社，2011.

第三章 海洋恢复生态学发展简史

恢复生态学诞生于20世纪七八十年代，90年代开始成长较迅速，进入21世纪得到全面发展。海洋恢复生态学的发展，大体与恢复生态学同步，但稍滞后。推动学科发展的，首先是社会、经济发展的需求，而科学家的创新思维、积极探索和实践也是学科发展的有力推动者。

每个学科的发展，都经历过孕育、诞生、生长和走向成熟的历程。了解恢复生态学学科的发展历史，为的是更好地加深对学科在科学技术、社会和经济发展中的意义和作用的理解；领悟创新思维和科学实践在学科发展中的贡献；总结经验、吸取教训，更好地沿着已开辟的路径脚踏实地使学科走向成熟。

第一节 恢复生态学的发展简史

虽然海洋环境和海洋生态系统与陆地有明显的差异，而已有的恢复生态学理论、技术方法又大多是基于山地、草原、森林和野生生物等方面的研究成果，但由于生态系统的结构与功能有其共性，且陆地和淡水的生态恢复在理论和实践方面已积累了较丰富的成果，很值得海洋恢复生态学学习和借鉴；为此，有必要对恢复生态学的发展简史先加以介绍。

一、恢复生态学的起源

（一）社会经济发展的需要是学科发展之源

生态恢复的基本理念可以溯源于农业文明，古代农业社会的轮作、休耕等农作保护措施可以认为是早期恢复生态学的朴素思维和原始的应用实践。但恢复生态学被正式命名和成为一门独立科学，距今还不到30年的时间。Ehrenfeld（2000）认为恢复生态学起源于4个方面：一是源于保护生物学，其物种和稀有或濒危群落的保护部分依赖于生态恢复的手段；二是源于地理与景观生态学，该领域一般以流域为研究单元，且目前已逐步融入生态系统管理的范畴，实现生态系统的管理则是生态恢复的一个目标；三是源于湿地生态恢复的研究，其目标则强调生态系统的服务功能；四是源于矿业废弃地等极端退化土地的生态恢复，其目标是建立功能性生态系统。

Daily（1995）在*Science*上发表论文，阐述了世界退化土地恢复的必要性。他认为理由有四点，即需要作物产量增加以满足人类的需求、人类活动已对地球的能量和大气循环产生严重的影响、生物多样性依赖于人类的保护和生境恢复以及土地退化限制了国民经济的发展。这实际上也较深刻地阐明了恢复生态学发展的动因。

（二）科学家的创造性思维和实践推动发展

黄铭洪（2003）认为，恢复生态学是十几位科学家对三种主要生态系统恢复的思考所凝聚而成的。

首先是Leopold（1935）与其助手一起，在美国Wisconsin-Madison大学植物园，恢复了Wisconsin和中西部地区的24 hm²草地生态系统。当时他们的目的是致力于建立几个典型的、具有展示作用的生态系统。他们认为，一个生态系统保持整体性、稳定性和生物群体的美丽就是好的。这项工作，实际上就是较大尺度、最早的、系统的生态系统恢复实践。通过这项工作，参与该项目的科学家不仅进一步认识到草原恢复和维护的重要性，而且在恢复过程中有许多值得思考和研究的内容。不少恢复生态学家也从中得到启迪，如著名恢复生态学家Jordan（1987），他认为该项恢复工作成为他提出恢复生态学的初衷。

其次是英、美、澳大利亚和加拿大等国，自20世纪以来对矿业废弃地的生态恢复的研究和实践。这是恢复生态学思想的主要策源地，尤其是被誉为恢复生态学奠基人的Bradshaw在英国矿业废弃地的实践及其对恢复生态学理论和思想的贡献。

再者，农业活动是恢复生态学的一个重要研究平台，不仅可以从中得到重要的启迪，也是恢复生态学很好的试验地，可以检验恢复生态学理论。

二、恢复生态学的诞生与成长

20世纪50~60年代，欧洲、北美和中国都注意到各自的环境问题，开展了一些工程与生物相结合的矿山、水体、林地和水土流失等环境的恢复和治理工作，恢复生态学也随之成长。

（一）诞生与起始成长期

1973年，Farnworth 和 Golley 编著了《脆弱的生态系统》（*Fragile Ecosystem*）一书，提出了热带雨林恢复的研究方向。

1975年，在美国弗吉尼亚理工大学（Virginia Polytechnic Institute and State University）召开了题为"受损生态系统的恢复"（Recovery and Restoration of Damaged Ecosystems）的国际会议，第一次专门讨论了受损生态系统的恢复、重建和生态恢复过程中的原理、概念与特征等重要的生态学问题，并呼吁要加强对受损生态系统基础数据的收集与生态恢复技术、措施等方面的研究。

1980年，Carins 主编的《受损生态系统的恢复过程》（*The Recovery Process in Damaged Ecosystem*）一书出版，8位科学家从不同的角度探讨了受损生态系统恢复过程中的重要生态学理论和应用问题。

同一年，Bradshaw 和 Chadwick 出版了《土地的恢复、退化土地和废弃地的改造与生态学》（*The Restoration of Land, The Ecology and Reclamation of Derelict and Degraded Land*）。此书较全面地总结了他们在矿业废弃地进行生态修复的研究成果。

1983年，在美国召开了"干扰与生态系统"国际研讨会，探讨了干扰对生态系统不同层次的影响。

1984年，在美国威斯康星大学召开了恢复生态学研讨会，300多位生态学家出席了会议，会议提交的论文强调了恢复生态学中理论与实践的统一性，并提出了恢复生态学在保护与开发中起桥梁作用的观点。

1985年，是恢复生态学发展中的一个重要节点，主要表现在以下三点：第一，Aber 和 Jordan 提出了恢复生态学的科学术语；第二，美国成立了"恢复地球"组织，该组织成立后开展了森林、草地、海岸带、矿地、流域、湿地等生态恢复实践，并出版了一系列专著；第三，国际恢复生态学会（The Society for Ecological Restoration International, SER）在美国成立，这标志着恢复生态学学科的正式诞生。

紧接着 Bradshaw 于1987年提出了生态恢复是检验生态学理论的酸性试验（acid test），这是恢复生态学的核心思想之一。

同年，Jordan 等出版了《恢复生态学：生态学研究的综合途径》（*Restoration*

Ecology: A Synthetic Approach to Ecological Research）。该书详细介绍了栖息地生态恢复的科学理论与实践方法。恢复生态学被初步确定为生态学的一门新的应用性分支学科。

1989年9月，在意大利举行的第五次欧洲生态学会研讨会上，将受损生态系统的恢复作为会议讨论的主要议题之一。

（二）快速成长期

进入20世纪90年代，恢复生态学进入快速成长期，学术会议频繁召开，论文、专著增多。

1991年，在澳大利亚举行了"热带退化林地的恢复国际研讨会"。

在恢复生态学的发展进程中，1993年又是一个关键年份。

首先是国际生态恢复学会主办的 *Restoration Ecology* 期刊创刊，开始发表国际上恢复生态学领域前沿的学术研究成果，有力地促进恢复生态学的发展。其次，英国著名恢复生态学家Bradshaw 在该刊发表了 *Restoration Ecology as a Science* 重要论文，进一步确立了恢复生态学的学科地位及其在退化生态系统中的理论意义。还值得提出的是，同年在香港举行了"华南退化坡地恢复与利用"国际研讨会，较深入地探讨了我国华南地区退化坡地的形成及恢复问题。

1994年，在英国举行的第6届国际生态学研讨会上，恢复生态学被列为现代生态学15个主要议题之一。

Urbanska 和 Grodzinshn 于1995年编辑出版了《恢复生态学在欧洲》（*Restoration Ecology in Europe*），系统介绍了欧洲恢复生态学的主要实践和研究成果。

1996年，国际恢复生态学会在瑞士召开了第一届国际恢复生态学会，会议着重指出了恢复生态学在生态学中的重要地位，并强调了恢复生态学的独立性和重要性。这次大会，进一步推动了恢复生态学在世界范围内的快速发展。

国际著名的 *Science* 期刊，1997年连续刊载了7篇关于恢复生态的论文，较深入地探讨了不同退化生态系统恢复、重建的机制和途径。同年，Urbanska等人，编著出版了《恢复生态学与可持续发展》（*Restoration Ecology and Sustainable Development*）一书，论述了生态恢复与可持续发展的关系，并把可持续发展融入到恢复生态学的理论体系中，促使恢复生态学与社会、经济发展的联系更加密切。

（三）全面发展期

进入新世纪，恢复生态学得到全面发展，并逐渐走向成熟。恢复生态学成为生态学、环境科学、社会科学的热门议题，一些新的观念、新的成果不断涌现。

目前，世界各国每年有越来越多的研究成果和论文发表，论文除了在恢复生态学期刊，如 *Restoration Ecology, Ecological Restoration, Ecological Management and Restoration, Restoration and Reclamation Review, Land Degradation and Development, Ecological Engineering* 发表外，还有一些研究论文在 *Science*、*Nature* 以及相关专业刊物上发表。*Ecology Abstracts* 等国际性文摘，也开辟专栏转载恢复生态学的成果。

一些创新性的思维、理念不断被提出。比如，2000年在英国召开了第12届国际恢复生态学大会，其科学主题是"以创新理论深入推进恢复生态学的自然与社会实践"。此次大会强调恢复生态学的实践依赖于其理论创新；特别提出了恢复生态学的生态哲学观；强调恢复生态学的研究必须进行学科交叉，必须实行专家、政府和民众的充分合作。

2001年在加拿大召开了第13届国际生态恢复大会，其科学主题是"跨越边界的生态恢复"。会议议题着重围绕跨越美国和加拿大的世界著名的"大湖"（Great Lake）区域的生态恢复"展开。会议强调指出，生态系统的结构和功能只有自然边界，而没有政治边界。

Hobbs（2001）指出，如果我们坚持保护我们的星球，地球的生态系统的修复及其提供的服务将是我们生存战略的重要组成部分。恢复生态学要应对这一挑战，应当具备以下条件：具有一个足够成熟的概念或广泛应用的理论基础；具有一个适当的战略或战术来应对经常遇到的棘手问题；具有融入政策和实践的足够通路，使它能快速并有效地应用。Hobbs还指出，生态修复是土地管理在当今世界不可或缺的组成部分。

2002年，在美国召开了第87届美国生态学会年会暨第14届国际恢复生态学大会。其主题是"了解和恢复生态系统"，强调生态系统的理论和概念是生态恢复实践的理论基础。

在2003年以"生态恢复、设计和景观生态学"为主题的第15届国际恢复生态学大会上，着重指出了设计和景观在生态恢复中的重要性，并强调设计不要违背生态学的基本原则。

应着重指出的是，2004年国际恢复生态学会提出了判断生态系统恢复是否成功的九个标准。包括具有与参考点相似的多样性和群落结构、原生种的出现，维持长期稳定性所必需的功能群的出现、正常功能的发挥、对自然干扰的弹性、潜在压力的消除、物理环境维持种群持续性的能力、与景观的融合性和自我维持性。

以"生态恢复的全球性挑战"为主题的第17届国际恢复生态学大会（2005年），

强调从生态系统到全球的生态恢复尺度，从科技到文化的生态恢复方式。

2007年在美国召开的第18届国际恢复生态学大会，围绕"变化世界中的生态恢复"这个主题，充分显示了恢复生态学的理论体系已与全球热点研究领域，如全球变化、生物多样性，以及与可持续发展有关的农业、草地、湿地、森林等的生态恢复问题紧密相连。

同年，Temperton（2007）指出，生态恢复必须进行模式的转变。首先必须改变理论与实践脱节的研究模式，实行实践与理论紧密相结合；其次要改变生态恢复与社会、管理、艺术脱节的现象，实行科学与艺术相结合。Choi（2007）认为，恢复生态学是保护生物多样性和生态完整性的一个新的策略，是生态理论走向实践的适应性试金石和一个未来的希望。

世界自然保护联盟世界保护区委员会2012年在韩国济州岛发布了《保护区生态恢复：原则、准则和最佳实践》（*Ecological Restoration for Protected Areas: Principles, Guidelines and Best Practices*）指南，对保护区的生态恢复有指导意义。

值得提出的是，2012年1月，在印度海得拉巴举行的生物多样性公约（CBD）缔约方的第11次会议，有来自193个国家和地区的8 000多名代表出席。会议认为，生态系统恢复是公认的建设可持续发展的人类居住星球保护计划的一个关键组成部分，恢复生态学家越来越被要求参与大型项目，解决迫在眉睫的环境危机和挑战。在会上，印度提出了"海得拉巴路线图"，建议168个生物多样性签字国共同努力，为在未来15年恢复和重建世界各地退化生态系统和景观的目标而共同努力。会议认为，在全球生态系统层面上的生态修复，需要政府间组织（IGO）或者非政府间组织（NGO）的通力合作。在这次会议上，有一些国家提出了国家或区域尺度的生态系统修复规划，如印度提出了"绿色革命"（National Mission of Green India）、韩国提出了"绿色增长战略"（National Strategy for Green Growth），以及南非的"长期水工作计划"（Working for Water Programme）、卢旺达"森林和景观恢复计划"（Rwanda Forest Landscape Restoration Programme）、巴西的"大西洋森林恢复契约"（Atlantic Forest Restoration Pact）等（Aronson，2013）。

三、我国恢复生态学的发展简史

（一）我国是较早开展恢复生态实践的国家

从20世纪50年代开始，我国就开始对退化生态系统进行定期定位观测、试验和综合整治研究。1959年，余作岳等人在广东开展热带沿海台地退化生态系统的植被恢复技术与机制研究。之后，有不少学者先后开展了退化草原的恢复，北方干旱、半干旱地区"三北"防护林工程建设，长江、沿海防护林工程建设和太行山绿化工程，在农牧交错区、风蚀水蚀区、干旱荒漠区、丘陵、山地、干热河谷等生态退化或脆弱区的生态恢复，以及淮河、太湖、珠江、辽河、黄河流域防护林工程建设，还有大兴安岭火烧迹地森林恢复，阔叶红松杉生态系统恢复，山地生态系统恢复重建，沙地与荒漠生态系统恢复等研究项目（任海和彭少麟，2001）。除外，90年代还开始重视湖泊的退田还湖，污染防治和生态恢复，如云南省的滇池、山东省的微山湖、湖北省的东湖等等。

还应该提出的是，国家开始通过立法保护生态恢复工作。例如，1997年开始实施的《中华人民共和国矿产资源法》规定，"开采矿产资源，应该节约闲地。耕地、草原、林地因采矿受到破坏的矿山企业应当因地制宜地采取复垦，植树种草或其他措施"。在我国，有些露天开采的矿山，生态恢复和重建工作做得很好。例如，在20世纪90年代，山东莱西把石墨矿露天开采破坏的山地、坡地因地制宜加以恢复，并种植果树、蔬菜或修建成养鱼池。

（二）近十多年有了较快的发展

20世纪末以来，国家先后实行了退耕还林（草）工程、天然森林保护工程、退牧还草工程、"三北"防护林体系建设工程、京津风沙源治理工程等生态工程建设项目。国家和许多省、市还制定了生态建设规划纲要。在纲要中，突出了循环经济、防治环境污染、防止生态破坏和生态恢复的内容。例如，《山东生态省建设规划纲要》（2003），规定了"开展湿地生态系统的恢复与重建工作"，"对已经破坏的矿区要采取各种恢复和治理措施，最大限度维持良好的矿区自然景观"，"全省25°坡以上的坡耕地全部实施退耕还林"，"对城市周边、铁路、高速公路、国道、省道两侧可视范围内已被破坏的山体进行生态环境恢复"等。上述重大生态工程建设和生态规划纲要，极大促进了我国恢复生态学研究与实践的发展。

（三）我国学者对恢复生态学的贡献

近十多年来，我国学者在恢复生态学理论、技术和方法上也做了许多工作，论文越来越多，并且出版了一些专著或教科书。

陈昌笃（1993）在其《持续发展与生态学》一书中，提出了"恢复生态学在一定意义上是一门生态工程学，或是一门在生态系统水平上的生物技术学"的科学见解，对恢复生态学的定位和发展有指导意义。

20世纪90年代中期，中国科学院先后出版了《热带亚热带退化生态系统的植被恢复生态学研究》和《中国退化生态系统》等专著，提出了一些适合我国国情的恢复生态学研究理论和方法体系。应当指出的是，章家恩和徐琪（1999）在其《恢复生态学研究的一些基本问题探讨》一文中，较全面地论述了恢复生态学研究的理论、应用技术、生态恢复的原则，以及步骤等基本问题，对开展生态恢复研究和应用都有指导性作用。

盛连喜（2000）将受损生态系统特征归纳为八个方面，即生物多样性变化、系统结构简单化、食物网破裂、能量流动效率降低、物质循环不畅或受阻、生产力下降、其他服务功能减弱、系统稳定性降低。

进入21世纪后，张永泽和王垣（2001）提出湿地生态恢复可概括为湿地生境恢复、湿地生物恢复和湿地生态结构与功能恢复三个部分。这实际上将生物修复纳入了生态修复中。

21世纪头十年，我国先后出版了多部生态恢复专著和大学生态恢复教科书。如《恢复生态学导论》（任海，彭少麟，科学出版社，2001），《生态恢复的原理与方法》（赵晓英，中国环境科学出版社，2001），《环境生态学导论》（盛连喜，高等教育出版社，2002），《热带亚热带恢复生态学研究与实践》（彭少麟，科学出版社，2003），《恢复生态学》（孙书存，包维楷，化学工业出版社，2005），《生态恢复的原理与实践》（李洪远，鞠美庭，化学工业出版社，2005），以及《恢复生态学》（董世魁，刘世梁等，高等教育出版社，2009）等。这些专著和教材反映了我国恢复生态学走过的历程和取得的成就。

近几年，我国政府对生态恢复工作高度重视，将实施重大生态修复工程作为生态文明建设的一项重要内容写入中共十八大报告中，并在《中共中央关于全面深化改革若干重大问题的决定》中，提出了要完善环境治理和生态修复制度。

关于推进区域性、整体性生态修复，在中央文件中有绝妙的表述："我们要认识到山水林田湖是一个生命共同体，人的命脉在田，田的命脉在水，水的命脉在山，山的命脉在土，土的命脉在树。用途管制和生态修复必须遵循自然规律，如果种树的只管种树、治水的只管治水、护田的单纯护田，很容易顾此失彼，最终造成生态的系统性破坏。由一个部门负责领土范围内所有国土空间用途管制职责，对山水林田湖进行统一保护、统一修复是十分必要的"（关于《中共中央关于全面深化改革若干重大问题决定》的说明）。

第二节　海洋恢复生态学的发展简史

海洋恢复生态学是随着海洋资源的大开发、海洋环境保护的深入开展而发展起来的。

国际海洋环境保护大体经历了三个阶段：第一阶段，20世纪50年代，人们开始关注海洋的污染问题；第二阶段，大致从80年代起，一些发达国家的关注点从海洋环境污染拓展到海洋生态恶化问题；第三阶段，从90年代以来，可持续发展思想引入海洋环保领域，海洋生态修复、基于生态系统的海洋管理、以及全球环境变化等问题成为新的关注热点。

20世纪50年代，就有学者提出了关于人工构建海洋生态系统的思路。比如，我国著名海洋学家曾呈奎院士于1953年9月在《生物学通报》发表文章，提出应在海底营造"海底森林"，或者叫"海底藻林"。在海底种植海藻，一方面可以满足我们对海藻日益增长的需求，另一方面可以形成"海洋牧场"，为幼鱼及其他具有经济价值的海产动物供给必要的食物和保护。但在当时，海洋恢复生态的工作并未引起人们重视。

半个多世纪以来，海洋环境污染、滨海湿地急剧锐减、近海生态系统退化严重，加之全球气候变化等重大问题出现。为了实现可持续发展，人们开始重视海洋生态修复。与此同时，也由于恢复生态学已破壳而出，大量陆地退化生态恢复成果涌现，这对海洋恢复生态学的发展起了助推的作用。

我国海洋恢复生态学的发展，虽然起步稍晚些，但发展较迅速，大体与世界同步。目前已开展的工作，主要在生境修复和景观生态恢复、生物资源恢复和生态系统恢复等方面。

一、　生境恢复和景观恢复

国内外已开展的工作主要包括河口、海湾污染的生物防治、湿地生态恢复、海岸和海岛生态景观恢复，以及沙滩（浴场）的修复。大多恢复工作与工程技术措施相结合，主要集中在海域石油污染的微生物修复和富营养化海域的藻类修复等方面。

（一）石油污染的微生物修复

世界沿海每年都发生数十起严重油污染事故，导致数十、甚至上千千米海岸和近海水域受到严重油污染。虽然污染事故发生后，可采用物理方法（如围油栏、撇油和消油器材等）、化学方法（消油剂）处理，但普遍认为，要较好的消除海水表层、水体和沉积物中的油污，用微生物是较好的技术。

对海洋溢油的生物修复工作，大致经历了基础研究（1970年以前）、实验性消除油污（1970～1989年）、以及海上现场应用（1989年之后）等三个阶段。

1. 基础研究

有学者早在1925年就提出了细菌在海洋去除油污的过程中起着重要作用的有见识的论断。但在海洋微生物对石油烃的降解方面所进行的较系统的研究，当属以著名微生物学家Zobell领导的研究小组在20世纪40～60年代的工作。1973年，Zobell报道，能够降解石油烃类的微生物共有70个属200余种，其中28个属为细菌，30个属为丝状真菌，12个属为酵母（Zobell，1973）。

在我国，丁美丽等人于1979年报道了对青岛胶州湾石油降解菌的调查结果，开创了我国微生物降解石油烃研究的先河。随后，国家海洋局第三、第一研究所和山东海洋学院也先后开展了微生物降解石油烃的室内研究。丁美丽、贺建才等人于1989年还在东营胜利油田人工池塘开展了胜利原油降解的试验研究，他们发现不仅微生物对石油烃有降解作用，而且有的单细胞藻类也具有降解石油烃的能力。

大量的实验研究表明，微生物对石油烃的降解（degradation）是在一系列酶的作用下完成的。事实上，只要条件合适，微生物几乎能够降解所有的石油烃，包括了3，4-苯并芘等致癌的多环芳烃（图3-1）。一般来说，一种微生物只能降解一种或少数几种烃类，微生物对烃类的降解具有选择性，对脂肪烃的降解比芳烃容易；降解饱和烃比非饱和烃容易；对直链烃的降解比分支烃容易。

2. 消除油污的生物修复试验

Tagger等（1983），选择在法国Embiez岛上一个已废盐池，灌注海水，用120 cm高的半硬塑料布进行围隔试验，观察海洋烃类氧化菌的混合培养物对阿拉伯轻质原油的消油效果。结果表明，当油溢进入水体中，石油烃能诱发海水中存在的烃类氧化菌生长、并降解石油烃；水体中氮、磷营养盐对细菌的生长很重要，当营养盐成为限制因子时，外加细菌混合培养物并不起重要作用。在美国特拉华州Fowler海岸的中～粗颗粒砂质海滩进行外加矿物营养盐和接种微生物试验，也得出了污染区域营养盐的浓度是决定要不要采用微生物修复的重要因素。

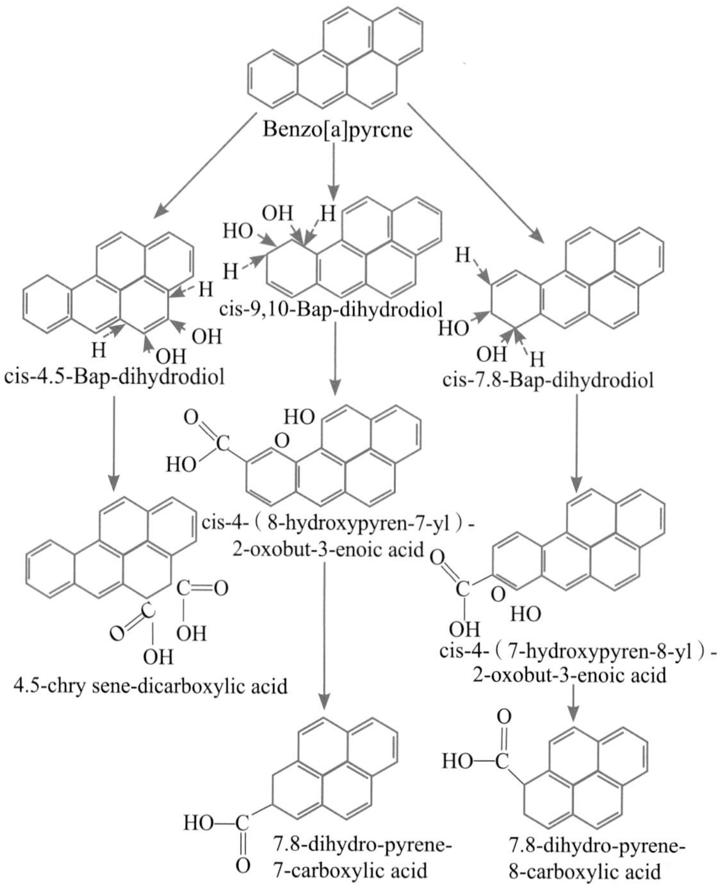

图3-1　细菌降解苯并芘（BaP）的可能途径（引自Juhasz，2000）

Swannel等（1999）在英国西南海岸的Stert沼池内，研究了细颗粒物类型海岸的油污染生物修复。结果表明，在被石油污染的区块上施加营养物使石油降解菌的数量增加了10倍。这证明，在微生物修复埋藏在细颗粒物沉积物中石油烃的过程中，施加适量营养物质是可行的。但将微生物修复技术应用于沉积物、水缺氧区以及大多数细颗粒岸线上时，氧气的限制作用最值得关注（Head等，1999）。

又据Ramsay（2000）报道，他们在澳大利亚Glastone港对受到油污染的红树林进行生物修复。针对绝大多数红树林土壤在2 mm以下是缺氧区的情况，他们采用向土壤下2~3 cm供氧和添加肥料的办法。研究表明，与未经处理的油污区比较，试验点的烷烃降解菌的数量增加了1 000倍，芳烃降解菌增加了100倍。结果说明，供氧和供肥料显著刺激了土著微生物的生长，这将加快对石油烃的降解。

3. 现场微生物修复试验

目前认为，首次应用微生物修复海上油污染的成功案例是1989年超级油轮Exxon

Valdez 在阿拉斯加威廉王子湾触礁后，美国环保局联合Exxon公司以及阿拉斯加州政府对油污染海湾的微生物修复应用研究。

因为该湾营养盐（尤其是氮源）严重不足，但并不缺少降解石油的微生物，因此添加营养剂成为生物修复的关键。在1989~1992年期间，使用了三种类型的营养剂（或肥料），共向120 km的石油污染海岸线施加了含50 t氮和5 t磷的生物修复剂。结果表明：以30个碳原子的17α(H), 21β(H)–藿烷作为内标，施加营养剂的区域比未加的消油速率快将近5倍（Bragg等，1994）；明显比未处理的海滩外观上要清洁得多（Prichard等，1991）；且经过对虾类毒性试验，认为所使用的生物修复剂未对环境带来不良的影响（Prince等，1994）。

在现场应用取得成功后，美国环保公司开发出了很多生物修复产品，包括微生物菌剂和营养剂。但据Aldrett等（1997）报道，在美国国家应急计划（NCP）所列出的生物修复产品中，选出12种菌剂和1种营养剂进行实验，发现只有3种产品能显著地促进生物降解。

油污染海滩的生物修复，外加的微生物可能面临许多压力，包括与土著微生物的竞争作用，修复环境中污染物的毒性，以及环境中生态的适应性等。海滩受油污染后，是否采用生物修复方法，还应该考虑其对生物修复是否敏感。在通常情况下，敏感度与海岸线对波浪及潮汐能的暴露或掩蔽程度、海岸线的坡度、溢油品种及数量、海滩的生物相等密切相关。Mearns（1997）列出了海岸线的敏感性指标（表3–1）。从表中可见，高能量（暴露型）海岸线用微生物修复并不适宜，因为过强的波浪冲刷会显著影响修复的效果。

表3–1 海岸线的敏感指标

敏感性	指数	海岸线类型
最不敏感（高能）	1	暴露型岩石滩、暴露型海岸
比较敏感	2	暴露型浪蚀阶地
	3	细~中砂沙滩
	4	粗砂沙滩
	5	砂砾滩
	6	砾石滩、乱石护坡
中等敏感	7	暴露型潮地
	8	掩蔽型岩石滩、掩蔽型护岸

续表

敏感性	指数	海岸线类型
比较敏感	9	掩蔽型潮地
最敏感	10	沼泽地、红树林、低地苔原

另据报道，在污染现场接种外来微生物进行油污染修复，似乎只有1990年在墨西哥湾和1991年在德克萨斯海岸获得了成功（Hozumi等，2000）。

（二）富营养化水域的生物修复

对有机污染和富营养化水域，用微生物和海藻进行生物修复的研究工作较多。

对虾、鱼类的养殖池，尤其是养成池塘，不可避免的会有残饵、养殖生物的排泄物和分泌物等污染物。据报告，在一些高密度的对虾养殖池，每公顷虾池每年要产出总氮约1 500 kg、总磷约400 kg（Group of Experts on the Scientific Aspects of Marine Environmental Protection（GESAMP），1996）。经估算，我国每生产300 kg对虾，大约要产出排泄物180 kg、分泌物30～60 kg。在斑节对虾（*Penaeus monodon*）精养池中，饵料中80%的氮残留在池底。

为了防治养殖池塘的有机污染和降低富营养化水平，自20世纪90年代起，我国和东南亚的一些国家，采取了许多改善养殖池塘水质、底质的措施。例如，用漂白粉、双氧水氧化有机质、杀菌、增氧，用麦饭石等吸附氨氮，用光合细菌降解有机质、吸收氨氮、增氧，鱼和虾混养等，都取得了较好的效果。尤其是用光合细菌处理水质的效果最好。在上述应用的基础上，又进一步采取多种生物相互配合，一种生物的代谢产物可以作为另一种生物的营养物质被吸收利用，互利互惠、协同消除污染物，更好地改善养殖环境。经许多试验表明，用藻、菌与对虾混养，会取得更好的效果。

1. 微生物的生物修复

用微生物改善养殖环境，其研究和开发应用已有几十年的历史。日本、加拿大、中国等国家都有较成熟的经验。尤其是日本，从1965年起就开展了光合细菌应用于水产养殖的研究。

目前，调节养殖环境的菌种类型主要有以下几种。

光合细菌。其广泛分布于江、河、湖、海和土壤中，是一类有光合作用能力的异养微生物。光合细菌主要是红螺菌科（Rhodospirillaceae）、外硫红螺菌科（Chromatiaceae）、绿曲菌科（Chloroflexaceae）、绿菌科（Chlorobiaceae）中的物种。它们能利用小分子有机物而非二氧化碳合成自身生长繁殖所需的各种养分。光合细菌因具有光合色素，呈现淡粉红色，能在厌氧和光照条件下，利用化合物中的氢进行不产生氧的光合作用，将有机质或硫化氢等物质加以吸收利用，使水质得以净化。但光合细菌不能氧化大分子有机物，对有机物污染严重的底泥作用不明显。我国沿海已生产各种光合细菌菌剂。有关行业标准规定，光合细菌制剂中，光合细菌的细菌总数每毫升不得低于30亿，活菌总数每毫升不得低于20亿。

芽孢杆菌。目前应用的芽孢杆菌主要以枯草芽孢杆菌（*Bacillus subtilis*）、地衣芽孢杆菌（*Bacillus licheniformis*）、蜡样芽胞杆菌（*Bacillus cereus, Frank land*）及巨大芽孢杆菌（*Bacillus megaterium*）为主。芽孢杆菌对不良环境的抵抗力强，且具有较高的蛋白酶、脂肪酶和淀粉酶活性，可以弥补光合细菌的不足。

硝化细菌。它是一类好氧、自营性微生物。硝化细菌包括两个不同的代谢群：一个是亚硝酸菌属（*Nitrosomonas*），在水中可将氨氧化成亚硝酸；另一个是硝酸菌属（*Nitrobacter*），可将亚硝酸分子氧化成硝酸分子。硝化细菌在pH为中性或弱碱性、氧含量高的情况下作用最佳（赵学伟等，2003）。

李君华等（2013）在刺参养殖过程中投喂光合细菌和芽孢杆菌混合剂。结果表明，投喂微生物制剂的实验组，水体中的氨氮、亚硝酸氮的浓度比对照组分别降低了48%和60%。黄永庆等（2004）用微生物制剂投喂鱼和对虾，养殖水体中的氨氮下降了68.7%～75%，亚硝酸盐下降了81.25%～83.33%。

又如，在日本板屋湾养殖筏架附近海底，其污泥厚达2 m以上，但自投放芽孢杆菌2个月后，污泥厚度减少了20 cm（佐贺新闻，1994）。丁美丽和崔竞进（1997）曾在山东省文登市高岛盐场养虾场进行试验，他们用2个3.3 hm²虾池进行对比实验。每月投放几株紫色无硫细菌（*Rhodopseudomonas* sp.）混合液。2个月后，与对照池比较，加菌养殖池水中溶解氧明显上升，而氨氮和亚硝酸氮分别下降了26%和50%。

2. 海藻的生物修复

大型海藻在生长过程中可吸收海水中的氮和磷等营养物质，当被人们从海区收获到陆地的同时，将大量积累在海藻体内的氮、磷从海水中去除，从而减轻养殖池塘、海区的富营养化。在选择用于减轻海水富营养化的大型海藻时有两个前提：一是选用大型经济类海藻，如海带（*Laminaria japonica*）、裙带菜（*Undaria pinnatifida*）、紫菜（*Porphyra*）、江蓠（*Gracilaria*）、羊栖菜（*Hizikia fusiformis*）、麒麟菜（*Eucheuma muricatum*）等；二是容易进行人工养殖和收获的大型海藻。

吴汪黔生等（1997）曾用异枝麒麟菜与合浦大珠母贝（*Pinctada martensii*）混养，结果既改善了水质，又提高了产量。

在对虾养殖池中，藻和菌协同改善环境和物流（图3-2）。在养虾池中养殖大型海藻，应选择分布广、易取材、抗逆性强、能适应复杂虾池环境，且具有较强降低氨氮和亚硝酸氮的能力，而对对虾没有负面影响的大型海藻。丁美丽（1999）经多次实验，认为在对虾养殖池中，石莼是符合上述要求的一种海藻。实验室实验表明，在含氨氮（1.1 mg/L）、亚硝酸氮（0.007 5 mg/L）的2 L海水中，加入湿重2.5 g的孔石莼等，放置在温室21℃左右的北面窗台上，经48 h培育后，氨氮和亚硝酸氮分别下降了97.99%和75.90%；其中除了微生物转化和理化反应外，余下部分几乎都是被孔石莼所吸收。可见，石莼净化能力显著。

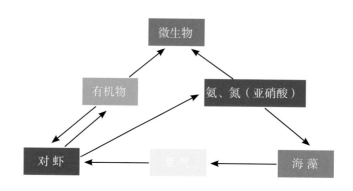

图3-2　虾池中藻、菌协同改善环境和物流示意图

在工厂化海水养殖方面，目前一些发达国家，如美国、加拿大、法国、以色列、智利和韩国等，都致力于从事综合循环养殖系统的研究。海水综合养殖循环系统是将海藻养殖与海水鱼类集约化养殖结合起来形成的一种新型循环养殖技术。海水鱼类养殖排出的污水中所含的氮和磷被海藻大量吸收利用，经过海藻处理的海水又循环回到鱼类养殖池再利用，达到既不造成水域的环境污染，又可使鱼和藻健康生长的效果。据估算，以江蓠为例，1 hm²水面养殖的江蓠可以去除230 t养殖鱼类产生的1 020 kg氮和375 kg磷。

有关利用大型海藻吸收海水中营养盐以净化水质的试验已有很多报道。欧盟曾启动"欧盟环境项目海洋富营养化和底栖大型植物"（EU - ENVIRONMENT Project Marine Eutrophication and Benthic Macrophytes, EUMAC）计划，着重研究大型海藻在欧洲沿岸海域富营养化过程中的响应与利用。Troell等（1997）在智利南部海上鲑鱼网箱养殖区吊养江蓠，与对照区对比，江蓠生长率提高了40%，并吸收了5%的无机氮和27%的无机磷。在夏威夷的虾池排水沟中养殖江蓠，减轻了养殖污水对环境的污染，并使污水中的营养物质得到利用（Nelson等，2001）。

利用大型藻类对养殖海区或海湾富营养化进行生物修复，我国学者也进行了许多研究。

黄道建等（2005）通过测定比较了几种大型海藻在生长旺盛阶段，藻体总氮和总磷的含量，筛选出石莼和羽藻（*Bryopsis plumose*）可以作为富营养化水域修复的海藻。

汤坤贤等（2005）研究了菊花心江蓠（*Gracilaria lichevoides*）在网箱养殖区的生物修复作用。结果表明，菊花心江蓠能有效提高水中的溶解氧，降低水中无机氮和无机磷的浓度。在福建东山岛的经济动物养殖区，用龙须菜（*Gracilaria lemaneiformis*）进行生物修复的研究显示，养殖龙须菜能使网箱养殖区的无机氮和无机磷的消除率达80%以上。

黄道建等（2005）在珠江口的重点污染海域进行了四年的生物修复试验，所得结果也证明，海藻能够吸收水中的氮和磷，具有很好的环境效益。

方建光（2003）指出，北方海域大规模养殖扇贝和海带，因为这两种生物处于不同的生态位，海带通过光合作用吸收海水中的无机营养盐进行生长繁殖，同时释放氧气。而扇贝滤食海水中的浮游植物和有机碎屑等，且排出一定的氮和磷。如将藻类和贝类合理搭配、混养，可达到生态互补、增收的目的。

何培民（2005）认为，紫菜栽培对江苏吕泗海区水质去富营养化有重要作用。经试验和海区水质逐月监测，得到结果如下：紫菜栽培可降低海区水中60%～80%的可溶性无机氮及19%～66%的活性磷；在紫菜栽培期间，吕泗紫菜栽培区水中的无机磷比塘芦港未栽培紫菜海区低38.7%～67.8%。

3. 滩涂植被对污染的修复

沿海淤泥质海滩普遍分布有盐生的植被类型，由盐生和耐盐生的草本和木本植物所组成。盐生植被可划分为红树林、盐生草本和落叶盐生灌丛植被三大类。在我国沿海，红树林分布在热带和亚热带海滩；盐生草本植被主要分布在辽宁到江苏岸段的淤泥海滩，浙江和福建海滩也有零星分布；而盐生灌丛主要分布在温带淤泥海滩。

盐生草本植被是由盐生或耐盐生的一、二年生或多年生植物所组成的植被类型，它们大多分布在海滩的潮上带和潮间带上部，其中肉质型盐生草本以碱蓬属（*Suaeda*）和盐角草属（*Salicornia*）植物为主；禾草型盐生草本植物中大穗结缕草（*Zoysia macrostachya*）群落、獐茅（*Aeluropus littoralis*）群落较多。

在渤海辽东湾盘锦海岸滩涂上，生长着一大片翅碱蓬（*Suaeda heteroptera* Kitag.；图3-3），每年5～6月份赤红，8～9月份由红变紫，是难得的海岸带奇特景色，被誉为天下奇观"红海滩"。20世纪末，翅碱蓬因人类开发活动等原因不断退化。辽宁有关单位，采取了人工降低海滩高度、人工播种的措施，并加强管理，现在已得到了较好的恢复。

盐生灌丛是由盐生或耐盐生灌木所组成，在

图3-3　辽宁盘锦红海滩

我国自然分布的只有在山东、河北和辽宁西部海滩的柽柳群落。群落外观不整齐，株高通常1 m左右，高者可达2 m，丛生，疏密不均匀，覆盖度20%～30%，在山东昌邑市和黄河入海口分布较多。

除上述外，在海岸带和河口，还有芦苇（*Phragmites australis*）、海三棱藨草（*Scirpvs mariqueter*）、大米草（*Spartina anglica*）等盐沼生植被，它们均有一定的耐盐能力。

大量研究已表明，滩涂植被在固滩、护滩、护堤、净化水质（包括去除重金属污染物）和维护潮间带生态系统健康等方面均起了积极的作用。

比如芦苇，由于其叶、叶鞘、茎、根状茎和不定根都具有通气组织，在净化污水中起着重要作用。利用芦苇处理污水在英国已有很长的历史，在我国北方沿海也得到较好应用。黑龙江省七星河污染水流经一片面积为325 hm²芦苇地后，水中有毒化学元素明显被芦苇吸收和富集。试验显示，芦苇田对铜的净化能力为96.06%，铁为92.78%，锰为94.54%，铅为80.18%，铍和镉可达100%。这些金属元素被芦苇吸收后，随着芦苇成为造纸等工业原料从水和土壤中去除，对环境重金属污染起了净化的作用（陈家宽，2003）。

山东省滨州市沾化县齐明造纸厂，利用草浆造纸废水在7 500 hm²盐碱荒地种植芦苇，改良土壤，使退化成盐碱地的湿地得以恢复。所产的芦苇又可用于造纸，形成了"造纸废水修复退化盐碱荒地为芦苇湿地，芦苇湿地处理工业废水，工业废水资源化利用促进芦苇生长，芦苇又用于造纸"的循环经济模式，建成了退化湿地生态恢复工程暨湿地生态纸业示范园。

此外，在河、湖等淡水富营养化水质的净化方面，已有不少研究表明，用水生植物处理技术不仅能净化水质，还可改善生态环境，促进生态系统的恢复，具有高效低耗、管理方便、较强的氮、磷处理能力，以及景观价值等特点（种云霄等，2003）。

韩飞国等（2011）根据植物群落空间配置合理、生长快速、生物量大、耐污染、易繁殖、根系发达、吸收氮和磷能力强、以当地物种为主、易于管理（或免管理）和景观特性等原则，筛选出芦苇、茭草（*Zizania latifolia*）、香蒲（*Typha orientalis*）、菱角（*Trapa natans*）、莲（*Nelumbo nucifera*）和菹草（*Potamogeton crispus*）作为工具种，对小柘皋河（流入安徽巢湖的主要污染河流之一）富营养化水质净化，取得了良好的效果。

（三）海岸和滨海湿地恢复

对受损海岸、河口、海滩的生态修复，通常要与工程紧密结合。"生态工法"（Ecotechnology）被引入工程的设计和实际工作中。

生态工法的理念，是1938年德国学者首先提出的。他们认为，河川的治理要以接近自然、廉价并保持景观为原则。1989年，生态学家Mitsch强调应通过人为环境与自然环境互动达到互利共生的目的，此观点也具有"生态工法"的理念。

生态工法与生态工程在定义上有所差异。

"生态工法"指人类基于对生态系统的深切认知，为落实生物多样性保育及持续发展，采取以生态为基础、安全为导向、减少对生态系统造成伤害的永续系统工程。

"生态工程"指基于人类与其他生物的相互利益、利用工程技术构筑人类与自然共存的生态系统。广义的生态工程还包括污染控制、生态保育等。

生态工程和生态工法都强调工程要重视环境伦理、尊重生命、永续经营、避免扰乱大自然的规则。在工程建设时，如填海造地或修建海堤等，规划设计内容以工程技术为主，生态建设为辅；而在进行生态恢复和保护时，如人工湿地（见插文）建造，则以生态系统的重建为主，工程技术为辅。

目前，在海岸湿地恢复实践中，大多采用了许多新的工程设计和方法。例如，美国德克萨斯州（Taxas）加尔维斯顿海湾（Galvesto Bay），利用工程弃土填升逐渐消失的滨海湿地，当海岸带抬升到一定高度后种植一些先锋植物恢复沼泽植被。

因受动力改变、控沙等原因，沙滩受到侵蚀、面积缩小、厚度变薄的威胁，尤其是海水浴场的沙滩，势必影响滨海旅游业。为此，许多沿海国家都十分重视沙滩的维护和修复。修复措施除人工补沙外，大多在浅水地带修建丁坝、离岸潜堤、护岸等工程措施。例如，美国洛杉矶、圣地亚哥、夏威夷，摩纳哥的拉沃托海滩（Larvotto Beach），日本的白良海滩（Shirarahama Beach），新加坡的南岛（South Island）等地都采用了人工措施恢复沙滩，维护岸线稳定，保护原有生态系统或形成人工沙滩。

在国际上，海岸湿地的生态和工程恢复，已逐渐从小尺度、单个生境的恢复，向大尺度、整体性恢复推进，如美国海洋与大气局（National Oceanic and Atmospheric Administration, NOAA）制定的修复海岸和河口生境的国家策略，美国的加利福尼亚南湾、佛罗里达湿地、切萨皮克湾、缅固湾等湿地海岸生态恢复计划，以及荷兰的人工海岸修复工程等。

人工湿地

人工湿地（artifical wetland），设计和建造的用来处理废水的湿地。由于天然湿地生态系统通常是脆弱的，如接触太多的污染物就会不堪重负，因此最好专门根据废水处理的目的来设计和建造湿地，这些系统被称为人工湿地或芦苇床。它们有三个关键组分：植物、微生物和基质。该系统浸满了水，耐水的植物扎根于土壤或砂砾基质。基质支持着这些植物，而植物的根则为各种微生物提供了家园。

几乎任何一种水生植物都适应于湿地系统，最常见的有芦苇、香蒲属（*Trapa*）和草属（*Scirpus*）植物。某些植物如芦苇和香蒲的空心茎能将空气输送到根部，所以能为微生物提供额外的氧。一些植物吸收特定金属或化学物质，其他一些植物能分泌杀死病原体的渗出液。

处理一个人产生的废水需要 $1\sim2\ m^2$ 湿地，通过物理过程、化学过程和生物过程的组合来完成：

悬浮固体到滞水底部，或被湿地基质和植物过滤；

有机物质被植物根部的微生物分解；

硝酸盐可以被脱氮菌转化为氮气，或被植物吸收；

氨被细菌转化为硝酸盐；

磷随钙、铁和铝化合物沉淀，通过沉积和吸附于土壤以及植物吸收而被去除；

金属和有毒化学物质通过氧化、沉淀和植物吸收来去除；

病原体在不适宜生存的环境中逐渐死亡并被其他生物所摄取，或被抗菌化合物杀死。

该系统的设计和布局将取决于当地的地形、输入废水的性质以及特定的处理目标。需要多少土地将取决于污染物的输入负荷、湿地设计和处理目标。但一般来说，负荷越高或处理程度越高，所需的土地面积就越大。

来源：《湿地通讯》，2000年，No.4 第4页

田家怡（2005）总结了多年的研究结果，提出了黄河三角洲退化湿地生态恢复的

多个模式，如浅海湿地贝类养护模式，滩涂湿地生态调控养殖模式，潮间带芦苇湿地恢复建设，退化湿地草甸恢复的草牧模式，坑塘、沟渠湿地生态恢复的"桑基鱼塘"模式等。

海岸景观与生态恢复有机结合，对海岸生态景观的恢复具有指导意义。

在海岸带生态恢复的研究领域，国家科技支撑计划"渤海海岸带典型岸段与重要河口生态修复关键技术与示范"，国家海洋公益科技专项"莱州湾和深圳湾研究区人工岸段生态环境现状及生态化建设"等项目，经过多年的研究，都取得了可喜的成果。

（四）海岛恢复

海岛是重要的海洋国土资源，对于维护国家海洋权益、增强国防、发展海洋经济、维持海洋生态平衡都有重要的意义。我国沿海有面积500 m^2以上的海岛7 000多个，还有更多的小岛和岛礁。它们镶嵌在大海中构成美丽的海疆。

但海岛在干扰下极易退化且不容易恢复，对海岛的干扰包括开发不当或过度，如毁林、炸岛取石、引种不当和自然灾害。Lugo（1998）根据干扰对海岛能量流动的影响程度，将对海岛的干扰分成5类。

第一类，其能量被海岛利用前能改变海岛能量的性质和量，如"恩索"现象（El Niño – Southern Oscillation, ENSO）导致的干旱或强降水。

第二类，海岛自身的生物地球化学途径，如地震导致的变化。

第三类，能改变海岛生态系统的结构，但不改变其基本能量特征，如飓风的影响，这些干扰过后较易恢复。

第四类，改变海岛与大气或海洋间的正常物质交换率，如大气压改变后影响季风的活动。

第五类，破坏消费者系统的事件，如过度开发、人类战争对海岛的影响（表3-2）。

前些年，不少地方对海岛造成了破坏，生态环境急剧恶化。据调查，从20世纪80年代以来，浙江省仅因采石而造成自然景观和生态破坏的海岛就有100多个（毋瑾超等，2013）。

海岛生态系统由四个部分组成，即岛陆、岛滩、岛基和周围海域。这实际上是四个子系统，它们的物质交换和能量流通是紧密相关的，任何一部分受到污染或生态破坏，对海岛的生态系统都会造成不利的影响。海岛受人为损害，主要是开山采石、毁林、污染、建连岛坝、采砂石以及过度捕采海岛生物等活动。例如，由于开垦和引入大量的家畜，美国夏威夷群岛约1/3的生物消失或面临灭绝（Whittaker, 1998）。为此，海岛的修复，要查明受损的原因，根据受损具体情况，编制明确的修复方案和可行的实施措施。对于景观受损严重的海岛，生态修复尤其要与工程技术相结合。

表3-2 对海岛的干扰现象（转引自任海等，2001）

干扰现象	类型	影响面积	主要影响机理	持续时间	周期
飓风	3、5	大	机制的	小时~天	20~30年
强风	3、4、5	大	机制的	小时	1年
强降雨	4	大	生理的	小时	10年
高压系统	1	大	生理的	天~周	几十年
地震	2、5	小	机制的	分钟	百年
火山爆发	1、2、3、4、5	小	机制的	月~年	千年
海啸	3、4、5	小	机制的	天	百年
极低潮汐	1	小	生理的	小时~天	几十年
极高潮汐	3、4、5	小	机制的	天~周	1~10年
外来种入侵	2、3	大	生物的	年	几十年
人类开发	1	小	生物的	年	1~10年
战争	5	小	机制的	月~年	不可预测

庄孔造等（2010）强调，海岛生态修复应根据一般的生态修复理论，结合海岛生态系统的特点，以生物修复为基础，综合各种物理修复、化学修复以及工程技术措施，通过优化组合，使海岛受损生态系统得以修复。

海岛的陆生原始生物资源一般有4个特征：① 抗盐和抗风的海岸树种常形成一个完整的冠层；② 群落中有一些较大型的脊椎动物；③ 海鸟和爬行动物的密度和多样性比较高；④ 由于海岛的生物种类相对于大陆少，因而其乡土种的生态位更宽些，加之生态隔离，故海岛乡土种的竞争力低于大陆的种类。上述这些特点，在进行海岛岛陆生态恢复时应予以考虑。

目前，国内外海岛修复采用的技术，主要以生物技术和工程技术为主，在景观的修复方面，重视生物技术与工程技术相结合。已采用的技术包括物种引入与恢复技术、种群动态调控技术、群落演替控制与恢复技术、物种选育与杂交技术、土壤肥力恢复技术、水土流失控制与恢复技术、水体污染控制技术、节水与保水技术、生态评价与规划技术、生态系统组装与集成技术等（史莎娜等，2012）。

广东南澳岛的修复，主要运用植物恢复、群落演替控制与恢复等技术（周厚诚等，2001）。对厦门猴屿进行修复时，采用了植被修复技术；而猴屿码头北面受破坏严重，采取了浆砌石墙的水土流失控制技术，以防止水土流失（廖连招，2007）。

在科西涅岛（Cousine Island）的生态修复过程中，不同修复阶段采取了不同的生物工程修复措施。先是进行生态评价与规划，接着建立园艺区隔离非原生的植物，并引入原始物种，然后对外来在岛上建设的工厂实施搬迁（Constible，2008）。

豪勋爵岛（119°05′E，31°33′S）是位于南太平洋澳大利亚大陆东部580 km处的一个小型海洋岛屿（面积1 445 hm^2）。为恢复该岛的生物多样性，制订了一个综合恢复计划，包括该岛30个濒危物种的恢复。估计大约有239种本地植物，34种脊椎动物和31种植物群落会受益于该修复计划（Brown等，2009）。

2013年，海洋出版社出版了毋瑾超等人编写的《海岛生态修复与环境保护》，书中对海岛的生态修复作了比较好的论述。该书在概述海岛生态修复理论的基础上，介绍了海岛修复的技术路线（图3-4）、海岛边坡修复技术、海岛受污染环境的生物修复技术、海岛淡水资源保护与开发利用等。并介绍了浙江省桥梁山岛生态修复实践。

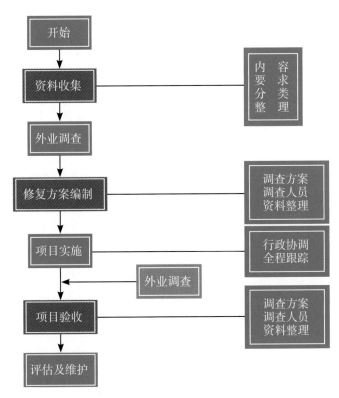

图3-4　海岛整治修复总体流程（引自毋瑾超等，2013）

桥梁山岛（122°16′E，30°28′N），位于浙江省岱山县城高亭镇北27.6 km、衢山岛西北0.7 km处。岛体由花岗岩构成，东西长0.7 km、南北宽0.12 km，面积约0.1 km²。1992～2006年，由于炸山采石造成4 hm²面积被破坏，原有的3.2 hm²松树（*Pinus* spp.）已为茅草（*Imperata cylindrical*）所替代。在国家海洋局海岛司的支持下，运用了喷混植生修复技术，客土回填、修建蓄水池、边坡养护、植被修复、污水污泥回用、裸地表层土壤改良等生态和工程技术，取得了良好的修复效果，植被覆盖率达到90%，水土保持能力大大提高。

但对于已受到严重破坏、退化或完全改变而无法挽回的受损海岛，则不必强调整体修复。比如，位于南太平洋的复活节岛（Easter Island），曾经是覆盖着茂密的森林的海岛，但到20世纪末已是土地贫瘠，大部分覆盖的是稀疏的草原，原始的灌木林已消失，所有本土的脊椎动物也不见踪影。因此，原有的生态系统不可能恢复，存在一个新的生态演替过程。根据现实状况，只能采取对海岛重新进行绿化、修复和美化工程，重点应考虑美学和工程应用价值，不要特别关注重新恢复生态完整性（Michael等，2000）。

二、渔业资源的恢复

渔业资源的恢复，主要包括增殖放流、人工鱼礁和海洋牧场建设等。

（一）增殖放流

水产资源增殖的历史可追溯至古罗马时代。1942年，法国人首先开展人工繁育放流，将人工授精、孵化的鳟鱼幼苗放入河川之中。目前，世界上渔业增殖最普遍的方式是资源增殖放流和物种引进。国际社会对增殖放流给予了高度重视，分别于1997年在挪威、2000年在日本、2006年在美国、2010年在我国召开了资源增殖和海洋牧场国际研讨会。据FAO资料显示，世界上有64个国家开展海洋增殖放流活动，放流种类有鳍鱼类、软体动物和甲壳类，放流鱼类回捕率可达20%。

以欧洲为例，由于波罗的海周围河流沿岸水电站的兴建，破坏了鱼类的自然产卵场。因此欧洲将人工培育2龄鲑放流到这些河流中作为渔业增殖的一个重要内容。挪威自1882年随着第一个商业性的鱼类孵化场建成以来，一直致力于鳕鱼（*Gadus* spp.）幼体的增殖放流，同时也放流一定数量的鲑鱼苗。

鲟鳇鱼（*Acipenser* spp.）在俄罗斯渔业中占有重要的地位。黑海鲟鳇鱼的渔获量约2万吨，占该鱼世界总产量的70%以上。但由于在顿河和伏尔加河建坝和污染等原因，该鱼的资源急剧下降。为此，政府兴建了孵化场，进行幼鱼、鱼苗放流以恢复其资源。

美国的增殖放流活动始于19世纪后期，其目的是为了增加江河中因伐木、铁路建筑和围坝等工程而受损的鲑鱼资源。由于年复一年的大量放流幼鲑，使美国的鲑鱼（*Oncorhynchus* spp.）产量一直居于世界之首。

日本是世界上增殖放流最多的国家。自20世纪60年代在濑户内海建立第一个栽培渔业中心后，把多种技术的应用与海洋牧场结合起来，积累了丰富的增殖放流经验和成熟的技术，鲑鱼、扇贝、牙鲆等的增殖均很成功。2005年确定的放流鱼类即达76种，放流规模达百万尾以上的种类有30多种，既有洄游范围小的岩礁物种，也有大范围洄游的鱼类。放流数量最多的是杂色蛤（*Ruditapes philippinarum*），每年放苗200多亿粒，其次是虾夷扇贝（*Patinopecten yessoensis*），每年达20多亿粒；洄游性鱼类放流量在50亿尾以上，其中真鲷（*Pagrosomus major*）每年放流1700多万尾。

我国早在10世纪末就有在长江捕捞淡水青、草、鲢、鳙四大家鱼野生种苗运送放流到湖泊的文字记载。但是真正的渔业资源增殖始于20世纪50年代开始的真鲷、中国明对虾（*Fenneropenaeus chinensis*）等标志放流。大规模增殖放流活动始于80年代的中国明对虾增殖放流。进入新世纪后，我国在四大海域开展了增殖放流工作，且种类、数量、投入资金也不断在扩大。据2007年不完全统计，全国共放流增殖生物104种，其中经济种类95种（鱼类、虾蟹类、贝类、棘皮类等），珍稀濒危物种9种。

我国开展了多项增殖放流技术研究，在放流技术、标记技术、追踪检测技术、回捕评估技术等都积累了较丰富的经验。山东省针对许氏平鲉（*Sebastods schlegelii*）、三疣梭子蟹（*Portunus trituberculatus*）、牙鲆（*Paralichthys olivaceus*）和中国明对虾等放流种类分别制定了增殖放流技术规范，还制定了增殖资源监测调查技术规程。

值得提出的是，吴常文等（2010）通过对浙江近海曼氏乌贼（*Sepiella mandroni*）繁殖习性和其产卵场修复的研究，强调指出，要使曼氏乌贼的资源得到恢复，不仅仅增殖放流，还要重视产卵场生态环境的修复，尤其是产卵附着物（柳珊瑚、底栖大型藻等）的修复工作。

（二）人工鱼礁

人工鱼礁是指通过人为的方法，在海域中设置构造物（如混凝土构件、废旧船体、塑料或竹木结构等），使之发生与天然岩礁同样的阻流作用，产生漩涡与上升流，冲击海底营养盐与有机质上升，以修复和改善海洋生态环境，为鱼类等海洋生物资源提供索饵、繁殖、生长发育等场所，达到保护、增殖资源和提高渔获质量的目的。

世界许多海洋国家，如美国、日本、英国、澳大利亚、德国、意大利、葡萄牙、俄罗斯、泰国、印尼、菲律宾、古巴、墨西哥等，都在20世纪60年代以后，陆续动工兴建沿海的人工鱼礁渔场。

日本是对人工鱼礁投入资金最多、投放鱼礁时间最早、研究也最深入的国家。日本于1975年就颁布了《沿岸渔场整修开发法》，以法律形式保障人工鱼礁的建设。至今，日本在环岛沿岸几乎都设有人工鱼礁区。20世纪70年代以来，已建人工鱼礁5 000多座，总投入12 008亿日元，近海渔业年产量从20世纪70年代的470万吨增至780万吨，产量一直保持稳定状态。据测算，其海域渔业资源的密度已达我国14倍之多。

美国在1983年就已建设人工鱼礁1200余处。美国的人工鱼礁建设带动了生态型海洋产业的发展，每年到礁区游钓的游客达5 400万人次，游钓船达1 100万艘，钓捕鱼类140万吨，占全美渔业总产量的35%，且安排了50万人就业，每年游钓渔业服务的社会收益达180亿美元。

我国的人工鱼礁事业始于20世纪70年代，但真正引起重视是在21世纪初。广东省2001年通过省人大议案，将人工鱼礁建设列入财政专项，计划用10年时间投入8亿元在广东沿海建设12个人工鱼礁区。山东省2005年起实施渔业资源修复行动计划，其主体工作之一就是大力开展人工鱼礁建设。至2010年，山东已在沿海地区建成了12个人工鱼礁区，累计水产品增产近1 500 t，增殖1.1亿元。此外，浙江、辽宁、江苏、河北、天津、广西等沿海省市也都积极开展了人工鱼礁建设。

目前，人工鱼礁建设与渔业增殖放流、鱼类行为控制、回捕技术开发、渔场生产管理等海洋牧场核心技术紧密结合，逐渐实现向海洋牧场转型，带动休闲游钓业的发展。一些学者认为，人工鱼礁在本质上，应视为岛礁的自然延伸，成为恢复海洋生物资源、生物多样性的良好设施。

在礁体材料的选择、礁体的构型等也都开展了许多研究。在材料的选择方面，除了传统的钢筋混凝土外，更重视开发能够在礁体表面附着生长藻类或海洋动物的新型材料。

（三）海洋牧场

海洋牧场是指通过人工鱼礁投放、生物资源增殖放流、音响投饵驯化和海域生态化管理等技术手段，使海域生产力提高、资源密度上升，实现沿岸、近海鱼类等生物资源可持续开发利用，针对选定海域建立经济生物资源生产管理综合体系。

美国早在1968年就提出了建设海洋牧场（Marine Ranching）的计划。1974年，在南加利福利亚沿岸投放大块石头，诱导巨藻孢子附着，通过修复巨藻来增殖当地美洲龙虾资源；在马里兰的切萨皮克湾投放藻礁，增殖当地牡蛎资源。

日本在1971年也提出了"海洋牧场"的构想。1977～1987年开始实施"海洋牧场"计划，并建成了世界上第一个海洋牧场——日本黑潮牧场。至今，日本已建立了金枪鱼（*Thunnus thynnus*，鹿儿岛）、牙鲆（*Paralichthys olivaceus*，新蒋佐渡县）、黑鳍（*Sarcocheilichthys nigripinnis*，宫城气仙湾）、黑鲷（*Acanthopcgrus Schlogeli*，广岛竹居）、真鲷（*Pagrosomus major*，三重五所湾）等鱼种海洋牧场。

韩国从1998年起，开始实施"海洋牧场计划"，至2007年6月，已在庆尚南道统营市首先建设了核心区面积约20 km² 的海洋牧场，取得了初步成功。按计划到2010年，在青浦台海（Tean）、济州岛（Jeju）、丽水（Yeosu）、统营市（Tongyeong）、蔚真（Uljin）等地建立了基于生态系统的渔业资源管理型牧场。

受邻国建设海洋牧场的启发，我国从21世纪起也开始重视海洋牧场的建设，通过政府行为安排和民间企业承建的途径，推进我国海洋牧场的发展。

据不完全统计，2008～2009年，我国海洋牧场建设投资8 070万元，总建设面积3 770 hm²，从北到南形成或即将形成如辽西海域海洋牧场、大连獐子岛海洋牧场、秦皇岛海洋牧场、长岛海洋牧场、崆峒岛海洋牧场、舟山白沙海洋牧场、洞头海洋牧场、宁德海洋牧场、汕头海洋牧场等20多处。北方海洋牧场，主要集中在海参、鲍鱼和扇贝等海珍品养殖地。各地在海洋牧场建设时，都比较重视与栖息地的修复、生物资源修复、休闲渔业和科学研究相结合（见插文）。

山东省15处省级休闲海钓基地

根据山东省海洋与渔业厅的规划，到2016年，在青岛、烟台、威海、日照四市相关县市区沿海建成15处省级休闲海钓示范基地。15处海钓基地如下：青岛银海休闲海钓基地、青岛薛家岛休闲海钓基地、青岛崂山休闲海钓基地、烟台牟平玉溪休闲海钓基地、莱州芙蓉岛休闲海钓基地、长岛南长山休闲海钓基地、长岛大钦岛休闲海钓基地、威海刘公岛休闲海钓基地、威海北海休闲海钓基地、威海小石岛休闲海钓基地、荣成西霞口休闲海钓基地、荣成天鹅湖休闲海钓基地、荣成桑沟湾休闲海钓基地、日照万宝休闲海钓基地、日照岚山休闲海钓基地。

来源：青岛晚报 2014年8月28日

三、 典型海洋生态系统恢复

海洋生态系统恢复，研究和实践较多的主要是红树林、大型海藻和海草，以及珊瑚礁和海湾生态系统。

（一）红树林生态系统恢复

主要是通过红树林的恢复，促进红树林生态系统的恢复。

东南亚国家比较重视红树林的造林工作。例如，孟加拉国于1966～1973年开始小规模造林，后来（1974～1990年）又先后得到世界银行三次贷款的援助，共在沿海滩涂营造红树林1 150 km^2；其中造林树种主要为无瓣海桑（*Sonneratia apetala*），占造林树种的80%（Saenger等，1993）。

我国对红树林的保护和修复越来越重视。首先是建立自然保护区，对重点红树林区进行保护，并在区内进行红树植物的栽培。我国已建立6个国家级红树林自然保护区（表3－3）。

表3－3　我国已建国家级红树林自然保护区

名称	地点	面积/km^2	主要保护对象	类型	建区时间/年	主管部门
东寨港红树林自然保护区	海南海口	33.37	红树林生态系统	海洋、海岸	1980	林业
内伶仃岛福田自然保护区	广东深圳	8.15	红树林生态系统、鸟类、猕猴	海洋、海岸	1984	林业
湛江红树林自然保护区	广东廉江	202.79	红树林生态系统	海洋、海岸	1990	林业
山口红树林自然保护区	广东合浦	80.00	红树林生态系统	海洋、海岸	1990	海洋
北仑河口海洋自然保护区	广西防城	300.00	红树林生态系统	海洋、海岸	1990	海洋
漳江口红树林自然保护区	福建云霄县	23.60	红树林生态系统及滨海湿地	海洋、海岸	1992	林业

湛江红树林自然保护区，总面积202.79 km^2，主要保护对象为红树林湿地生态系统及其生物多样性，包括红树林资源、邻近滩涂、水面和栖息于林内的野生动物。保护区2012年1月被列入"拉姆萨公约"的重要湿地名录，成为我国生物多样性保护的关键地区和国际湿地生态系统就地保护的重要基地。保护区成立以来，以中荷合作红

树林研究项目为载体，加强了红树林资源的管理，并人工造林10 km²，恢复退化的红树林，扩大红树林面积，有效地恢复了红树林海岸湿地，为地区农业和水产养殖业提供了有效保护。

其次，开展了有关红树林的研究，广泛进行红树林的恢复工作。

据Aaron（2008）对世界27个红树林修复项目的统计，大致可将恢复的目标归为五大类，即造林、岸线稳定、渔业资源、生态系统功能和环境污染物消减，其中造林是主要目标。

以红树林作为海堤（岸）的第一道保障，其恢复造林工程设计及技术措施应关注5个要点：第一，合理设计，充分利用宜林滩涂，因害设防，发挥最大防护效能；第二，林带走向应与台风海浪运动垂直或接近垂直，才能发挥良好的防浪功能；第三，注意林带结构；第四，选择树种和科学配置，如广西海岸潮滩可供造林用的红树树种乔木有木榄（*Bruguiera gymnorrhiza*）和红海榄（*Rhizophora stylosa*），灌木有白骨壤（*Avicennia murina*）、秋茄（*Kandelia candel*）和桐花树（*Aegiceras corniculatum*），近岸滩涂宜种乔木类或乔灌混交，向海地段种植灌木类，并注意株行距；第五，在适宜季节，重视直播造林和植苗造林的技术措施；第六，加强幼林抚育和管理（吕彩霞，2002）。

香港米埔湿地总面积约500 hm²，被香港政府于1976年评定为"具特殊科学价值地点"。1992年米埔列入"拉姆萨公约"，成为国际重要湿地之一。通过多年的研究，米埔保护区提出了"基围—红树林—滩涂"的构成格局。保护区红树林面积由1987年的190 hm²不断扩大到2000年的394 hm²，成为迁徙水鸟东亚—澳大利亚迁徙航线的一个主要栖息地和觅食地。

辛琨等（2006）对香港米埔红树林湿地在2003年的生态功能价值进行了估算：每公顷红树林湿地的生态功能价值达10.5万元美元，为世界红树林湿地平均价值（6万美元/公顷）的1.75倍；总价值达2 833万美元/公顷。其中，水体净化价值占69.96%，旅游教育科研价值占11.19%，气体调节（吸收二氧化碳）价值占6.96%，鸟觅食价值占5.45%，以鱼塘为主的养殖产品价值占4.57%，存在价值占3.86%。

"基围—红树林—滩涂"，是滨海滩涂湿地开发的模式。"基围"指的是用于养殖鱼虾的滨海水塘。基围的四周由略高起的土堤（"基"）围限成"围"，围内四周及内部有若干人工疏浚相连水道"围河"，水道之间是保留的原有滩地（"围田"）。围林供红树林生长，围河用于水产养殖。这一养殖模式被认为是红树林持续利用和生态开发的范例，在东南亚地区也称之为"红树林友好养殖（mangrove - friendly aquaculture）" 或 "环境友好养殖（environment – friendly aquaculture）"（张齐民等，2010）。

昝启杰等（2013）编著的《滨海湿地生态系统修复技术研究》一书，对福田保护区基围鱼塘的修复研究，进行了全面、系统的总结。这是通过红树林恢复，促进滨海湿地生态系统健康和可持续发展的成功范例。而深圳"侨城湿地"被国家海洋局列为"国家级滨海湿地修复示范项目"（见插文）。

华侨城红树林湿地恢复案例

20世纪90年代，广东省深圳湾填海造陆时，在深圳滨海大道以北保留了约128 hm² 的原深圳湾滩涂，涨潮时形成一个大湖区。后随深圳市城市建设的推进，该湖区被新建的道路切割为南北两个湖区，其中，南湖约59 hm²，后发展成为水畔商业区；北湖69 hm²（也简称为"侨城湿地"），以滨海湿地的形式保留。后由于管理上的疏忽，薇甘菊大肆危害北湖红树林，湿地陆地化程度急增，水污染加剧，导致北湖湿地红树林大量死亡，鸟类繁殖区丧失。

2007年深圳市政府将整个湿地委托侨城集团管理，华侨城集团积极与当地研究机构合作，先后通过外来种清除、清淤疏浚、滩涂建设、红树林植物及其他湿地植物种植等工程措施和手段对这个区域进行了湿地生态修复。2012年，该修复第一阶段工作完成后，湿地植被覆盖率超过25%，湿地水鸟数量总体呈上升趋势，水质明显改善。修复的侨城湿地被国家海洋局列为"国家级滨海湿地修复示范项目"。

来源：昝启杰，2013

（二）海藻（海草）场生态系统恢复

海洋中天然藻（草）场，通常是指水深大约在20 m、海藻或海草群落生长茂盛的场所。

人工藻（草）场，是指以人为的方式在浅海或内湾适宜的区域，依据各种不同的海洋底质，投放各种适宜海藻（草）附着的基质（藻礁），以人工方式采集海藻孢子（或海草种子），让其附着于基质上萌发形成种苗，或人为移栽野生海藻（草），促使海藻（草）大量繁殖生长而成的茂密海藻（草）群落。

海洋中的海藻（草）就如同陆地上的森林或草原，不仅在海洋生态系统中扮演着基础生产者的角色，也是许多海洋动物附着产卵、躲避敌害的栖息地。

近些年来，国内外学者在人工藻（草）场的修复与建设方面，已经有不少研究和应用实验。

国内外已有的海藻场工程方法主要有投石增殖法（分直接投石或采孢子投石、绑种藻投石、绑苗投石）、扫礁增殖法（人工将天然海底岩礁上的杂藻清除掉，投放成熟种藻）、投筐增殖法（投筐是利用藤筐或竹筐装碎石沉没于海底达到增殖的目的；此法与投石法相似，只是用碎石代替石块，劳动强度要小些）、爆炸岩礁（增加附着面积）、投种藻（将成熟种藻投放海底）等。增殖的种类主要有海带、裙带菜、马尾藻、巨藻等大型海藻。

日本自20世纪70年代起，就开始关注因藻场退化等原因而造成的海洋环境受损害现象，并从1980年开始成功地在爱知县田园町、熊本县荃北町地营造海藻场，初步形成了以海藻为基础的生态系统。2002年，在日本静冈县沼津市内浦沿岸进行人工藻场实验，经过3年的时间，已形成由大型海藻和海洋动物形成的可自行繁衍的稳定的人工藻场生态系统。

日本水产厅决定，从2006年度开始用3年的时间，在各都道府县实施大叶藻和海带的再生计划，目的是为了有效地进行水产资源的保护。日本关西机场是通过填海形成的人工岛，在计划和建设过程中，把人工藻场建设与岛岸防浪工程相结合，取得了很好的效果（李美真等，2007）。

美国对作为海湾水下水生植物修复种类的大叶藻，开展了许多研究和应用实践。在1978年切萨皮克湾开始进行修复工作后，佛罗里达的坦帕湾、新罕布什尔州、长岛海峡、西太平洋也都开展了大叶藻修复实验。实践表明，大叶藻的修复，最重要的步骤是选定地点。很多海草修复项目都是因为地点的选择不佳而导致失败的。其次，对大叶藻修复用种子比用植株移栽好，以免干扰、损害原生种群。另外，为了降低大规模修复的成本，设计和制造了大叶藻种子采收和播种的机械（Busch等，2010；Golden，2010；Marion等，2010）。

我国自20世纪50年代以来，在海藻生物学、遗传学、育种学、生态学和养殖技术等方面，都取得很大的成绩。藻类养殖的种类有海带、紫菜、裙带菜、江蓠、麒麟菜、石花菜、龙须菜等。但运用藻类进行受损海域生态修复，主要是近十余年才发展起来的。先是广东省提出兴建100亩[①]"海底森林"（人工鱼礁）的计划，接着是山东省将人工藻场兴建列入渔业资源修复行动计划加以支持。

应当指出的是，自2008年以来，国家多个部门重视海洋生态恢复工作，安排了包含应用大型海藻修复海洋生态环境的多个国家科技项目加以支持。比如，"典型海湾生境与重要经济生物资源修复技术及示范""我国典型人工岸段生态退化建设技术集成与示范""岛群综合开发风险评估与景观生态保护技术及示范应用""典型海湾受损生态修复生态工程和效果评价技术与示范"，以及"渤海典型海岸带生态修复技术——海岸带生物种群筛选及滩涂生物资源恢复技术与示范""渤海海岸带典型岸段与重要河口生态修复关键技术研究与示范"等项目，都按排了大型海藻（海带、裙带菜、鼠尾藻、龙须菜等）和海草（大叶藻、翅碱蓬等）的研究和修复技术的内容。

经过几年的努力，我国在海藻（海草）场生态修复理论和技术方面均取得了良好的成果。比如，在荣成天鹅湖，播种和移植了大叶藻40 000余株，形成草场7.5亩，使该湖大叶藻面积增加了10%，生物量增加了50%，该湖退化的生态系统正在逐渐恢复。

（三）珊瑚礁生态系统恢复

面对世界珊瑚礁日趋退化的状况，1974年，Maragos在夏威夷移植珊瑚实验取得了成功，开拓了通过珊瑚移植促进珊瑚礁生态系统修复的工作。之后，日本、澳大利亚等国也陆续开展了人工恢复珊瑚礁的研究和实验工作。

根据已有的研究，要使珊瑚移植成功，首先要选择好场地，选择适合的珊瑚种类，重视珊瑚生长所需的生态条件（盐度、光照、温度、溶解氧、海水透明度、营养盐浓度、水循环、波浪等）。珊瑚的移植技术主要包括无性移植方法和有性移植方法（Rinkevich，1995）。无性移植是指利用珊瑚的出芽繁殖与断枝繁殖的特性进行移植，包括成体移植、截枝移植、微型芽植、单体移植等。有性移植是指采集受精卵，进行孵化、育苗、采苗和野外投放与室内栽培的珊瑚移植。目前，无性移植方法相对较成熟，而有性移植的方法，有一些成功的案例。例如，Heywad等（2005）在珊瑚繁殖季节收集同步产卵的精子和卵子，让其受精并成功培育成幼虫，再到海上增殖；Okamoto等（2005）设计了多种人工附着器投放到自然海域，让珊瑚幼虫附着生长到幼苗然后移植到海上增殖。但由于受到海上多种因素的限制，有性移植方法还有待进一步研究和完善。

---

① "亩"为非法定单位，但在实际生产中经常使用，本书保留。1亩≈66.7平方米。

　　我国从20世纪90年代开始珊瑚人工移植修复试验。陈刚等人于1993年3～10月，在海南岛三亚市鹿回头的浅海水域进行了石珊瑚和多孔螅的人工移植实验，开创了我国珊瑚人工移植的先河。移植的珊瑚采自实验区附近常见的18种造礁珊瑚，另有一种多孔螅。移植实验系用水下胶黏剂和速硬水泥作为黏结材料，将采集的珊瑚枝（块）黏结于移植板上，然后将移植板投放于预定实验海区。移植海区水深2.5～4.0 m（低潮时≥2.5 m）。两次试验共投放24块移植板、44个珊瑚枝（块）。移植后进行多次观察、记录。结果如下。

　　第一，移植操作的方式是可行的，但移植的珊瑚不能离水过久，如需暂养需不断换水、保持良好的水质。第二，绝大多数移植的珊瑚对试验区的环境有较好的适应。第三，不同种类珊瑚对环境的耐受力有差异，鹿角珊瑚（*Acropora austera*）较敏感，出现了少数白化现象。第四，有多数珊瑚出现了生长迹象，在6个月的时间生长幅度为10～30 mm。另外，在移植板上还发现了6种底栖藻类和30多种底栖动物。

　　陈刚等（2012）认为，在已遭到破坏和正在退化的珊瑚礁区，进行珊瑚移植的生态修复，对于珊瑚礁的恢复能发挥很大的作用，或为恢复的主要手段。而投放人工鱼礁也可为珊瑚等无脊椎动物和鱼类提供庇护场所。但对于一些大面积的退化区域，简单依靠珊瑚移植效果并不明显，对于大部分的珊瑚礁退化区的恢复应当依靠珊瑚自身的后备补充。如果珊瑚退化区域缺少珊瑚幼虫的来源，则可以人工投放附着基质，诱导珊瑚幼虫附着，使退化区域的珊瑚礁逐步得以恢复（《海南海情》，2010年）。

　　继陈刚等人的工作后，中国科学院南海海洋研究所、中国水产科学院南海水产研究所也分别在广东大亚湾成功地进行了珊瑚的移植试验。

　　Jaap（2002）根据NOAA在夏威夷、佛罗里达、加勒比海等地多个珊瑚移植成功的案例，认为珊瑚礁修复应把握以下步骤：要查明珊瑚礁生态退化的原因；确定其受损程度；在退化诊断的基础上编制切实可行的修复方案；进行实地试验，并加强过程的监测及时发现问题；进行效果评价和适应性管理。

　　对于已退化的珊瑚礁，尽管已有一些成功恢复的实例。但是，目前我们对珊瑚礁的形成、珊瑚礁生态系统的退化、以及环境的影响（尤其是气候变化的挑战）等许多知识知之甚少（Beger，2011）。加之，造礁珊瑚生长速度很慢，如对太平洋区域部分造礁珊瑚生长的统计，在水深5 m左右，鹿角珊瑚的年生长率为100～170 mm，而杯形珊瑚年生长率仅为30～50 mm。因此，对于珊瑚礁生态系统应以保护为主，辅以必要的生态修复。我国已于1990年和2007年，先后建立了三亚珊瑚礁国家级自然保护区和徐闻珊瑚礁国家级自然保护区，对保护区内的珊瑚自然生态系统进行较有效的管理和保护。

（四）海湾、河口和海岛生态系统恢复

由于海岛生态系统的各子系统在物流、能流和信息流方面是相互联系的，因此，对于破坏严重的海岛的修复，通常需要综合运用生物技术和工程技术，恢复岛陆植被子系统、修复岛滩和周边水域子系统（徐晓群等，2010）。海湾和河口生态系统各地有异。图3-5所示的就是一个典型的河口食物网。

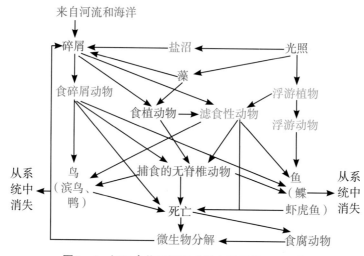

图3-5 河口食物网概图（引自尼贝肯，1991）

美国旧金山海湾恢复工程是海洋生态系统恢复的一个典型实例。该湾是美国西海岸最大的河口，湾的沿岸有220 000 hm²的滩涂湿地，也是最具生物价值的海湾。但自18世纪中叶以来，海湾生态系统退化日趋严重。从1972年起开始了生物修复，至20世纪90年代又启动了多个修复的大项目，从单个盐沼湿地修复改为大尺度、多目标的修复。该湾的总体修复目标为恢复海湾（包括Sacramento–San Joaquin三角洲）的生态系统健康及水资源供应，并对海湾的湿地恢复、生态系统恢复、水质恢复和淡水供给的调控确定了具体目标。针对所提出的生态修复目标，多个政府部门、科研机构，以及公众，结合近百个项目从多个角度、综合地开展修复工作，经过10多年的努力，已取得了显著的效果。旧金山海湾生态修复的实践表明，只针对某些物种、特定生物群落进行修复，或者从局地、小范围区域上进行恢复，是难以较好地解决受损海域的生态问题。

在我国，2002年国家海洋局启动了长江口海洋生物修复工程。其目标如下。长江沿岸陆域达标排放，重要江河达到初步整治，海洋污染有所控制，初步遏制重点海洋

工程对海洋生态环境的破坏，通过渔业资源修复增加海洋生物的多样性，及时预测赤潮等海洋灾害等，从而有效保护长江口及其邻近海域的生态环境。

中国水产科学院东海研究所陈亚瞿等人，从2001年起率先在长江口开展了包括河口生境的重建与修复、河口生物资源（包括濒危物种）的增殖放流与种群恢复、生态修复监测和生态动力学研究等工作。该项工作首次选择了长江口深水航道整治工程的水工建筑物南北导堤、丁坝等作为礁体底物，筛选适宜生长于长江口区的流放物种，通过直接放养人工培育的成年巨牡蛎，补充牡蛎种群数量，从而构建了面积约14.5 km²的特大人工牡蛎礁系统。所构建的人工牡蛎系统，不仅对河口环境起到了天然净化的作用，而且为大型动物提供了良好的栖息环境（陈亚瞿，2003，2005，2007）。

深圳湾滨海湿地是我国海洋生态恢复又一个成功的典型案例。经过近10年的修复实践，从深圳湾滨海湿地现状出发，以提升自然湿地单位面积生态承载力为主要修复目标，从水环境与水动力、植物修复、工程技术修复等方面，因地制宜地研究开发适宜的修复技术，并建立了滨海湿地修复技术应用的示范工程，研究成果可以促进深圳湾湿地生态系统良性循环发展，从而形成健康的、可持续的、近自然的滨海湿地生态系统（黄玉山，2013）。

此外，中国科学院海洋研究所杨红生承担的"典型海湾生境与重要经济生物资源修复技术集成及示范"（海洋公益性行业科研专项）项目，在荣成湾开展了四年的生态修复工作，包括海湾生态系统不同层次的修复，其所得研究结果是海湾生态系统修复较为成功的实例。

小结

我国是海洋生态恢复工作起步较早的国家之一，在海洋石油污染、水域富营养化的生态恢复、渔业生物资源恢复、典型海洋生态系统恢复等方面都开展了大量的研究和示范试验，取得了不少成绩，促进了海洋恢复生态学的诞生和发展。但就海洋生态恢复项目（工程）的空间、时间尺度，以及理论和技术创新及管理方面，尚有许多不足，属于起步阶段。

思考题

1. 请以实例说明创新在学科中的作用。

2. 用微生物修复海洋石油污染需注意哪些重要事项？

3. 请编制一份典型海洋生态系统恢复的实施方案？

拓展阅读资料

1. Aronson J, Alexander S. Ecosystem restoration is now a global priority: time to roll up our sleeves [J]. Restoration Ecology, 2013, 21(3): 293 - 296.

2. Shafer D, Bergstrom P. An Introduction to a special issue on large-scale submerged aquatic vegetation restoration research in the Chesapeake Bay: 2003 - 2008 [J]. Restoration Ecology, 2010, 18(4): 481 - 489.

3. 昝启杰，谭凤仪，李喻春，等. 滨海湿地生态系统修复技术研究——以深圳湾为例[M]. 北京: 海洋出版社，2013.

4. 吴常文，董智勇，迟长凤，等. 曼氏无针乌贼（Sepiella maindroni）繁殖习性及其产卵场修复的研究[J]. 海洋与湖沼，2010，41(1)：39 - 46.

5. 毋瑾超. 海岛生态修复与环境保护[M]. 北京：海洋出版社，2013.

第四章　海洋恢复生态学的研究内容

海洋恢复生态学是一门为社会、经济服务的应用生态学分支学科，规范人的活动、行为，是促进人类与自然界和谐的重要保证。从相关学科吸取养分，积极投入海洋生态恢复实践，构建海洋恢复生态学理论、方法和技术以及管理三大体系，仍是今后的主要研究内容。

海洋恢复生态学在迅速地发展中。发展海洋恢复生态学，首先应当认识它与其他相关学科的关系，妥善处理学科在发展中的一些认识问题，围绕当前急需和一些关键性的研究内容开展工作。

第一节　海洋恢复生态学是一门合成的应用学科

海洋恢复生态学不仅是应用性生态学的一门分支学科，而且从其研究目标、内容、运用的技术、方法以及管理等方面来看，可以看成是一门合成的生态学。

1977年，Dobson在*Science*杂志上撰文，对合成生态学一词作了如下形象说明。生态恢复将始终是洞察群落集合和生态系统功能的重要手段。你可以把生态系统当作一个发动机，如果只知道发动机（或生态系统）是由多少部件构成的，这对我们理解其功能毫无意义。相反，如果我们能将发动机（或生态系统）组装起来，那么，对各个部件的功能就一目了然了。生态恢复，也就是对生态系统各组成部分的集合和组装过程。在此过程中实现对生态学的理解和认识，则是恢复生态学的主要任务（转引自黄铭洪，2003）。

从国外已经开展的研究工作和应用实例来看，海洋恢复生态学不仅与生态学的各分支学科紧密相关，而且还与海洋科学（物理海洋学、海洋化学、海洋生物学、海洋生物技术、海洋地质学等）、海洋环境科学、海洋工程技术科学密不可分。为此，要更好、更快地发展海洋恢复生态学，应当主动、积极吸收其他学科的营养，与相关学科开展学术交流、互相促进。

比如，在海洋中无论是大叶藻（*Zostera marina*）的种子，还是藻类、无脊椎动物和鱼类的生殖细胞或幼体，都是通过海水的流动进行转移的。海水的温度、盐度、光照、溶解氧浓度、以及营养盐的浓度是决定生态修复生物种类的生长和发育的重要生态因子。而将生态恢复与工程技术措施紧密结合，乃是生态修复的特点。

海洋恢复生态学与海洋环境生态学、海洋污染生态学、保护生物学关系密切，有交叉，但各有重点。比如，保护生物学，它着重研究对生物多样性、生态系统的保护；而恢复生态学则着重研究退化生境、生态系统的恢复。又如海洋污染生态学，它着重研究污染物入海后的生物过程、效应及机理，以及评价、监测和治理。而海洋恢复生态学虽然也要查明退化生态系统的原因，但导致生态系统退化的原因既有人类活动，也有自然灾害；既有污染问题，也有生态破环（如大规模围填海、炸岛取石、偷挖海沙等），恢复生态学的中心任务是修复、恢复已退化的海洋生态系统。

另外，海洋恢复生态学也与海洋经济学、海洋管理科学有联系。

因此，我们认为，海洋恢复生态学实际上是海洋生态学、海洋科学、海洋工程学等等学科相互交叉、进行有机融合的一门合成的生态学；海洋恢复生态学的发展，离不开相关学科的理论和技术的支持，而恢复生态学的发展也有助于相关学科在思维、认知和技术上的发展。

第二节　促进学科发展的一些认知问题

首先，要以需求带动学科发展。恢复生态学是人类社会面临生存环境日趋恶化、生态系统趋于衰退的背景下发展起来的应用性学科。社会和经济发展的迫切需求是学科发展的动力。近些年，我国海洋恢复生态工作受到国家和各方面的重视和支持，正是因为我国的海洋生态系统明显退化，已成为海洋经济可持续发展的一个瓶颈、海洋生态文明建设的短板。因此，海洋恢复生态学要以需求来带动，以需求来推动，要以脚踏实地的生态恢复成绩支持社会、经济和生态文明建设，在实干中促进学科的发展。

其次，既要重视学科的理论发展，更要勇于投入生态恢复的科学实践中。近些年，海洋恢复生态学虽也取得了发展，但总的来说，理论创新不足，且生态恢复实践大多规模小、时间短、分散、重复，缺乏系统化、规模化，有一些试验盲目性大。

再者，要从实际出发制订切实可行的生态恢复计划。在制订计划时，应充分分析生态系统退化的原因和程度，提出明确的恢复目标，确定适宜的空间和时间尺度及恢复对象，采取科学、实用的技术和措施，重视监测和管理。由于海水是流动的，海洋空间是多维的，因此如果经费可支持的话，恢复空间最好大些、整体性强些，如一个海湾或重要河口。尽量围绕主要恢复目标，争取多个部门、多个项目、多个层次综合、协调工作。

此外，由于海洋环境的复杂性、多变性，加之海洋生态系统过程的动态性、可变性，目前对海洋生态系统的认识甚为不足。因此，千万不要以为我们所制订的恢复计划都是对的、目标也一定会实现。相反，已有一些生态恢复并不成功，有的从局部来看似乎效果不错，但从整个生态系统角度评估可能比恢复之前更糟糕。

正如Robert（2005）所指出，许多修复并不成功，这就需要我们评估在修复方面的信念和期望；我们往往忽略了系统恢复的局限性和隐性假设从而导致失败；许多修复结果不能令人满意，还在于我们未能识别和解决不确定性，尤其在时间尺度方面，人们往往设定修复的时间尺度，但这往往又是不合理的。

总之，海洋是既可爱、又很调皮，它不会对人类太驯从、听话，我们要付出更大的努力去了解它、亲近它。

第三节　海洋恢复生态学的主要研究内容

海洋恢复生态学的研究内容，应当围绕构建恢复的理论、恢复的方法和技术、以及恢复的管理三个体系开展研究和应用。

一、构建海洋恢复生态学的理论体系

科学理论的重要意义在于它能指导人们的行动。辞海对"理论"二字的解释如下：概念、原理的体系，是系统化了的理论认识。科学的理论是在社会实践基础上产生并经过社会实践的检验和证明的理论，是客观事物的本质、规律性的正确反映；它是在同错误理论不断斗争中发展起来的（辞海，1989年版）。

海洋恢复生态学在理论体系的建设方面，应当充分借鉴陆地恢复生态学的理论研究成果，结合海洋生态系统的特点，先建立理论体系的框架，然后再逐步充实、完善海洋恢复生态学的理论体系。

目前，陆地恢复生态学的理论体系也尚在构建中，不同学者看法也不一。

例如，盛连喜（2002）在其《环境生态学导论》书中，提出恢复生态学的基本理论包括自我与人为设计理论、生态学理论、生态恢复理论，其中生态恢复理论包括生态恢复的原则、生态恢复的机理、生态恢复的标准等。彭少麟（2003）在《热带亚热带恢复生态学研究与实践》书中，表述的恢复生态学的基础理论包括退化生态系统的恢复、退化生态系统的脆弱性理论，相关生态学理论在生态恢复中的应用（与物质、能量、空间、时间、多样性有关的生态原理的应用），生态恢复的动态理论（自我设计与人为设计理论）和演替理论四个方面。

黄铭洪（2003）在《环境污染与生态修复》书中指出，生态学的基本理论无论是现在还是将来都是恢复生态学的主要理论基础。其中，处于核心地位的则是自我演替（succession）理论和集合规则（assembly rule）理论。恢复生态学的发展也形成了自我设计与人为设计理论（self-design versus design theory）和生态系统退化的临界阈值或类似的系统转换阈值（restoration threshold）理论等。

董世魁等（2009）在《恢复生态学》一书中将基础理论分为以下几方面：恢复生态学的基本理论，包括传统生态学的理论基础（演替理论等）；现代生态学的理论基础（干扰、稳定性理论、阈值理论）和恢复生态学自身的基本理论（自我设计与人为设计理论）；与恢复生态学发展密切相关的前沿科学理论（生态系统服务与健康管理、全球变化与响应对策、可持续发展与生态环境保护）。书中还提出了恢复生态学的主要研究内容（表4-1）。

要建立海洋恢复生态学的理论体系，有几条途径：一是借鉴陆地恢复生态学的理论；二是借鉴密切相关学科的理论；三是吸收最新的思维、理念和成果；四是从大量海洋生态实践中加以提炼。尤其是随着恢复生态学的迅速发展，一些新的思维、理念不断涌现，应当加以吸收和采纳。

例如，恢复生态的模式，已从实践和理论相结合的模式，开始向科学与艺术相结合的模式转变。正如有的学者指出，我们永远不可能详细地了解历史上的生态系统是什么样子，也不可能了解未来生态系统又会变成什么样子。在过去适用的生态学规则可能并不适用于未来。我们必须意识到，即使我们非常努力，我们也不可能准确地复制过去。据此，有些学者提出了"修复未来"的构思，承认生态系统的变化，以及考虑全球变化可能带来的影响是有益的（Temperton，2007）。

表4-1 恢复生态学的主要研究内容（引自董世魁等，2009）

学科属性	主要研究内容
基础研究内容	生态系统结构以及内在的生态学过程与相互作用机制； 生态系统的稳定性、多样性、抗逆性、生产力、恢复力与可持续性； 先锋与顶级生态系统发生、发展机理与演替规律； 不同干扰条件下生态系统的受损过程及其影响机制； 生态系统退化的景观诊断及其评价指标体系； 生态系统退化过程的动态监测、模拟、预警及预测； 生态系统健康的维育机理、保护对策及持续管理
应用技术研究	退化生态系统的恢复与重建的关键技术体系； 生态系统结构与功能的优化配置与重构，及其调控技术； 物种、生态系统与景观多样性的恢复与维持技术； 生态工程设计与实施技术； 环境规划与景观生态规划技术； 典型退化生态系统恢复的优化模式试验示范与推广

在探索海洋生态系统退化的原因时，如何区分自然因素和人类活动的影响；判断生态系统变化，如何区分生态系统自身的周期性变异和人类活动导致的变异；不同类型的海洋生态系统对外界干扰的耐受力、恢复力有较大的差异，衡量系统的退化标准是什么，关键因素、关键种群各是什么；海洋是流动的水体，在进行生态恢复时，如何确定时空范围的尺度；采用生物修复或对某个种群资源的恢复，对生态系统整体的功能发挥是有益还是有害；该如何判断海洋生态恢复的效果；海洋生态恢复与陆地和河、湖的生态恢复，有哪些共同点，有哪些不同点；全球气候变化和潜在的气候变化可能会导致重要的生物和生态系统区域产生变化（Harris，2006），尤其是对珊瑚礁生态系统的影响机制是什么等问题，都值得思考。

Bennett等（2009）强调了对生态过程认识的重要性，指出应考虑的几个重要因素：第一，生态系统在时、空尺度上是动态的，但我们在制订生态保护计划时往往却是静态的；第二，生态系统中各组分之间是以复杂且多样的方式进行交互和保持生物多样性，对这一复杂情况我们往往估计不足；第三，生态过程可以作为选择性的力量对特殊物种不断进行调控。

de Jonge等（2002）根据荷兰修复沿海生态系统和生态环境的实践，也着重指出，物理、化学和生物的过程构筑了沿海生态环境的基石，对这些过程的了解极为重要。沿海生态系统是由大、小规模过程相互间复杂作用的结果。而生态恢复主要是通过影响这些基本过程来实现的。因此，一般而言，海岸的生态恢复应该把重点放在通过改变特定的过程参数使过程朝着人们期望的状态转变。

除上述之外，海洋恢复生态学如何在我国正在探索的、与海洋经济和社会目标相协调的生态环境保护新道路上，以及在建设海洋生态文明远大目标中发挥应有的作用，更是一个值得思考的问题。

二、 构建海洋恢复生态学的方法和技术体系

技术，通常是泛指根据生产实践经验和自然科学而发展的各种工艺操作方法与技能，如电工技术、木工技术、作物栽培技术、育种技术等。除操作技能外，广义的技术还包括相应的生产工具和其他物质设备，以及生产的工艺过程和作业程序、方法。而方法，可理解为认识事物、对事物进行改造的办法。体系，指的是将若干有关事物互相联系、互相制约而构成的一个整体。

构建退化海洋生态系统生态恢复的技术体系，在实际应用中涉及恢复的目标、原则、模式、对象、时间和空间尺度，修复程序、修复方法和技术优选，监测和评估方法、模式等。由于海洋生态系统是由生物群落和其所处的非生物环境所构成，因此对退化海洋生态系统的修复技术也不可能是单一的。即使是单一物种种群的恢复，也需采用多种技术。例如，大叶藻（床）的修复，就需采用种子采收、种子储藏、海上播种、生长过程水下监测、敌害防治，以及收获等各种技术。目前已研制出了种子采收、播种和收获的机械设备，这一系列技术和装备就构成了大叶藻的修复技术体系。每个生物种类、生态类型的修复，各有其专门的技术，加之工程技术措施，就构成了一个综合的海洋生态系统恢复的技术体系。

对于一个特定海洋空间，如一个退化海湾的生态恢复，通常要多个恢复技术的综合运用。比如，对渤海一些受损海岸带的修复，就包括了海水入侵与盐渍化生态修复技术、滨海湿地修复技术、浅海滩涂生物资源生境修复、景观生态修复技术等。

深圳湾滨海湿地生态系统，是个修复体系综合运用成功的实例（图4-1）。

以生态护岸技术为例，现有的生态型护岸技术主要以植被措施为主，并开发出了一系列土工加固材料和人工生长基作为辅助材料，以增强植被根系的固土作用，如铁丝网与碎片复合种植技术、木工网垫固土种植技术、土工格栅固土种植技术、水泥

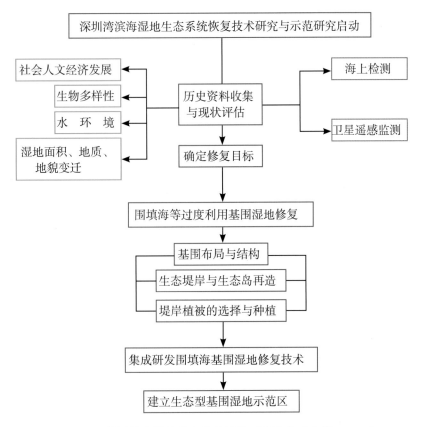

图4-1 深圳湾滨海湿地修复技术路线（引自咎启杰等，2013）

生态种植基技术、植被型生态混凝土技术、鱼巢砖、笼石结构等，效果良好（咎启杰等，2013）。

当前，除了要进一步发展适用于海洋生态恢复的生物技术（包括微生物修复技术、藻类修复技术、耐盐碱植物修复技术、海洋动物修复技术）外，还应加强相关的海洋工程技术的研发和生态工程规划和设计，促进景观美化、水下监测和遥感技术的发展，制定各类退化生态系统诊断和恢复效果评价方法与标准，研发用于海上生态恢复的工具和设备。

三、 构建海洋生态恢复的管理体系

在海洋事业（含开发、利用、保护、权益、研究等）活动中发生的指挥、协调、控制和执行实施总体过程中产生的行政与非政府的一般职能，即是海洋管理（鹿守本，1997）。所谓海洋管理是指政府以及海洋开发主体对海洋资源、海洋环境、海洋开发利用活动、海洋权益等进行的调查、决策、计划、组织、协调和控制工作。海洋

管理的本质是在政府政策和有关法律法规的指导下，对海洋资源、环境及其开发利用活动进行计划、组织、协调和控制（管华诗和王曙光，2003）。

大量实例表明，有效的管理是海洋生态恢复成功与否的一个重要环节。正如种树，要获得成功，必须做到三分栽种、七分管理。

生态恢复项目（工程）的管理，对于一个区域或流域的环境治理、生态恢复尤为重要，应贯穿全过程。日本琵琶湖（淡水湖泊）在20世纪五六十年代富营养化十分严重。为了改善水质、恢复其生态系统的服务功能，当地政府从1972年起，制订了计划，总投资约1800亿元人民币，经过了30多年的综合整治，到本世纪初，水质有了明显好转。所得到的经验如下：① 严格控制氮、磷污染源，管网及大型污水处理设施建设着眼于未来长远规划，而污染深度处理的除氮脱磷技术的普及是污染源系统控制的关键；② 大力提高森林覆盖率以减少面源污染的产生，改善水源涵养及流经生境；③ 切实做到有法必依、执法必严、实行依法治湖；④ 高度重视环境教育及公众参与；⑤ 积极推动各科研机构对环境问题的研究（余辉，2013）。

在海洋生态恢复工作中，发挥政府和修复主体单位的主要管理作用，广泛吸收公众参与管理至关重要。

海洋生态恢复管理应包括组织管理，行政审批，规划的制定，组织有关技术标准、规范和指南的编制，技术监督，修复程序监督、财务检查，组织成果验收等，管理应当贯穿修复全过程。对于较大的海洋恢复工程，尤其要加强统一协调，防止各自为政、互相保密、分散和重复。对于跨行政海区进行生态恢复，最好是建立领导小组、统一指挥。

在我国，为了更好地推进海洋生态恢复工作，建议制定国家和省（市）海洋生态恢复规划，并将海洋生态恢复纳入国家和沿海省（市）国民经济规划和财政预算中。

对于海洋生态恢复工作中，新出现的问题应当进行调研，妥加解决。国家有关部门、沿海地方政府对海洋生态恢复的管理职责分工，进行河口和海域生态恢复要不要进行环境影响评价、海域使用论证，引进外地修复生物物种由哪个部门审批，生态恢复的监测、监视由谁实施，私营公司参与海洋生态恢复的权利保障，公众的科技普及和参与等，都是海洋生态恢复工作值得重视的管理问题。

最后，应当提倡在海洋生态恢复管理体系的建设中理念、模式和服务的创新。

小结

从某种意义上说，海洋恢复生态学是一门合成的学科，它涉及生物学、海洋学、环境科学、工程学、经济学、管理学等学科的知识。因此，海洋恢复生态学的发展应当从相关学科吸取营养。也正因为海洋环境的复杂性、生态系统过程的动态性，故在生态恢复实践中加强规律性的探索，创新思维，改进技术和方法，以及基于生态系统的综合管理，构建恢复生态学的三大体系，应是今后海洋恢复生态学的主要研究内容。

思考题

1. 为什么说海洋恢复生态学从某种意义上说是一门合成性学科？

2. 简述在发展海洋恢复生态学进程中，有哪些认知问题应予关注。

3. 如何构建海洋恢复生态学三大体系？

拓展阅读资料

1. Bennett A F, Haslem A, Cheal D C, et al. Ecological processes: a key element in strategies for nature conservation [J]. Ecological Management & Restoration, 2009, 10(3): 192 - 199.

2. Choi Y D. Restoration ecology to the future: a call for new paradigm [J]. Restoration Ecology, 2007, 15(2): 351 - 353.

3. Temperton V M. The recent double paradigm shift in restoration ecology [J]. Restoration Ecology, 2007, 15(2): 344 - 347.

4. Harris J A, Hobbs R J, Higgs E, et al. Ecological restoration and global climate change [J]. Restoration Ecology, 2006, 14(2): 170 - 176.

5. 管华诗，王曙光. 海洋管理概论[M]. 青岛：中国海洋大学出版社，2003.

6. 余辉. 日本琵琶湖的治理历程、效果与经验[J]. 环境科学研究，2013，26(9)：956 - 965.

第二篇　基础理论篇

基础理论篇共分四章，分别论述海洋生态系统及其类型与特点、海洋退化生态系统及其成因与诊断、海洋恢复生态学的理论基础以及海洋恢复生态学的学科基础。

第五章　海洋生态系统

本章介绍了海洋生态系统的定义、组成、结构、功能和生态平衡的维持，列出了海洋生态系统的特点，并将其与陆地生态系统和淡水生态系统进行对比，着重介绍了红树林、珊瑚礁等在海洋恢复生态学中经常涉及的特殊类型的海洋生态系统。

第一节　生态系统概述

一、生态系统的定义

生态系统（ecosystem）是指在一定时间和空间范围内，生物群落与非生物环境，通过能量流动、物质循环、物种流动和信息传递所形成的一个相互联系、相互作用并具有自我调节机制的复合体。生态系统是生物学的一个组织层次，是生态学研究的核心。在结构和功能完整性的前提下，生态系统没有空间大小、形成时间长短和层次复杂性的限制，从已形成数亿年的包容万千的海洋，到降水后形成的小池塘，这些自然环境看起来千差万别，生物组成也各不相同，但是它们都可以被称为生态系统。其中海洋生态系统依海洋自然地貌，可划分为河口、海湾、红树林、珊瑚礁、海草、海岛、潟湖、上升流、大洋、浅海、深海以及热泉和冷泉等各个不同的自然生态系统，也有人类干预或构建的海洋人工或半人工生态系统，如人工鱼礁、盐田和池塘养殖生态系统等。

生态系统中，生物和非生物两个组成部分缺一不可。生态系统是生态学的基本研究单位，它不仅是空间上的地理单元（geographical unit），也是结构上的功能单元（functional unit）。自然生态系统都是开放系统，具有输入和输出过程以维持平衡。总体而言，生态系统具有以下五个特点。① 联系性（connection）：生态系统的生物组分之间及其与非生物组分之间相互联系。系统（system）一词也强调了联系性的特征。② 相互作用性（interaction）：生态系统中生物与生物之间、生物与非生物环境之间存在相互作用关系，组分之间相互依赖、相互制约。③ 整体性（integrity）：在一定空间内生物组分及非生物组分是有机结合为一个整体的。④ 灵活性（flexility）：生态系统的大小没有限制，可以根据情况和需要灵活界定，地球上的一个池塘或整个地球都可以被界定为一个生态系统。生态系统的概念有丰富的内涵和无限的灵活性，这在生态系统的研究中有重要意义。⑤ 普遍性（universality）：整个地球是一个生物圈（ecosphere），大小各异的生态系统分布其上，生态系统的概念无所不在，可应用于不同领域的研究中，从生物多样性到能量流动和物质循环过程等。

二、 生态系统的组成

生态系统主要包括生物成分和非生物成分两大类（图5-1）。生物成分即生物群落，主要由生产者、消费者和分解者三者构成。非生物成分即环境，是指生态系统中生物群落以外的部分。不同生态系统的非生物成分和生物成分在本质上各有不同。

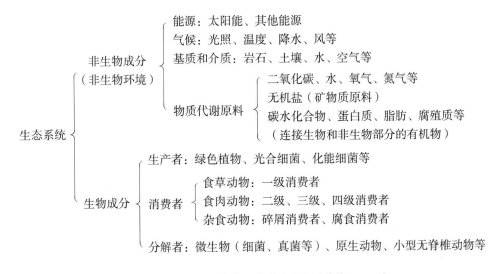

图5-1　生态系统的组成（引自沈国英等，2010）

（一）非生物成分(abiotic component)

非生物成分为生态系统中的各种生物提供栖息地以及生存所必须的物质和能量，是生态系统的生命支持系统。非生物成分又可以分为四大类：第一类是能源，主要来自太阳辐射；除此之外，深海热喷泉也是能源；第二类是气候要素，包括光照、温度、降水和风等；第三类是基质和介质，包括岩石、土壤、空气和水等；第四类是生物所必需的物质代谢原料，包括有机物和无机物等。

（二）生物成分(biotic component)

生物成分是生态系统的主体，按营养关系可以分为生产者、消费者和分解者。

（1）生产者（producers）：即自养生物（autotrophs），包括所有具有光合色素的绿色植物，能通过光合作用将二氧化碳、水和无机营养盐合成用于自身生产的有机物，包括碳水化合物、脂肪、蛋白质、核酸等。此外，光合细菌和化能合成细菌也属自养生物。生产者制造的有机物是地球上一切生物（包括人类）的食物来源，在生态系统的能量流动和物质循环中居首要地位。

（2）消费者（consumers）：即异养生物（heterotrophs），包括不能从无机物制造有机物的全部动物。它们直接或间接依靠生产者制造的有机物为生。消费者通过对生产者的摄食、同化和吸收，起着对初级生产者加工和再生产的作用。

（3）分解者（decomposers）：也属异养生物，主要包括异养细菌、真菌、放线菌、原生动物等微小生物。它们在生态系统中连续地进行着与光合作用相反的分解作用。微生物种类复杂，分解能力因种而异。但是，每一种生物产生的有机物基本上都能被已经存在于自然界中的微生物所分解。

三、 生态系统的结构

（一）生态系统的营养结构

生态系统中生产者和消费者以及消费者之间通过食物链连成一个整体。食物链（food chain）是指生物之间通过摄食关系形成的一环套一环的链状营养关系，物质和能量从植物开始，逐级地转移到大型食肉动物上。食物链上的每一个环节称为营养级（trophic level）。

"螳螂捕蝉、黄雀在后""大鱼吃小鱼、小鱼吃虾米"均包含食物链的元素。

一个生态系统中存在多条食物链，一种生物可以具有多种摄食对象，也可被多种摄食者取食，一种生物不可能固定在某一条食物链上的某一环中。生态系统中的多条食物链纵横交错，形成网状营养结构，被称为食物网（food web）。食物网可以更真实形象地反映生态系统内生物之间的营养关系（图5-2），同时对维持系统的稳定性也具有重要作用。

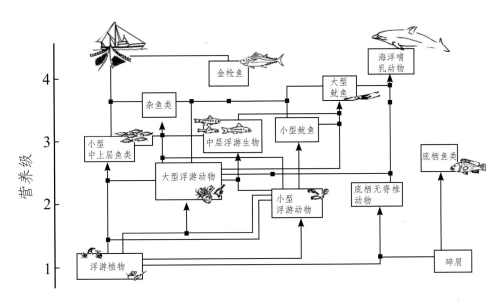

图5-2 中国南海海域中一个简单的食物网结构图（来源：http://cordis.europa.eu/）

（二）生态系统的空间结构

生态系统的空间结构是指自然生态系统的生物成分（自养和异养成分）具有空间分布特征，即在垂直方向上是分层的，在水平方向上是分带的。一般来说，在垂直方向上，生态系统的上层通常是绿色植物，初级生产水平较高，自养代谢旺盛；下层主要分布着消费者，异养代谢旺盛，各级消费者往往又各自就位于下层的不同垂直空间中。在海洋生态系统中，浮游植物主要分布在真光层的海水中；浮游动物通常分布在真光层及其以下相邻的水层中，而且具有昼夜垂直运动的特性；底栖生物生活在海底，又可进一步细分为底上和底内两种类型；游泳生物依据其生态特性分布于相应的水层，分为上层、中上层和下层三种类型。在水平方向上，生态系统生物成分通常表现出分带分布现象。在近海生态系统中，浮游植物和浮游动物的斑块状分布现象是非常普遍的，而且二者往往呈现出镶嵌式分布特征。海岸生态系统中依离岸线的远近，往往出现底栖生物分带分布的现象。例如，在一岩石底质类型的海岸上，潮上带是滨螺带，潮间带是藤壶或贻贝带，潮下带是海藻带（图5-3）。生态系统生物成分的空间特征与其环境因子在空间上的梯度分布特征密切相关。

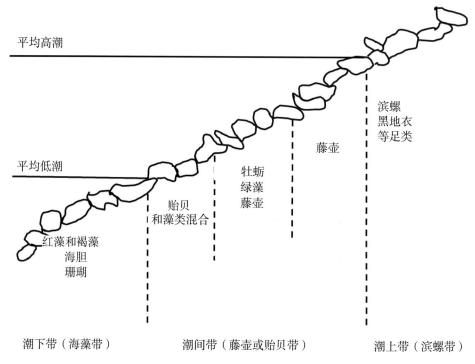

平均高潮

滨螺
黑地衣
等足类

藤壶

平均低潮

牡蛎
绿藻
藤壶

贻贝
和藻类混合

红藻和褐藻
海胆
珊瑚

潮下带（海藻带）　　　　　潮间带（藤壶或贻贝带）　　　　　潮上带（滨螺带）

图5-3　一个岩石海岸的横截面，示生物分带分布（引自Odum，1971）

四、生态系统的功能

（一）物质循环和能量流动

生态系统的能量最初来源于太阳。绿色植物是生态系统的主要初级生产者，它通过光合作用，将光能转化为化学能储存于体内，成为进入生态系统可利用的基本能源。绿色植物固定的太阳能沿食物链经逐级取食，使一种形式的化学能转变为另一种形式的化学能（图5-4）。因此，食物链本质上是生态系统能量流动的途径，绿色植物固定的太阳能沿食物链不断地流动转移，使得生态系统的各种功能得以维持。生态系统的能量流动是遵循热力学定律的。热力学第一定律指出，能量从一种形式转变为另一种形式，但既不能创造它，也不能消灭它，即能量守恒定律。热力学第二定律指出，能量在转变(做功)的过程中，一部分能量转化为无法利用的热能向周围散失，即熵增加原理。通过光合作用进入到生态系统的太阳能在沿食物链的流动过程中不断消耗，最终全部以废能的形式散发掉，达到热的动态平衡。

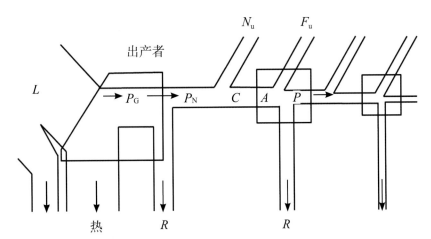

图5-4 生态系统的能流模式图（Odum，1971；转引自沈国英等，2010）

*L.*太阳总辐射；*P*G.总初级生产力；*P*N.经初级生产力；*R.*呼吸量；*C.*消耗量；

*A.*同化量；*P.*次级生产量；*N*u.未利用量；*F*u.粪尿量

能量在沿食物链流动过程中，大部分能量将消耗掉，只有少部分用于下一营养级的生长和繁殖，成为可利用的能量（图5-5）。能量的利用效率称为生态效率，它可以用相邻两个营养级之间的生产量来表示，即某一营养级的生态效率就是该营养级的生产量与前一个营养级的生产量之比。林德曼"十分之一"定律就是指水生生态系统中的生态效率为10%。

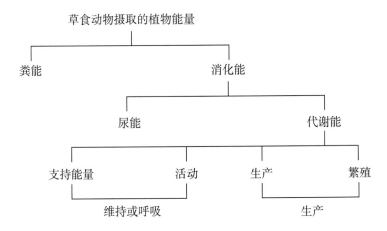

图5-5 能量在次级生产中的消耗分配（改自彭国华，1992）

绿色植物是生态系统中的主要初级生产者，绿色植物的光合作用不仅将光能转化为化学能，同时将从环境中吸收的无机元素转变成有机物（如碳水化合物、蛋白质、核酸和脂类等）。这样，生态系统的物质通过绿色植物（生产者）的吸收作用进入食物链，并沿食物链在消费者间逐级传递和转化，当生物死亡后，机体内的有机物又会被分解者分解成为无机物释放到环境中，这些无机物会再一次被绿色植物吸收，并通过光合作用转化成有机物，从而重新进入食物链参与生态系统的物质循环。因此，生态系统中的任何物质和元素都处在循环的某一环节，它们在生态系统的生物有机体和无机环境之间的循环往复过程称为生态系统的物质循环。

　　生态系统的物质循环和能量流动是紧密联系、不可分割的。但是二者又有本质的区别，能量来源于太阳，沿食物链向一个方向逐级流动，并不断消耗和散失；营养物质来源于地球，在生态系统中循环往复，不断地被生物重新利用（图5-6）。

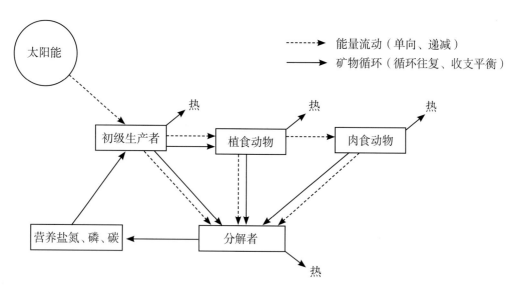

图5-6　图示生态系统的物质循环和能量流动比较（引自张志南等，2000）

（二）信息传递

　　生态系统的信息传递是伴随着物质循环和能量流动来完成的。生态系统的信息包括物理信息、化学信息和行为信息。物理信息指通过物理过程传递的信息，它可以来自生态系统的无机环境，也可来自生物有机体，主要有声、光、温度、湿度、磁力、机械振动等。有机体的眼、耳、皮肤等器官接受物理信息并进行处理。化学信息是指通过化学物质传递的信息，生物体合成的生物碱、有机酸等次级代谢产物都可起到信息传递的作用，生物体能通过多种途径接收这些化学信息。行为信息多种多样，是指生物通过一定的行为向同种或异种的生物传递信号。生态系统中生物的活动离不开信息的作用，信息传递在生态系统中的作用主要表现在以下方面：① 维持生命活动的正常进行；② 保证种群的繁衍；③ 调节生物的种间关系，以维持生态系统的稳定。

（三）自我调节

自我调节是生态系统的功能之一。自然生态系统是一个开放系统，物质和能量不断输入与输出。生态系统通过反馈机制（feedback mechanism）实现其自我调控以维持相对的稳态（homeostasis）。反馈有正反馈和负反馈之分。正反馈（positive feedback）是系统中的部分输出通过一定路线又变成输入，起促进和加强的作用。负反馈（negative feedback）是输出反过来起削弱和减低输入的作用。生物群落内不同种群之间的各种相互关系调控着种群的数量，如捕食者与被食者的相互关系（正反馈和负反馈相互作用）就是最典型的例子。被食者种群增长可促进捕食者种群增长（数量增加），而捕食者种群增长后对被食者造成更大的压力，使被食者种群数量减少；当被捕食者种群数量减少，捕食者由于得不到足够的食物种群数量随之减少（图5－7）。因此，生态系统就是通过生物之间以及生物与环境之间各种反馈机制来实现自我调节。

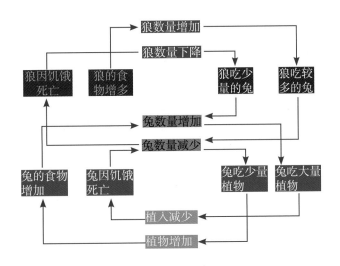

图5－7　反馈机制促进兔和狼的种群达到稳态

五、生态平衡

生态系统中，如果能量和物质的输入大于输出时，生物量增加；反之，生物量减少。如果输入和输出在较长时间趋于平衡，系统内各组成成分之间保持一定的比例关系，系统的结构与功能长期处于稳定状态，在外来干扰下能通过自我调节恢复到原初的稳定状态，生态系统的这种状态就叫做生态平衡（ecological equilibrium）。生态平衡即在一定时间内生态系统中的生物和环境之间、生物各个种群之间，通过能量流动、物质循环和信息传递，使它们相互之间达到高度适应、协调和统一的状态。

生态平衡是一种自然平衡。一个相对稳定的生态系统是经过一系列不同演替阶段而发展起来的。随着演替的发展，生态系统的结构和功能日趋完善。因此，在演替发展的各个阶段，系统内部结构和功能的水平是不同的，因而对外界干扰的敏感程度也不同。在发展的初期阶段，其结构比较简单，功能效率不高，因而对外界干扰的抵抗能力较差；而当生态系统发展到成熟阶段，结构变得比较复杂，功能效率也相应得到提高，因此即使有来自外部的干扰，系统也能够通过较强的自我调节能力维持自身的稳定性。因此，生态平衡是一种自然平衡，是长期生态适应的结果。

生态平衡是一种相对平衡。任何生态系统都不是孤立的，都会与外界发生直接或间接的联系。当受到外界干扰，生态系统会通过自我调节维持系统的稳定性。但是生态系统的自我调节能力是有限度的。如果外界干扰在其所能调控的范围之内，当这种干扰消除后，它可以通过自我调节而恢复到原来的稳定状态；如果外界干扰超过了它所能调控的限度，其自我调节能力也就遭到了破坏，生态系统就会失衡、退化，甚至崩溃。通常把生态系统所能承受的这种干扰的极限称为"生态阈限"。因此只有在生态阈限范围内，生态系统才能保持相对平衡。

生态平衡是一种动态平衡。变化是宇宙间一切事物最根本的属性，生态系统这个自然界中复杂的实体，也处在不断变化之中。生态系统中的生物与生物、生物与环境以及环境各因子之间，不停地进行着能量的流动与物质的循环；伴随着环境的不断变化，生物群落（生物量由低到高、食物链和食物网由简单到复杂、群落由一种类型演替为另一种类型等）也始终处于变化之中。因此，生态平衡不是静止的，总会因系统中某一成分先发生改变，引起不平衡，然后依靠生态系统的自我调节能力使其又进入新的平衡状态。正是这种从平衡到不平衡到又建立新的平衡的反复过程，推动了生态系统整体和各组成成分的发展与进化。

第二节　海洋生态系统的特点

海洋生态系统是生态系统的一种类型，它具有生态系统共有的结构和功能特征以及发展过程。但是，由于海洋环境的特殊性，使得海洋生态系统表现出一些自己的特点。

一、海洋环境

（一）海洋环境的基本特点

环境是指生物周围由许多因素共同组成并相互作用的系统。生活在特定海洋环境中的所有生物都与其生存环境密切相关并相互影响。海洋环境面积广阔，地球表面被海水覆盖的面积达$362 \times 10^6 \ km^2$，约占地球表面积的71%，比陆地和淡水中的生命存在空间大300倍。

海洋环境是相对稳定的。首先，由于海洋水体大，海水有较高的比热，使得海洋的温差较小，温度变化也较慢。其次，海水的组分相对稳定，缓冲性能好，因此海水的pH相对稳定。第三，海水表层直接与大气接触，通过气海界面进行气体交换，使得海水中的溶解氧和二氧化碳基本上是饱和的。

海洋具有纬度梯度、深度梯度、水平梯度三大环境梯度，即从赤道到两级的纬度梯度、从海面到深海海底的深度梯度和从沿岸到开阔大洋的水平梯度，它们对海洋生物的生活、生产力时空分布等都有重要影响。海洋是一个连续的整体，但是它具有环境要素差异巨大的不同区域，不同生物栖息在不同的生境中，没有一种生物能生活在海洋的一切环境中。

（二）海洋环境的分区

海洋环境最基本的分区方式是把整个海洋划分为水层和海底两大部分，水层部分是指从海水表层到大洋的最大深度，即覆盖于海底之上的整个水体，而海底部分是指整个海底，包括海岸和海底两部分（图5-8）。海洋生物也据此分为在水层部分漂浮或游泳生活的种类和在海底部分（底上或底内）栖息的种类。

水层部分在水平方向上分为浅海区（neritic province）和大洋区（oceanic

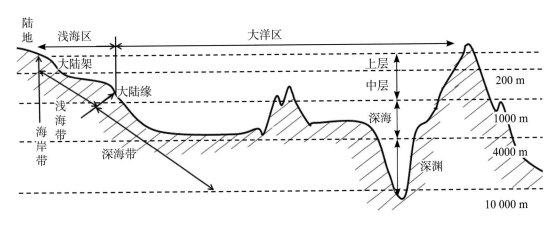

图5-8 海洋环境的主要分区（引自Tait等，1998）

province）。浅海区是大陆架上的水体，大洋区是大陆缘以外的水体。在垂直方向上，根据环境的差异又将大洋区分为上层、中层、深海和深渊四层水体。海底部分分为海岸带（潮间带和潮上带）、浅海带（大陆架和大陆缘）、深海带（大洋底部）。

（三）海洋环境的主要生态因子

生态学上将环境中对生物生长、发育、生殖、行为和分布有直接或间接影响的环境要素称为生态因子（ecological factors）。生态因子又可以分为非生物因子和生物因子两大类。非生物因子（abiotic factors）：又称理化因子；海洋环境中主要的非生物因子包括光照、温度、盐度、海流和深度等。生物因子（biotic factors）：生物周围其他同种或异种生物互为环境中的生物因子，它们之间具有营养、竞争、共生等关系。

1. 光照

到达海面的太阳总辐射能，一部分因海面反射而损失，一部分射入海水，被海水吸收转变为热能，同时海水中悬浮或溶解的有机物和无机物也会对光有选择性地吸收和散射。

由于海水具有较强的吸光性，光在海水中随水深增加而锐减，因此根据海水在垂直方向上的光照条件可以分为三个层次。① 透光层：也称真光层（euphotic zone）；透光层中有足够的光照可供植物进行光合作用，其光合作用的量超过植物本身的呼吸消耗。② 弱光层（disphotic zone）：弱光层中有一定的光线透入，但光照强度不能满足植物光合作用的需要，光合作用量少于其呼吸消耗。③ 无光层（aphotic zone）：弱光层以下直到大洋底部的水层，除生物发光外，没有从海面透入的有生物学意义的光。

2. 盐度

盐度（salinity）是海水中总含盐量的度量单位，是指溶解于1 kg海水中的无机盐总克数。尽管大洋海水盐度会因各海区蒸发和降水的不平衡有差异，但是主要离子组分间的含量比例却几乎恒定，称为"海水组分恒定性规律"或称"Marcet原则"。大洋表层的盐度范围为34~36。盐度变化主要与不同纬度海区的降水量与蒸发量的比例有关。

盐度为海洋生物的生存提供了独特的环境。生活在海水中的海洋生物均具有对海水的渗透调节机制，大部分海洋无脊椎动物血液和体液的盐浓度与海水的含盐量相似，而硬骨鱼类的血液盐含量仅是周围海水含盐量的30%~50%。当周围环境盐度发生变化时，会出现渗透过程（osmosis），即水从盐浓度低的一边通过半透膜向浓度高的一边渗透，直至渗透平衡。

根据盐度对海洋生物分布的限制可以将海洋生物分为两类。① 狭盐类生物

（stenohaline）：这类生物对盐度变化很敏感，只能生活在盐度比较稳定的海水环境中，例如深海生物。② 广盐类生物（euryhaline）：这类生物对于海水盐度的变化有较大适应性，能耐受海水盐度的剧烈变化，如沿海和河口地区的生物以及洄游性的动物。

3. 温度

海洋表层的温度呈现自低纬度向高纬度递减的规律，与太阳辐射和海流有密切关系。由于海流不断运动以及海水有巨大的热容量，因此海洋水温的变化比陆地小得多。表层水温的日变化和年变化均不大，仅温带和亚热带海区表层水温的周年变化较明显。

海水温度的垂直分布上，在低纬度海区，表层海水吸收热量，产生一层温度较高、密度较小的表层水；其下方出现温跃层（thermocline），通常位于水层100～500 m，温度随深度增加而急剧下降，这一水层即所谓的不连续层（discontinuity layer）；其上方海水由于混合作用而形成相当均匀的高温水层，成为热成层（thermosphere）。温跃层直至海底，水温较低且温度变化不明显。

海洋生物只能生存在一个相对狭窄的温度范围内，不同生物所能耐受的温度范围不同，海洋生物对温度的耐受范围比陆地或淡水生物小得多。根据海洋生物对温度的耐受范围可以将其分为两类。① 广温性（eurythermic）种类：这类生物多分布在沿海，对温度的适应范围相对较广。② 狭温性（stenothermic）种类：这类生物分为喜冷性和喜热性两大类；前者常见于寒带水域，后者常见于热带水域。

4. 海流

海流按照温度特征可以分为寒流和暖流。寒流（cold current）是指水温低于流经海区水温的海流，通常从高纬度流向低纬度，水流低温低盐，透明度小，如千岛寒流。暖流（warm current）是指水温高于流经海区水温的海流，通常从低纬度流向高纬度，水流高温高盐，透明度大，如黑潮暖流。

除恒定的海流外，天体（主要是月球）引潮力作用也使海水产生周期性的运动，其水平运动称为潮流，其垂直涨落称为潮汐。潮流、潮汐现象是潮间带最重要的环境特征。潮流对潮间带底栖生物的作用如下：① 潮流具有扩散生物分布的作用；② 潮流有助于底栖固着生物获得食物，也有助于其清除排泄物；③ 潮流是稀释潮间带污染物的重要过程。

海流有助于海洋生物散播和维持生物种群，是生物迁移和物种交流的驱动力。暖流可将南方喜热性动物带到较高纬度海区，而寒流可将北方喜冷性动物带到较低纬度海区。同时海流也有助于某些鱼类完成"被动洄游"。不同性质海流中栖息的浮游生物可以作为海流的指示种，用于研究海流和水团的移动，尤其是判断不同性质海流的交汇锋面。

二、海洋生物生态类群

海洋生物根据其生态特征可以分为浮游生物、游泳生物和底栖生物三大生态类群。

（一）浮游生物

浮游生物（plankton）是指在水流运动的作用下，被动地漂浮在水层中的生物群。它们的共同特点是缺乏发达的运动器官，运动能力弱或完全没有运动能力，只能随水流移动，具有多种多样适应浮游生活的结构。浮游生物一般个体都很小（图5-9），多数种类必须借助显微镜或解剖镜才能分辨出其身体构造。浮游生物个体小、数量多、分布广，是海洋生产力的基础，也是海洋生态系统能量

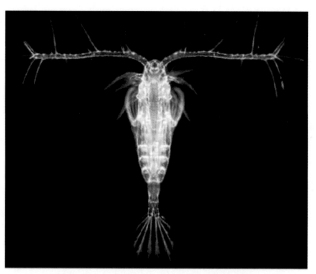

图5-9 我国沿海最重要的浮游动物
——中华哲水蚤（*Calanus sinicus*）

流动和物质循环的最重要环节。按照粒径大小的不同，浮游生物细分为6类：微微型浮游生物（picoplankton，小于2 μm）、微型浮游生物（nanoplankton，2~20 μm）、小型浮游生物（microplankton，20~200 μm）、中型浮游生物（mesoplankton，200~2 000 μm）、大型浮游生物（macroplankton，2 000 μm~20 mm）和巨型浮游生物（megaplankton，大于20 mm）。

（二）游泳生物

游泳生物（nekton）是指具有发达的运动器官，游泳能力强大的一类大型动物，包括海洋鱼类、哺乳类（鲸、海豚、海豹、海牛）、爬行类（海蛇、海龟）、海鸟以及某些软体动物（乌贼）和一些虾类等。从种类和数量上看，鱼类是最重要的游泳生物，也是渔业捕捞的主要对象。游泳生物大部分是肉食性种类，草食性和碎屑食性种

类较少，很多种类是海洋生态系统中的高级消费者。游泳生物需要在较大空间内寻找食物，同时静止时也需要克服重力的影响，因此是水层物种中能量需求量最大的种类。

多种海洋游泳动物具有周期性的洄游（migration）习性。洄游通常包括三种类型，代表游泳生物生命过程中的三个主要环节，即产卵洄游（spawning migration）、索饵洄游（feeding migration）和越冬洄游（overwintering migration）。

（三）底栖生物

底栖生物（benthos）由生活在海洋基底表面或沉积物中的各种生物所组成。海洋底栖生物种类繁多，底栖生物群落有多种生产者、消费者和分解者。通过底栖生物的营养关系，水层沉降的有机碎屑得以充分利用，并且促进营养物质的分解，在海洋生态系统的能量流动和物质循环中起着重要作用。此外，很多底栖生物也是人类可直接利用的海洋生物资源。

三、能量流动和物质循环

单细胞的浮游植物是海洋生态系统中的主要初级生产者，它通过光合作用将光能转换为化学能，将无机物转变成有机物，是海洋植食食物链的基础。海洋中的单细胞浮游植物主要包括硅藻、甲藻、蓝藻、金藻、绿藻和黄藻等，由于它们属于单细胞生物，所以相对于陆地生态系统中的主要初级生产者（大型高等植物），它们个体小、生长周期短、生物量低，但数量大，周转率高。如微微型的浮游植物，其个体微小（小于2 μm），但繁殖速度快，数量大。在热带和温带海区，其丰度可达 10^6 个/立方厘米。浮游动物是海洋生态系统中的主要初级消费者，浮游植物生产的产物基本上要通过浮游动物这个环节才能被其他动物间接利用。相对于陆地生态系统中的初级消费者，浮游动物也表现出个体小、生长周期短、生物量低，但数量大，周转率高的特点。

浮游植物在个体大小、结构和组成方面的特点，使得海洋浮游动物对初级生产的利用率很高。据估计，浮游动物对浮游植物的利用效率可以达到总海洋初级生产量的90%以上。而陆地高等植物体有许多部分为坚硬的组织结构，如蜡质化、木质化、栓质化、角质化和矿质化的组织，很难被植食性动物利用；据估计其被利用的效率在50%以下（表5-1）。

海洋的生物多样性高，生物种类繁多，食物联系复杂多样。通常情况下，海洋生态系统的食物链较长，一般在4到6个营养级，如大洋区的食物链的长度达到6个营养级。

食物链越长和处于同一营养级上的生物种类越多，食物网往往就越复杂（图5-10）。

表5-1　海洋生态系统能量流动和物质循环的特点

	特点
初级生产者的生物量和周转率	海洋初级生产者个体小、生长周期短、生物量低，但周转率高
植食性动物对初级生产的利用效率	海洋植食性动物对初级生产的利用率很高，可达总海洋初级生产量的90%以上
食物链和食物网结构	食物链长，一般4~6个营养级 食物网复杂，海洋生物种类繁多 食物链耦合，植食食物链、碎屑食物链和微食物环相衔接

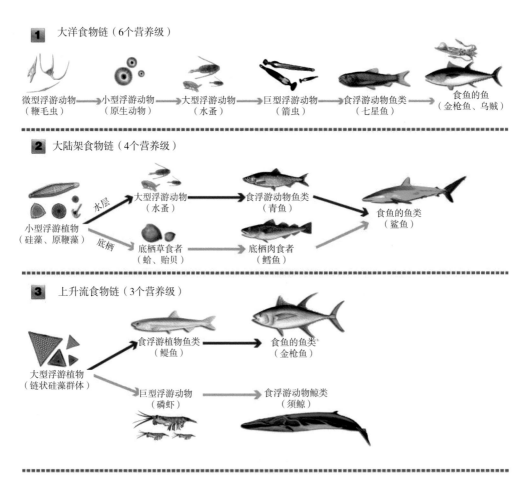

图5-10　海洋生态系统食物链

（来源：http://amuseum.cdstm.cn/AMuseum/oceanbio/index.html）

物质循环和能量流动是沿着食物链和食物网完成的。海洋生态系统的食物链包括植食食物链、碎屑食物链和微食物环（microbial loop）。植食食物链是以活的植物体为起点的食物链，碎屑食物链是以有机碎屑为起点的食物链，微食物环是由超微型、微型和小型浮游生物之间形成的食物营养关系。微食物环有以下特点。① 组成微食物环的生物个体小，都属于超微型、微型和小型的浮游生物。② 能量转换效率高：微型食物网中各营养层次的能量转换效率可高达50%以上。③ 营养物质更新快：各营养级的物种体型小，世代时间短，单位体重的营养物质再矿化率高。在海洋生态系统中，植食食物链、碎屑食物链和微食物环相互衔接、相互耦合，共同完成整个系统的物质循环和能量流动（图5-11）。

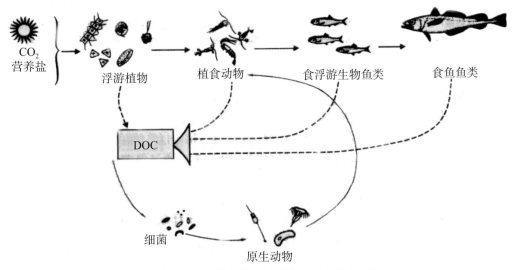

图5-11 植食食物链和微食物环的耦合（引自张志南等，2000）

四、海洋初级生产力

浮游植物是海洋生态系统中占优势的初级生产者，通过光合作用将无机物转变成有机物，由此启动了海洋食物链的能量流动和物质循环过程。此外，大型海藻和自养（包括光能和化能）细菌也是海洋初级生产者。海洋自养生物（主要是浮游植物）通过光合作用或化能合成作用制造有机物的速率称作海洋初级生产力。影响海洋初级生产力的因素包括光照、营养盐、温度和浮游动物的摄食作用等。

Dugdale和Goering（1967）提出了新生产力的概念，认为进入初级生产者细胞内的任何一种元素都可划分为两大类，即在真光层再循环的和从真光层外输入的。因此，初级生产力也相应地分为新生产力和再生生产力两部分：由新生氮源（来源于真光层外）支持的那部分初级生产力称为新生产力；由再生氮源（真光层内再循环）支持的那部分初级生产力称为再生生产力（图5-12）。新生产力的研究对精确评估海洋生态系统对全球气候变化的调节作用，以及深层次阐明生态系统的结构和功能有重要意义。

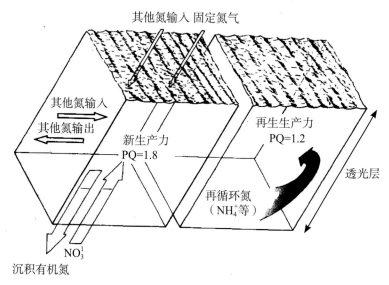

图5-12　新生产力和再生生产力示意图（引自Platt等，1992）

五、海洋生态系统与其他生态系统的对比

地球上的生态系统根据环境的理化特性，可以分为陆地生态系统和水域生态系统两大类，水域生态系统又可以分为海洋生态系统和淡水生态系统。

陆地生态系统是地球陆地表面由陆生生物及其所处环境相互作用构成的统一体，占地球表面总面积近1/3，以大气和土壤为介质，生境复杂，类型众多。按生境特点和植物群落生长类型可分为森林生态系统、草原生态系统、荒漠生态系统以及受人工干预的农田生态系统等。总体来说，海洋生态系统与陆地生态系统的主要区别如下（表5-2）。① 海洋中的生产者主要由体型极小（2~25 μm）、数量庞大、种类繁多的浮游植物和一些微生物所组成。② 海洋为消费者提供了更广阔的活动场所，因此海洋动物比海洋植物种类更加丰富多样。对于许多生物而言，陆地生态系统存在重要的地理障碍。③ 生产者转化为初级消费者的物质循环效率更高。④ 海洋生物分布范围广，海洋面积大且连续分布，有利于海洋生物的扩散和迁移。⑤ 由于海洋的浮力作用，海洋植物和动物不必耗费大量的物质来建造骨骼或纤维素以支撑身体、抗拒重力的结构，陆地上生物体内主要是碳水化合物，而海洋生物体内主要是蛋白质。⑥ 由于海水是流动的，因此海洋有滤食性的动物（filter feeders），而陆地没有。

表5-2 陆地和海洋生态系统在环境和生态特征、遭受的人类威胁的类型及影响方面的主要区别

（引自Carr等，2003）

特征	陆地生态系统	海洋生态系统
环境特征		
水体介质覆盖面积	较小	较大
物种分布纬度	二维	三维
化学药品和物质移动范围	较小	较大
局部环境的开放性（如输入和输出的比例）	较小	较大
生态特征		
种类多样性（α和β）	较低	较高
生活史特征		
无脊椎动物及小型脊椎动物繁殖能力	较低	较高
哺乳动物的繁殖能力	较低	较低
不同生活阶段分布的差异	较小	较大
植物传粉媒介重要性	非常重要	几乎没有传粉媒介
对环境变化的反应速度	较低	较高
对大尺度环境变化的敏感性	较低	较高
种群结构		
子代分布空间尺度	较小	较大
种群空间结构	开放性不高	开放性高
对外部物质补充的依赖性	较低	较高
依靠本地种自我补充的可能性	较高	较低
对栖息地破碎的敏感性	较高	较低
对小范围扰动的敏感性	较高	较低
对大尺度事件的响应时间	较慢（几百年）	较快（几十年）
营养特征		
能量的横向流动	较少（植食性动物相对较少）	较多（植食性动物相对较多）

特征	陆地生态系统	海洋生态系统
初级生产的更新率	较低（多年生植物相对较多）	较高（多年生植物相对较少）
肉食性动物对捕食外源食物的依赖性	较低	较高
肉食性动物捕食外源食物对猎物种群的影响	较低	较高
脊椎动物显著的个体发育变化	较少见	非常普遍
遗传特征		
有效种群大小	较小	较大
基因流动的空间尺度	较小	较大
种群之间的基因多样性	较高	较低
遭受的当代人类威胁的类型及相对重要性		
栖息地破坏	随处可见	空间上较集中（如河口、珊瑚礁）
生物栖息地结构的丧失	随处可见（例如：砍伐森林）	空间上较集中（如河口、珊瑚礁）
营养级受到威胁或利用	较少（初级生产者）	较多（消费者）
驯化的程度	较高	较低

淡水生态系统包括河流生态系统、湖泊生态系统和池塘生态系统等类型，其中的生物都是适于在淡水中生活的。海洋生态系统与淡水生态系统的主要区别如下：① 海洋生态系统中物种种类丰富、数量极大，而淡水生态系统中物种的种类和数量相对较少；② 海洋生态系统的营养结构比较复杂，而淡水生态系统的营养结构相对简单；③ 海洋生态系统的抵抗力稳定性比较强，恢复力稳定性比较弱，而淡水生态系统恰恰相反；④ 海洋生态系统的无机环境和淡水生态系统的无机环境相差比较大（表5–3）。

表5–3　海洋生态系统和淡水生态系统特征对比

特征	海洋生态系统	淡水生态系统
生物种类	物种丰富，数量大	物种少，数量也少
营养结构	复杂	简单
抵抗力	对干扰抵抗力强	对干扰抵抗力弱
恢复力	自我恢复能力弱	自我恢复能力强

第三节　典型海洋生态系统

一、红树林生态系统

红树林（mangrove forest）是热带和亚热带海岸潮间带特有的盐生木本植物群落。红树林对生长环境要求严格，通常分布在赤道两侧20℃等温线以内，热带海区有60%～75%的岸线有红树林生长，部分亚热带海岸受暖流影响也有红树林分布。

红树林植物指红树林生态系统中生长的所有植物，包括木本、藤本和草本植物。其中的木本植物被称为红树植物（包括真红树植物和半红树植物），其他藤本和草本植物被称为红树林伴生植物。具体划分如下：① 真红树植物（true mangrove），指专一生长在潮间带的木本植物，它们只能在潮间带生长和繁殖；② 半红树植物（semi-mangrove），指既能生长于潮间带且有时可成为优势种，又能在陆地非盐渍土壤中生长的两栖木本植物；③ 红树林伴生植物（mangrove associates），指出现于红树林中的附生植物、藤本植物和草本植物等。

我国在2001年已查明的真红树植物有12科16属27种和1个变种，分布于海南、广东、广西、福建和台湾等地，半红树植物有9科11属11种（林鹏，2001）。

（一）红树植物的生理特性

在长期的进化过程中，红树植物形成了独特的特征以适应潮间带的生境。① 具有特殊根系，分为气生根和浅表性根。气生根使红树植物为适应缺氧的软泥环境，可直接从空气中获取氧；从树干或树枝生出的拱形下弯的浅表性根起到抵御风浪的辅助支撑作用。② 许多红树植物具有奇特的"胎生"现象（图5－13），种子在树枝上的果实中萌发成小苗，然后再脱离母体，下坠插入淤泥中发育为新植株。红树植物通过这种

图5－13　红树植物的胎生现象

方式传播种子和繁衍后代。③红树植物具有泌盐和高细胞渗透压的特性。

（二）红树林生态系统的特征

红树林生态系统具有显著的高生产力和高生物多样性特征。红树林生态系统的初级生产者包括红树植物、底栖海藻、海草和浮游植物，其中红树植物是主要的初级生产者。由于凋落的叶片等有机碎屑在沉积物中被分解，再生的营养盐被红树植物的根系吸收，所以红树林生态系统中富含再循环的营养盐，而不只是单纯依靠周围海水中的营养物质。一般情况下，红树林生态系统处于强光辐射区，高营养盐和高光强为高初级生产力提供了物质和能量基础。红树林生态系统是初级生产力最高的海洋生态系统之一。

作为红树林生态系统中的主要初级生产者，红树植物为其他生物提供了一个理想的觅食和繁衍环境。首先，红树林大量的凋落物形成的有机物质为系统中众多的海洋生物提供了丰富的饵料，是碎屑食物链能量流动和物质循环的起点。红树林生态系统的绝大数动物是以碎屑为食，一些种类（如穴居多毛类）通过沉积摄食作用食取沉积物中的有机碎屑；一些种类（如牡蛎）通过滤食作用食取悬浮的有机碎屑；还有一些种类，如虾、蟹和端足类，利用其螯状的附肢捕捉较大的碎屑颗粒。其次，红树林为众多生物提供了栖息环境。红树林的树干和树冠是许多生物的栖息地，鸟、蝙蝠、蜥蜴、树蛇、蜗牛、蜘蛛和各种昆虫等均属于这一生境中的常见种类。同时，红树林的根系提供了各种各样的基质和小生境，支持着更加多样化的海洋生物群落，有些生物附着在红树林的根部，也有些生物栖息于底泥的内部或表面上。丰富的食物和多样的生境维持着红树林生态系统较高的物种多样性。

（三）红树林生态系统的生态功能

1. 保护生物多样性

红树林生态系统的物种多样性高，生物资源丰富。红树林为鸟类、鱼类和其他海洋生物提供了丰富的食物和良好的栖息环境。我国红树林湿地共记录2 854种生物，其单位面积的物种丰富度是海洋平均水平的1 766倍（何斌源等，2007）。红树林区内由于潮沟发达，能吸引大量鱼、虾、蟹、贝等海洋生物来此觅食、栖息繁衍后代。此外，红树林区还是候鸟的越冬场和迁徙中转站，更是海鸟和多种生物生存和繁殖的场所。

2. 维护二氧化碳的平衡

红树植物属于阔叶林，据估计每公顷阔叶林在生长季节一天可消耗二氧化碳1 000 kg，释放氧气730 kg（林鹏和傅勤，1995）。红树林沼泽中硫化氢的含量很高，泥滩中大量的厌氧菌在光照条件下能利用硫化氢作为还原剂，使二氧化碳还原为有机物，这是陆地森林所没有的机制。因此，在红树林生态系统中，红树植物从环境中大量吸收二氧化碳并释放出氧气，这对净化大气，减少产生温室效应的根源，维护二氧化碳的平衡，无疑具有十分积极的意义（Bouillon 等，2008）。

3. 消浪护岸、净化水质

红树林长期适应潮汐及洪水冲击，形成独特的支柱根、气生根、发达的通气组织和致密的林冠等形态特征，具有较强的抗风和消浪性能。红树林密集交错的根系减缓了水体流速，沉降水体中的悬浮颗粒，促进土壤形成，起到保护土壤及造陆护堤的作用。此外，红树植物还能够吸收、富集和分解污染物，具有净化水质的功能。

二、 珊瑚礁生态系统

珊瑚是指体型呈辐射对称，有石灰质外骨骼或皮层中有大量骨针，底栖固着生活的海洋腔肠动物，可以分为造礁珊瑚和非造礁珊瑚二大类。珊瑚礁（coral reefs）是在造礁珊瑚、附礁生物和藻类共同的生物作用下由碳酸钙沉积而形成的一种结构，有极高的生物多样性和生产力水平，被称为"海洋中的热带雨林"。造礁珊瑚生长的最佳温度为23℃~29℃，盐度为32~35，高的光照强度和清洁无污染的海水也是造礁珊瑚生长所必需的。

（一）珊瑚礁的类型

根据珊瑚礁礁体与海岸的关系，可以分为岸礁、堡礁和环礁。岸礁（fringing reef）沿大陆或岛屿边缘生长，也称裙礁或边缘礁（图5-14和图5-15）。岸礁礁体表面与低潮位高度相近，粗糙不平坦，外缘向海倾斜。由于外缘珊瑚生长无局限，最早露出水面，因此珊瑚平台和陆地之间往往出现一条浅水通道或潟湖。我国海南岛沿岸的珊瑚礁多属于岸礁。

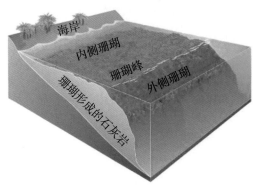

图5-14 岸礁示意图（引自维基百科）

图5-15 马尔代夫群岛中一个带岸礁的岛

119

堡礁（barrier reef）又称堤礁，是离岸有一定距离的堤状礁体，外缘和内侧均水位较深。堡礁和陆地之间通常也会隔以潟湖。全球最著名的堡礁就是澳大利亚的昆士兰（Queensland）大堡礁（图5-16和图5-17）。

图5-16 大堡礁昆士兰州沿岸部分的
卫星图像图

图5-17 大堡礁

环礁（atoll）是环形或者马蹄形的珊瑚礁，外围礁体呈带状包围着中间的潟湖，有的潟湖与外海有水道相通。全世界已知的环礁有330个左右，主要分布在西太平洋的信风带和印度洋的热带海域（图5-18）。马绍尔群岛（Marshall islands）的夸贾连环礁（Quaggia serial reef）和马尔代夫群岛（Maldive islands）的苏瓦迪瓦环礁（Suvacliva atoll），面积均在1 800 km²以上，是世界上最大的两个环礁。

图5-18 太平洋托克劳群岛（Tokelau）中阿塔富环礁（Atafu atoll）卫星图

根据礁体的形态，可以将珊瑚礁分为台礁、点礁、塔礁和礁滩四类。台礁（platform reef）也称单礁或桌礁，是呈台地状高出附近海底的实心礁体。点礁（patch reef）也称斑礁，是堡礁或环礁潟湖中孤立的礁体，大小不等，形态多样。塔礁（pinnacle reef）是指兀立于深海或者大陆坡上的细高礁体。礁滩（reef flat）是指匍匐在大陆架浅海海底的丘状珊瑚礁礁体。

（二）珊瑚礁的形成

珊瑚礁是在潮间带和潮下带的浅海区，由珊蝴虫分泌碳酸钙构成珊瑚礁骨架，通过堆积、填充、胶结各种生物碎屑，经逐年不断积累而形成的。应当指出，除了石珊瑚目（Scleractinia）的珊瑚虫外，参与造礁的还有水螅虫纲中的多孔螅（*Millepora*）、八放珊瑚亚纲（Octocorallia）中的某些柳珊瑚和软珊瑚等。含钙的红藻特别是孔石藻属（*Porolithon*）和绿藻的仙掌藻属（*Halimeda*）对造礁也起重要作用。群落的造礁成员在各海区不尽相同，如印度洋西部的岛礁和我国南海诸岛的岛礁以造礁石珊瑚为主；太平洋中的马绍尔群岛的岛礁则以造礁藻类为主，所以珊瑚礁实际上是珊瑚—藻礁。此外，一些软体动物［如砗磲（*Tridacna* spp.）］对沉积碳酸钙也起相当大的作用，海绵动物中有些种类含有钙质、硅质或角质骨骼，也有造礁作用。

（三）珊瑚礁的分布

珊瑚礁是一个庞大的生态系统，这首先因为造礁珊瑚就是一个较大的物种群，大多数珊瑚礁位于赤道两侧南北纬30°以内。全球珊瑚礁的总面积约为284 300 km^2，主要分布于大西洋–加勒比海和印度–太平洋两个分布区，少量分布在东太平洋（表5–4）。

表5–4　**全球珊瑚礁的分布**（引自Spalding等，2001）

地区	面积/km^2	占总面积的比率/%
大西洋–加勒比海	21 600	7.6
加勒比海	20 000	7.0
大西洋	1 600	0.6
印度–太平洋	261 200	91.9
红海和亚丁湾	17 400	6.1
阿拉伯湾和阿拉伯海	4 200	1.5
印度洋	32 000	11.3
东南亚	91 700	32.3

地区	面积/km²	占总面积的比率/%
太平洋	115 900	40.8
东太平洋	1 600	0.6

我国的珊瑚礁海岸，大致从台湾海峡南部开始，一直分布到南海。但是真正完全由珊瑚及其他造礁生物所形成的环礁直到北纬16°附近的西沙群岛才有分布。

（四）珊瑚礁的生物多样性

珊瑚礁生态系统的初级生产者包括浮游植物、底栖藻类和虫黄藻，初级生产水平很高，可以达到1 500~5 000 gC/（m²·a）。珊瑚与虫黄藻的共生关系，对维持珊瑚礁很高的生物生产力和营养盐的有效循环至关重要，也为大量的物种提供了广泛的食物。珊瑚礁构造中众多孔洞和裂隙，为习性相异的生物提供了各种生境，为之创造了栖居、藏身、繁殖和索饵的有利条件。某些物种只能存在于这种生态系统中，如蝴蝶鱼（Chaetodon spp.）是专食珊瑚的，蝴蝶鱼的丰度与活珊瑚的覆盖率高度相关。所有这些，都为生态系统高的生物多样性提供了物质基础。据对斯里兰卡普塔勒姆潟湖的研究，在该珊瑚礁区生活的鱼有95属近300个种。包括大量具有重要经济价值的鱼种。而澳大利亚堡礁作为世界上物种最丰富的珊瑚礁区之一，大约由350种硬珊瑚组成，支持着4 000多种软体动物、2 000多种鱼类和240种鸟类的生存繁衍，更多的微型和小型的生物物种尚未报道。全球不到大洋面积0.2%的珊瑚礁中，生活着所有海洋物种的1/4和已知海洋鱼类的1/5（4 500种），成为已知海洋栖息地中物种最丰富的生态系统。

（五）珊瑚礁的生态功能

由于其特殊的生物栖息环境，珊瑚礁生态系统往往成为维持海岸带生物多样性和生物生产力的重要区域。珊瑚礁海岸是典型的热带生物海岸，是一种特殊的海岸类型，其独特的自然景观是优质的旅游资源。此外，珊瑚礁生态系统不仅可提供海产品、药品和工业原料，还可抵抗风浪、保护海岸和净化环境等。

三、海藻场和海草床生态系统

（一）海藻场生态系统

冷温带的潮下带硬质底上生长着大型藻类植物，与潮间带岩岸群落相连接，形成独特的一类生态系统，称之为海藻床，也称海藻场（kelp bed）。形成海藻场的大型底栖海藻主要有马尾藻属（*Sargassum*）、海带属（*Laminaria*）、巨藻属（*Macrocystis*）、裙带菜属（*Undaria*）、昆布属（*Ecklonia*）和鹿角藻属（*Pelvetia*）。海藻场的支持生物一般物种比较单一，且在生物量上占有绝对优势。从现有研究来看，一个典型的海藻场生态系统的支持海藻物种一般不会超过2个属，通常为1个种。支持生物的种类也是一个海藻场生态系统命名的重要依据，若支持生物为海带则为海带场，支持生物为巨藻则为巨藻场。例如，我国舟山群岛枸杞岛海域的海藻场为马尾藻场，其铜藻生物量占90%以上，是绝对的优势种。

海藻场是海洋生物的栖息场所，海藻场对波浪具有消减作用，可以改变海流动力学，使海藻场内形成静稳海域，水温较周围变化小，有利于海洋生物的生长和繁衍。海藻场内能够形成日荫、隐蔽场及狭窄空间，使其成为海洋动物躲避敌害的优良场所。

海藻场提供了空间异质性和高度多样化的生境，从而支持着高度多样化的动物群落。大型海藻有较大的叶片表面积，为许多附着动植物提供了附着空间，同时许多软体动物和甲壳动物等可以选择性地生活在藻体上或藻体之间的生境中。

大型海藻具有较高的生长率和生产力，为多种海洋动物提供了丰富的饵料。一些草食性动物如海胆可以直接摄食大型海藻，进入植食食物链。也有些海藻场，高达90%的大型海藻生产量未被直接消费而是进入了碎屑食物链，被食碎屑的动物所利用。

藻体的死亡与分解导致海水的富营养化，有利于饵料生物的繁殖，使海藻场成为了海洋生物的索饵场。同时，海藻场内具有丰富的鱼类卵的附着基和稚鱼孵化的饵料，是多种鱼类的产卵场。

海藻场具有净化水体、改善海域环境的功能。由于大型海藻个体通常较大，并以叶片直接吸收海水中的营养盐类，其吸收面积大，对一些无机盐类和重金属等污染物的吸收降解作用明显。在近岸排污口附近海域，一些大型褐藻类仍然能够很好地生长，对海域环境具有显著的改良作用。研究表明，1 km^2马尾藻场的氮处理能力相当于一个5万人的生活污水处理厂。

海藻场具有缓冲作用。马尾藻场对藻场内的水流、pH、溶解氧以及水温的分布和变化具有缓冲作用。在海湾中，马尾藻场对湾内水域pH分布起主导作用，这主要是通过藻类在日间的光合作用和夜间的呼吸作用来实现的。马尾藻场尤其是茂盛期的马尾藻场使藻场内部水温的上升或下降延迟。例如，藻场下方的水温分布模式受茂盛期马尾藻场的高度和密度的影响。

（二）海草床生态系统

海草（seagrass）是一类海洋大型底栖单子叶植物的总称，由其在潮间带和潮下带构成的生态系统称为海草床（sea grass bed，见概论）。全球海草分成9个区系：北大西洋温带区系、东太平洋温带区系、西太平洋温带区系、南大西洋温带区系、地中海区系、加勒比区系、印度－太平洋区系、南澳大利亚区系和新西兰区系（Hemminga & Duarte，2000）。海草在我国沿海分布范围较广，从北温带到亚热带和热带都有记录（黄小平等，2006）。

海草床是生产力和生物多样性最高的典型海洋生态系统之一，具有同海藻场生态系统一样的生态功能。

四、河口生态系统

河口（estuary）通常指入海河口，即海水和淡水交汇混合的部分封闭的水域，具有咸淡水交汇、陆海邻接的特点，是河流生态系统和海洋生态系统之间的交替区，受潮汐作用影响剧烈（图5–19和图5–20）。

 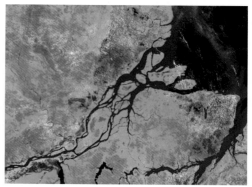

图5–19　北加州克拉玛斯河（Klamath River）河口　　图5–20　亚马逊河口卫星图

通常将河口区分为三段：海洋段，位于河口下游，至淡水舌锋缘，与开阔海洋连通；河口中游段，在此咸、淡水混合；河流段，位于河口上游，主要为淡水控制，但每天受潮汐的影响。

（一）河口的环境特征

1.盐度

盐度是河口环境中变化最明显的环境因子，潮汐引起盐度的周期性变化。河口中游段，低潮时盐度可接近淡水，高潮时则接近海水；在河口区的上游段和下游段盐度的变化幅度则小得多。

此外，河口的盐度还存在与降水和蒸发相关的季节变化。在热带和亚热带海区，春、夏季的雨季通常出现低盐状况，秋、冬季的旱季通常出现高盐状况；在温带海区，由于冰雪融化产生大量淡水，冬、春季也可出现低盐状况。

2. 温度

由于有河水的输入，河口的温度变化相比开阔海区和近岸海区要更为明显。在温带海区，由于流入的河水冬天水温低，夏天水温高，因此河口水温在冬季比周围低，在夏季比周围高。此外，相比表层水，河口底层水的温度变化范围较小。同时，工业废水排放等人类活动也会影响河口的水温。

3. 沉积物

河口水体中，盐水和淡水混合可使悬浮物质发生絮凝而沉降，使河口泥沙发生强烈淤积。此外，细颗粒物质受海洋生物的作用而聚集成团，也促使河口泥沙的沉积。河口沉积物多为富含有机质的灰色泥质浅滩，常覆有一层厚的还原带，扰动后会发出含硫的臭味。这种细小的、具流动性的沉积物十分不利于除了细菌（包括好氧和嫌氧种类）之外的其他生物的定居。例如，大型藻类和固着生物很难在此找到固着点，细小的颗粒还很容易堵塞纤细的摄食和呼吸结构。

河口区的底质除了泥质，在上、下两端，因流速较快，阻碍细小颗粒的下沉，沉积物以粒径较粗的砂砾（和贝壳）为主。只有在河口区的中游段，潮汐与河流交汇，流速降低使得细小的泥质颗粒沉积下来形成泥滩。由于随潮汐流入的海水体积一般大于河水，因此泥滩中的沉积颗粒主要来自海洋。在泥滩和砂砾之间，还存在粒径介于两者之间的砂地。

4. 溶解氧

河口区的水体和沉积物中均含有丰富的有机物，细菌的活动水平也就很高。在较深的峡湾河口，夏季可能形成温跃层，使得底层水的溶解氧水平较低。

沉积物中有机物质的分解消耗大量氧气，使得间隙水中的需氧量很高。在河口中游段的泥滩，微细颗粒会阻碍水层中溶解氧向间隙水中的扩散，因此在表层以下就呈缺氧状态；同时，伴随甲烷、硫化氢等有毒物质的产生，进一步提高了对栖居于其中的底栖生物的生理压力。不过，一些掘穴动物，如虾、蟹和多毛类等的活动会使底质的缺氧状态有所改善。

5. 波浪和流

河口区三面被陆地包围，由风产生的波浪较小，因而相对来说，是个较平静的区域。大部分的河口水深较浅，来自大海的波浪传至河口后会很快消减，加速了细小颗粒的沉积，使得一些有根植物得以生长。河口区的流受潮汐和陆地径流的共同影响。

6. 浑浊度

河口水中有大量的悬浮颗粒，其浑浊度一般较高，特别是在有大量河水注入的时期。通常靠近海洋的区域浊度较低，越往内陆越高。浑浊度的主要生态效应是使透明度下降，浮游植物和底栖植物的光合作用率也随之下降。在浑浊度很高时，浮游植物的产量能达到可忽略不计的程度，这时有机物的产生主要来自盐沼植物（温带和北方河口区）。

（二）河口的生物多样性和生产力

过去通常认为河口环境条件比较恶劣，生物种类组成比较简单，多样性水平较低。这种观点显然只是调查了河口中游段泥滩区的生物组成状况，并以此代表整个河口生态系统而形成的。实际上，就整体而言，作为河流和海洋生态系统的过渡区，河口区的生物群落是海洋和淡水生物的集合体，所涉及的生物门类很多，物种多样性水平很高，而且有些种类为河口特有种类。对泰晤士河口（Thames Estuary）的调查显示，整个河口区的无脊椎动物就有750种以上（Kaiser等，2005）。尽管如此，由于河口区温度、盐度的剧烈变化，再加上高浊度和低溶解氧的环境特征，使得与邻近其他海洋生境相比，分布在这一区域的种类要少，但某一种的丰度和生物量往往明显增加。

通常，河口区的生物随盐度的逐渐升高（向海方向）海洋种类增多；随盐度的逐渐下降（向河流上游方向）淡水种类增多（图5-21）。

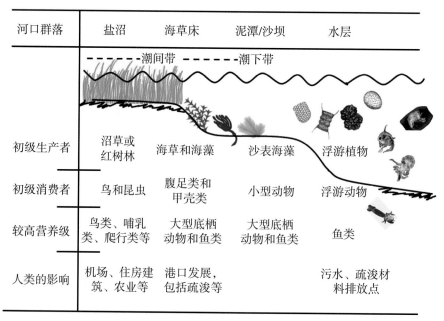

图5-21　河口生态系统的生物群落图解

一般认为，不同河口区的物种多样性水平有一定的规律性差别，若其他条件相同，热带河口区的生物多样性水平要高于温带河口区。因此，不同河口之间可能存在一个纬度方向的多样性梯度，这可能与冰川的影响有密切关系。与温带河口相比，热带河口受冰川干扰的时间较短，从而有更长的有效进化时间。而温带河口由于受冰川的影响，形成时间较短，物种多样性水平也较低。

河口生态系统的初级生产者包括盐沼植物、海草、底栖藻类和浮游植物，虽然营养盐丰富，但由于水体浑浊度高，限制了植物的光合作用，因此，河口区的植物总生物量和初级生产力相对偏低。然而，河口区是次级生产力水平最高的海洋生态系统之一。沉积物和水体中大量存在的有机碎屑是河口区次级生产力高的成因。通常，河口区水体中有机物的含量可高达110 mg/L（干重），而外海为1~3 mg/L（干重）。同样，由于河口泥滩有机碳含量十分丰富，使得其中食碎屑者的生物量可达近岸沉积物中的10倍。

作为河口食物网的基础，有机碎屑一部分来自河口周围环境，包括陆地（如河流带入的植物叶片）、海洋（潮汐引入的藻类、大型海藻和动物）和半陆生的边界系统（如盐沼和红树林等）；另一部分则来自河口内部。

（三）河口生态系统的生态功能

河流带来丰富的营养物质滞留于河口区，使河口成为最富有生产力的海洋生态系统之一。因此，河口区常常为重要的海洋渔场，为许多海洋生物提供产卵、育幼和索饵的场所。盐沼植物群落和海草植物群落不仅是多种动物的栖息地和隐蔽所，更为它们提供了丰富的食物来源。此外，河口还具有净化水质的功能，陆地径流入海前，河口能够截留水体中的污染物，可以起到"过滤器"的作用，有助于改善水质。

五、滨海湿地生态系统

（一）滨海湿地生态系统的类型

滨海湿地（coastal wetlands）是陆缘为含60%以上湿生植物的植被区、水缘为海平面以下6 m以浅的近海区域，包括自然的或人工的、咸水的或淡水的所有富水区域，不论区域内的水是流动的还是静止的、间歇的还是永久的（陆健健，1996）。滨海湿地是湿地生态系统中重要的一种，位于海水和陆地径流交汇处的边缘地区，是陆地和海洋生态系统的过渡带，既具有活跃的海陆相互作用，也承受着巨大的人类活动干扰压力。

我国的滨海湿地分布于沿海11省和港澳台地区，包括了浅海滩涂、河口、海湾、红树林、珊瑚礁、海藻（草）和海岛等多种湿地类型。不同类型的湿地相互重叠，彼此间没有严格界限。一个地区可以同时具有几种类型的湿地，一种类型的湿地也可以在许多地区出现。滨海湿地是我国湿地生态系统中生物多样性最丰富的系统之一，也是陆地生态系统和海洋生态系统交界的生态关键区。

（二）滨海湿地的生态功能

滨海湿地具有调节海陆物质交换、维持生物多样性、降解污染物、调节区域气候及为某些物种提供迁徙路线等生态功能。

1. 调节水分和气候

滨海湿地中的草本沼泽、灌丛沼泽等类型具有较强的储存水分的能力，是天然的蓄水库，同时也具有补水功能，既可补给地下水，又可向周围其他环境补充水分。

滨海湿地的气候调节功能是通过湿地热容大和水资源丰富的特征实现的。热容大使气温变动幅度小，利于改善地区内小气候；水分蒸发后可以以降水形式调节周围湿度及降雨量。

2. 净化环境

滨海湿地的净化功能分为截污和净化两个方面。截污指可对陆源固体垃圾进行截留和沉淀；净化指湿地植物、土壤及湿地微生物可对水体中的污染物进行吸附、固定、移除和降解。

3. 消浪护岸

滨海湿地中的红树林、盐沼植物、海藻（草）和珊瑚礁等都对海浪有缓冲作用，有保护海岸的重要功能。

4. 维持生物多样性

滨海湿地是生物多样性维持的重要保证，复杂的环境适合海陆生物（如甲壳类、鱼类、两栖类、爬行类、鸟类和昆虫等）在此生存和繁衍，同时滨海湿地又是候鸟觅食和栖息的临时场所。

六、 海湾生态系统

海湾（gulf/bay）是被陆地环绕且面积不小于以口门宽度为直径的半圆的海域。除规定水域外，还包括水域周围一定范围的陆域部分，可视为由海水、水盆、周边和空域共同组成的综合地貌体。《联合国海洋法公约》（1982）定义："海湾是明显的水曲，其凹入程度和曲口宽度的比例，使其有被陆地环抱的水域，而不仅为海岸的弯曲。但水曲除非其面积等于或大于横越曲口所划的直线作为直径的半圆形的面积外，不应视为海湾"。因此，海湾生态系统必须具备以下地理特征：① 有明显的水曲，具有一定的向陆凹入程度；② 水曲必须具备一定的面积；③ 有出口与外海相通，具有水交换能力。

（一）海湾生态系统的生产力和生物多样性

海湾通常被陆地环抱，湾内海域较湾外海域平静，因此海湾具有适宜海洋生物栖息的生境。海湾生态系统本身是一个海水与陆地径流交汇的复杂生境交错带。一般情况下，海湾中分布着河口、湿地、潟湖、潮间带等自然生境类型。多样化的生境提供了多种生物共存的环境基础。海湾的地理环境特征，使得海湾的初级生产者多样化，包括湿地高等植物、大型海藻（草）和浮游植物等。海湾常常具有河口输入的丰富营养物质，这使其成为地球上单位面积生物生产力最高的区域之一。

（二）海湾生态系统的生态功能

海湾生态系统的生态功能主要体现在以下两个方面。① 降解污染物，净化水体。海湾环境较为复杂，因为其"三面为陆、一面为海"，海湾内部环境受陆地影响较大，比受口门外海洋的影响更为明显。多数海湾兼有河口的特点。入海径流携带的污染物首先汇入海湾，湾内水体同时经过水动力的迁移和扩散过程以及生物和化学的降解作用，得以净化。② 生物多样性的维持。海湾丰富的营养盐为海洋植物的生长和繁殖提供了充足的营养物质，而较高的初级生产力又为各种海洋动物提供了充足的食物来源。同时湾内多种生境重叠同处、功能多样，是许多海洋生物的栖息地。一般情况下，湾内较湾外风平浪静，因此海湾通常成为多种生物产卵、育幼和索饵的场所，也是多种生物洄游的通道。

七、海岛生态系统

海岛生态系统（island ecosystem）是指在海岛（包括岛陆、潮间带、近海）范围内的生物群落（包括动物、植物、微生物）与周围环境组成的自然系统。海岛的生物部分包括栖息于岛陆、潮间带以及近海范围的动物、植物和微生物。

（一）海岛生态系统的特点

1. 兼有海洋和陆地生态系统的双重特征

海岛生态系统既包括岛陆部分，又包括海岛周围的浅海海域，兼备了海陆两类生态系统的特征。海岛的岛陆除生态系统结构相对简单外，生物群落和环境与陆地生态系统类似，覆盖有良好的植被并形成生境缀块，并生存着一定数量的陆生动物。这些丰富的动、植物与岛陆环境共同构成了一个相对完整的岛陆生态系统。海岛四周被海水包围，海岛的潮间带和浅海区域是海岛生态系统中生物多样性、生物密度及生物量较高的区域，这些生物的特征及其生存环境的特征完全相同于海洋生态系统。

2. 独立而完整

海岛与其周围近海构成了一个既独立又完整的生态系统。海水的阻隔作用限制了海岛生态系统与外界的物质和能量交换以及生物种群的扩散和流动，形成了以海岛为单元的、相对独立的生态系统。其完整性主要体现在组成、结构的完整和功能的多样化。海岛生态系统的生物群落由陆生生物群落、潮间带生物群落和浅海生物群落组成，丰富多样的生境为这些群落提供了适宜的生存空间，生物在空间分布上具有分带和分层的现象，生物间的食物联系多样，营养结构复杂，系统内依靠生物之间以及生物与环境之间的相互关系维持着物质循环和能量流动的正常进行。

3. 不稳定性

海岛一般面积狭小，物种来源受限，生物多样性相对较少，生物群落组成简单。尤其陆域植被种类贫乏、组成单一，优势种相对明显，使得生态系统稳定性差，易受影响而发生退化。尽管海岛有丰富的特有物种资源，但由于分布范围小、生境脆弱且种群数量较少，更易于受外界干扰而处于濒危或灭绝的状态。

4. 特有性

海岛的岛陆上分布着典型的陆地生物种类，而在海岛周边的浅海区域分布着典型的海洋生物种类。一般情况下，岛陆植物包括针叶林、经济林木、草丛、灌木以及农作物等，岛陆动物主要有鸟类、哺乳类动物、昆虫类、爬行类等；由于海水阻隔，大多数海岛往往缺少大型哺乳类动物。在潮间带中，潮间带植物主要有大型海藻和耐盐的高等植物，潮间带动物主要为软体类、甲壳类、腔肠类、多毛类、棘皮类等。在海岛周围的浅海中，分布着浮游生物、游泳生物和底栖生物三大生态类群。

相对于其他类型的海洋生态系统，海岛生态系统中一般具有较高比例的特有种。海岛生物种群往往由一个大种群分离而来，在长期的隔离状态下，经长期演化慢慢形成具有一定遗传特征的特有种。此外，许多原生于大陆的物种经一定的途径传播到海岛后，逐渐适应了海岛的环境并形成了稳定的种群，而留在大陆的由于大环境的变动可能已经绝灭。

（二）海岛生态子系统划分

海岛是由岛陆、潮间带、岛基和环岛浅海四部分组成的。岛陆是指高潮时海岛露出水面的部分。潮间带是指高潮线和低潮线之间的部分。岛基是指承载海岛并隐没在水下的固体岩石部分。环岛浅海是指分布在岛陆周围较浅的海区。根据环境、生物、

水文、地质状况等特征，海岛生态系统可以划分为岛陆生态系统、潮间带生态系统和
浅海生态系统三个子系统（图5-22）。

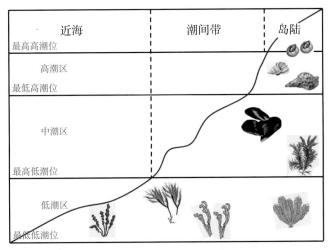

图5-22　海岛生态系统的划分

1. 岛陆生态系统

岛陆生态系统为海岛生态系统中的陆地部分，具有典型的陆地生态系统的特征，
但又保持自身的一些特点。岛陆面积一般较小，物种的丰富程度低于大陆，植物种类
贫乏，优势种相对明显，生态系统的结构和功能比陆地更为简单，因此岛陆生态系统
的稳定性较差，对外界干扰的抵抗力和恢复力都较弱。岛陆生态系统是人类生产、生
活的主要区域，因此受到人类干扰的影响最为显著。

2. 潮间带生态系统

潮间带是指高潮线与低潮线之间的区域。海岛潮间带周期性地暴露于空气和淹没
于水中，既受岛陆的影响，又受海水水文规律的调控，因此海岛潮间带生态系统是连
接岛陆生态系统与浅海生态系统的过渡区域。由于岛陆、潮间带和浅海区的紧密联系
性，三者在结构和功能上具有某些相似性，但又具有各自的特点。由于生境的复杂多
变，一般来说，潮间带生物对环境的变化有很强的适应性，它们不仅能够适应盐度、
温度等的剧烈波动，还能够适应波浪和海流的侵袭，而且对周期性的干燥有很强的耐
受力。潮间带生态系统底质复杂，生物种类多样，不同类型的底质栖息着与之相适应
的生物，形成各具特色的生物群落。

3. 浅海生态系统

海岛浅海生态系统具有典型海洋生态系统的特征，但由于受岛陆与潮间带生态系
统的影响，其盐度、温度等环境因子的变化较为剧烈。总的来说，环境因子变化的程

度从近岸向外海方向逐渐减小。环岛浅海区域由于靠近岛陆，营养盐较为丰富，初级生产力水平较高，是多种生物理想的栖息地。

岛陆生态系统、潮间带生态系统和浅海生态系统是海岛生态系统密不可分的三个子系统。三个子系统通过物质循环与能量流动紧紧地联系在一起，共同组成一个完整的海岛生态系统。岛陆子系统中的营养物质随着降水等途径进入潮间带和浅海区域，为潮间带和浅海生态系统提供了丰富的营养盐。潮间带生态系统处于岛陆生态系统和浅海生态系统的交错带，一方面受到这两个系统的影响，另一方面沟通了这两个系统的物质循环和能量流动。潮间带生态系统为岛陆和浅海生态系统提供了丰富的食物，也为浅海生态系统提供了营养物质。浅海生态系统调节着岛陆和潮间带子系统的环境（如温度、湿度等），同时为岛陆和潮间带生态系统提供着食物（图5-23）。

三个海岛子系统之间的相互关系是复杂和紧密的，三个子系统之间存在能量流动、物质循环、信息传递和种群的流动，某一子系统的变化往往会引发其他两个子系统的变化。

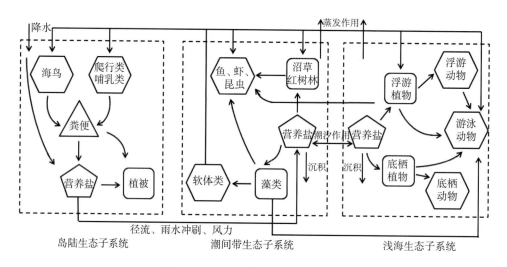

图5-23　三个海岛子系统的联系

小结

生态系统由生物成分和非生物成分组成，物质和能量通过食物链在营养级之间传递和转化，信息传递伴随物质循环和能量流动进行。海洋生态系统的食物链包括植食食物链、碎屑食物链和微食物环，三者相互衔接、相互耦合，共同完成整个系统的物质循环和能量流动。

海洋生态系统与陆地生态系统相比，海洋中生产者为体型较小的浮游植物和微生物；海洋动物作为消费者，因活动场所广阔所以种类比海洋植物更加丰富；海洋生产者转化为初级消费者的物质循环效率更高；海洋生物分布范围广，海洋面积大且连续分布，有利于海洋生物扩散和迁移。海洋生态系统与淡水生态系统相比，物种种类丰富、数量极大；营养结构复杂；抵抗力稳定性较强，恢复力稳定性较弱；同时无机环境与淡水生态系统相比差异较大。

思考题

1. 生态系统概念的主要内容及其对恢复生态学的重要意义是什么？

2. 生态系统如何进入稳态？

3. 海洋生态学和恢复生态系的关系是什么？

4. 海洋生态系统最主要的特点是什么？

5. 各海洋生物生态类群在海洋生态系统的能流和物流中有何作用？

6. 海洋生态系统与陆地生态系统和淡水生态系统的区别是什么？

7. 列举几个重要的海洋生态系统，论述其概念、特征和生态功能。

8. 特殊海洋生态系统目前的破坏与恢复现状如何？

拓展阅读资料

1. 食物网：http://sky.scnu.edu.cn/life/class/ecology/chapter/Chapter17. htm

2. 海洋生态系统：http://depts.washington.edu/meam/

3. 河口：http://estuaries.noaa.gov/Default.aspx

第六章 海洋生态系统退化

生态系统退化是目前全球所面临的最主要环境问题之一。它不仅使全球自然资源日渐枯竭，生物多样性日趋减少，还严重阻碍经济和社会发展，甚至威胁到人类的生存和发展。生态系统是由生物性成分（生物群落）和非生物性成分（环境要素）共同组成的一个动态系统，通过生物与生物之间、生物和环境之间的相互作用达到一种动态平衡状态（李洪远等，2005）。因此，健康的生态系统是生物群落和环境要素处于动态平衡状态的自我调节和自我维持的系统。然而，生态系统经常受到外界的人为干扰和自然干扰，当这种干扰作用的强度超出生态系统的自我调节和自我维持能力时，整个生态系统变得脆弱，结构不稳定，功能逐渐丧失，生态系统原有的平衡状态被打破，进而生态系统退化。生态系统退化实际上是生态演替的一种类型，即系统在超载干扰下的逆向演替（regressive succession），也称退化演替（degenerated succession）。人为干扰和自然干扰是生态系统退化的两大诱因，但是在二者的作用下，生态系统是否发生退化，退化到什么程度，一方面取决于生态系统本身的自我调节和自我维持能力，另一方面取决于外界的干扰大小（包维楷等，1999）。本章重点介绍了海洋退化生态系统的成因、表现特征和诊断体系。

第一节 海洋退化生态系统定义

退化生态系统（degraded ecosystem）是指在自然或人为的干扰下形成的偏离原来

的状态或者原有演变轨迹的生态系统（陈灵芝和陈伟烈，1995）。与健康生态系统相比，退化生态系统是一类"畸变"的生态系统，它是在一定的时空背景下，在自然因素或人为因素的干扰下，生态要素和生态系统整体发生的不利于生物（包括人类）生存的量变和质变过程（章家恩和徐琪，1997）。生态系统退化始于生态系统遭受干扰而损害，所以一般来讲退化生态系统就是受损生态系统，但是受损生态系统不一定是退化生态系统。由一个健康生态系统逆向演替为退化生态系统，除了生态系统由稳定状态退化为不稳定的脆弱状态外，生态系统的组成结构、生物生产力、生物间相互关系、食物网结构及其能量流动效率都会发生明显的改变（Daily, 1995；陈灵芝和陈伟烈，1995）。

海洋生态系统是全球生态系统的重要组成部分，是支撑人类生存和发展的一类特殊的生态系统。然而，随着人类对海洋资源的全球性的开发和利用，世界上几乎所有的海洋都在不同程度上受到了人类活动的直接或间接的影响。海洋退化生态系统（marine degraded ecosystem）主要是指在自然和/或人为干扰下形成的偏离原来状态的海洋生态系统。例如，在牙买加地区，由于当地人们的过度捕捞导致整个地区的珊瑚礁被破坏，大型底栖藻类因过度繁殖而将其替代；在洛杉矶湾，双壳类外来物种的入侵，导致整个洛杉矶湾当地物种的消失以及整个生态系统结构和功能的改变，最终导致洛杉矶湾生态系统严重退化。

第二节　海洋退化生态系统的类型和特征

根据海洋环境的分区、海洋生物的生态类群、引起生态系统退化的因素以及人类利用和保护的海洋对象，可将海洋退化生态系统分成不同的类型。每一类型的海洋退化生态系统既有共性特征，又可表现出独有的特征。

一、海洋退化生态系统的类型

海洋退化生态系统可以划分为不同的类型。根据海洋环境的分区，将海洋分成水层和海底两部分：水层是指海洋的整个水体系统，其中的生物主要是在水层中营漂浮生活的浮游生物或营游泳生活的游泳生物；海底是指海洋的整个沉积物系统，其中的生物以栖息于海底（底上或底内）的底栖生物为主。因此，海洋退化生态系统可分为海洋水体退化生态系统和海洋沉积退化生态系统两大类。所谓海洋水体退化生态系统主要是指海洋水体环境质量下降，生活在水层的海洋生物多样性减少。海洋沉积退化生态系统主要是指海洋沉积环境质量下降，生活在沉积物中的海洋生物多样性减少。根据海洋生物的生活习性可将其划分为浮游生物、游泳生物和底栖生物三大生态类群。根据海洋生态系统的生态类群，海洋退化生态系统又可划分为浮游退化生态系统、游泳退化生态系统和底栖退化生态系统，分别是指浮游生物、游泳生物和底栖生物的种类组成及其数量发生变化，物种多样性减少。根据引起海洋生态系统退化的因素，又可以将其分为海洋人为退化生态系统、海洋自然退化生态系统和海洋复合退化生态系统。海洋人为退化生态系统是指由人为干扰因素如海水养殖、围填海和过度捕捞等引发的退化生态系统，是目前最常见、分布最广和规模最大的主要发生在大陆架海域的一类退化生态系统，这也说明人为干扰因素是目前引发生态系统退化的主要原因。海洋自然退化生态系统是指由自然干扰因素如台风、海啸、风暴潮和海冰等引发的退化生态系统。海洋复合退化生态系统是指由人为和自然干扰因素复合引发的退化生态系统。

近年来，根据人类对海洋资源的开发、利用和保护，人们又将海洋退化生态系统划分为红树林退化生态系统、珊瑚礁退化生态系统、海藻（草）退化生态系统、滨海湿地退化生态系统、河口退化生态系统、海岸带退化生态系统、海湾退化生态系统、海岛退化生态系统和潮间带退化生态系统等。这些生态系统的类型都是人们根据开发海洋和保护海洋的需要而划分和命名的，它们之间有交叉和重叠的关系，如红树林退化生态系统、珊瑚礁退化生态系统和海藻（草）退化生态系统也属于滨海湿地生态系统，潮间带退化生态系统也属于海岸带退化生态系统。

二、 海洋退化生态系统的特征

退化生态系统是在人为和自然的过度干扰下逆向演替而形成的。与正向生态演替相反，退化过程中生态系统往往结构趋于简单，功能逐渐降低，物种多样性减少。生态系统退化过程中结构和功能特征的变化见表6-1。

退化生态系统是一个相对的概念，与健康生态系统比较，海洋退化生态系统具有自己的表现特征。不同类型的海洋退化生态系统既有共性又有各自独有的表现特征，这些特征是偏离原有平衡状态后生态系统结构破坏和功能下降的表现。

表6-1 生态系统退化过程中结构和功能特征的变化趋势（参考Odum，1971）

生态系统特征	成熟期	退化期
群落的能量学		
1. 总生产量/群落呼吸（P/R）	接近1	大于1或小于1
2. 总生产量/现存生物量（P/B）	低	高
3. 生物量/单位能流量（B/E）	高	低
4. 净生产量（收获量）	低	高
5. 食物链	网状，以腐屑链为主	线状，以牧食链为主
群落的结构		
6. 总有机物质	较多	较少
7. 无机营养物质的贮存	生物库	环境库
8. 物种多样性——种类多样性	高	低
9. 物种多样性——均匀性	高	低
10. 生化物质多样性	高	低
11. 分层性和空间异质性（结构多样性）	组织良好	组织较差
生活史		
12. 生态位宽度	狭	广
13. 有机体大小	大	小
14. 生活史	长，复杂	短，简单
营养物质循环		
15. 矿质营养循环	关闭	开放
16. 生物和环境间交换率	慢	快
17. 营养循环中腐屑的作用	重要	不重要
选择压力		
18. 增长型	反馈控制（K对策）	增长迅速（r对策）
19. 生产	质	量
稳态		
20. 内部共生	发达	不发达
21. 营养物质保存	良好	不良
22. 稳定性（对外扰动的抗性）	良好	不良
23. 熵值	低	高
24. 信息	高	低

（一）海洋退化生态系统的普遍特征

海洋生态系统退化的表现见图6-2。

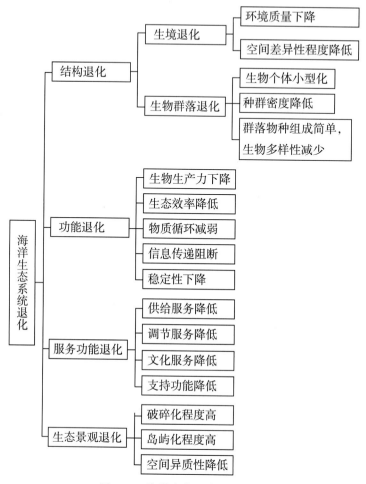

图6-2 海洋生态系统退化表现

1. 生态系统环境质量下降，空间异质性程度降低

海洋生态系统中海洋生物所处的环境部分不外乎其周边的水体和沉积物两部分。当海洋污染（如重金属污染、石油污染和有机污染等）发生时，水体和沉积物中的重金属、石油类、营养盐含量升高，生物需氧量（BOD）和化学需氧量（COD）上升，溶解氧（DO）下降，生境质量的下降势必会引起生物群落发生变化，最终导致海洋生态系统退化。因此，环境质量的下降是海洋退化生态系统的共同表现特征之一。任何一个生物群落的环境都不是均匀一致的，而是具有不同程度的空间异质性。空间异质性程度越高，意味着有更多的小生境，可以维持更多的生物种类（沈国英，2002）。一般来说，空间异质性程度越高，群落组成越复杂，群落结构也就越稳定。

海洋珊瑚礁生物群落的物种组成相对丰富，与其小生境多、空间异质性程度高有关。当生态系统因干扰过度发生退化时，空间异质性程度逐渐降低，伴随着许多物种因无法共存而消失，群落组成趋于简单。

2. 生物个体小型化，种群密度降低

在一定的环境中，每种生物的生殖过程、发育历程和成体的大小基本上是固定的。繁殖是保证种群补充和维持种群大小的最重要的生物过程，种群密度是衡量种群大小的指标。生态系统因干扰退化时，一些较敏感生物的生长、繁殖和发育受到抑制，引起繁殖能力下降，发育和生长迟缓，最终表现为个体尺度减小和体重下降，种群密度降低（表6-2）。由于陆源污染、石油泄漏、过度捕捞、围填海等人类活动的影响，生物小型化现象普遍发生。刘晓收等（2014）对莱州湾大型底栖动物的调查发现大型底栖动物呈现小型化趋势，大型底栖动物群落的优势种由大个体的棘皮动物和软体动物逐渐被小个体的多毛类、双壳类和甲壳类所取代。20世纪80年代莱州湾大型底栖动物群落以穴居型的双壳类和棘皮动物为主，形成了以凸壳肌蛤（*Musculus senhousia*）和心形海胆（*Echinocarium cordatum*）为优势种的群落，90年代演变为较小个体的紫壳阿文蛤（*Alvenius ojianus*）和银白齿缘壳蛞蝓（*Yokoyamaia argentata*）为优势种的群落，之后，更小的种类小亮樱蛤（*Nitidotellina minuta*）、微型小海螂（*Leptomya minuta*）等相继成为优势种。种群密度取决于出生率和死亡率，当死亡率大于出生率时，种群密度就会降低。近几十年来，一方面受到全球变化如海水温度上升、海洋酸化和紫外线辐射增强等影响，另一方面随着全球范围内人类从事海洋开发活动的范围扩大、强度增加，越来越多的海洋生物种群出现衰退现象，种群密度下降，甚至种群灭绝。资料显示，相比于1950年，栖息于我国黄渤海的斑海豹（*Phoca laragha*）的种群密度下降明显（图6-1）。

表6-2 生态系统在种群层次表现出的退化特征

属性	退化特征
种群密度	降低
迁出/迁入	一般情况下升高
出生率/死亡率	降低
年龄结构	高龄化
性比（雌性/雄性）	一般情况下升高
种群增长率	下降

图6-1　生长于烟台庙岛群岛海域的斑海豹自然种群（引自鹿叔锌，2008）

3.群落物种组成简单，生物多样性减少

稳定状态的生物群落是由各种各样的生物种类组成的，具有一定的多样性特征，生物多样性是生态平衡的重要保证。在一定的环境条件下，各种生物之间通过正负相互作用构成一种动态稳定的相互关系。一般来说，群落的物种多样性越高，群落的抗干扰能力越强，越有利于群落结构的稳定和功能的发挥。当干扰引起生态系统发生退化时，会伴随着某些种群的消失，群落物种组成变得相对简单，生物多样性减少。当生态系统退化严重时，群落中的绝大多数物种会相继灭绝，可能出现单一物种的群落，失去了物种多样性特征（表6-3）。由于受到高强度人类活动干扰的影响，莱州湾大型底栖动物群落的物种组成日趋简单，从20世纪80年代到20世纪90年代再到21世纪初，莱州湾大型底栖动物物种数目逐渐下降，生物多样性明显减少（刘晓收等，2014）。

表6-3　生态系统在群落层次表现出的退化特征

属性	退化特征
物种多样性	减少
优势种和优势度	消失或更替或优势度降低
相对丰盛度	降低
营养结构	简单化，变短
空间结构	趋于不明显
物种组成结构	简单化

4.生物生产力下降，生态效率降低

生物的生产力水平和能流的效率是衡量生态系统退化的重要标志。海洋高等植物（如海草）、大型海藻（如海带（*Laminaria japonica*））和海洋微藻构成了海洋生态系统的生产者，其中海洋微藻是海洋生态系统的主要生产者，是海洋初级生产力的基础。研究表明，海洋微藻一旦受到破坏，微藻群落的初级生产力水平势必下降，从而危及其他海洋生物及整个海洋生态系统，引起海洋生态系统的退化。海洋生态系统能量流动的途径包括牧食食物链、碎屑食物链和微食物链三条途径，三条途径相互交织且相互衔接。能量沿着食物链由一个营养级向下一个营养级传递时有大量的消耗，能流越来越细。生态效率是指从一个特定营养级获取的能量和向该营养级输入的能量之比，实际上就是一个营养级和下一个营养级之间的能流转换效率，它的高低决定着次级生产力的水平。由于海洋生物的特点，海洋生态系统的生态效率通常高于陆地生态系统。据估计，海洋植食性动物的生态效率是20%左右，较高营养级间的生态效率为10%～15%。尤其是微食物链途径，能流流动快，转化效率高，可达60%以上。当受到自然和人类的过度干扰时，食物链和食物网的结构受到影响，每个营养级上的生物组成发生变化，导致生态效率下降，次级生产力水平降低，严重时甚至出现能流阻断现象。

5. 生态系统服务功能降低，稳定性下降

生态系统的服务功能体现在服务价值和服务多样化两个方面。生物多样性是影响生态系统服务的主要因素，生物多样性越高，生态系统提供的服务价值就越高，展示出的服务类型就越多样化，就能够为人类提供更多的服务。生态系统的稳定性包括系统的抗性（resistance）和弹性（resilience）。抗性也称抵抗力，是指系统抵抗外界干扰，维持自身稳定的能力。弹性也称恢复力，是指一旦受到过度干扰而受损，系统迅速作出的自我恢复的能力。抗性和弹性是保障生态系统功能正常发挥的重要前提。普遍认为，生态系统的稳定性与生物多样性密切相关，生物多样性越高，生态系统的稳定性也越高。然而，当生态系统受到过度干扰时，生物多样性减少，生态系统的稳定性下降，服务功能随之降低。这时生态系统的抗性和弹性较弱，更易发生进一步的退化。在极端干扰影响下，生态系统崩溃，功能完全丧失。

6. 生态景观结构破碎度高

景观破碎化（landscape fragmentation）是指景观中各生态系统之间的功能联系断裂（rupture）或连接性（connectivity）减少的现象（王宪礼等，1996），是由自然或人为因素干扰所导致的生态景观由简单趋向于复杂的过程，即景观由单一、均质和连续的整体趋向于复杂、异质和不连续的斑块镶嵌体的过程（Saunders等，1991；Laurance等，2002）。景观破碎化主要表现为斑块数量增加而面积缩小，斑块形状趋于不规则，内部生境面积缩小，廊道被截断以及斑块彼此隔离（Chaves等，1998；

Sih等，2000；Wolf，2001）。生态景观破碎化对生境的数量、分布和质量都会产生影响（Aunders等，1991），造成生境质量下降，生物间的联系受阻或阻断，最终改变生态系统结构（Rathke等，1993；Frankham，1995；Han等，2002；Laurance等，2002；Kevin等，2003），引起生态系统功能的退化。生态景观破碎化是生态系统退化的主要表现形式之一，由此进一步引起生境质量下降甚至生境丧失，生物多样性减少，生态系统更趋不稳定等一系列效应。因此，景观破碎化造成的生境丧失和生境退化是生物多样性丧失的最主要原因之一（Aunders等，1991；邬建国，1992；Hanski，1998；Wu等，2003）。

（二）典型海洋退化生态系统的代表性特征

不同类型的海洋生态系统，其环境特点和生物群落特点是不同的。因此，不同类型的退化海洋生态系统具有自身的代表性退化特征。

1.红树林退化生态系统

红树林生态系统是热带、亚热带海岸淤泥浅滩上以红树植物为主体的生态系统（见第五章）。在我国，天然红树植物共有21科25属35种（林鹏，1995），属于常绿灌木和乔木。红树林退化生态系统的代表性特征为红树植物种类减少，盖度、高度、郁闭度和密度下降，初级生产力水平降低（图6－3）。

图6－3　红树林生态系统健康状态（左）和退化状态（右）

2.珊瑚礁退化生态系统

珊瑚礁生态系统是全球物种最丰富的生态系统之一，也是海洋环境中独有的一类生态系统，具有高生物生产力、高生物多样性和高美学价值的特点（见第五章）。珊瑚礁生态系统的礁体部分主要是由珊瑚形成的，礁体色彩及其多样化取决于与珊瑚共生的虫黄藻（Zooxanthella）的种类和数量。因此珊瑚礁生态系统退化的代表性特征是礁体的白化（bleaching）现象。珊瑚礁白化是指珊瑚失去内共生体和（或）共生虫黄藻损失色素而变白、甚至死亡（图6-4）。

图6-4　珊瑚礁自然状态（左）和白化状态（中、右）

3.海藻（草）退化生态系统

海藻（草）生态系统是由生长于潮间带和潮下带的大型海藻和海草为主体形成的一种海洋生态系统，其特点是具有较高的生物生产力和较高的生物多样性，被称为"海底森林"（见第五章）。海藻（草）一方面是初级生产者的重要组成部分，另一方面有净化环境，为其他生物提供栖息场所的功能。海藻（草）退化生态系统的代表性特征是海藻（草）的种类减少，生物量和覆盖度下降（图6-5和图6-6）。

图6-5　海草床健康状态（左）和退化状态（中、右）

图6-6　海藻场健康状态（左）和退化状态（中、右）

4. 滨海湿地退化生态系统

湿地是地球表层最独特的生态系统和过渡性景观，是最重要的"物种基因库"，其生态功能被誉为"地球之肾"，与森林、海洋一起并列为全球三大生态系统（见第五章）。滨海湿地位于海洋环境和陆地环境的过渡带，是地球上最具环境压力的区域之一，不仅长期受到海陆环境的双重作用和交互影响，还受到人为干扰和自然干扰的双重作用和交互影响。滨海湿地生态系统具有涵养水源、净化环境、调节气候和维持物种多样性等多种生态功能（陈彬等，2012）。因此，滨海湿地生态系统退化的代表性特征为湿地生物种类减少，湿地的调节能力和净化能力降低（图6-7和图6-8）。

图6-7　滨海芦苇（*Phragmites australis*）湿地健康状态（左）和退化状态（中、右）

图6-8　滨海柽柳（*Tamarix chinensis*）湿地健康状态（左）和退化状态（右）

第三节　海洋退化生态系统的成因

引起海洋生态系统退化的因素包括自然因素和人为因素。自然因素包括风暴潮、海冰、海啸、赤潮、全球变化和大气沉降等（图6-9）。例如，印度尼西亚和日本的近海生态系统所遭受的海啸破坏，影响了海洋生态系统的正常运行；局部降雨会使表层海水中叶绿素a含量和浮游植物的生物量在短期内迅速增加，导致表层海水的暂时富营养化和有害赤潮的发生（安鑫龙等，2009），引起生态系统的退化。人为因素包括海洋污染、围填海、海水养殖、外来种入侵和过度捕捞等，是目前海洋生态系统退化的主要原因。另外，一些自然因素如赤潮和全球变化也是由于人类活动直接或间接引起的。除特大自然灾害外，在通常情况下，自然因素对生态系统的干扰是潜在的、缓慢的和低频的，而人为因素对生态系统的干扰是显著的、高频的和持续的（章家恩和徐琪，1997）。值得注意的是，虽然是同一种类型的退化生态系统，在不同的海区和不同的时期导致退化的原因是不同的。而且通常不是由某一种因素单独引起生态系统的退化，而是多种因素叠加在一起共同作用于生态系统引起的退化。普遍认为，珊瑚礁生态系统的退化是全球变化、海洋污染和围填海等因素的综合效应。生态系统是由各个组分相互联系和相互制约形成的一个复杂的多层次、多组分的整体系统，由于各组分的相互关联性，自然和人为干扰因素对任何组分产生影响，将会对其他组分产生连锁反应式的影响，进而引起整个生态系统的退化。

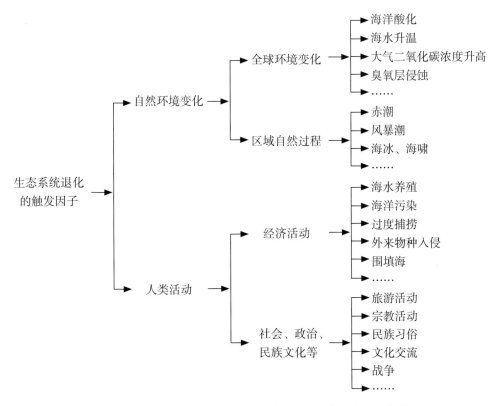

图6-9　引发海洋生态系统退化的因素（改自章家恩和徐琪，1997）

生态系统退化的程度一方面取决于自然和人为因素的干扰强度、干扰时间、干扰频率和干扰规模等；另一方面依赖于生态系统本身的自然特性，即系统的自我调节能力（稳定性）。因此在干扰作用下生态系统表现出多样化的退化过程，可分为突变过程、渐变过程、跃变过程和间断不连续过程（包维楷和陈庆恒，1999；图6-10）。

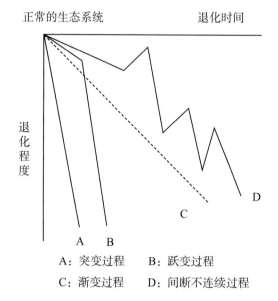

图6-10　生态系统表现出多样化的退化过程（引自包维楷和陈庆恒，1999）

突变过程是指在受到强烈的干扰压力时，生态系统表现出的剧烈的突然退化过程。突变过程的主要特点是外界干扰力远远大于系统自身的自我调节能力，退化的时间短，速度很快，退化程度严重。跃变过程是指在受到持续的干扰压力下，生态系统在起始阶段退化不明显，但随着干扰的持续作用，当压力累积到一定程度后生态系统突然出现剧烈的退化。跃变过程的特点是干扰是持续的，作用时间较长，退化速度前期慢而后期快。与突变过程相比，跃变过程干扰持续期较长，退化速度相对慢。渐变过程是指受到干扰压力后，生态系统的退化速度比较一致，退化程度逐渐加重。间断不连续过程是指在周期性干扰压力下，生态系统时而退化、时而暂时恢复，但整体上表现出退化的过程。间断不连续过程是当干扰存在时，系统出现退化，在两次干扰的间隙，生态系统出现暂时的一定程度的恢复（包维楷和陈庆恒，1999）。

一、过度捕捞

"过度捕捞"是指人类的捕鱼活动导致海洋中生存的某种鱼类种群不足以繁殖并补充种群数量。现代渔业捕获的海洋生物已经超过生态系统能够平衡弥补的数量，使渔业生态系统乃至整个海洋生态系统发生退化。

我国海洋捕捞业的发展大体经历了以下几个阶段。在20世纪50年代至60年代初期，我国捕捞生产水平较低，仅开发了大黄鱼（*Larimichthys crocea*）、小黄鱼（*Larimichthys polyactis*）、鳓鱼（*Llissha elongata*）、带鱼（*Trichiurus lepturus*）、乌贼（*Sepiida* sp.）、中国明对虾（*Fenneropenaeus chinensis*）、银鲳（*Pampus argenteus*）和蓝点马鲛（*Scomberomorus niphonius*）等传统鱼类，且捕捞产量不高，这一阶段属于渔业资源利用不足时期；60年代后期到70年代，随着胶丝网具的使用、捕捞渔船机动化和助渔导航设备的更新以及捕捞技术的提高，捕捞产量逐年增加，这一阶段传统经济鱼类开始遭到过度开发，渔获物中幼鱼比例加大，低值鱼类的数量增加；80年代以后，由于捕捞能力的迅速提高，我国近海渔业资源已处于过度开发利用阶段，渔获量构成多属低值鱼类，传统经济鱼类明显减少，这一时期渔业资源的优势种发生明显改变，渔业生态系统极度不稳定，处于严重退化状态（侯英民等，2010）。目前我国渔业生态系统的退化主要体现在以下四个方面（侯英民等，2010）。① 早熟化：许多种类的产卵群体普遍出现早熟化，性成熟提前。② 低值化：主要表现在经济价值较高的种类资源减少，渔获量下降，经济价值较低的低值鱼类成为近海渔业资源的主体。③ 小型化：山东近海20世纪60和70年代渔获物构成平均长度超过200 mm；2000年后渔获物构成平均长度仅为95.5 mm，长度在60～160 mm之间的个体占90%以上。④ 低龄化：2000年后山东近海渔获物群体组成中1龄鱼占到渔获物的90%以上，捕捞群体基本为当年生幼鱼。

过度捕捞直接导致某些渔业生物种群数量下降甚至物种灭绝，生物多样性减少，生物群落物种组成简单。早在20世纪80年代初，我国近海渔场的底层和近底层传统经济鱼类已经严重衰退和枯竭。目前处于严重衰退状态的鱼类种群包括大黄鱼、小黄鱼、带鱼、红娘鱼（*Lepidotrigla microptera*）、黄姑鱼（*Nibea albiflora*）、鳕鱼（*Gadus*）、鳐鱼（*Raja*）等，中小型的中上层鱼类和头足类成为渔业资源的主体。一些关键种类数量锐减或消失不仅影响到其他种类的生存状况，还会引起整个渔业生态系统失去生态平衡，生态系统的结构趋于不稳定，生态系统的功能和服务功能变得不完善。近年来，黄海到日本海水域的水母数量大大增加，原因之一就是海洋鱼类被过度捕捞，钵水母（Scyphozoa）失去天敌，爆炸性繁殖，导致水母生态灾害频发。

过度捕捞引起渔业生态系统营养结构的变化，渔业生物食物联系单一或中断，食物链和食物网结构脆弱，物质循环和能量流动效率降低。在20世纪60年代以前，我国近海渔业生态系统处于稳定的健康状态，这时渔业生物种类多样，从低营养级到高营养级的生物通过复杂的食物联系形成一稳定的营养结构，维持着高效率的物质循环、能量流动和信息传递。20世纪80年代之后，我国近海渔业资源已经处于过度捕捞状态，渔获物中的优势种发生更替，高营养级的渔业生物种群数量减少甚至物种灭绝，逐渐被较低营养级的渔业生物代替，渔业生态系统的营养结构随之发生改变。处于同一营养级上的生物种群或者物种数量的减少，使营养级间的食物联系趋于单一甚至中断，影响到渔业生态系统乃至整个近海生态系统结构的稳定和功能的发挥。

二、全球变化

从20世纪末期至今，全球变化的影响已经成为驱动海洋生态系统退化的主要因素之一。全球变化（global change）是指地球生态系统在自然和人为影响下所导致的全球问题及其相互作用下的变化过程。全球变化主要是指大气二氧化碳浓度升高、臭氧层侵蚀、海水升温、海平面上升、海水酸化、生物多样性丧失、水资源短缺和酸雨等。这里仅分析大气二氧化碳浓度升高、海水升温、海平面上升、海水酸化和臭氧层侵蚀对海洋生态系统退化的驱动作用。

1. 大气二氧化碳浓度升高的影响

大气二氧化碳的浓度一直处于变化之中，尤其自19世纪工业革命以来，大气二氧化碳的浓度以前所未有的速度稳步增加。据预测，到21世纪末，二氧化碳的浓度将为目前的2倍。全球范围内大气二氧化碳浓度升高对生态系统中的绿色植物将产生直接的影响，进而使生物从群落、种群、生理、细胞以及分子各个层次水平上发生变化，引起生态系统发生退化。

二氧化碳是绿色植物光合作用的底物，其浓度的高低直接影响着光合作用的速率。海洋浮游植物是海洋生态系统的主要生产者，是海洋牧食食物链的基础，它不仅影响着海洋生态系统的能流和物流，还对生态系统的稳定性起着重要作用。在分子层次，大气二氧化碳浓度升高能够诱导浮游植物中某些对高二氧化碳浓度专一性响应基因的表达，以及相应的对高二氧化碳浓度专一性响应蛋白的合成（Sasaki等，1998）；在细胞层面，大气二氧化碳浓度升高引起小球藻等浮游植物细胞超微结构的变化（Yu等，2006a）；在生理层次，大气二氧化碳浓度升高引起浮游植物光合速率和初级生产力水平的提高（Yu et al.，2004；许博等，2010）；在种群层次，浮游植物的种群数量和种群增长动态随二氧化碳浓度升高发生明显变化（Morita，2000；于娟等，2005b；周立明等，2008）；在群落层次，不同种类的浮游植物对高二氧化碳浓度的敏感性存在明显的差异，有的种类敏感，其种群数量变化显著，有的种类不敏感，其种群数量变化不显著（Yu等，2006b），这种物种间种群数量的相对变化引发种间竞争关系的改变（Yu等，2006b；Xu等，2010；毕蓉等，2010）。物种间竞争关系的改变打破了海洋浮游植物群落原有的结构和平衡，导致浮游生态系统处于不稳定的状态。

大型海藻是海洋生态系统的另一重要生产者，是海藻生态系统的主要支撑生物。据统计，大型海藻对海洋初级生产力的贡献约为10%。大型海藻对大气二氧化碳浓度升高的响应具有明显的种间差异性（Hendriks等，2010），高浓度二氧化碳促进某些种类如条斑紫菜（*Porphyra yezoensis*；Gao等，1991）和智利江蓠（*Gracilaria chilenses*；Gao等，1993）的种群增长，抑制某些种类如线形紫菜（*P. linearis*；Mercado等，1999）以及珊瑚藻（*Corallina sessilis*；Gao等，2010）的种群增长，而对某些种类如产于欧洲的石莼（*U. lactua*）、匙形石莼（*U. reticulata*）、硬石莼（*U. rigida*；Bjrk等，1993）和产于我国东海南澳岛潮间带的石莼（邹定辉等，2001）的种群增长则没有影响。大气二氧化碳浓度升高条件下，大型海藻物种间种群增长的差异势必会改变原有的长期形成的稳定相互关系，导致海藻生态系统处于不稳定的状态。

在近海生态系统中，大型海藻和浮游植物之间同样存在着密切而稳定的相互作用关系，二者共同构成了牧食食物链的基础。大气二氧化碳浓度升高能够引起二者相互作用关系的改变（赵光强，2009），对食物链的结构和能量流动产生影响，进而影响了整个近海生态系统的稳定性。

2. 海水升温的影响

大气二氧化碳浓度升高除了对海洋生物群落和海洋生态系统产生直接影响外，还可通过驱动全球变暖和海水酸化产生间接的影响。全球变暖引发海平面上升、海冰消融、降水和淡水输入改变，同时引起海水升温、海水层化增强、海洋环流改变和海水溶解氧水平降低等诸多海水理化性质的变化（Keeling等，2010）。

全球变暖引发海水物理和化学性质的改变，导致物种分布格局和分布范围、种群数量、生态系统的群落组成和生物多样性的变化，进而影响生态系统的结构、功能及其服务功能。北大西洋海域桡足类暖温种的分布范围向北延伸了至少10个纬度，而冷水性种类的分布范围则相应减少（Beaugrand等，2002）。海水升温将使上升流区的海水垂直稳定度增大，影响底层水涌升，引起向上补充的营养盐减少或消失，生产力和渔产量下降。海水升温和层化加强的联合作用还会导致浮游生物减少，生产力下降（Behrenfeld等，2006；Barange等，2011）。在我国的长江口近岸海域，已经连续多年记录到低氧区的出现，并有逐年加重和范围扩大的趋势。当水体溶氧浓度低于2 mg/L时，海洋生物的死亡率随之增高，因此在低氧区生物种类少，生物群落演替复杂（Rabalais等，2001a & b）。珊瑚礁生态系统的"白化"现象也与海水升温密切相关。与珊瑚虫共生的虫黄藻对温度的变化比较敏感，在高温下色素含量迅速下降，即出现漂白现象，同时引发珊瑚停止生长进而死亡。

海水升温引起的海冰融化改变或破坏了某些生物赖以生存的生境，导致这些生物数量减少或者死亡，引起生态系统的退化。例如，海冰融化影响以海冰为栖息环境的某些藻类的生长和繁殖，而藻类是主要的生产者，是食物链的基础，如果它一旦遭到破坏，就会威胁到鱼类、海豹等高营养级生物的生存以及生态系统结构和功能的稳定。

3. 海平面上升的影响

海水升温引起水体膨胀和冰川融化，导致海平面上升。伴随着大气二氧化碳浓度的升高和全球持续变暖，海平面一直处于上升中，而且有加快的趋势。近岸生态系统最易受到海平面上升的影响。海平面上升直接导致海岸生态系统向陆地后退，引起近岸海域自然属性发生改变，原来生活于此的一些物种不能适应这种变化而灭绝。例如，红树生态系统、珊瑚礁生态系统和海藻（草）生态系统等会由于海平面的上升失去其原有的自然环境属性和生物群落特征，引发生态系统的退化或完全丧失。

4. 海洋酸化的影响

海洋是地球表面最大的碳库，吸收了人类排放二氧化碳总量的1/4。吸收二氧化碳浓度的不断增加，引起表层海水碱度下降，导致海洋酸化（ocean acidification）。自工业革命以来，大气中二氧化碳的体积分数由280×10^{-6}上升到现在的388×10^{-6}，海水pH相应下降了0.1个单位（Doney等，2009）。在不改变现有能源使用结构的情况下，大气中二氧化碳的浓度将会继续上升。到22世纪初期，与工业革命前相比，海水pH将会下降$0.3 \sim 0.4$个单位（Caldeira等，2003），CO_3^{2-}浓度将下降45%（Kleypas等，2000），p_{CO_2}浓度将增加近200%，HCO_3^-浓度增加11%，DIC浓度增加9%（Gattuso等，1999），这种酸化速度在过去的几亿年间都未曾发生过。

海洋酸化改变了海洋生物赖以生存的海洋化学环境，对海洋生物的生长、生理、生产力、种群动态、群落结构等产生影响。这种影响不仅体现在具有钙化能力的钙化生物上，而且体现在许多非钙化生物的生理代谢及生物间相互作用上。二氧化碳浓度升高引起的海洋酸化条件下，钙化生物如贝类与珊瑚藻类的钙化率下降（王鑫等，2010；张明亮等，2011），颗石藻（*Emiliahia huxleyi*）钙化速率降低、细胞表面的颗石片脱落（Riebesell等，2000）。海洋酸化对非钙化生物如浮游植物、大型海藻、浮游动物、海洋鱼类和海洋无脊椎动物都产生影响，如导致浮游植物生长率和光合作用的显著增加，使海洋初级生产力提高（Wolf等，1999；Kurihara，2008；于娟等，2012；唐启升等，2013），促进了浮游动物的呼吸、排泄等代谢作用，引起了海洋无脊椎动物受精和鱼类嗅觉系统的变化。

不同物种对海洋酸化的响应有差异，这与它们对酸化的耐受性和适应性不同有关。有的物种能够耐受或通过生理上的调控迅速适应酸化环境，种群得以快速增长，并在与其他物种的竞争中占有优势；有的物种不能够耐受或不能及时适应酸化环境，种群数量降低甚至消失；还有一些物种对酸化不敏感，其种群动态不受酸化的影响。不同物种对酸化响应的差异性一方面导致某些敏感物种的死亡，生物多样性减少，群落结构单一；另一方面引起物种间相互作用关系变化，打破了生态系统原有的平衡，进而影响生态系统的稳定性。珊瑚礁生态系统的退化与海洋酸化关系密切。

5. 大气臭氧层侵蚀的影响

自20世纪以来，随着世界人口数量的迅速增加和现代工农业的迅猛发展，大量氟氯烃类化合物（chlorofluorocarbons，CFCs）被使用并最终被排放入大气中，直接导致大气臭氧层的侵蚀（Johnston，1971；Kerr等，1993）。在南、北两极上空已经形成了臭氧空洞，而且世界范围内的臭氧层侵蚀日渐加剧（Blumthaler等，1990；Santee等，1995；Kirchhoff等，1996；Bian等，2006）。臭氧层的破坏使得到达地面的紫外线，尤其是对生物具严重损伤作用的紫外线B波段（UV-B）的辐射增强，从而对全球产生明显的生态学效应（Caldwell等，1994，1998；BjÖrn，2007）。研究表明，北海海水表面紫外线辐射率的10%能够穿透到6 m深的水层，而在北冰洋的清澈水域，其表面10%的辐射率可到达30 m深的水层（图6-11）。因此，UV-B辐射增强对海洋浮游植物、浮游动物和大型海藻等生物类群都会产生直接或间接的影响，进而影响到生态系统的结构和功能。

UV-B辐射增强对浮游植物的影响主要体现在四个方面：① 引起浮游植物DNA和蛋白质损伤，光合速率降低和细胞结构破坏（唐学玺等，2002；Yu等，2004，2005，2006b；蔡恒江等，2004，2005a，2005b；张培玉等，2005a；图6-12）；② 抑制种群生长和繁殖，引起种群结构和增长动态发生变化（于娟等，2002）；③ 不同物种对UV-B辐射增强的敏感性有差异（王悠等，2002；蔡恒江等，2005b），因此物种间种群数量的相对变化导致种间竞争关系的改变，打破原有的竞争平衡（于娟等，2005a；唐学玺等，2005；Xiao等，2005；Xie等，2008）；④ 引起群落结构发生变化，物种组成相对单一，初级生产力水平下降。

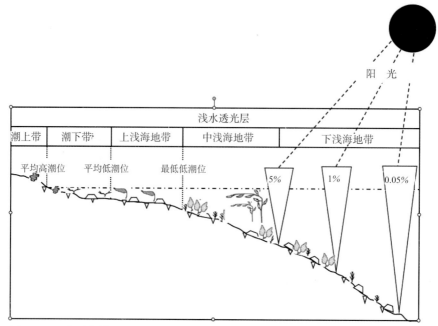

图6-11 大型海藻的典型垂直分布和太阳辐射的穿透深度（引自Karsten，2008）

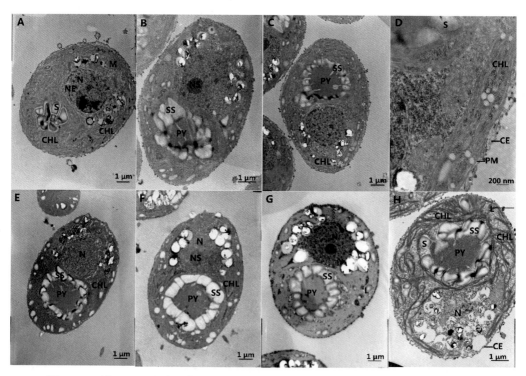

图6-12 增强UV-B辐射对杜氏盐藻（*Dunaliella salina*）细胞结构损伤的亚显微观察

（引自张鑫鑫，2014）

A、B、C、D为对照组；E、F、G、H分别为0.25 kJ/（m² · d）、0.50 kJ/（m² · d）、

0.75 kJ/（m² · d）、1.00 kJ/（m² · d）剂量组。CE. 细胞外膜；PM. 原生质膜；N. 细胞核；

NS. 核仁；NE. 核膜；M. 线粒体；CHL. 叶绿体；PY. 蛋白核；S. 淀粉粒；SS. 淀粉鞘；L. 油脂小球

　　大型海藻主要分布于潮间带及潮下带的透光层，作为海洋中重要的初级生产者，推动整个海洋生态系统中的物质循环和能量流动，不仅为海洋生态系统中的消费者、分解者提供了食物和栖息场所，而且对维持海洋生态系统的平衡发挥着重要的作用。臭氧层破坏而导致的UV-B辐射增强，不仅干扰大型海藻光合作用和营养盐吸收等正常的生理活动，破坏细胞结构（朱琳，2014），抑制甚至阻断大型海藻的生长发育过程，使其停止生长和发育（刘素等，2008；Liu等，2008；鞠青，2011；谭海丽，2012；朱琳，2014），还对种群动态和群落结构产生影响。增强的UV-B辐射能够导致大型海藻种群繁殖率降低（Wiencke等，2000），引起种群年龄结构（Wiencke等，2000，2004）和种群生长动态发生变化（Shiu & Lee，2005；Schmidt等，2012a，2012b），同时介导大型海藻物种间竞争关系的改变（Roleda等，2004；李丽霞等，2008；Li等，2010）和群落结构的改变（Gómez，1998），致使群落物种组成相对简单，初级生产力水平下降（图6-13和图6-14）。

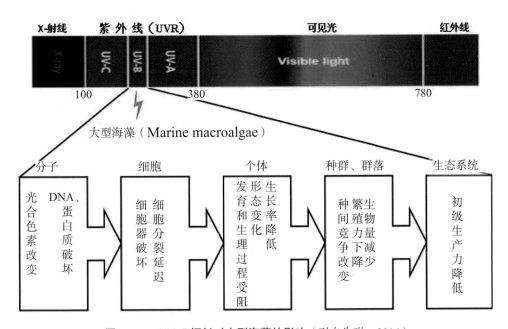

图6-13　UV-B辐射对大型海藻的影响（引自朱琳，2014）

　　UV-B辐射增强能够改变大型海藻和浮游植物之间相互作用关系，打破原有的竞争平衡（蔡恒江等，2005；张培玉等，2005b；赵妍等，2009）。

　　浮游动物是海洋生态系统尤其是海洋浮游生态系统的主要生物类群，在海洋食物链中扮演着承上启下的重要角色，它既是消费者，又是次级生产者，在物质循环和能

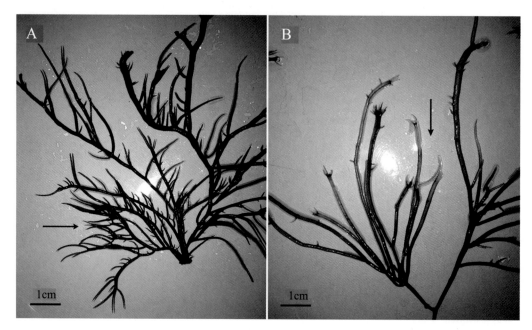

图6-14　UV-B辐射对龙须菜（*Gracilariopsis lemaneiformis*）藻体的损伤（引自朱琳，2014）

A. 对照藻体；B. 经UV-B辐射的藻体，出现褪色素、分枝减少、局部坏死等症状

量流动中起重要作用。浮游动物通过下行效应影响浮游植物动态，又可通过上行效应影响鱼类等许多高营养级生物种群的生物量。浮游动物的数量、丰度和种类组成一旦发生变化，那么就有可能导致整个生态系统组成发生变动。UV-B辐射增强对浮游动物的影响主要体现在以下几个方面：① 抑制生长发育和呼吸、排泄与摄食等生理活动（Feng等，2007a；冯蕾等，2007；周媛等，2008）；② 抑制种群增长，使种群数量下降甚至死亡（冯蕾等，2006；王进河等，2009；Wang等，2011）；③ 引起物种间种群数量的相对变化（谭海丽等，2010）和竞争关系的改变（于娟，2006）；④ 引起群落物种组成相对单一，生产力下降。UV-B辐射增强改变或阻断浮游动物和浮游植物间的食物关系或食物联系（Feng等，2007b），导致食物链结构变化，能量流动效率降低。

　　反过来，海洋生态系统也可以通过系统的自我调节来积极应对UV-B辐射增强的变化。长期以来海洋生物形成了一套避免UV-B辐射伤害的机制，以维持群落自身的稳定（图6-15）。

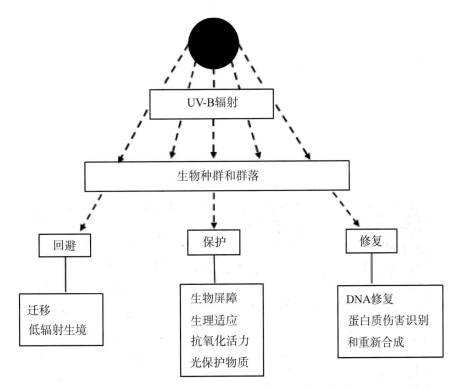

图6-15　海洋生物应对UV-B辐射的不同策略（参考Karsten，2008）

三、海洋污染

海洋污染主要包括陆源排污和海洋自身污染两种形式。我国近海海域的主要污染物80%以上来自陆源排污。据统计，每年上百亿吨的工业和生活污水将大量的氮、磷、石油类、重金属类（锌、镉、铅、汞、铜等）和其他有毒有害物质携带排放入海，造成近海域环境质量下降，生态系统退化。海洋自身污染是指海上活动产生的污染物排放入海，如海水养殖活动导致的有机污染和海上油气开采与运输导致的石油污染等。海洋自身污染也是引起生态系统退化的不容忽视的污染途径。海洋污染的特点主要体现在两个方面：① 污染途径多，除了自身污染途径外，人类活动产生的陆源污染物一部分直接排放入海，一部分通过江河径流流入海洋，一部分通过大气扩散和雨雪沉降而进入海洋；② 扩散范围大，由于海水的特性，海洋是一个流动的相互联系的整体，进入海洋的污染物在海流的作用下，易于在海水中大范围地发生迁移和转化（沈国英等，2002）。

海洋污染的类型多种多样，包括重金属污染、石油污染、农药污染、营养盐污染、生物污染和放射性污染等。

图6-16说明不同浓度的重金属铜对东方小藤壶（*Chthamalus challengeri*）幼虫毒性大小不同，随着铜离子浓度由15 μg/L升高到75 μg/L，幼虫体内活性氧含量明显增多，指示铜离子对幼虫的毒性作用显著增大。图6-17反映了不同类型的有机污染物［多溴联苯醚（BDE）47和209］对褶皱臂尾轮虫（*Brachionus plicatilis*）的毒性大小也不同，BDE-47的毒性大于BDE-209。

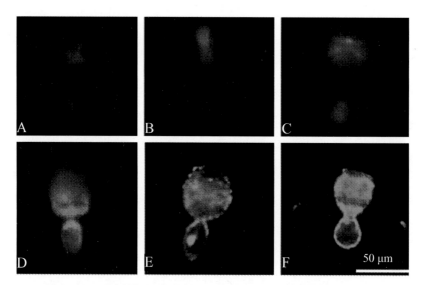

图6-16　重金属铜污染对东方小藤壶幼虫体内活性氧产生的影响
（引自齐磊磊，2014）
A. 0；B. 15 μg/L；C. 30 μg/L；D. 45 μg/L；E. 60 μg/L；F. 75 μg/L

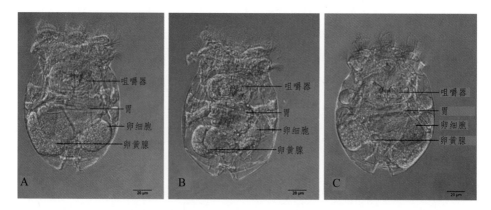

图6-17　有机有毒污染物BDE-47和BDE-209对褶皱臂尾轮虫形态的影响
（引自张璟，2013；标尺=20 μm）
A. 对照组；B. 0.2 mg/L BDE-47组；C. 0.2 mg/L BDE-209组。咀嚼器、胃部并没有出现明显变化，而卵巢组织形态有明显凝缩（卵巢体积A＞C＞B），脂质小滴数量下降（脂质小滴数量A＞C＞B）

海洋污染直接导致水质和底质恶化、生物多样性减少和生态系统退化。但是不同类型的污染物导致生态系统退化的机制是不同的。生物污染最显著的特点就是污染物是有生命的外来生物体，它主要是通过外来物种的入侵和引起海洋生物病害的发生来危害生物群落，引起生态系统退化。放射性污染主要是通过射线的辐射作用损伤生物体。由于有些放射性物质也能在生物体中富集和沿食物链放大，因此微量的放射性污染便可能导致生物群落的破坏，引起生态系统退化。营养盐污染是一类无毒有害的污染，通过导致海水富营养化一方面直接改变了浮游植物的初级生产力和生物量，引发赤潮、褐潮和绿潮生态灾害的发生；另一方面间接地改变了海洋生态系统的三大生态类群，即浮游生物、底栖生物和游泳生物的群落结构和季节性变化特征，从而导致近海生态系统退化。重金属和石油烃、农药（如有机磷农药和有机氯农药）等其他一些有机有毒污染物对生物体产生毒性效应。它们对海洋生物和海洋生态系统的影响一方面取决于其毒性大小，另一方面与受污染海区生物的敏感性有关。在这类有毒污染物污染的海区，敏感物种的种群增长受到毒性作用的抑制，往往表现为种群数量下降甚至消失；而耐污物种对毒性作用具有较高的抗性，通常表现为种群增长加快，种群数量迅速上升；最终物种多样性减少，群落结构简单，生态失衡。在这方面，底栖生物群落表现得尤为突出，与浮游生物和游泳生物相比，底栖生物的运动能力很差，对海洋污染的回避效应就很弱，敏感种类相继消失，只有耐污种如多毛类能够生存和繁衍。重金属和石油烃、农药等其他有机有毒污染物对海洋生物和海洋生态系统产生损伤的另一条途径是污染物的生物富集和放大作用。这类污染物一旦进入海区，一部分在生物体中富集，另一部分沿着食物链逐级放大。由于生物的富集和放大作用，海区微量的污染物也会使各营养级的生物受到毒害，从而干扰或破坏生态系统的营养级结构、能量流动和物质循环（图6-18）。污染严重的海区，生态系统的理化特征和生物群落特征完全改变，发生逆向生态演替，导致生态系统退化（沈国英等，2002）。

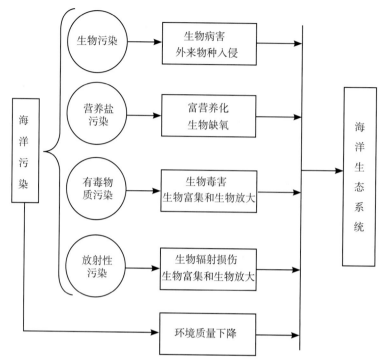

图6-18　海洋污染对生态系统作用的途径

四、海水养殖

我国的海水养殖历史悠久，发展迅速。从20世纪30年代开始，我国就首先进行了海带的养殖。至20世纪50年代，随着海带养殖技术的日益成熟，养殖规模不断扩大，海带养殖产量不断提高。目前我国的海带和紫菜养殖产量位居世界首位。伴随着藻类养殖业的发展，我国的贝类养殖和虾蟹养殖在20世纪80年至90年代也达到了高峰，相继又出现鱼类养殖的高潮。

我国海水养殖的方式主要有池塘（围堰）养殖、底播养殖、浅海养殖（筏式养殖、网箱养殖）、盐田养殖（盐田与养殖综合利用池塘）和工厂化养殖（图6-19和图6-20）。养殖的种类有鱼、虾、贝、藻等近百个品种。

由于养殖规模扩大和因管理不善导致的无序、过度密集养殖，海水养殖已成为导致近岸生态系统退化的主要原因之一。海水养殖主要通过三条途径引起近岸海域生态系统的退化：通过海洋污染引发生态系统退化；通过生态破坏引发生态系统退化；通过生态景观破坏引发生态系统退化。

图6-19 筏式养殖

图6-20 底播养殖

（一）造成海洋污染引发生态系统退化

海水养殖引起的近岸海域污染可归纳为四个方面：来源于残饵、排泄物等营养物质的污染；来源于养殖药物的污染；来源于底泥的富集污染；生物污染。

1. 来源于营养物质的污染

海水养殖过程中的污染物主要是残饵和排泄物中所含的营养物质，包括氮、磷、悬浮颗粒物和有机物。统计表明，海水养殖过程中产生的残饵、排泄物的数量不容忽视，排出的氮、磷营养物质成为水体富营养化的污染源，导致某些浮游植物的过量繁殖，成为刺激近海赤潮发生的一个重要原因。赤潮的发生就是生态系统严重退化的显著标志。通过对海水精养营养负载计算得到，当养殖1 t的鱼时，外排的总悬浮物为9 104.57 kg，颗粒有机物为235.40 kg，生化耗氧量为34.61 kg，三氮为14.25 kg，磷为2.57 kg，可见水产养殖对水体造成的营养物质污染相当大。我国沿海赤潮发生的规律与虾养殖产量有较好的正相关关系，而与全国废水排放量却没有相关关系。举例说明，马銮湾由于近年来水产养殖的迅速发展，生态种群结构已发生明显变化，夏季、秋季、冬季湾内浮游植物数量迅速增加。桑沟湾高密度的海水养殖使得湾内外水交换能力降低，污染物更易积累，造成湾内赤潮发生，近年来还出现了褐潮。

2. 来源于养殖药物的污染

由于长期不合理的高密度养殖等原因，养殖生物病害问题时常发生。20世纪90年代初，我国沿海水产养殖暴发大面积病毒性虾病，发病的养殖面积占当时全国对虾养殖总面积的76%，减产近12万吨，严重影响了我国对虾养殖业的健康发展。为了预防病害发生和清除敌害生物，在养殖过程中出现大量滥用化学药品的现象。据报道，英国水产养殖中使用的化学药品达23种，1990年挪威在养殖上使用的抗生素比农业上使用的还多。海水养殖过程中使用的药物会有相当一部分直接流入海区，引起生物群落的变化和生态系统的退化。

首先，这些毒性不同的化学药品会对海水造成一定的污染，引起水体质量下降。其次，这些化学药品在杀灭病原生物和消除敌害生物的同时，对其他海洋生物也会产生一定的毒性效应。由于海洋生物对这些化学药品的敏感性具有种间差异性，很可能造成一些生物大量死亡，而另一些生物大量繁殖，改变了原来的群落结构，破坏了原有的生态平衡，一定程度上引起了生态系统的退化。再次，这些有毒化学药品通过富集作用和沿食物链的转移，将对较高营养级的生物甚至人类产生更大的毒害作用。

3. 来源于底泥的富集污染

据测定，海水鱼、虾、贝等养殖过程中通过残饵和排泄物等输入到水体的氮、磷和颗粒物分别大约有24%、84%和93%沉积在底泥中，成为海水养殖区沉积物环境的重要污染源。调查发现，海水养殖区底泥中碳、氮、磷的含量比周围海区沉积物中的含量明显高出很多。残饵和排泄物在底质堆积，也促进了微生物的活动，加速了营养盐的再生。同时，养殖过程中死亡生物体的沉降分解增加了对氧的消耗，在缺氧条件下加速了脱氮和硫还原反应，产生硫化氢和氨气等有毒物质。底泥的富集污染以及由此产生的有毒物质首先改变了底栖环境，其次对底栖生物产生毒性作用，最终改变底栖生物的群落结构，引起底栖生态系统退化。据报道，与非养殖海区的底栖生物比较，网箱养殖海区的大型底栖动物减少，筏式贻贝养殖区的底栖动物仅有耐污种多毛类，物种多样性明显降低。

4. 生物污染

生物污染是指外来生物有意或无意地被引入一个新的生态系统中，对土著生物和生态系统造成影响或危害的现象，可分为植物污染、动物污染和微生物污染三种类型。污染生物主要包括病害生物和入侵生物。

随着养殖技术不断成熟，许多具有较高经济价值的物种从原来生活的区域被引进另一个区域进行人工养殖，这些物种被称为外来养殖生物。养殖过程中逃逸的某些外来养殖生物会形成"入侵"，通过掠食或摄食竞争造成当地土著种群灭绝，使群落物种组成单一，生物多样性降低，生态系统失去平衡。

海水养殖造成的生物污染还表现在遗传污染和病害生物污染两个方面。当逃逸的养殖生物与野生种群交配时，往往改变自然种群的遗传多样性，造成遗传污染。由此自然种群很可能逐步退化，甚至消失。据最新报道，经过基因改造的大西洋鲑逃逸后与野生鲑鱼交配产生的变种鱼类，使缅因湾和芬迪湾的野生鲑鱼面临灭种危险。由于高密度、无序的养殖，养殖生物易暴发疾病，携带大量致病生物逃逸的养殖生物会传染野生种群和其他海洋生物，极可能导致海洋生物的大量死亡和海洋生态系统的崩溃。

（二）造成生态破坏引发生态系统退化

生态系统是由生物性成分即生物群落和非生物性成分即生境组成的，海水养殖可通过直接影响生物群落和破坏生境再间接影响生物群落两种方式造成生态破坏。

1. 直接影响生物群落

这种方式通常发生在采用筏式养殖、网箱养殖和底播养殖的开阔海区，它类似于在一个自然的浅海或海湾生态系统中人为加入高密度的养殖生物种群。自然生态系统有较高的物种多样性，通过种间关系以及与环境间的相互关系维持生态平衡，当人为加入某一高密度的养殖生物种群时，群落结构发生变化，物种组成趋于简单，整个生态系统处于极度不稳定的状态，必须靠人工调节来维持平衡。同自然海区进行比较，在贝类养殖的海区，由于贝类的摄食作用使浮游植物生物量下降，物种多样性降低。

2. 通过破坏生境再间接影响生物群落

这种方式一般发生在采取池塘（围堰）养殖、盐田养殖和工厂化养殖的海区。养殖池塘、盐田和车间的大规模开发，占用了滨海湿地，一方面使湿地面积锐减，另一方面破坏了生物赖以生存的生境，从而引起生物群落的退化。滨海湿地是生物多样性极高的区域，也是许多重要的经济鱼、虾、蟹、贝类的栖息地、索饵场和育幼场，盲目地围垦养殖已经造成这些生境原有自然属性的改变，生物栖息地破坏或彻底消失。我国沿海河口湿地、红树林湿地和海藻场湿地都因为围垦养殖退化严重。

（三）造成生态景观破坏引发生态系统退化

海水养殖引起近岸生态景观破碎化，养殖池塘、盐田和车间的修建会对滨海湿地的地形地貌造成无可挽回的改变，使其失去原有的完整性和系统性。

五、外来物种入侵

外来物种入侵是引起海洋生态系统退化的重要原因之一（见概论）。外来物种的引进是发展农林牧渔业的重要途径之一。我国已引进的一些养殖种类在海水养殖业的发展中起到了重要作用，如日本囊对虾（*Marsupenaeus japonicus*）、凡纳滨对虾（*Litopenaeus vannamei*）、海湾扇贝（*Argopecten irradias*）、虾夷扇贝（*Patinopecten yessoensis*）、太平洋牡蛎（*Crassostrea gigas*）、美国红鲍（*Haliotis rufescenst*）和大菱鲆（*Scophthalmus maximus*）等。海带（图6－21和图6－22）在我国也属于外来物种，其种群在我国已有80多年的历史，目前是我国北方海区海底植被的重要组成种类，在近海生态系统尤其是海藻生态系统中占据着重要的生态地位。

但外来物种入侵对原有生物群落和生态系统的稳定性形成威胁，导致生境破坏，群落结构异常，生物多样性降低，最终引发生态系统退化甚至崩溃。

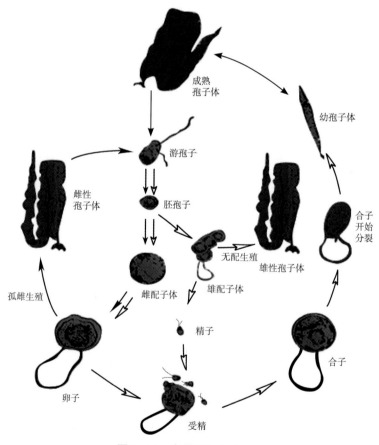

图6－21　海带的生活史

图6-22　海带形态

（一）改变或破坏生境

生物与环境的关系是辩证统一的，生物的生长可以改变环境的特征，反过来，环境影响着生物的生长和分布等一些生物学特征。入侵种种群的繁衍和扩张，改变了入侵地生境的原来特性，或者造成生境的破坏，生境的改变或破坏势必导致生物多样性减少，生物群落异常。珊瑚礁生物群落对生境的要求是特别严格的，其生境一旦变化，珊瑚虫和与之共生的虫黄藻的生存和生长都受到影响，礁体出现白化现象，该现象显示珊瑚礁生态系统处于退化状态。

（二）引发生物多样性降低，群落物种组成简单

与土著生物比较，入侵物种通常具有更高的种群增殖能力和更高的种间竞争能力。在入侵地，入侵物种种群迅速增长，无度地蔓延和扩涨，侵占了土著种群的生态位，抢夺了土著种群的空间和食物，甚至捕食土著种群，使土著种群数量降低甚至相继消失，入侵种成为群落的绝对优势种。这样的生物群落物种组成单一，物种多样性降低，原有的食物链和营养级结构、物种间的相互关系都被破坏，生态系统极不稳定。据报道，我国从日本引进的虾夷马粪海胆（*Strongylocentroutus intermedius*），从

养殖网中逃逸后形成入侵，破坏大型海藻，引起海藻场生态系统退化，同时与土著物种光棘海胆（*S. nudus*）争夺食物与生活空间，使光棘海胆的种群数量下降明显。互花米草（*Spartina alterniflora*）是20世纪引入我国沿海的外来入侵种，其种群在长江三角洲和黄河三角洲湿地生态系统中扩张迅速，一方面与土著植物竞争抢占海滩，形成密集而单一的米草群落；另一方面加快了滩涂淤积，妨碍了水体的正常流动，破坏了湿地生物的栖息环境。原产于中美洲的沙筛贝（*Mytilopsis sallei*）于1990年在厦门马銮湾首次发现，三年之后又在福建东山发现。大量繁殖的沙筛贝迅速抢占了土著藤壶（*Balanus* spp.）和太平洋牡蛎的栖息地，造成土著底栖生物种类减少。

（三）引发病害的发生

外来海洋物种入侵的同时有可能携带病原生物，容易引发入侵地生物发生新的病害。病害的发生引起生境质量下降，海洋生物的大量死亡，引发生态系统的退化。有学者认为，在20世纪90年代，我国发生的大规模养殖对虾、栉孔扇贝病害事件与引种带来的病毒有关。

（四）引发遗传污染

外来物种与土著生物杂交，改变土著生物种群的遗传多样性，引发遗传污染。外来物种可能与某些土著物种有较紧密的亲缘关系，当外来物种与土著物种发生杂交时，土著物种原先具有的独特基因可能消失，从而导致种质逐步退化甚至消失。原产于日本的长牡蛎能与近江牡蛎（*C. rivularis*）杂交，具有生长优势的杂交种可使土著种多样性降低，改变了土著种群的遗传多样性，造成遗传污染（徐海根等，2011）。

（五）引发生态灾害

当引入的外来物种属于赤潮生物，很可能引起赤潮灾害，导致生态系统退化甚至崩溃。近年来我国赤潮发生的频率越来越高，波及的范围越来越大，并记录到了一些新的赤潮生物，其重要原因之一就是外来赤潮生物的入侵。据报道，在20世纪80年代末，澳大利亚东南部的塔斯曼海区新出现了3种有毒甲藻，分别为链状裸甲藻（*Gymnodinium catenatum*）、链状亚历山大藻（*Alexandrium catenella*）和微小亚历山大藻（*A. minutum*），均为产麻痹性贝毒素的有毒甲藻。随后在澳大利亚的霍巴特港口、墨尔本港口以及阿德莱德港口暴发了有毒甲藻赤潮。链状裸甲藻是一种有毒的双鞭毛藻，已经通过船舶压舱水从日本传播到葡萄牙、新加坡等地。船舶压舱水已成为外来赤潮生物入侵、发生生态灾害的重要途径。

当生境与生物群落结构功能因外来物种侵入而被破坏后，原有生态系统的相对平衡状态就被打破，导致逆向生态演替。

六、围填海

围填海活动是世界沿海国家和地区如美国、中国、荷兰、日本、韩国和新加坡等地开发利用海洋空间资源的主要途径，也是引起滨海湿地及近岸生态系统退化的最直接和最剧烈的人为干扰因素。到20世纪世纪末，我国共经历了围海晒盐、围垦种植、围海养殖三次大规模的围填海阶段，共围填海域面积120万公顷，年均2.4万公顷。进入21世纪以来，随着沿海地区经济社会的持续发展，完整覆盖我国大陆海岸线的新一轮沿海地区开发格局已经形成，沿海各地区相继出现了规模庞大的围填海活动，形成了第四次围填海热潮。据统计，仅2002～2010年间，全国围填海总面积达24万公顷，年均3.0万公顷。

我国的围填海活动呈现出以下4个特点。① 围填海规模大、速度快；当前围填海活动往往是大面积成片开发，而且随着机械化程度和围填海技术的提高，在1～2年就可完成数千公顷的围填海工程。② 围填海方式转变；围填海方式从20世纪90年代以前的围海为主转变为目前的填海造地为主，从部分改变海域的自然属性到完全改变海域的自然属性。③ 围填海用途转变：从过去的以围海晒盐、农业围垦、围海养殖为主，转变为目前的以港口、城镇建设、临海工业等为主，造成的环境压力增大。④ 填海造地主要集中在沿海大中城市邻近的海湾、河口，这些区域往往是重要的生态功能区，且生态系统脆弱。

围填海活动对滨海湿地及近岸海域最直接的影响是占用湿地和近岸海域空间，使湿地和近岸海域萎缩或消失，生物自然栖息地减少，甚至完全丧失。据统计，20世纪80年代初以来的30年间，围填海活动已造成我国滩涂湿地、红树林湿地和潮间带海藻湿地大面积萎缩，滨海湿地面积减少约50%（吴荣军等，2007）。在世界范围内，滨海沼泽湿地丧失了50%，红树林湿地丧失了35%，珊瑚礁湿地丧失了30%，海草湿地丧失了29%（Barbier等，2008；Waycott等，2009）。

围填海导致滨海湿地生态系统和近岸生态系统生态格局发生改变，生态景观破碎化。滨海湿地生态系统和近岸生态系统包括滩涂湿地生态系统、浅海湿地生态系统、海岛生态系统、海湾生态系统和河口生态系统等多种类型，体现了多样化的生态格局。这种格局是海陆在长期的相互作用中形成的一种平衡状态。然而，当这种平衡状态因围填海的干扰而打破时，各类型滨海湿地生态系统和近岸生态系统一体化的生态格局也随之打破，它们之间的联系受阻，斑块化加剧，生态景观出现破碎化。大连滨海湿地景观格局变化的主要驱动因子就是围填海工程。

围填海引起滨海湿地和近岸生态系统生物种群数量降低，群落物种组成简单，生物多样性降低，生物生产力下降。首先，围填海对滨海湿地植被和底栖动物的影响最为显著，导致红树林、海藻（草）、芦苇等典型建群植物的大量消失（Hart & Hunter，2004）。我国胶州湾（焦念志等，2001）和长江口（陆健健等，2011）、韩国新万金潮滩（Koo等，2008）、新加坡Sungei河口（Lu等，2002）底栖动物群落的物种组成单一，生物量锐减，与围填海活动的影响密切相关。其次，围填海造成河口、海湾等海区浮游植物、浮游动物多样性的普遍降低和优势种发生改变，引起近海生态系统退化。韩国新万金围填海工程完工后，附近海域浮游植物优势种发生了显著演替，并多次出现多环旋沟藻（*Cochlodinium polykrikoides*）赤潮（Cho，2007）。辽宁省庄河市蛤蜊岛附近海域素有"中华蚬库"之称，但连岛大堤的修建显著改变了海洋动力环境，造成"中华蚬库"不复存在。围填海直接占用渔业生物的产卵场、索饵场、育幼场和洄游通道或引发渔业生物生境的改变，导致渔业生态系统退化。渤海的大规模围填海活动致使辽东湾渔场的功能基本丧失，珠江口的梅童鱼（*Collichthys lucidus*）等重要渔业资源量锐减，国家二级保护动物黄唇鱼（*Bahaba flavolabiata*）已基本消失（黄良民，2007）。

围填海工程导致滨海湿地生态系统和近岸生态系统的环境质量下降。首先，大规模围填海工程会对滨海湿地生态系统和近岸生态系统水动力环境产生较大影响（Lee等，1999；吴桑云等，2011；曾相明等，2011），进而导致泥沙沉积动力环境的改变。20世纪末香港维多利亚港和深圳湾持续的围填海活动改变了港湾泥沙运移，从而影响了港湾回淤和河床稳定（罗章仁，1997）。荷兰斯凯尔特河口围垦工程造成了河口岸段的严重侵蚀。其次，围填海活动导致水体交换能力削弱，环境容量降低，进一步加剧了湿地及近岸海洋环境的污染，造成环境质量下降。

围填海工程导致滨海湿地生态系统和近岸生态系统的功能减弱。围填海不仅引发滨海湿地生态系统和近岸生态系统的生态格局发生变化，而且使物质循环、能量流动和信息传递功能减弱（Hall，1989；Sundareshwar等，2003），进而影响生态服务功能。大规模围垦活动显著改变滨海湿地和近岸海区上游入海河流的流向和流量，入海河流所携带的天然沉积物或颗粒物不仅作为湿地生态系统的固体基质，还含有丰富的营养成分，可有效维持湿地的生态功能（Gramling，2012）。同时，围填海加剧了滨海湿地和近岸海域的环境污染，这些污染物既会对生物产生直接的毒害作用，又可能通过生物富集和沿食物链传递放大对高营养级的生物构成危害。再者，营养物质过剩积累会干扰生态系统正常的物流、能流过程，从而导致滨海湿地生态系统和近岸生态系统的功能减弱。例如，香港维多利亚港海域的填海活动就造成污染物积累，加重了海洋环境污染（罗章仁，1997）。

围填海在减弱生态系统功能的同时，也会减弱滨海湿地生态系统和近岸生态系统所具有的气候和水文调节、防灾减灾和污染净化等生态服务功能，引发生态灾害。近年来厦门西港海域赤潮频发，这与厦门岛周边大规模围海筑堤具有密切的关系。韩国新万金防波堤建造后，海域自净能力和纳污能力下降，海水富营养化加剧，促进了赤潮生物生长，赤潮发生面积显著增大（Cho，2007；图6－23）。

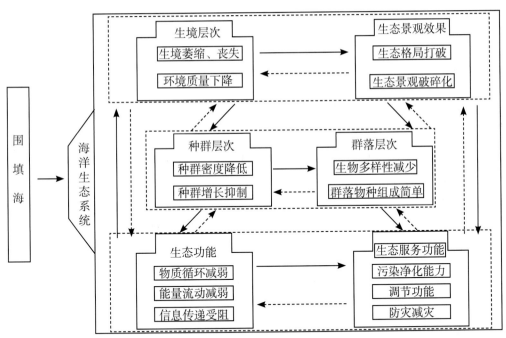

图6－23 围填海对生态系统各组分和各层次的影响及其逐级连锁反应关系

第四节　海洋退化生态系统的诊断

相对于健康的生态系统，退化的生态系统是一种"病态"的生态系统。为了能够更好、更有效地修复和保护海洋退化生态系统，需对其退化程度进行诊断（董世魁等，2009），并寻求病因，也就是退化的原因。

诊断生态系统的退化，需要选取实用的诊断方法、诊断途径和诊断指标。常用的诊断方法有单途径单因子诊断法、单途径多因子诊断法和多途径综合诊断法（杜晓军等，2003）。由于退化生态系统是一个相对的概念，因此以健康的生态系统作为参照系，选取多途径综合诊断法进行诊断是比较合理和科学的方法：综合比较退化生态系统和健康生态系统多途径的观测调查指标，判断退化生态系统的退化状况和退化程度。实际工作中，理想的健康生态系统的选择是非常困难的，但它是保证诊断的准确性所必需的。也有学者提出，生态系统是否发生退化，退化的程度如何，关键取决于这个生态系统的服务功能是否降低了，降低的程度如何。因此，他们认为诊断生态系统退化只用生态系统的服务功能这一条途径就足够了。用于诊断生态系统退化的指标多种多样，但是不同类型的退化生态系统，选取的指标不尽相同；不同区域或不同尺度的同一类型的退化生态系统，在指标的选取上也有差异。陈彬等（2012）指出，在建立生态系统退化诊断的指标体系时，应遵循以下5个原则：指标的整体性原则、指标的概括性原则、指标的动态性原则、定性指标与定量指标相结合的原则、指标的层次性原则。与健康的生态系统比较，退化生态系统会在生境、生物群落、系统结构和功能以及生态景观等方面都表现出一定的退化特征。因此，生态系统退化的诊断途径有生物途径、生境途径、生态系统结构与功能/服务途径和景观途径等（杜晓军等，2003）。用于海洋退化生态系统诊断的指标体系也应包括生物层面、生境层面、生态系统层面和生态景观层面4个层面的指标（表6-4）。针对某一个特定的退化生态系统时，应根据实际情况针对性地从中选取某些特异性和有效性的指标，并根据这些指标的重要性给予不同的权重。

一、生物层面

（1）分子层次：DNA加合物，特异基因的转录和表达量等。

（2）细胞层次：细胞结构的破碎度，细胞器（叶绿体、线粒体）数量，内含物含量等。

（3）生理层面：光合效率，呼吸速率，代谢速率，抗氧化系统活性水平，免疫因子活性水平等。

（4）种群层次：种群密度、丰度、生物量，种群最大环境容纳量，种群增长速率，种群性比，出生率、死亡率和年龄结构等。

（5）群落层次：种类组成，多样性指数，丰富度指数，均匀度指数，优势种及优势度等。

二、 生境层面

（1）气候要素：降水量、气温、日照、气压等。

（2）水文要素：海流、波浪、水位、水温、盐度、水深、透明度等。

（3）沉积物质量要素：沉积物类型、粒径大小、总有机碳、油类、总氮、总磷、铜、铅、锌、镉、汞、砷、氧化还原电位（Eh）和硫化物等。

（4）水质要素：溶解氧、悬浮物、有机碳、总氮、总磷、油类、重金属（铜、铅、锌、铬、镉、汞、砷）等。

（5）生物质量要素：石油类、铜、铅、锌、铬、镉、汞、砷等。

三、 生态系统层面

（1）生态系统结构：营养结构，空间结构，食物链和食物网结构等。

（2）生态系统功能：信息传递效率，物质循环速率，生态效率。

（3）生态系统服务功能：供给功能（食品生产、原料生产、基因资源），调节功能（气体调节、气候调节、废弃物处理、生物控制、干扰调节），文化功能（休闲娱乐、文化用途、科研价值），支持功能（营养物质循环、物种多样性维持、初级生产力）（王其翔等，2013）。

四、 生态景观层面

（1）景观组成：斑块（大小、形状、数量等）、基质、廊道等。

（2）景观结构：生态景观异质性、破碎度等（陈彬等，2012）。

表6-4 海洋退化生态系统诊断的指标体系

生物层面	分子层次	DNA加合物，特异基因的转录和表达量等
	细胞层次	细胞结构的破碎度，细胞器（叶绿体、线粒体）数量、内含物含量等
	生理层次	光合效率，呼吸速率，代谢速率，抗氧化系统活性水平，免疫因子活性水平等
	种群层次	种群密度，丰度、生物量、种群最大环境容纳量，种群增长速率、种群性比，出生率、死亡率和年龄结构
	群落层次	种类组成，多样性指数，丰富度指数，均匀度指数，优势种及优势度
生境层面	气候要素	降水量、气温、日照、气压等
	水文要素	海流、波浪、水位、水温、盐度、水深、透明度等。
	沉积物质量要素	沉积物类型、粒径大小、总有机碳、油类、总氮、总磷、铜、铅、锌、镉、汞、砷、氧化还原电位（Eh）和硫化物
	水质要素	溶解氧、悬浮物、有机碳、总氮、总磷、油类、重金属（铜、铅、锌、镉、汞、砷）等
	生物质量要素	石油类、铜、铅、锌、镉、汞、砷等
生态系统层面	生态系统结构	营养结构、空间结构，食物链和食物网结构等
	生态系统功能	信息传递效率，物质循环速率，生态效率
	生态系统服务功能	供给功能（食品生产、原料生产、基因资源）、调节功能（气体调节、气候调节、废弃物处理、生物控制、干扰调节）、文化功能（休闲娱乐、文化用途、科研价值）、支持功能（营养物质循环、物种多样性维持、初级生产力）
生态景观层面	景观组成	斑块（大小、性状、数量等）、基质、廊道等
	景观结构	生态景观异质性、破碎度等

退化生态系统诊断是整个生态系统恢复程序中的一环，它自身一般又要经过以下4个环节：诊断对象即退化生态系统以及参照系统即健康生态系统的选定、诊断途径的确定、诊断方法的确定和诊断指标（体系）的确定。具体流程见图6-24。

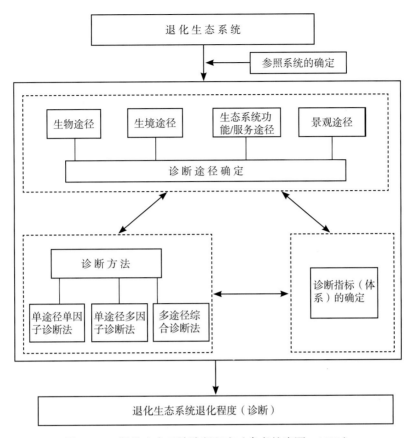

图6-24 退化生态系统诊断程序（参考杜晓军，2003）

小结

海洋退化生态系统（marine degraded ecosystem）主要是指在自然和人为干扰下形成的偏离原来状态的海洋生态系统。生态系统退化实际上是生态演替的一种类型，即系统在超载干扰下的逆向演替。

据海洋环境的分区、海洋生物的生态类群、引起生态系统退化的因素以及人类利用和保护海洋的对象，可将海洋退化生态系统分成不同的类型。其中根据人类对海洋资源的开发、利用和保护的对象，海洋退化生态系统又可划分为红树林退化生态系统、珊瑚礁退化生态系统、海藻（草）退化生态系统、滨海湿地生态系统、河口退化生态系统、海岸带退化生态系统、海湾退化生态系统、海岛退化生态系统和潮间带退化生态系统等。

海洋退化生态系统的普遍性特征如下：① 生态系统环境质量下降，空间异质性程度降低；② 生物个体小型化，种群密度降低；③ 群落物种组成简单，生物多样性减少；④ 生物生产力下降，生态效率降低；⑤ 生态系统服务功能降低，稳定性下降，生态景观结构破碎度高。

引起海洋生态系统退化的因素包括自然因素和人为因素。自然因素包括风暴潮、海冰、海啸、赤潮、全球气候变化和大气沉降等，人为因素包括海洋污染、围填海、海水养殖、外来种入侵和过度捕捞等。人为因素是目前引起海洋生态系统退化的主要因素。

诊断生态系统的退化，需要选取实用的诊断方法、诊断途径和诊断指标。常用的诊断方法有单途径单因子诊断法、单途径多因子诊断法、多途径综合诊断法。生态系统退化的诊断途径有生物途径、生境途径、生态系统结构与功能/服务途径和景观途径。用于海洋退化生态系统诊断的指标体系应包括生物层面、生境层面、生态系统层面和生态景观层面四个层面的指标。

思考题

1. 举例说明什么是海洋退化生态系统。

2. 海洋退化生态系统有哪些类型，各自的特点是什么？

3. 结合实例分析海洋退化生态系统的普遍表现有哪些。

4. 引发海洋生态系统退化的因素有哪些？

5. 分析围填海工程和海水养殖活动引起海洋生态系统退化的过程与机制。

6. 海洋退化生态系统诊断的程序是什么？举例解释。

拓展阅读资料

1. 董世魁，等.恢复生态学[M].北京:高等教育出版社，2009.

2. 陈彬，等.海洋生态恢复理论与实践[M].北京:海洋出版社，2012.

3. 王友绍，等.红树林生态系统评价与修复技术[M].北京:海洋出版社，2013.

第七章　海洋恢复生态学的理论基础

恢复生态学的产生几乎完全基于生产实践，被称为是生态学理论的"判断性检验或严密性检验（acid test）"。随后30年的发展中，恢复生态学在实践应用方面得到了较快的发展，但学科的理论体系尚处于建立中。在学科理论体系上，恢复生态学主要吸收了生态学的许多理论为生态恢复实践提供指导。另外，在长期的实践中，恢复生态学又发展出了自己的理论，即自我设计理论和人为设计理论。海洋恢复生态学作为恢复生态学的一个分支学科，既遵循着恢复生态学的理论，又具有海洋生态学的一般特性。本章介绍了海洋恢复生态学的理论基础，包括自身发展的理论基础和借用的生态学的理论基础。

第一节　海洋恢复生态学自身的理论

自我设计和人为设计理论是唯一从恢复生态学中产生的理论（van der Valk，1999），并在生态恢复实践中得到了广泛应用（李洪远和鞠美庭，2005）。

一、自我设计理论

自我设计理论（self-design theory）认为只要有足够的时间，随着时间的进程，退化生态系统将根据环境条件合理地组织自己并会最终改变其组分。自我设计理论强调整个生态系统的自然恢复过程，从生态系统层次考虑退化生态系统恢复的整体性，并未考虑生物库的部分。因此，环境决定着恢复的过程和走向，恢复的结果只能是出现由环境决定的群落（董世魁等，2009；任海等，2004）。

二、人为设计理论

人为设计理论（design theory）认为，通过工程方法和生物重建可以直接恢复退化生态系统，恢复的类型可能是多样的。该理论把物种的生活史作为生物群落恢复的重要因素，认为通过调整物种生活史的方法，可以加快生物群落的恢复，即把恢复放在个体或种群层次上去考虑，可能出现多种恢复结果（Van der Valk，1999；Middleton，1999）。

这两种理论的不同点在于人为设计理论把恢复放在个体或种群层次上考虑，可能会有多种恢复结果；而自我设计理论把恢复放在生态系统层次考虑，恢复的结果是完全由环境决定的生物群落。

荷兰豪斯特沃尔德自然保护区就是完全排除人为干扰，不采取人工种植，完全靠生态系统自然演替，在该区的核心地带形成了一片野生林区，面积为4 000 hm^2。这是荷兰目前面积最大的阔叶森林。按照人为设计理论，在我国烟台的小黑山岛潮间带，通过人工生境营造和鼠尾藻幼植体补充（撒播于营造的生境中）的方法，环岛形成了以鼠尾藻为优势种的海藻床生态系统。

第二节　限制因子原理

在学科理论体系上，恢复生态学主要吸收了生态学理论作为生态恢复实践的理论指导，主要包括限制因子原理以及种群生态学、群落生态学、生态系统生态学和景观生态学的一些理论。本节介绍限制因子原理及其在退化生态系统恢复中的应用。

尽管生物生存、生长、发育和繁殖等生命活动依靠其栖息环境中的各个生态因子及其综合作用，但是，其中必然有一种或几种生态因子是对生物的生存和繁殖具有限制作用的关键因子。也就是说，任何一种生态因子如果接近或超过生物的忍受极限而阻碍其生存、生长、繁殖和扩散，就称为该生物的限制因子（limiting factors）。

一、 利比希最小因子定律

限制因子的概念最早由利比希（Liebig J）提出，当时仅适用于化学营养物质。他提出，当一种植物对某一营养物质所能利用的量已接近其所需量的最小值时，该营养物质就必然会对该植物的生长和繁殖起限制作用并成为限制因子，即利比希最小因子定律（Liebig's law of minimum）。之后，这一理论扩大至环境中的物理因子，如光照、温度等。

二、 谢尔福德耐受定律

生态因子的性质不同（如温度、盐度和光照等），对生物的影响也不同。即使同一种生态因子，当它过量时，也如同它不足一样，都会对生物体生存和繁殖产生限制作用。因此，生物对任何一种生态因子的适应都有一个最大量和最小量的概念，它们之间的幅度称为耐受限度（tolerance limit），高于最大量和低于最小量都叫超出耐受极限。一旦超出极限，生物的生存、生长、繁殖和发育等生命活动将受到显著的抑制，甚至导致死亡（图7-1）。生态因子对生物生存范围的限制作用称为谢尔福德耐受定律（Shelford's law of tolerance）。

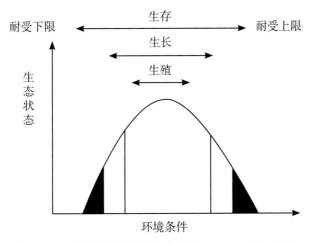

图7-1 生物种群的耐受限度（参考Mackenzie等，1998）

生物对某一生态因子的耐受范围称作生态幅（ecological valence）。不同的生物类群，其生态幅往往不同，这与生物对环境长期适应而形成的生物学特性不同有关。例如，潮间带生物周期性暴露于空气中，长期经受着极大的温度和盐度的波动影响，同时还遭受到海流和波浪的侵袭；因此，与浅海和大洋中的生物相比，它们拥有更宽的温盐生态幅（图7-2）。具有宽广生态幅的生物叫做广适性生物，反之叫做狭适性生物。

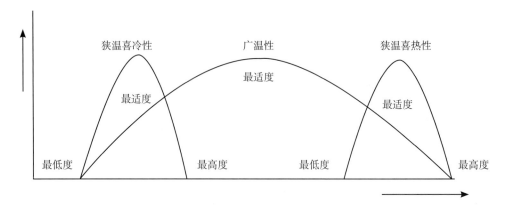

图7-2　广温性和狭温性生物的生态幅比较（引自沈国英，2002）

退化生态系统恢复时，限制因子原理在物种的选择和生境的改良上具有双重指导意义。根据谢尔福德耐受理论，任何一个生物种群对任何一种生态因子的耐受力直接影响着种群的生存、种群的数量及其分布范围（图7-3）。因此，对于严重退化的生态系统，在恢复的初期通常要选择对生境耐受范围较大的物种作为先锋种。根据利比希最小因子理论，在退化生态系统的恢复过程中，针对系统中某些关键量低的生态因子或营养元素适时地给予一定的人工补偿有利于群落的演替和恢复的进行。在近海，氮或磷往往是浮游植物的限制性元素。在大洋，铁通常限制浮游植物的生长。因此，适时地补充氮、磷或者铁能够提高海区的初级生产力水平。

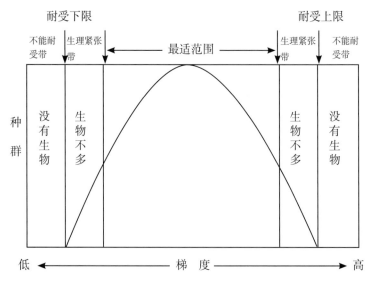

图7-3　耐受性定律和生物分布与种群数量的关系（引自Shelford，1911）

第三节　种群生态学理论

种群是指特定时间内栖息于特定空间的同种生物的集合体（沈国英等，2002）。自然界中，物种是以种群的形式而并非个体的形式存在的，因此，种群是生物群落的基本组成单位。种群具有在个体水平上不能表现出的属性，即种群密度、迁入和迁出、出生率和死亡率、年龄结构、性比和种群增长率。种群内的个体通过自由交配繁衍后代以维持自身的大小和发展。种群生态学中，阿利氏规律和种间关系原理对退化生态系统的恢复具有指导意义。

一、阿利氏规律

阿利氏规律（Allele's law）的核心内容是任何一个生物种群都有自己的最适密度（optimum density），密度过高和过低对种群的生存和发展都是不利的（图7-4）。自然种群具有空间分布特征、数量特征和遗传特征，其中数量特征是种群的最基本特征。自然界中，难以统计种群的绝对数量以表征种群的大小，往往采用种群密度来度量种群的相对大小。因此，种群密度是种群生存的重要参数之一，它与种群中个体的生长、发育和繁殖等特征密切相关。当种群密度过高时，种群生长所需的条件变差，种群中个体间的竞争变强，导致出生率下降，死亡率上升，种群出现萎缩现象。当种群密度过低时，雌雄个体相遇机会过少，也会导致出生率的下降和种群的萎缩。而且，种群只有在一定的密度条件下才能表现出群体效应，如抵抗被捕食和不良环境压力的能力提高、更有利于索饵等。影响种群密度的因素可分为密度制约因素和非密度制约因素。非密度制约因素（density-independent factors）是指对种群的影响程度与种群本身的密度无关的一类因素，主要包括温度、盐度、溶解氧、营养盐和气候等一些非生物因素。密度制约因素（density-dependent

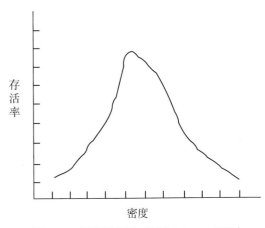

图7-4　阿利氏规律（引自Odum，1971）

factors）是指作用强度随种群密度而变动的一类因素，这类因素主要是一些生物性因素，包括种内关系和种间关系。种群密度的变动是各种因素综合作用的结果。

阿利氏规律在退化生态系统恢复中有指导意义。退化生态系统在生物种群恢复时，首先要保证一定的种群密度，不能过高或过低。如果密度过低或过高都可能导致恢复失败。

二、种间关系原理

种间关系一般表现为种间的食物关系、种间的竞争关系和共生关系（表7-1）。正是因为有了这些相互关系，才把群落中的各种生物紧密地张弛有度地联系在一起，构成一错综复杂的网络系统。这也是生态系统保持平衡和稳定的基础。

表7-1　生物种间相互关系基本类型（引自董世魁等，2009）

种间关系类型	种1	种2	特征
1. 偏利作用	+	0	种群1收益，种群2无影响
2. 互利共生	+	+	对两物种都有利
3. 中性作用	0	0	两物种彼此无影响
4. 竞争作用	-	-	两物种相互抑制
5. 偏害作用	-	0	种群1受抑制，种群2无影响
6. 寄生作用	+	-	种群1（寄生者）收益，种群2（宿主）受害
7. 捕食作用	+	-	种群1（捕食者）收益，种群2（猎物）受害

（一）种间竞争

种间竞争（interspecific competition）是指两个或更多物种的种群对同一种资源（如空间、食物与营养物质等等）的争夺。通常在同一区域内，种类越多，竞争就越激烈（沈国英等，2002）。种群通常能够通过转换它们的功能生态位来避免竞争的有害效应。

Gause（1934）根据以草履虫为实验对象的研究结果提出了高斯假说（Gause's hypothesis），也称竞争排斥原理（principle of competitive exclusion），即亲缘关系接近的、具有同样习性或生活方式的物种不可能长期在同一地区生活，即完全的竞争者不能共存，因为它们的生态位没有差别。如果它们在同一生境内能够长期共同出现，必定是利用不同的食物，或在不同的时间活动，或以其他方式占据不同的生态位（图

7－5）。

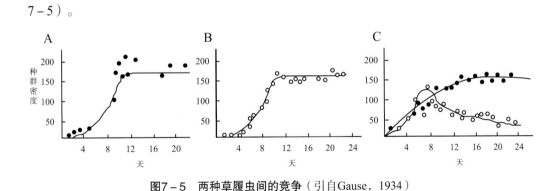

图7－5　两种草履虫间的竞争（引自Gause，1934）

A. 双核小草履虫（*Paramecium aurelia*）单独培养；B. 大草履虫（*Paramecium caudatum*）单独培养；C. 二者共同培养

洛特卡-沃尔泰勒的种间竞争模型也表明，生态位上类似的种类相互之间必将展开激烈的竞争，竞争的结果或者一个种被另一个种完全排除，或者两个种在一定的条件下达成平衡而共存。

（二）种间共生

海洋生物不同种类间具有一些关系密切程度不一的组合。这些组合关系有的对双方无害，而更多的是双方或其中一方从中受益，两个不同生物种群间的这种组合关系称为共生（symbiosis）。

根据两种生物共生关系的密切程度，将其划分为共栖、互利、寄生和偏害等几种形式。共生关系是生物间长期相互适应或生物与环境长期适应的一种结果。一般来说，随着生态演替的进行，生态系统中生物间的共生关系会越来越普遍和密切。

（三）种间食物关系

种间食物关系是指生活在同一生境中的不同生物间的摄食和被摄食的关系。按照海洋动物取食的方式，可将其分为滤食性动物、捕食性动物、啮食性动物和食沉积物动物几种基本类型。无论哪种类型的海洋动物，它们对食物都有一定的选择性，即表现出食性的特化。褶皱臂尾轮虫对中肋骨条藻摄食率相对较大，对塔玛亚历山大藻和东海原甲藻有一定的摄食潜力，但对赤潮异弯藻（*Heterosigma akashiwo*）基本不摄食（谢志浩，2007）。在球等鞭金藻（*Isochrysis galbana*）、三角褐指藻（*Phaeodactylum tricornutum*）、绿色巴夫藻（*Paviova viridis*）、扁藻（*Platymonas helgondica*）和小球藻（*Chlorella* sp.）五种饵料藻的混合培养液中，中华哲水蚤优选球等鞭金藻为摄食对象（谢志浩，2007）。褶皱臂尾轮虫和壶状

179

臂尾轮虫（*Brachionus urceus*）对5种海洋微藻的选食顺序都是小球藻＞牟氏角毛藻（*Chaetoceros muelleri*）＞小新月菱形藻（*Nitzschia closterium*）＞金藻8701（*Isochrysis galbana* Parke 8701）＞扁藻（*Platymonas helgondica*）（冯蕾，2006；Feng等，2007a，b）。

　　海洋生态系统中的各种生物通过摄食和被摄食形成错综复杂的食物联系，食物联系的变化往往直接或间接地反映了生物群落对环境变化的响应，因此食物联系对维持生态系统的结构和功能有重要意义。首先，食物联系能够使生态系统中的各种生物有规律地有序地从环境中得到物质和能量，并驱动这些物质和能量在生态系统中循环和流动，因此食物联系是生态系统功能的支撑体系。其次，在一定程度上，摄食者和被摄食者是相互依赖又相互制约的辩证关系，正是这样的关系调控着生物种群的动态和群落的结构（图7-6），进而维持着生态系统的稳定。再者，食性的特化是减轻种间竞争的一种策略，有利于海洋生物充分利用生境中的食物资源和多种类的共存。

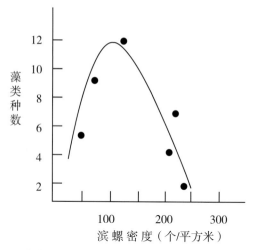

图7-6　藻类种数与滨螺密度的关系（引自Ehrlich，1987）

（四）种间生化联系

　　生物能够向环境中释放化学物质（化感物质）对另一生物产生影响，或促进生长或抑制生长，生物间的这种关系叫做生化联系或化感作用。生物群落通过化感作用可以实现种群动态和群落结构的调节。

　　在海洋生态系统中生物间的生化联系比较普遍，海洋微藻之间、大型海藻和海洋微藻之间以及海洋藻类（微藻和大型海藻）与海洋动物之间都可以发生生化联系。

（1）大型海藻和海洋微藻之间的生化联系。石叶藻（*Lithophyllum* spp.）的乙醇萃取相对赤潮异弯藻的生长有抑制作用（Suzuki等，1998）。铁钉草（*Ishige foliacea*）和钩枝马尾藻（*Sargassum sagamianum*）的甲醇提取液能有效抑制球等边金藻的生长（Cho等，1999）。大型海藻孔石莼、小珊湖藻（*Corallina pilulifera*）、*Ishige foliacea*和鹅肠菜（*Endarachne binghamiae*）的甲醇提取物对微藻多环旋钩藻（*Cochlodinium polykrikoides*）的生长有显著的抑制效应，而且*C. pilulifera*的蒸馏水和甲醇提取物中的化感物质具有较强的稳定性，该化感物质经沸水、光照或强碱处理后仍能保持其抑藻活性（Jeong等，2000）。孔石莼和江蓠（*Gracilaria asiatica*）能够分泌化感物质抑制赤潮异弯藻、塔玛亚历山大藻和东海原甲藻等多种海洋微藻的生长（Jin & Dong，2003；Nan等，2004；Wang等，2006）。墨角藻（*Fucus vesiculosus*）和柔绒多管藻（*Polysiphonia lanosa*）能够分泌聚酚抑制海洋微藻和蓝细菌的生长（Gross，2003）。*Ralfsia spongiocarpa*（褐壳藻属的一种）通过分泌鞣酸（tannis）来抑制*Porphyrodiscus simulans*和*Rhodophysema elegans*的生长（Flether，1975）。

（2）海洋微藻之间的生化联系。冈村枝管藻（*Cladosiphon okamuranus*）分泌两种不饱和脂肪酸（6z,9z,12z,15z－十八碳四烯酸和5z,8z,11z,14z,17z－二十碳五烯酸），能在30 min内完全杀死赤潮异弯藻（*Heterosigma akashiwo*）的细胞（Kakisawa等，1988）。*G. mikimotoi*通过分泌次生物质抑制*H. circularisquama*的生长（Uchida等，1999）。塔玛亚历山大藻的培养过滤液对中肋骨条藻和赤潮异弯藻的生长均有抑制作用（蔡恒江等，2005）。

（3）海洋藻类（微藻和大型海藻）与海洋动物之间的生化联系。小珊瑚藻和*Lithophyllum yessoense*（石叶藻属的一种）能够分泌溴仿（bromoform）抑制一些附着动物的附着和生长（Ohsawa等，2001）。*Plocanium hamatum*（海头红属的一种）能够分泌单萜物质抑制软珊瑚的生长（König 等，1999；de Nys等，1991）。赤潮微藻与浮游动物间的生化联系更为普遍（谢志浩 等，2007，2008，2009；Xie等，2008，2009），赤潮微藻通常分泌赤潮毒素和其他代谢产物来影响浮游动物的生长、发育和繁殖（周媛，2009；周媛等，2010）。

生物间的化感作用具有种的差异性，大型海藻孔石莼、小珊瑚藻和鼠尾藻（*Sargassum thunbergii*）能够向环境中释放化感物质来抑制赤潮异弯藻、中肋骨条藻和塔玛亚历山大藻的生长（Wang等，2006，2007a，2007b，2011a，2011b，2012，2013），三种大型海藻新鲜组织对赤潮异弯藻和中肋骨条藻生长的抑制效应由强到弱依次为孔石莼、小珊瑚藻、鼠尾藻，对塔玛亚历山大藻生长的抑制效应由强到弱依次为鼠尾藻、孔石莼、小珊瑚藻；三种大型海藻干粉末对赤潮异弯藻生长的抑制效应由强到弱依次为鼠尾藻、孔石莼、小珊瑚藻，对中肋骨条藻和亚历山大藻生长的抑制效应由强到弱依次为孔石莼 > 小珊瑚藻 > 鼠尾藻（王仁君，2007）。

种间关系原理对生态恢复具有指导意义。在生态系统恢复的设计以及具体实施过程中，选择各类生物组分（种群）时，应尽量避免选择对空间资源、食物资源存在竞争关系的种群，以互利种群或能够形成一定的食物联系的种群为佳。对于具有化感作用的种群，可以向生境中添加一定的化感物质来促进其快速生长。

第四节　群落生态学理论

生物群落（biotic community）是由一些生活在一定的地理区域或自然生境里的各种生物种群所组成的一个集合体。群落具有在种群水平上所不能表现的属性，包括物种的多样性（species diversity）、优势种（dominant species）、相对丰盛度（relative abundance）、营养结构（trophic structure）、空间结构（space structure）和群落演替（community succession）。生物群落与环境相互依赖相互制约形成生态系统。根据海洋生物的生态类群，海洋生态系统的生物群落一般划分为浮游生物群落、游泳生物群落和底栖生物群落，浮游生物群落又可细分为浮游植物群落和浮游动物群落。根据生境的不同，也可划分为潮间带生物群落、浅海生物群落和深海生物群落等。

一、生态位理论

生态位（ecological niche）是指一种生物在群落中（或生态系统中）的功能或作用。描述一种生物的生态位不仅需说明生物居住的场所（占据的空间，即所谓空间生态位），也要说明它在食物网中的营养地位（营养生态位）、它的活动时间、与其他生物的关系以及它对群落发生影响的一切方面。简单来说，生态位是生态系统中某一种群与环境（包括非生物和生物环境）之间特定关系的总和（沈国英等，2002）。

（一）基础生态位和实际生态位

基础生态位和实际生态位是一对相对的概念，基础生态位是指在没有种间竞争的情况下，某一种群所占据的理论上的最大空间。自然界中，生物间的竞争是普遍存在的，由于竞争作用，种群在生态系统中实际占据的空间称为实际生态位。一般情况下实际生态位小于基础生态位（图7-7），群落中物种越多，竞争越激烈，实际生态位相对越小。

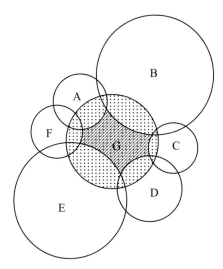

图7-7　物种G的基础生态位（包括点区和斜线区）**和实际生态位**（斜线区）

（参考尚玉昌等，1992）

（二）生态位分化

根据高斯假说，在长期的相互竞争作用中，两个生态上接近的物种若要共存下来，必须在空间上、食物上、活动时间上、生理生化上或其他习性上有分化，即生态位分化。生态位分化的方式有栖息地分化（habital differentiation）、领域分化（territorial differentiation）、食性的分化（feeding differentiation）、时间的分化（time differentiation）、生理分化（physiological differentiation）和体型分化（body-size differentiation）等。

生态位理论的核心内容如下。① 一个稳定的群落中占据了相同生态位的两个物种，其中一个终究要灭亡或改变生态位。② 一个稳定的群落中，由于每个种群在群落中具有各自的生态位，避免了种群间的直接竞争，从而达到有序平衡，保证了群落的稳定。③ 由多个生态位分化的种群所组成的群落，要比单一种群组成的群落更能有效地利用环境资源，长期维持较高的生产力，具有更大的稳定性。④ 竞争可以导致生态位分化和生物多样性提高而不是物种的灭绝，竞争和生态位分化在塑造生物群落的物种构成中发挥着主要作用。

（三）生态位理论在生态恢复中的指导意义

生态恢复特别是构建高物种多样性（多生物组分）的生态系统时，应该考虑各个物种在空间的生态位（水平方向、垂直方向）分化。在引种上引入"空生态位"的种类更易成功。在物种的配置上，充分利用空间和食物等生态位，合理搭配，构建出具有种群多样性的、稳定而高效的生态系统。

二、生态演替理论

生态演替就是指某一生物群落被另一生物群落所取代的过程。搞清生物群落的演替特征不仅可以阐明生态系统的动态机理，而且对退化生态系统的恢复具有重要指导意义。

Odum（1971）将生态演替的特征归纳为三个方面。① 生态演替是生物群落形成和发展的顺序过程。群落的物种组成随演替的进行不断改变，呈现出有规律的、可预见的、向着一定方向的发展。② 生态演替的动因在于群落本身。物理环境虽然决定着演替的类型、演替的速度和发展的程度，但是演替是受群落本身所控制的。③ 生态演替以稳定的生态系统为发展顶点。任一群落演替都要经过生物种群的迁移、定居、群聚、竞争、反应和稳定6个阶段。依照群落发展的程度，可将生态演替的全过程分为初级阶段（称为先锋期，pioneer stages）、中级阶段（称为发展期，development stages）和后期阶段（称为稳定期，stablity stages）。到达稳定期的群落，称为顶级群落（climax commuity）。单顶级群落演替理论认为受区域气候条件的影响，某一区域的所有生物群落都会向单一的顶级群落发展。多顶级群落演替理论认为某一区域虽然受到同一气候的影响，但由于物理条件的差异形成了多种的生境，就会出现多种顶级群落。

引起生态演替的原因有内因和外因两种。内因是指群落内部的原因，由群落内部的生物学过程引起的演替（称为自源演替）。外因是指外部环境因素如气候变化、海洋污染和围填海等人类活动引起的演替（称为异源演替）。如果外因干扰过度，异源演替过程就会超过自源演替过程，群落的生态演替方向便与正向演替相反，出现逆向演替现象，生态系统随之发生退化甚至崩溃。

演替理论是生态恢复的根本指导理论。在自然条件下，如果群落或生态系统遭到干扰和破坏，不管时间长短，生态系统都是可以自我恢复的。首先是先锋种群定居于遭到破坏而退化的区域，使之改变退化生境的自然条件，使得更适宜的种群取代原有先锋种，进而依次发展到顶级群落。适度的人为干扰可以调控生态演替的过程，可使生态演替加速，演替方向改变。因此，作为生态恢复，人为干扰是必要的。从上述得出，生态演替理论能够为生态恢复计划的制订和分阶段实施提供有效的指导；可以通过物理、化学、生物学和工程学的手段，分阶段控制演替的过程和演替的方向，建立生物种群，恢复生物群落结构与功能，使生态系统达到稳定平衡的状态。

三、 边缘效应理论

两个或多个生物群落之间往往存在过渡带，称为群落交错区或群落边缘带，群落交错区经常出现在环境梯度变化较大或环境梯度突然中断的自然环境中。群落交错区的环境特征和生物群落特征都与邻近群落内部核心区有明显差异，核心区的环境长期比较稳定，变化不显著；交错区的环境变化剧烈，波动幅度较大。在生物群落特征上，核心区的生物种类较少，且以狭适性种类为主；交错区的生物种类较多，除了包含邻近群落的种类外，往往还有自己特有的物种，且这些物种以广适性的种类居多。交错区往往具有较多生物种类和较高种群密度，这样的现象称为边缘效应（edge effect；图7-8）。

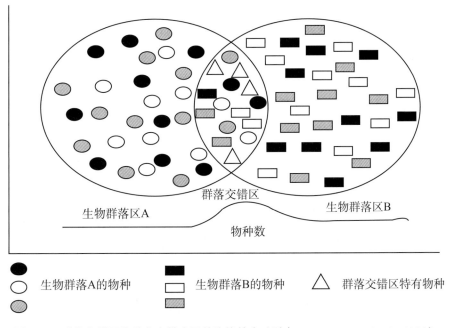

图7-8 群落交错区物种分布模式及其边缘效应（引自Kupchella & Hyland，1986）

群落交错区通常具有较高的生物多样性和群落稳定性。例如，海陆交互作用的潮间带区域，其环境（温度、盐度、光照、海水淹没、空气暴露等）变化幅度大，生活在此的生物多以广适性的种类为主，长期以来逐渐形成了能够适应这种环境并具有自身特点的生物群落，这种生物群落的抗干扰（或环境变化）能力较强。相反，深海环境长期保持稳定，生物群落组成以狭适性种类为主，群落的抗干扰（或环境变化）能力也不高。因此，在退化生态系统的恢复中，参照和应用群落交错区的边缘效应，有助于实现恢复的目的，达到恢复的目标。

群落交错区除了具有自己的环境特征和生物群落特征，其能流和物流也具有特殊性，因此交错区是生物群落与其"周边"联系的"通道"，这对退化生态系统的恢复具有指导意义。生态恢复区可通过此"通道"与外界进行物种交换，以获得稳定的物种组成结构，提高群落的物种多样性。

四、 生物多样性原理

生物多样性是指栖息于一定环境中从类病毒、病毒、细菌、支原体、真菌到动物界与植物界的所有物种和每个物种的全部基因信息，以及它们与生境所组成的生态系统的复杂性的总称，它包括物种多样性，遗传多样性，生态系统多样性和景观多样性四个层次。群落的物种多样性有两方面的含义，一是种的数目，即群落中物种数目的多寡；二是种的均匀度，它反映了群落中物种个体数目分配的均匀程度。

MacArthur（1955）认为一个自然群落的物种越多，群落就越稳定。他指出自然群落的稳定性取决于两个方面，一是群落中物种的多少，二是物种间相互作用的强弱；相对于物种间的相互作用，物种的多少对群落稳定性所起的作用更大。 Elton（1966）用"梁概念（girder concept）"对群落物种多样性和稳定性的关系进行了解释，认为在物种多样而复杂的食物网中，由于物种间互补作用的存在而使群落表现得更加稳定；相反，简单的食物网是不稳定的，易受到影响而崩溃。但是May（1973，1976）提出了不同的观点，认为多样化的复杂系统只有在某一临界值内才能保持相对稳定，超出临界值，系统就不会稳定；而且多物种共存的生物群落，往往一个物种的波动都会牵连到其他物种和整个群落，因此群落的稳定性并不高。珊瑚礁生物群落被认为是物种多样性水平很高的生物群落之一，但是它却对外界干扰表现出了极高的敏感性，成为当前全球范围内退化最严重的海洋生物群落之一。澳大利亚东北海岸的大堡礁，全长2 011 km，最宽处161 km，为全球最大的珊瑚礁，其内栖息着1 500多种鱼、4 000种软体动物、6种海龟（全世界只有7种），还有珍稀濒危物种儒艮等。

由于人类活动的影响，珊瑚礁漂白退化严重。自20世纪80年代以来，全世界已有高达20%的珊瑚退化消失。目前，由于人类活动的过度干扰，珊瑚礁生物群落的退化仍在继续。据估计，如果不采取切实有效的保护措施，全球将有超过一半的珊瑚礁生物群落在几十年内消失。

一般认为，自然群落的物种多样性与群落的稳定性正相关，因为生物多样性高的生物群落具有以下特点：① 在多样性高的群落内，生物间的营养关系更加多样化，能量流动可选择的途径多，各营养水平间的能量流动会处于较稳定的状态（图7-9）；② 多样性高的群落内，各个种类充分占据已分化的生态位，大大提高了对资源利用的效率。

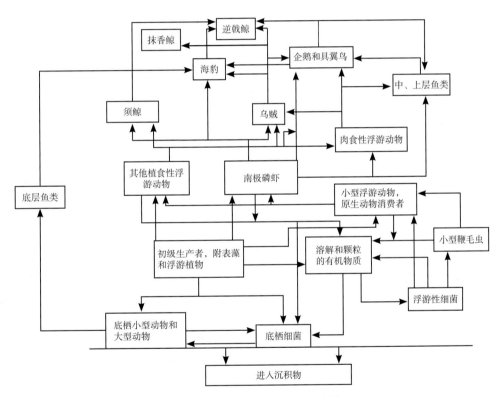

图7-9　图示南大洋食物网（引自张志南等，2000）

根据生物多样性原理，生态恢复中应最大限度地选取多种适宜的物种，合理配置物种组成。采取一定的技术措施，保证恢复区的生物多样性，使之有利于合理地利用现有资源，促进生态恢复的进行。

第五节　生态系统生态学理论

生态系统是指在一定空间内，生物组分（生物群落）和非生物组分（环境）通过不断的物质循环和能量流动而相互作用、相互依存形成的统一整体。生态系统是由生物组分和非生物组分组成的，物质循环、能量流动和信息传递是生态系统的三大功能。

一、干扰−稳定性理论

海洋生态系统，尤其是近海生态系统，经常受到各种因素的干扰，包括人为干扰和自然干扰（见第六章）。干扰能够引起生态系统结构和功能的不断变化，这是生态系统结构、动态和景观格局形成与发展的基本动力。

干扰−稳定性理论（图7−10）认为，当生态系统受到干扰（包括人为干扰和自然干扰）时，生态系统的结构和功能将发生改变。这种改变的程度取决于干扰作用的大小，而干扰作用的大小依赖于干扰的类型、强度、频率和尺度（干扰发生的时空尺度和层次，如个体、种群、群落等）。一定大小的干扰只是引起生态系统结构和功能发生变化，系统的稳定性下降，而过度干扰则会引起生态系统结构和功能的破坏，进而发生生态失衡和逆向生态演替，即生态系统退化。当干扰消除或减轻后，生态系统将会重新发展到原来稳定的状态，亦或建立新的稳定状态。生态系统的稳定性与其弹力和抵抗力有关。弹性力越大，生态系统因干扰受损后恢复所需的时间越短；抵抗力越大，生态系统因干扰受损的程度越小（董世魁等，2009）。

退化生态系统恢复的目标就是排除外界干扰作用、启动和加快正向生态演替过程，使退化生态系统恢复到平衡和稳定的状态。另外，生态恢复的实践表明，生态恢复寻求的是一种干扰状态下的恢复模式。不受干扰的生态系统是相对的，受干扰的生态系统是绝对的，生态系统时时受到自然干扰和人为干扰的交替、叠加影响。因此，在退化生态系统恢复过程中必须充分考虑干扰的作用，融入了干扰因素的生态恢复设计才是切实可行的，否则不具有可行性，达不到预期的恢复效果，甚至导致恢复计划的失败。

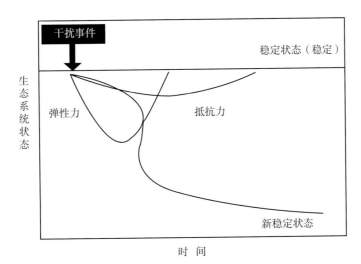

图7-10　生态系统对干扰的响应（引自董世魁等，2009）

二、阈值理论

生态系统具有自我调节的能力，它可以通过反馈机制（feedback mechanism）实现其自我调控以维持生态平衡和系统的稳定。但是这种自我调节能力是有限度的，这个限度叫做"生态阈限"。当生态系统受到的外界干扰在其生态阈限范围内，生态系统能够通过自我调节维持相对平衡，恢复稳定状态。当外界干扰过度超过其生态阈限时，它的自我调节能力随之降低，甚至失去作用。此时，生态平衡遭到破坏，生态系统发生退化。当外界压力超过生态系统本身的调节能力时，生态系统就受到破坏，失去平衡。生态系统失去平衡主要表现为结构的破坏和功能效率的降低：群落中生物种类减少；种的多样性降低；结构渐趋简化。当外界压力太大而且持久的话，系统内各种结构的变化就更加厉害，甚至使某个基本成分从系统中消失，最后整个结构就崩溃了。

干扰作用下生态系统受损（变化）的程度一方面取决于干扰的大小，另一方面依赖于生态系统的自我调节能力（稳定性）。生态系统不同的受损程度代表着这个生态系统不同的状态。如果把未受干扰的生态系统作为参照系，定义为稳定状态，那么不同受损程度的生态系统就是亚稳定、不稳定状态和极度不稳定状态。亚稳定状态的生态系统是指因干扰受损较轻，没超出生态阈值的生态系统，系统可以通过自我调节恢复生态平衡和稳定状态。不稳定状态和极度不稳定状态的生态系统是指因干扰过度超出系统的自我调节能力而发生退化的生态系统。不稳定状态的生态系统是指仅仅生物群落（生物组分）发生退化的生态系统，而极度不稳定状态的生态系统是指生物群落（生物组分）和生境（非生物组分）都发生退化的生态系统（图7-11）。生态系统是处于不稳定状态、亚稳定状态还是极度不稳定状态完全取决于干扰的大小。阈值理论认为生态系统从稳定状态到不稳定状态或极度不稳定状态不是一个渐变的退化过程，而是生态系统对外界干扰的非线性或阈值响应。生态系统的受损程度未超过其生态阈值，这时生态系统处于亚稳定状态，消除干扰因素后，生态系统就能够自然恢复到原来的稳定状态；如果受损程度超过其生态阈值而导致退化，这时生态系统处于不稳定状态或极度不稳定状态，消除干扰因素后，也必须附加外来投入或其他管理措施才能使生态系统恢复到原来的稳定状态（图7-11）。阈值理论在海洋退化生态系统的恢复中得到了广泛的应用。例如，以文昌鱼（*Branchiostoma belcheri*）和双齿围沙蚕（*Perinereis aibuhitensis*）为主要优势种的底栖生态系统由于人为的干扰而退化，建立相应的保护区排除干扰后，生物种群自然繁殖扩大，系统随之自然恢复。对退化较轻的红树林生态系统、河口湿地生态系统和珊瑚礁生态系统等，只要建立相应的保护机制排除干扰，系统就会通过自然演替恢复到原来的稳定状态。过度捕捞引起渔业生态系统退化严重，在控制捕捞的同时，通过增殖放流的手段补充渔业生物种群，才能实现渔业生态系统的恢复。山东褚岛海藻床生态系统恢复的实践（见应用案例篇）证明，仅仅依靠排除人为干扰已经不能实现褚岛退化海藻床的自然恢复，必须辅以海藻种群的补充才能达到恢复的目标。小黑山岛海藻床生态系统恢复的实践（见应用案例篇）进一步证明，处于极度退化状态的海藻床生态系统需要更大的人为投入，首先要进行生境的改造，再实施海藻种群的补充。每一过程就是一个阈值，每越过一个阈值，就要更大的人为投入。

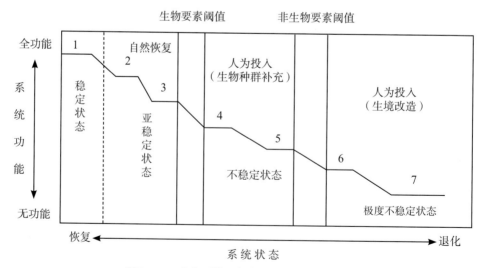

图7-11　生态系统退化与恢复的阈值理论

（参考Hobbs＆Norton，1996；Whisenant，1999；Allen，2000）

小结

恢复生态学几乎是基于生产实践而产生的一门学科。在学科理论体系上，它主要吸收了生态学的许多理论，并在长期的实践中，又发展了自己的理论，即自我设计理论和人为设计理论。

自我设计理论和人为设计理论不同点在于人为设计理论把恢复放在个体或种群层次上考虑，可能会有多种恢复结果；而自我设计理论把恢复放在生态系统层次上考虑，恢复的结果是完全由环境决定的生物群落。

任何一种生态因子，只要接近或超过生物的忍受极限从而阻碍其生存、生长、繁殖和扩散，就称为该生物的限制因子（limiting factors）。利比希最小因子定律和谢尔福德耐受定律在海洋退化生态系统的恢复中具有重要的指导意义。

在种群生态学的理论体系中，阿利氏规律和种间关系原理对海洋退化生态系统的恢复具指导意义。阿利氏规律（Allele's law）的核心内容是任何一个生物种群都有自己的最适密度（optimum density），密度过高和过低对种群的生存和发展都是不利的。种间关系包括种间食物关系、种间竞争关系、种间共生关系和种间生化联系，它们把群落中的各种生物紧密地张弛有度地联系在一起，构成错综复杂的网络系统。

群落生态学理论是恢复生态学的主要理论基础，如生态位理论、生态演替理论、边缘效应理论和生物多样性原理。其中生态演替理论是海洋退化生态系统恢复的根本指导理论。生态演替就是指某一生物群落被另一生物群落所取代的过程，它的特征包括以下几方面。①生态演替是生物群落形成和发展的顺序过程。群落的物种组成随演替的进行不断改变，呈现出有规律、可预见的向着一定方向的发展。②生态演替的动因在于群落本身。物理环境虽然决定着演替的类型、演替的速度和发展的程度，但是演替是受群落本身所控制的。③生态演替是以稳定的生态系统为发展顶点。

在生态系统生态学的理论体系中，干扰-稳定性理论和阈值理论是海洋退化生态系统恢复中经常实践的两大理论，其中干扰-稳定性理论可为海洋退化生态系统的恢复起到根本性指导作用。干扰-稳定性理论认为，当生态系统受到干扰时，生态系统的结构和功能将发生改变。当干扰消除或减轻后，生态系统将会重新发展到原来稳定的状态，亦或建立新的稳定状态。

思考题

1.海洋恢复生态学自身发展的理论基础有哪些?

2. 什么是自我设计理论和人为设计理论？二者的根本区别是什么？请举例说明。

3. 如何用限制性因子理论解释生物的生态适应性？

4. 如何理解群落多样性和稳定性的关系？

5. 为什么说生态演替理论和干扰-稳定性理论是海洋恢复生态学的根本理论基础？

6. 什么是阿利氏规律？它对海洋退化生态系统的恢复有哪些指导意义？

7. 什么是种间竞争关系和生态位分化？如何应用生态位理论解释种间竞争现象？

8. 图示阈值理论的原理。如何应用阈值理论解释生态退化和恢复过程？

9. 运用所学的海洋恢复生态学的基础理论，设计一海洋退化生态系统的恢复方案。

拓展阅读资料

1. 沈国英，等. 海洋生态学[M]. 北京: 科学出版社，2002.

2. 莱莉C M，帕森斯T R. 生物海洋学导论[M]. 张志南，等译. 青岛：青岛海洋大学出版社，2000.

3. 麦肯齐，等. 生态学[M]. 孙儒泳，等译. 北京：科学出版社，2000.

第八章　海洋恢复生态学的学科基础

　　自人类诞生以来，生态系统的演化与人类的活动的关系越来越密切。世界上任何生态系统的研究与管理、保护与恢复，都需要一种整体性方法，贯穿自然科学、社会科学，甚至人文和艺术领域的前沿（李秀珍等，2010）。海洋生态系统的特殊性与人海关系的复杂性共同决定了海洋恢复生态学是一门综合性的交叉学科，既注重理论与实践，又离不开生态系统的管理及与社会经济的融合。由此，除海洋生态基础学科之外，景观生态学、生态系统服务、生态系统健康、生态经济等新兴交叉学科便共同构成了海洋恢复生态学的学科基础。

第一节　景观生态学

　　景观生态学是研究和改善空间格局与生态和社会经济过程相互关系的整合性交叉科学（邬建国，2007）。该学科突出"格局—过程—尺度—等级"观点，为生态学研究提供了一个新的范式。邬建国（2007）列出了景观生态学的5个研究重点，包括空间异质性或格局的形成和动态及其与生态学过程的相互作用；格局—过程—尺度之间的相互关系；景观的等级结构和功能特征以及尺度推绎问题；人类活动与景观结构、功能的相互关系；景观异质性的维持和管理。这5个研究重点突出了"空间异质性""生态过程""时空尺度"与"人类活动"对景观的影响（见插文）。这为海洋恢复生态学提供了理论借鉴。

景观生态学的研究对象和内容

景观生态学的研究对象和内容可概括为"景观结构""景观功能"和"景观动态"三个方面（邬建国，2007）。

景观结构：景观组成单元的类型、多样性及其空间关系。

景观功能：景观结构与生态学过程的相互作用，或景观结构单元之间的相关作用。

景观动态：景观在结构和功能方面随时间的变化。

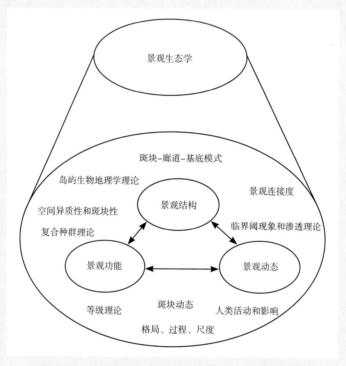

景观生态学研究的主要对象、内容及一些基本概念和理论

（引自邬建国，2007）

景观的结构、功能与动态是相互依存、相互影响的。在不同的生态学层次上（如种群、群落、生态系统、景观等），结构与功能都是相辅相成的。结构在一定程度上决定功能，而结构的形成与发展又受到功能的影响。景观动态反映了多种自然与人为、生物与非生物因素及其作用的综合影响。

同时，海洋恢复生态学为检验景观生态学的理论与方法提供了场所。海洋生态系统本身是一个具有等级、时空尺度和格局特征的复杂系统。如果没有认识到恢复区是由一个较大且具有内在联系的完整景观组成的话，就不可能建立内部稳定的生态景观。生态系统恢复不但要重视恢复那些看得见的对象（如种群、群落），而且特别要求人们认识到那些看不见、摸不着的生态学过程的重要性（邬建国，2007）。格局、过程、尺度的观点在景观生态学与海洋恢复生态学中均十分重要。本节主要阐述景观生态学中与海洋恢复生态学密切相关的基本概念与基本理论。

一、 基本概念

1. 景观（landscape）

在生态学中，景观的定义可概括为狭义与广义两种。狭义景观是指在几十千米至几百千米范围内，由不同类型生态系统所组成的、具有重复性格局的异质性地理单元（Forman & Godron，1986; Forman，1995）。广义景观是指从微观到宏观不同尺度上的，具有异质性或斑块性的空间单元（Wiens & Milne，1989; Wu & Levin，1994; Pickett & Cadenasso，1995）。

2. 格局（pattern）

格局是指空间格局，广义地讲，它包括景观组成单元的类型、数目以及空间分布与配置。

3. 尺度（scale）

尺度是指在研究某一物体或现象时所采用的空间或时间单位，同时又可指某一现象或过程在空间和时间上所涉及的范围和发生的频率。

4. 空间异质性（spatial heterogeneity）

空间异质性是指某种生态学变量在空间分布上的不均匀性及复杂程度，是空间斑块性和空间梯度的综合反映（邬建国，2007）。

5. 斑块-廊道-基底模式

斑块（patch）、廊道（corridor）和基底（matrix）是组成景观的基本结构单元（Forman & Godron，1986）。斑块泛指与周围环境在外貌或性质上不同，并具有一定内部均质性的空间单元。廊道是指景观中与相邻两边环境不同的线性或带状结构。基底是指景观中分布最广、连续性最大的背景结构。这一模式有利于我们考虑景观结构与功能之间的相互关系，便于比较它们在时间上的变化（Forman，1995；邬建国，2007）。

二、 基本理论

景观生态学的理论与传统的生态学学科有着显著不同，它注重人类活动对景观格局与发展过程的影响，在海洋生态系统恢复中具有举足轻重的指导作用。在景观生态学的理论体系中，复合种群理论、岛屿生物地理学理论、空间异质性与景观格局理论以及景观连接度理论成为了具有景观生态学与恢复生态学学科交叉特色的基础理论（见插文）。

海洋保护区网络–景观生态学基础理论的应用

目前，全世界已划定了约5 000处海洋保护区，约占全球海洋面积的0.65%。但这些保护区仅有一半隶属于不同类型的保护区网络，且分布尺度不均衡，缺乏典型性和代表性（Wood，2007）。建立海洋保护区网络系统是恢复和维持海洋生态系统健康的重要方法之一，是保护区建设的发展方向。景观生态学的基础理论在海洋保护区网络建设过程中发挥了重要的支撑作用。

单个海洋保护区，为了确保区内种群获得足够幼体的补充，并维持种群遗传多样性，保护的面积必须相当大。但这一需求往往受保护区所在地社会、经济、政治条件的限制。基于渗透理论（生态过程所需的最小空间范围）、复合种群理论（空间上分散、功能上联系的生境斑块）、岛屿生物地理学理论（生境空间隔离）等景观生态学及其它相关学科理论，建立保护区网络，不仅能够在空间上将关键生境纳入保护范围，而且能够在功能上保持生态系统过程的完整性，提高生态系统弹性，减少对当地社会经济的影响（NRC，2000；PISCO，2007）。Laffoley等（2009）在系统总结相关理论基础与实践经验的基础上，形成了设计弹性海洋保护区网络必须遵循的5个生态原则：① 全范围涵盖生物地理区内的生物多样性；② 确保将有重要生态意义的地区纳入网络中；③ 维持长期保护；④ 确保生态联系；⑤ 确保单个海洋保护区对网络贡献的最大化。

（一）渗透理论

阐述渗透理论需要理解"景观连接度"和"临界域现象"的含义。景观连接度包含两层含义：一是指结构连接度（即在空间上体现出来的表观连续性），二是指功能连接度（通过生态过程的特征体现的功能关联性）。临界域现象反映一个由量变到质变的过程，即某一事件或过程（因变量）在影响因素或环境条件（自变量）达到一定程度（阈值）时突然进入另一种状态的情形。

渗透理论，简单地说，就是研究景观连接度达到某一阈值时发生的临界域现象。用物理学的理论解释，即媒介的密度达到某一临界密度时，渗透物能够突然从媒介材料的一端到达另一端（Sahimi，1994；邬建国，2007）。这一理论常用于研究景观破碎化或多样性对生态系统的影响。例如，对于某一生物的栖息地保护，当保护区域内景观的结构连续性多大时，所保护物种能够完成迁徙、觅食和繁殖？对于海洋生态恢复来说，有些生态过程或物种的保护与恢复所涉及的空间尺度较大（如区域洄游性鱼类等）。在恢复与保护过程中，不仅要注重恢复生态景观结构连续性，更应重视功能连接度的恢复，达到生态过程完整运行的阈值。

（二）等级理论

等级理论（hierarchy theory）是处理复杂系统结构、功能和动态的理论（Allen & Starr，1982；Wu，1999）。广义地讲，等级是一个由若干单元组成的有序系统（Simon，1973）。这一有序系统体现在某一等级所具有的双向性，即某一等级由低一等级的组分组成，同时又是高一等级的组成部分（图8-1）。等级系统具有垂直结构和水平结构，垂直结构是指等级系统中的层次数目、特征及其相互作用关系，水平结构是指同一层次中亚系统的数目、特征和相互作用关系（邬建国，2007）。一般来说，等级越高，系统过程越表现出大尺度、低频率、慢速度的特征；相反等级越低，系统过程越表现出小尺度、高频率、快速度的特征。生态系统不仅具有复杂的结构等

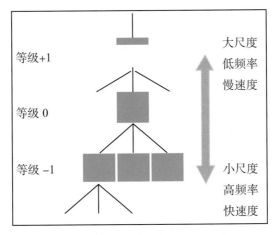

图8-1　等级理论（仿Wu，1999）

级，而且通过能量流动与物质循环等所产生的生态系统功能更是具有不同时空尺度下的差异化等级结构。等级理论的重要作用之一就是简化复杂系统，以便对其结构、功能和动态进行理解和预测（邬建国，2007）。

（三）复合种群理论

美国生态学家Richard Levins于1970年提出了复合种群（metapopulation）概念，即由经常局部性灭绝，但又重新定居而再生的种群所组成的种群（邬建国，2000）。理解这一定义需明晰以下几方面内容。① 传统的种群理论是以单个均质生境为基础，即种群生境具有空间连续性和质量均匀性。② 复合种群是基于分散生境斑块，每一生境斑块均能够支撑亚种群（或局部种群）存活。③ 复合种群必须出现明显的局部种群周转（local population turnover），即局部生境斑块中生物个体全部消失后又重新定居。④ 各分散的生境斑块并不是完全独立，而是通过种群生物个体的迁徙、扩散等生物生态学过程相互关联。

Levins的定义常被称为复合种群理论的经典定义或狭义概念。近年来广义的复合种群概念逐渐被接受，即所有占据空间上非连续生境斑块的种群集合体，只要斑块之间存在个体或繁殖体交流，不管是否存在局部种群周转现象，都称为复合种群（Hanski & Gilpin，1997）。广义概念与经典概念均以生境空间非连续性为前提，均体现出亚种群（或局部种群）在生态过程与功能上的关联性。两者的核心差别是广义概念不考虑分散生境斑块中种群是否发生灭绝或重新定居。

基于广义概念，Harrison和Taylor（1997）将复合种群分为5类：① 经典型或Levins复合种群；② 大陆－岛屿型复合种群或核心－卫星复合种群；③ 斑块型种群；④ 非平衡态复合种群；⑤ 中间型或混合型复合种群（图8－2）。

复合种群理论提供了一种应对生境破碎化的新理论框架（见插文）。由于复合种群内亚种群（或局部种群）之间存在复杂的相互联系，从某种程度上讲，复合种群整体大于亚种群总和。这主要体现在复合种群在应对干扰时表现出比亚种群更高的弹性与恢复力。换言之，所有的亚种群（或局部种群）都可能趋于灭绝，只有在复合种群的水平上才较有可能续存（邬建国，2007）。也许这就是Hanski（1991）将生态学上的"空间"划分为局域尺度、复合种群尺度和地理尺度的原因之一（表8－1）。

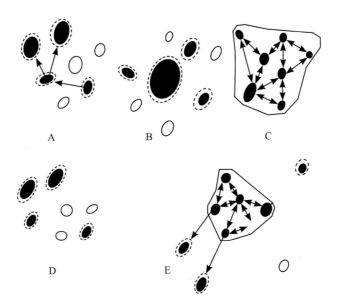

图8-2　复合种群的空间结构类型（引自Harrison & Taylor，1997；邬建国，2007）

A.经典型；B.大陆-岛屿型；C.斑块型；D.非平衡态型；E.混合型。

图中实心环表示被种群占据的生境斑块，空心环表示未被物种占据的生境斑块，

虚线表示亚种群的边界，箭头表示种群扩散方向

表8-1　生态学研究的3个空间尺度

尺度	注释
局域尺度	个体在这一尺度内完成取食和繁殖等活动
复合种群尺度	在该尺度内，扩散个体在不同的局域种群之间迁移
地理尺度	一个物种所占据的整个地理区域，一般个体不会扩散出该区域

围填海活动生态效应的复合种群理论解释

　　围填海活动一般发生于海岸带区域，特别是具有平缓潮滩的海岸。围填海活动给海洋生态系统最直接的改变有两个：一个是原有生境的直接破坏或丧失，另一个是该海域的水动力条件发生改变。第一个变化导致原有生境中的生物种群衰退或全部消失，影响生态系统的物种多样性维持服务。水动力的改变包括了海流强度、方向的改变和纳潮量改变等。这些变化促使该海域的物质循环，迁移和扩散的途径、方式及时间改变；同时使某些区域产生不可预知的侵蚀和淤积。该海域原有的水体、底质条件及海底地形等随之发生改变。这对该海域的废弃物处理服

务产生影响，同时也会导致原有种群的变化，影响物种多样性维持服务的提供（王其翔，2009）。

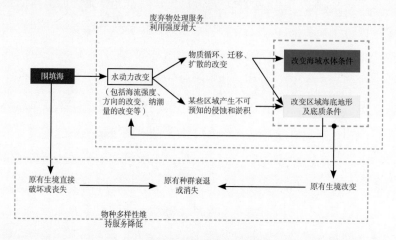

围填海活动的生态影响

复合种群理论如何解释围填海活动的生态效应？

围填海的结果常常造成连续分布的种群因生境破碎化而转变成"复合种群"。之所以加引号，是指此时的"复合种群"仅仅是具备了分散的生境斑块，而各斑块之间的生态联系还未建立。是否能够建立联系以及多久才能建立联系是不可预知的。

围填海的生态影响可从以下3个方面体现（沈国英等，2010）：

生境隔离程度越明显，局域种群个体的扩散受到的阻碍越明显，种群灭绝的风险越高；

原有的大种群分散为多个小种群，可导致种群内遗传多样性的下降；

空间破碎化会改变种群生物生存所需的生态环境特征。

（四）岛屿生物地理学理论

岛屿生物地理学理论是关于"种–面积关系"机理的概念性架构，起源于人们对岛屿物种丰富度的观察。虽然岛屿生物地理学的阐述是以岛屿为研究区域，但是包含不同空间规模、不同生物类群的"斑块"，均可被认为是特定的"岛屿"。该理论认为在生境空间有限的岛屿上，已定居的物种数越多，新迁入的种能够成功定居的可能性就越小，而已定居种的灭绝概率则越大。物种迁入过程（immigration）和灭绝过程（extinction）决定了岛屿物种的丰富度。当迁入率与灭绝率相等时，岛屿物种丰富度达到平衡状态，即虽然物种组成不断发生变化，但其物种丰富度数值保持相对不变

（图8-3；MacArthur & Wilson，1967；邬建国，2007）。

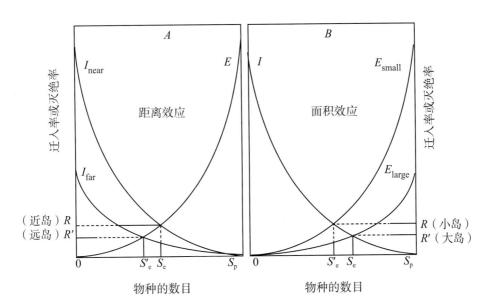

图8-3　岛屿生物地理学理论图示（引自Wu和Vankat，1995）

对特定岛屿来说，其"种-面积关系"存在"距离效应"（distance effect）与"面积效应"（area effect）。"距离效应"是指由于物种传播能力与岛屿隔离程度相互作用引起的现象。物种迁入率与其离大陆（物种库）的距离呈反比。距离越近，物种迁入率越高；距离越远，物种迁入率越低。"面积效应"是指物种灭绝率随岛屿面积减小而增加的现象。即岛屿面积越小，种群则越小，由随机因素引起的物种灭绝率将会增加。综合来看，面积较大且距离较近的岛屿比面积较小且距离较远的岛屿的平衡态物种数目要大。面积较小和距离较近的岛屿分别比大而遥远的岛屿的平衡态物种周转率要高（邬建国，2007）。

（五）景观异质性与景观格局理论

景观异质性（landscape heterogeneity）是指景观要素及其属性的变异性和复杂性。景观异质性包括空间异质性（spatial heterogeneity）、时间异质性（temporal heterogeneity）和功能异质性（functional heterogeneity）。其中景观的空间异质性对景观的功能与动态过程有重要影响，它与景观的生产力、稳定性和生物多样性密切相关。因此，目前景观异质性研究还是以空间异质性为主。

景观格局一般指景观的空间格局，是大小、形状、属性不一的景观空间单元（斑块）在空间上的配置。景观格局是景观异质性的具体表现，又是各种生态过程在不同尺度上作用的结果。

景观异质性有利于生态位的分化和各种小生境的形成，为多物种的共存和生物多样性的维持提供了基础。景观格局是生态系统在空间、时间和功能上通过长期适应、发育和演化而形成的一种稳定的配置，这种经长期演化而形成的格局是完整的、连续的，对系统稳定性（抗性和弹性）的维持有重要意义。生物间的联系、物质循环和能量流动都依赖于这种稳定的格局。本质上，退化生态系统的恢复是生态系统结构、功能和稳定性的恢复过程；但是从表观上，人们更注重的是生态景观的恢复。因此，从景观水平上认识退化生态系统恢复的过程和模式，将景观异质性和景观格局理论纳入生态恢复的实践中，更有利于恢复计划的完成。

（六）景观连接度理论

景观连接度（landscape connectivity）是指景观促进或阻碍生物体或某种生态过程在源斑块间运动的程度，是对景观空间结构单元相互之间连续性的度量，侧重于反映景观的功能特征，是描述景观生态过程和功能的参数（Pither等，1998；Jonsen等，2000；Tischendorf等，2000；吴昌广等，2010）。根据度量方法的不同，景观连接度可以划分为结构连接度（structural connectivity）和功能连接度（functional connectivity；Tischendorf等，2000；Goodwin，2003）。结构连接度是指景观要素在空间结构上的连续性，功能连接度是指景观要素的生态过程和功能的连续性。景观连接度是相对的，它的高低取决于研究的生物种群和生态过程。同一景观中不同的生物种群在连接度上会存在差异（Jonsen等，2000），对某一生态过程具有较高连接度的景观，对其他生态过程的连接度可能会较低。

景观连接度抽象地表达了生物群体在景观中活动、生存的能力和景观元素对它的抑制程度（吴昌广等，2010）。因此，对于生物种群而言，景观连接度只有一种含义，当景观连接度较大时，生物种群在景观中扩散、迁徙、繁殖和生存比较容易，受到的阻力较小；相反，生物种群受到的阻力大，生存困难（陈利顶等，1996）。

景观连接度理论是景观评价、管理和生态规划的重要基础，对生物多样性保护和生态修复具有重要指导意义。以景观连接度理论为指导，有效地规划和管理景观要素的数量、比例及时空配置，使景观要素在结构和功能上接近或达到最优化，从而提高景观的稳定性，是退化生态系统恢复的重要途径。在破碎化的景观恢复中，要充分认识到高的结构连接度并不一定代表其具有较高的功能连接度，还要取决于恢复计划中所选生物种群的生物学特性（With，1997）。廊道是景观连接度的一种具体表现形式。一般认为，廊道可以促进生物种群在破碎化生境斑块间的扩散、迁移和交换。因此，在破碎化景观恢复中廊道的建设是退化生态系统恢复的主要手段之一。但是廊道所起作用的大小取决于廊道的组成和质量，而且并非廊道的数量越多越好。通过连接度的分析和制图，可以判断破碎景观中对生物种群及其生态过程和功能影响相对敏感的关键位点，在恢复计划中重点关注和改善这些敏感位点。

第二节　海洋生态系统服务

随着陆地资源的日益衰竭，人们把目光转移到了海洋，对海洋资源的一系列评估使人们喊出了"21世纪是海洋世纪"的口号。近年来，国际社会日益认识到必须有效管理海洋环境及其生态系统，才能促进海洋及其资源的可持续发展。"保护海洋生态系统是可持续发展的基本条件（UN，2006）。"人们开发利用海洋的过程主要就是利用海洋生态系统提供的各种服务的过程，对海洋生态系统服务的研究，不仅能够调节、指导各类海洋开发活动，而且可以从海洋生态系统的实际出发，在人们开发利用海洋的同时，保护海洋生态系统。

一、海洋生态系统服务的概念

生态系统服务从概念的提出到今天只有不到40年的历史。1981年，Ehrlich 和 Ehrlich 在《灭绝：物种消失的原因和后果》（*Extinction: the causes and consequences of the disappearance of species*）一书中首次提出了"生态系统服务"（Ecosystem service）这一概念。在这之后，相关的研究活动不断增加，这个概念也逐渐为人们所接受。特别是1997年Costanza等的研究结果在*Nature*发表，引发了全世界对生态系统服务的关注。联合国在2001年启动了千年生态系统评估项目（见插文），把生态系统服务研究推上了一个新的高度（张永民，2007）。

海洋生态系统为人类提供了多种多样的服务（图8-4）。从餐桌上美味的海产品，到旖旎的海洋风光；从各种海洋药用物质，到建筑装饰材料，人们正在自觉或不自觉地享用海洋生态系统所提供的这些服务（王其翔等，2009）。关于海洋生态系统服务的概念，学术界还没有广泛接受的定义，我们可以从海洋生态系统服务的对象、物质基础、产生过程和实现途径4个方面来阐述海洋生态系统服务的内涵（图8-5）。

千年生态系统评估

千年生态系统评估（Millennium Ecosystem Assessment，缩写为MA）是由联合国秘书长科菲·安南于2000年呼吁，2001年正式启动的。它是世界上第一个针对全球陆地和水生生态系统开展的多尺度、综合性评估项目，其宗旨是针对生态系统变化与人类福祉间的关系，通过整合现有的生态学和其他学科的数据、资料和知识，为决策者、学者和广大公众提供有关信息，改进生态系统管理水平，以保证社会经济的可持续发展。全世界1 360多名专家参与了"千年评估"的工作。评估结果包含在5本技术报告和6个综合报告中，对全世界生态系统及其提供的服务功能（如洁净水、食物、林产品、洪水控制和自然资源）的状况与趋势进行了最新的科学评估，并提出了恢复、保护或改善生态系统可持续利用状况的各种对策。

千年生态系统服务评估的主要评估结果如下。

在过去50年中，人类改变生态系统的速度和广度，超过了人类历史上的任何可比时期，主要是为了满足人们对食物、淡水、木材、纤维和燃料日益快速增长的需求。这已导致地球生物多样性出现了显著且绝大部分是不可逆转的丧失。

人类对生态系统造成的改变，使得人类福祉和经济发展得到了实质性的进展，但是这些进展的代价是不断升级的诸多生态系统服务功能的退化，非线性变化风险的增加，和某些人群贫困程度的加剧。这些问题如果得不到应对，将极大地减少人类子孙后代从生态系统中所获得的惠益。

生态系统服务功能的退化在21世纪上半叶可能会严重恶化，并且将阻碍千年发展目标的实现。

在"千年评估"设定的部分情景中，在扭转生态系统退化局面的同时，又要满足人类不断增长的对生态系统服务需求的这一挑战，可以得到部分应对，但这需要我们在政策、机制和实施方式方面进行重大转变，而现在这些工作都尚未得到开展。现在，我们有很多对策方案可以通过减少不利的得失不均衡的状况，或通过与其他生态系统服务之间形成有利的协同作用，来保护或改善某些特定的生态系统服务。

来源：http://www.millenniumassessment.org

图8-4　海洋为人类提供了宜居的环境和社会经济发展的空间（引自王其翔，2014）

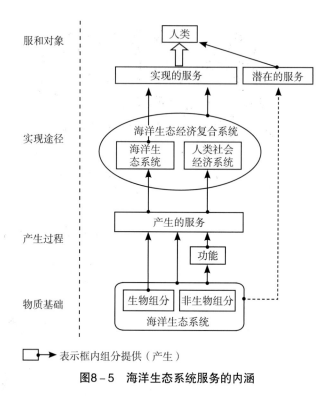

图8-5　海洋生态系统服务的内涵

　　海洋生态系统是其服务产生的物质基础，包括各种海洋生物组分和非生物组分。海洋生物群落的组成和数量的变化、海洋非生物组分的改变都影响着海洋生态系统服务的种类和质量。例如，某一海区的浮游植物由于营养盐缺乏，导致群落的衰退，进而影响整个海区的初级生产和食物链（网）结构，引起各营养级生物种群的衰退。这对服务最直接的影响是降低了初级生产服务和食品生产服务，同时对其他服务也产生了不同的影响。

　　海洋生态系统服务是由生物组分、系统本身和系统的各种功能产生的。服务的产生过程离不开生物组分的参与，没有生物组分参与的海洋过程所提供的"服务"不能归为海洋生态系统的服务。例如，海洋对人类提供的航运服务，由于没有生物过程参与，不能称为海洋生态系统服务，但属于海洋的服务。此外，单纯由海洋环境要素之间的相互作用产生的功能也不属于生态系统服务。例如，就对气候变化的影响而言，海洋表层3 m所含的热量就相当于整个大气层所含热量的总和（宋金明，2008），可通过海气的热交换对气候产生影响，但由于没有和生物发生联系，故不能算作生态系统服务。

　　海洋生态系统服务是通过海洋生态系统和海洋生态经济复合系统来实现的。有一些服务，如调节气候服务和氧气生产服务，直接由海洋生态系统产生并发挥作用。它们的产生过程就是其实现的过程。另外一些服务，如食品生产服务和教育科研服务，如果没有人类社会经济系统参与，这些服务将很难实现。这一类服务的实现途径就是海洋生态经济复合系统。

综上所述，海洋生态系统服务（marine ecosystem services）是以人类作为服务对象，以海洋生态系统自身为服务产生的物质基础，由生物组分、系统本身、系统功能产生，通过海洋生态系统和海洋生态经济复合系统实现的人类所能获得的各种惠益。我们应该注意到，这些惠益包括人们已经获得的服务和海洋生态系统潜在提供的服务两部分。潜在提供的服务，其产生过程和实现途径可能是我们已知的，也可能是目前我们所未知的。但是其物质基础仍然是海洋生态系统自身，服务对象依然是我们人类。

二、海洋生态系统服务的内容

海洋一直以来都是人类最重要的自然资源之一。除了海洋生态系统为人类提供食品、提供初级生产和次级生产资源，提供生物多样性资源这些传统的重要作用之外，海洋在全球物质循环和能量流动中的作用越来越被人们所重视（Costanza，1999）。国际地圈生物圈计划（International Geosphere-Biosphere Programme，IGBP）初步揭示出海洋在大气气体和气候调节、水循环、营养元素循环、废弃物处理中扮演重要的角色。海洋生态系统服务的内容是处于动态变化中的，它随着社会生产力的发展、海洋科学研究的深入、人们利用海洋方式的变化而发生改变。目前，不同的研究者对海洋生态系统提供的服务有不同的见解。参考千年生态系统评估和其他与生态系统服务相关的研究结果，结合海洋生态系统自身的特点，可将海洋生态系统服务的内容分为供给服务、调节服务、文化服务和支持服务（图8-6）。

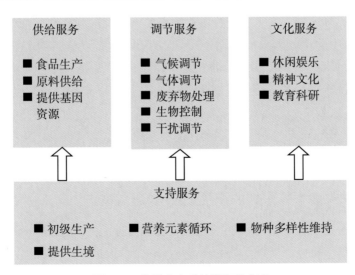

图8-6　海洋生态系统服务的内容

（一）供给服务（provisioning services）

食品生产：是指海洋生态系统为人类提供可食用产品的服务。

原料供给：是指海洋生态系统为人类提供工业生产性原料、医药用材料、装饰观赏材料等产品的服务。

提供基因资源：是指海洋动物、植物、微生物所蕴含的已利用的和具有开发利用潜力的遗传基因资源。

（二）调节服务（regulating services）

气候调节：是指海洋生态系统通过一系列生物参与的生态过程来调节全球及地区温度、降水等气候的服务。

气体调节：主要是指海洋生态系统维持空气化学组分稳定、维护空气质量以适宜人类生存的服务。

废弃物处理：是指海洋生态系统对人类产生的各种排海污染物的降解、吸收和转化功能，即对人类所产生的污染物的无害化处理功能。

生物控制：是指通过生物种群的营养动力学机制，海洋生态系统所提供的控制有害生物，维持系统平衡和降低相关灾害损失的服务。

干扰调节：是指海洋生态系统提供的对人类生存环境波动的响应、调节服务。

（三）文化服务（cultural services）

休闲娱乐：海洋生态系统向人类提供旅游休闲资源的服务。

精神文化：海洋生态系统通过其外在景观和内在组成部分给人类提供精神文化载体及资源的非商业性用途服务。

教育科研：海洋生态系统为人类科学研究和教育提供素材、场所及其他资源的服务。

（四）支持服务（supporting services）

初级生产：海洋生态系统固定外在能量（太阳能、化学能及其他能量），制造有机物，为系统的正常运转和功能的正常发挥提供初始能量来源和物质基础的服务。

营养元素循环：海洋生态系统对营养元素的贮存、循环、转化和吸收服务。

物种多样性维持：海洋生态系统通过其组分与生态过程维持物种多样性水平的服务。

提供生境：海洋生态系统为定居和迁徙种群提供生境的服务，也包括为人类提供居所。

三、海洋生态系统服务的产生过程与实现途径

海洋生态系统服务的产生和实现是建立在海洋生态系统自身的结构和功能之上的。在海洋生态系统中，与服务产生密切相关的要素包括海洋生物及其生存的海洋环境、海洋生态系统功能、主要海洋生理生态过程等。图8－7分4个层次，描绘了从每

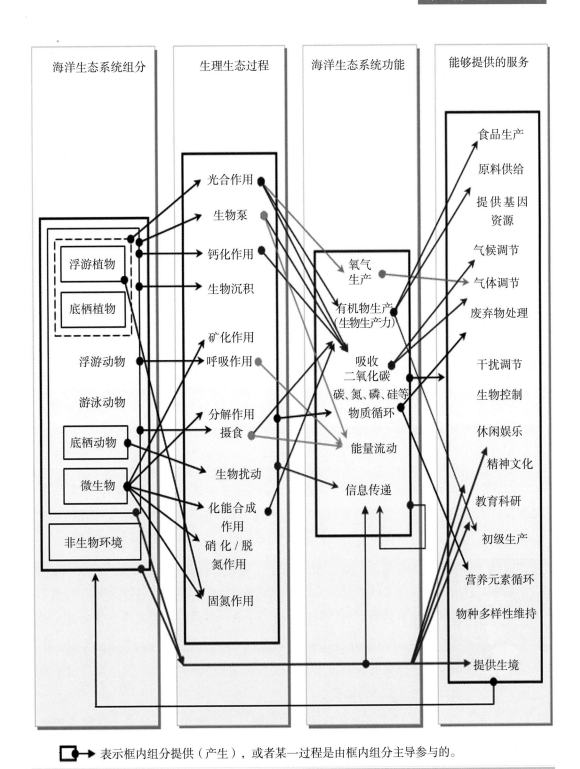

图8-7　海洋生态系统服务产生机理（引自王其翔等，2009）

种组分和（或）功能到相应的服务所经过的生理生态过程，以及进而产生海洋生态系统服务的过程。

海洋生态系统服务的产生主要经过两个途径。

途径1：海洋生态系统生物组分和（或）系统整体直接产生某些生态系统服务。

海洋生物组分自身以及在系统层次上，海洋生态系统提供的多样化景观直接为人类提供休闲娱乐服务、精神文化服务、教育科研服务和提供生境服务。例如，海洋生物通过其形状、外壳、颜色等为设计提供灵感；点缀着五彩贝壳的海滩给人们提供休闲娱乐、亲近自然的场所；潮间带及浅海大型藻类、珊瑚礁、红树林等直接为各种海洋生物提供生境，甚至部分珊瑚礁岛直接被人类作为居住场所。

途径2：在系统内，组分之间通过自身及相互的生理生态过程产生生态系统的特定功能，由这些功能产生出相应的生态系统服务。

各种生理生态过程不直接产生服务。生态系统服务的变化能够反馈到海洋生态系统及其组分，进而影响到服务的持续产生。例如，光合作用是海洋生态系统内的基础生态过程之一（公式1），与之联系的海洋生态系统功能包括生产氧气，吸收二氧化碳和生产有机物（图8-7）。氧气生产功能可提供气体调节服务。吸收二氧化碳功能不仅可以提供气体调节服务，对人类来说价值更高的是提供气候调节服务。有机物生产功能可产生的服务涵盖了食品生产、原料供给和初级生产服务。

$$6CO_2 + 6H_2O \xrightarrow[\text{叶绿体}]{\text{光}} C_6H_{12}O_6 + 6O_2 \text{（公式1）}$$

海洋生态系统服务的产生与系统的组分、具体的生理生态过程和系统的功能密不可分。一个服务可能对应着多个来源，一个组分、过程或功能可能产生多种服务。这说明海洋生态系统服务的提供是有弹性的。同时也意味着海洋生态系统服务受损后，需要较长一段时间才能表现出来。

是不是只要海洋生态系统的结构完整、功能健全，它所产生的各种服务对人类来说都能完全实现呢？答案是否定的。只能说健康的海洋生态系统能够产生各种对人类的服务，或者说有提供多样化的优质服务的潜力。产生的服务是否能够完全实现，除了海洋生态系统本身，还需要有健康的海洋生态经济复合系统。海洋生态系统服务的实现不能完全离开人类社会经济系统。

海洋生态系统服务的实现途径有两条：海洋生态系统和海洋生态经济复合系统（图8-8）。具体采用哪一种实现途径，每种服务都不完全相同。气候调节服务、气体调节服务、生物控制服务、干扰调节服务、初级生产服务、营养元素循环服务、物种多样性维持服务和提供生境服务的实现主要决定于海洋生态系统自身的结构与功能。这8项服务的产生过程即是它们的实现过程，即这8项服务的实现不依赖于人类的社会经济活动，它们属于海洋生态系统自身的功能和效用。其余7种服务的实现必须要有人类的社会经济活动参与。具体地说，食品生产服务必须要有人类的渔业经济活动参与；原料供给服务必须要有大规模工业生产和其他生产性活动；提供基因资源服务需要有基因工程技术的参与；废弃物处理服务是针对人类社会生活、生产所产生的各种排海污染物而言的；休闲娱乐服务需要人们来体验和消费；离开人类社会，精神文化服务、教育科研服务便失去了存在的载体。

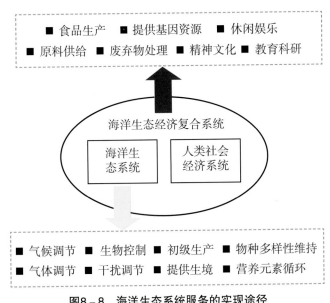

图8-8 海洋生态系统服务的实现途径

四、海洋生态系统服务的经济价值评估

（一）评估方法

海洋生态系统服务价值的经济学评估方法主要可分为直接市场评估（direct market valuation）、间接市场评估（indirect market valuation）、意愿调查评估（contingent valuation）、群体价值评估（group valuation）和成果参照评估（benefits transfer）五种（图8-9）。

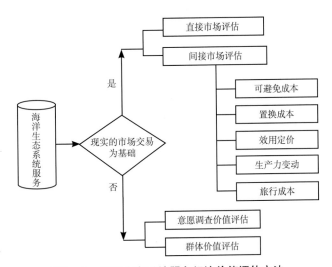

图8-9 海洋生态系统服务经济价值评估方法

基于服务的真实市场交易，评估海洋生态系统服务的价值可以使用直接市场评估和间接市场评估方法。当海洋生态系统服务的市场交易完全不存在时，对其价值进行评估可以采用意愿调查价值评估和群体价值评估方法。

1. 直接市场评估（direct market valuation）

这种方法是根据海洋生态系统服务在现实市场交易中的价格对其价值进行估算。它利用标准的经济学技术，基于消费者在不同的市场价格下所购买的服务的数量，以及生产者所供给的服务的数量，来估算服务的消费者剩余和生产者剩余（彭本荣等，2006），这两者之和就是海洋生态系统服务的价值。只有那些私有化的和可以在有效市场上进行交易的海洋生态系统服务才可以使用这种方法。

2. 间接市场评估（indirect market valuation）

这类评估方法也是利用实际观测到的市场数据，来间接地计算海洋生态系统服务的价值。主要的评估手段包括可避免成本、置换成本、效用定价、生产力变动和旅行成本（表8-2）。

表8-2 间接市场评估的主要方法（改自王其翔，2009）

评估方法	解释	举例
可避免成本	海洋生态系统服务的存在能够使人类社会避免因缺少这些服务而造成损失	珊瑚礁、红树林对海岸的保护服务可以避免沿岸人员、财产损失
置换成本	某些海洋生态系统服务可以通过人工系统或其他服务来替代，对这些服务的价值可以采用重置这些服务的成本来估算	人工修建海堤可以全部或部分替代红树林等的海岸保护服务，对这一服务的价值可以采用修建人工海堤的费用来代替
效用定价	又称为内涵定价法、资产价值法，是指海洋生态系统服务的价值能够被反映在人们为相关产品买单的价格上	能够欣赏滨海风景的房屋价格通常比内陆相同的房屋价格要贵，这样滨海景观的价值就内含在房屋的价格中
生产力变动	海洋生态系统服务作为中间投入，用其对最终市场交易的产品和服务的贡献来评估服务的价值	海洋环境的改善使得渔业捕获量增加，从而可以用增加的渔获量价值来反映相关海洋生态系统服务的价值
旅行成本	通过计算人们参观利用海洋生态系统及其服务付出的费用（旅行的费用），对该服务进行估价	人们滨海旅行所花费的时间和金钱就是在购买生态系统的休闲娱乐服务

3. 意愿调查价值评估（contingent valuation）

该方法又称条件价值评估法、或然价值评估法。它是一种典型的陈述偏好评估法，是在假想市场情况下，直接调查和询问人们对某一环境效益改善或资源保护措施的支付意愿（willing to pay，WTP）、或者对环境或资源质量损失的接受赔偿意愿（willing to accept compensation，WTA），来估计环境效益改善或环境质量损失的经济价值（张志强等，2003）。据获取数据的途径不同，意愿调查价值评估可细分为投标博弈法、比较博弈法、无费用选择法、优先评价法和德尔菲法（李金昌等，1999）

4. 群体价值评估（group valuation）

作为对生态系统服务评估的另一种尝试，群体价值评估越来越受到人们的关注（Jacobs，1997；Sagoff，1998；Wilson & Howarth，2002）。这种方法来源于社会和政治理论，它基于民主协商，并假定公共决策应该是公开辩论的结果，而不是对个人偏好分别计量的集合。与意愿调查相似，群体价值评估的实施也是通过使用假设的情景和支付工具。所不同的是它的价值诱探过程（value elicitation）不是通过私自的询问，而是通过群组讨论达成共识（MA，2003）。有许多海洋生态系统服务属于公共服务，对这些服务的决策会影响很多人。因此许多学者认为评估这些服务的价值不能基于个人偏好的集合，而应基于公共辩论，得到的价值应该是群体（社会）支付意愿或群体（社会）接受意愿，通过这种方法得出的结果可以带来更好的社会公平和政治合法结果（Wilson & Howarth，2002）。

5. 成果参照（benefits transfer）

该方法是应用已完成的其他区域的研究结果，来评估将要研究区域的生态系统服务价值。成果参照法通常是在评估工作所需费用较大，或时间较短而无法进行原创性评估的情况下，所采用的一种替代评估方法。成果参照方法节省费用，节约时间，但其合理性也颇具争议。一般认为满足以下条件，该方法可以提供有效的和可靠的估算结果，这些条件包括下述3个方面：在得到估算结果的地点和需要应用估算结果的地点，被评估的服务必须一致；同时受到影响的人群必须具有一致的特征；用来参照的原始结果其自身必须是可靠的（MA，2003）。

（二）评估框架

对海洋生态系统服务的经济价值进行评估是一项复杂的系统工程。不管评估哪些服务，也不管用哪一种方法对服务进行价值评估，整个评估过程都必须遵循一定的步骤和框架。图8-10给出了海洋生态系统服务价值评估的一般框架。

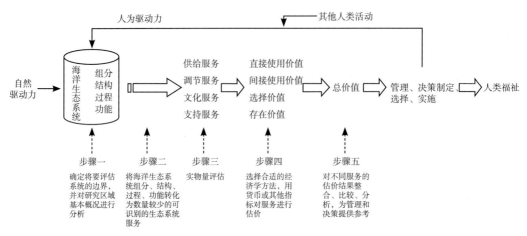

图8-10 海洋生态系统服务价值评估框架

第一步，确定将要评估系统的边界，并对研究区域基本概况进行分析。

这一步骤是整个评估工作的起点和准备。对某一研究区域进行生态系统服务价值评估，首先就要明确所研究区域的边界、范围，这样能避免无法准确了解研究区域内的生态过程及相互作用关系。另外，生态系统的空间尺度不同，其各种类型的服务价值的相对比重就不同（见插文）。后续评估工作中也能避免出现各项服务界定不清，物质流（量）估算不准等问题。在前面章节的分析中，我们提到了生态系统的边界划分原则，即一个界定合理的生态系统应该是其内部组分之间具有强烈的相互作用，而与边界之外环境的相互作用相对较弱。在具体实施过程中，要结合研究区域的特点，以解决问题为目的，灵活处理边界问题。同时，在这一步骤中，还需要完成的工作是对研究区域的基本概况进行分析，这包括一些基本资料的收集与整理，研究区域自然地理和社会经济现状的调查、整理和分析。

第二步，将海洋生态系统组分、结构、过程和功能转化为数量较少的可识别的生态系统服务。

这一步是整个评估工作的关键，要对所研究生态系统的组分、结构、过程和功能进行分析，也就是对服务的产生过程和实现途径进行分析，只有对合理识别的生态系统服务进行评估，其结果在实际应用中才具有意义。什么是生态系统服务的合理识别呢？这就要求所识别出的服务能够反映该生态系统对人类的主要效用，即这些服务是该系统重点提供的。一些由该系统提供的次要服务，根据实际情况和评估的目的，在具体实施中可以进行合理取舍，这些也是整个价值评估工作所要遵循的原则。

第三步，基于生物－物理概念（包括自然科学理论）对各种服务进行识别和实物量评估。

这一步是整个评估工作的重点。在开展服务价值评估前，必须进行实物量评估。例如，对海洋生态系统食品生产服务进行估价前，必须用重量单位（吨等）对海产食品的数量进行评估。对气候调节服务来说，对其进行估价前必须要知道研究区对温室气体（二氧化碳）的吸收调节数量，而这也是基于自然科学领域的知识。对于休闲娱乐服务，同样必须先评估到所研究区域旅游休闲的游客数量。

第四步，选择合适的经济学方法，用货币或其他指标对服务进行估价。

这一步是真正意义上的价值评估，是整个价值评估工作的核心。根据不同服务的价值属性，选择合适的估价方法。对于每项生态系统服务，通常可以选用多种方法对其进行估价。在实际评估工作中，根据数据的可获得性、研究区域的具体特点和每种方法的实施成本，综合考虑，合理选择。在这一步骤中，经常会遇到缺少部分计算数据的情况。根据计算需要，可以开展补充调查。

第五步，对不同服务的估价结果整合、比较和分析，为管理和决策提供参考。

这一步是整个评估工作的灵魂和点睛之笔。评估工作的所有价值均在这一步体现。对不同服务估价结果的整合、比较和分析，能发现研究区域生态系统服务的特点、存在的问题和形成这一状况的原因，为管理决策提供支持。这不仅包括为海洋生态系统管理政策、规划的制定、选取和执行提供参考，也包括了对管理政策实施效果的监测与评估。评估的结果有助于实现对海洋生态系统的保护与可持续利用，有助于提高人类的福祉。需要注意的是，对管理政策、规划的评估结果只是对这一政策的估价，而不是对其影响的生态系统自身的估价。

对海洋生态系统服务进行价值评估，其结果是为管理决策提供支持，最终目的是为了提高人类福祉。管理决策通过工程或建筑直接改变，或者通过改变海洋生态系统的物理、生物和化学过程间接改变海洋生态系统的结构和功能（彭本荣等，2006），与其他人类活动共同构成海洋生态系统变化的人为驱动力。与之相对应的是自然驱动力。这些驱动因素又会使海洋生态系统产生的服务发生变化。这个过程或许在人类利用海洋之前就存在（当然没有加入人为驱动力），周而复始，永不停歇。也许人类的文明就是在这种与自然的不停磨合中不断发展的。

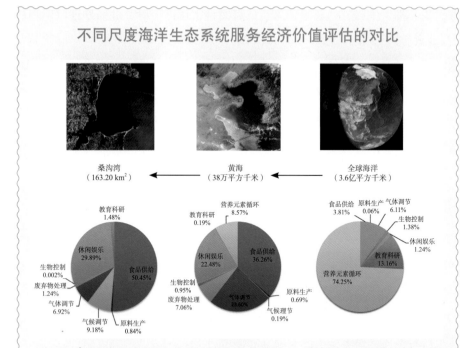

不同尺度海洋生态系统服务经济价值评估的对比

桑沟湾
（163.20 km²）　←　黄海
（38万平方千米）　←　全球海洋
（3.6亿平方千米）

　　随着海洋生态系统空间尺度的增大，支持服务价值所占比重升高，供给服务价值所占比重下降。

　　对于中等尺度的黄海海洋生态系统，供给服务与调节服务价值比重最高。

　　对于小尺度的桑沟湾生态系统，供给服务与文化服务价值比重最高。

来源：王其翔，2009

第三节　海洋生态系统管理

　　20世纪中后期以来，全球生态系统承受着人类社会高速发展带来的一系列环境问题。"全球气候变化""生物多样性丧失""陆地水域和海洋污染"等词汇越来越多地出现在新闻报道和公众的讨论话题中。生态系统所承受的压力已经影响到人类生活的各个方面，对人类社会的可持续发展构成了极大的威胁。传统的资源管理方式越来越体现出其局限性和滞后性（见插文）。在全球范围内，政府部门和保护组织都在不断敦促资源管理者逐渐拓宽他们传统的理念，在强调最大物质生产以及服务时，也要重视生物多样性和生态系统过程的保护（Richmond等，2006；Levin & Lubchenco，2008；Koonz & Bodine，2008；马克平，2009）。如何科学、合理、有效地管理生态系统和自然资源，保护生物多样性，维持生物圈的良好结构和功能以及全球经济的可持续发展，成为人类社会面临的共同问题。生态系统管理的产生与发展即是应对这一问题的有益探索。

生态系统管理和传统的自然资源管理的区别

对于生态系统管理与传统自然资源管理的关系，有两种不同的理解：一种观点认为生态系统管理是人们对传统资源管理的转变和发展，是自然资源管理的一种新的综合途径；另一种观点认为生态系统管理是基于另外一种世界观的不同于自然资源管理的范式（Lackey，1998；赵云龙等，2004）。无论哪种观点，生态系统管理与传统的自然资源管理之间的区别是客观存在的。下表从10个方面列出了两者的不同。

生态系统管理与传统自然资源管理的区别

	生态系统管理	传统的自然资源管理
目标	所在区域的长期可持续发展	短期的产量和经济效益
重点	强调生物多样性保护，保护生态系统可持续地提供产品与服务	强调单个物种的保护
尺度	区域—国家—全球范围，尺度较大	限于地方—区域层次，一般尺度较小
人类活动	把人类作为系统的一个组分，在一定阈值范围内，允许和鼓励人类活动	人与自然是分离的两个组分，人类活动受限制，并在必要时被禁止
管理方式	适应性管理	管理活动与研究分离
价值取向	考虑政治、经济和社会价值，提出的所有措施必须能被各方面接受	主要考虑经济价值
敏感性	对公众的特性和需要更敏感，这些都包括在区域保护、恢复和发展的总体规划中	典型的商品导向型，对公众的特性和需要不太敏感
区域协调性	从景观和生态系统尺度考虑，具有等级特征，它有一个自上而下的程序，它的行动和建议的措施与整个区域规划一致	注重解决局部的问题，可能干扰或影响更大范围的生态系统

续表

科学基础	使用诸如模型和GIS等现代工具，有利于增强整体特征，并可能在一个更加广泛的空间框架中使用	基于传统的生物学、地学、经济学以及资源利用的技术科学（如农学、森林学、土壤学、矿物学等）
信息资源	以多重因素，在多重尺度上使用多重边界去采集、组织信息资源	通常过分简化信息收集，依靠有限的分类和信息基础进行分析

来源：Lubchenco，1994；赵云龙等，2004

一、 生态系统管理的概念

人类为了从自然界中获得对自己有利的事物，从而改变了周围环境的生物组成，这也许就是人类对生态系统最初的管理了。生态系统管理的概念真正得到认可是在20世纪80年代，生态学开始强调长期定位、大尺度和网络研究，生态系统管理与保护生态学、生态系统健康、生态整体性与恢复生态学相互促进和发展（李笑春等，2009）。1988年，Agee和Johnson出版了第一本生态系统管理的专著，强调了生态系统管理应包括明确的管理目标、管理者间的合作、监测管理结果、国家政策层次上的领导者和人民的参与等6个方面（Agee等，1988）。这一著作的出版，标志着生态系统管理学的诞生（于贵瑞，2001a）。进入20世纪90年代后，大量有关生态系统管理理论以及应用的著作和论文面世，生态系统管理的研究进入了快速发展时期。这时，更为先进的综合生态系统管理（internet equipment management）的理论和实践开始进入人们的视野，并在森林、海洋、湿地以及水资源管理中得到广泛应用（高晓露，2013）。

目前还没有完全统一的生态系统管理概念，不同的研究者从不同方面对生态系统管理进行了界定（见插文）。其中1996年美国生态学会对这一概念的阐述最具有代表性。在《美国生态学会关于生态系统管理的科学基础报告》（*The Report of the Ecological Society of America Committee on the Scientific Basis for Ecosystem Management*）中指出，生态系统管理是一项由明确目标驱动，依靠政策、法律等的实施，能够基于对维持生态系统组成、结构和功能密切关联的生态相互作用与生态过程的最佳认识开展监测和研究，并据此进行可适时调整的管理活动。

生态系统管理的一些定义

生态系统管理是把复杂的生态学、环境学和资源科学的有关知识融合为一体，在充分认识生态系统组成、结构与生态过程的基本关系和作用规律，生态系统的时空动态特征，生态系统结构和功能与多样性的相互关系基础上，利用生态系统中的物种和种群间的共生相克关系、物质的循环再生原理、结构功能与生态学过程的协调原则以及系统工程的动态最优化思想和方法，通过实施对生态系统的管理行动，以维持生态系统的良好动态行为，获得生态系统的产品生产（食物、纤维和能源）与环境服务功能产出（资源更新和生存环境）的最佳组合和长期可持续性（于贵瑞，2001b）。

生态系统管理是对自然生态系统和人工生态系统的组分、结构、功能及服务生产过程进行维护或修复，从而实现可持续目标的一种途径（MA，2003；张永民和席桂萍，2009）。

生态系统管理是基于对生态系统组成、结构和功能过程的最佳理解，在一定的时空尺度范围内将人类价值和社会经济条件整合到生态系统经营中，以恢复或维持生态系统整体性和可持续性（任海等，2000）。

生态系统管理是在充分认识生态系统整体性、复杂性和动态性的前提下，以持续地获得期望的生态系统服务为目标，依据对关键生态过程和重要生态因子长期监测的结果而进行的管理活动（廖利平和赵士洞，1999）。

生态系统管理是利用生态学、经济学、社会学和管理学原理，来长期经营管理生态系统，以生产、恢复或维持生态系统的整体性和所期望的状态、产品、价值和服务（Overbay，1992）。

生态系统管理是以长期地保护自然生态系统的整体性为目标，将复杂的社会、政治以及价值观念与生态科学相融合的一种生态管理方式（Grumbine，1994；于贵瑞，2001b）。

由此可见，生态系统管理是一个包括众多利益相关者的大尺度管理系统（图8-11），以保护生态系统组分和过程为目标，突出生态学原理对其他相关学科的指导作用，重视生态系统的监测评估，充分考虑利益相关者的协调，能够根据生态系统的变化评估管理绩效，调整管理措施，以实现生态系统的永续利用。

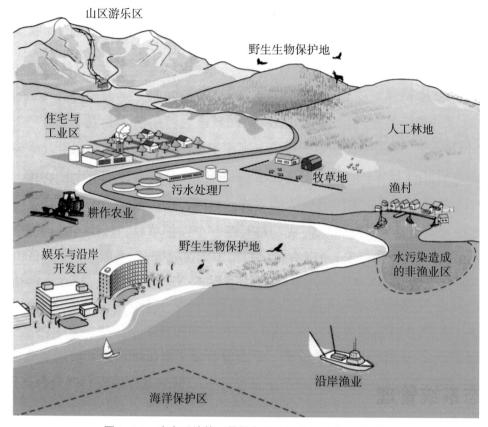

图8-11 生态系统管理是整合利益相关者的大尺度管理

　　生态系统管理把所有的利益相关方都联系起来，让大家都能从合作中获益。一个流域需要一个多目标驱动的管理，其中许多是互相影响的。

二、生态系统管理的特性

（一）关注生态系统完整性与时空尺度

　　生态系统管理关注自然生态系统的完整性，注重选择合适的时空尺度开展管理活动。生态系统的完整性与时空尺度密切相关。许多环境问题都是由于制定决策的尺度与有关生态过程的尺度不匹配，导致所管理的生态系统完整性受到破坏而引起的。生态系统管理所关心的生态学过程主要包括水文学过程、生物生产力、生物地球化学循环、有机物分解、生物多样性维持等（Christensen，1996）。这些生态学过程的完整进行支撑着生态系统的正常运转。同时这些生态学过程的发生与完成均需要特定的时空尺度。表8-3列出了不同尺度生态系统管理所涉及的生态学模型、数据以及时间尺度。生态系统管理不存在固定的空间尺度与时间框架，根据管理目标的不同，生态系统管理往往需要跨越行政区边界甚至国界，采取跨区域或国际合作的形式来开展管理活动。例如针对海洋生态系统管理，国际上已达成了《国际海洋法公约》《湿地公约》《南极海洋生物资源养护公约》等（沈国英等，2010）。

表8-3 不同尺度生态系统管理所涉及的生态学模型、数据以及时间尺度

（改自于贵瑞，2001b）

生态系统尺度	主要生态学模型	数据/知识	时间尺度
个体与种群	动植物的生理生态模型 个体或种群生长模型 种群竞争模型 物质能量交换模型	气候与群落微气象、生物气象 地形与微地形 土壤的理化特性 动植物的遗传、生理、生态特性 植物营养和水分吸收 种群与环境的物质能量交换	秒、分、小时、天、月、年
群落与生态系统	生态系统生产力模型 生物化学循环模型 食物链（网）模型 物种迁移与演替模型 物种分布格局模型	气候和微气候与气候变化 地形地貌及其空间分异 土壤的理化特性与空间异质性 动植物的生理生态特性与环境适应性 物种组成与多样性 营养级结构 种间相互关系	年或几年
景观生态系统	区域经济模型 社会发展模型 土地利用模型 资源变化模型 生态系统景观格局模型	气候、地形条件 土壤理化特性的空间分布 群落与生态系统类型 生态系统的空间格局 人文和社会条件	几年或几十年
生物圈与地球生态系统	地球化学循环模型 生物圈水循环模型 中层大气循环模型 生物圈植被演替模型 生物圈生产力演化模型 全球变化模型	气候变化与植被类型演替 地形、地貌与地质变化 人类活动与资源利用 人口和社会经济 科技进步 文化教育	几十年以上或几百年以上

（二）人类是生态系统的组成部分

人类的生存总是依赖于生物圈及其生态系统所提供的各项服务（MA，2003）。

传统的自然资源管理将人类独立于自然生态系统之外，认为生态系统只是人类社会生产生活的一种要素而已。基于这种思想，生态系统正在以前所未有的速度和强度被人类改造和利用着。许多环境问题与生态问题的根源就来自于不合理的人类活动。生态系统管理将人类作为自然生态系统的一部分，尊重生态系统的客观规律，考虑各利益相关者的诉求，能够长期合理地管理、保护生态系统。

（三）采用适应性管理

生态系统是具有时空尺度，处于动态变化过程中的复杂系统。生态系统研究虽然经过较长历史的发展，但人们对生态系统的理解总是难以达到全面和完整。特别是随着人类干预自然活动强度和范围的提升，自然生态系统面临着更多的变化性和不确定性（沈国英等，2010；石洪华等，2012）。适应性管理（adaptive management）提供了一种新的途径：采用一种交互作用过程，将生态系统知识、监测与评估整合，不断调整和改进管理决策和手段，允许管理者对不确定性过程的管理保持灵活性与适应性（图8–12）。简单地说，适应性管理就是"在游泳中学习游泳"（Waters & Holling，1990）。

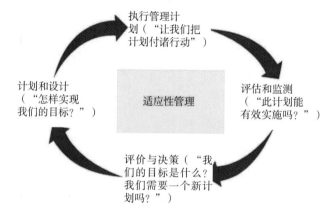

适应性管理包括一个循环：计划和设计、执行、监测评估以及评价决策

图8–12 适应性管理框架

（引自马克平，2009）

三、海洋生态系统管理的特殊性

人类社会的可持续发展越来越依赖海洋生态系统。日益凸显的海洋生态危机与海洋生态系统不断显现的巨大价值，促使人们对海洋生态系统的管理由单一追求生态系统最大产量的资源管理，逐渐转变为保护生态系统结构与功能完整与可持续的系统性管理。由于海洋的流动性与连续性、生态系统类型的多样性、海洋生态过程的关联性以及人类利用海洋的复杂性，海洋生态系统管理具有显著的特点与特殊性。

（一）海洋生态系统自身具有极高的复杂性

海洋生态系统自身的运行及其发挥的功能几乎影响到我们这个星球的每一个角落。小至每一滴海水，大至浩瀚的大洋，其中都蕴藏着复杂的生态系统组分、交织着密不可分的海洋生态过程（见插文）。海洋表层的浮游植物与大型藻类转化太阳能，启动了海洋生态系统的运行。各种游泳生物、底栖生物通过复杂的食物网进行着物质循环和能量流动。海水和沉积物中的营养元素随各种洋流在海洋的表层和底层进行着水平和垂直扩散。每时每刻，在每一滴海水中都发生着难以计数的生物化学反应，关联着难以估价的海洋生态系统功能。海洋生态系统管理就是在这一背景下展开的应对复杂系统的管理。

（二）多样化的人类活动已渗透到海洋生态系统的各个层面

目前，无论是近岸还是大洋，无论是表层还是底层，人类活动的范围已经渗透到海洋生态系统的各个层面。对海洋生态系统管理的重要内容之一，是对各种海洋开发利用活动进行管理。主要的涉海人类活动包括港口航运、渔业资源利用与养护、矿产资源开发、滨海旅游、科学研究、填海造地、海洋能利用等。表8-4列出了我国典型人类活动对海洋生态系统的利用情况。从海洋水平空间来看，近岸海域由于交通便捷、开发利用成本较低等因素，成为人类涉海活动的密集分布区，其中港口航运、渔业资源利用与养护和填海造地等为利用程度较高的人类活动。从海洋垂直空间来看，位于水体中层与底层的渔业资源开发程度较大。对于海洋生物来说，人类活动对游泳生物与底栖生物的利用程度明显高于浮游生物。

（三）与海洋相关的各种边界交错重叠

海洋的流动性与开放性给海洋生态系统管理带来了巨大的挑战。海洋的边界往往具有动态性特征和不确定性。海浪周期性在高潮区与低潮区之间涨落，海洋与河流的边界随着河流的丰、枯水期而进退，大洋温跃层的边界随着季节和洋流的变化而改变。在海洋管理中，为了应对这一动态特征，往往人为规定边界。这里的"边界"除了包含海洋环境的边界，还包括海洋权益、海洋法律的边界。图8-13展示了复杂的海岸带地区重叠的生物物理、经济、机构和组织边界。以海岸区域为例，在这一狭窄区域分布着红树林、海草床、珊瑚礁、盐沼等重要生境，其自然边界往往相互交错、嵌套。几乎所有的经济类型在这一区域均有分布，包括了农业、工业、林业、港口航运业、旅游业等。这些经济类型的边界往往与地区产业规划布局相关。在海洋权益方面，海岸带区域既有私人机构控制的区域，又存在政府主导控制的部分，部分区域还存在国际权益重叠。这些权益属性均存在不同程度的差异，重叠交错的各种边界要求海洋生态系统管理处理好复杂的权属，协调好利益相关方。

简单的沙滩并不简单

沙滩可能是许多人最先接触海洋的地方。看似单调的沙滩，若从生态系统角度看，你会发现海洋环境的多变、生物多样性的丰富。

环境特征

组成：潮间带沙滩出现在水动力较强的海岸，通常由不规则的石英颗粒、贝壳类的碎壳组成，其粒度主要取决于波浪作用的程度。沙粒里还含有来源于陆地或者海洋的各种碎屑。

粒径：从大的分类来看，有砾石、砂、粉砂、黏土几个等级。在波浪和海流作用下，不同粒径的颗粒缓慢地向外海运动，粗颗粒在海水中首先下沉，较细的颗粒则处于悬浮状态并被继续搬运到离岸较远的地方。因此，在水平方向上形成沙粒近岸粗、远岸细的分布特征；同样的在垂直方向上形成底部粗、上部细的沉积层。

有机质：沙滩沉积物还有一个特点是沙粒在波浪作用下可以移动，沙粒之间有一定的不稳定性，不利于固着和底上种类生活。沙滩沉积物的通气性较泥滩的好，但由于微生物呼吸作用以及化学物质氧化耗氧，其含氧量也随深度增加而减少，最终出现还原层，还原层的深度取决于有机质的含量。

生物特征

> 动植物特征：沙滩的生产者主要是底栖硅藻（Bacillariophyta）、甲藻（Pymphyta）和蓝绿藻（Cyanobacteria），它们不会出现在没有光线可利用的沙层里，初级生产力很低，通常不超过15 gC/（m²·a）。动物主要包括小型动物，如鞭毛虫（*Flagellate*）、纤毛虫（*Cicliate*）、线虫（*Meloidogyne* sp.）、有孔虫（*Foraminifera*）、涡虫（*Dogesia* sp.）、腹毛虫（*Gastrotricha*）等，体长通常介于0.1～1.5 mm之间。大型动物则多由多毛类（Polychaete）、双壳类（Bivalvia）和甲壳类（Crustacea）动物组成。此外，沙滩还可分出潮上带、潮间带和潮下带，各垂直带上都有其特有的优势种群。
>
> 适应机制：生活在沙间的小型动物大多具备个体小、身体延长成蠕虫状和侧扁的体型，同时很多种类还通过强化体壁来保护身体免受沙粒损伤。沙间动物繁殖力低下，但是幼体可以受到亲体的保护，直接孵出底栖性幼体。这种生活史特征有助于降低被捕食的可能性。
>
> 注：① 沙滩生物群落图片来源：Stephen H，等. 海洋. 江文胜，等译. 北京：中国大百科全书出版社，2011。② 参考自海洋公益性行业科研专项（No.201005007）研究报告（REPO-T-12-MIS-03）。

表8－4　我国典型海洋开发活动对海洋生态系统的利用

典型人类活动	海洋空间						海洋生物		
	水平空间		垂直空间				浮游生物	游泳生物	底栖生物
	近岸海域	远海	水体			沉积物			
			表层	中层	底层				
港口航运	■■■	■■	■						
渔业资源利用与养护	■■■	■■	■■	■■■	■■■	■	■■■		■■■
矿产资源开发	■■	■	■			■■			
旅游	■■	■	■		■			■■	■■
科学研究	■■	■	■						■
填海造地	■■■								
海洋能利用	■■								

注：（1）利用程度：■■■高；■■中；■低。

（2）海洋水体的垂直分层特指我国近海海域，表层为水深10 m以浅，中层为水深10～50 m。

（3）本表格仅是平行列出海洋的不同空间层次与海洋生物类群，不同空间层次之间，不同海洋生物类群之间均存在着十分复杂的相互交叉与重叠关系，表中所列的利用程度仅反映人类活动对海洋生态系统的渗透情况。

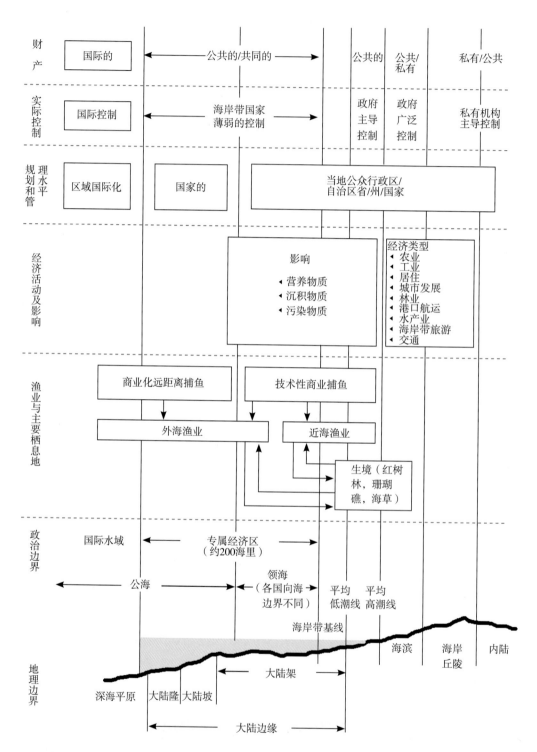

图8-13 海岸带地区重叠的生物物理、经济、机构和组织边界（引自蔡程瑛，2010）

第四节　海洋生态系统健康

高强度的海洋开发、频发的海洋灾害、日益恶化的海洋环境促使人们越来越关注海洋生态系统。海洋管理者、决策者、开发利用者、保护者与普通公众均表达了了解海洋生态系统所处状态的需求。海洋生态系统健康即是回应这些需求而产生与发展的理论之一。海洋生态系统健康反映了海洋生态系统的综合特征，对其开展评价研究是了解由自然因素或人类活动造成的海洋生态系统破坏程度的重要手段。在开展海洋生态恢复工作时，海洋生态系统健康的评价结果将有助于恢复目标的确定与恢复方案的设计。

海洋生态系统健康及其评价与海洋生态系统的恢复过程密不可分。海洋生态系统健康是海洋生态系统的综合特征，其评价目标是诊断由自然因素和人类活动引起的海洋生态系统的破坏或退化程度。只有通过合理的海洋生态系统健康评价，进行正确的健康状态诊断，才可以进一步采取相应的生态恢复对策及措施。例如，针对健康的海洋生态系统，可以采取建立自然保护区和海洋公园的方式进行生态预防；而针对较健康或亚健康的海洋生态系统，则需要采取禁渔、放流或人工增养殖的方式进行自然恢复和生态修复；针对处于不健康状态的海洋生态系统，则需要通过生态重建才能使近岸海洋生态系统恢复正常的功能。

一、海洋生态系统健康的概念

生态系统健康的提法最早源于"土地健康"，但未引起足够的重视。随后科学家们一直对是否发展生态系统健康学说应用于生态系统评价和管理存在争议。随着研究的逐步开展，生态系统健康在河流、湖泊和森林生态系统健康评价等领域取得了一定的成果，但学术界在生态系统健康的定义方面尚未达成共识。直至1989年，Rapport对生态系统健康提出一个较为明确的定义，即生态系统健康是指一个生态系统在面对环境胁迫时，所具有的维持自身结构和功能、自我调节和自我恢复的能力，应该具备一定的稳定性和可持续性（见插文）。Costanza等在1992年出版的《生态系统健康：环境管理新目标》（*Ecosystem Health: new goals for environment management*）中，对生态系统健康进行了定义：一个生态系统如果是稳定的和可持续的，也就是说，如果生态系统具有活力，能保持本身的结构，具有自主性，在压力下能够恢复的话，这个生态系统就是健康的和未患"不适综合征"的。国际生态系统健康学会对生态系统健康学的定义如下：研究生态系统管理的预防性的、诊断性的和预兆的特征，以及生态系统健康与人类健康之间关系的一门科学；其主要任务是研究生态系统健康的评价方法、生态系统健康与人类健康的关系、环境变化与人类健康的关系以及各种尺度生态系统健康的管理方法。

生态系统健康的七个特征

不受对生态系统有严重危害的生态系统胁迫综合征的影响；

具有恢复力，能够从自然的或人为的正常干扰中恢复过来；

在没有或几乎没有投入的情况下，具有自我维持能力；

不影响相邻系统，不会对别的系统造成压力；

不受风险因素影响；

在经济上可行；

维持人类和其他有机群落健康。

来源：肖风劲和欧阳华，2002

关于海洋生态系统健康，目前尚无明确定义，只是各位学者研究提出的概念。Epstein等在1994出版的《全球变化与传染性疾病的发生》（*Global Changes and Emergence of Infectious Diseases*）中对海洋生态系统健康的解释如下所述：系统必须维持新陈代谢活动水平、内部结构和组织，能够在较大的时间和空间范围内抵抗压力，这样的系统才是健康的和可持续的。2005年，我国国家海洋局在中国海洋行业标准《近岸海洋生态健康评价指南》（HY/T087-2005）中给出了海洋生态系统健康的定义：海洋生态系统健康是指生态系统保持其自然属性，维持生物多样性和关键生态过程稳定并持续发挥其服务功能的能力。

二、海洋生态系统健康的影响因素

海洋生态系统健康的影响因素有很多，包括自然因素和人为因素。前者主要包括自然干扰和自然生态系统退化，如地震、海啸等可能引起生态系统功能的削弱甚至消失。人为因素是影响海洋生态系统健康的主要因素，包括污染物排放、过度捕捞、填海造地和外来物种入侵等（孔红梅等，2002；Yan & Zhou，2004）。

（一）污染物排放

进入20世纪80年代以后，随着工业化的迅速发展，大量工业废水和生活污水未经处理即排放入海，其所含的多种有毒污染物和过量养分，对海洋生态系统健康产生了不同程度的影响。大量污染物的排放，导致近岸水体富营养化状态加剧，有害赤潮频发（图8-14）。据《中国海洋环境质量公报》等公开数据统计，我国沿海自1952至1999年共发生376次赤潮（未包括香港和台湾），而自2000至2013年仅14年的时间就发生了1 035次赤潮，且有毒赤潮比例不断增加。有害赤潮频发对我国沿海养殖业造成了严重的经济损失，仅2012年福建省沿海的一次米氏凯伦藻赤潮就造成了约20亿元的损失。与此同时，由于海洋石油的大量开采和海上运输日益增多，伴随而来的石油泄漏导致海洋污染的事件时有发生（李冠国和范振刚，2011）。从1967年的"托利卡尼翁"号油轮触礁失事，到2006年美国普拉德霍海湾石油泄漏，再到2010年美国墨西哥湾发生的石油泄漏，石油对海洋环境造成的污染日益严峻，已严重影响海洋生态系统的健康（见第六章）。

图8-14 有害赤潮（左）和墨西哥湾石油泄漏（右）

（二）过度捕捞

人类不合理的捕捞活动影响海洋生物的种群结构，改变海洋生态系统的食物网，威胁海洋生态系统功能的正常发挥（见第六章）。据联合国粮食及农业组织统计，世界海洋渔业产量从1950年的1 680万吨大幅度增加到1996年顶峰时期的8 640万吨，随后稳定在8 000万吨左右（图8-15）。渔获量的增加仅反映了一个表象，图8-16则显示了表象背后存在的可持续发展问题。从1974年粮农组织完成首次评估起，世界主要海洋鱼类种群中，未完全开发的种群所占比重一直处于下降状态，而过度开发的比重则不断上升。1974年过度开发的鱼类种群比例为10%，仅15年后（1989年）这一比例就上升至26%。对于完全开发的鱼类种群，其数量所占比例已超过50%，且渔获量已接近最大可持续产量。排名前10位的鱼类种群在世界海洋渔获量中合计占30%左右，其中多数已被完全开发，如东南太平洋秘鲁鳀鱼（*Peruvian anchovy*）的两大主要种群、北太平洋的阿拉斯加狭鳕（*Walleye pollock*）和大西洋的蓝鳕（*Micromesistius poutassou*）都已被完全开发，西北太平洋的日本鳀鱼（*Engraulis japonicus*）和东南太平洋的智利竹鳀鱼已遭过度开发（引自《2012世界渔业和水产养殖状况》）。

（三）填海造地

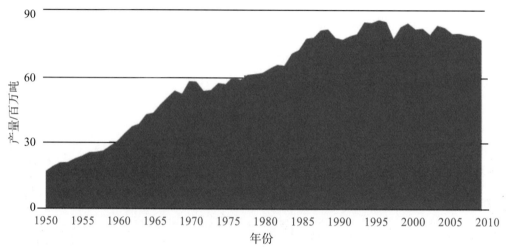

图8－15　世界海洋捕捞渔业产量变化情况
（引自《2012世界渔业和水产养殖状况》）

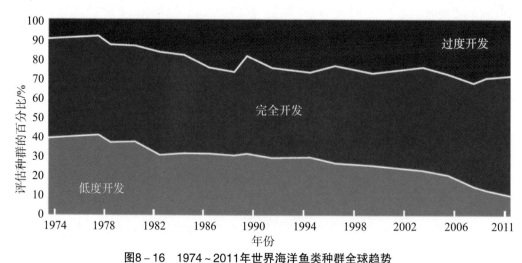

图8－16　1974～2011年世界海洋鱼类种群全球趋势
（引自第四版《全球生物多样性展望》对执行《2011～2020年生物多样性战略计划》
所取得进展的中期评估）

随着人口的剧增以及陆地资源的日趋匮乏，许多沿海国家都将填海造地当作城市发展的有效方法。不合理的填海造地会严重损害近岸海洋生态环境，改变自然岸线，导致生物多样性下降，关键生境破坏，海洋与陆地的物质交换和能量流动过程受阻，各种生源要素的正常流转受到影响，进而使海洋生态系统功能的正常发挥受到干扰或破坏（见第六章）。

（四）外来物种入侵

诸多研究和调查发现，地球上动物、植物及其他生物体的迁移是生物多样性面临的最大威胁之一。在已确认的动物灭绝现象中，有超过一半是由于外来生物的影响（无论是有意或无意）（Clavero & Garcia-Berthou，2005）。目前，外来入侵物种的数量及对生物多样性的影响在全球范围内仍在持续增加（图8−17）。目前发现的外来物种入侵途径主要包括释放、漏逸、运输−污染物、运输−藏匿和走廊。海洋外来生物的入侵途径主要包括漏逸、运输−污染物、运输−藏匿和人为引入等。船舶压舱水携带，船体生物附着，海水养殖逃逸，科研、养殖、观赏等目的的人为引入是其中的主要方式。以黄海海洋生态系统（我国管辖海域）为例，截至2007年共发现外来生物47种，其中，大型海藻3种，维管植物2种，多毛类1种，软体动物16种，甲壳类3种，虾类4种，尾索动物门动物3种，鱼类15种。这些外来生物中19.15%是通过船体附着无意引入的，80.85%是人为引入的。人为引入的生物中，86.84%为海水养殖用途（UNDP/GEF，2007）。海洋生态系统极易受到外来入侵物种的干扰，这些生物可以通过竞争、捕食和改变生境，遏制原有本地物种的正常生长和繁殖，造成基因污染，引起生物多样性下降，最终改变原有生态系统的结构和功能（UNEP/CBD/SBSTTA，2014；见第六章）。

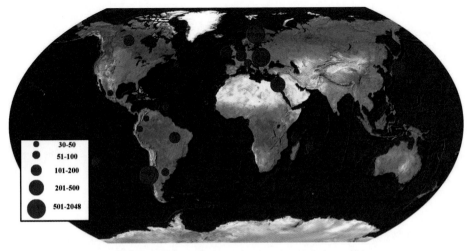

图8−17　21个国家中物种引入活动（已知引入日期）的累积次数（引自第四版《全球生物多样性展望》对执行《2011~2020年生物多样性战略计划》所取得进展的中期评估）

三、海洋生态系统健康评价

通过对生态系统的监测与观察，人们会获取数以万计的数据和资料，但这些信息是杂乱无序的。Karr（1999）指出需要建立一种方法，将这些复杂的生态系统信息转化为简易、可读的信息，并用来支持管理决策，此方法即生态系统健康评价。生态系统健康评价，不仅包括了个体、种群、群落和系统的综合水平，还兼收了物理生化指标、社会经济和人类健康指标，反映了生态系统为人类社会提供生态系统服务的质量与可持续性（Rapport，1998；李瑾等，2001）。生态系统的健康评价的目的并不仅限于为生态系统诊断疾病，而是要定义生态系统的一个期望状态，确定生态系统被破坏的阈限，并在文化、道德、政策、法律的约束下，实施有效的生态系统管理。

（一）评价标准

生态系统健康概念是随着人的主观认识与需求而发生改变的，虽然对象是生态系统，但是以人的感受和利益为出发点，只不过人们越来越把自身的角色放入生态系统中来考虑。管理者、决策者、普通公众需要知道海洋生态系统处于一个什么状态。与评估人的身体健康程度类似，评估海洋生态系统的健康状态需要具体量化的指标。显而易见，这些指标的选取对不同类型、不同区域的海洋生态系统来说，并非完全一致。同时海洋生态系统健康评价是具有时空属性的。时空性不仅是指评估对象的具体空间范围、评估的时间尺度；更是指人们对海洋生态系统健康的认识，随着社会经济发展水平和区域性差别而不同。从某种角度来说，各种评价标准与指标的选择均没有错误（没有对与错之分），只是它们反映不同的价值取向，代表不同研究者的认识。

生态系统健康评价的具体标准可分为活力、恢复力、组织力、生态系统服务的维持、管理选择、外部输入减少、对邻近系统的影响及对人类健康影响，其中最重要的是前三个部分（Costanza，1992；肖风劲和欧阳华，2002）。

（1）活力，即活性、代谢及初级生产力，表示生态系统的能量输入和营养循环容量，具体指标为初级生产力和物质循环。在海洋生态系统中用海洋浮游植物叶绿素含量表示海区初级生产力的高低。能量输入越多，物质循环越快，活力就越高，但过多的能量输入可能会导致局部海域水体富营养化，叶绿素含量过高，最终形成赤潮等危害。

（2）恢复力也称抵抗力，表示胁迫消失时，系统克服压力及反弹恢复的容量，具体指标为自然干扰的恢复速率和生态系统对自然干扰的抵抗力。这也是判定海洋生态系统是否健康的重要标准之一。健康的海洋生态系统在面对自然干扰时，必须拥有着较强的抵抗力和较快的恢复速率。例如，红树林保持健康状态，能够使近岸海洋生态系统承受住海啸和飓风等自然灾害，并在灾后得到有效恢复，维持较好的恢复力。

（3）组织力根据系统组分间相互作用的多样性及数量来评价，可选用物种多样性指数和丰富度指数来反映海洋生态系统的组织力。一般认为海洋生态系统组织类群庞大，海洋生态系统的组织性越复杂，即生物多样性越高，就代表着该海洋生态系统越健康。

（4）生态系统服务的维持是指服务于人类社会的功能维持，如提供海洋食物和能源。健康的海洋生态系统会充分地提供这些生态服务，但是越来越多的人类需求和不合理利用，使得海洋生态系统服务减少，不能很好地维持。

（5）管理选择是指健康的生态系统支持许多潜在的生态系统服务，如提供休闲娱乐场所等。退化或遭受破坏的生态系统则不具备这些服务，如被石油污染的海滩一定时期内不再具有供人们休闲娱乐的服务。

（6）外部输入减少意味着健康的生态系统不需要额外的投入来维持其生产力，尽量减少每单位产出的投入量，不增加人类健康的风险。

（7）对邻近系统的影响指健康的生态系统不以其他相邻的系统的破坏为代价来维持自身系统的发展，能够做到和平共处。

（8）人类健康本身就是很好的评价生态系统是否健康的标准，健康的海洋生态系统应该有能力维持人类的健康。

（二）评价方法

针对不同的生态系统健康研究，其评价方法主要包括（但不限于）以下8种（表8-5，Jørgensen等，2005）。

（1）指示物种法。利用特定物种的有无来判定生态系统健康与否的一种方法。由于某些特定生物与环境质量之间有着显著的相关性，所以可以用该物种来反映生态系统的健康程度，如鱼类和其他海洋哺乳类等。

（2）生物类别比例法。利用系统内不同种类的生物比例来判断生态系统的健康状态，如浮游植物与浮游动物的比例等。

（3）特定化合物指示法。即由某些化合物的浓度来判断生态系统的状态，如总氮和总磷浓度所指示的富营养化程度等。

（4）营养级分析法。将某一营养级的全部生物浓度作为判断系统健康的依据。例如，浮游植物浓度可指示富营养化水平，高营养级生物种群数量较高则代表了一个良好的生态系统状态。

（5）生态过程速率法。利用初级生产速率、死亡率或呼吸速率等进行判定的方法。例如，较高的初级生产率表示系统较为健康，而死亡率较高则代表系统存在问题。

（6）指标体系法。通常利用一组指标来表示生态系统的健康状态。例如，EPODUM是用来反映生态系统早期和成熟期的混合指标（包括能量指标、结构指标和稳定性指标），可以利用这些指标来判断系统是处于初期发展阶段还是成熟稳定的系统。

（7）整体指标法。使用生态系统的抵抗力、恢复力、缓冲能力、多样性等能够表征生态系统整体特征的指标来判断生态系统的健康状态。这种方法如同中医诊断，通过一些能够代表生态系统特征、反映生态系统变化的指标来判断生态系统的健康程度。

（8）热力学指标法。根据热力学变量等指标来判断生态系统的健康，这些指标并不分析系统的细节和内部过程，如系统所捕获的能量、成本/效益指标（系统的生态和经济贡献）等。

表8-5 不同类型的生态系统常用的评价方法（仿Jørgensen等，2005）

生态系统类型	评价方法							
	（1）	（2）	（3）	（4）	（5）	（6）	（7）	（8）
池塘、湖泊	+	+	+	+	+	+		+
河流	+	+	+	+	+	+		
湿地				+		+	+	+
河口	+					+	+	+
海岸带						+	+	+
海洋	+			+		+		

海洋生态系统健康评价方法主要有指示物种法、指标体系法、营养级分析法和生态过程速率法，最为常用的方法是指示物种法和指标体系法。

指示物种法主要利用某些关键海洋生物的健康程度来反映生态系统健康，包括单物种评价法和多物种评价法。前者是选择一种最为敏感的物种，用以反映生态系统所受影响的程度以及恢复程度（沈文君等，2004）。多物种评价法主要是选定一系列指示生物，建立多物种评价指标体系，用以反映生态系统的健康程度（张宏锋等，2003）。该方法简单，需要数据较少，具有良好的可操作性。但是随着研究发现，该方法还存在着明显的缺点：指示物种的筛选标准不能很好地确定，很难选择合适的海洋类群来表征其状态；监测参数的选择也会给评价带来偏差。

1978年由美国学者倡议，成立了国际性贻贝监测计划工作组，制订了贻贝监测计划又称"贻贝合中计划"（见插文）。旨在通过监测海洋贝类体内污染物的残留水平，反映近岸海域的环境质量状况。监测的贝类品种除贻贝和牡蛎外，还有菲律宾蛤仔（*Ruditapes philippinarum*）、文蛤（*Meretrix meretrix*）、四角蛤蜊（*Mactra veneriformis*）、毛蚶（*Scapharca subcrenata*）、缢蛏（*Sinonovacula constricta*）等。2004年的监测结果显示，我国近岸海域镉、铅、砷等污染物在部分贝类体内的残留水平较高，部分地点贝类体内石油烃、六六六、滴滴涕和多氯联苯的残留量有超标现象，表明近岸环境受到不同程度污染（2004年中国海洋环境质量公报）。

贻贝监测计划

贻贝监测计划（Mussel Watch Program）是利用双壳类软体动物（主要是贻贝和牡蛎作为指示生物）体内的污染物残留量，监测和评价海洋化学污染状况及化学浓度场空间和时间的分布趋势（阎启仑等，1996）。国际贻贝监测计划始于20世纪70年代末，我国1982年也正式参加了这个计划。贻贝和牡蛎是世界海洋的广分布种，又是广大人民喜爱的海产食品和重要海洋生物养殖种类，对多种污染物有很高的累积能力。因此贻贝监测计划的实施，可以揭示世界和区域海洋环境的污染现状和变化趋势，评估人类活动对近岸海洋环境质量造成的影响。

指标体系法运用海洋生态系统的多个相关评价因子，更适应海洋生态系统的复杂性、多样性，是目前国内外最常用的海洋生态系统健康评价方法。该方法根据生态系统特征选择能够表征其特点的参数，建立指标体系，并对指标进行度量，确定每项指标的权重系数，最后构建评价体系。该方法综合了多学科研究内容，虽然运行周期长、获取资料费用大，但是适用范围较大，其结果可以综合反映生态系统内部不同要素之间的相互作用和同一要素层上不同种群之间的相互作用。同时该方法还考虑到了不同生态尺度变化时监测指标的改变，适用于具有复杂性和不稳定性的海洋生态系统

健康状况评价（丁德文等，2009）。

1992年联合国环境规划署（United Nations Environment Programme，UNEP）在巴西里约热内卢召开的联合国环境与发展大会（United Nations Conference on Environment and Development，UNCED）明确提出了要建立完整的生态系统健康指标体系以进行海洋生态系统健康监测。2012年，Benjamin S. Halpern等研究者建立了一个综合指数——海洋健康指数（Ocean Health Index，OHI）来评估全球海洋的健康状况和海洋为人类提供福祉的能力（图8-18）。该指数是由10个方面的指标组成的指标体系计算所得的结果，包括了食物供给、非商业性捕捞、天然产品、碳汇、生计、旅游与度假、清洁的水资源、生物多样性、地区归属感、安全海岸线等。每一方面的指标均能够反映一个健康的海洋生态系统为人类提供生态、社会与经济福祉的能力（Halpern等，2012）。

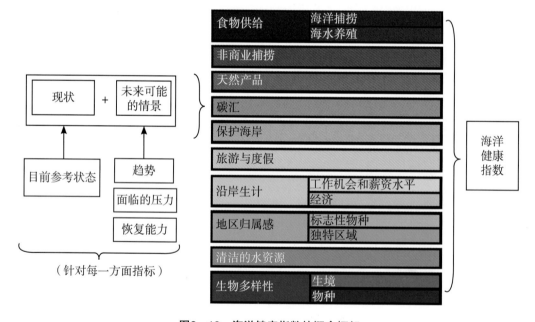

图8-18 海洋健康指数的概念框架

（引自Halpern等，2012；http://www.conservation.org.cn）

（三）评价步骤（指标体系法）

海洋生态系统健康评价步骤一般包括现状调查、问题分析、健康诊断和综合管理（图8-19；Rapport等，1999；Xu等，2004）。

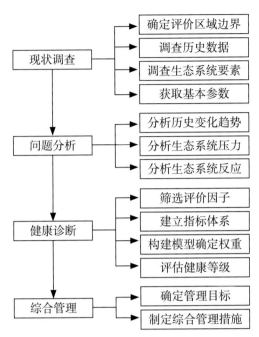

图8 – 19　海洋生态系统健康评价步骤（参考：Rapport等，1999；Xu等，2004）

在现状调查过程中，首先需要确定评价区域边界。其次针对待评价海区的社会发展和生态环境的历史与现状开展调查，如调查海洋资源开发利用情况、海岸工农业发展情况、以及海洋环境和生物资源等情况。然后针对现状调查，分析历史演变趋势，分析待评价海区生态系统的压力以及响应。例如，针对石油污染海域分析其水体、沉积物以及生物体内的物理反应、化学反应、基因系统水平响应以及生态系统功能层次的响应等。

生态系统健康评价的关键点和难点在于健康诊断，包括筛选评价因子、建立评价指标体系、构建评价模型并确定权重、确定健康等级等。正确地选取评价因子是构建海洋生态系统健康评价模型的基础。其选取遵循8项原则（Dale & Beyeler，2001）：容易测量；对生态系统受到的压力敏感；能够有先兆地对压力产生反应；具有预测性，如可以表征生态系统中关键特征将出现的变化；能够预测变化，这种变化是可以利用管理行动控制的；是综合的整体，能测量覆盖所有生态系统重要组成的变化；能够对人类活动的压力产生一种众所周知的响应，并能随时间变化；在响应中存在尽可能少的变动。

确定评价因子的权重也是进行生态系统健康评价的关键。其方法有很多，多数研究者倾向于采用层次分析法等综合评价方法（见插文）。评价指标以及指标权重确定后，可根据评价公式，计算得到海洋生态系统的健康评价指数，并根据各国制定的标准确认待评价区域的健康等级。计算公式如下：

$$CEH_{indx} = \sum_{i=1}^{n} W_i \times E_i$$

其中，CEH_{indx}为近岸海域生态系统健康综合评价指数；W_i为第i个指标的权重；n为指标总数；E_i为第i个指标值。

层次分析法

层次分析法（analytical hierarchy process，AHP）是由美国学者Thomas L. Saaty于20世纪70年代提出的一种定性与定量相结合的多目标决策分析方法。其原理是将一个复杂的被评价系统，按其内在的逻辑关系，以评价指标为代表构成一个有序的层次结构，然后运用专家的知识、经验、信息和价值观等，对同一层或同一域的指标进行两两比较，从而构建判断矩阵。然后通过求判断矩阵的最大特征值及其正交特征向量，得到这一层指标所对应的权重，在此基础上进行层次总排序和组合一致性检验。

层次分析法的基本过程：① 构建层次结构，通过把指标分层次，形成一个自上而下的支配关系构成的层次结构；② 建立判断矩阵，对每一层次中要素的相对重要性进行判断，即判断本层次要素对上层对应要素的重要程度，对要素进行两两比较，得到标值，从而建立比较矩阵；③ 最后通过计算求得判断矩阵的特征向量，即权重值。

海洋生态系统健康评价的最终目的是为海洋管理与决策服务。生态系统健康评价是开展海洋综合管理的基础，同时也是综合管理的目标。生态系统健康评价为海洋环境管理提供了新的手段和技术，而良好的综合管理措施是维持海洋生态系统健康的保证。在综合管理过程中，必需注意生态系统的动态性原理、多样性原理以及层次性原理，只有这样才能实现海洋生态系统健康的可持续性。

小结

景观生态学是研究和改善空间格局与生态和社会经济过程相互关系的整合性交叉科学。在景观生态学的理论体系中，复合种群理论、岛屿生物地理学理论、空间异质性与景观格局理论以及景观连接度理论是具有景观生态学与恢复生态学学科交叉特色的基础理论。

海洋生态系统服务是以人类作为服务对象，以海洋生态系统自身为服务产生的物质基础，由生物组分、系统本身、系统功能产生，通过海洋生态系统和海洋生态经济复合系统实现的人类所能获得的各种惠益。海洋生态系统服务的内容分为供给服务、调节服务、文化服务和支持服务。海洋生态系统服务的实现途径有海洋生态系统和海洋生态经济复合系统。

生态系统管理是一个包括众多利益相关者的大尺度管理系统，以保护生态系统组分和过程为目标，突出生态学原理与其他相关学科的指导作用，重视生态系统的监测评估，充分考虑利益相关者的协调，能够根据生态系统的变化评估管理绩效，调整管理措施，以实现生态系统的永续利用。海洋生态系统的管理具有特殊性。

海洋生态系统健康是指生态系统保持其自然属性，维持生物多样性和关键生态过程稳定并持续发挥其服务功能的能力。影响海洋生态系统健康的因素有自然因素和人为因素。自然因素主要包括自然干扰和自然生态系统退化，如地震、海啸等。人为因素是影响海洋生态系统健康的主要因素，包括污染物排放、过度捕捞、填海造地和外来物种入侵等。生态系统健康评价为海洋环境管理提供了新的手段和技术，而良好的综合管理措施又是维持海洋生态系统健康的保证。

思考题

1. 应用景观生态学理论解释典型人类活动对海洋生态系统产生的生态效应。
2. 举例阐述景观生态学理论在海洋生态恢复中的应用。
3. 什么是海洋生态系统服务？它是如何产生与实现的？
4. 海洋生态系统服务与海洋生态系统功能的区别是什么？
5. 举例说明日常生活中我们享受到的海洋生态系统服务。
6. 影响海洋生态系统健康的因素有哪些？
7. 海洋生态系统健康评价的方法有哪些？
8. 什么是生态系统管理？它与传统的自然资源管理有什么区别？
9. 海洋生态系统管理有哪些特殊性？

拓展阅读资料

1. Benjamin S H, Catherine L, Darren H, et al. An index to assess the health and

benefits of the global ocean[J]. Nature, 2012, 488: 615 - 620.

2. Costanza R, d'Arge R, de Groot R, et al. The value of the world's ecosystem service and natural capital[J]. Nature, 1997, 387: 253 - 260.

3. Gretchen C D. Nature's Services: societal dependence on natural ecosystems[M]. Washchgton D.C.: Island Press, 1997.

4. http://www.millenniumassessment.org（千年生态系统评估相关报告）.

5. Xu F L, Lam K C, Zhao Z Y, et al. Marine coastal ecosystem health assessment: a case study of the ToloHarbour, Hong Kong, China[J]. Ecological Modelling, 2004, 173: 355 - 370.

6. Zev N. 景观与恢复生态学：跨学科的挑战[M]. 李秀珍，等译. 北京：高等教育出版社，2010.

7. 蔡程瑛. 海岸带综合管理的原动力：东亚海域海岸带可持续发展的实践应用[M]. 周秋麟，等译. 北京：海洋出版社，2010.

8. 邬建国. 景观生态学：格局、过程、尺度与等级[M]. 北京：高等教育出版社，2007.

第三篇　技术方法篇

　　在海洋生态系统退化趋势日益明显的情况下，其恢复已经成为公众、政府和学术界共同关注的焦点。海洋生态恢复是建设生态文明、改善海洋环境的一项重大措施。海洋恢复生态学是一门多学科交融的合成科学。每个海洋生态恢复项目都是一个系统的生态工程。科学、先进、适宜的技术方法是生态恢复能否成功的关键。根据受损生态系统的情况，明确的恢复目标，编制科学的恢复计划和正确的恢复程序，全过程进行监测并进行有效的管理是恢复成功的保证。本篇着重介绍有关生态恢复的技术和方法。

第九章 海洋生态恢复的程序与原则

第一节 海洋生态恢复的程序

程序（procedure）是司法、行政管理部门和计算机科学等领域常用的一个重要名词。

生态恢复程序，是指从事生态恢复的单位和/或个人进行生态恢复时应当遵循的方式、方法、步骤以及相关的规则和标准。

海洋生态恢复程序包括生态恢复的技术程序和管理程序。

程序是生态恢复工作顺利进行的重要保障。在生态恢复实践中，只有按照规定的程序进行工作才不会走弯路。

但目前关于生态恢复程序的研究多关注于生态恢复的技术程序而忽略管理程序。在生态恢复实践中，对管理程序缺乏明确的认识，往往会导致生态恢复目标设定不合理、执行中断、监管缺失、恢复成果再次受损等后果，进而导致恢复失败。

一、一般生态恢复程序

至今，国内外尚没有出台统一的生态恢复程序。在实践中，针对不同的恢复类型，所遵循的恢复程序不同；对于同一恢复类型，不同学者所实施的程序也不同。

章家恩等（1999）提出退化生态系统的恢复一般分为以下几个步骤：① 明确被恢复的对象，确定系统边界；② 退化生态系统的诊断分析，包括生态系统的物质与能量流动及转化分析、退化主导因子、退化过程、退化类型、退化阶段与强度的诊断与辨识；③ 生态退化的综合评判、确定恢复目标；④ 退化生态系统恢复的自然—经济—社会—技术可行性分估；⑤ 恢复的生态规划与风险评估，建立优化模型，提出对策与具体的实施方案；⑥ 进行实地恢复的优化模型试验与模型研究，通过长期定位观测试验，获取在理论和实践中具有可操作性的恢复模式；⑦ 对一些成功的恢复模式进行示范与推广，同时要加强后续的动态监测与评估。

毋瑾超等（2013）提出的海岛生态恢复工作技术路线如图9–1。他们将工作流程分为六个阶段，分别为资料收集阶段、外业调查阶段、方案编制阶段、组织实施阶段、项目验收阶段、评估及维护阶段。

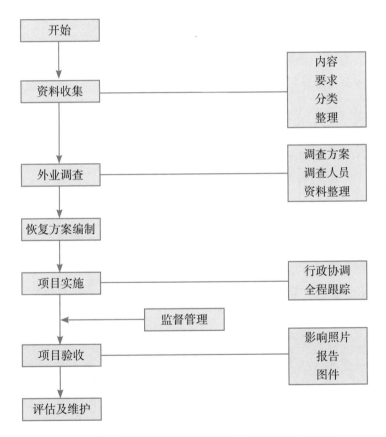

图9–1　海岛整治恢复总体流程（引自毋瑾超等，2013）

对海岛等对象的恢复流程，必须将工程系统与生态系统二者结合，既要考虑传统的工程作业流程，又要同时满足生物栖息环境的需要。为此，有学者提出了生态工程操作流程（图9–2）。

结合技术程序与管理程序，在我国海洋生态恢复程序大致可分为四个阶段，即立项（准备）、计划（编制实施方案）、实施（方案的实施）和成效评估（成果总结评估和后续工作）。

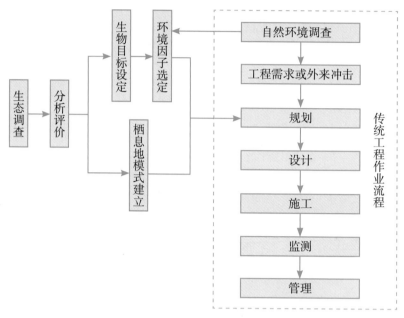

图9-2　生态工程操作流程（引自郭一羽，2006）

二、海洋生态恢复的立项阶段

这个阶段需要解决如下主要问题。恢复什么？为什么要恢复？谁主持（包括出资）？谁承担恢复项目工作？前两个问题主要涉及科学技术，包括资料收集与分析、现场调查等内容；后两个问题主要涉及管理。

（一）支持单位

海洋生态恢复的支持单位，同时也应是主管部门，在我国主要是具有管理海洋职责的国家部门，如国土资源部、国家海洋局、农业部、科技部、环保部、交通部等，以及沿海省、市政府，也包括涉海企业等。

海洋生态恢复项目可分为两类。一类是科研性质，主要是研究恢复的关键技术和原理，其中有探索性的、基础性的项目，可以申请自然科学基金；而研究性、集成性和应用性的项目，根据恢复项目的主要内容、目标可向上述不同部门申请，或根据上述部门发布的科研指南进行申请。另一类是规模较大的恢复工程项目，如海水浴场、海岸景观修复工程等，大多由行业主管部门或地方政府发布招标。

通常，生态恢复项目的主管部门也是主要出资者。

（二）承担单位

承担单位或个人，除了少数是由主持单位直接委托以外，大多要经过提出书面申请、公开招标、专家评审、主持单位审核批准、签合同（协议）等步骤。

承担单位要能获得项目申请的批准，除了人员、设备、专业知识、工作经历等条件外，最主要的一点是要尽可能充分掌握计划恢复项目的相关领域资料，尤其是有关海域生态系统的监测、调查资料，并对为什么要恢复、恢复什么、计划怎样恢复有科学的、合理的表述。

（三）资料收集

资料收集是整个生态恢复工程的基础工作，也是写好项目申请书和编制实施方案的前提，为后续步骤提供数据和依据。

因此在资料收集过程中必须遵循一些基本要求。

（1）全面性。在时间尺度上，一般至少需要两个不同时期的数据，即干扰前（或历史的）、干扰后（或当前的）。尽量收集拟恢复的生境、生物、生态系统的调查、监测资料，收集当地和/或区域的经济、社会资料，以及政府制定的有关经济、社会发展规划。生态调查与资料收集的具体内容需根据生态系统类型、生态退化类型、生态恢复目标等确定。例如，进行海岛生态系统恢复，资料收集工作包括海岛基本信息、自然资源和环境信息、海岛遥感和地理信息相关数据资料、海岛破坏现状及生态环境评估和监测、生态保护等资料、海岛周边海域基本信息以及国家和地方有关法规、规划、标准、指南（毋瑾超，2013）。

（2）系统性。根据需要，按照预先设计，分门别类加以收集，避免杂乱无章、繁乱无序。系统地进行资料收集，做深入分析，有利于生态系统恢复与优化的设计。

（3）有效性。要重视资料的质量，保证其可靠、准确，具体符合下面几点：① 由相关资质认定单位提供的数据；② 社会经济发展状况资料以所在区域人民政府职能部门最新发布的数据为准；③ 保护规划、功能区划以及其他相关规划应具有合法性。所有资料要说明来源（包括时间、作者和单位、刊物名称、卷、期、页；或书名、报告书名等）。

我国自20世纪50年代末开始，进行了多次海域、海岛综合调查。国家海洋局和农业部渔政部门也于20世纪80年代起，持续进行海域环境、生物资源的监测。沿海省市自20世纪80年代起对海洋工程进行环境影响报告书编制、审批；21世纪初又实行工程海域使用论证报告编制、审批，以及其他事项调查报告，发布了一系列公报、专报。除外，还有一些研究论文、调查报告、专著。上述资料应尽量加以收集。

（四）现场调查和监测

现场调查和监测，主要是掌握生态恢复前的基线情况，作为恢复前的"本底"状况，并可与已收集的资料进行对比，判别恢复的重点，了解退化生境和生态系统的现状以及退化的原因。

生态恢复前，不仅要参照有关规范对拟恢复海域或海岛进行生态环境调查或监测，同时应对恢复区所在地的经济、社会进行调查，了解拟恢复项目所在地的开发状况、资源状况、地方政府的经济与社会发展规划，当地公众对恢复计划的了解程度和所持的态度等，为编制生态恢复计划提供重要的参考依据。

三、生态恢复计划的编制

这个阶段是生态恢复项目的承担单位，在获得委托或批准后需要开展的工作。计划的编制内容，应按合同书的要求，或者主管部门的统一要求逐项认真填报。如获得海洋公益性行业科研专项经费支持的海洋生态恢复项目需按照要求填报《海洋公益性行业科研专项经费项目实施方案》（见插文）。

《海洋公益性行业科研专项经费项目实施方案》

一、项目概述

二、项目必要性及需求分析

1. 项目立项的必要性

2. 项目实施能够产生的重大经济、社会效益等项目的重要意义

三、项目目标及主要研发、应用转化任务

1. 总体目标和年度目标

2. 研究内容（按子任务逐项填写）

3. 预期成果及考核指标

4. 技术路线

5. 项目的关键技术

四、国内外技术现状、发展趋势

五、成果技术、经济效益，成果社会共享范围和方式

六、产学研结合情况及在科技兴海基地建设方面的作用

七、实施年限和年度工作计划

八、经费预算及来源渠道

九、国内现有工作基础、组织实施方式及组织管理措施

十、与863、973、支撑计划等科技计划联系与区分

十一、项目承担人员基本情况表

十二、项目承担单位意见

十三、项目推荐单位意见

十四、专家审查意见

十五、专项经费管理咨询委员会推荐意见

十六、国家海洋局海洋科学技术司意见

十七、项目组织情况说明

十八、其他情况说明

在实施方案的编制中，退化生境和生态系统的诊断是前提，恢复目标、时空尺度、恢复模式、技术路线和技术、方法措施的确定是关键，而经验丰富的人员、合理的经费预算和有效的管理是保障。

（一）退化生态系统的诊断

与健康生态系统相比较，退化生态系统是一类病态的生态系统。它是指在一定的时空背景下，在自然因素、人为因素，或者二者共同作用下，生态系统要素和生态系统整体发生不利于人类和其他生物生存的量变和质变（章家恩和徐琪，1998）。受损生态系统，是指生态系统在自然干扰、人为干扰（或二者的共同）作用下，发生了位移（或改变），打破了生态系统原有的平衡状态，改变或妨碍了系统的结构和功能，并使生态系统发生逆向演替（盛连喜，2002）。

要编制退化生态系统的恢复实施方案，首先必须对恢复对象的退化状态、程度、原因进行诊断，"对症下药"。如果症状不明，病要治好就很难了，甚至白花钱病却更糟。

退化海洋生态系统的科学诊断是恢复生态学的一大难题。这是因为导致生境、生态系统退化的原因往往既有自然因素，又有人类活动的干扰因素，这两大因素又互相叠加，很难区分。它们对海洋生态系统的干扰、压力与效应之间的关系又大多是非线性且具有时滞效应的，不是立即应答的关系。再者，海水是流动的，且在不断变化中。另外，不同类型的生态系统的退化衡量标准也不一致，而我们对上述知识的了解目前还很有限。但这并不能成为不进行海洋退化生态系统恢复的理由。路，毕竟是人

走出来的。

1. 生态系统退化诊断流程

对生态系统退化程度的诊断步骤，通常需要经过以下几个环节：诊断对象的选定、诊断参照系统的确定、诊断途径的确定、诊断方案的确定、诊断指标（体系）的确定（图9－3）。

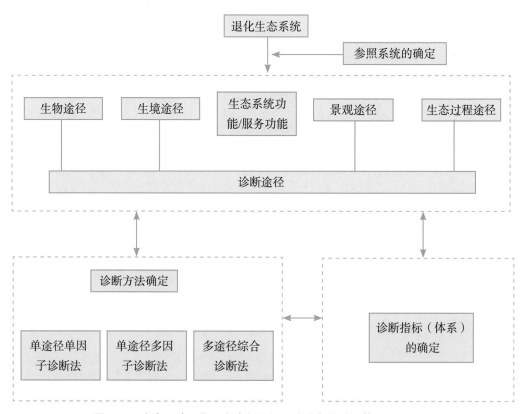

图9－3　生态系统退化程度诊断流程图（引自董世魁等，2009）

2. 生态系统受损过程

由于干扰因素和生态系统对干扰的抗性差异，因而在外界的干扰（压力）下，生态系统的受损过程也有多种形式。

（1）突发性受损：海洋生态系统受到突发性的强烈干扰，受损程度严重，受损后靠自然恢复时间长，如严重的石油泄露、海啸等导致的受损。

（2）跃变式受损：海洋生态系统最初受到干扰时，并未出现明显的损伤，但随着干扰的持续，达到或超过某种阈值，则系统呈现明显受损状态。这时，生态系统的抵抗力明显降低，恢复的代价明显加大。例如，重金属污染、持久性有机污染入海对海洋生态系统的影响，不断进行围填对海湾、河口所造成的影响，持续性砍伐对红树林湿地造成的影响。

（3）渐变式受损：干扰强度较均衡，强度不大但持续，对海洋生态系统的影响主要是累积性的；如海域的富营养化、全球气候变化对珊瑚礁的影响。

（4）间断式受损：指生态系统因周期性干扰而受到损害的一种形式。干扰停止后，生态系统能逐渐恢复。例如，每年夏季洪水季节大量淡水注入对河口生态系统的影响，海上倾废区的倾废活动对水体和底栖生物的影响。

但在现实中，外界干扰对海洋生态系统的影响，大多是两种或两种以上的复合式损害。对海洋生态系统的干扰，主要包括自然和人为两大类，有时两者又相互叠加。自然干扰的因素，主要有台风、风暴潮、海啸、地震、冰冻、气候异常等。人为干扰，主要是污染、生态破坏和对海洋生物的过度捕杀，以及外来物种入侵。另外，有些海洋生物具有间隔时间较长的周期性（如几十年周期）暴发式繁殖现象，而我们尚不了解这一现象的机制。

3. 退化生态系统诊断的标准

生态系统受到损伤后，原有的生态系统的动态平衡被打破，导致系统的结构、组分及功能的变化，使其结构趋于简单化、生产能力降低、种间关系发生变化、功能弱化。另一方面，退化或受损生态系统是相对于健康生态系统来说的，退化或受损是正向演替或进展演替的反方向过程，即系统的结构和功能发生了逆向演替。因此，用来衡量生态系统健康的标准也可用以诊断退化（受损）生态系统。由于生态系统类型具有多样性，所以不同类型生态系统的诊断、评价标准也各异。

Rapport等（1985）提出了以"生态系统危险症状（ecosystem distress syndrome，EDS）"作为生态系统非健康状态的指标。生态系统危险症状包括系统营养库（system nutrient pool）、初级生产力（primary productivity）、生物体型分布（size distribution）、物种多样性（species diversity）等方面的下降。随着这些症状发生，进而出现了系统退化（system retrogression）。生态系统退化的具体表现为生物贫乏、生产力受损、生物组成趋向于机会种、恢复力下降、疾病流行增加、经济机会减少、对人类和动物健康产生威胁等（Rapport et al.，1998）。同样地，也可用Costanza（1989）提出的度量生态系统健康状态的三个指标，即活力（vigor）、组织（organization）和弹性（resilience）及其综合评价来诊断退化生态系统。总体来说，上述指标在理论上都是有效的，可用于指导各类不同退化生态系统的诊断。

对于海湾生态系统，王文海等（2011）认为可以从以下几方面来分析海湾的健康状况，即水质指标、海湾面积减少速率及终极海湾面积指标、海湾滩涂存有率和天然岸线保有率指标、海水交换指标、生物种群变化率指标以及海湾富营养化程度指标。杨建强等（2003）采用结构功能指标评价分析方法，利用层次分析法确定了评价因子的重要度及其层次关系，建立了海洋生态系统健康综合评价指数模型，对莱州湾西部海域海洋生态系统健康状况进行了评价。评价指标体系包括三个子系统：① 环境表征子系统，调查项目包括透明度、盐度、溶解氧、pH、COD、$\sum$（N/P）、沉积物中的有机质和硫化物等；② 生物群落结构子系统，内容包括浮游植物、浮游动物、底栖生物的多样性指数和优势度；③ 生态系统功能子系统，包括生态演替、光合作用和生产力等指标（杨建强等，2003）。

刘春涛等人（2009）提出了评价河口生态系统健康状况的指标体系（图9－4）。

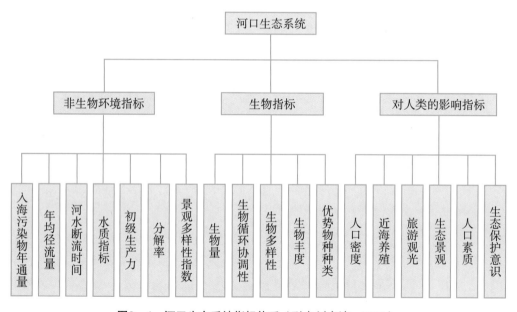

图9－4　河口生态系统指标体系（引自刘春涛，2009）

陈彬等（2012）提出的海洋生态系统退化的诊断指标包括生物指标、生境指标、生态系统功能服务指标、景观指标、生态过程指标。

4. 生态退化诊断方法

由于诊断的对象、指标的不同，因此所采用的方法也各不相同。杜晓军等（2003）把诊断的方法分为单途径单因子诊断法、单途径多因子诊断法、多途径综合诊断法。杨建强等（2003）对莱州湾西部海域海洋生态系统健康进行评价时，采用了结构功能指标评价分析方法。他们把海洋生态系统分为环境表征子系统、生物群落结构子系统和生态系统功能子系统，每个子系统又由诸多因子构成。他们给每个因子确定权重，将各因子相对上层权重进行乘积得到各因子对系统的权重，然后采用综合指数方法建立海洋生态系统健康综合评价模型：

$$H_j = \sum W_i H_i$$

其中，H_j为j号站的生态系统健康综合指数（总指数）；W_i为第i个评价因子相对于指标体系系统的权重；H_i为第i个评价因子分指数。

$$H_i = C_i / C_{max}$$

其中，C_i为第i个评价因子实际测值，C_{max}为所有站位（评价单元）中第i个评价因子中最大值。通过逐个对所调查海区的调查站位进行评价，所得健康综合指数越高表明该调查系统的健康状况相对越好，反之则越差。

郑耀辉等（2010）综合国内外的研究成果，提出了海滨红树林湿地生态系统健康的评价指标和诊断方法（表9-1）。另外，Xu等（2001）和刘永等（2004）评价湖泊生态系统健康水平的模式和方法，对于海洋等退化生态系统的诊断也有参考价值。

表9-1 红树林湿地生态系统健康评价指标（引自郑耀辉等，2010）

准则层	要素层	指标层		应用的诊断方法
压力	人为干扰	河口排污量年均增长率 生活污水排放量年均增长率 水产养殖污染年均增长率 人类活动土地利用强度		生态系统健康风险评价法
	自然干扰	冻害、海平面上升、泥沙沉积等危害程度、生物入侵控制率		生态系统健康风险评价法
状态	物理化学指标	水文：盐度、水位、淹水的延时和频率等 水质：COD、DO、pH、无机氮、活性磷酸盐等 沉积物重金属污染程度 生物体内重金属污染程度		指示物种法 指示物种法、结构功能指标法 指示物种法；生态系统健康风险评价法 生态系统健康风险评价法
	生态指标	生物多样性指数	红树植物生物多样性指数 大型底栖动物生物多样性指数 鸟类生物多样性指数	结构功能指标法、生态脆弱性和稳定性评价
		物种均匀度指数	红树植物均匀度指数 大型底栖动物均匀度指数 鸟类均匀度指数	

准则层	要素层	指标层	应用的诊断方法
响应	系统服务功能变化	防风消浪功能变化 维持生物多样性功能变化 物质生产功能变化 科考旅游功能变化	生态功能评价法、生态系统失调综合症诊断法
	管理水平	是否为自然保护区 现有政策、法规及其执行力度 管理职能分工及人员配置情况 有效财政支出 社区参与度	生态系统健康风险评价法

5. 生态系统退化程度的划分

对生态系统的评价结果，通常用定性或半定量的方法表示。不同类型生态系统的退化程度的划分，各有其标准。其中，最主要的元素是与原始状态加以比较。在比较时，不仅要注意生物的个体数量，还应关注生物的种类。比如草地生态系统，有时可能毒草增多，不可食的杂草增多，这对牧业来说是显著不利的。同样地，在海域中有毒单细胞藻大量暴发，虽然生物量大幅度增加，但对生态系统却有害。

李博（1991）提出了我国典型草原草地退化分级及其划分标准（表9-2）。

表9-2　我国典型草原草地退化分级及其划分标准（引自李博，1991）

退化等级	植物种类组成	地上植被与地表状况	地被物与地表状况	土壤状况	系统结构	可恢复程度
轻度退化	原生群落组成无重要变化，优势种个体数量减少，适口性好的种减少或消失	下降20%~35%	植被物明显减少	无明显变化，硬度稍增加	无明显变化	围封后自然恢复较快
中度退化	建群种与优势种发生明显更替，但仍保留大部分原生物种	下降35%~60%	地表物消失	土地硬度增大1倍左右，地表有侵蚀痕迹，低湿地段土壤含盐量增加	肉食性动物减少，草食性啮齿类增加	围封后可自然恢复
重度退化	原生种类大半消失，种类组成单一化，低矮耐践踏的杂草占优势	下降60%~85%	地表裸露	硬度增加2倍左右，有机质明显降低，表土粗粒增加或明显碱化，出现碱斑	食物链明显缩短，系统结构简化	自然恢复困难，需加改良措施
极度退化	植被消失或仅生长零星杂草	下降85%以上	呈现裸地或盐碱斑	失去利用价值	系统解体	需重建

国家海洋局针对我国海湾、河口、滨海湿地、珊瑚礁、红树林和海藻床典型生态系统，设立了18个生态监控区。每年在定期监测的基础上，综合考虑生态系统自然质量的保持、生物多样性维持、生态系统结构变化、人类活动压力等方面的因素，把监控区生态系统健康状况分为三个等级（表9－3）。其中，亚健康可认为是生态系统轻度退化；不健康，实际上是比较严重的退化。

表9－3　不同健康等级生态系统特征（《中国海洋发展报告》，2010）

健康状态	生态系统特征
健康	生态系统保持其自然性质。生物多样性及生态系统结构基本稳定，生态系统主要服务功能正常发挥；环境污染，人为破坏，资源的不合理开发等生态压力在生态系统的承载能力范围内。
亚健康	生态系统基本维持自然属性。生物多样性及生态系统结构发生一定程度变化，但生态系统主要服务功能尚能发挥。环境污染、人为破坏、资源的不合理开发等生态压力超出生态系统的承载能力。生态系统在短期内无法恢复。
不健康	生态系统自然属性明显改变。生物多样性及生态系统结构发生较大程度变化，生态系统主要服务功能严重退化或丢失。环境污染、人为破坏、资源的不合理开发等生态压力超出生态系统的承载能力。生态系统在短期内无法恢复。

（二）生态恢复目标的确定

目标的确定，要综合考虑经济、社会、生态文明建设和科学的需求，有可操作性和可实现性。目标应明确、易懂，可分层次和阶段，但各层次、阶段要有紧密相关性和连续性，尽可能定量化，且可考核。

不少学者认为，生态系统恢复的目标是发展一种具有长期可持续性的生态系统，并使之具有保护性、生产性和美学效应。由于不同国家和地区的社会、经济、文化和生活需要的差异，人们往往针对不同的退化生态系统确定不同的恢复目标。比如，当水产品缺乏时，希望沿岸能开辟更多的养殖池塘，形成许许多多池塘养殖生态系统；但当水产品逐渐增多，人们生活水平提高时，则希望看到沿岸多姿多彩的景观。但是，无论对什么类型的退化系统，生态恢复目标的确定都应有以下几点基本要求：① 实现生态系统的地表基底稳定性，因为地表基底（地质地貌）是生态系统发育与存在的基础和载体；② 提高物种组成的多样性；③ 恢复生物群落，提高生态系统的生产力和自我维持能力，从而增强生态系统的服务功能；④ 停止有害的人为干扰活动，减少或控制环境污染；⑤ 增加视觉和美学享受。

彭少麟（2003）认为，恢复目标一般应注重生物多样性、群落结构、生态系统功能、干扰体系以及生态服务功能，改善系统的结构和功能。结构恢复指标指乡土种的丰富度，即恢复所希望的物种丰富度和群落结构，使群落结构与功能间形成联结；而功能恢复指标包括初级生产力和次级生产力、食物网结构、重要生态过程的再建等非生物特征的恢复。

以我国台湾高雄市海岸景观及生态规划为例，其恢复目标有5项：① 多样化生境的营造及保护；② 沙滩保护、补偿及营造；③ 亲水游憩机会的增进；④ 营造美丽的海岸景观；⑤ 海岸防风林的恢复（郭一羽等，2006）。

（三）主要措施

首先应确定适宜的时、空尺度。空间尺度应以恢复对象的生境、系统考量，尽可能保证范围较大。但考虑到人力、资金有限，若恢复空间尺度太大，部门、单位的协调和资金筹集等均有难度。人们都希望在短时间内能看到生态恢复的效果。对于有些项目的恢复，如水产增殖放流、藻场的恢复，三年内即能看到效果。但对于有些生态恢复，如珊瑚礁生态系统修复、海域富营养化的治理、海域低氧区的改善、沉积物重金属和石油污染的清理，乃至互花米草的消除，都很难在短期内见到明显的效果。比如，日本琵琶湖的环境污染治理，其修复计划长达40多年。为此，对于规模大，恢复困难的项目，应分阶段、分层次，提出明确的阶段目标。

其次，根据生态系统受损的程度，采取不同的恢复模式。Platt等（1977）提出了退化生态系统恢复遵循的两个模式（图9-5）。一种是生态系统受损不超过负荷且可逆的情况下，在压力和干扰消除后，可以自然恢复。另一种是受损严重，靠自然力已很难或不可能将生态系统恢复到初始状态，则必须人为干预，帮助恢复。

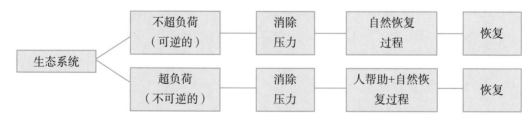

图9-5　受损生态系统恢复的两种模式（引自Platt等，1977）

人为干预的恢复又依干预的程度分为人为促进生态恢复和生态重建（图9-6）。生态重建通常包括生境的改造和恢复，大多与工程措施相结合，不以恢复原始状态为主要目标。

再者，应根据恢复的目标、对象及资金投入等综合条件，采用相应的技术措施。尽可能采用新材料、新工艺、新技术。在指定的恢复实施计划中，应特别关注生态恢复全过程的监测工作，以便根据监测的结果，随时研究新措施，适时修订生态恢复实施计划，进行适应性管理。

四、生态恢复计划的实施

项目的实施包括恢复工程的前期准备、计划的实施和项目完成后的验收。但监测和管理要贯穿全过程。

（一）前期准备

包括施工材料、生物材料、人员培训、工程承包商的选定、交通工具以及具体时间、经费预算等。生物物种应以当地或相同海区的种类为主，要注意季节性、新鲜度；引用外地物种，要注意外地物种的适应性并防止其成为入侵物种。对于非生物材料，也应以"就地取材、因地制宜"为主，用生态型材料，防止因使用的工程材料导致海域污染。有些恢复工程要委托工程施工单位承包，如人工鱼礁礁体的制造、潜堤的建筑、海岸景观的恢复等等，则应选择有资质的工程单位，并签订合同书，提出工程的施工方法、作业程序、施工进度、工程材料的质量要求以及对生态和环境的要求等。对所有参与恢复的人员，要分工明确，提出质量要求，进行上岗培训。

（二）施工阶段

应强调保证质量，注意安全。生态恢复的施工，也应保护海域的生态，防止因施工造成海域新的污染和生态破坏。例如，进行海藻场的生态恢复，如在施工范围的海域有岩礁，则应尽量予以保全避免破坏；如有藻类和动物，应避免对其造成伤害。若有的施工方法、技术、经验不足，则应先小规模试验。在施工过程中，应当加强施工的管理和生态监测，以便及时发现问题及时研究和处置。

（三）验收

验收指恢复项目的自验收或者对工程承包商所完成项目的验收。验收包括项目工程的技术验收，以及财务经费的支付、开支结算。有关工程技术的验收流程如图9-6。

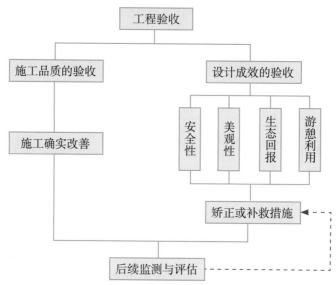

图9-6 生态工程验收阶段流程图（引自郭一羽，2006）

五、 恢复成效评估及后续管理

（一）生态恢复成效评估

生态恢复是指在恢复生态学的理论指导下，按照恢复计划确定的目标，通过生物和工程技术的手段，切断或削弱生境或生态系统退化的主要影响因子，促使生境质量好转及生态系统健康的恢复。

国际生态恢复学会（SER）提出了9条判定恢复是否成功的标准：① 修复后与参考生态系统具有相似的物种多样性和群落结构；② 存在本地物种（土著种）；③ 存在能够维持生态系统长期稳定的功能群体；④ 恢复后的物理环境可为物种繁殖提供适宜的生境；⑤ 恢复后的生态系统功能正常；⑥ 恢复后的生态系统对于大范围的生态景观整合是合适的；⑦ 对生态系统健康的潜在的危险均已消除或减弱；⑧ 具备抵抗自然干扰及适度的人为干扰的能力（宋永昌等，2007）。

上述标准尽管很全面，但由于一些恢复项目规模较小、时间较短、资金有限，很难全面达到上述要求。因此，在恢复效果评估时，应根据恢复的类型、对象、目标指定可操作性的评估指标。例如，深圳湾福田区凤塘河口红树林湿地生态恢复中，根据连续3年对植被、底栖生物、鸟类、微生物等的监测结果（表9-4），通过比较分析生态恢复前、后各指标的变化对生态恢复效果进行综合评估。

表9-4 福田凤塘河口红树林湿地生态恢复的生态评价指标体系（引自昝启杰等，2013）

指标类型	内容	评价指标	指标来源和获取方式
生物多样性指标	底栖生物	种类数、生物密度、生物量、优势种、多样性指数	实地监测、数据计算
	浮游生物	种类数、生物密度、生物量、优势种、多样性指数	实地监测、数据计算
	鸟类	种类数、生物密度、数量、优势种、多样性指数	实地监测、数据计算、历史数据
植被指标	群落	群落结构、分布	实地调查、文献资料
生态过程指标	土壤	有机质等理化性质	实地监测、数据计算
	土壤微生物	微生物结构多样性	实地监测、数据计算
		微生物功能多样性	实地监测、数据计算

生态恢复项目的承担单位，应当对项目进行全面的总结，并提出书面报告，同时附上监测记录、现场录像、照片、阶段验收报告以及效益、应用等的证明。项目主管部门将组织有关专家进行现场查看和报告评审。

（二）后续管理

监测和管理工作是生态恢复工作自始至终不可缺少的。正如Lake（2001）所提出，如果要评估一个项目的进展，监控是至关重要的。对一个项目，生态工程即使恢复成功，若放松了后续管理，则可能会前功尽弃。恢复成功仅仅是人为地帮助生境或生态系统重新踏上良好发展的起跑线，绝不是终点。适应性管理的一个特点是通过管理的实践来获得对问题的了解。海洋生态系统是不断在变化的、动态的系统，只有不断学习，了解正在出现的新情况，才能管理好生态系统。

第二节 景观生态规划方法

一、景观生态学与景观生态规划

景观是介于生态系统与区域之间的一个等级系统。景观生态学是生态学的一个重要分支，研究对象是系统进一步发展到景观、区域、生物圈；研究内容涉及地学、化学、经济学以及社会学等。景观生态学研究的是一个相当大的区域内，由许多不同生态系统所组成的整体（即景观）的空间结构、相互作用、协调功能及动态变化（Forman，1986；Turner，1989）。景观生态学注重研究人类活动对景观与过程的影响，可以从景观水平反映人类活动的压力（或恢复行动）对生态系统的破坏（或恢复）作用及其过程。从恢复生态学的角度而言，景观生态学指标与原则具有重要的意义：① 景观受损或退化是生态系统退化的重要诊断指标；② 在确定生态恢复目标的过程中，景观尺度的恢复是重要原则；③ 在生态修复方案编制过程中，通过景观空间格局配置构型指导规划，构建具有合适空间构型的生态系统（Corona，1993）；④ 恢复后的生态系统对大范围的生态景观整合是否适合，也是判断生态恢复与否的重要评估标准。

景观生态规划是在一定尺度对景观资源的再分配，通过研究景观格局对生态过程的影响，在景观生态分析、综合及评价的基础上，提出景观资源的优化利用方案（王军等，1999）。景观生态规划强调景观的资源价值和生态环境特性，其目的是协调景观内部结构和生态过程及人与自然的关系，正确处理生产与生态、资源开发与保护、经济发展与环境质量的关系，进而改善景观生态系统的功能，提高生态系统的生产力、稳定性和抗干扰能力（王军等，1999）。

二、景观生态恢复技术

以景观生态学方法指导生态恢复，产生了景观生态恢复技术，即运用生态学原理和系统科学的方法，把现代化技术与传统的方法通过合理的设计和时空的巧妙结合，使景观系统保持良性的物质、能量循环，从而达到人与自然协调发展的恢复治理技术（钱静，2003；朱梅安，2013）。

三、景观生态规划设计的原则与步骤

王军等（1999）指出景观生态规划应遵循以下原则：① 自然优先原则；② 持续性原则；③ 针对性原则；④ 综合性原则。

贾宝全和杨洁泉（2000）总结景观生态规划与设计应包括以下7个原则：① 整体优化原则；② 异质性原则；③ 多样性原则；④ 景观个性原则；⑤ 遗留地保护原则；⑥ 生态关系协调原则；⑦ 综合性原则。

景观生态规划一般应遵循以下步骤（图9-7）。

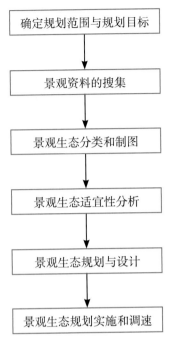

图9-7 景观生态规划的步骤（引自王军等，1999）

景观生态规划是建设生态新秩序，创造接近自然的人工环境，协调人为过程与生态之间的关系，将自然融入到设计中去，尽可能地减少对环境的破坏，促使人与自然环境的共生与合作（Waldheim，2006），促进社会、经济与环境可持续发展（图9-8；孙贺，2013）。

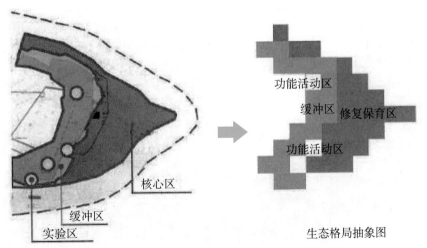

图9-8 上海崇明东滩湿地公园生态格局示意图（引自成玉宁，2012）

第三节 海洋生态恢复监测的技术与方法

　　海洋生态恢复监测是指贯穿生态恢复全过程来实时了解海洋生态恢复对象状况的生态监测。退化（或受损）海洋生态系统是病态的系统，只有查明病因，随时了解其症状的变化，才能更好的对症下药，使之康复。因此监测工作是海洋生态恢复中的重要组成部分。其目的在于通过监测，了解主要恢复指标的改善状况、评估生态恢复的效果，以便及时调整恢复方案，保障生态恢复的顺利进行。

　　海洋生态恢复工作开展较早的国家，很重视恢复的监测工作，出台了一系列指导性文件，如《纽约盐沼生态恢复监测指南》（*New York State Salt Marsh Restoration and Monitoring Guidelines*；Nancy，2000）、美国海洋与大气局（NOAA）制定的海岸带生态系统生态恢复方法体系文件《海岸带生态系统恢复的系统方法》（*Systematic Approach to Coastal Ecosystem Restoration*）等（陈彬等，2012）。国内对于海洋生态恢复监测也已做了许多研究，但起步相对较晚，尚未出台有关的监测规范或指南。

　　国家海洋局为掌握我国近岸各类典型生态系统的健康状况和变化趋势，对我国多个海洋生态监控区的河口、海湾、滩涂湿地、红树林、珊瑚礁和海草床生态系统开展了多年连续监测。监测结果显示，我国近岸海域海洋生态系统多处于亚健康或不健康的状态（国家海洋局，2013）。因此，开展我国近岸海洋生态系统的恢复和监测工作，改善我国海洋生态系统状况，是十分必要和紧迫的。

一、 海洋生态恢复与监测的关系

　　海洋生态恢复并不是一个单一的、直线的过程，而是一个交互的、往往是非线性的过程。鉴于海洋环境的复杂性和海洋生态系统的多样性，监测能让我们随时了解恢复的情况，不断修正恢复方案，解决恢复实施过程中出现的各种问题，使得海洋生态恢复工作朝着既定的目标不断推进。

　　由于海洋生态系统是一个多要素、复杂的统一体，在进行生态恢复的过程中，可能由于各种因素的影响，生态恢复的进程会出现多个发展方向。可能发展方向一般包括退化前状态、持续退化、保持原状、恢复到一定状态后退化、恢复到介于退化与人们可接受状态间的替代状态或恢复到理想状态等（图9-9）。

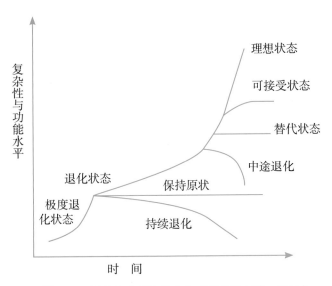

图9－9　退化生态系统的方向（引自彭少麟，2013）

　　因此，只有在生态恢复过程中加强监测，才能实时掌握退化生态系统发展的方向，并采取适当措施使其向人们期望的方向发展。

　　在海洋生态恢复过程中，恢复过程与监测的关系如图9－10。

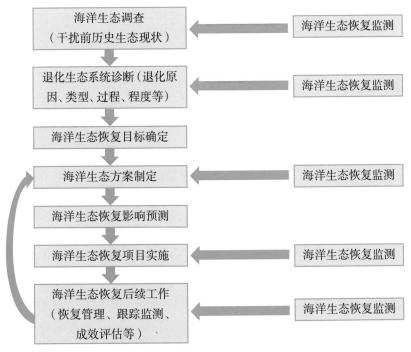

图9－10　生态恢复流程与监测评估的关系（引自陈彬等，2012）

261

在整个恢复过程中，海洋生态恢复监测主要包括基线监测、常规监测和应急监测。

（一）基线监测

基线监测是指海洋生态恢复开始前对恢复目标区域的历史资料收集和生态环境状况的调查监测。其含义有两个方面，一是对目标区域生态全部基本要素的状况开展初始的监测，以掌握目标区域的海洋生态自然条件，为以后的对比分析、恢复进展评价和动态管理准备"基底"资料；二是为了解目标区域长时期的变化趋势和管理效果，而进行的重复性监测。国家海洋局近十年来为掌握我国近岸各类典型生态系统的健康状况和变化趋势，对我国多个海洋生态监控区的河口、海湾、滩涂湿地、红树林、珊瑚礁和海草床生态系统开展的连续监测就是基线监测的一种。

基于基线调查的性质、任务，监测项目要尽可能全面，取样、测量、分析必须规范，并加以质量控制。只有资料的代表性和准确性有所保障，所得出的结论才有可靠性。

（二）常规监测

常规监测是指在基线监测的基础上，经分析研究、优化选择若干有代表性的监测站和典型的项目，随着海洋生态恢复的进展而进行的长期连续、频次相对固定的监测活动。

常规监测分为跟踪监测和后续监测。跟踪监测是指在恢复工作进行中的监测，其目的在于实时了解生态系统的状况及发展方向，为恢复工作提供依据。后续监测是指生态恢复完成后的监测，其目的在于了解生态系统恢复后的状况，评估生态恢复的成效。

（三）应急监测

应急监测是指对包括自然力和人为因素造成的紧急生态问题的监测。在海洋生态恢复过程中，可能因为自然因素或人为因素使得生态系统出现紧急问题，应急监测正是为了在此情况下迅速了解生态系统状况而进行的应急处理。

二、海洋生态恢复监测的流程及需要考虑的问题

海洋生态恢复监测根据生态恢复的流程，主要分为以下几大类：① 海洋生态环境基线监测（了解受到损害或干扰前的生态系统的环境状况）；② 生态系统退化诊断监测（通过监测了解生态系统退化的原因、程度、过程等信息）；③ 生态恢复跟踪监测（在生态恢复实行过程中监测主要恢复目标的恢复状况，评估恢复效果）；④ 生态恢复后续监测（生态恢复完成后进行监测，以评估生态恢复完成的效果）。

虽然海洋生态系统分为多个类别，但其恢复监测流程有着类似之处。国内目前

普遍采用的是国家海洋局第三海洋研究所在Thayer等（2000）编制的12个生态恢复监测步骤基础上，结合我国各类海洋生态恢复的特点所提出的我国海洋生态恢复监测流程。该流程主要包括9个步骤：分析生态恢复项目的目标，包括总体目标和具体目标；收集类似生态恢复项目的监测信息；分析和描述项目区的生境类型；确定各生境类型的结构和功能特征；收集生态恢复区的历史数据；选取及分析参照生态系统；选取监测参数；设置监测点位；确定监测时间和监测频率；确定监测技术。各类不同类型的海洋生态系统恢复监测的流程大体可按上述进行。但由于不同海洋生态恢复的类型、目标、地域、条件等，其监测所需要考虑的问题也不尽相同。

目前，根据恢复对象、目的的不同，海洋生态恢复可以大致分为生物恢复、生境恢复、生态系统恢复和生态景观恢四类。生态恢复监测各个步骤需考虑的主要因素也因这些分类而有所差异。下面介绍海洋生态恢复监测的大体流程。

（一）监测目标确定

海洋生态恢复监测目标确定取决于多种因素，主要有生态恢复的种类（生物、生境、生态系统、生态景观）、生态恢复监测的内容（基线监测、常规监测、应急监测）等。监测目标的确定需要综合上述各项因素。例如，红树林生物恢复可以将红树林植被作为监测的目标。

（二）监测参数选取及指标体系建立

监测参数通常用来反映生态环境状况，评估恢复效果。因此，选取适当的监测参数，对于正确、客观地评估生态环境状况及恢复实施效果是十分重要的。生态恢复监测参数的选取应注意及考虑以下几个问题。

（1）选取监测参数时，应考虑到生态恢复的类型及其目标（如在红树林生物恢复中，可将红树林植被覆盖率、植株数量等作为监测指标）；同时，由于海洋生态恢复有时会涉及多种生态系统（如海岛生态恢复，不仅涉及海洋生态系统，还有陆地的各类生态系统），需要统筹考虑监测目标。

（2）在参数选择时，要包含多种参数，以便综合评价。例如，对于海洋生态系统恢复监测，应至少选取水文、物理和海洋生物参数。如果选取的参数太少，则提供的信息不足以说明生态恢复的效果及问题的所在。

（3）除选取常规监测参数进行监测之外，利用卫星、遥感、GIS等技术获取监测数据及图件也是必要的。利用上述技术制作的图件可更直观地反映恢复区域恢复进行的状况，从而可以通过对比参照生态系统的初始状态来评估恢复效果。此外，图件包含了地理位置特征、地形地貌、植被分布格局及生态系统的潜在压力等信息，有利于空间变化的分析。

　　海洋生态恢复监测从不同尺度对生态系统结构和功能进行度量，这主要通过监测生态系统的现状、变化、对环境压力的反应及其发展趋势而实现。监测的指标体系是反映海洋生态系统现状、变化、压力等要素的重要依据。因此，当选定监测参数后，指标体系的建立是十分必要的。目前，对于生态监测指标体系的建立，已有学者进行了较多的研究（表9–5）。

表9–5　近岸海域生态监测指标体系（引自马天等，2003；邓鹏等，2012；昝启杰等，2013）

			指标类型	必测项目	选测项目
条件指标	非生物系统	水系统	海水水质	常年平均水温、最低水温、最高水温、漂浮物质、悬浮物质、pH、溶解氧、生化需氧量、化学需氧量、非离子氨、活性磷酸盐、LAS、盐度、含沙量	有机物含量、重金属含量、放射性核素
			水文气象	极端最高气温和最低气温、平均气温、灾害性天气发生率、潮波、潮汐、波浪、水温	
			海岸类型	砂质、基岩、粉砂淤泥质海岸	
		土壤系统	海涂土壤类型与土质	滨海盐土：潮滩盐土、草甸滨海盐土、沼泽滨海盐土，潮土，砂黑土，山地棕壤的组成和面积，农药，重金属含量	
		其他	生态系统的整体状况，自然和人为相互作用的程度	生态斑块破碎度、自然残余斑块面积	
	生物系统	近海主体生物	浮游生物	浮游生物的状况	主要藻类、桡足类等和浮游动植物种类和数量
			鱼类	鱼类资源状况	主要鱼类的种类和数量
			底栖生物	滩涂（潮间带）软体动物资源状况	贝类的种类和数量

（生物系统选测项目：地方种）

续表

			指标类型	必测项目		选测项目
条件指标	生物系统	非主体生物	常见生物灾害	赤潮、绿潮、褐潮发生的状况	发生率和发生藻类	
		海岸植被	淤泥质海岸的盐土植被	物种、面积、类型、生物量、覆盖率		
			基岩海岸的山丘植被	物种、面积、类型、生物量、覆盖率		
			砂质海岸的沙生植被	物种、面积、类型、生物量、覆盖率		
压力指标	物质流	食物代谢	体现人工物质流状况	各类海洋资源的捕获量、滩涂植被的开发利用率、人工增殖放养贝类种类、面积和禁渔期的限定		
		其他	自然物质流	日污水排海量及类型、日垃圾发生量		污水处理率、垃圾处理率
	能流	地质活动	海岸地质活动	类型、频度和烈度		

以深圳滨海湿地生态恢复为例，昝启杰等（2013）对深圳湾代表生境鸟类多样性及其动态进行了较全面、系统的监测。他们在4个代表性生境地点连续进行了5年的同步调查（2007年1月至2012年12月），共记录了13目40科141种鸟类，并对鸟类的生态类群、珍稀濒危和受保护鸟类以及在深圳湾鸟类的居留类型进行了分别统计和动态变化研究（图9-11）。

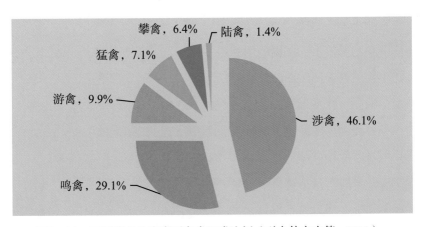

图9-11 深圳湾各生态类型鸟类组成比例（引自昝启杰等，2013）

因此，生态恢复监测中运用指标体系对生态系统的状况进行评价，使得监测结果更为系统全面，不仅能够反映海洋生态系统的健康状况，还有利于综合了解海洋生态变化的潜在问题。

（三）监测范围及站点选择

在恢复项目附近选取合适的参照点或控制点，对于分析监测数据以识别与项目无关的倾向很重要（Diefenderfer & Thom, 2003）。监测点的数量因生态恢复的类型、规模等因素而异，也应考虑项目的经费因素。生态恢复区域和参照生态系统均需要进行监测点的设置。在参照生态系统设置监测点的主要作用在于以下几点：① 作为在其他地方开展生态恢复项目的模型；② 提供成效目标中可得到的目标，并对比这些目标的发展方向；③ 提供与生态恢复行为无关的自然波动的控制系统。

（四）监测方法的选取

在海洋生态恢复监测的目的、参数和指标体系、范围及站点选定后，就应选择合适的监测方法。目前，国内尚没有一个统一的海洋生态恢复监测规程，这是由于海洋生态恢复涉及海洋、海岛、陆地等多种生态系统，各个生态系统之间有着较大的差异，难以采用统一的方法来进行监测。同时，海洋生态恢复往往要经历较长的时间才能看出效果，监测内容、方法也有待筛选。但是，对于某个生态系统，其监测方法还是有章可循的。如国家海洋局海岛管理司2013年颁布的《第二次全国海岛资源综合调查技术规程》就详细地叙述了海岛生态系统监测方面的内容，可以参照执行。目前，下列国内部分相关监测规范和技术标准可供参照：

《海洋监测规范》GB 17378 - 2007

《海洋调查规范》GB/T 12763 - 2007

《海洋监测技术规程》HY/T 147 - 2013

《海水水质标准》GB 3097 - 1997

《海洋沉积物质量》GB 1868 - 2002

《海洋生物质量》GB 18421 - 2001

《环境影响评价技术导则 – 生态影响》HJ 19 - 2011

《建设项目环境风险评价技术导则》HJ/T 169 - 2004

《建设项目海洋环境影响跟踪监测技术规程》国家海洋局，2002

《海水增养殖监测技术规程》国家海洋局，2002

《海洋生物生态调查技术规程》国家海洋局908专项办公室编，2006年

《第二次全国海岛资源综合调查技术规程》国家海洋局海岛管理司，2013年

《全国海岸带和海涂资源综合调查简明规程》国务院，1982年

《突发环境事故应急监测技术规范》HJ 589 - 2010

（五）监测时间及频率选择

监测时间、频率及持续时间取决于生态系统的类型、生态恢复的进程、生态系统的复杂性及不确定性等因素。

1. 监测时间

在生态恢复开始之前，需要对恢复目标进行现状调查并收集该区域在生态系统受损前的监测数据，至少要取得生态恢复实施前一年的监测数据。若没有相关数据和资料，则应选取与目标生态系统相近区域的调查数据作为基线数据。生态恢复实施过程中应当至少每年进行一次跟踪监测。并且，生态恢复实施后的2~3年需每年进行定期监测。此后，每隔几年进行监测直至达到预期的目标（Hilary等，2002）。生态恢复是一个长期的过程，如日本琵琶湖的生态恢复工程从20世纪70年代开始，分阶段实施，计划到2050年完成。同时，大量的证据表明，大多数的水生系统至少需5年才能达到稳定期。因此，监测持续时间应足够长，以确保生态系统达到并稳定至既定的生态恢复效果。

此外，在监测中也必须考虑到生物的季节变化。例如，海岛生态恢复若涉及迁徙鸟类，需在鸟类最大数量出现的地点和月份进行监测。

2. 监测频率

监测频率一般应随着海洋生态恢复进程的不同阶段进行调整。通常情况下，若生态系统变化较快，则监测的次数较频繁。在具体实施过程中，需根据恢复项目的具体目标和经费支持情况，确定各个参数的监测频率。海洋生态恢复实施前的基线监测可形成最初的数据库，对于制订海洋生态恢复计划及分析恢复活动的效果都非常重要。为了解生态恢复的进程，在恢复前期适当加大监测频率是有必要的。在生态恢复项目完成后，待生态系统状态逐渐趋于稳定，可以降低监测频率。此外，原定的监测的频率可根据恢复实施过程中的实际情况进行调整。

3. 监测人员

监测人员的素质是监测质量的保证。除了工作认真负责外，监测人员应熟悉生态监测的内容、目的，掌握相关分析、测试方法，取得相应的上岗资格证。

小结

（1）退化生态系统的恢复一般分为以下几个步骤：明确恢复对象，确定系统边

界；对退化生态系统进行诊断分析，包括生态系统的物质与能量流动与转化分析，退化主导因子、退化过程、退化类型、退化阶段与强度的诊断与辨识；对生态退化进行综合评判，确定恢复目标；进行自然—经济—社会—技术可行性分析；制定生态恢复规划，评估风险，建立优化模型，提出具体的实施方案；进行实地恢复的优化模型试验与模型研究，通过长期定位观测试验，获取在理论和实践中具有可操作性的恢复模式；对一些成功的恢复模式进行示范与推广，同时要加强后续的动态监测与评估。

（2）景观是介于生态系统与区域之间的一个等级系统。景观生态学是生态学的一个重要分支。以景观生态学方法指导生态恢复，运用生态学原理和系统科学的方法，把现代化技术与传统的方法通过合理的设计和时空的巧妙结合，使景观系统保持良性的物质、能量循环，从而达到人与自然的协调发展。生态化规划设计是以尊重自然、强调人与自然和谐相处为原则；以合理利用区域资源为基础，建构由自然系统与人工系统共同组成的复合生态系统，其空间环境构成包括自然系统、人工系统以及二者相互作用形成的自然与人工复合的系统。

（3）生态恢复的监测是生态恢复的重要环节。在生态系统调查、退化程度诊断、恢复方案确定及恢复项目完成后都要进行监测。通过监测可了解恢复后生态系统的状态，并及时对存在的问题进行修正，避免恢复失败。海洋生态恢复监测主要包括基线监测、常规监测和应急监测。其步骤一般分为监测目标确定、监测参数选取及指标体系建立、监测范围及站点选择、监测方法的选取、监测时间及频率的选择及监测人员的确定。

思考题

1. 为什么说程序是海洋生态恢复成功的一个重要保障？

2. 自选一个海洋生态系统编制一份详细的生态恢复计划。

3. 如何诊断受损（退化）生态系统？

4. 如何判断（评估）生态恢复是否成功？

5. 我国目前在景观生态规划设计中存在哪些问题？针对这些问题应该采取哪些方法解决？

6. 什么是海洋生态恢复监测，它与常规的海洋环境监测有什么异同？

7. 海洋生态恢复的监测指标如何选择，监测的时间、站点和频率如何确立？

8. 当海洋生态已遭到破坏且该区域历史监测资料不足时，如何搜集海洋生态恢复监测本底资料？

拓展阅读资料

1. Gallego Fernández J B, García Novo F. High-intensity versus low-intensity restoration alternatives of a tidal marsh in Guadalquivir estuary, SW Spain [J]. Ecological Engineering, 2007, 30(2): 112 - 121.

2. GESAMP. Monitoring the ecological effects of coastal aquaculture wastes [M]. Rome: FAO, 1996.

3. John M T, Lee W. Ecological engineering, adaptive management, and restoration management in Delaware Bay salt marsh restoration [J]. Ecological Engineering, 2005, 25: 304 - 314.

4. Koch E W, Ailstock M S, Booth D M. The role of currents and waves in the dispersal of submersed angiosperm seeds and seedings [J]. Restoration Ecology, 2010, 18(4): 584 - 595.

5. Konisky R A, Burdick D M, Dionne M. A regional assessment of salt marsh restoration and monitoring in the Gulf of Maine [J]. Restoration Ecology, 2006, 14(4): 516 - 525.

6. Lake P S. On the maturing of restoration: linking ecological research and restoration[J]. Ecological Management & Restoration, 2001, 2(2): 110 - 115.

7. Shuman C S, Ambrose R F. A comparison of remote sensing and ground-based methods for monitoring wetland restoration success [J]. Restoration Ecology, 2003, 11(3): 325 - 333.

8. Sudduth E B, Mayer J L, Bernhardt E S. Stream restoration practices in the southeastern United States. Restoration Ecology, 2007, 15, (3): 573 - 583.

9. Thompson W J, Sorvig K. Sustainable landscape construction: a guide to green building outdoors [M]. Washington D. C.: Island Press, 2000.

10. Waldheim C. The landscape urbanism reader [M]. New York: Princeton Architectural press, 2006.

11. Xu F L, Tao S, Dawson R A, et al.. Lake ecosystem health assessment: indicators and methods [J]. Water Research, 2001, 35(13): 3157 - 3167.

12. 包维楷, 陈庆恒. 生态系统退化的过程及其特点[J]. 生态学杂志, 1999, 18(2)：36 - 40.

13. 陈彬，俞炜炜，等. 海洋生态恢复理论与实践[M]. 北京：海洋出版社，2012.

14. 杜晓军，高贤明，马克平. 生态系统退化程度诊断：生态恢复的基础与前提[J]. 植物生态学报，2003，27(5)：700 - 708.

15. 姜欢欢，温国义，周艳荣，等. 我国海洋生态恢复现状、存在问题及展望[J]. 海洋开发与管理，2013，1：35 - 39.

16. 李永祺. 中国区域海洋学——海洋环境生态学[M]. 北京：海洋出版社，2012.

17. 任海，刘庆，李凌浩. 恢复生态学导论[M]. 北京：科学出版社，2008.

18. 章家恩，徐琪. 恢复生态学研究的一些基本问题探讨[J]. 应用生态学报，1999，10(1)：109 - 112.

19. 郑耀辉，王树功，陈桂珠. 滨海红树林湿地生态系统健康的诊断方法和评价指标[J]. 生态学杂志，2010，29(1)：111 - 116.

第十章　生物资源恢复技术

海洋生态系统是人类生存的重要支持系统，提供了对人类生存具有重要意义的各种服务，如食物、药物和其他资源的供给。在合理的限度内从海洋生态系统中获取资源并不会对海洋生态系统产生显著的不利影响，资源种群本身的调节能力能够维持合理的种群数量及群落结构。在自然恢复与人类索取之间寻求平衡点，是可持续利用自然资源的关键。然而，现实情况却令人担忧，过度捕捞和破坏性开发导致海洋资源种群数量急剧下降，种群向小型化、低龄化方向发展，出现以渔获物平均营养阶下降为表征的群落结构异常，对生态系统产生影响。因此海洋资源种群恢复的意义不仅在于恢复资源以保证资源的持续供给，更体现在恢复群落结构以保证生态系统的平衡。本章以鱼、虾、贝、藻、参、头足类等传统渔业资源的代表类群为重点，介绍了海洋资源种群恢复的一般思路与常用技术方法。

第一节　鱼类资源恢复方法与技术

我国是传统的渔业生产大国，历史上渔业资源丰富，已经记录的海洋鱼类有3 700余种。但由于开发利用过度、栖息环境破坏、滥捕滥采以及外来种的引进等原因，我国渔业资源的增殖与恢复能力下降，传统的渔业资源结构基本解体，多数传统优质鱼种资源枯竭，难以形成鱼汛，取而代之的是营养层次较低、个体较小的种类。它们通常位于食物链更下一层次，生命周期短。自20世纪90年代中期以来，我国海洋捕捞业一直处于负增长状态（表10－1），恢复鱼类资源已成为关系到国计民生的紧迫需求。

271

表10-1 海洋捕捞业相关数据统计（《中国渔业统计40年（1949~1988）》；1990~2012年《中国渔业统计年鉴》）

年份	海洋捕捞量增长率	机动渔船功率增长率	渔业劳动力增长率	机动渔船每千瓦产出（t/kW）	劳动人均产出（t/inds）
1956~1984	3.06%	17.03%	3.04%		3.10
1985~1999	11.5%	9.28%	0.51%	1.16	6.03
2000~2011	-1.43%	0.91%	-0.55%	1.12	8.84

到目前为止，我国除了划定国家级水产种质资源保护区并加强对其管理外，还采取了多种措施进行水域生态恢复，常用方法有设置休渔区和休渔期、增殖放流、建设人工鱼礁和海上牧场等。

一、建立休渔区和休渔期

针对主要渔业经济品种的产卵场、索饵场、洄游通道等主要栖息繁衍场所以及繁殖期和幼鱼生长期等关键生长阶段，设立禁渔区和禁渔期，对其产卵群体和补充群体进行重点保护。休渔（fishing moratorium）是为了让海洋中的鱼类有充足的繁殖和生长时间，每年在规定的时间内，禁止任何人在规定的海域内开展捕捞作业。在各休渔区，休渔的起止时间根据主要保护对象由政府渔业主管机构确定和发布。它根据水生经济品种的生长、繁殖等习性，在其繁殖、幼苗生长时间设置休渔期（fishing off season），即禁渔期。该举措能够保护主要经济鱼类，使海洋渔业资源得到有效恢复，具有明显的生态效益。

休渔期不会造成捕捞业的经济损失，因为休渔期间渔船停航，降低了生产成本；而且休渔期后的渔获产量增加，渔获物规格和质量提高。休渔期后渔民的经济收益非但不会下降，反而在正常情况下都会有所提高。据2002年统计，黄、渤海区每年休渔可节约成本10亿元，东海海区仅柴油就节约12亿元（王德芬，2002）。休渔期制度实行后，吕泗渔场的小黄鱼（*Pseudosciaena polyactis*）年渔获量由1996年的9.5×10^4 t增加到2000年的16.0×10^4 t，平均为8.69×10^4 t，平均增幅244.84%（程家骅等，2004）。

（一）休渔海域

我国休渔海域包括渤海、黄海、东海及12° N以北的南海（含北部湾）海域。

（二）休渔作业类型

休渔作业并非禁止一切形式的渔业活动，而是根据需要对渔业活动进行不同程度的限制。我国不同海域休渔作业类型如下：① "闽粤海域交界线"以北的渤海、黄海、东海海域：除钓具外的所有作业类型；② 12°N至"闽粤海域交界线"的南海海域（含北部湾）：除单层刺网和钓具外的所有作业类型。"闽粤海域交界线"是指福建省和广东省间海域管理区域界线以及该线远岸端与台湾岛南端鹅銮鼻灯塔的连线。

（三）休渔作业时间

由于各海域环境条件及渔业资源的差异，不同海域休渔时间有所不同，不同时间对作业类型的限制也有差异。以2014年为例说明如下。

（1）35°N以北的渤海和黄海海域为6月1日12时至9月1日12时。

（2）35°N至26°30′N的黄海和东海海域为6月1日12时至9月16日12时，26°30′N至"闽粤海域交界线"的东海海域为5月16日12时至8月1日12时。在上述海域范围内，桁杆拖虾、笼壶类和刺网休渔时间为6月1日12时至8月1日12时，灯光围（敷）网休渔时间为5月1日12时至7月1日12时。

（3）12°N至"闽粤海域交界线"的南海海域（含北部湾）休渔时间为5月16日12时至8月1日12时。

二、增殖放流

增殖放流（artificial propagation and releasing）就是用人工方式向海洋、江河、湖泊等公共水域放流水生生物卵、苗种或亲体的活动。增殖放流可以有效补充鱼类等海洋生物的幼体数量，结合休渔等恢复方式，能够显著提高海洋经济生物的数量和生物量。增殖放流是一项系统性工作，包括放流种类与种苗的选择、放流时间与放流地点的选择、放流规格的确定、放流种的人工育苗与中间培育、放流幼体的运输与放流、效果监测与评估（图10-1）。

1. 放流种类与种苗的选择

渔业资源增殖放流的品种主要选用本地种或者子一代苗种，禁止向天然水域中放流转基因种、杂交种以及种质不纯的种苗。种苗要由省级以上渔业行政主管部门批准的水生野生动物驯养繁殖基地、原种场、良种场和增殖站提供。其繁殖亲本必须从国家级原种场引进（陈祺，2007）。外来物种的增殖放流必须经过严格的科学论证，且经过省级以上渔业行政主管部门组织的生态安全评估方可进行。

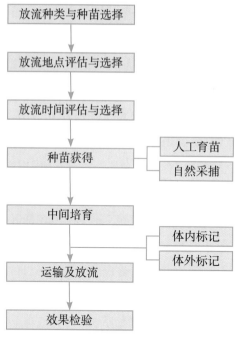

图10－1 增殖放流技术流程图

放流种苗的规格包括当年生小苗、隔年生幼鱼以及成年繁殖亲本等（徐汉祥等，2003）。根据具体需要选择合适的种苗；当可选择范围较广时，应考虑种苗的存活率与放流成本。

2. 放流时间与地点的选择

放流时间一般选择以下三个时间段：① 水体温度适宜生长的时间段，此时进行增殖放流有助于放流苗种的存活，是苗种放流的最佳时间；② 放流苗种可来源的时间段，对于产出时间相对固定的水产苗种，只能在这一时间段进行放流；③ 休渔期，取这一时间段放流可有效杜绝偷捕、误捕现象发生，有助于放流品种的适应、栖息和生长。因此，最佳放流时间应是这三个或其中两个时间段的有机结合。

放流地点的选择应经过深入的调查研究来确定。调查指标应包括目标海区的位置、水深、水温、风力、风向、底质以及饵料和敌害生物等。根据不同放流品种的生物学特性和生态习性，可选择以下两种适宜的放流海区：① 原有生物资源比较丰富，生物种群组成、生态种群以及自然生态系统未遭到严重破坏的海区；② 自然生态系统得到保护，未遭受严重海洋污染以及敌害较少的海区。针对一些特殊苗种，还应尽量满足其对生活环境的要求。不能在鱼类繁殖保护区、网箔密集区以及重要经济鱼、虾、蟹的产卵场等敏感水域放流（张胜宇，2006）。

3.放流种的种苗获得

（1）人工育苗：人工育苗程序包括采卵、孵化、仔鱼培育。① 采卵：常用方法有捕获亲鱼—激素刺激产卵—人工受精、养成亲鱼—自然产卵—人工受精、养成亲鱼—激素刺激产卵—人工受精、采集天然卵等。② 孵化：除去鱼卵中的杂物并把浮沉卵分开，以特定的密度置于网箱或直接置于仔鱼培育槽中，通气孵化。③ 仔鱼培育：孵出的仔鱼最初培育于陆上养殖池中，称为"一次培育"；在仔鱼达到特定体长时，通常移到海上网箱内培育，称为"二次培育"。通过对其进行人工暂养，以促进仔鱼适应放流环境，增加存活率。中间培育的方式根据种苗类型的不同可分为室内水泥池培育、网箱培育等。二次培育的条件越接近放流海区的实际海况，越利于种苗以后的生存。放流前种苗必须经过拉网锻炼。

（2）自然海域采捕：在鱼类产卵、孵化的自然海域采捕天然幼苗。此方法有可能对采捕海域生物资源的补充造成影响，采捕前应对其影响进行评估分析。

4.放流生物的运输与放流

放流应选择在晴天进行，风浪不宜过大，在上风头放流，放流时用水体消毒剂对鱼体进行体外消毒。

5.加强管理，进行效果监测与评估

根据《农业部关于加强渔业资源增殖放流工作的通知》（农渔法[2003]6号），要求"各级渔业行政主管部门应建设渔业资源增殖放流科学管理制度。有关科研、监测、教育单位要加强从放流品种的亲体选定、苗种培育、检验检疫到放流水域生态环境质量等环节的监管，逐步引入放流品种种质鉴定、放流过程监管等制度。放流苗种要有一定比例进行标志。各级渔业生态环境监测机构要对放流区域进行监测，对放流效果进行生态环境评估等，不断总结经验，提高放流效益"。

常用的方法是在种苗放流后，可通过标志鱼（见插文）的回捕以确定其生长与分布情况。回捕可使用渔船进行捕捞，也可发布有偿回捕标志鱼的宣传广告，动员渔民协助捕捞，务必保证标志鱼收集资料的完整。

标志放流技术

标志放流（tagging and releasing）指将带有标志物或其他标记的水生动物放回水域中，再根据回捕的时间、地点来研究渔业资源的一种方法。根据标志放流记录和重捕记录，绘制标志鱼类放流和重捕的分布图，可以推测鱼类游动的方向、路线、范围和速度等。若进一步结合鱼体长度、重量和年龄资料，则可研究鱼类的生活习性，以及检验增殖放流的效果等（Ricker，1971；Nielsen，1992；林元华，1985；陈锦淘等，2006）。因此，标志与标志鱼的选择至关重要。

标志鱼及其标志

标志方法主要包括体外标记法和体内标记法两种。体外标记法包括切鳍法、剪棘法、颜料标记法（具体有染色法、入墨法、荧光色素标记法等)、体外标(包括穿体标、箭形标和内锚标）等；体内标记法包括金属线码标记（CWT）法、被动整合雷达（PIT）法、档案式标记法、分离式卫星标记法、生物遥测标记法等。体外标记法费用较低，国内多数放流品种都采用这种方法，而该法在国外主要用于鲑鳟鱼类的放流；体内标记法费用昂贵，适合于经济价值较高的金枪鱼等鱼类以及国家重点保护鱼类中华鲟等（洪波等，2006）。标志鱼选择健康、活动能力强的个体，标志后进行暂养，使之恢复活力，密切观察其游泳、成活情况，选择标志不脱落且对其生活无影响的鱼进行放流。

三、人工鱼礁

人工鱼礁（artificial fish reef）是人工设置的诱使鱼类聚集、栖息的海底堆积物。人工鱼礁可以改善沿海水域的生态环境，为鱼、虾类聚集、栖息、生长和繁殖创造条件；也可作为水下障碍物，用以限制某些渔具在禁渔区内作业，从而利于水产资源的保护。人工鱼礁还包括以锚、碇固定于海底而设置浮体于水域中层或表层的浮鱼礁，专用于诱集大中型中上层鱼类。在沿岸浅水区设置的用于增殖鲍鱼、龙虾、海参和藻类的人工礁，通常也归于广义的人工鱼礁范畴内（图10-2）。

图10-2　人工鱼礁

　　人工鱼礁按制造材料的不同可分为石块、混凝土、轮胎、玻璃钢、钢材等鱼礁；按形状可分为正方体形、多面体形、锥形、圆筒形、半球形等鱼礁以及多种形状的大型组装鱼礁；按建设目的可分为渔获型（最主要的）、保护型、培育型、诱导型和浅海增殖型等；按建设规模，由小到大依次分为普通型、大型、人工礁渔场和海域礁等。

　　早在18世纪末，日本已用石块、树枝等天然材料建造原始的人工鱼礁。19世纪末美国也出现了人工鱼礁。20世纪20～30年代，日本、美国都用废轮胎甚至废车辆和船舰造礁。1952年全球有近万艘淘汰的小型拖网渔船被沉没造礁。1954年专门设计制作的钢筋混凝土鱼礁问世，标志了现代鱼礁的诞生。1958年世界上出现了大型组合鱼礁。我国人工鱼礁项目起步较晚，广东省于2001年率先在珠海市万山东澳岛海域和阳江市双山海域使用水泥预制件和旧渔船进行人工鱼礁投放试验。据报道，浙江、海南、江苏、山东、辽宁等地已开展或在计划进行人工鱼礁试验研究。

　　人工鱼礁一般有较明显的集鱼效果，可以延长鱼类滞留在礁区的时间，扩大渔场，增加渔获资源产量。已发现，人工鱼礁对鲆鲽类（Pleuronectoidei）、鲷类（Sparidae）以及石斑鱼（Epinephelussp spp.）、黑鲪（Sebastodes fuscescens）、六线鱼（Hexagrammos otakii）等定栖性岩礁鱼类具有良好的集鱼和增殖效果。浮鱼礁对诱集金枪鱼（Thunnidae）等有良好作用。人工鱼礁区的捕捞作业利用率和渔获量一般可高于其周围海区，有的渔获量可成倍增加。浅海增殖礁的效果也明显而稳定。

人工鱼礁集鱼的可能机制包括以下几点：① 礁上大量附着孳生藻类、甲壳类、贝类、多毛类幼虫等生物，诱集鱼类索饵；② 鱼礁形成的上升水流、涡流等可将海底营养盐和沉积的有机物带至中、上层，增加水域的肥沃度，促进饵料生物繁殖生长，进一步吸引鱼类集结；③ 有些鱼类向人工鱼礁游集、栖息，与其先天的趋触性（与固体物接触的习性）等有关。

人工鱼礁的效果受到诸多因素的制约，其中最主要的因素包括投放区选址、人工鱼礁的设计、安装与维护。

（一）人工鱼礁的投放区选址

合理选择鱼礁投放区是人工鱼礁效能正常发挥的前提，选址不当不仅无法实现预期的目标，造成不必要的财力、物力的损耗，而且还会破坏海底生态环境，甚至对海洋航运带来威胁。因此人工鱼礁投放区选址时应充分考虑多方面的因素。

1. 人工鱼礁投放区选址依据

鱼礁投放区的确定受鱼礁用途、海洋生物、水质、底质、气象和水文等诸多因素的影响，因此合理的进行礁区选址是规划设计人工鱼礁的首要工作。

（1）鱼礁的用途：礁区规划设计工作应围绕鱼礁的用途展开。人工鱼礁按其用途可分为休闲型、增殖型、诱集鱼型、产卵型、幼鱼保护型等。国外出现了多用途的人工鱼礁。而目前我国的主要鱼礁类型为休闲型和增殖型两种。休闲型鱼礁主要是满足礁区游人垂钓休闲的需要，应首先考虑适合垂钓的位置和垂钓方式。增殖型鱼礁是为满足商业捕捞的需要，应选择水质和海域环境适合商业捕捞的海域，还应考虑捕捞方式、捕捞强度等因素。

（2）水质：水质严重影响礁区生物的生长与繁殖。例如，含氧量低的水体影响鱼礁功能的发挥。礁区选址要注意周围海域的污染源情况，分析鱼礁使用期内礁区水质的变化趋势。

（3）水深：由于温度和光照是大多数海洋生物进行呼吸作用和光合作用的控制条件，而温度和光照又受到海水深度的影响，因此水深是人工鱼礁发挥作用的限制因素。基于已投放的人工鱼礁运行情况，人工鱼礁一般建设在沿海大陆架。

（4）底质：礁区的底质情况将影响礁体的整体稳定性和使用寿命。建设人工鱼礁最理想的底质环境是有浅层细砂覆盖的坚硬岩石质海床。黏土、淤泥、散砂质的底质不适于人工鱼礁的建造，因为在这类底质中鱼礁可能会出现整体下沉，过多的淤泥还会覆盖甚至掩埋着生在礁体上的生物，阻碍光线的到达，影响鱼礁功能的正常发挥。

（5）波浪：波浪对鱼礁有较大的冲击影响（尤其在大风浪的情况下），这主要表现在波浪力对鱼礁整体稳定性的冲击影响以及引起鱼礁周围底质的起动效应。考虑到波浪对鱼礁的冲击作用，人工鱼礁宜建在20～30 m水深的海域中。

（6）海流：礁体的存在改变了其周围原有的海水流态，产生了涡流和上升流。礁体周围流态的变化容易引起海底的冲淤。流速越大，这种影响越显著。因此鱼礁不宜投放在流速过大的海域，一般以不超过0.8 m/s为宜。

（7）海洋生物：人工鱼礁的投放区应尽量避开存有大量珊瑚礁以及水草着生和贝类栖息的海床，以避免破坏原有的生态环境。人工鱼礁在建造前应明确其增养殖对象，不同的增养殖对象对海水的敏感程度各不相同，对食物和栖息地的要求也有一定的差异。如增殖对象为洄游性经济鱼类，则应考虑在其洄游路线或产卵场、索饵场、越冬场适当建设人工鱼礁。

（8）其他因素：人工鱼礁建造中需要考虑的其他因素包括鱼礁的使用者、鱼礁与港口航道的距离、传统捕捞区域和方式、今后该地区渔业发展对鱼礁的影响、陆地和水上交通情况、当地基础设施等。应避免在航道、军事用地、水质差的海域、传统的拖网作业区域、沿岸贝类和藻类养殖区、重金属和石油等污染区、不稳定海底以及其他与人工鱼礁不能协调发展的海域投放人工鱼礁。

2. 礁区位置的确定

在投礁范围确定以后，进一步的工作是确定各礁区的位置。各礁区布置一般应遵循均匀分布的原则（图10-3），礁区间距以1～2 km为宜。具体布置时应充分考虑鱼礁的用途和投礁范围内的生态环境、底栖生物情况。同时，礁区邻近海域的海上构筑物对鱼礁的影响也不容忽视。各礁区位置确定后，应对它们进行有效地标识，标识中应说明礁体的个数，并确保能容易地从已标识的礁体位置推测出未标识的礁体位置。礁区应尽量避开存有大量珊瑚礁、水草着生、贝类栖息的海床以及航道、锚区和海上倾废区。

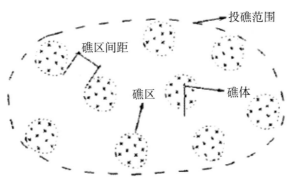

图10-3　人工鱼礁投放区示意图（引自赵海涛等，2006）

（二）人工鱼礁礁体设计

1. 人工鱼礁礁体设计的原则

人工鱼礁的设计应遵循一定的原则。

（1）可行性：礁体构件的运输、组装和投放过程应切实可行。同时，基底承载力、滑移稳定性和倾覆稳定性等项目都应进行严格计算，确保礁体投放后不发生整体下沉，且不会因波流作用而滑移、倾覆。

（2）不同高度的礁体配合投放：较低的礁体利于底栖鱼类生活，而较高的礁体适合浮游鱼类生活。因此，可以在同一个礁区进行高低鱼礁的搭配，以适应不同种类海洋生物的需要。

（3）良好的透空性：礁体周围生物的种类和数量受礁体内空隙的数量、大小和形状的影响，因此应尽量设计多空、缝隙、隔壁、悬垂物结构的礁体，增加其透空性。

（4）增大礁体的表面积：附着在礁体表面的海洋生物是鱼类的重要饵料之一，而礁体表面积的大小与附着生物的数量有直接的关系，这对于高度较小的深水鱼礁尤其重要，因此在礁体的设计中，应尽可能的增加礁体的表面积，以保证附着生物有较大面积的受光附着面。

（5）良好的透水性：只有保证礁体内有充分的水体交换，才能保证礁体的表面积得到有效利用，确保礁体表面固着生物的养料供给。

（6）较低的成本：以通用型结构为基础，便于低成本加工。

2. 人工鱼礁礁体材料的选择

礁体材料的选择直接影响着礁体的结构特征以及礁区生物的增养殖效果。选择时需综合考虑礁区的位置、礁体结构的要求以及运输和礁体投放过程的便捷程度。同时应保证礁体与周围环境相协调以及礁体本身的稳定性和耐久性。例如，建在天然礁体附近的人工鱼礁一般不宜选择对天然礁体造成侵蚀的材料；在海流或风浪较大的海区，礁体一般不宜选择轻质材料。

目前常用的礁体材料可分为天然材料、二次利用的废弃材料和人造材料等3类（赵海涛等，2006；陈应华，2009）。天然材料包括木材、岩石、贝壳等，一般不会对海域环境造成污染，但应考虑其耐久性。二次利用的废弃材料有轮胎、汽车、火车车厢、渔船、石油平台、航空器材、模具等；投放前一般都需要对此类材料进行清理、改造，并进行效果检验，以消除其对海洋环境所造成的危害。人造材料主要是用混凝土或钢筋混凝土制成形状不同的构件。由于人造材料礁体可根据鱼礁的用途和所处的环境制作，因此其效能一般要优于天然材料礁体和二次利用的废弃材料的礁体。一个礁体中的不同位置也可以因地制宜地采用多种不同材料，从而满足不同的使用要求，增加礁区的生物多样性（张立斌，2010）。

3. 人工鱼礁礁体规格

人工鱼礁礁体设计时应考虑礁体与周围环境的相互作用，综合考虑距海面高度、波浪作用以及基底类型，确定适宜的礁体规格（图10-4）。

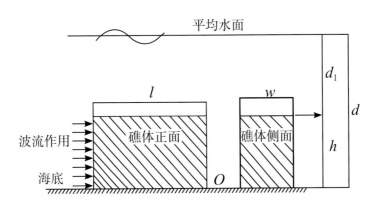

图10-4 礁体简化模型示意图

l为礁体长度；w为礁体宽度；h为礁体高度；d为礁体所在位置的水深；d_1为礁体的顶面水深

（三）人工鱼礁的安装与维护

礁体的安装是将选定的鱼礁材料作为构件，通过恰当地组合连接，使之成为一个整体结构。各构件之间的连接强度是礁体整体强度的保证，一旦礁体之间的连接构件发生破坏，将可能导致礁体整体结构的破坏，这对于礁体上着生的生物和相邻礁体的生物都是一种灾难，必将造成礁体周围生态环境的失衡。为使投放后礁体受到的波流作用力最小，礁体的长轴方向应与波流综合流速的方向保持平行。该方向也是礁体内部与外界进行水体交换的最有利方向。

在鱼礁的使用过程中要对其进行检测和必要的维护，以确保鱼礁能够长期有效地发挥其功能。

（1）礁体标识物的检测。定期检查礁体标识物是否完好，能否正确地标识礁体的位置。在每次较大的风浪过后都要对礁体标识物进行检查，及时修补被毁坏的标识物。

（2）礁体构件及稳定性的检查。定期检查礁体构件的连接情况和礁体的整体稳定情况，及时纠正或加固，以免出现更严重的问题而危及礁体。

（3）水质监测。定期监测礁区的水质，清理礁区内对海域环境有危害的垃圾废弃物；研发水下水质自动检测设备，配合水下观察、摄像仪器进行监测。

（4）建立鱼礁档案。建立鱼礁档案，对鱼礁的设计、建造、使用过程中出现地问题及时进行详细地记录。

（四）人工鱼礁效果评估

人工鱼礁投入使用以后，为了及时发现设计中存在的问题，从而采取一定的措施改善其功效，需要对其实际效果进行评估并与预期效果进行比较。效果评估的内容包括：礁体结构的整体稳定性，礁区周围局部的冲淤情况；海域生态环境的改善情况，浮游及底栖生物的增养殖效果、礁区水质的变化等；增养殖目标鱼类数量的增加情况、所捕获鱼的大小；礁区使用者数量的变化；鱼礁的经济收益情况。为确保效果评估的有效性，在人工鱼礁的建造前必须对礁区的底质、水质、生物等情况进行详细的本底调查。

（五）人工鱼礁对鱼类的聚集与增殖效果

1. 海州湾人工鱼礁养护资源效果

2003年7月至12月在连云港海州湾投放了250个单体大礁，750个小礁体以及30只船礁，总体积达到13 530 m^3。人工鱼礁投放后鱼礁区生物多样性指数和丰度均有所增加（表10－2）；鱼礁区单位捕捞力量渔获量（catch per unit of effort, CPUE）比投礁前增加1倍左右，其中鱼类的CPUE增加最多。鱼礁区比对照区相对应时期的CPUE显著提高；优势资源种类也有一定的变化（张虎等，2005）。

表10－2　人工鱼礁区与对照区资源种类对比（引自张虎等，2005）

时间	地点	种类数				
		鱼类	虾类	蟹类	头足类	合计
投礁前	对照区	16	11	7	236	36
	鱼礁区	17	13	6	3	39
投礁后	对照区	19	9	5	4	37
	鱼礁区	23	11	6	4	44

2. 人工鱼礁对赤点石斑鱼（*Epinephelus akaara*）的诱集效果

何大仁和丁云（1995）研究不同孔径鱼礁模型对赤点石斑鱼行为的影响。研究中所用三种人工鱼礁模型分别由孔径为8 cm、10 cm和15 cm的3层（每层2根）30 cm长的灰色聚乙烯塑料管组合而成。三种模型分别高24 cm、30 cm和45 cm，分别宽16 cm、20 cm和45 cm（图10-5）。研究表明：鱼礁对赤点石斑鱼有明显诱集效果，随着模型口径的增大，鱼在礁体放置区分布百分率有增大趋势，且口径大的鱼礁模型有较好的聚鱼效果（何大仁和丁云，1995）。

3. 人工鱼礁模型对黑鲷（*Sparus macrocephlus*）幼鱼的诱集效果

周艳波等（2011）在试验水槽内（图10-6）观察了深圳杨梅坑人工鱼礁区实际投放的10种礁体模型（图10-7）对黑鲷的诱集效果，结果表明模型礁对试验鱼的诱集成效由高到低依次为10号礁、9号礁、1号礁、2号礁、7号礁、4号礁、5号礁、6号礁、8号礁、3号礁。

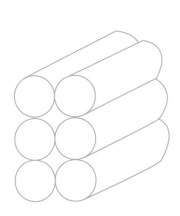

图10-5　鱼礁模型示意图

图10-6　试验水槽平面示意图

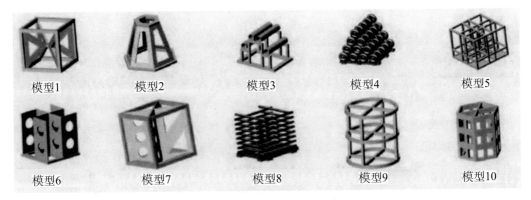

图10-7　10种礁体模型示意图

（六）人工鱼礁的生态与经济效益

人工鱼礁对鱼类资源恢复效果较好，主要体现在提高鱼礁区生产力，改善生物资源的群落结构上。我国已有很多成功案例。

1. 广东省南澳县人工鱼礁

该县分别于1981年和1983年，在北角山距岸2 km的水域，投放鱼礁300个，礁体总体积为887.7 m³。投放前该水域仅有中华小公鱼（*Stolephorus chinensis*）、金色小沙丁鱼（*Sardinella aurita*）等低质鱼类10余种；投放鱼礁后品种逐渐增多，计有石斑鱼（*Epinephelussp* spp.）、黄鳍鲷（*Acanthopagrus latus*）、鲈鱼（*Perca fluviatilis*）、中国鲳（*Pampus chinensis*）、大黄鱼（*Pseudosciaena crocea*）、中国龙虾（*Panulirus stimpsoni*）等优质渔业经济物种50多种。其中石斑鱼、黄鳍鲷、大黄鱼等，个体重量多在2 kg以上，鮸鱼（*Miichthys miiuy*）重达36 kg。自1984年1月鱼礁全部投放完毕至1985年8月为止，共计在礁区捕捞鱼、虾8 240 kg，产值8.73万元，为投资费7万元的124.7%（傅锦章和许咽，1985；许国，2001）。

2. 广东省电白县人工鱼礁

该县鱼礁总体积为4 957 m³，覆盖面积1.8 × 10⁵ m²。投礁后测得浮游生物量为附近水域的2.9倍。小鱼、小虾的迅速增加，诱集了大量的优质鱼类，形成了良好的渔场。1983年的产值达34万元，比同一海区非人工鱼礁水域所捕产量提高6.6倍。

3. 浙江省嵊泗县人工鱼礁

2004~2005年对嵊泗人工鱼礁一期工程建设效应的初步评估显示（刘舜斌等，2007）：投礁后，礁区渔业资源生物量的相对变化率呈现上升趋势，平均增幅达75%，到了秋季生产力达到2004年同期的4倍多，而对照区的资源量则以36%的平均幅度减小；投礁前，生物多样性相差不多，投礁后，鱼礁区的生物多样性逐渐赶上并超过对照区，平均高出25%左右；对照区的经济种种类数维持在10种左右，而鱼礁区随着礁体的投放，经济种增加多达25种。这些结果表明，鱼礁投放后，鱼礁区生产力提高，群落结构也明显改善，初步体现出了人工鱼礁良好的生态、经济效应。

4. 汕头市澄海人工鱼礁

2003和2007年分别对汕头市澄海人工鱼礁区进行了投礁前的本底调查和投礁后的跟踪调查（王宏等，2008）。结果表明，投礁后礁区海域游泳生物的资源密度明显比投礁前高，增加了25.63倍；礁区海域各类资源种类均比投礁前丰富，总种数由投礁前的23种增加至41种，比投礁前增加了0.78倍（表10-3）；蟹类种数增加最多，增加了1.75倍；在本底调查中没有出现的经济种类龙头鱼（*Harpodon nehereus*）和红星梭子蟹（*Portunus sanguinolentus*）在跟踪调查中已成为主要优势种；Shannon-Wiener多样性指数（H′）在礁区和对照区均比投礁前有所增加。鱼礁投放后，鱼礁区集鱼效果和群落结构明显改善，人工鱼礁建设取得了明显的生态效益和经济效益。

表10-3 人工鱼礁区与对照区各类群渔获资源密度（引自王宏等，2008）

调查时间	调查站位	种类数					
		鱼类	蟹类	虾姑类	头足类	虾类	合计
本底调查	礁区	51.160	20.944	19.744	14.835	4.472	111.155
	对照区	51.093	41.919	51.441	11.844	2.206	158.503
跟踪调查	礁区	908.327	1 635.469	126.790	84.593	205.180	2 960.359
	对照区	940.507	343.609	289.286	36.652	141.700	1 751.754

第二节 海参资源恢复方法与技术

海参（sea cucumbers，holothurians）属于棘皮动物门海参纲。广义的海参包括海参纲所有的种类；水产养殖中，海参指那些可供食用的种类。在自然状态下，全球海参1 200多种，分布于各大洋的潮间带至万米深的海域，绝大多数营底栖生活，附着在礁石、泥沙及海藻丛生的地带（廖玉麟，1997）。其中印度洋-西太平洋区是世界上海参种类最多、资源量最大的区域。温带区海参资源呈单种性，分布于太平洋东西两岸，东岸以美国红海参（*Parastichopus californicus*）为主，西岸以仿刺参（*Apostichopus japonicus*）为主；热带区海参资源则呈多样性，分布于太平洋热带区及印度洋（Conand et al.，1993）。全世界约40种海参可供食用，我国有约20种，包括仿刺参、花刺参（*Stichopus variegatus*）、绿刺参（*S. chloronotus*）、梅花参（*Thelenota ananas*）、蛇目白尼参（*Bohadschia argus*）、图纹白尼参（*Bohadschia marmorata*）、辐肛参（*Actinopyga lecanora*）、白底辐肛参（*Actinopyga mauritiana*）、棘辐肛参（*Actinopyga echinites*）、黑乳参（*Holothuria nobilis*）、糙海参（*Holothuria scabra*）、白肛海地瓜（*Acaudina leucoprocta*）和二色桌片参（*Mensamaria intercedens*）等（图10-8）。其中刺参为我国北方主要的海水养殖物种（Chen，2004；

Yuan et al., 2006；廖玉麟，2001），在我国渤海、黄海大部分沿岸浅海均有分布。大连、锦州、烟台、青岛地区是我国刺参重点产区。

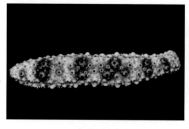

仿刺参 　　　　　　　　　 虎纹海参 　　　　　　　　　 海棒槌

图10-8　不同类型的海参

海参通常个体较大，大多数海参以沉积物为食，吞食时可以搬运大量的泥沙，因此，海参具有较大的生态学意义。海参含有丰富的蛋白质和黏多糖，具有极高的营养和药用价值。

随着人们生活水平以及对于海参营养价值和药用价值认识水平的提高，全世界特别是亚洲地区对于海参的需求量逐年增加。海参价格一路攀升，大大刺激了海参捕捞业的发展。以鲜重计算，全世界海参捕捞总量从1950年的4 300 t增至2001年的18 859 t，增长约4.4倍，并在2000年达到了历史最高量23 400 t（Vannuccini, 2003）。经济利益的驱使导致了无节制的捕捞，并最终致使许多资源原本丰富的经济品种濒临匮乏（表10-4）。虽然我国多年未向联合国粮农组织（food and agriculture organization of the united nations, FAO）提交相关的数据，但是根据较早所掌握的数据来看，我国同样存在捕捞过度、资源量大幅减少的状况。20世纪60年代山东、辽宁两省的刺参年产量为260~280 t，而到70年代降至60~80 t（张煜等，1984；张春云等，2004）。

表10-4　世界重要商业性海参品种的自然分布及资源状况

种名	学名	分布	资源状况	参考文献
刺参	*Apostichopus japanicus*	主要分布于西太平洋北部，包括我国黄海和渤海、俄罗斯东部沿海、日本和韩国沿海等	2001年西太平洋的捕获量为8 129 t，比1989年减少1 527 t	Vannuccini, 2003

种名	学名	分布	资源状况	参考文献
糙海参	*Holochuria scabra*	广泛分布于印度洋及热带太平洋，印度、印度尼西亚、新喀里多尼亚等海域均有	新喀里多尼亚2000年渔获量约620 t，此种类在东南亚及太平洋地区呈现过度捕捞状态	Purcell et al，2002
（属刺参科，中文名不详）	*Isostichopus fuscus*	分布于东太平洋热带海域，包括美洲西海岸从秘鲁北部至墨西哥的下加利福尼亚半岛以及厄瓜多尔等海域	1997年下加利福尼亚半岛自然种群数量急剧下降至原来的2%，可能近期无法恢复；1997年厄瓜多尔沿海资源量大幅度减少，现已禁捕	Hamel et al，2003；Martinez，2001
黄乳海参	*Holothuria fuscogilva*	整个印度洋、太平洋均有分布	近年该种类因过度捕捞，所罗门群岛海域拥有的数量迅速下降（具体数据不详）	Reichenbath，1999；Mercier et al，1999
红海参	*Parastichopus calfornicus*	主要分布在美国华盛顿州沿海及加拿大西部不列颠哥伦比亚省沿海	1989年两个地区的总捕捞量约为2 000 t，1990年华盛顿限额捕捞	Conand et al，1993.
乌皱辐肛参	*Actinopyga miliaris*	斐济沿海以及巴布亚新几内亚南部海域的潟湖、所罗门岛、新喀里多尼亚及汤加海域均有分布	相对而言，该品种的资源目前还可以开发	Shelley，1981
梅花参	*Thelenota ananas*	主要分布于太平洋南部海域	2002年此种类在巴布亚新几内亚东部海区出现过度捕捞。具体数据不详	Jeff，2002

注：以上质量均以鲜重计算。

　　由于人类对于海参消费需求的不断增加以及海参生物量的降低，如何通过有效的方法恢复海参生物量、满足人类消费需求及恢复海洋生态系统中海参的生态作用成为了重中之重。目前，底播增殖技术以及海珍礁技术（人工增殖礁技术）是两种最普遍也是最有效的海参养殖及恢复技术。

一、 底播增殖技术

海参浅海底播增殖，是针对一些适合海参生长的海区，由于原来没有海参或原有海参资源已经遭到破坏，为恢复或增加海区海参资源，而从外地移植亲参或苗种的一种仿自然、生态式的资源增殖模式（王卫民等，2012）。

自然底播增殖技术主要分为移植亲参和放流苗种两种。其中放流苗种为修复海参资源的主要手段。

（一）放流苗种底播增殖技术

1. 投放地点选择

（1）底质条件：底播增殖选择浅海岩礁区，坡度较缓。随岩礁区向海中延伸，礁石分布可能逐渐减少，可进行补充性投石或海底爆破筑礁（王卫民等，2012）。

（2）水体条件：放流海区盐度31~31.5，pH及溶解氧含量正常，透明度1.5~3 m，水质洁净，无大量淡水注入。

（3）饵料种类：放流海区应具有饵料种类，如鼠尾藻（*Sargassum thunbergii*）、大叶藻（*Zostera marina*）等。

（4）敌害生物：由于放流海区有可能存在如海车盘（*Asterias rollestoni*）、马粪海胆（*Hemicentrotus pulcherrimus*）等敌害生物，放流前应实地考察并通过实验等方法确定敌害生物是否会对增殖放流活动构成巨大危害。如构成危害，应尽量清除敌害生物。

2. 投放时间选择

增殖放流时间一般选择在春季3~4月份或秋季的10月至翌年1月，水温在7~10℃比较适宜。炎热的夏季和严寒的冬季一般不宜投放参苗，否则会导致参苗的死亡。

3. 苗种选择

放流的苗种应是原种或是经过人工繁育的苗种，并确保种苗健康。增殖用参苗应身体强壮，活动频繁，以抵御不良的环境和敌害生物。在秋季放养规格一般400~500个/千克，体长在5 cm左右；春季放苗规格一般800个/千克左右，体长在4 cm左右。一般每平方米放苗20个左右，成活存留率能达到60%以上。

4. 增殖放流

选用经人工越冬后体长在8~10 cm的参苗，按8~9个/平方米的密度投放（王卫民等，2012）。放苗方法是由潜水员下潜至礁群周围进行海底放流。一种是直接放流，就是将参苗直接撒播到礁群周围自由附着。另一种方法是由潜水员将网箱固定放在礁群中，然后将网箱下边打开，让参苗自行爬出散开寻找附着物，此法可使海参免受风浪及流水的冲击，并能有效避免敌害。还可将上述两种方法结合使用。

5. 日常管理

日常管理主要是每天测量水温，以及由潜水员定期潜水观测刺参的生长情况、摄食活动情况、分布密度，及时清除敌害生物等，为刺参生长建立良好的生活环境。一般应采取以下措施。① 定时监测：每10日检查刺参的生长及成活情况、摄食活动情况、分布密度，并做好记录。如有条件，可进行水质分析。② 看护：预防污染、盗窃以及其他自然灾害发生。③ 投饵：定期监测饵料情况，可向放流海区投入海藻等饵料生物。

二、海珍礁技术

海珍礁（人工增殖礁）技术经常应用于海参养殖当中。以刺参养殖为例，该技术是最常用也是最有效的增殖技术。海珍礁的主要作用有减少虾虎鱼（*Gobiidae* spp.）、美人虾（*Stenopus hispidus*）等敌对生物对刺参及其种苗的侵扰，增加刺参饵料，提供海参冬眠及夏眠的空间。

1. 海珍礁海区的选择

（1）底质条件：海区的底质应为泥沙质，有一定数量的单胞藻、有机碎屑，并有大量的鼠尾藻等饵料生物生长，适合刺参的生长、发育。

（2）水体条件：远离陆地，无污染，水深3～15 m，周围海区水温年平均为14.0℃，盐度变化范围在29.29～31.45，年平均盐度为31，pH为8.15～8.35，海水透明度平均为5.3 m。水流平缓畅通，水体交换充分，海水无污染，属于第一类海水水质。

（3）饵料种类：应保证礁群内有适合刺参生长的天然饵料，如底栖硅藻、微生物、有机碎屑及大叶藻、鼠尾藻等大型藻类，为海参栖息、生长营造良好的环境。

2. 海珍礁礁体的设计以及选择

（1）海珍礁礁体材料：用于建造适用于海参增殖的海珍礁的材料种类很多（Baine，2001），礁体材料的选择直接影响礁体的结构特征和礁区生物的增养殖效果。根据材料的来源不同，海珍礁使用的材料可分为天然材料、废弃材料和人造材料三大类（具体分类参见第10章第一节人工鱼礁礁体材料选择）。

（2）海珍礁礁体设计：礁体的设计需考虑以下4个原则：① 保证大型藻类有较大面积的受光附着面；② 礁体内海水流速稳定、内部空间多样化，能够吸引游泳生物聚集；③ 结构稳定，抗侧滑性与抗倾覆性较好；④ 以通用型结构为基础，便于低成本加工（图10-9和图10-10）。

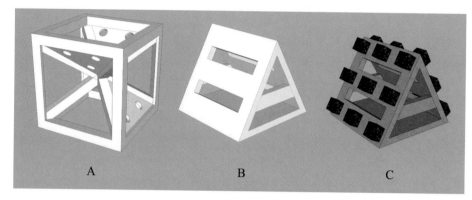

图10-9　礁体的三种设计方案

A.镂空正方体型；B.三角型；C.三角型加生态混凝土块

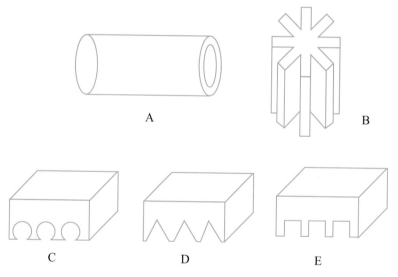

图10-10　5种不同形状的模型礁体（引自崔勇等，2010）

另外，多层板式立体海珍礁也常用于海参的增殖中（张立斌，2010）。此海珍礁可以装配不同颜色、间隔等，以适用于不同的环境条件（图10-11和图10-12）。

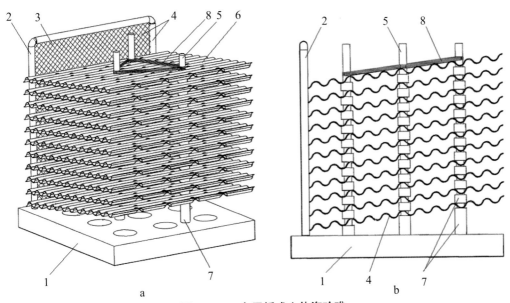

图10-11 多层板式立体海珍礁

a.立面图；b.侧面图

1.底座；2.U型管框；3.聚乙烯网；4.遮阴管网；5.支撑杆；6.聚乙烯波纹板；

7.VC套管；8.扎丝

图10-12 多层板式立体海珍礁实物图

3.海珍礁效果监测

实践证明，海珍礁增殖刺参的效果非常明显。利用海珍礁在自然海区中进行海参的增养殖，增强其躲避敌害能力，海参成活率高，生长周期短（表10-5）。为保证生产的连续性，及时达到商品规格，应实行捕大留小，每年春、秋两季轮流放养，充分利用礁群海区资源（丁增明和滕世栋，2005）。

表10-5　海珍礁增殖刺参效果（引自丁增明和滕世栋，2005）

年份	2002		2003		2004	
	4月	10月	4月	10月	4月	10月
放养量/万头	30	25	15	30	30	26
存活率/%	60	65	58	60	55	62
存留量/万头	18	16.3	8.7	18	16.5	16.1

收获年份 （年-月-日）	存活量/万头	回捕率/%	回捕量/万头	回捕产量/t	产值/万元	利润/万元
2003-04-10	34.3	30	10.7	51.5	618	513
2004-04-10	26.7	35	9.35	46.8	514	419
2005-04	16.5	36	5.94	29.7	297	217

第三节　虾类资源恢复方法与技术

我国海域虾类资源丰富，但由于环境污染、过度捕捞等原因，虾类资源衰退。中国明对虾（*Fenneropenaeus chinensis*，图10-13）曾经是我国北方渔业的支柱。中国明对虾主要在渤海产卵及生长，在黄海越冬，是世界上分布纬度最高、唯一进行长距离生殖和越冬洄游的暖温性种类（图10-14）。中国明对虾经济价值很高，生长速度快，对温度、盐度的适应范围较大。然而由于过度捕捞，中国明对虾捕捞业在辉煌了一段时间后，进入了衰退期，中国明对虾种群处于补充型捕捞过度状态。从20世纪60年代开始直到80年代初期，中国对虾的产量一直处于较高的水平，渤海的中国明对虾世代最大产量达到6万吨；自1983年开始，中国明对虾捕捞量逐年减少。恢复中国明对虾种群数量势在必行。

图10-13　中国明对虾（引自《辽宁省水生经济动植物图鉴》，2011年）

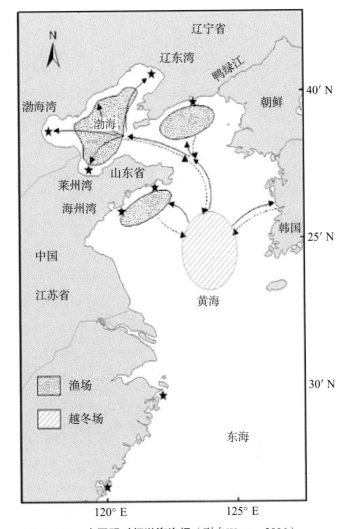

图10-14　中国明对虾渤海渔场（引自Wang，2006）

293

本书将以对虾为对象，介绍虾类资源恢复方法。

自20世纪80年代中国明对虾产量下降起，我国开始对中国明对虾进行增殖放流以达到恢复传统渔业资源、改善水域生态环境的目的。中国明对虾的增殖放流技术，包括育苗技术等都已经比较成熟。目前，中国明对虾的增殖放流工作在辽宁、山东等省份已取得较好的效果。对虾的育苗和增殖放流技术以及有效的渔政管理是恢复中国明对虾资源的关键。

一、 对虾放流种苗的获得

对虾放流种苗的获得以人工育苗为主。对虾人工育苗形式，各地有异，大致有以下几种（王良臣等，1991）。

（一）网箱育苗

亲虾产卵、孵化与幼体培育均在网箱内进行。

（1）网箱的规格及要求：以80目尼龙筛绢网片制成无盖网箱，把网箱浮于水池中(水泥池或土池)，水深在1 m以上，水流畅通。网箱置于木条制成的箱架中固定，箱架浮于水面，随水位升降。网箱上沿浮于水面20 cm，箱底不贴于池底。网箱间连接固定，防止翻覆。网箱与水池均以消毒剂严格消毒。

（2）育苗：水体的网箱可育仔虾2×10^4个。亲虾消毒后入箱、进行产卵。产卵后捞出亲虾及残饵。育苗期间保持海水畅通，按规定时间换箱。无节幼体1～5期，可以在网箱内渡过，至无节幼体6期可翻箱入池。

（二）室内水泥池育苗

水泥池工厂化育苗是我国沿海多省市普遍采用的方法，具体育苗方法同网箱育苗。但应注意厂房以透光率为70%的玻璃钢瓦覆盖，防风、保温与采光性能好。室内建成大小不等的水泥育苗池，水体一般为20～30 m^3，最大不超过40 m^3，池深1.5～2.0 m。

优点：光照控制方便，进排水畅通。充气和增温设备俱全，能严格控制温度。育苗用水经消毒过滤，敌害生物很少。水的理化因子控制自如，环境条件相对稳定。采用人工饵料与自然饵料相结合的方法育苗，幼体成活率高。

缺点：育苗池相对较大，往往亲虾采捕不集中，不能满足一池放卵密度，影响同步育苗。水体大，一旦发生虾病，常导致育苗的失败。

（三）室内玻璃纤维水槽育苗

育苗方法同网箱育苗。室内建筑与工厂化育苗一样，房顶以透光率为70%的玻璃钢瓦覆盖，配有适宜的通风设备，保持室内空气流通。室内以大量的小型聚酯纤维和玻璃纤维水槽组成。整个对虾育苗过程中，从亲虾产卵到幼体培育乃至饵料培育均用这种类型的水槽（图10－15）。每个育苗槽呈筒形，高1.5～2.3 m，直径2～3 m，容水量10 t左右。槽底为圆锥形，中心里漏斗状槽底均向中心部倾斜，池中央最低处有10～15 cm的回孔，该孔与槽外L形活动竖管相通，用以排污水及出苗。为防止换水时幼体流出，在池底出苗孔上装一根多孔塑管，管上包扎尼龙筛绢套。按幼体大小灵活调整筛织的网孔规格，如无节幼体期80目，强状幼体期70目，糠虾期至仔虾期50～60目。一般使用电热棒或红外线辐射板提供热量，控制槽内水体温度。

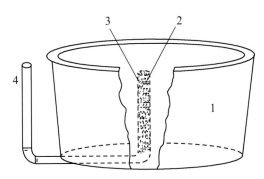

图10－15　玻璃纤维水槽剖面图（引自张伟权，1999）
1. 槽壁；2. 多孔竖管；3. 筛网；4. L形活动竖管

室内玻璃纤维水槽育苗具有如下优点。水体小，管理简便。温度、水质、盐度、溶氧、pH、敌害生物等均能得到理想的控制。清污、排出废水、出苗、移苗都很方便，可做到同步生产，幼体发育整齐。水体出苗率高，可达$40 \times 10^4 \sim 50 \times 10^4$个。但是该方法单池水体小，设备投资大，育苗成本高，不适宜大规模育苗生产。

二、　对虾放流地点的选择

对虾的放流应考虑海区底质、水体状况、生态环境条件、敌害等因素。海区底质以泥沙质为最佳，生态环境条件稳定，敌害生物少且饵料生物丰富，盐度为23.0～27.0，pH及溶解氧含量正常，水温16.0℃～20.0℃，放流区域水质应符合渔业水质要求，适宜对虾种苗的生长。

目前中国明对虾主要增殖放流区包括山东近海（主要有莱州湾、渤海湾、塔岛湾、黄家塘湾、靖海湾、丁字湾等）、河北沿海（主要有秦皇岛、丰南区、黄骅市、滦南县等沿海）、辽宁海洋岛、浙江象山港和福建东吾洋。其中，浙江象山港和福建东吾洋采取的增殖放流技术为移植放流。

三、 放流时间选择

放流时间与开捕日期均不得过早或太迟。若放流时间过早，海区水温低，容易造成仔虾种苗死亡。放流时间太迟，种苗在湾内索饵生长时间短，虾体达不到商品规格，影响放流增殖效果。开捕日期太早或过迟也会影响回捕效果。通常情况下，北方海域仔虾种苗放流适宜时间为每年5月中旬至6月中旬，南方海域为4月中旬到5月中旬。

四、放流对虾种苗规格

放流的种苗应未感染病原生物，活力强。出苗前，育苗池水温要提前降低，使其接近放流海区水温。一般来讲，具体种苗大小应视放流区域条件适当调整。放流的对虾种苗应包含未经中间暂养培育的小规格仔虾（10~15 mm）、经中间暂养培育的中小规格仔虾（24.0~26.3 mm）以及大规格幼虾种苗（31.2~42.2 mm），其中小规格仔虾占大多数。

五、 对虾种苗运输与放流

出苗装袋尽量避免对虾体造成机械损伤。塑料袋中装进新鲜海水并充氧保证虾苗存活。每袋装虾苗 $1 \times 10^4 \sim 2 \times 10^4$ 个，运送到预定海区。放流应选择天气晴朗、风浪较小的夜间或凌晨时的高潮间隙实施。放流时船舶需缓慢行驶，与岸线保持一定的距离，将虾苗袋口贴近水面，慢慢倾入水中以避免冲击对种苗造成伤害（图10-16）。大规格苗种建议采取直接提闸排放方式放流。

图10-16　中国明对虾增殖放流

六、 放流区域管理

严格管理放流海区，完善相关法律法规，严禁放置定置网，禁止抄网拦捕，并实行禁捕、开捕等海区管理制度，否则可能导致回捕率下降。

七、 效果监测与评估

每年对虾放流结束后均开展跟踪探捕调查，收集湾外拖网作业对虾的渔获情况。对种苗的跟踪探捕应及时进行，避免种苗感染虾病，导致回捕率的降低（张澄茂和叶泉土，2000）。

第四节　贝类资源恢复方法与技术

贝类营养丰富，味道鲜美，富含蛋白质、多种维生素以及矿物质等，为人们所喜爱。常见的食用贝类有虾夷扇贝（*Patinopecten yessoensis*）、魁蚶（*Scapharca broughtonii*）、紫贻贝（*Mytilus galloprovincialis*）、牡蛎（*Crassostrea* spp.）、文蛤（*Meretrix meretrix*）、菲律宾蛤仔（*Ruditapes philippinarum*）等（图10－17）。贝类还具有较高的药用价值，有助于多种疾病的治疗，如杂色鲍（*Haliotis diversicolor*）、阿文绶贝（*Mauritia arabica*）、脉红螺（*Rapana vanosa*）等。在农业以及工业生产中，贝类同样具有很大的价值。例如，产量多的小型贝类可以作为肥料以及家禽饲料；贝类的贝壳主要成分为碳酸钙，是石灰的优质原料。由于很多贝类的贝壳具有独特且美丽的花纹及形状，经常被用于工艺品的制作，深受人们的喜爱（邓陈茂等，2007）。

近年来，市场对于贝类的需求急剧增加，贝类资源开发过度。污染物入海量增加，导致水域生产力下降，生态环境不断恶化。另外，沿海城市兴建港口码头、向沿海转移工业项目等，导致贝类的生长繁殖空间严重缩减，生态系统遭到破坏。因此，经济贝类的恢复、增殖工作势在必行（仲霞铭等，2009）。

滩涂贝类主要是指匍匐或埋栖于潮间带中、低潮区和潮下带20米以内的沙泥质或泥沙质中的双壳类（如泥蚶、文蛤、菲律宾蛤仔等）和腹足类（如泥螺、红螺等）。滩涂贝类在我国经济贝类中占有重要的地位，其主要经济种类包括蚶类、蛤类、牡蛎等。滩涂贝类一般具有营养丰富、味道鲜美等特点（郭文等，2008）。随着经济的发展以及人们生活水平的提高，国内外市场对于滩涂贝类的需求量不断增加。这导致了一些滩涂贝类生物量急剧减少。如何恢复这些种类的生物量成为了当前重要的课题。

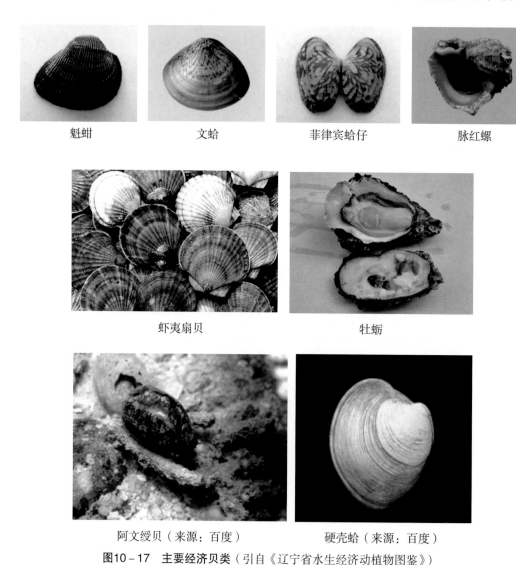

魁蚶　　　　　　文蛤　　　　　菲律宾蛤仔　　　　脉红螺

虾夷扇贝　　　　　　　　牡蛎

阿文绶贝（来源：百度）　　　　硬壳蛤（来源：百度）

图10-17　主要经济贝类（引自《辽宁省水生经济动植物图鉴》）

本书重点介绍滩涂贝类资源恢复的常用方法——底播增殖技术与资源管护技术，其中底播增殖技术以魁蚶为代表，资源管护技术以文蛤为代表。

一、魁蚶底播增殖方法与技术

魁蚶，也称血贝、赤贝、大毛蚶等，广泛分布于我国沿海，其中黄海北部资源最为丰富，市场前景广阔，是我国重要的经济贝类。由于魁蚶为埋栖性贝类，筏式养殖效果不甚理想，成活率较低，但是底播增殖恢复魁蚶资源效果较好，在辽宁、山东等地都已取得了较好的经济效益以及社会效益（于瑞海和李琪，2009）。

（一）魁蚶种苗获得

魁蚶种苗主要通过人工育苗获得，具体步骤如下：

1. 亲蚶采捕及促熟

在自然海区水温16℃时，人工采捕壳高8 cm左右、壳表完整、无病原生物感染的4龄蚶作为亲蚶。亲蚶置于室内水池中采用浮动竹筐网箱暂养，暂养密度为50个/立方米。水温采用半升温法，从14℃按每日升1℃的速度，缓慢升至21℃，之后亲蚶在21℃水温下恒温培育。每日投饵，约20 d。为了促进亲蚶成熟，要求每天早晨倒池一次，中间换水1/2～1/3，保持池水清澈；并且不间断地向水池内充气，保持溶解氧充沛。为促进亲蚶生殖腺发育，促熟过程中要求不断加大投饵量，并提高饵料质量。

2. 采卵及孵化

（1）采卵：魁蚶雌雄异体，雌、雄个体在外观上难以区分。在雌雄混养情况下，雄贝先排精，在精液的诱导下雌贝开始排卵。为了减少精子数量，提高受精率和保持水质，要及时拣出雄贝，使雌、雄贝比例达到10：1即可。雌贝个体的产卵量在5×10^5个左右。产卵适宜水温在21℃～22℃。当水中卵的密度达到40～60个/毫升时，要及时将亲蚶移入另池继续产卵、排精，并用虹吸法分池。此过程中需要不断加水和充气，并及时去除水体表面含有大量精液的泡沫。

（2）孵化：孵化密度为40～60个/毫升；最后一次洗卵后，逐渐加水孵化；孵化出D形幼虫时，及时选育健壮幼虫培育。

3. 幼体培育

幼体培养密度以7～14个/毫升为宜。投放饵料为金藻、小球藻、硅藻、扁藻。水温保持在22℃～26℃。光照强度不宜过强，为200 lx，否则幼虫分布不均匀。每天换水两次，每次换1/3～1/2，4～5 d倒池一次。幼虫成熟时倒池采苗。

幼虫长到壳长240 μm时，足形成，眼点和鳃原基出现，此时应及时采苗。魁蚶幼虫附着后，加大换水量及投饵量，后期可以间隔流水培育。壳长1 mm左右时即可出池。二次培育过程中调整光照，使之接近自然光照。对稚贝进行流水锻炼，使之附着牢固。

出池后需进行中间培养，第一周避免扰动，以后要及时刷网清除浮泥和附着物，疏通水流更换网。壳长3 mm左右更换16目或20目网，6～7 mm转入8目育成笼育成。

底播增殖苗种应选用壳长1.5 cm以上苗种，以2.5～3 cm为佳（图10－18）。苗种个体越大，潜泥速度越快，成活率越高，回捕率越高，但种苗成本也越高。运输要防风干、防雨淋、防日晒；露空时间尽量短，及时挂到育成筏上。

图10－18　魁蚶放流增殖苗种规格

（二）魁蚶底播增殖区的选择

魁蚶底播增殖区的选择应遵循以下原则（张起信，1991；于瑞海和李琪，2009）。

（1）潮流畅通，风浪较小，水深3 m以上，水温周年低于25℃，溶解氧饱和度80%以上，盐度30左右。

（2）底质为软泥、泥沙，硫化合物及有机耗氧量须符合增养殖底质标准。

（3）底播增殖海区饵料丰富。

（4）清除底播增殖海区魁蚶的敌害生物，如海星、沙蚕、海盘车、梭子蟹等。

（三）魁蚶底播时间的选择

魁蚶底播一般在春秋两季进行为宜，避免在寒冷冬季或炎热夏季进行，以免影响成活率以及下潜，最终影响回捕。应选择小汛期的平流时进行底播增殖。

（四）魁蚶底播

底播增殖的适宜密度根据放流区域饵料生物丰富程度、种苗大小、放流苗种的基础密度以及海区情况而定。密度过小，会降低增殖效果；反之，会影响魁蚶正常生长速度以及底播增殖效果。

（1）水上播苗法：把蚶苗通过舢板直接撒播入增殖海区的水面上，让蚶苗自动沉入海底。此方法比较方便，适于底播增殖面积大的海区，但播苗准确性差，一般要求在平流播苗（图10－19）。

图10-19 魁蚶底播增殖

（2）水下播苗法：潜水员潜入水下，按要求密度将苗种均匀撒播在海底，此方法难度较大，但具有较好的播苗效果。

（五）后续管理与监测评估

魁蚶底播增殖的海上管理工作非常重要。完成底播增殖作业后，需要定期监测放流海区水质情况，取样测量放流魁蚶苗生长情况。可以通过浅水捡捕法、诱集法及拖网法等方法定期清除敌害生物。加强管理，防止偷盗。

底播1.0 cm以上的魁蚶苗，2年后，一般长到壳长6~7 cm，体重60~80 g，即可组织采捕。收获时间在11月和4月。采大留小，同时清除敌害生物。采捕结束可进行下一周期的底播增殖。

二、文蛤资源管护方法与技术

文蛤（*Meretrix meretrix*）又被称作花蛤、黄蛤等，营养价值很高，其中蛋白质占10%、脂肪占1.2%、碳水化合物占2.5%，并含有钙、磷、铁、维生素等。文蛤地理分布广泛，日本、朝鲜及我国沿海分布较多。我国辽宁营口市沿海、山东莱州湾沿海、江苏南部沿海、台湾西部沿海、广西壮族自治区合浦西部沿海资源最为丰富，是我国文蛤主要产区（张起信，1993）。近些年来，由于文蛤富含营养、肉质鲜美，为人们所喜爱，国内外市场对于文蛤的需求日益增加，而文蛤资源遭到破坏。由于文蛤生长缓慢，除人工养殖以外，还应对自然分布的文蛤进行保护，以达到保护及恢复文蛤资源的目的。

（一）护养增殖场地的选择

养殖场地选择在内湾或沙洲的中、低潮区；要求所选区域风浪小，潮流畅通稳定，滩涂平坦，底质为细砂或含沙量70%以上的沙泥，水质良好、稳定，饵料丰富。

（二）护养增殖场的设置

选定的护养增殖场周围需要设置醒目标识并配备看管护养场所需船只以及工作人员。如配置监测气象、海流、水文、底质以及文蛤生长等的仪器设备更佳。

选定护养增殖场地点之后，选择小潮或低潮时期对滩面进行修整及翻耕，以达到平整滩面、疏松滩质的目的，同时清除大型螺类、蟹类等敌害生物。

（三）设立防逃设施

（1）拦网防逃：在护养区拦网防逃，以防止文蛤移动到护养区外造成损失，同时也可以阻止敌害生物进入护养区。

（2）拉线防逃：在护养区域拉阻断线，阻止文蛤向围网边大量集群（王树海等，2005）。

（四）护养区域的日常管理

（1）定期检查防逃网，如防逃网有损坏，需及时修补，同时清除防逃网上的附着物。

（2）定期检查阻断线，以防止阻断线的损坏造成文蛤密集，不利于文蛤的生长。

（3）及时疏散防逃网边聚集的文蛤。

（4）及时清理进入护养区域的流沙及淤泥。

（5）经常下滩检查护养区域内文蛤的敌害生物情况，并及时清除护养区域内的蟹类、鸟类、鱼类等文蛤的敌害生物，同时清除附着在围杆上的藤壶及藻类。

（6）及时清除死亡的文蛤以防止污染滩涂。

（五）采捕规格限制

当壳长达到5 cm时，文蛤达到商品规格。采捕时需注意取大留小，以达到恢复文蛤资源的目的（段美平，2005）。

第五节　乌贼资源恢复方法与技术

乌贼类中的经济种类以乌贼科中的乌贼属和无针乌贼属为主，其中曼氏无针乌贼（*Sepiella maindroni*），曾被誉为东海传统的四大渔业对象之一。自20世纪70年代中期起，由于过度捕捞，曼氏无针乌贼资源显著衰退（郑元甲等，1999）。1981年其产量急剧下滑至1.4×10^4 t，成为历史最低水平。90年代初曼氏无针乌贼基本绝迹，金乌贼（*Sepia esculenta*）和神户乌贼（*Sepia kobiensis*）等种类逐渐成为东海优势乌贼种类（严利平和李建生，2004）。

曼氏无针乌贼资源的衰竭主要是因为对亲体的过度开发、对幼体的提前利用以及对其产卵场的破坏。本书以曼氏无针乌贼为代表介绍乌贼资源恢复常用方法与技术。曼氏无针乌贼资源恢复主要包括曼氏无针乌贼的增殖放流以及曼氏无针乌贼产卵场的修复两部分。

一、曼氏无针乌贼增殖放流

由于曼氏无针乌贼亲体生殖后基本死亡，扩大亲体乌贼群体基数和增加作为补充群体的乌贼受精卵数量成为恢复曼氏无针乌贼群体的两个基本途径。而增殖放流是目前恢复曼氏无针乌贼群体数量的一个有效方法（李继姬，2012）。

（一）曼氏无针乌贼种苗获得

（1）亲体来源。① 海捕自然种群。运输时需注意避光，否则乌贼强光下易感刺激喷墨而引起死亡。② 挑选上年秋季养殖的苗种中经历过越冬的、健康、性成熟乌贼个体。

（2）亲体强化培育。亲体培育池底面积以大于30 m为宜，池四周可设置软质网片防碰。乌贼野生亲体性格暴躁，受较强刺激时，常快速后退，其胴部后端易撞池壁受伤，严重的胴体后端内骨骼折断，伤口腐烂甚至死亡。养殖亲体性格较温和，可免挂网片。水质宜清洁而稳定，保持一定的水温、盐度、溶解氧、pH和光强。雌雄混养，放养密度3～5个/立方米为宜。投喂鲜活鱼虾，投喂量为乌贼重量的5%～10%，少量多次（邵楚等，2011）。

（3）产卵与孵化。产卵时最适水温为19℃～25℃，盐度20～35，溶解氧大于4 mg/L，pH 7.6～8.6，光强小于500 lx。孵化过程中保持水质清澈，避免直射光，微充气。孵化密度小于4×10^4个/立方米。孵化适宜水温为19℃～30℃，最适水温为25℃～28℃，盐度20～35，溶解氧大于4 mg/L，pH 7.8～8.4。为配合曼氏无针乌贼的增殖放流工作，挑选部分卵径达到0.9～1.1 cm的受精卵出池并保存，待幼乌贼达到放流标准时，与其一同放流（邵楚等，2011）。

（4）苗种培育。乌贼幼体培育适宜水温为19℃～30℃，最适水温为25℃～28℃，盐度20～35，pH 7.6～8.6，溶解氧大于4 mg/L，氨氮 0.4 mg/L，且保持稳定。育苗过程中保持弱光（不超过500 lx），否则可能会引起乌贼喷墨，影响种苗的培育。根据乌贼不同的发育阶段投喂不同饵料及饵料量（邵楚等，2011）。当胴体长1.0 cm（图10-20）以上时即可用于增殖放流，胴体长1.2~2.0 cm时为佳。

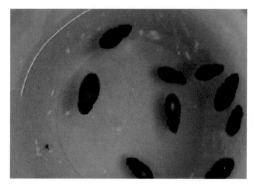

图10-20　曼氏无针乌贼苗种

（二）曼氏无针乌贼的放流地点与时间的选择

放流海区应选择曼氏无针乌贼资源因过度捕捞而衰退的产卵场，如浙江大陈海域、中街山列岛海域等。放流时间一般为每年5月至6月。

（三）曼氏无针乌贼种苗运输与放流

曼氏无针乌贼的具体放流数量没有严格的规定，一般以大规模放流为主，具体放流数量应视放流海区情况适当调整。一般将幼乌贼（图10-21）及即将孵化的受精卵（图10-22）一同放流。

图10-21　曼氏无针乌贼苗种放流　　　　图10-22　曼氏无针乌贼受精卵放流

将有受精卵附着的附卵网片以5~6 cm的间隔安置固定于钢筋制作的网笼内，网笼外包2.5 cm网目的无节结聚乙烯网衣，以防止敌害侵食。每个网笼可装载8~10个附卵网片。运输时，将装好受精卵的网笼放入150 L的塑料方桶内并持续充气，用船运输到预定放流海域。幼体则采用尼龙袋密封充氧运输。运输船到达预定放流海域后，逐个将网笼吊挂在水深3 m左右处，海面有白色浮标作为标识。幼体放流时航速控制在1节以内，通过专门的放流装置将苗种缓缓放入水中（董智永，2010）。

二、曼氏无针乌贼产卵场的修复

曼氏无针乌贼产卵场的修复是恢复曼氏无针乌贼生物资源的重要组成部分，其资源衰退的一个主要因素就是产卵场遭到了严重的破坏（董智永，2010）。就目前曼氏无针乌贼产卵场修复的工作来看，其产卵场修复主要是以投放人工附卵基及恢复产卵区域珊瑚礁和海藻场两种方法进行。

（一）曼氏无针乌贼人工附卵基

根据董常文和董智永等人的研究，人工附卵基的类型可以分为：枝状乌贼产卵附着物、筏式乌贼产卵附着物、模拟柳珊瑚乌贼产卵附着物及笼式乌贼产卵附着物等。不同的产卵附着物拥有不同的优缺点。

（1）枝状乌贼产卵附着物（图10-23）：用水泥块作基部，以竹子、木棒、树枝等作为乌贼产卵附着物，简单模仿柳珊瑚结构。该附卵基制作方便，成本低，宜投放，在海底不易随波移动，附卵量高；但使用寿命不长，每年需要重复投放。

图10-23　枝状乌贼产卵附着物及附卵效果（来源：百度）

（2）筏式乌贼产卵附着物：模拟筏式养殖形式，使用绳索、网片等材料作为乌贼产卵附着物，固定在乌贼产卵场。该产卵附着物制作方便，成本低，易投放，在海区固定不会移动，附卵量高，还可随时进行检查；但使用寿命不长，每年需要重复投放。

（3）模拟柳珊瑚乌贼产卵附着物：这种乌贼产卵附着物以塑料为原料，模拟柳珊瑚形状制作而成，能使乌贼均匀地将卵产于其上，解决了附着物上卵粒密度过大、卵粒容易缺氧、阻碍胚胎呼吸等问题，有效地提高了乌贼卵孵化率。模拟柳珊瑚乌贼产卵附着物，加工工艺简单，使用寿命长。

（4）笼式乌贼产卵附着物（图10-24）：一种用于捕获天然乌贼并兼作乌贼增殖鱼礁的生态友好型乌贼笼。这种乌贼笼能够使入笼乌贼在笼中生活一些时间并将卵均产在笼体上。笼体在海中稳固设置，不会受风浪影响而滚动，从而使附着在笼体上的乌贼卵顺利孵化（李星颉等，1986）。

图10-24　笼式乌贼产卵附着物放流（来源：百度）

（二）曼氏无针乌贼产卵区域珊瑚礁及海藻场恢复

通过建设珊瑚礁和人工海藻场来恢复曼氏无针乌贼产卵场同样是有效的恢复其资源量的有效方法。珊瑚礁和人工海藻场以柳珊瑚为重点，辅以人工种植羊栖菜、舌状蜈蚣藻、厚膜藻等，加强天然附卵基的培育工作，以使产卵场的自然产卵附着物迅速增加（董常文等，2010）。珊瑚礁与海藻场的具体修复方法请参照本书第十一章、第十三章相关内容。

第六节　海洋大型藻类资源恢复方法与技术

我国有着漫长的海岸线，又大部分地处北温带，海藻资源十分丰富。在广阔的潮间带和潮下带浅水区，生长着繁茂的裙带菜、马尾藻等大型海藻，这些大型海藻在海底形成了茂密的海底森林与牧场（图10-25）。藻场中生长的大型藻类既能够吸收海水中过量的营养盐，又能够为植食动物提供食物，而植食动物又吸引更高一级的消费者前来觅食。这样，就会在藻场周围形成复杂而稳定的食物网和生态系统。

图10-25　海底森林与生活在其中的海洋生物（左）；海洋牧场中的牧草（右）

我国已发展成世界海藻养殖第一大国，主要养殖种类有海带（*Laminaria japonica*）、裙带菜（*Undaria pinnatifida*）、甘紫菜（*Porphyra tenera*）、龙须菜（*Gelidium lemaneiformis*）等。但目前我国近岸海域生境人为破坏严重，并由此导致了一系列的生态危机。例如，广东省沿海的马尾藻，曾是广东省重要的经济海藻，通常被用作制备饲料、提取藻胶等的原料；但由于近年过度采摘、海水富营养化和赤潮频繁发生，马尾藻资源逐渐减少（于沛民等，2007）。

藻类资源的修复主要通过建设人工藻礁和种源补充的方式进行。对于经济藻类来说，推广贝藻间养不仅能增加藻类种群密度，还能促进经济的增长，增加渔民收入。

一、人工藻礁

利用人工藻礁来形成人工藻场，是各国普遍采用且行之有效的海底资源恢复方式。人工藻礁（artificial algal reef）不仅可以为附生藻类提供生长、繁殖的场所，还能够吸引海洋动物来藻场索饵和繁育，最终达到优化海底环境，保护渔业资源以及提高渔获物质量的目的，是一种恢复海底植被的重要手段。

（一）人工藻礁投放区选址

藻场的选址关系到藻场建设的成功与否。人工藻礁的投放区一般从自然气候、海底地貌、水质条件、生物资源等方面综合调查评估。判断一片海区是否可以用于建设人工藻场，需要对以下几方面的因素展开调查。

1. 物理因素

包括潮流、波浪、水温、光照、冲淤、降雨等。

2. 化学因素

包括pH、盐度、溶解氧、营养盐、有害物质、二氧化碳的溶解量、污染物等。

3. 生物因素

包括捕食者和空间竞争者。

（二）人工藻礁礁体设计

针对修复水域中将要增殖的藻类的自身特点，设计不同材料和形状的藻礁，以达到藻类附着率高、附着后生长好的目的。礁体的设计主要考虑海区的条件。例如，设置藻礁形状时，应该考虑海域波浪条件、海流条件以及海区的底质条件；设计礁体的高度时应该考虑海底沙面的垂直变动范围；为使增殖藻类附着牢固，礁体表面要设计适当大小的突起等（于沛民，2007）。

1. 藻礁的材料

传统人工藻礁的建礁材料如石材、木材、钢材、混凝土等目前仍被大量使用。但在近年的人工藻礁建设中，综合考虑到环保因素，使用废弃物如粉煤灰、硫磺固化体、贝壳等材料制作礁体，逐渐成为趋势。此外，有少数藻礁采用人工合成材料（请参考第十章第一节人工鱼礁相关内容）。

2. 藻礁的形状

20 世纪70年代前人工藻礁的建设是粗放式的，即将废旧的船只、石块等直接沉于海底，作为藻类的附着基。近年来人造藻礁的设计逐渐向精细化、集约化方向发展，其设计特点表现为：表面凹凸、具多孔结构、礁体内部材料添加肥料和营养物质（图10－26）。

图10－26　人工藻礁

（1）表面凹凸：藻礁凹凸粗糙的表面更加利于藻类的附着，且凸部附着的藻类比凹部要多。这主要是因为凸部水流流速大，使藻类生长不受浮泥堆积的影响；凸部上聚集的藻食性动物少，因而对海藻的危害小；海藻的根部在凸部有足够的空间伸张，附着更加牢固，可以减少海浪冲击对其造成的影响。同时，礁体表面的水沟状凹面也适合海胆和鲍鱼等底栖动物生活。

（2）具多孔结构：研究发现，礁体表面和内部的连续孔隙，能够使得氧气和水自由地通过，有利于附着藻类根部的水流循环。这样有利于形成一个由微生物和小型水生生物所组成的小生态群落，也更加有利于礁体表面附着藻类的生长。

（3）在礁体内部材料添加肥料或藻类生长所需营养物质：在藻礁的制礁材料中添加营养盐，营养盐经过长期渗透，可以渗透到藻礁的表面。在这种藻礁的周围，藻类生长茂盛，且对以藻类为食的动物如海胆和鲍鱼的增殖效果也十分明显（于沛民等，2007）。

3. 藻类增殖方式的选择

目前普遍采用两种方式：① 将人工藻礁直接投放到目标水域，为藻类提供附着基，利用天然的资源来进行藻类增殖，形成藻场；② 人为向藻礁上附着藻类孢子或者移植藻类幼体后，再将藻礁投放到目标水域，形成藻场。

其中将大型海藻引入人工藻场的方法有采孢子方法、夹种菜方法和幼苗移植方法。

4. 投放前的规划

投放前，应首先调查清楚海底情况，合理规划藻礁的规模与布局，然后按照规划投放。

5. 管理维护

藻礁投放后，采用水下探测、潜水调查等多种方法，进行管理维护和数据统计，例如清除藻类敌害生物，清除藻礁上的杂藻，定期记录藻场内的海藻和动物的种类及数量等。藻场建成后需要对藻场建成效果进行评价。藻场建成评价的指标包括移植苗种的成活率、生长速率、生长密度、成熟状况。观察时用目测，辅以水下监测系统。如果监测指标良好，而且移植的藻体开始供给孢子，且孢子萌发产生新的藻体，水域的藻类密度显著上升，海底荒漠化的面积显著缩小，则证明人工藻场建设成功。

二、种源补充

与鱼类的增殖放流相似，藻类也是通过补充种质资源来增加资源恢复的潜力，继而促进资源的快速恢复。藻类种源补充技术基于藻类的人工繁育技术方法，即通过人工方法获得大量孢子或幼苗，投入恢复区域来恢复藻类资源。

本书以常见经济藻类——细基江蓠（*Gracilaria tenuistipitata* var. *liui*）（图10-27）为代表，介绍其种苗补充技术方法。

细基江蓠属于红藻门（Rhodophyta）、杉藻目（Gigartinales）、江蓠科（Gracilariaceae）、江蓠属（*Gracilaria*），是浅海人工栽培江蓠的优良品种。细基江蓠藻体较大，琼胶含量和质量高。孢子繁殖是栽培优质细基江蓠的主要手段。

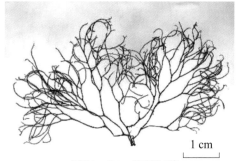

1 cm

图10-27　细基江蓠

（一）细基江蓠孢子采集

1. 种菜挑选

挑选粗大、健壮、干净和成熟的藻体，保证配子体的囊果或精子囊巢完全成熟。用低倍显微镜检查，孢子体四分孢子囊明显地呈"十"字形分裂，分布在皮层细胞之间。雌配子体个体也比较粗大，囊果（图10-28）突出藻体表面，呈馒头状。囊果孔位于囊果顶端，大部分有啄状突起，呈透明状，表示完全成熟。如果囊果孔下陷，呈乳白色，则表

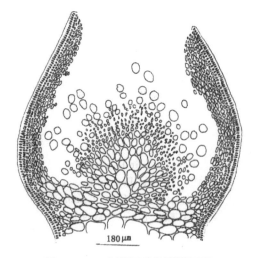

180 μm

图10-28　细基江蓠的囊果切面

示果孢子已经放散或部分放散。雄配子体一般个体较小，在四月份精子早已放散完毕。用低倍微镜观察，在皮层细胞间分布着较大的精子囊巢，和四分孢子体完全不同（刘思俭等，1990）。

2. 种菜干燥刺激

为了使四分孢子或果孢子能在短时间集中大量地放散出来，通常把挑选出来的种江蓠晾干，定时翻动。当发现藻体表面失去水分并且在个别藻体上出现轻度皱纹，便停止晾干工作，准备制取孢子水。

3. 孢子水制备

把晾干的种江蓠放入清洁海水，不断搅拌。在显微镜下观察孢子放散情况。如每个视野有几十个孢子出现，即达到浓度要求。

（二）细基江蓠种苗补充

已经获得的细基江蓠孢子可以通过两种方式补充进待修复海域：

1. 直接泼洒

将孢子水直接泼洒在待恢复区域。细基江蓠孢子放散后能很快地附着萌发。孢子经过一昼夜后便能够比较牢固地附着，一星期后萌发成盘状体，两星期后形成直立体，一个月后便形成细小的江蓠幼体。

2. 待孢子发育成幼体后投放

应用此方法时，可向孢子水中投入小石块、贝壳等利于孢子附着的固体，待孢子附着发育为江蓠幼体后投入待恢复海域。

三、贝藻间养

目前我国近海多采用浮筏养殖贝类。由于人们盲目追求养殖效益，往往养殖密度超过其最大限度，过量的食物残渣和排泄物进入海水，导致养殖环境的恶化、病原滋生，甚至影响海域生态环境。因此，在贝类养殖体系中引入大型藻类来吸收利用营养物质是一种科学的方法。

贝类和藻类生活要素各异，藻类生长的基本条件是光、营养盐和水流，贝类以浮游生物和有机碎屑为主要饵料。对藻类进行人工施肥，也会促进浮游生物的繁殖，为贝类增加饵料；而贝类的排泄物又为藻类提供了氮肥。藻类在其生长过程中通过光合作用吸收二氧化碳，产生氧气；而贝类新陈代谢恰好需要吸收氧气，放出二氧化碳。这样，二者在同一环境中相辅相成，相互促长。此外，贝、藻间养或套养，都能使水体得到充分利用。藻类平养所利用的是浮筏间的水平水体，而垂挂养殖的贝类则利用浮筏下的垂直水体。藻类喜光，贝类喜暗，二者分层养育，恰好各得其所。

一套养殖设备可以既养贝，又养藻，而且可以同时管理。因此降低了生产成本，提高了经济效益。贝藻间养，还可以合理调配使用劳动力。利用不同的放养、收获季节，合理地安排劳动生产时间。

（一）文蛤与龙须菜混养

文蛤肉嫩味鲜，是贝类海鲜中的上品，是我国主要经济贝类之一。龙须菜是食品工业中提炼琼胶的上等原料，又可以作为养殖鲍鱼的优质饲料和人类的绿色保健食品。

孙伟等（2006）在室内采用实验生态学方法对文蛤成贝和龙须菜（图10-29）进行了混养实验，每周测定养殖水体中营养盐变化情况以及文蛤、龙须菜的存活和生长情况等。实验表明，加入了大型藻类的文蛤养殖系统，相对于无大型藻类的文蛤养殖系统，其氨氮、亚硝氮和磷酸盐浓度显著降低。实验结束后，文蛤及龙须菜生长情况良好，文蛤生长率最高达到了0.84%，龙须菜生长率最高则达到了1.79%。在文蛤成贝养殖系统中加入大型藻类，对养殖水体中的氨氮、亚硝氮和磷酸盐有明显的吸收效果，最高吸收率分别为86%、98%和99%，起到了良好的生态作用。该研究还显示，按照1∶1（龙须菜湿重量∶文蛤软体部湿重量）的配比放养比较合理。

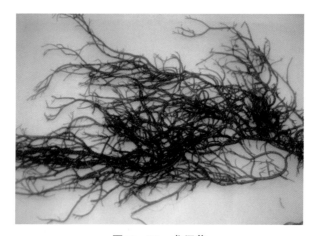

图10-29 龙须菜

（二）太平洋牡蛎与龙须菜套养

太平洋牡蛎（图10-30），俗称真牡蛎，是牡蛎类中个体较大的一种，于20世纪80年代从日本、澳大利亚引入我国。其肉质细嫩，味道鲜美，营养丰富，含蛋白质45%~57%、脂肪7%~11%、肝糖19%~38%，碘的含量高于牛奶和鸡蛋，此外还含有多种维生素及微量元素，有"海洋牛奶"之美称。

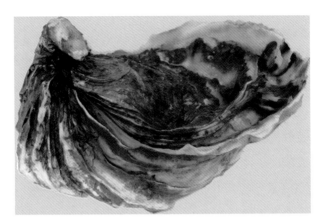

图10-30 太平洋牡蛎

马庆涛等（2011）在南澳岛深澳湾养殖区面积为1 000亩的"太平洋牡蛎健康养殖示范基地"研究了太平洋牡蛎与龙须菜的生态立体套养模式。结果表明（表10-6），通过实施太平洋牡蛎与龙须菜立体套养，不仅太平洋牡蛎的产量没有减少，而且增加了龙须菜的养殖效益。套养模式中，龙须菜亩产2.0 t，总产量1 400 t，产值126万元。按每亩成本650元计算，总利润80.5万元，年亩产增加利润805元。

表10-6 普通养殖模式与立体套养模式的比较

养殖品种 养殖模式	太平洋牡蛎		龙须菜	
	平均亩产/kg	总产量/kg	平均亩产/kg	总产量/kg
普通养殖模式	3 950	3 950 000	2 220	1 561 000
立体套养模式	4 000	4 000 000	2 000	1 400 000

小结

（1）我国采取了多种措施进行水域生态修复来保护和恢复面临枯竭的渔业资源，常用方法有建立休渔区和休渔期、增殖放流、建设人工鱼礁和海上牧场等。休渔是为了让海洋中的鱼类有充足的繁殖和生长时间，每年在规定的时间内，禁止任何人在规定的海域内开展捕捞作业。其主要方法为政府渔业主管机构颁布相关法规，设立禁渔期和禁渔区。增殖放流是用人工方式向海洋、江河、湖泊等公共水域放流水生生物苗种或亲体的活动，主要流程包括放流种类和种苗选择、放流地点评估与选择、放流时间评估与选择、种苗获得、中间培育、运输放流和效果检验。人工鱼礁是人工设置的诱使鱼类聚集、栖息的海底堆积物。人工鱼礁效果受投放区选址、人工鱼礁的设计、安装与维护等因素影响。

（2）目前，底播增殖技术以及海珍礁技术（人工增殖礁技术）是两种最普遍也最有效的海参养殖及恢复技术。海参浅海底播增殖，是针对一些适合海参生长的海区，由于原来没有海参或原有海参资源已经遭到破坏，为增加或恢复该海区海参资源，而从外地移植亲参或苗种的一种仿自然、生态式的资源增殖模式。自然底播增殖主要有采用移植亲参和放流苗种两种方法手段。

（3）以对虾为例，常见的虾类资源恢复技术主要是增殖放流。具体的步骤包括获得对虾放流种苗、选择合适的对虾放流地点、选择适宜的放流时间、控制放流对虾种苗规格、对放流区进行区域管理以及对放流效果进行监测与评估。

（4）常见的滩涂贝类资源恢复方法有底播增殖技术与资源管护技术。魁蚶的底播增殖技术包含获得种苗、选择底播增殖区域以及选择合适的底播时间和方法，且后续管理与监测评估也十分重要。文蛤的资源管护方法和技术主要涉及护养增殖场地的选择、护养增殖场的设置、设立防逃设施、护养区域的日常管理以及采捕规格的限制等方面。

（5）除了增殖放流以外，以曼氏无针乌贼为代表的乌贼的资源恢复常用方法与技术还有产卵场的修复。通过设置乌贼人工产卵附着物、对产卵区珊瑚礁及海藻场恢复等手段来进行乌贼产卵场的修复。

（6）藻类资源的恢复主要通过建设人工藻礁和种源补充的方式进行。人工藻礁是人为设置在水域中，为海洋藻类提供生长繁殖场所，从而吸引水生动物到藻场来索饵繁育，以达到优化海底环境，保护、恢复渔业资源和提高渔获物质量的目的的构造物，是一种恢复海底植被的重要手段。利用人工藻礁恢复藻类资源的步骤分为投放区选址、礁体设计、藻类增殖方式选择、投放前的规划和投放后的管理维护。藻类资源的种源补充与鱼类资源的增殖放流同样都是通过补充种质资源，增加资源恢复的潜力，继而促进资源的快速恢复。藻类种源补充技术基于藻类的人工繁育技术方法，即通过人工方法获得大量孢子或幼苗，投入恢复区域以恢复藻类资源。对于经济藻类来说，推广贝藻间养不仅能增加藻类种群密度，还能促进经济的增长，增加渔民收入。

思考题

1.归纳我国鱼类资源恢复的主要方法的技术要点。

2. 根据已掌握的知识，分析鱼类资源恢复方法的利与弊，评估其应用前景。

3. 简述两种最普遍也最有效的海参养殖及恢复技术。

4. 简述对虾的放流增殖技术。

5. 简述滩涂贝类种群恢复的技术与方法。

6. 曼氏无针乌贼产卵场恢复与海藻场恢复的相互关系。

7. 归纳我国藻类资源恢复主要方法的技术要点。

8. 根据已掌握的知识，分析各种藻类资源恢复方法的利与弊，评估其应用前景。

拓展阅读资料

1. Bell J D, Purcell S W, Nash W J. Restoring small-scale fisheries for tropical sea cucumbers [J]. Ocean & Coastal Management, 2008, 51: 589 - 593.

2. Correia M, Domingues P M, Sykes A, et al.. Effects of culture density growth and broodstock management of the cuttlefish, *Sepia officinalis*[J]. Aquaculture, 2005, 245: 163 - 173.

3. Fujita T, Hirayama I, Matsuoka T, et al.. Spawning behavior and selection of spawning substrate by cuttlefish *Sepia esculenta* [J]. Nippon Suisan Gakkaishi, 1997, 63(2): 145 - 151.

4. Mercier A, Hamel J F. Sea cucumber aquaculture: hatchery production, juvenile growth and industry challenges//Allan G, Burnell G. Advances in aquaculture hatchery technology. Cambridge: Woodhead Publishing, 2013: 431 - 454.

5. Ramofafia C, Battaglene S C, Bell J D, et al. Peproductive biology of the commerical sea cucumber Holothuria fuscogilva in the Solomon Islands [J]. Marine Biology, 2000, 136: 1045 - 1056.

6. Valette J C, Demesmay C, Rocca J L, et al.. Potential use of an aminopropyl stationary phase in hydrophilic interaction capillary electro chromatography. Application to tetracycline antibiotics[J]. Chromatographia, 2005, 62(7/8): 393 - 399.

7. Wada T, Takegaki T, Tohru M, et al.. Reproductive behavior of the Japanese spineless cuttlefish *Sepiella japonica* [J]. Venus, 2006, 65(3): 221 - 228.

8. 陈国华，张本. 点带石斑鱼人工育苗技术[J]. 海洋科学，2001，25(1)：1 - 4.

9. 官章琴. 农林废弃物对废水中 Cr^{6+}、Cu^{2+}、Zn^{2+}、Pb^{2+}的吸附特性研究[D]. 青岛：中国海洋大学，2010.

10. 李君丰. 对虾增殖放流的问题与对策研究[J]. 河北渔业，2010，11：55 - 57.

11. 林金裱，陈涛，陈琳，等. 大亚湾日本对虾放流技术和增殖效果研究[J]. 热带海洋，1998，1：59 - 65.

12. 林金銇，陈涛，陈琳，等. 大亚湾黑鲷标志放流技术[J]. 水产学报，2001，1：015.

13. 楼宝，徐君卓，柴学君，等. 日本黄姑鱼人工育苗技术的初步研究[J]. 浙江海洋学院学报：自然科学版，2003，22(1)：21 - 25.

14. 马庆涛. 太平洋牡蛎与龙须菜生态立体套养模式研究试验[C]. 广西水产学会，广西水产科学研究院. 中国南方渔业论坛暨第二十九次学术会议，2013.

15. 任国忠，张起信，王继成，等. 移植大叶藻提高池养对虾产量的研究[J]. 海洋科学，1991，1：52 - 57.

16. 于函. 大叶藻形态学及组织培养的研究[D]. 大连：辽宁师范大学，2008.

17. 朱振乐. 大黄鱼人工育苗技术总结[J]. 水产学杂志，2000，13(1)：30 - 34.

第十一章　生态种群恢复技术

　　我们将具有重要生态价值的海洋生物种群统称为海洋生态种群。以其为基础形成的生态系统，通常具有高生产力和高生物多样性等特点，能够减轻海洋灾害和促进渔业经济发展，在维持全球碳、氮、磷平衡中扮演着重要角色，为全球海洋生态系统可持续发展作出重大贡献。但随着自然条件的变迁和人类过度无序的开发活动的影响，海洋生态种群遭受到冲击和破坏，整体呈现衰退的趋势。因此开展海洋生态种群的恢复工作已迫在眉睫。针对不容乐观的现状，世界各国均开展了大量的工作和探索，并取得了一定的成果。目前由于恢复技术水平和认知范围的局限性，恢复工作着重于高生态价值的海洋生态种群。因此本章以海草、珊瑚、红树林、盐碱湿地植物等种群为代表，归纳生态种群的一般恢复技术方法及其程序，并以各种群代表种类为例进行详述。

第一节　海草种群恢复技术与方法

　　海草生长于海洋潮间带或潮下带（图11-1），属于被子植物门，单子叶植物纲，沼生目。海草的物种多样性水平很低。据统计，全球共有海草72种，隶属6科、14属；其中大叶藻科2属，聚伞藻科1属，海神草科5属，水鳖科3属，川蔓藻科1属，眼子菜科2属（见插文）。海草在我国沿海均有分布。海草能够改善水体环境、稳定底质结构（Hemming & Duarte, 2000），在维持全球碳、氮、磷平衡中也发挥着重要作用。

在浅海地区，由海草形成的海藻场，是海洋动物重要的栖息地、育幼场所和觅食场所。以海草场为基础形成的生态系统是生产力和生物多样性最高的典型海洋生态系统之一。因此，海草对全球近海海洋生态系统的可持续发展作出了重大贡献，其生态价值不亚于红树林与珊瑚礁（Costanza等，1997）。

大叶藻　　　　　　　喜盐草　　　　　海昌蒲（带佛焰苞）

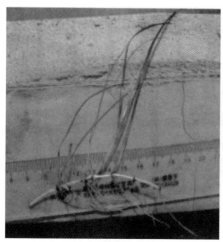

二药藻　　　　　黑须根虾形藻　　　　海神草

图11-1　海草的几种代表种类（引自《中国海草植物》）

海草的分类

根据根状茎直径大小，可将海草分为大海草（根状茎直径RD＞7 mm）、中海草（7 mm＞RD＞3 mm）和小海草（RD＜2 mm）3类。大海草在形态上表现为根状茎粗、果实大、分株重和叶面积大的特点，而小海草正好相反，中海草则介于二者之间。海菖蒲（*Enhalus acoroides*）、大洋洲波喜荡草（*Posidonia oceanica*）、波喜荡草（*Posidonia australis*）和水鳖科海草（*Thalassia testudinum*）属于典型的大海草，喜盐草属、二药藻属（*Halodule*）和大叶藻属（*Zostera*）部分海草是典型的小海草；而大叶藻（*Z. marina*）是北半球温带海域分布最广的中海草（郑凤英等，2013）。

海草的生殖策略

海草有一年生、两年生以及多年生的，通过采取生活史多型性对策，以应对复杂的生态环境。另外，海草还可通过控制营养功能与生殖功能的相对资源投资以达到生殖成功，如与多年生的相比，一年生大叶藻将最大的生物量分配到开花结构中，而损耗其营养结构。在海洋环境中，海草既可以进行有性繁殖，又能进行无性繁殖，后者为海草繁殖的主要方式。

以威海双岛湾大叶藻为例，该藻为多年生或两年生植物，多年克隆分株一般于秋、冬（9～12月）产生，次年进行营养生长，第3年春季转入生殖生长，夏季完成开花、结果、衰亡过程；两年生分株于春季产生，经一年的营养生长，翌年春季开始形成花枝，随后完成开花、结果、衰亡过程。大叶藻生长的最佳水温为10℃～20℃，温度超过20℃或低于10℃时即进入温度逆境状态，低于5℃时进入休眠状态（Setchell，1929；郑凤英等，2013）。

20世纪30年代，北大西洋沿岸的大叶藻种群因枯萎病的暴发而发生大面积死亡，导致该海域的海鸟等生物种群数量锐减，进而引起人们对海草场衰退现象的注意。事实证明，海草场生态系统自身比较脆弱，而自然条件的变迁和人类过度无序的开发活动又起到推波助澜的作用，使得全球范围内的海草床呈现不断退化的趋势。来自2006年的一项调查数据显示，过去的20年内，在世界范围内，18%有记录的海草场已经消失（Walker等，2006）。在我国，海草场也遭受了严重的破坏，面积急剧减少，形势十分严峻。以广西合浦山口的英罗港海草场为例，该海草场面积已由1994年的2.67 km² 衰退至2000年的0.32 km²、2001年的0.001 km²，面临完全消失的危险。为挽救日渐衰退的海草资源，许多研究者已开展了生境修复法、种子播种法和植株移植法等海草床修复实验，并取得了一系列的研究成果。随着对海草重要生态功能与全球衰退现状认识的深入，与海草床保护与恢复相关的研究受到越来越多的关注（Fonseca等，1998；Park & Lee，2007；Lee & Park，2008；Orth等，2010；Delefosse & Kristensen，2012；Li等，2013）。

一、生境修复法

生境修复法的实质是海草床的自然恢复，主要是通过保护、改善或者模拟生境，借助海草的自然繁衍，来达到逐步恢复的目的（图11-2）。这种方法不需要大量人力、物力的投入，但恢复时间较长，过程缓慢，所以最好与其他方法相结合，以确保取得较好的修复效果。据估计，澳大利亚杰维斯海湾受损的聚伞藻（*Posidonia australis*）海草床，若采取自然恢复的方法，大约需要100年的时间才可恢复（Meehan & West，2000；刘燕山等，2014）。

图11-2　生境修复法（引自刘雷等，2013）

二、种子法

种子法，是指从自然的、生长良好的海草床中采集成熟的海草种子，利用人工或机械的方法直接撒播在海滩上或埋在底质中，或者先将种子置于漂浮网箱或实验室中培养，待其萌发并长成幼苗后再移栽的一种方法。这种方法是规模化海草床修复和深水水域海草床修复的首选方法，也是目前海草床恢复技术研究的热点。例如，在美国弗吉尼亚州的沿海区域，种子播种法成功恢复了20世纪90年代因枯萎病而衰退的海草床。

尽管海草种子野外萌发率低（仅为5%～15%），但是利用种子进行海草床修复，除了可以保持遗传多样性外，还可以快速形成斑块草床，对原生态草床破坏性小，具有成本低、所需劳动力少、便于储存和运输的优点。所以，种子法越来越受到各国研究者的关注。

（一）海草种子的收集与保存

海草种子的收集与保存是种子播种法的前提和关键步骤之一，主要包括生殖枝的收集、生殖枝的储存、种子提取以及种子的保存。

1. 生殖枝的收集

一般来说，应该收集授粉后带有将要成熟种子的生殖枝，储存于带有水循环装置的水族箱内或以一定的方式置于自然海域，直到种子成熟，提取种子。因海区及种类差异，海草种子的成熟时间各不相同，所以生殖枝的收集时间相当重要。

人工法和机械法是常用的两种方法，各有优劣，需灵活使用。人工法需要潜水员水下作业，劳动强度较大，容易受天气和水质条件的限制。但若储存设备有限，人工法便是最好的选择。机械法效率较高，但对海草床面积、生殖枝密度以及储存空间要求较高。同时，在采用机械法时，梭子蟹等食种子生物常被混淆收集。因此，需要提前在收集海区清理这些生物（Meehan & West，2000）。

2. 生殖枝的储存

采集到的生殖枝通常储存于自然海域和水族箱中。

（1）自然海域储存法：将生殖枝放入一定规格的网袋（网袋的网目小于种子短径），再将网袋置于自然海域并进行固定，直至生殖枝降解、种子成熟脱落。

（2）水族箱储存法：将收集的生殖枝放入带有水循环装置的水族箱，直至生殖枝降解及种子成熟脱落。使用这种方法储存时要保证海水充足、无有机质的存在，且盐度和水温控制在适宜的范围内。

3. 种子提取

种子提取是指种子成熟脱落后，将其从降解的生殖枝中筛选出来。通常情况下，该过程在室内的圆锥形水槽装置中进行。

4. 种子的保存

提取海草种子后，为了合理、高效地利用种子，需要在人工条件下对种子进行一定时间的保存以抑制其萌发。由于不耐干燥，海草种子需要保存在海水中（Pan等，2012）。为抑制因萌发和降解而引起的种子损失，大多数海草种子应该保存在低温、高盐、高溶解氧的条件中（Marion & Orth，2010）。例如，在4℃下日本大叶藻种子的降解率远低于23℃，种子的活力相对较高；随温度的降低和盐度的升高，诺氏大叶藻（*Zostera noltii*）种子的萌发率降低；在有氧的底质和水中，大叶藻和摩羯大叶藻（*Zostera capricorni*）种子萌发较慢（Hootsmans，1987）。

（二）播种方法

随着人们对海草种子研究的深入，目前已形成了几种比较有效的种子播种方法及技术（Meehan & West, 2000）。

1. 人工播种法

该方法是最早应用的种子播种方法，主要包括直接撒播（图11-3）和人工掩埋两种方式。直接撒播法是将种子直接散布在底质表面，具有劳动强度小、播种速度快的优点；但种子容易流失，萌发率和成苗率都较低。通过种子埋入或注射到底质中的人工掩埋方式，能够降低种子流失的概率，提高种子萌发率；但在深水区需要潜水员协助，劳动强度大，播种成本高，且播种速度有限，不适宜大范围的海草床修复。

图11-3　人工撒播（左）和机器撒播（右）（引自刘雷等，2013）

2. 机械播种法

随着播种技术的发展，人们开始用机械代替人力作业（Traber等，2003；Orth等，2009）。如图11-4所示，先将种子与旨在保护种子的明胶按一定的比例混匀，然后用机器将其均匀地播种至海底底质1~2 cm深处。一段时间后凝胶自动降解，种子自行萌发生长（Orth等，2009）。

播种机的播种速度均匀，播种密度能够自动调控，不受水深的限制，在很大程度上节省人力、物力，提高劳动效率。凝胶对种子起保护作用，能有效地防止种子的散播和被捕食，且不会对环境造成影响。但机械播种法种子耗费量大，也没有解决种子成苗率低这一根本问题。

图11-4　水下播种机（引自刘雷等，2013）

3. 种子保护法

种子流失是导致萌发率低的直接原因，因此对种子进行良好的保护十分必要。麻袋法是较为常用的方法，主要是指将种子放入孔径小于种子直径的麻袋中，然后埋于自然海域让种子自然萌发的一种方法。这种方法可以有效防止种子的散播和被捕食，提高成苗率。Harwell等在切萨皮克海湾利用麻袋法和人工掩埋法播种大叶藻种子，发现播种6个月后，人工掩埋法的种子成苗率为4.5%～14.5%，麻袋法的种子成苗率则显著提高至41%～56%。但该方法劳动强度较大，更适用于那些资源恢复地点远离植株供应海域的恢复活动（Harwell & Orth，2002）。

4. 浮标法

浮标法是指一种利用浮标携带海草生殖株，然后让种子自然成熟、散播的种子播种方法（Pickerell等，2005）。具体步骤如下：① 在自然海域收集生殖枝，并放入下连沉子的网笼/箱中；② 将网笼/箱放置于待恢复海域；③ 待生殖枝降解、种子成熟后，由于水流作用，种子将沉降在以沉子为中心的一定范围的海域内。该方法省去了种子的采集、运输、储存、撒播等步骤，大大降低了人力与物力；但由于生殖枝的采集与种子的成熟不同步，所以后期统计效果误差大。

5. 生物辅助播种法

生物辅助法是借助其他生物的生态习性，将海草种子播种到待恢复海区的底质中，以提高种子萌发率。韩厚伟等（2012）以菲律宾蛤仔为载体，研发了一种新型的大叶藻种子生态型播种技术（详见"大叶藻修复方法与程序"部分），大大提高了种子的成苗率，但未能从本质上解决种子成苗率低的问题。

6. 人工种子萌发法

人工种子萌发法是指先将种子在实验室中培养至幼苗，再将幼苗移植到待恢复海域的方法。但这种方法需要特定的人工培养幼苗设备，并严格控制温度、盐度、光照、溶解氧等环境因子，成本和技术要求高；而且，室内培养幼苗的规模受限制，幼苗移植技术不成熟，移植过程中易受机械损伤，成活率低。但这种方法一旦成功，海草种子的利用率将会大幅度提高，从而能够恢复大面积受损的海草床。该方法在切萨皮克海湾大叶藻恢复中的应用取得了一定的成功，比自然条件下萌发的种子成苗效果好（Meehan & West，2000）。

以上方法中，除了种子保护法的种子成苗率较高，可以达到50%左右外，其余播种方法的种子成苗率均低于10%。种子成苗率极低仍是限制种子播种法广泛应用的瓶颈。目前，国外研究者仍在积极开展海草种子播种法的开发和改进等方面的研究。表11-1是几种海草种子播种方法的比较。

表11-1 海草种子播种方法的成苗率比较（引自Meehan & West，2000）

播种方法		播种对象	播种地点	成苗率/%
人工播种法	直接撒播法	*Z. marina*	美国德玛瓦半岛海湾	5~10
		Z. marina	美国蜘蛛蟹湾	5
		Z. marina	美国切萨皮克湾	0~3.7
		Z. marina	美国切萨皮克弯	1~8
	人工掩埋法	*Thalassia hemprichii*	菲律宾西北部波里纳奥	0
		Z. marina	美国切萨皮克湾	4.5~14.5
		Z. marina	美国切萨皮克湾	1~19
种子保护播种法	麻袋法	*Z. marina*	美国切萨皮克湾	41~56
	机械播种法	*Z. marina*	美国纳拉甘西特	—
		Z. marina	美国切萨皮克湾	1~10.1
漂浮箱法		*Z. marina*	美国蜘蛛蟹湾	6.9
生物辅助播种法		*Z. marina*	中国莱州朱旺	99~19.1

续表

播种方法		播种对象	播种地点	成苗率/%
人工种子萌发法		*Z. marina*	美国波拖马可河口	—
		P. torrcyi	美国加利福尼亚州圣巴巴拉附近	—
		P. torrcyi	美国加利福尼亚州More Mese Reef	0.9～2.3

三、移植法

移植法，指的是从自然生长茂盛的海草床将成块的海草皮或者单株成熟植株移栽于待恢复海域的一种方法。该方法利用海草无性生殖，能在较短时间内形成新的海草床，是迄今为止人们研究和使用最多的海草床修复方法。依据移植单元（planting unit, PU）的不同，将海草植株移植法划分为草皮法、草块法和根状茎法三大类。草皮法和草块法的PU具有完整的底质和根状茎；而根状茎法的PU不包括底质，是由单株或多株只包含2个茎节以上根状茎的植株构成的集合体。但移植法对原有海草床会产生破坏（张沛东等，2013）。

（一）草皮法（sod method）

草皮法是最早被报道的较为成功的移植方法。该方法主要包括两大步骤：① 采集一定单位面积的扁平状草皮作为移植单元；② 将移植单元平铺在待恢复海域的海底。这种方法操作简单、易形成新的海草床；但由于没有将移植单元埋于底质中，易受海流、恶劣天气的影响，而且对采集处草床的破坏较大（张沛东等，2013）。

（二）草块法（plug method）

草块法也称为核心法（coring method），其操作过程如下：① 利用PVC管（core tubes）等空心类的工具，采集一定单位体积的草块作为移植单元；② 在待恢复海域的海底挖出与移植单元相同的"坑"；③ 将采取的移植单元放入"坑"中，并压实周围的底泥。该方法因加强了对移植单元的固定，明显提高了成活率；但与草皮法一样，对原有草床的破坏较大，劳动强度也相应增加（张沛东等，2013）。

（三）根状茎法（rhizome method）

与上述两种方法相比，根状茎法明显增加了对移植单元的固定，且具有操作简单、破坏性小、无污染等优点。该方法又根据固定工具的不同，衍生出许多的分支方法（详见"大叶藻修复方法与程序"部分），包括直插法（hand-broadcast method）、沉子法（sinker method）、枚钉法（staple method）、框架法（transplanting eelgrass remotely with frame systems，TERFS）、夹系法（sandwiched method）等。

移植时的方法可分为人工水下移植和机械移植。人工移植一般是将成株直接植入海草床或者通过铁栅栏固定在海底，劳动强度大，效率低，需潜水作业（图11-5）。近年来，为提高移植效率，海草机械移植迅速发展（图11-6）。例如Jim's Environmental Boat（JEB）轮插苗机通过轮毂转到海草床受损区域，可以以相同的株距将海草植入。海草移植机械ECOSUB1以及The Giga Unit Transplant System（GUTS）移植机械已经成功应用于实际作业，并且已取得良好的效果。

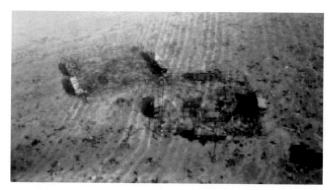

图11-5　人工水下移植（引自刘雷等，2013）

JEB轮插苗机　　　　　　ECOSUB1海草移植机械　　　　　　GUTS移植机械

图11-6　不同种类的海草移植机械（引自刘雷等，2013）

四、大叶藻的恢复方法和程序

根据恩格勒分类系统，大叶藻隶属眼子菜科，大叶藻属，是海草的典型代表，并且是分布最广泛的海草。此种海草一般生长在潮间带、潮下带浅海的泥质或砂质的海底，还可形成海草场（图11-7）。大叶藻在我国主要分布于辽宁、河北、山东等省沿海。欧洲、北美、日本以及朝鲜等沿海也有分布（见插文）。

大叶藻在海洋中的生物量高于浮游植物。大叶藻呈群落状聚集，多为单种群落，在浅海地区形成广阔的海草床。大叶藻根系和根状茎非常发达，深扎于海底，可缓冲潮流对海底沉积物的扰动，稳定海底底质，保持海水透明度。大叶藻通过光合作用提高海水中溶解氧的浓度，改善海洋生态环境。大叶藻床是地球生物圈最高产的生态系统之一。大叶藻可为海洋动物提供育幼和栖息的场所，也可为海洋动物提供食物，进而构成复杂的海草场食物网。另外，大叶藻可为附生微藻和附着动物提供固着基，为小型动物提供独特的微环境。

目前，大叶藻海草场面临严重威胁。为形成新的海草斑块，达到海草资源修复的目的，种子法、移植法以及人工草皮培育等方法已经被广泛用于大叶藻海草场恢复中。

图11-7 大叶藻形成的海草场

大叶藻分类地位及分布

大叶藻是一种高等单子叶植物，具有完整的根茎叶系统，能够在海底完成整个生活史。大叶藻的环状须根，在地下茎各节的两侧呈簇生长，深深扎根于海底的淤泥中，同叶一起起到吸收营养物质的作用，其上分布有很大的气道，使气体有力地在植物体内运输。根状地下茎葡萄生长并深埋于海底泥沙，固定性能好，可抵御海水冲击。根和直立枝生在茎节上，后者又分为叶状枝和生殖枝。生殖枝比营养枝长，其上有佛焰苞，花期在4~5月。大叶藻的叶子呈带状、细长而柔软，形状类似海鳗，完全暴露于盐度高达35的海水中，能够经受海浪和潮流的冲击。因长期适应水环境，大叶藻花部结构极度简化，并呈现趋同适应。大叶藻雌雄同株，雌、雄花均生在肉穗花序上，雌花仅1个子房，2个柱头，无花被，花序轴在佛焰苞内，佛焰苞包着将要成熟的种子（吴茜，2012）。

大叶藻有性繁殖和无性繁殖交替进行。其中无性繁殖方式为地下茎走茎式克隆，生长期在11月至次年4月。母体植株可生出横走茎，茎分节，大多节上可生根，长出新植株，新植株又可长出新的横走茎。因横走茎可无限延长，且截断后仍可独立生长，母体与子体连成一体，使植株适应能力增强，可快速占领适宜生境。

大叶藻有性繁殖期一般为6月~8月。生殖枝和花序都是从底部向上开始成熟，而且同一个花序中花的成熟不同步，雌蕊先熟，花粉在48小时后释放。为适应沉水环境，大叶藻花粉呈丝状。花药裂开后，花粉聚集成棉絮状后随水流扩散，进行授粉。受精完成后，花轴便可以结出种子，但是其产量在空间和时间上均是不可以预知的。相关研究表明，种子和幼苗的存活率不超过10%。

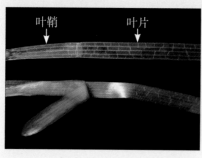
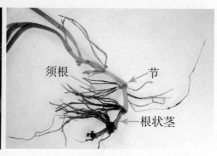

大叶藻形态结构（引自郑凤英，2013）

A.大叶藻（上：幼叶；下：叶先端）；B.大叶藻根状茎及根

（一）种子法

利用种子进行大叶藻种群的修复，不仅具有成本低、操作简单的优点，而且最大限度地保持了种群的遗传多样性，成为目前研究的热点。

> **大叶藻果实和种子的形态结构**
>
> 　　大叶藻果实呈椭球形至卵形，长2.5~4.0 mm，具喙。果皮两层，外果皮内侧有纵肋，外侧平滑，绿色；内果皮呈干膜质，透明，内包一粒种子。种子呈椭球形或卵形，浅褐色，有光泽，种皮有纵肋15~18条，成熟胚具淡紫色斑点。

1. 直接投放法

主要技术路线为繁殖枝采收—尼龙袋暂养—种子自然脱落—种子萌发—幼苗生长。在大叶藻繁殖盛期，潜水员入水后取大叶藻繁殖枝并装入筐中（图11-8），用船运至岸边，分装入泡沫箱中并加冰进行转移；运至修复区域后，将繁殖枝装入40目的尼龙网，扎口后连接3 m长坠石，均匀投到水中，使之悬浮，种子会自然脱落。

图11-8　刚抽出的大叶藻生殖枝（引自郑凤英等，2013）

2. 撒播种子法

主要技术路线为采集繁殖枝—装入尼龙袋于原采集地挂养—种子脱落于网袋中—种子收集—实验室保存、启动萌发—修复海域播种—幼苗生长。于茂盛的大叶藻丛中，采集生有种子的繁殖枝，装入40目50 cm×100 cm的白色尼龙网袋中，并将0.5 kg

的卵石置入网袋，以便网袋挂养后悬浮于水中，避免漂浮干露，影响种子成活。装满繁殖枝的网袋扎紧网口后，集中挂养在原采集地预先设置的筏架上。经一个月的暂养，种子基本成熟并从繁殖枝上脱落。此时取下尼龙袋，运至岸边，将每2～3袋繁殖枝投入一注满水的80 cm×150 cm×40 cm的水槽，并不断搅动，使大叶藻种子沉降到槽底；之后捞取槽中繁殖枝，倒去上悬液。此时大多数种子沉降在槽底，但会混有腐烂的藻体、浮泥、杂贝等。将此混合物倒入25 cm×40 cm×30 cm的小水槽中，在池塘中反复淘洗数次。采用湿运法，将大叶藻种子运至实验室，用滤网对种子进行处理，去除杂质等，得到干净的种子。实验室中，在温度25℃、自然光、连续充气、盐度30左右、每两天换水一次的条件下，保存种子一个月，使种子处于休眠状态。一个月后，采用温度15℃、停止充气、自然光、盐度25左右、每两天换水一次的条件，启动种子萌发。经过一个月的时间，个别种子开始萌发，此时将种子撒播到修复海域。

3. 蛤蜊播种技术

采用菲律宾蛤仔作为播种载体，以熟糯米糊为黏附介质，将种子黏附于菲律宾蛤仔贝壳上，使其在潜沙的同时完成对种子的埋植（韩厚伟等，2012）。蛤蜊播种法在大叶藻床修复中的最优实施方案如下。

（1）于7至8月份在自然海域中收集成熟种子后去除杂质，低温下充气储存。

（2）选择合适的播种海域，选用本地蛤蜊（因为本地蛤仔适应时间短、潜沙小天）。

（3）利用熟糯米将种子黏附于蛤蜊的贝壳上。

（4）将其投入所选海域。

（5）立即在该海域周围设下地笼网，避免人为破坏，并防止蛤蜊被捕食。

这种方法显著降低了劳动强度和成本，据估计100万株大约需要100元人民币；虽然成苗率比直接埋种低，但仍值得在修复大面积海草床时应用（图11-9）。

除此之外，平铺地毯式播种法（麻袋法）、基盘（网垫）敷设法等也常常被用于大叶藻种子播种过程中。

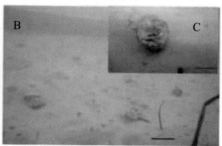

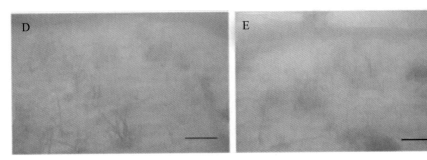

图11-9 蛤蜊播种技术的海区实验

A.海底裸地上样方的布设（Bar=10 cm）；B.播种后的菲律宾蛤仔（Bar=5 cm）；
C.1号样方内蛤蜊播种6个月后长出的幼苗（Bar=10 cm）；D.2号样方内种子蛤蜊播种6个月后长出的幼苗（Bar=10 cm）；E.携带种子的菲律宾蛤仔（Bar=2 cm）。

（二）移植法

1.大叶藻的采集

进行大叶藻采集工作时，必须连根挖取植株，且要保留3~5 cm的茎。用盛有海水的泡沫箱将其运至修复海域。将3~5株，在茎分生组织以下，用绳子绑成一束，不可过紧，组成一个移植单元。

采集时遵循以下原则：① 选择长势良好的植株，叶片表面不附生藻类及其他植物；② 植株健康，没有病变现象；③ 只采集营养株而不采集生殖枝；④ 每平方米海草场最多挖取100株。

2.移植方法

大叶藻的移植方法主要有直插法、枚钉法、沉子法、整理箱法、根茎棉线绑石移植法、框架移植法、夹系法7种。

（1）直插法：也称手工移栽法，是指利用铁铲等工具将移植单元的根状茎掩埋于移植海区底质中的一种植株移植方法。该方法没有添加任何锚定装置，操作简单，但对移植单元的固定不稳定，在海流较急或风浪较频繁的海域，移植植株的存活率一般较低。

（2）枚钉法：枚钉法是使用U形、V形或I形金属、木制或竹制枚钉，将移植单元固定于移植海域底质中的一种海草植株移植方法，也是目前最常用的移植方法之一。该方法具有移植单元固定效果好、移植植株成活率高及操作简单等优点。但在底质较硬的海区，其固定力仍不足。该法已在山东省荣成市天鹅湖成功运用（曾星，2013）。因此，枚钉法是大叶藻植被恢复重建的适宜方法（图11-10）。

图11-10 移植大叶藻植株形成的海草床（引自曾星，2013）

（3）框架移植法：框架移植法是在水平根状茎法基础上提出的（Short，2002）。框架由钢筋焊接而成，其内放置重物作为沉子（图11-11）。用可降解材料将移植单元固定于框架，抛入修复区域。

这种方法的优点很多。第一，移植单元的固定较牢固；第二，框架可保护移植单元，预防其他生物的干扰；第三，大大降低了水中作业时间以及对移植植株的需求；第四，固定材料采用可降解材料，而框架可回收再利用，减少了污染。框架移植法提高了成活率，适宜实施大规模海草床修复。但是制作与回收框架增加了成本和劳动强度。该法已成功用于韩国沿海大叶藻草床的修复实践，取得了良好的移植效果（Park & Lee，2007）。

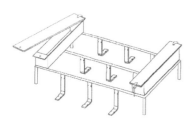

图11-11 大叶藻植株移植框架的示意图和效果图（引自曾星，2013）

（4）夹系法：也称网格法、挂网法，是由Balestri等于1998年提出的，是指将移植单元的叶鞘部分夹系于网格或绳索等物体的间隙，然后将网格或绳索固定于移植海域海底的一种植株移植方法（张沛东等，2013）。该法操作较简单，成本低廉，对移植单元的锚定能力强，移植植株留存率高，移植效果好。移植的大叶藻植株可于次年通过营养繁殖形成较稳定的大叶藻草床斑块。但移植方法中使用的网格或绳索等物质不易回收，可能对海洋环境造成污染。曾星等人在荣成市成山镇天鹅湖，利用夹系法开展了大叶藻植株移植实验与移植效果评估；发现经1年的生长演替后，移植植株生长情况和营养繁殖态势良好，侧枝和侧生苗丛生，基本形成了小型斑块草床（图11-12）。

图11-12 大叶藻植株夹系移植装置（引自曾星，2013）

（5）根茎棉线绑石移植法：该法是用可降解的绳子（棉绳、麻绳等）将移植单元结实地系绑于石头上进而将其掩埋于底质中的方法。通常情况下，选择3~4株（茎枝）具根的新鲜植株，以地下茎与叶鞘的节点为准将其对齐，保留20 cm长的叶鞘与叶片，超过部分用剪刀剪去，从而形成一个移植单元；然后，用可降解的绳子将移植单元结实地系绑在一个50~150 g、形状适合绑扎的石头上；最后，将绑好石头的移植单元埋入移植地点的泥土中，深度以节点离海底表面2~4 cm为宜，同时保证地下茎应尽量摆放至水平状态（刘鹏，2013）。此方法适宜于潮间带和潮下带较浅区域的海草移植，可选择每月大潮的低潮时进行作业。该法已在山东青岛汇泉湾的大叶藻种群恢复中运用。从恢复的效果看，根茎棉线绑石法是一种高效且实用的海草床生态恢复方法（刘鹏，2013）。

3. 其他方法

除上述方法外，大叶藻移植的方法还有沉子法和整理箱法等。沉子法（sinker method）是指将移植单元绑缚或系扎于木棒或竹竿等物体上，然后将其掩埋或投掷于移植海区中的一种植株移植方法。而整理箱法大致步骤如下：将50 cm×50 cm×25 cm的整理箱四壁和底部钻出均匀的小孔，在箱子底部装入20 cm厚的泥沙，把移植单元以直插的方式植入泥沙中，然后将整理箱放入移植海区。

（三）大叶藻人工海草皮的培育方法

为解决现有大叶藻海草床的修复方法中存在的种子发芽率低、见效慢的问题，大叶藻培育海草皮的人工方法被提出（王飞久等，2013）。其主要步骤为种子的萌发—幼苗的培育—幼苗基的制作—海草皮的培养—海草皮的移植。

该法在一定程度上克服了传统大叶藻海草床恢复方法的缺点，可以提高海草的覆盖度，增加海草床面积，还可以提高原有海草床的遗传多样性。该方法的优点具体如下：① 培育过程中使用种子繁殖，不必破坏原有的海草床资源，且增加了修复区域的群体遗传多样性；② 幼苗前期在"幼苗基"中生长，底质粒度小，营养丰富，幼苗根状茎生长快，幼苗成活率高，对移植海区适应性强，适合新建海草床，克服了直接播撒种子萌发率低的问题；③ 该方法中幼苗本身植株小，风浪对其作用不大，加上"幼苗基"和托盘铆钉的固定作用，使"海草皮"和修复区域底质结合更牢固，能够抗风浪；④ 该方法无须潜水作业，将"海草皮"移植在潮下带较浅水域，新形成的群落会自然向深水发展，节省大量人力物力。

（四）组织培养

植物组织培养是一种能使植物体快速繁殖生长的有效手段。用植物组织培养的方式进行大叶藻的培养，使大叶藻能够进行有效的繁殖，所获得的大叶藻植株可应用于大叶藻草场的环境修复。

大叶藻组织培养的有效方法及步骤为：① 外植体部位选择；② 外植体表面清洁处理；③ 消毒剂灭菌处理；④ 添加抗生素；⑤ 通过添加活性炭或减弱光强来抑制褐变作用（图11-13）。

图 11-13　正常生长的大叶藻无菌外植体

五、监测、保护和管理

海草床有着不可替代的生态功能与巨大的经济价值。近年来由于自然与人为因素的影响，全球范围内海草床的面积已明显减少，应当加强对海草生态系统的调查、监测、评估、研究，以适应海草生态系统的保护、管理、恢复、重建和可持续发展的要求。

（一）监测方法和行动

海草床生态监测不仅旨在探讨海草资源本身的现状与发展趋势，更可用以评估所在海区的近海生态环境质量，及时发现所存在的生态问题。

地面勘查和采样是一种经典监测方法，费时但是准确，所以大多数海草监测计划仍采用样方和样带。近20年来，海草监测技术快速进步。研究者已经利用"3S技术"（遥感RS、地理信息系统GIS、全球定位系统GPS）在景观水平研究海草床的动态变化过程。遥感技术可以极大提高海草监测的空间广度，但遥感资料的连续性是最大难题。航空摄像和水下摄像也具有很大的发展潜力。

海草床监测指标可分为大型底栖生物、海草群落、栖息地、水环境与沉积物环境及人为干扰五大类。各大类又包含不同的指标：① 大型底栖生物：生物量、种类、覆盖度；② 海草群落：生物量、种类、覆盖度（海草、大型藻类、附生植物）、直立枝密度、地上部分长度及有性生殖现状等；③ 栖息地：海草面积和分布；④ 水环境与沉积物环境：水体盐度与温度、沉积物温度；⑤ 人为干扰：滩涂养殖面积比例、挖掘星虫与贝类的人数和强度。与红树林、珊瑚礁等滨海湿地生态系统不同的是，由于构成海草床的主体植物是一年生和多年生的草本植物，不同季度间甚至不同月份的海草床群落变动较大，因此，除大型底栖动物的调查频率可以为一年两次（分别在春、秋两季进行）外，其余的监测项目调查频率为一年至少四次，即至少在春、夏、秋、冬四季各开展一次。不同年份同一季节的监测时间应尽可能固定，时间变动最多不超过20天（邱广龙等，2013）。

目前，海草普查（seagrass watch）和全球海草监测网（seagrass net）是最大的海草床监测行动。由世界海草协会（World Seagrass Association）组织的全球海草监测网，始于2001年，目前已有近30个国家参与。2008年9月，我国内地第一个分站在北海建成。它是用标准的方法调查各地海草资源的现状和面临的威胁，提高对海草生态系统的科学认知和公众参与意识。海草普查行动由澳大利亚政府资助，对本国海草床实施长期全面监测，对越南、新加坡及马来西亚等环南中国海周边国家的海草调查进行相关指导。

（二）保护和管理措施

改善水质、增加水体透明度是保护和恢复海草资源最直接的方法，因此要减少海草床周围污染物的排放和氮的输入量。近年来，国内外对海草移植方法、种子播种法、成活率影响因素等进行了研究，证明了人工移植海草和播种可弥补由自然和人为原因导致的损失。此外，还可通过红树林和沼泽对污染物的过滤作用间接保护海草床。增加对海草有益的生物，控制有害生物（如病害生物和入侵生物）的措施也非常重要。

政府在海草床管理中应发挥引导作用。我国1994年4月1日起实施的国家标准"海洋自然保护区类型与级别划分原则"，划分海洋自然保护区为3大类别16个类型，"海草床"为海洋与海岸自然生态系统的10种类型之一。国家海洋局2002年4月发布的《海洋自然保护区监测技术规程——总则》列出了海草床生态系统监测的主要指标为海草床植物覆盖度、厚度、种类，底栖动物种类多样性、群落结构。国家海洋局2005年5月发布了《近岸海洋生态健康评价》，其中海草床生态系统健康状况评价指标包括水环境、沉积环境、生物残毒状况、栖息地、生物指标（吴瑞和王道儒，2013）。

第二节　珊瑚种群恢复技术与方法

珊瑚虫是低等的多细胞海洋无脊椎生物，构造非常简单，分类上绝大多数属于腔肠动物门珊瑚虫纲中的六放珊瑚亚纲，少数几种属于水螅虫纲（沈国英等，2010）。珊瑚虫纲中许多种类都能形成骨骼。珊瑚骨骼的形态、部位、成分等是分类的依据之一。八放珊瑚的骨骼多在体内，或形成分散的骨针。其骨骼的成分有角质、钙质等。八放珊瑚通常被称为软珊瑚。六放珊瑚的骨骼由体表分泌而成，成分为碳酸钙，骨质坚硬，被称为硬珊瑚。

珊瑚广泛分布于太平洋、印度洋、大西洋的热带、亚热带海区，有6 100多种，在我国记录到的也有170多种（邹仁林等，2001）。珊瑚礁是地球上最古老、最多姿多彩、也是最珍贵的生态系统之一，被喻为海洋的热带雨林，对维持渔业经济的可持续发展、保护生物物种多样性、生物生产率以及生态平衡等具有非常重要的作用。同时，珊瑚礁具有重要的生态服务功能，在药物开发和海岸旅游等方面具有巨大的潜力（图11-14）。

珊瑚有一定的自我恢复能力，但当破坏的速度超过其自我恢复的速度时，珊瑚礁就会逐渐衰退。导致珊瑚礁破坏的原因是多方面的，主要包括海水升温、海水酸化、飓风、海啸、长棘海星的暴发、不正确的捕鱼方式等。另外，臭氧的消耗、珊瑚礁的大量开采、海水污染以及旅游业等都会对珊瑚礁造成不同程度的破坏。据统计，目前全世界的珊瑚礁有11%已经消失，16%已不能发挥生态功能。有专家预测，到2100年世界上绝大多数的珊瑚礁都可能消失。开展珊瑚礁的保护和恢复工作已迫在眉睫。国际上通用的珊瑚礁生态恢复策略主要是基于珊瑚的两种繁殖方式，配合适度的人为干扰，增加珊瑚的成活率。其方法主要有移植法、园艺法、人工繁育、人工渔礁、稳固底质、幼体附着以及对相关利益者的宣传，海岸带的保护等（李元超等，2008）。

石珊瑚

软珊瑚

柳珊瑚（引自黄晖，2007）

鹿角珊瑚

图11-14 不同种类的珊瑚

一、移植法

珊瑚移植就是把珊瑚整体或是部分移植到退化海域，达到改善退化区域的生物多样性的目的。珊瑚移植的过程通常包括珊瑚来源地点和种类的选择、珊瑚整体或分枝采集、移动和运送至恢复区域、固定于恢复区域四大步骤。影响移植复育的因素有很多，主要包括珊瑚的种类和来源、移植片段大小、组织伤害、移植固定的方法、移植海域的海流状况和水质、基质的稳定程度以及人为管理等（Connel，1978；Harrison等，1984；Yap，2000；Becker & Mueller，2001）。珊瑚移植可以在短时间内提高珊瑚的覆盖率，增加生物多样性，提高生物地貌。在过去的十几年里，珊瑚移植在珊瑚礁的恢复中发挥了重要的作用，是恢复珊瑚礁的主要手段。

例如，自2003年以来，大亚湾区开展了4次珊瑚移植保护工作，共移植保护珊瑚约28 000块，珊瑚移植成活率达95.2%。但是，珊瑚移植需要大量的可移植珊瑚，而且为提高生存率需要较大的珊瑚片断，对供体珊瑚礁破坏非常严重。生境的突然改变也会对珊瑚的移植效率产生影响；且如果珊瑚片断只是简单固定，存活率很不稳定。另外，这种区域间的移植也很容易传播疾病。因此，珊瑚移植并不适用于所有的珊瑚退化区域，盲目的移植是无效的，还有可能对供体珊瑚礁造成损害，所以移植前必须进行评估。在此对适合进行移植恢复的情况进行了以下总结：① 修复海域的水质应适合珊瑚的生长；② 珊瑚退化是由于珊瑚幼虫的减少或是底质不稳固导致的其本身后备补充不足；③ 必须存在大量的可移植珊瑚；④ 修复海域的珊瑚区正处于优势种由石珊瑚向软珊瑚和微藻转变的过渡时期。另外，为避免海浪冲击和碎石对移植珊瑚的伤害，需在移植前把修复海域的碎石清除或固定（李元超等，2008）。

二、园艺

有的学者对珊瑚的移植提出了"园艺"的理念，将多种色彩艳丽的珊瑚移植在一块，如同百花盛开的花园，为旅游业和水族市场提供服务，从而减少对野生珊瑚礁的压力。"珊瑚礁园艺（Gardening coral reefs）"这个概念应时而生（Rinkevich，2006）。该设想就是在一个养殖场所进行珊瑚的养殖，把小的珊瑚断片或幼虫养到合适的大小再移植到退化区域。目前，这种做法已经被广泛应用于珊瑚的移植和恢复。

珊瑚养殖场可被看作当地物种的一个源。该源可以保存物种，防止生境退化，提高群落的多样性，为珊瑚管理提供无限资源。"珊瑚礁园艺"这一理念认为珊瑚礁、碎石区可以作为珊瑚养殖场所，将珊瑚片断养成较大的个体。这些个体可以作为珊瑚移植片断的新来源，也可直接移植到退化海域。所以"珊瑚礁园艺"是珊瑚礁恢复的重要平台。但是珊瑚礁的碎石区环境比较复杂，不是最理想的珊瑚礁养殖场所，Oren（1997）将一些固定在绳子上、或垂直放置、或水平放置的PVC板用作珊瑚的养殖场，结果显示垂直面的PVC板为珊瑚提供了最佳的生物和非生物环境。这主要是因为垂直面沉积物比较少，覆盖的藻类相对也较少，被海胆等捕食的机会也较少，同时还缺少竞争物种（李元超等，2008）。为减小对珊瑚的损害，可在原位对珊瑚断片或幼虫进行养殖，长到合适的大小时再进行移植。这样，移植的珊瑚可以比较好地适应自然环境，从而提高移植存活率。在非原位养殖的珊瑚从幼虫开始适应这个区域，增加了移植个体的基因多变性。考虑到一些特定的地理位置，也为了能使不同种类的珊瑚适应多变的珊瑚礁环境，应该建立不同的方案。

三、人工繁育

除了对野生珊瑚加强保护，开展珊瑚的人工繁殖也是一条挽救珊瑚的有效途径。利用野生珊瑚亲代采用现代生物学技术繁殖出大量的后代珊瑚，可以满足人们对珊瑚的日益增长的需求，降低对野生珊瑚的依赖；与此同时，将繁育的珊瑚放流入海可提高海域的生物多样性，改善海域的生态环境。因此，开展珊瑚的人工繁殖技术研究是非常有必要的。

人工繁育珊瑚的难度很大，首先要寻找活体母本，并根据需要进行有性繁殖或无性繁殖，最终将繁殖出的珊瑚苗移植入海中。用人工养殖的珊瑚枝来增加局部海域中珊瑚的数量和种类，能加快珊瑚礁的恢复过程或者建立全新的人工珊瑚礁。

利用珊瑚的无性生殖进行人工繁育的方法，是将原先较长的珊瑚分枝剪成数厘米长的片断，然后将其固定于基石上，放在水中进行培育。这种方法经常被各国的水族繁育场和水族馆使用，成效显著。固定珊瑚断枝的方法主要有捆绑固定法、胶水固定法、水泥固定法、容器固定法、穿孔固定法、自然固定法等（图11－15）。

图11－15 利用玻璃瓶作为珊瑚基座

四、人工渔礁

人工鱼礁就是将人工建造的具有三维结构的建筑物，安放到海底后为珊瑚等无脊椎动物和鱼类提供庇护所。当珊瑚礁的破坏程度非常严重，整个礁区的三维结构已经不存在时，传统的珊瑚移植不再适合该礁区的恢复（李元超等，2008）。过去十几年里，为恢复受损的礁区，人们引进了人工渔礁，从最初的简单投放到后来和珊瑚移植结合。人工渔礁一被提出就受到关注，因为其工程简单，应用范围广。但对后续效果的跟踪监测发现，人工渔礁并没有改变受损区域的珊瑚礁结构，反而限制了该区域珊瑚礁的恢复，所以，现在人工渔礁不再被看作是珊瑚礁恢复的主要工具了。

五、稳固底质

悬浮物的浓度是影响珊瑚成活的重要因素。浓度过高的悬浮物不仅降低海水的透明度，阻挡光线，还会沉积到珊瑚虫表面，使其窒息死亡。相对稳定的底质环境对珊瑚礁的恢复也是非常重要的。一旦底质不稳定，附着的珊瑚幼虫可能会在碎石的滚动中脱落。

为稳固底质，在许多珊瑚礁保护区，工作人员常常将活动的碎石用水泥等胶合在一起。这不仅增加了珊瑚自然恢复补充的速率，也使得珊瑚移植的成活率大大提高。研究人员还在底质中增加了化学物质（$CaCO_3 / Mg(OH)_2$）和化学电位（＜24V）来吸引珊瑚幼虫的附着和促进珊瑚生长（Sabater & Yap, 2002）。

六、珊瑚幼体附着研究

并不是所有珊瑚退化区都适合进行珊瑚移植。珊瑚的移植只是针对破坏十分严重、无法依靠自身恢复的区域。如果只是简单地依靠珊瑚的移植，珊瑚礁恢复效果并不十分明显。这就需要考虑珊瑚自身的补充——幼体附着。近年来，有关珊瑚幼体的研究工作主要集中在珊瑚的生殖、幼虫发育、幼虫附着、幼虫来源和幼虫的人工养殖等方面。

珊瑚的繁殖

有些种类的珊瑚为雌雄同体，有些为雌雄异体。珊瑚虫的生殖腺位于隔膜上，产生的精子和卵经口排入海水，并在海水中完成受精作用（通常卵和精子来自不同的个体）。受精有时也发生在胃循环腔内。受精卵发育成浮浪幼虫，有纤毛、可游动。之后的几日至几周，幼虫会固着到固体表面，发育成水螅体。它可以出芽的方式进行繁殖，新芽不会与原先的水螅体分离。新芽不断形成并生长，于是繁衍成群体。新的水螅体生长发育时，其下方的老水螅体死亡，但骨骼仍留在群体上。

在此基础上，有学者提出了人工诱导珊瑚虫附着的模型，主要是收集珊瑚的精子和卵并诱导二者受精发育后，将其附着在附着板上，成活后移植到受损区域。这种方法得到较多的珊瑚来源，没有对供体珊瑚礁产生伤害，一定程度上保护了供体珊瑚（Heyward等，2002）。

对一些珊瑚退化区域来说，缺少的不是珊瑚幼虫，而是附着基质。大型藻类或沉积物覆盖基质后，导致幼虫无法附着而死亡。因此，为幼虫提供合适的基质，可以在短时间内大面积地恢复受损区域。日本的Okamoto和Nojima在冲绳岛针对各种材料对珊瑚幼虫的吸引进行了实验，结果发现陶瓦、陶瓷等材料比较适合用作珊瑚幼虫的附着基质，其次是PVC板和水泥板；而天然的礁石加工起来比较麻烦，不适合大规模投放（Omori & Fujiwara，2004）。

七、代表种类珊瑚的繁殖

（一）石珊瑚的人工培育和移植

在所有的珊瑚中，石珊瑚是最为人熟知、分布最广泛的种类（见插文）。石珊瑚几乎见于所有海洋，且从潮间带到6 000 m深处海域均有分布。常见的石珊瑚有脑珊瑚、蘑菇珊瑚、星珊瑚和鹿角珊瑚等，均以其形态命名。以下介绍了几种石珊瑚的人工繁殖方法。

> **石珊瑚**
>
> 石珊瑚的颜色是由生活于其上的藻类决定的。大多数现存种类为浅褐色、浅黄色或橄榄色。骨骼为白色，呈杯状，几乎为碳酸钙，包住内部水螅体。营单体或群体生活。营单体生活者最大的直径可达25 cm。其生长速度平均每年在5~28 mm，主要取决于种类、水温、食物供应及年龄等。

1.尖锐轴孔珊瑚

尖锐轴孔珊瑚（*Acropora aculeus*）属于六放珊瑚亚纲石珊瑚目轴孔珊瑚科，是常见的造礁珊瑚。较同科其他品种，其生长速率高，对环境适应能力强，且更容易人工饲养驯化。对尖锐轴孔珊瑚的人工繁殖通常采取断枝繁殖的方法，包括母株挑选、母株驯化、切片采集、切片培养、黏合底托、断枝培养等步骤（牟奕林和刘亚军，2009）。

断枝培养的第一步要求获得颜色鲜艳、无白化组织的母株。由于各分枝生长比较紧密，海下采集时需用钝器敲打。同时为了摄取裂片的方便，一般最好选择株高100~150 mm、分枝4~6枚、质量在200~400 g的植株。珊瑚虫活跃、在运输途中就能开放的个体是首选。

其次，对采集的母株进行驯化。刚采集的母株处于紧迫状态，再加上长途运输，大多数珊瑚虫紧缩，有时还带有寄生虫。所以，在培养之前要进行驯化。驯化处理包括过水消毒、环境适应和饵料过渡三部分。

第三，切片采集是繁殖珊瑚的重要步骤，切片采集的效果与成活率和生长速度密切相关。切片采集前的3~5 d，停止饲喂珊瑚，并延长金属卤化物灯照射时间。采集应在晚上关灯后进行，通常选择比较苗壮的分枝上生长点颜色鲜艳、珊瑚虫密度大的部位。采取点应当在分枝基部5 mm处，切片长30~50 mm。切片过大或过小都不容易存活。垫上海绵用钳子加住迅速采下。采集完毕后，为防止溃烂，应当对母株和切片进行消毒处理。

第四，切片培养。切片培养于切片培养缸中，内有由PVC隔栏塔设置的离底5 mm的平台。将切片生长点朝上稳定地放于平台，朝向光源。水质应与母株水质大体相同，水流应略缓于母株生活缸的水流。

第五，黏合底托。底托可选用天然珊瑚石、礁石（生物石）或混凝土合成物；黏合剂首选专为珊瑚黏台的混合胶，其成分和珊瑚骨骼相若，以减少排斥的机会，也可避免给水质带来负面影响。

切片底托黏合完成后，要进入最后的阶段——断枝的培养。此期间断枝会逐渐成长、分裂，最后长成新的母株。断枝的培养需要良好的环境，因此断枝饲养缸的设计以及光照、水质、温度、食物等条件的控制非常重要。

2. 团块管孔珊瑚

团块管孔珊瑚（*Goniopora lobata*）属于石珊瑚目微孔珊瑚科，常被海洋馆以及个人爱好者饲养收藏，是目前珊瑚贸易中最常见的品种。此种珊瑚价格低廉，饲养不受重视，人工饲养寿命短。这直接刺激了对该品种野生种群的采集，对自然生态平衡以及该物种的保护极其不利。因此，建议普及人工培育常识，延长成活时间，实现大规模繁育。目前团块管孔珊瑚多采用切片繁殖法进行人工繁殖。

切片繁殖步骤主要包括切割前准备、切割、切割后处理以及切片的饲养，具体如下（牟奕林，2009）。① 切割前准备：切割前停止光照48 h，换水30%，停止添加碘化钾以降低珊瑚兴奋度；准备好切割锯、桶、塑钢土等。② 切割：使用电动沙盘，沿一排珊瑚虫一次完成切割，尽量保证对保留的珊瑚虫没有组织伤害；并以最快的速度将切片一一取下。③ 切割后处理：用海水清洗切片，去除骨骼碎屑，保留分泌的黏液；同时，为保证不从损坏的口杯处腐烂，将此处填上塑钢土；然后将切片浸泡在5‰的保护液（KENT）中，恢复2 h。④ 切片的饲养：将切片放回实验水槽，并在水槽中添加珊瑚用维生素（V_B群）。对团块管孔珊瑚进行大规模的人工繁殖将大大减少对其野生群体的采集数量，对已经遭到破坏的珊瑚礁的维护具有重要的意义。

3. 鹿角珊瑚

鹿角珊瑚属（*Acropora*）中，有超过150个品种，占全世界已有记录的石珊瑚品种数目的20%。印度—太平洋一带水域生长的珊瑚礁中，鹿角珊瑚是数量最多的珊瑚品种。

鲍鹰等（2012）采用海底珊瑚苗床的方法对鹿角珊瑚进行了养殖，主要步骤包括珊瑚母枝的采集、珊瑚养殖底座的制备、珊瑚苗枝的制备、陆基水泥池养殖、珊瑚苗床的制备，珊瑚枝总高度的测量。具体操作过程如下。① 珊瑚养殖底座的制备：将水泥灌入塑料容器（如快餐碗）中，并在中央插一直径约2 cm的塑料棒，15分钟后将塑料棒取出，次日倒出水泥坨，即为底座。需将其于海水中浸泡3 d才可使用。② 制备珊瑚：用钳子等工具从珊瑚母枝的分枝顶端截取5~10 cm的断枝（分叉有无皆可），插在填有原子灰（黏合剂）的水泥底座的孔中，然后立即将其置于海水中，大约10分钟后原子灰固化，即可将其移至苗床上养殖。③ 陆基水泥池养殖：将珊瑚苗枝置于PVC塑料管制成的培养架上，安装潜水泵装置，确保每天更换水20%。④ 珊瑚苗床的制备：珊瑚苗床呈平面网格状，由螺纹钢焊接而成，四角有高50 cm的支撑腿，放置在海底泥沙上。将倒锥型的底座镶嵌在苗床网格中，可防止水流对苗枝的冲击。⑤ 珊瑚枝总高度的测量：珊瑚枝最高点至底座的垂直距离，即为珊瑚枝的总高度（图11-16）。但是这种测量方法具有一定的局限性。实际上许多生长端并不是垂直向上的，而是斜向的；而且一枝中侧枝的生长可能较顶端更为旺盛。显然在这些情况下，只以珊瑚枝的总高度增长来评判其生长情况是有失偏颇的。该测量方法只能表明鹿角珊瑚的生长趋势，并不能精确表达珊瑚的生长值。因此，在以后的研究中，建立一种更加接近鹿角珊瑚实际生长量的测量方法是有必要的。

在有野生珊瑚礁存在的海域，通过珊瑚苗床养殖当地珊瑚时，仅第一年需要一定量的野生珊瑚为苗种来源。且随着珊瑚苗枝的生长和有性生殖的发生，几年后便可形成人工珊瑚礁区。对于一个珊瑚养殖场，陆基养殖系统至关重要，它可以控制珊瑚的生长条件，使其优于海底苗床所处条件；还可对从其他地方引进的珊瑚进行驯养及筛选，以缩短育成周期，丰富珊瑚种类。另外，陆基养殖系统也是对珊瑚进行深入研究所必不可少的平台（鲍鹰等，2012）。

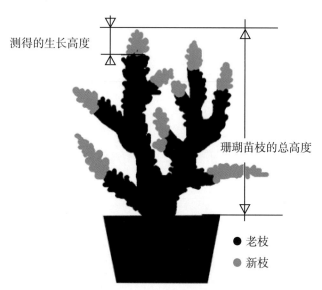

测得的生长高度

珊瑚苗枝的总高度

● 老枝
● 新枝

图11-16 珊瑚枝生长值测量示意图（引自鲍鹰等，2012）

（二）软珊瑚的人工繁殖

软珊瑚在分类上属于八方珊瑚亚纲。目前，已知软珊瑚有1 000多种，大部分生活在热带和亚热带浅海区。以下介绍了几种软珊瑚的人工繁殖方法。

1. 肉质软珊瑚

该种类珊瑚能很快在肉质层的伤口处形成瘀伤组织，对伤口进行修复。由于肉质软珊瑚具有较快的自我修复能力，因此，通过人工快速扩繁，其有望成为比较理想的生态修复种类。肉质软珊瑚人工繁殖具体步骤如下。首先，取冠部为圆形的肉质软珊瑚，沿圆形冠部四周剪下2~3 cm宽的边缘，然后再把剪下的边缘条剪成长为2~3 cm的小段珊瑚，接着用广谱抗菌药物溶液进行浸泡处理，预防细菌感染。然后将经过药物浸泡处理的小段珊瑚捆绑在附着基上，放入珊瑚培育缸进行培育；待珊瑚生长稳定后便可去掉捆绑绳。经过2~3个月的时间，原来的母肉质软珊瑚已经自我修复，长到最初的大小，可以进行再次分割培养。而培养的小的肉质软珊瑚，已经自我固定在附着基，长大后可以进行分割培养。

2. 八爪软珊瑚

从珊瑚丛边缘大约5 cm的地方，用刀子往下切至切起一片薄薄的基石。将切起的分株的每一部分都牢固地粘在基石上，放回缸中。此种方法的成功率为百分之百。

3. 花环肉质软珊瑚

将整株花环珊瑚视为一个时钟，在2点钟、4点钟、6点钟、8点钟及10点钟方向向下切至主干的1/2，但不要与主干分离，然后将其置于有良好水质与水流的环境中，大约三个星期之后切面就会愈合。切面全部愈合后，就可用剪刀将子株截取下来，然后选择要置放子株的基石与固定点。在置放之前，将子株切面用面纸擦干。将Super Glue涂在基石上，接着把子株粘在固定点上，再将已粘好的子株置于水桶中，两分钟之后再移回水缸中。

八、评估、监测、保护与管理

评估、监测、保护与管理是珊瑚种群恢复过程中的重要环节。

（一）评估

珊瑚恢复后首先进行全面地拍照、录像和记录，作为以后监测的参照点。分别在移植后3个月、半年、1年各做一次监测调查。珊瑚礁恢复的监测参数主要包括移植成活率、病害情况、珊瑚幼体补充情况和生长速度、覆盖率、鱼类多样性、底栖生物多样性等。根据恢复目标对修复成效进行评估。如果监测指标良好，如移植成活率和覆盖率较高、生长速度快、物种多样性高等，则说明恢复成功。

（二）监测

从20世纪80年代末以来世界珊瑚礁受到普遍关注，催生了以全球珊瑚礁监测网络（GCRMN）、全球珊瑚礁考查（reef check）和全球珊瑚礁数据库（reef base）为主的全球珊瑚礁监测体系，并从1998年起每两年出版一次世界珊瑚礁现状报告。全球珊瑚礁监测网络按照澳大利亚海洋研究所1997年出版的《热带海洋资源调查手册》编制的方法，包括拖板法、截线样条法、鱼类目测记数法等，取得活珊瑚覆盖率等有关资料。全球珊瑚礁考查采用统一的规范培训休闲潜水志愿者进行全球珊瑚礁健康状况监测，选定若干种生物作为测量人类活动对珊瑚礁影响的指标。全球珊瑚礁数据库是全球珊瑚礁监测管理和研究的因特网数据中心，资料以文字、表格、图片和地图的形式显示，可以按照国家或主题进行搜索。三者共同组成全球珊瑚礁监测体系，它们在2004年12月印度洋大海啸后也及时传递了珊瑚礁状况信息。

一种应用广泛的监测方法应该满足几个要求：① 应该保证可以在不同类型珊瑚礁之间进行可靠地比较（如不同覆盖度的珊瑚礁）；② 应用简单，可以为非从事科研的人员所掌握（如以娱乐为目的的潜水人员）；③ 不需要重复的连续调查，甚至可以仅通过一次调查结果就可提供珊瑚礁的健康状况；④ 可以提供珊瑚礁的健康状况变化趋势（进化或者衰退）指示，而不仅仅是珊瑚礁的目前状况；⑤ 量化或半量化珊瑚礁的状况，以便在不同珊瑚礁之间进行比较（牛文涛等，2009）。目前，珊瑚礁调查仍是以实地潜水、现场测量等传统方法为主。这种方法劳动强度大、成本高、调查范围小，实施远洋调查更加困难。而遥感技术不仅调查范围广，还可实时进行全球观测，正在被逐渐推广应用。

（三）保护与管理

随着生态环境问题越来越受人们的关注，珊瑚礁的保护管理也逐步开展。其保护策略主要包括：改进传统的监测和管理目标，由偏重于活珊瑚覆盖率、特定生物数目、可持续渔业产量等，转变为维持礁系统的弹性，尤其是功能和再生恢复能力；建立更多更大的完全保护区，维持保证珊瑚幼虫供应的有效恢复空间；建立一个可以描述珊瑚礁群落健康状况的数量模型或者指标等等（张乔民等，2006）。

目前，国内外已经采取了一系列的措施保护珊糊礁。1994年成立了国际珊瑚礁对策组织。1998年美国发布了"保护珊瑚礁"总统令。联合国环境规划署（UNEP）和美国海洋大气局（NOM）等十几个国际组织都专门设立了珊瑚礁观测计划，利用遥感和实地察看等手段对珊湖礁生态系统健康状况进行长期、实时监测。1983年3月我国实施的《海洋环境保护法》和《防治海岸工程建设项目污染损害海洋环境管理条例》规定禁止破坏珊瑚礁。海南省也于1998年9月24日海南省第二届人民代表大会常务委员会第三次会议上通过了《海南省珊瑚礁保护规定》。2005~2010年，在三亚珊瑚礁国家级自然保护区开展GEF中国南部沿海生物多样性管理三亚示范区项目，为保护区管理手段的现代化、珊瑚礁监测技术的科学化和保护区科学研究的国际化奠定了坚实的基础。

第三节 红树植物的恢复方法与技术

红树林是生长在热带、亚热带海岸潮间带的木本植物群落。该群落植物体内含有大量单宁，单宁在空气中容易被氧化成红褐色，因而该群落得名红树林。大多数红树植物有郁闭致密的林冠、发达的气生根和支柱根、超强的渗透吸水和透气能力以及独特的胎生现象。这些特征使得红树林能很好地适应海岸潮间带特殊的生境和剧烈的物质与能量波动，成为海洋与陆地间的一条缓冲带，起到减轻海啸等海洋灾害、维持海岸带生态系统结构和功能稳定的作用（Kathiresan & Rajendran, 2005）。

红树植物处于海陆交界地带，生态环境脆弱，容易受到干扰和破坏。我国红树林在20世纪50～90年代初的40多年间面积锐减了68.7%（范航清，2005）。有研究表明，全球红树林年均损失率变化范围为1%～2%，与珊瑚礁和热带雨林损失速度相当，其中南中国海沿岸各国红树林年均损失率变化范围为0.5%～3.5%。我国历史上曾有红树林25×10^4 hm^2，1956年仍有4.0×10^4～4.2×10^4 hm^2，但现存的80%以上为退化次生林。目前红树植物依然以每年约1.5%的速率减少，立地环境恶化（图11－17）。由此可见红树植物的生态恢复已成为一项十分紧迫的任务。

图11－17 海南退化的红树林

一、造林地的选择

这是红树植物恢复的首要步骤。红树林生长地带必须满足以下条件：温度适宜、沉积物粒径较小、海岸线隐蔽、潮水可以到达、具有一定潮差、有洋流影响和具有一定宽度的潮间带。因此，红树林适宜生长在受良好屏蔽的港湾、河口、潟湖、海岸沙坝或岛屿的背风侧、珊瑚礁坪后缘、与优势风向平行的岸线等，而不能分布于受波浪作用较强的开阔岸段。强波浪妨碍底质的泥沙沉积，阻碍红树植物幼苗扎根和生长。因此，造林地的选择对于红树植物的恢复是至关重要的。

造林地选择的原则有：① 造林地周围海水盐度一般不超过20；② 造林地为泥质或泥沙质滩涂，且淤泥肥厚者为最佳；③ 避风，以利于红树林幼苗定根。

二、 胚轴插植法

该方法适用于胎生的红树植物，如秋茄（*Kandelia candel*）、桐花树（*Aegiceras corniculatum*）、木榄（*Bruguiera gymnorrhiza*），是指用红树林母体果实上长出的成熟胎生苗进行繁殖造林的方法。该方法通常把胎生苗长度的一半直接插入淤泥中，成本低、操作简单，但是受繁殖体成熟时间的限制，通常每年只可实施1~2次。该方法适于在有遮蔽或有成林掩护的岸段造林。胚轴插植法造林成活率较高，是目前红树林造林的主导方法。

三、人工育苗法

人工育苗法是指在造林前使用容器育苗的方法。容器袋栽苗定植不易被海浪冲击，成活率较高。种子类和胎生类的人工育苗方法不同，前者必须做苗床育苗后才能移栽入袋中进行培养，代表植物有海漆、海桑属等；而秋茄、桐花树、木榄等胎生类植物直接育苗即可。出圃时要注意苗木的高度，若过低，苗木会很娇嫩；若过高，根系会因太长易受损害。不同红树植物出圃时苗木高度的最适范围不同。

四、直接移植法

直接移植法是指从红树林中挖取天然苗来造林的方法。天然苗根系裸露，在移植的过程中容易伤害苗木，移植成活率不太高。因此，在没有成熟繁殖体的季节、种苗短缺或补植时才需要使用该法。

根据我国现阶段的经济、技术水平，从成本、成活率两方面对三种方法的可操作性进行评价。直接移植法成本高、成活率低，可操作性差；人工育苗法虽然成本高，但成活率高、成效快，所以在经费充足或逆境造林时宜推广使用；胚轴插植法不仅成本最低，造林成活率也可利用其他技术加以提高，将是今后一段时间内的主流方法。

五、不同红树植物种群的恢复方法与技术

（一）秋茄种群的恢复方法与技术

秋茄为红树科（Rhizophoraceae）秋茄属（*Kandelia*）植物，是热带和亚热带海滩造林特有经济树种，为灌木或小乔木。其生物群落为热带常绿阔叶林，在一定的地理条件下往往能形成单优势种灌木群落。秋茄生长在浅海和河口地带的盐滩上，是一种

珍贵的生物资源（图11–18和图11–19）。

图11–18 秋茄的胚轴

图11–19 秋茄种群

秋茄的胎生现象

秋茄具有胎生现象，即种子还没有离开母体时，就已经在果实中开始萌发，长成棒状的胚轴。待果实落下，尖的胚轴会直接插进泥土中；如果落在海里，种子会随水漂流数月，一旦遇到海滩，便可生根生长。秋茄一般7～8月开花，种子在果实内发芽，长出胚轴。此后胚轴开始膨胀，到了第二年5～6月陆续长成纺锤状，绿色。胚根有明显的黄绿色的小点。胚芽与果实接连处呈紫红色，很容易从果实体上分离，而使胚轴整根脱落。胚轴脱落后插入泥中，在适宜的环境条件下，即可生根发芽，完成世代更替。

1. 造林地选择

选择合适的造林地是秋茄恢复的基础。对于造林地的选择，首先应该注意避开一些对它的生长有不利影响的区域，如大米草繁茂之地；其次要注意避开航道、沙滩地、养殖场等；最重要的是要注意对温度、土壤、地形和盐度的控制。

土壤：应选择泥质且有周期性的浸湿和干湿交替的海滩，秋茄在砂质、砾质的海滩盐土中不易生长，土壤pH一般以7.5～8.0为宜。

盐度：秋茄在盐度为10～20的海水环境中生长良好。

地形：中潮带因有秋茄生长所需的细质黏粒及有机物质，适宜秋茄生长。为避免海浪、潮水冲击插植的胚轴，应选择风浪小的河口、港湾以及三角洲比较平坦的海滩等较为隐蔽的海岸。

2. 插植胎生苗造林

（1）胎生苗的采集及处理：每年5~6月为秋茄果实成熟季，此时选择长势良好的秋茄树采集长18~27 cm、胚轴黄绿色、质地硬的胎生苗。采集时可用竹竿拍打枝条，使其脱落（图11-20）。在苗木运输时，包扎要细致，要求苗顶向上装在箩筐内，底层放些稻草；但稻草不要堆积太高，以免发热腐烂。

图11-20 秋茄胎生苗

（2）胎生苗的栽种：造林时间一般在5~6月。栽植胎生苗时，不要除去果壳，要让其自然脱落，以免子叶受损伤或折断，导致其不能萌发。栽种时，采用三角形或正方形法，一穴一株；株行距0.6 m×1.0 m，密度不宜过大。栽种深度最好在10~12 cm。林带宽根据林地情况确定。栽种时要保证胎苗直立，避免其受伤和倒插。栽种时间的选择也有关键，以大潮过后的2~3天为宜，最好是退潮后的阴天或晴天。宜随采随造，提高成活率。

3. 移植天然实生苗

插植前滩涂地要清除垃圾，割除杂草，保证秋茄生长的阳光需求。一般采集高30~45 cm且有3~4个分支的苗木。苗木包扎与运输同上文所述秋茄胎生苗的处理。栽种时，根据植株高度和根长确定栽种的深度。一般情况下，苗高30 cm栽种深度以12~15 cm为宜；苗高40~50 cm时，栽种深度应该比根痕深。如果海滩泥稀最好栽深一点；但为避免胚芽和叶片被泥土覆盖或粘连而影响生长，也不宜过深。

4. 幼树移植造林

一般幼树的移栽以4~5月为最佳，此时秋茄树开始恢复生长，且叶片水分蒸发少，有利于根系的愈合再生，使得移栽后植株可以快速恢复，成活率高。幼树移植需注意以下几点：① 要选择长势良好，没有过密枝杈的幼树；② 挖树时要尽量不要损伤根部结构，尤其不可伤及主根；要用草绳将树冠捆拢；③ 挖掘好的幼树应及时栽植，不能暴露太久，以免影响成活率；④ 栽种的株距要根据冠幅大小而定，栽种的过程要小心谨慎；⑤ 栽种后覆土的高度以刚能盖过支柱根为宜；⑥ 种植完毕后，要设立支柱支撑幼树，防止外界环境对幼苗的伤害。

（二）桐花树种群的恢复方法与技术

桐花树为紫金牛科（Myrsinaceae）桐花树属（*Corniculatam*）植物，它是热带、亚热带海岸红树林植物中广泛分布的一种。桐花树是典型的红树植物，比较适合生长在滩涂的前缘，具有很多适应该特殊生存环境的特殊结构（图11-21）。桐花树根系发达，有支柱根和膝根。叶片具有较厚的角质层，仅叶面的小表皮有气孔，有泌盐现象。桐花树为隐胎生植物，果期5~9月。果实细长，果实内深绿色的部分为胚轴。胚轴约占整个果实体积的90%，长3~6 cm，顶端尖，成熟时自然脱落。

图11-21　桐花树种群

1. 造林地的选择

造林地一般选择中潮位。高潮位地在小潮时无法淹没桐花树，影响该种群的繁殖。

2. 胚轴催芽方法

采摘母树上成熟的果实（隐胎生胚轴）放入竹篓内，将其放到涨潮时可被海水淹没的海滩，5~6 d后胚轴便开始萌发，将萌发的一端插入营养袋中。所谓营养袋是指10 cm×16 cm四周有孔的塑料袋，袋内装有由30%海滩细砂和70%海滩淤泥组成的基质。每袋可以放两个胚轴，把果实的一面留在土面上（廖宝文等，1998）。采用三角形或方形法点播，株行距6~8 cm，胚轴入土深2~3 cm，以露出床面1 cm为宜。

3. 直接点播

直接点播就是不经过催芽，而直接把自然成熟的、新鲜的胚根插入营养袋内，然后置于海滩苗圃中培育。胚轴在营养袋中的放置方法和点播方法同"胚轴催芽法"。

（三）无瓣海桑种群的恢复方法与技术

无瓣海桑（*Sonneratia apetala* Buch-Ham）为海桑科（Sonneratiaceae）海桑属（*Sonneratia*）乔木，主要自然分布于缅甸、南印度、孟加拉国等地，后于1985年从孟加拉国成功引种到我国，现已在我国广泛种植。该种群有特殊的笋状呼吸根以及蘑菇状柱头，总状花序没有花瓣，因此被称为无瓣海桑。由于其特殊的呼吸根，树木容易成活、生长迅速、结果率高，因此该种对防风固岸、促淤造陆有显著效果，是前沿裸滩人工造林的先锋红树植物种类（图11-22和图11-23）。

> 无瓣海桑果实为浆果，成熟期为每年的9～10月。果实成熟后，果皮颜色由绿色变为灰白色，有香味，外有果胶分泌，因此有粘手的感觉。每颗果实含30～50粒种子。种子呈短的V形，外种皮多孔，凹凸不平，为黄白色。与秋茄和桐花树最显著的不同是，无瓣海桑为非胎生红树植物，其母果上不能长出胚轴。

图11-22 无瓣海桑蘑菇状的柱头

图11-23 无瓣海桑笋状的根系（引自曾明，2012）

1. 造林地选择

无瓣海桑的造林地最好选择比较隐蔽、风浪小的地方。沿海靠近居民地的区域也是不错的选择，因为该区域会有充足的淡水供给；但因为离人群较近，需要特别注意对造林地的管理，以免受到人为的干扰。

无瓣海桑的造林地对于土壤基质、盐度及地形均具有一定的要求。在种植无瓣海桑时，应选择淤泥深厚、有机质含量丰富的土壤，且周围海水环境中的盐度低于10。同时，无瓣海桑一般适合生长于潮水能正常涨及的红树林疏林地，该红树林疏林地以木榄树为主，也可以有秋茄树的存在。

2. 育苗技术

（1）种子的获取。无瓣海桑果实的成熟期一般为9~10月。将采集的成熟果实放在水中浸泡，待果皮和果肉软化后取出，用手将其搓烂；或者数日后待果内完全变软时除尽果肉。用清水漂洗，取出种子。

（2）种子的储存。将洗好的种子装入纱网袋中，浸没于水中，置于避光阴凉处贮藏，每隔2~3 d换一次水。或者将种子贮藏于10℃~15℃的人工气候箱中，定期翻动以防发热发霉。而最常用的方法是用椰衣糠为贮藏介质，控制介质的含水量在30%~35%，温度在10℃~15℃。

（3）培养土的配制。无瓣海桑种群常采用容器育苗。所用容器规格为12 cm×15 cm，内部盛有人工配制的培养土作为育苗基质。培养土为40%红壤土（表土）、20%沤熟牛粪、20%土杂肥、17%细沙土和3%过磷酸钙的混合物，或是60%黄心土、20%草皮泥、18%沤熟牛粪和2%过磷酸钙的混合物，沤制约半个月制成。在陆岸苗圃起畦并将培养土拌匀铺在畦面上约5 cm厚，再用0.5%高锰酸钾溶液消毒畦面，6小时后用清水淋透该培养土。

（4）播种。首先，将种子浸在1~5 g/L的高锰酸钾溶液中，对其进行消毒。5分钟后，用清水将种子冲洗干净，在阴凉处悬挂1~2 d即可播种于苗床上。播种时要用撒播的方法，保证播种密度适中。播种后在种子上覆盖大约1 cm的培养土，用纱网覆盖苗床，纱网离畦面高约60 cm左右即可。无瓣海桑一年四季均可播种育苗。有研究表明，秋季比春季更适宜播种，主要因为秋季播种可以延长苗木生长的时间，提高当年生苗的抗病抗寒能力，缩短种子贮藏时间，而且种子发芽率高。但春季播种的苗木生长较快，出圃时间比秋播苗早1个月左右。一般种子播下后4 d开始发芽，8~10 d幼苗定根，此后即可将纱网掀开。

（5）幼苗的移栽。在育苗基地潮滩，平整滩地并用木条围成容器苗床，用于放置育苗袋。苗床宽度可依据育苗袋的个数来定。一般情况育苗袋规格为15 cm×17 cm，袋内装有培养土，潮滩容器苗圃要用70%遮阳网做成荫棚。移苗前必须将幼苗驯化至完全适应海水盐度。起苗时苗床要淋透水防治断根。

待种子发芽长出的幼苗有5~6片真叶，即苗高达6~16 cm时，便可移植于育苗袋中。移植时，先将育苗袋幼苗在陆地上荫棚放置15 d左右，待幼苗充分定根后再移到滩涂上，以便提高移植成活率。若无荫棚，移植幼苗应在阴天或傍晚进行。移栽幼苗前也可以用0.01%浓度的6号ABT生根粉浆根，用泥箕装搬到潮滩苗圃移种上袋，并及时淋定根水，防止苗木缺水枯死。

3. 扦插方法

3~5月和9~11月都可以进行无瓣海桑的扦插。但是春季是植物生长发育最为旺盛的时期，春季扦插可使之尽快定根，植株成活率高。扦插时用略粗于插穗的小竹棍在插床上按5 cm×5 cm的间距朝同一方向斜插出插孔，然后将插穗芽插入孔中，插穗入土深度等于其长度的1/3~1/2，并且用手把基质压实。

扦插完后用喷壶缓缓地将基质浇透水。在插床上搭一个塑料拱棚，拱棚外要有遮阳网来适当地遮光，以保证基质的温度和湿度。之后3~4 d检查基质的干湿情况，保持其湿润但又没有水漫出。由于过湿会引起插穗的腐烂，所以必须保证棚内空气湿度不得超过85%。

4. 出圃造林

育苗袋中的无瓣海桑幼苗长到40 cm左右就可以用于造林了。一般会根据幼苗移栽潮位的高低选择40~70 cm的幼苗进行造林。通常高潮位栽植矮苗，潮位低则选择高苗。而高于70 cm的苗穿根过多，成活率并不高，通常不被用来造林。

苗木在出圃前必须进行炼苗。炼苗是指出圃前半个月内循序渐进地提高浇淋用水的含盐量，直到达到栽植地的海水盐度水平，以此来锻炼苗木的耐盐能力。

对于扦插的苗，要经常检查苗的发根情况。若是有90%的插穗都发根，则让其在苗床上生长20~25 d便可分栽。不可将插穗留在基质中太久，以免基质内营养不足导致幼苗生长状况变差。

六、监管与评估

（一）管理

病虫害防治：病害主要有立枯病、灰霉病和炭疽病，常危害种子类红树植物，苗期为高发期，可用广谱杀菌药防治。虫害主要有卷叶蛾、螟蛾科幼虫、老鼠、螃蟹、地老虎、蟋蟀等，应结合实际情况采取药物或人工防除。

红树幼苗不耐低温，在高纬度地区可采取水淹保温、稻草堆埋、覆盖塑料膜等措施防寒。此外，可喷施适量钾元素含量高的肥料，提高幼苗抗性预防极端大气或突然降温造成的危害。

（二）恢复成果评估

红树林种群的恢复成果可以用造林成活率及平均成活率来评估。造林成活率是指标准地成活率。平均成活率则是由各小班成活面积数之和占各小班面积总和的百分比（图11-24和图11-25）。评价造林成效，除要求幼树生长正常外，主要以当年造林成活率为指标，成活率85%以上的为成效造林；成活率41%～85%的为需补植造林；成活率40%以下的则不计入当年造林面积，次年需重新造林（陈粤超，2008）。

图11-24　红树林幼树造林（引自陈粤超，2008）

A

B

图11-25　同安湾滩涂红树林的恢复（引自何缘，2008）

A. 同安湾滩涂红树林恢复前（2005年）；

B. 同安湾滩涂红树林生态恢复后（2007年）

第四节　盐碱湿地植物的恢复方法与技术

盐碱湿地植物的快速繁殖和栽培以及造林技术是盐碱湿地植物恢复的重要组成部分。普遍的快速繁殖和栽培方法有外植体育苗、播种育苗、扦插育苗以及压条育苗等。植苗造林、直播造林等是较为常用的造林技术。

一、盐碱湿地植物的快速繁殖和栽培技术方法

（一）外植体法

通常情况下，带有休眠芽的当年生健康枝条为最佳外植体。外植体经过灭菌、培养、扩大培养后获得大量的无根苗。无根苗在生根培养基中长成健康完整的小植株后用于造林。

（二）播种育苗

播种育苗是指采集种子后通过适期播种、良好的田间管理等手段恢复种群的方法，在盐碱湿地植物恢复中经常被采用。种子的采集、处理和播种时间的选择是其中重要的环节。湿地植物种子多在在9~10月成熟。秋季播种可以随采随播；而春季播种要求早播，并且采用条播等形式。

（三）扦插育苗

主要是利用无病害的当年生枝条制成插穗后扦插至已被特殊处理过的插床中的方法。插床的土壤多为沙壤土，扦插方式有平床扦插、从插等。扦插后，应对土壤湿度进行适当控制。

（四）压条繁殖

压条繁殖是指剥去生长健壮的植株的树皮，将其置入土壤中紧密掩埋，待其长出不定根后，将其与母株分离、移植的方法。本方法常用于柽柳种群的快速繁殖。

（五）其他方法

除了以上四种方法外，盐碱湿地植物的恢复还可以采用高包育苗、分株繁殖等。具体育苗方法的选用取决于盐碱植物的种类、材料的可获得性以及季节时间等。

二、盐碱湿地植物的造林技术

（一）造林地的选择及修整

不同盐碱植物对造林地的要求不同，例如，紫穗槐、白蜡较耐盐碱，即使在盐碱化程度很高的土地也能生存，因此对造林地土壤的要求不高；而柽柳幼苗的耐盐极限在1.640%左右，在重盐碱荒地难以生存。因此必须根据实际需要整地改土。整地情况要根据立地状况而定，不同的土壤条件，开沟的大小也有差异。一般的原则是盐碱严重、地下水位较深时开深沟，而盐碱较轻、地下水位较浅时开浅沟，同时应生土作梗、熟土回填。

（二）苗木管理方法

除了苗木的高度外，苗木的地径、木质化程度和根系发育情况等均是苗木选择的依据。起苗时，要求不能损伤皮、根以及顶芽。运苗时遵循不露根、不干根，避免风吹日晒的原则；同时在装运过程中保证苗木储存的环境通风透气。运至造林地后立即栽植。

（三）栽植方法

造林密度根据不同的需求而定，保证苗木的根部充分展开，与土壤紧密接触、并踏实。

三、不同盐碱湿地植物种群的恢复方法和技术

以柽柳、碱蓬以及紫穗槐等盐碱湿地常见植物为例详述盐碱湿地恢复的方法和技术。

（一）柽柳种群恢复方法与技术

柽柳（*Tamarix chinensis*）属于柽柳科（Tamaricaceae）柽柳属（*Tamarix*），为多年生落叶灌木和乔木，多分布于温带和亚热带河流冲积平原、海滨、滩头、潮湿盐碱地以及沙荒等地。柽柳喜光，耐盐，耐潮湿，抗瘠薄和风沙，能防风固沙、保持水土、调节气候、维护陆海生态平衡，且能显著改良土壤理化性质，是优良的盐碱湿地造林树种和固沙先锋树种。枝条具有弹性和韧性，去皮后是良好的手工编织材料。同时柽柳姿态婆娑，花序繁密，花朵粉红色，具有较高的园艺观赏价值。

1.柽柳种群快速繁殖和栽培

（1）外植体育苗法：该方法主要包括以下几个步骤。①外植体的选择：选取直径3 mm左右、当年形成且健康的枝条，用解剖刀等工具将其切成1.5～2.0 cm长的带

有休眠芽的节段。② 灭菌：采用酒精和次氯酸钠/氯化汞相结合的方法对外植体进行灭菌。首先用自来水将外植体节段冲洗干净；将其置于70%～75%的酒精中浸泡30 s，并用玻璃棒不断搅动；倒掉酒精，马上用无菌水冲洗3～5次；用5%次氯酸钠或0.1%氯化汞溶液浸泡7～8 min；倒掉消毒液，用无菌水冲洗3～5遍。③ 培养：将灭菌后的外植体置于预培养基（MS+0.01 mg/L BA+0.01 mg/L NAA）培养一周，然后转接到正式诱导分化的培养基（MS+0.5 mg/L BA+0.02 mg/L NAA+200 mg/L水解酪蛋白+5%蔗糖）继续培养。培养温度25℃～27℃，光照时间14 h，光照强度2 000 lx左右。④ 壮苗和幼苗培养：一个月后，待外植体分化出芽，将芽从基部切下转接到壮苗培养基（1/2MS+2%蔗糖+100 mg/L水解酪蛋白）；再经一个月，外植体便可长成带有4～5个叶的小幼苗（图11－26）。⑤ 扩大培养：将小幼苗切割成有叶的茎段，再重新放入分化培养基进行反复循环培养，以获得大量无根苗。此时的培养条件为光暗比12 h∶12h，光照强度1 500 lx左右。⑥ 生根培养：把上述无根苗插入生根培养基（1/2MS+0.5 mg/L IBA+0.05 mg/L NAA+5%活性炭+2%蔗糖）培养。培养条件与扩大培养相同。一个月后，无根苗便可长成具有6～7个叶的健壮的完整植株。

 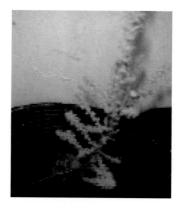

图11－26　柽柳幼苗（引自郭江泓，2012）

（2）扦插育苗：扦插育苗是柽柳树种育苗最为经济有效的方法。

育苗圃地选址于地势平坦、光线充足、排灌方便的地段，土壤以沙壤土为宜。选用木质化程度高、直径1 cm左右的1年生枝条作为插条，将其剪成长10～15 cm左右的插穗。春季、秋季均可扦插。苗床保证平整、湿润。扦插后应控制水分、温度，及时除草与定苗，做好病虫害防治工作，并根据幼苗长势确定是否追肥。但扦插育苗对插穗要求十分严格，有时还需要冬贮插条。

（3）播种育苗：播种育苗是柽柳常规的繁殖方法。

种子的采集和处理是播种育苗的重要环节。选择生长旺盛、花枝繁茂的植株采收果实。经过晾晒、去除果皮和杂质等处理后获得种子，并即可用于播种。由于柽柳种子成熟期不一致，且种子小、极易随风飘散，因此待少数果实开裂、较多果实为黄色时抓紧采种。

育苗地以肥沃、疏松透气的沙壤土为好。土壤黏重、盐碱度过高或沙性过大等均不宜作育苗地。整地深度30 cm以上为宜，要求清除杂物、平整地面、多施底肥。为减缓水的流速，避免冲刷和防止种子漂浮，需做带有引水沟的平床。播种前先灌水，保证床面被浇透。

柽柳可在夏季和来年春季播种。通常情况下，种子和沙子混合撒播，撒播密度一般为5 g/m²左右。种子随水渗入土壤，并与土壤紧密接触。苗期管理应遵循的原则有：① 在种子发芽期和幼苗期，做到勤灌水，保持床面湿润和水分充足；② 要秉持"除早、除小、除了"的原则，除掉各种杂草；③应适时追肥，施腐熟的有机肥或尿素等化肥。待实生苗长到50～70 cm，即可直接出圃造林。

（4）压条繁殖：生长健壮的柽柳植株可被用于压条繁殖。具体步骤为将近地一侧的枝条剥去树皮，之后将裸露的形成层紧紧置于土壤中，并用带杈的木桩进行固定。适时浇水，保证充足的水分供应。5 d左右所压枝条即可生出不定根，10 d左右即可将其与母株分离进行移植。

（5）分株繁殖：柽柳一般成簇分布，一簇柽柳有上百个枝条。在春天柽柳萌芽前，可将其连根刨出，一簇柽柳可分成10株左右，然后重新栽植。

2. 柽柳造林技术

（1）植苗造林。造林技术的关键是适当深栽。造林时，株行距为1 m×3 m。春季平茬造林，雨季带干造林。1.0%以下的盐渍土环境不会对柽柳幼苗生长产生危害，1～2年生柽柳幼苗耐盐极限在1.640%左右。

（2）直播造林。重盐碱荒地和光板地多分布于沿海的偏僻地带，面积广，环境条件差，淡水资源贫乏；全面进行植苗绿化投资大、成本高，目前情况下难以实现。直播造林是解决这类土地植被恢复的有效途径。

（二）碱蓬种群恢复方法与技术

碱蓬（*Suaeda glauca*）为藜科（Chenopodiaceae）、碱蓬属（*Suaeda*）一年生草本真盐生植物（中科院中国植物志编辑委员会，1979），主要分布于海滨、湖边等荒漠、半荒漠地区浅平洼地边缘的盐生沼泽环境中（马德滋和刘惠兰，1986）。碱蓬是一种无叶、肉质化的植物，株高多为20～60 cm。它具有抗逆性强、耐盐、耐湿、耐瘠薄等优点，在河谷、渠边潮湿地段和土壤极其瘠薄的盐滩荒地均能正常生长发育（图11-27）。

图11-27　碱蓬

碱蓬是湿地退化后的次生植被。它以其独特的盐生结构，作为"开路先锋"首先扎根于潮滩。它的出现能够逐渐增加滨海盐土中有机质成分，使其含盐量逐步降低，促进潮滩的土壤化进程，为湿地植物的生长创造条件。碱蓬种群的恢复有益于盐碱环境的绿化和植被的修复。碱蓬多采用播种繁殖的方式，遵循采种—整地—适期播种—田间管理等步骤。碱蓬在7~8月开花，9~10月结实，至11月初种子完全成熟。由于种子成熟后容易脱落，因此一般在10月下旬到11月初采种最为适宜。露地播种多在3月下旬至4月上旬进行。播种地段以沙土、沙壤土等类型的土壤为宜。将田地修整成平畦，留作业行待用。播种前保证土壤中水分、有机肥充足。种子浸泡6~8小时后，与细土拌匀撒播。修整土壤，以细土覆盖种子，之后压实畦面，以利保墒出苗。加强对湿度、温度的控制，注意防虫害并及时除草等。

（三）紫穗槐种群恢复方法与技术

紫穗槐（*Amorpha fruticosa*）又名棉槐、椒条、棉条、穗花槐等，为豆科紫穗槐属丛生落叶灌木。其根系发达，侧根的萌芽力很强，每丛可萌生20~50根枝条，具有根瘤，有改良土壤的效果，是黄河和长江流域很好的水土保持植物。紫穗槐喜光，适应性强，耐盐碱、干旱、水湿，可栽植于河岸，沙堤、沙地、山坡及铁路两旁，作护岸、防沙、护路，防风造林等树种。同时紫穗槐也具有很高的经济价值，是蜜源植物，枝条可以做编制材料，种子还可以榨油（图11-28）。

图11-28 紫穗槐

1. 紫穗槐种群育苗技术

与柽柳类似，常见的紫穗槐育苗技术有播种育苗、扦插育苗、分株繁殖、压根繁殖等。

（1）播种育苗。育苗地选择地势平坦、排水良好、灌溉方便、土壤深厚的中性沙壤土便可。9~10月，紫穗槐的种子成熟，荚果呈红褐色，这时便可以大量采种。将采集的种子摊晒，每日翻动，防止种子腐烂，大约5~6 d即可晒好。然后风选或筛选去除杂质，装袋储存。紫穗槐种子的荚果皮含有油脂，会影响种子膨胀速度及发芽率，因此在播种前要对种子进行处理。处理方法有三种。第一种是用铺种厚约5厘米，碾子碾破荚壳。第二种方法是是用6%的尿素或草木灰浸泡种子6~8 h以去除种子荚果皮的油脂。第三种方法是生产上常用的温水浸种催芽法，详述如下。将种子浸泡在60℃~70℃的温水中，搅拌使种子均匀受热。当水温达到30℃左右后停止搅拌，待水自然冷却后再浸种24 h。将种子捞出，用0.5%的高锰酸钾消毒3 h，之后再用清水冲洗2~3遍，控干种子。将种子与湿沙按1:3的比例均匀混合，放在温暖向阳背风的地方，用湿布或湿草帘覆盖，保持含水量约60%、种温20℃左右。催芽3~4 d，每天用30℃左右的温水喷洒种子，并翻动1~2次，待种皮大部分裂开露白即可播种。

在播种前，育苗地应进行冬耕，翻地两次，施足基肥，然后培垄作床。将苗圃浇足底水，2~3 d后便可播种。播种的时间要根据气候条件来决定，北方以土壤解冻后进行为宜；南方宜在1月中下旬。播种的方法采用条播。顺床开沟宽幅条播，使幼苗受光均匀；沟深2.0～3.0 cm，宽8.0～10.0 cm，行距18.0～20.0 cm。开沟后用脚将沟底趟平，均匀地撒入种子，边播种边覆盖过筛的细土，覆土厚度为1.0～1.5 cm，厚薄要均匀一致，以有利于出苗整齐。浇足水，及时用草帘覆盖，保持土壤湿润。待60%的幼苗出土后，及时撤除覆盖的草帘（孙耀清和李大明，2011）。

（2）扦插育苗。插床的土壤选择沙壤土，长10～20 cm，宽1～2 cm。插床表面铺一层厚约10 cm的细河沙，中间略高，两边稍低一些，有利于排水。插穗前用0.3%的高锰酸钾溶液消毒。选择健壮、无病虫害、芽饱满、粗1～1.5 cm、一年生的枝条，将其剪成15～20 cm长，做成插穗。插穗可以选择当年生枝条。冬季采得的枝条，将其剪断沙藏，也可供第二年作为插穗使用。

紫穗槐扦插在春季进行，一般以4月中旬到5月上旬为宜。先开沟，再插入插穗。株行距为10 cm×15 cm，深度为8～9 cm，顶芽高于床表3 cm。插条时要注意保护芽苞不受伤。扦插后分撒清水，湿度保持在85%～90%，大约1周后插穗便可长出新根。在苗期，应注意水分供给、遮阴、施肥、除草以及病虫害防治等方面的管理。

（3）分株繁殖。将定植3～4年的幼苗在萌动前挖出，每2～3个分成一丛栽种，可以形成新的植株。

（4）压根繁殖。在春季选择较健壮的根进行压根繁殖。压根繁殖比较简单，只要选定的分根遇到疏松湿润、有机质丰富的土壤便可以发芽。

2. 紫穗槐种群造林技术

（1）造林地的选择及修整。紫穗槐对造林地土壤的要求不高，但以沙壤土为佳。造林前深翻土并刮平、开沟。

（2）栽种方法。紫穗槐造林应在4月初到5月初进行，若采用深沟大垄方式栽植，每沟2行，每行株距1 m，采用品字形栽植。若小沟栽植则每沟1行，行距为0.5 m，挖穴栽植，穴为正方形，边长20～40 cm。苗木留20～30 cm高平茬，将苗桩放入穴内，填土，踩实。

四、 盐碱地植物种群恢复的评估

不同盐碱植物种群的恢复状况可以用很多指标来判定。植株的成活率当然是最重要的一种。此外，像碱蓬、星星草等草本植物，可以通过比较植株的高度来判断恢复效果。唐运平（2009）曾在研究中用碱蓬的株高来评估不同处理条件下碱蓬的恢复状况。柽柳、紫穗槐和白蜡可以用造林地的植被覆盖率来评价种群恢复的效果（图11-29）。

A

B

图11-29　中心岛碱蓬种群的恢复（引自唐运平，2009）

A. 中心岛碱蓬种群恢复前（2004年）；B. 中心岛碱蓬种群恢复后（2005年）

小结

1. 海草场生态系统自身比较脆弱，而自然条件的变迁和人类过度无序的开发活动共同使得全球范围内的海草床呈现不断退化的趋势。生境修复法、种子播种法和植株移植法等海草床的修复实验已经开展，并取得了一系列的研究成果。其中，在大叶藻恢复中，种子法、移植法以及人工草皮培育等方法被广泛应用。

2. 对于珊瑚种群的恢复，国际上通用的生态策略主要是基于珊瑚的两种繁殖方式，配合适度的人为干扰，增加珊瑚的成活率。恢复方法有珊瑚移植、园艺、人工渔礁、幼体附着等。对于不同种类的珊瑚而言，所适用的方法各不相同。

3. 常见的红树种群有秋茄、桐花树以及无瓣海桑等等。红树植物虽具有极高的生态价值，但处于海陆交界地带，生态环境脆弱，容易受到干扰和破坏。目前红树植物减少速率加快，立地环境恶化。红树植物恢复的关键在于造林地和移植方法的选择。常用的移植方法有胚轴插植法、人工育苗法、直接移植法等等。

4. 常见的盐碱湿地植物的快速繁殖和栽培技术方法有外植体法、播种育苗法、扦插育苗法、压条繁殖等。在恢复过程中，具体方法的应用取决于盐碱植物的种类、材料的可获得性以及季节时间等。同时造林地的选择及修整、苗木栽植与管理等方面均需要根据实际情况来开展。

思考题

1. 请简述海草床衰退的原因及其主要的恢复方法。

2. 请简述大叶藻恢复的方法并进行比较。

3. 请简述珊瑚礁生态恢复的方法。

4. 请以一种珊瑚为例，简述其人工繁殖和移植方法。

5. 红树林植物的生态学功能是什么，有什么生态学特征？

6. 红树林植物常见的恢复方法有哪些？分别介绍一下，并进行比较。

7. 请简述桐花树的育苗方法。

8. 无瓣海桑的生物学特征有哪些，都有哪些作用？

9. 简述无瓣海桑的扦插方法。

10. 如何评价红树林的育苗成果？

11. 简述柽柳的快速繁殖技术。

12. 柽柳的栽培技术有哪些？分别介绍一下。

13. 紫穗槐的生态价值是什么？紫穗槐的苗期管理要注意哪些内容？

拓展阅读资料

1. Baums I B. A restoration genetics guide for coral reef conservation [J]. Molecular Ecology, 2008. 17(12): 2796 - 2811.

2. Bologna P A X, Sinnema M S. Restoration of seagrass habitat in New Jersey, United States [J]. Journal of Coastal Research, 2012, 278: 99 - 104.

3. Cheng L, Zhou G Y. Tissue culture and rapid propagation of *Tamarix chinensis* Lour [J]. Journal of Shanhai Teachers University. 2001, 30(2): 67 - 71.

4. Dong B. Reproduction biology and development prospect of *Tamarix chinensis* Lour on the coastal beach of Jiangsu province [J]. Forestry Science and Technology, 2004, 01: 4 - 7.

5. Edwards A J, Susan C. Coral transplantation: a useful management tool or misguided meddling? [J]. Marine Pollution Bulletin, 1999. 37(8): 474 - 487.

6. Epstein N, Bak R P M, Rinkevich B. Applying forest restoration principles to coral

reef rehabilitation [J]. Aquatic Conservation, 2003, 13: 387 - 395.

7. Hashim R, Kamali B, Tamin N M, et al. An integrated approach to coastal rehabilitation: mangrove restoration in Sungai Haji Dorani, Malaysia [J]. Estuarine, Coastal and Shelf Science, 2010, 86(1): 118 - 124.

8. Ren H, et al. Restoration of mangrove plantations and colonisation by native species in Leizhou bay, South China [J]. Ecological Research, 2008, 23(2): 401 - 407.

9. Ren H, Wu X M, Ning T Z, et al. Wetland changes and mangrove restoration planning in Shenzhen Bay, Southern China [J]. Landscape and Ecological Engineering, 2011, 7(2): 241 - 250.

10. Rinkevich B. Conservation of coral reefs through active restoration measures: recent approaches and last decade progress [J]. Environmental Science & Technology, 2005, 39(12): 4333 - 4342.

11. Sabater M G, Yap H T. Growth and survival of coral transplants with and without electrochemical deposition of $CaCO_3$ [J]. Journal of Experimental Marine Biology and Ecology, 2002, 272: 131 - 146.

12. Shafir S J, Van R, Rinkevich B. Steps in the construction of underwater coral nursery, an essential component in reef restoration acts [J]. Marine Biology, 2006, 149(3): 679 - 687.

13. Shi M Y, Research on Afforestation Technique of *Tamarix Chinesis* in Gonghe Sandy Basin [J]. Arid Zong Research, 1999, 16(4): 61 - 64.

14. Toledo G, Rojas A, Bashan Y. Monitoring of black mangrove restoration with nursery-reared seedlings on an arid coastal lagoon [J]. Hydrobiologia, 2001, 444(1 - 3): 101 - 109.

15. Van Katwijk M M, Bos A R, de Jonge V N, et al. Guidelines for seagrass restoration: Importance of habitat selection and donor population, spreading of risks, and ecosystem engineering effects [J]. Marine Pollution Bulletin, 2009, 58(2): 179 - 188.

16. Yap H T. Coral reef "restoration" and coral transplantation [J]. Marine Pollution Bulletin, 2003, 46(5): 529.

17. Yeemin T, Sutthacheep M, Pettongma R. Coral reef restoration projects in Thailand [J]. Ocean & Coastal Management, 2006, 49(9 - 10): 562 - 575.

18. Zou R L, Sinica F. Hermatypic coral [M]. Beijing: Science Press, 2001.

第十二章　生境修复方法与技术

　　生态系统是生物群落与生境相互作用的统一体，其中生境是生物存续的基础，是维持种群繁殖、稳定和发展的基本物理条件。生境恢复是否成功既是开展生态系统生物组分恢复的基础，也是最终判断生态修复成功与否的重要指标。人类活动是目前生境破坏的主要因素，由此引发生境退化、丧失、破碎化，最终导致区域物种多样性的丧失以及生态系统生态平衡的丧失和稳态调节功能下降。对于海洋生态系统而言，常见的生境受损原因包括海岸工程、溢油污染、重金属污染、富营养化等。针对这些生境受损驱动因素，陆续发展出了物理、化学、生物等多种恢复方式。本章根据典型生境受损的不同原因，分别介绍相应的生境恢复思路、方法与技术。

第一节　近岸海域重金属污染修复方法与技术

　　海洋重金属污染是指某些密度超过$5.0\ g/cm^3$、相对分子质量大于40的金属元素经多种途径进入海洋而造成的污染。重金属污染物或稳定性高、不易被降解，经食物链（网）逐级富集放大，危害生物本身，甚至损害人体健康；或经过微生物作用，理化形式发生转化，毒性大大增强。重金属污染物在海洋中不但可通过物理过程进行长距离迁移，也可以通过化学过程生成络合物和螯合物，使其在海水中溶解度增大，而且还可以被水中胶体吸附而易在河口或排污口附近沉积。进入底质的重金属可能重新进入水体，造成二次污染。

目前造成海洋污染的重金属元素主要有汞（Hg）、镉（Cd）、铬（Cr）、铜（Cu）、铅（Pb）、镍（Ni）、锌（Zn）等。我国海水水质标准中，对于重金属污染有明确的分类标准（表12-1）。

表12-1 海水水质标准（单位：mg/L；引自《国家海水水质标准》）

序号	项目	第一类	第二类	第三类	第四类
1	Cu	0.005	0.010	0.050	
2	Pb	0.001	0.005	0.010	0.050
3	Zn	0.020	0.050	0.100	0.500
4	Cd	0.001	0.005	0.010	
5	Cr	0.005	0.010	0.020	0.050
6	Ni	0.005	0.010	0.020	0.050

对土壤重金属污染的治理，目前在国内依旧处于摸索阶段；对被重金属污染的海洋沉积物、水体的修复更是一个难题。通常会采用外源控制和内源控制这两条基本途径对重金属污染水体进行探索性修复。外源控制主要是对采矿、电镀、金属熔炼、化工生产等排放的含重金属的废水、废渣进行处理，并限制其排放量。内源控制则是对受到污染的水体进行修复，具体修复方法又可分为两类：① 降低重金属在水体中的迁移能力和生物可利用性；② 将重金属从被污染水体中彻底清除。以修复方式为依据来划分，主要包括物理修复、化学修复和生物修复三大类。

一、物理修复

（一）稀释法

稀释法就是将未被污染的水混入被重金属污染的水体中，从而降低重金属污染物浓度，减轻重金属的污染程度。此法适用于受重金属污染程度较轻的水体的治理。这种方法不能减少排入环境中的重金属污染物的总量，又因为重金属有累积作用，当重金属污染物在这些水体中的浓度达到一定程度时，生活在其中的生物就会受到重金属的影响，发生病变和死亡等现象（Frazier，1979；Rdenac等，2000；Danis等，2006），所以这种处理方法逐渐被否定。

（二）吸附法

吸附法是一种较为传统的物理方法，主要利用多孔性固态物质吸附水中污染物。

目前广泛使用的吸附剂包括活性炭、粉煤灰、壳聚糖、竹炭及它们的改良产物等。部分生物材料也可作为吸附剂（表12-2）。它们适应性广，能在不同pH、温度及加工过程中操作，且能从溶液中吸附重金属离子而不受碱金属离子的干扰。对具有一定吸附、过滤和离子交换功能的天然矿物进行合理改善也是提高矿物材料吸附性能的一种途径。例如，通过铁氧化物改变石英砂的表面性质，所得到的吸附剂对铜、铅、镉的去除率可达99%（黄海涛，2009）。

表12-2　生物吸附剂的种类（引自梁莎等，2009）

种类	生物吸附剂
有机物	纤维素、淀粉、壳聚糖等
细菌	枯草杆菌、地衣型芽孢杆菌、氰基菌、生枝动胶菌等
酵母	啤酒酵母、假丝酵母、产朊酵母等
霉菌	黄曲霉、米曲霉、产黄青霉、白腐真菌、芽枝霉、微黑根霉、毛霉等
藻类	绿藻、红藻、褐藻、鱼腥藻、墨角藻、小球藻、岩衣藻、马尾藻、海带等
动植物碎片	螃蟹壳、金钟柏、红树叶碎屑、稻壳、花生壳粉、番木瓜树木屑等
植物系统	苎麻、红树、加拿大杨、大麦、香蒲、凤眼莲、芦苇和池杉等

（三）电动力学修复法

电修复法是20世纪90年代后期发展起来的水体重金属污染修复技术，其基本原理是给受重金属污染的水体两端加上直流电场，利用电场迁移力将重金属迁移出水体。

在处理过程中，首先需要将一系列电极按预定的设计置于污染区地下。电极材料一般是惰性的碳电极，以避免额外物质的导入。极区附近的水流需要进行循环，主要目的是输入需要的络合剂和控制电极上的反应，避免极化现象，避免氢氧化物的沉淀和强化离子的传输。输入的循环液还能够协助重金属的脱附和溶解。重金属离子最终可能沉淀在电极上，或者被抽取出来另行处置（张锡辉等，2001）。但此法难以应用于海洋重金属污染的处理。原理如图12-1。

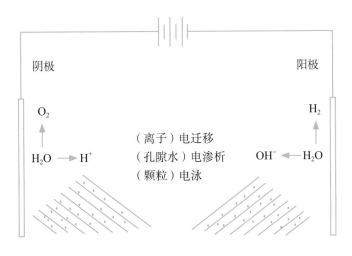

图12－1 电动力学过程机理示意图（引自张锡辉等，2001）

二、化学修复

（一）重金属螯合剂修复法

利用螯合剂活化重金属的原理来萃取底泥中的重金属是一种常见的异位修复方法（Di Palma & Mecozzi，2007）。

用重金属螯合剂处理污染底泥，其主要的特点有：① 实现过程无害化，同时达到底泥少增容或不增容的效果；② 通过改进螯合剂的结构和性能，使其与底泥中的重金属之间的化学螯合作用得到强化，进而提高螯合物的长期稳定性，减少最终处置过程中螯合物对环境二次污染的影响。但此法同时也存在很多负面效应。一是EDTA等螯合剂及其金属螯合物具有生物毒性，且容易将与目标金属伴生的其他金属也溶解出来（Sun等，2001）。二是过量施用螯合剂不但不能进一步增加植物吸收，还可能导致重金属淋溶引起地下水污染。

（二）絮凝沉淀法

许多重金属在水体中主要以阳离子的形式存在，因此向水体中加入碱性物质，使pH升高，能使大多数重金属生成氢氧化物沉淀。其他众多的阴离子也可以使相应的重金属离子形成沉淀。所以，向重金属污染的水体施加石灰、氢氧化钠、硫化钠等物质，能使很多重金属形成沉淀去除，降低重金属对水体的危害程度。此外，还普遍采用铁盐、铝盐及其改性材料作絮凝剂。

（三）离子还原法和交换法

离子还原法是利用一些容易得到的还原剂将水体中的重金属还原，形成无污染或污染程度较轻的化合物，从而降低重金属在水体中的迁移性和生物可利用性，以减轻重金属对水体的污染。离子交换法是利用重金属离子交换剂与污染水体中的重金属物质发生交换作用，从水体中把重金属交换出来，达到治理目的。经离子交换处理后，废水中的重金属离子转移到离子交换树脂上，经再生后又从离子交换树脂转移到再生废液中。这类方法费用较低，操作人员不直接接触重金属污染物，但适用范围有限，并且容易造成二次污染。

三、生物修复

（一）大型海藻修复法

植物可以有效清理土壤中的污染物（Brady & Weil, 1999; Wenzel等，1999）。藻类吸收、富集重金属的机理主要是将其吸附在细胞表面，或是与细胞内的配体结合（图12-2），其中羟基是起主要作用的基团。很多藻类有较强的重金属富集能力，具有很好的净化海水重金属污染的潜力（Holan & Volesky, 1994；Antunes等，2003；Cossich等，2004），但是不同海藻对不同重金属的富集量有明显差别（表12-3）。

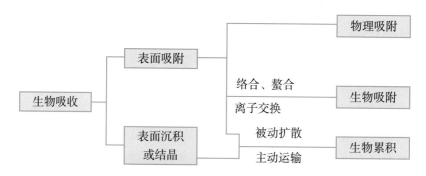

图12-2 藻类生物吸收重金属的主要途径（引自江用彬等，2007）

表12-3 不同藻类对重金属的吸收（引自江用彬等，2007）

重金属	藻类	吸附能力
Cu	海百合 *Palmaria palmate*	6.65 mg/g
	石莼 *Ulva lactuca*	65.54 mg/g
	江蓠 *Gracilaria fisheri*	46.08 mg/g
	马尾藻 *Sargassum fluitans*	74 mg/g
	小球藻 *Chlorella sorokiniana*	46.4 mg/g

续表

重金属	藻类	吸附能力
Pb	墨角藻 *Fucus vesiulosus*	336 mg/g
	海百合 *Palmaria palmate*	15.17 mg/g
	马尾藻 *Sargassum wightii*	290.52 mg/g
	泡叶藻 *Ascopphyllum nodosum*	280 mg/g
	褐藻 *Lessonia nigresense*	362.5 mg/g
	褐藻 *Lessonia flavicans*	300.44 mg/g
	海洋巨藻 *Durvillaea potatorum*	321.16 mg/g
Cd	马尾藻 *Sargassum wightii*	181.48 mg/g
	泡叶藻 *Ascopphyllum nodosum*	100 mg/g
	马尾藻 *Sargassum baccularis*	83.18 mg/g
	马尾藻 *Sargassum vulgaris*	123.64 mg/g
	小球藻 *Chlorella sorokiniana*	43 mg/g
	墨角藻 *Fucus* sp.	90 mg/g
	马尾藻 *Sargassum fluitans*	108 mg/g
Ni	石莼 *Ulva lactuca*	21.00 mg/g
	小球藻 *Chlorella sorodiniana*	48.08 mg/g
	马尾藻 *Sargassum vulgaris*	58.69 mg/g
	马尾藻 *Sargassum natans*	44.02 mg/g
	泡叶藻 *Ascophyllum nodosum*	30 mg/g
	墨角藻 *Fucus vesiulosus*	40.02 mg/g

注：吸附能力通过每克干藻吸附重金属质量来表征。

1. 活体海藻吸附法

活体海藻吸附法，顾名思义，主要是利用活体海藻对重金属进行吸附的方法。根据不同海藻对不同重金属吸附能力的差异，选择合适的海藻种类对已污染海域进行修复。例如在Cu^{2+}污染海区，真江蓠、石莼、鼠尾藻、马尾藻是较为良好的吸附种类（图12 – 3、图12 – 4、图12 – 5；见插文）。在Pb^{2+}污染严重的海域，墨角藻因其对Pb^{2+}的去除效果最好且速度较快而成为较理想的修复藻类；此外，鼠尾藻、孔石莼等也有很强的Pb²⁺去除能力。Zn²⁺的去除过程中，随着海藻培养时间的增加，海藻对水体中Zn²⁺的去除率呈现递增的趋势，可选用鼠尾藻、松节藻作为修复生物（图12－6；见插文）。对于海水中Cd²⁺的去除，常选用泡叶藻、马尾藻和鼠尾藻。

图12－3　真江蓠（*Gracilaria verrucosa*；来源：www.algaebase.org）

A.孔石莼藻体；B、C.分别为藻体横、纵切面；D.覆盖孔石莼的潮间带海域

图12－4　孔石莼（*Ulva pertusa*；来源：www.algaebase.org）

图12－5　鼠尾藻（*Sargassum thunbergii*；来源：http://www.aomori-itc.or.jp/zoshoku/nagisa/h15top/place/af-kazam/afsp.pht/afplapht/aflpla/lumitora.jpg）

1 cm

图12-6 松节藻（*Rhodomela confervoides*）

真江蓠（*Gracilaria verrucosa*），属红藻门（Rhodophyta）杉藻目（Gigartinales）江蓠科（Gracilariaceae），单生或丛生，线形，圆柱状，高30～50 cm，多生长在潮间带至潮下带上部的岩礁、石砾、贝壳以及木料和竹材上，是提取琼胶的重要原料。真江蓠在我国沿岸海域广泛分布（图12-3）。

孔石莼（*Ulva pertusa*），属绿藻门（Chlorophyta）绿藻纲（Chlorophyceae）石莼目（Ulvales）。藻体黄绿色；近似卵圆形，边缘常略呈波状，或呈广宽的叶片状；长10～30 cm，最大可达40 cm；厚45 μm左右。孔石莼生长在海湾内、中潮带及低潮带的岩石上或石沼中，在我国东海、南海分布较多（图12-4）。

鼠尾藻（*Sargassum thunbergii*），属褐藻门（Phaeophyta）圆子纲（Cyclospreae）墨藻目（Fucales），是太平洋西部特有的暖温带性海藻（图12-5）。

松节藻（*Rhodomela confervoides*），属红藻门（Rhodophyta）仙菜目（Ceramiales）松节藻属（*Rhodomela*）在西太平洋和北大西洋沿海分布广泛（图12-6）。

2. 海藻干粉吸附法

除了使用活体藻类，改性的大藻粉末对于去除重金属污染也有一定的作用。将海带洗净晾干粉碎后过筛，再用1 mol/L的NaOH溶液浸泡，震荡后用去离子水冲洗至中性，干燥磨碎即可。这种粉末对于Cu^{2+}、Cd^{2+}、Ni^{2+}等重金属离子的吸附率均高达70%以上，尤其是对Cu^{2+}的吸附效果显著（秦益民，2009）。

影响海藻富集重金属的因素较多，温度、pH、水体中的阴阳离子、重金属的存在形态以及藻类的不同生长阶段都会影响重金属的富集。

3. 修复效果的监测与评估

大型海藻对重金属污染水域的修复效果，主要通过重金属的去除率和藻体对重金属的富集系数两项指标来评估。其中生物富集系数是描述化学物质在生物体内累积趋势的重要指标。

（二）盐生植物修复法

1. 植物种植吸附

常用的修复植物有碱蓬（*Suaeda glauca*）、赤碱蓬（*Suaeda heteroptera* Kitag）、地肤（*Kochia scoparia*）、大米草（*Spartina anglica*）等。

在Cu、Zn污染严重的水域，优先选择种植碱蓬来进行修复（袁华茂，2011）。对常见重金属Cu、Pb、Cd污染的水域，可选用种植赤碱蓬进行修复。赤碱蓬生长周期短，生物量较大，可及时收割处理，对重金属污染修复有良好的效果（何洁，2012）。对Hg污染严重的海滩，可选择种植大米草。大米草可以吸收有机汞，将有机汞部分地转化为无机汞而较多地积累在植株的地下部，在环境污染的植物修复方面有重要的利用价值（田吉林，2004）。在Cu、Pb、Zn污染较严重的湿地或近岸，可以种植互花米草（*Spartina alterniflora*；表12-4）。通过收割富集重金属的互花米草地上部分，可以有效地降低其生长环境中水体或沉积物中的重金属质量分数（胡恭任和于瑞莲，2008）。

表12-4 单株护花米草及其地上部分富集重金属的比较（引自胡恭任和于瑞莲，2008）

重金属	Cu	Zn	Ni	Cr	Mn	Co	Fe	V	Pb
m（μg）	177.82	1 351.10	56.40	747.87	4 722.55	7.71	17 943.85	22.39	30.26
m₁（μg）	343.77	1 705.30	83.30	836.28	6 179.54	17.25	41 296.79	35.69	76.81

注：m表示地上部分；m_1表示整株护花米草。

2. 筛选用于重金属植物修复的超富集盐生植物

超富集植物是能超量吸收重金属并将其运移到地上部的植物。通常，超富集植物的界定可考虑以下两个主要因素：① 植物地上部富集的重金属应达到一定的量；② 植物地上部的重金属含量应高于根部（顾继光，2003）。

理想的修复植物应具备以下特点：有较强的富集重金属的能力，并且地上部分富集量大；对重金属的耐受性强，尤其是幼苗期的植物；萌发率高，生长迅速，生物量大；生命力强，易于收获。

此外，一些对重金属富集量不太高的植物，若其生物量较大，也可用于修复工作，以此弥补重金属富集植物种类不足的问题。

3. 修复监测与评估

盐生植物的修复效果，主要通过其对重金属的富集系数来评估。生物富集系数（BCF）一般通过生物组织中化合物的浓度与溶解在水中的浓度之比获得，也可以认为是生物对化合物的吸收速率与生物体内化合物净化速率之比。这需要对修复地区的盐生植物进行采样，并测定植物体中重金属的含量。

采样过程中，首先要确定采样单元，可按照对角线采样法、梅花形采样布点法、棋盘式采样布点法、蛇形采样布点法，在高潮滩、中潮滩、低潮滩三个断面进行采样。在各采样点用不锈钢铲将盐生植物连根拔起，装入聚乙烯袋子封闭保存。在实验室中依次用自来水和去离子水冲洗植物的各个组织器官，然后用不同方法对其进行消化，并用原子吸收和极谱仪两种计数手段测定其重金属含量。最后，根据测定结果计算重金属富集系数和转移系数。公式如下：

富集系数=地上部（根部）重金属含量/水中重金属浓度；

转移系数=地上部重金属含量/根部重金属含量。

（三）水生动物修复法

水生动物修复法主要是应用一些优选的鱼类以及其他水生动物品种，尤其是利用底栖生物，在水体中吸收、富集重金属，然后把它们从水体中去除，以达到水体重金属污染修复的目的。

1. 动物底播修复方法

针对不同污染类型的水体，采用不同种类的底栖生物进行修复。对于高浓度重金属Cu、Zn、Pb、Cd污染的近岸水域，可养殖菲律宾蛤仔（*Ruditapes philippinarum*）或泥蚶（*Tegillarca granosa*）进行修复。菲律宾蛤仔对Pb和Cu的富集能力尤其强（苑旭洲，2012）。泥蚶对Cu^{2+}、Pb^{2+}、Cd^{2+}三种重金属离子均有较高的累积能力，其对三种重金属的生物富集系数分别为：210.16～1 178.66、128.15～603.84和198.84~659.37，但三种重金属达到最大富集水平的时间不同（霍礼辉，2012）。在Zn污染严重的水域，可养殖近江牡蛎（*Crassostrea rivularis*），其对于Zn^{2+}的富集能力较高（陆超华，1998）。而在Hg污染严重的水域，则选择养殖紫贻贝（*Mytilus edulis*）作为净积累者，因为紫贻贝对 Hg的富集能力较高（张少娜，2004）。此外，三角帆蚌（*Hyriopsis cumingii*）、缢蛏（*Sinonovacula constricat canarck*）和单齿螺（*Monodonta labio*）、栉孔扇贝（*Chlamys farreri*）等贝类，及部分甲壳类、环节动物等也对重金属具有一定富集作用。

2. 修复监测与评估

水生动物修复过程中，均用生物富集系数作为评判标准。

总体而言，此法处理周期长，费用高。因此目前水生动物主要用作环境重金属污染的指示生物，用于现场污染治理的不多。

（四）微生物修复法

细菌、酵母等单细胞真菌以及霉菌等丝状真菌已被证实存在重金属吸附能力（Park等，2003; Goksungur等，2005）。微生物对重金属产生作用的方式有3种。

（1）吸附作用。微生物作为一种特殊的离子交换剂，其细胞表面存在着各种离子基团，这些离子基因能够对重金属进行物理吸附和生物吸附。

（2）絮凝作用。一些微生物能产生具有絮凝活性的代谢物如多糖、蛋白等高分子物质。这些物质含有多种官能团，分泌到细胞外能使水中的胶体悬浮物互相凝聚沉淀。到目前为止，已开发出的对重金属离子有絮凝作用的生物有细菌、霉菌、放线菌、酵母等十余种。

（3）生物化学反应。微生物通过氧化–还原、甲基化和去甲基化等生化反应将有毒重金属离子转化为无毒物质或将其沉淀。此过程与代谢和酶密切相关。硫酸盐生物还原法就是一种典型的生物化学法（见插文）。

> 硫酸盐还原菌（sulfate-reducing bacteria，SRB）泛指一类在厌氧情况下，利用金属表面的有机物作为碳源，并利用细菌生物膜内产生的氢，通过称之为异化的硫酸盐还原作用，将硫酸盐还原成硫化氢，从氧化还原反应中获得能量的细菌。
>
> SRB主要通过以下方式改善水质。SRB产生的硫化氢与溶解的金属离子反应，生成不可溶的金属硫化物从溶液中除去。硫酸盐还原一方面消耗水合氢离子，使得溶液pH值升高，金属离子以氢氧化物形式沉淀；另一方面，硫酸盐还原反应降低了溶液中硫酸根浓度，并以有机营养物氧化产生的重碳酸盐形式造成碱性，使水质得到改善。

活性微生物和非活性微生物都可被用于重金属的吸附（表12-5）。对于受Pb和Cd污染的水域，可选用干燥、磨碎后的小球藻进行修复。对于Zn、Cd、Cu污染的水域，硫酸盐还原菌是一类常用的修复生物。其产生的H_2S，可将这三种重金属离子分别还原为ZnZ、CdZ和CuS。除此之外，曲霉菌（*Aspergillus niger*）、枯叶牙孢杆菌（*Bacillus subtillis*）、产黄青霉（*Penicillum Chrysogenum*）、少根根霉（*Rhizopus arrhizus*）、酿酒酵母（*Sacharomyces cerevisae*）和链霉菌（*Streptomyces longwoodensis*）对于某些特定重金属的饱和吸附容量也超过100 mg/g干重（潘进芬，2000），因此可以作为备选的修复生物（表12-6）。

表12-5 修复重金属污染的微生物种类（引自薛高尚等，2012）

细菌	假单胞菌属、芽孢杆菌属、根瘤菌属、包括特殊的趋磁性细菌和工程菌等
真菌	酿酒酵母、假丝酵母、黄曲霉、黑曲霉、白腐真菌、食用菌等
藻类	绿藻、红藻、褐藻、鱼腥藻属、蕨藻属、束丝藻、小球藻等

表12-6　不同微生物对重金属的平均吸附容量（引自薛高尚等，2012）

微生物种类		金属离子/（mmol/g）				
		Ni	Zn	Cu	Pb	Cd
细菌	芽孢杆菌	—	—	0.26	0.45	—
	链霉菌	—	1.22	—	0.15	0.58
	铜绿假单胞菌	—	—	0.36	0.38	0.38
	假单胞菌	—	0.36	1.53	0.27	0.07
	蜡状芽胞杆菌	0.79	—	—	0.18	—
真菌	酿酒酵母	—	0.61	0.16	—	—
	毛霉菌	0.09	0.08	—	0.08	0.06
	根霉菌	0.31	0.21	0.15	0.27	0.24
	青霉菌	1.41	0.10	0.14	0.56	0.10
	黑曲霉	—	—	0.08	0.15	—
藻类微生物	小球藻	0.21	0.37	0.25	0.47	0.30
	红藻角叉菜	0.29	0.70	0.64	0.98	0.29
	马尾藻	0.41	—	1.08	1.36	0.74
	岩衣藻	1.35	—	—	1.31	0.34
	墨角藻	—	—	—	1.11	0.26

第二节　海洋石油污染区修复

一、海洋石油污染原因及其危害

（一）海洋石油污染来源

按照石油的输入类型，海洋石油污染可分为突发性输入和慢性长期输入（图12-7所示）。其中，海上石油开采过程与油轮运输过程中的事故性泄漏属于突发性输入，而含油废水与废气的排放、天然海底渗漏等属于慢性长期输入。按照石油输入的来源，石油污染可分为天然来源和人为来源（图12－8）。其中，天然渗漏、沉积岩侵蚀输入等属于天然来源，石油开采、运输等过程中的泄露属于人为来源（张成林，2013）。

图12－7 海洋溢油和钻台漏油（来源：中国新闻网）

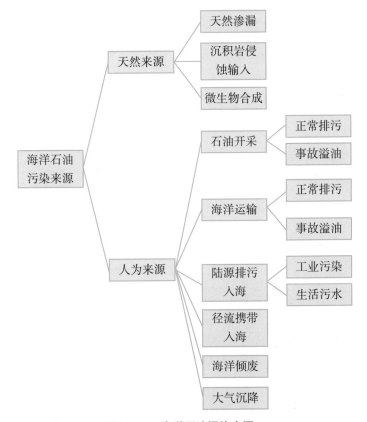

图12－8 海洋石油污染来源

（二）海洋石油污染危害

石油入海后将会发生一系列复杂变化，包括扩散、溶解、蒸发、乳化、微生物氧化、光化学氧化、沉降、形成沥青球以及沿着食物链转移等过程（罗薇，2005）。海洋石油污染不仅对生态环境造成严重危害，阻碍滨海旅游业的发展，而且影响了水生生物的生长、发育和繁殖，最终威胁人类健康。

1. 对生态环境的危害

海洋石油污染对生态环境的危害主要表现在影响海气交换和光合作用、消耗水中溶解氧和破坏海滨湿地等（Xi & Wen，2007）。

（1）影响海气交换。石油泄漏后，会在海面上形成一定厚度的油膜，影响海气交换（陈尧，2003）。由于大气中二氧化碳的汇是大海，因此石油污染所造成的海气交换受阻必将加剧温室效应。

（2）破坏光合作用。油膜阻碍阳光射入海洋，使水温下降，影响海气交换，破坏了海洋植物的光合作用。与此同时，乳化油和分散剂侵入海洋植物体内，阻碍细胞正常分裂，破坏叶绿素，堵塞植物呼吸孔道，进一步破坏了光合作用过程（陈尧，2003）。

（3）消耗海水中溶解氧。海水中的石油需要消耗大量的溶解氧才能被降解，但油膜阻碍了海气交换这一复氧主要途径，直接导致海水缺氧现象的产生。

（4）破坏滨海湿地。石油进入土壤，其含有的有机物会破坏土壤的结构、功能和肥力，改变土壤中微生物群落的结构。同时，土壤周围的生态系统也会受到一定的影响（孙会梅，2013）。

2. 对水生生物的影响

石油污染物会对水生生物的生长、繁殖和发育等产生巨大的影响（图12-9）。污染物中的毒物可以引起藻类的急性毒性效应（Liu等，2006）。石油的涂敷作用可以导致大量鸟类死亡（Lawsea等，2004）。石油中的重组分沉入海底，还会对底栖生物造成危害（Wang等，2006）。

图12-9　受石油污染影响的生物（来源：《西海都市报》等）

3. 对人类的危害

石油污染物在环境中通过多种途径直接或间接地对人类健康产生危害。例如，人类短期内吸入各种石油蒸馏物或误食涂敷石油的海洋生物可能发生一系列中毒症状（Liu等，2006）。同时石油中的持久性有机污染物等组分，还会通过食物链的富集作用，最终对人体健康造成严重危害（Jiang等，2004）。

4. 对旅游业的影响

海滨城市附近石油污染，会影响海滩等海滨娱乐场所的吸引力，从而导致海滨城市的旅游业发展受阻（图12-10）。

图12-10　海滨城市海滩被石油污染（来源：北京日报）

综上所述，海洋石油污染会造成巨大的危害，应当引起人们的高度重视。

二、　海洋石油污染的修复方法

目前针对海洋石油污染，国际上常用的治理技术、方法大概分为以下几类。

（一）自然修复法

自然修复法是指人类不采取任何行动，由海洋对石油进行自然净化的过程。

尽管采用自然修复法可能会使油污停留的时间较长，但是当溢油污染发生在较为偏远的地区且其他修复方法会产生不良影响时，自然修复法是较好的修复方式。

（二）物理修复法

物理修复法是目前溢油处理的主要手段。该方法主要用于较厚油层的回收处理，能对溢油层中的大部分石油进行聚集、稀释或迁移，但不能彻底清除海洋表面或海水中的石油。这种方法相对简单、安全，但是效率不稳定，易受到天气、海洋状况以及溢油类型的影响（Zhang & Wang，2005）。

1. 围栏法

石油泄漏到海面后，及时用围栏将污染海域围住，既能阻止溢油在海面扩散，控制海域的污染面积，并且可以增加海面油层的厚度，便于将石油进一步回收或者燃烧。围栏既能防止泄漏的石油在水平方向上的扩散，又能防止泄漏的石油经风化作用凝结成焦油球而在垂直方向上扩散。围油栏主要由浮体、水上部分、水下部分和压载等部分组成（图12-11）。浮体提供浮力，使围油栏漂浮在水中。水上部分起围油的作用，水下部分防止浮油从下部漏出。而压载可以使围油栏直立在水中。围栏应具有易于展开和收回、有一定的强度、抗风浪能力强、坚韧耐磨、易于维修、海洋生物不易附着等性能。

图12-11　修复中常用围油栏

围栏根据其特点可以分为以下4类。① 篱式围栏：主要在水流速度较大的海区使用；② 帘式围栏：主要在海面平静、海岸状况良好的条件下使用；③ 密封式围栏：主要在周期性潮汐海域使用；④ 防火围栏：主要在采用焚烧技术的情况下使用。四类围栏操作适用条件见表12-7。

表12-7 围栏的操作适用条件（A）（引自王辉和张丽萍，2007）

围栏种类	围栏类型	海区状况				剪切力 /（kg/m²）
		风速/（m/h）	水速/（m/h）	浪高/（m）	海面风力等级	
篱式围栏（1）	柔性（a）	20	1.5	1.5	3~4	50~600
	中性（c）	20	1.5	1.5	3~4	50~600
	硬性（c）	15	2.0	1.2	3	50~600
帘式围栏（2）	柔性（a）	20	1.5	1.5	3~4	50~600
	中性（b）	20	1.5	1.5	3~4	50~600
	硬性（c）	15	2.0	1.2	3	50~600
密封式围栏（3）		8	0.6	0.4	2	50~600
防火围栏（4）		20	1.5	1.5	3~4	50~600

注：A为围栏；括号内的数字、小写字母分别代表围栏的种类、类型。

2. 撇油器法

撇油器法是指在不改变石油的物理化学性质的前提下将溢油进行回收的方法。目前常用的撇油器有以下几种。① 抽吸式撇油器：主要类型有韦氏撇油器、真空撇油器、涡轮撇油器。② 黏附式撇油器：主要类型有带式撇油器、鼓式撇油器、手刷式撇油器、拖把式撇油器、圆盘式撇油器、管式撇油器（图12-12）。③ 重油撇油器：用以去除高黏稠石油和乳化油水混合物，和一般撇油器的操作方法相同。④ 其他的撇油器：有些撇油器是利用过滤、机械截留以及吸附的原理工作的。例如，油拖网的工作原理为，随着油水的流动，油水一起进入网袋，油由于其黏滞性而被截留下来，水则通过网眼流出。而堰式撇油器利用油和水的比重不同、浮油漂浮在水面的特点去除浮油；即通过调节堰口高度，使其位于油层下方，用泵抽走浮油，达到油水分离的目的。

图12-12 管式撇油器和带式撇油器

各种类型撇油器的性能对比见表12-8，操作条件见表12-9。

表12-8 各种类型撇油器的性能对比（引自Pu等，2005）

撇油器类型	适用黏度	使用场合	运行效果
黏附式撇油器	高、中	相对平静的水面，有些可用在含有碎冰的水域	圆盘式撇油器对中黏度、较厚油层效果好；带式撇油器对高黏度油层效果好，如果油层较薄则效果差。
抽吸式撇油器	中、低	平静的水面，在波动的水面上效率低	平静的水面下含水率低，存在波浪时含水率高。油的黏度越高、比重越大，效果越差。
堰式撇油器	高、中、低	在12 m/s的风和2～2.5 m的大浪中	静水下效果好，油层较薄、风浪较大时容易回收较多水。
网袋	高、中	对波浪不太敏感，可连续回收溢油	随黏度的增加含水率增加，一般情况下回收的水很少。

表12-9 撇油器操作条件（B）（引自王辉和张丽萍，2007）

撇油器种类	撇油器类型	风速/（m/h）	水速/（m/h）	浪高/m	海面风力等级	黏度/cSt	回收率/%	理论回收量/（m³/h）
抽吸式撇油器（b）	真空式（1）	3	0.7	0.4	2	50 000	0～60	5～200
	韦式（2）	6	0.7	0.4	2	30 000	0～60	1～50
	涡轮式（3）	6	0.7	0.4	2	1 000	40～60	5～700
	鼓式（2）	10	1.0	1.2	3	30 000	50～90	1～60
	圆盘式（3）	10	1.0	1.2	3	3 300	50～90	1～400
黏附式撇油器（c）	带式（1）	6	1.0	1.2	2	1 000	50～90	10～400
	拖把式（4）	10	1.0	1.2	3	20 000	50～90	1～50
	毛刷式（5）	16	1.0	1.5	3～4	2 000～50 000	50～90	1～120

注：B代表撇油器；括号内的小写字母和数字分别表示撇油器的种类、类型。

3. 吸油法

吸油法是指使用亲油性的吸油材料，将溢油吸附在其表面而回收的一种方法（图12-13）。吸油法主要应用在靠近海岸和港口的海域，处理小规模溢油事件。

图12 - 13 装有头发的尼龙网（来源：新华网）

各种代表性的吸油材料的集油能力见表12 - 10，使用条件见表12 - 11。

表12 - 10 一些代表性的吸油材料的集油能力（引自Zheng等，2008）

吸油材料	油品	集油能力（油重/吸油材料重）
聚丙烯	轻质原油	10
膨胀珍珠岩	重油	3.25
片状石墨	原油	80
醋酸纤维素（中空纤维）	原油	9
含水硅酸钙	原油	6.3
纤维素聚合物	原油	18～22
乙酰化稻草	机油	16.8～24
日本雪松皮	A级燃料油	13.4

表12-11　一些代表性的吸油材料的使用条件（C）（引自王辉和张丽萍，2007）

吸油材料	风速/（m/h）	浪高/m	海面风力等级	黏度/cSt	回收率/%（质量分数）
稻草（1）	6	0.4	2	>1500	>10
多环芳烃（2）	6	0.4	2	>1500	70
麦秆（3）	6	0.4	2	>1500	4~20
硅藻土（4）	6	0.4	2	>1500	—
聚丙烯（5）	10	1.2	3	250	>10
膨润土（6）	6	0.4	2	>1500	>10
草灰（7）	6	0.4	2	>1500	>15

注：C代表吸油材料；括号内的数字表示吸油材料的类型。

4. 移除法

移除法与以上几种方法中作用的对象不同，是针对被污染海域海滩中石油进行处理的方法，即根据底质种类的不同，采取不同的物理方法移除底质上的油污。对于吸附在海滩岩石上的油污，可以采用热水冲洗的方法。对于平坦海滩上的油污，可以采用人工清除表层油污的方法。

5. 物理方法的综合应用

由于实际修复过程中，情况往往比较复杂，因此要综合运用多种物理方法。比如2010年7月16日大连新港石油泄漏，当地采用围栏法布设围油栏约7 000米，防止溢油的进一步扩散；并出动近20艘清污船在事发水域不停巡逻监控油污。大连环保志愿者协会在接到国际环保组织提供的用头发吸附溢油的想法后，倡导大连市民积极提供头发。三天时间里，大连市环保志愿者协会收到捐赠的丝袜近千条，头发420多斤（1斤=500 g），麻袋100余条，玉米叶600多斤（1斤=500 g），抹布1 400块。志愿者排成一排，将头发装入丝袜内，制成吸油缆放到海岸边，吸满油污后，请有关部门回收。20日，东南风刮起，暴雨突降，导致入海油污登陆35 km外的金石滩海岸，使这一著名海水浴场不得不关闭。之后，政府采用移除法将受污染的沙子清除，并引进新的沙子（图12-14）。

图12-14 大连石油污染区工作人员进行吸油处理（来源：深圳热线网）

（三）化学修复法

化学修复法包括燃烧法和化学处理剂法。

1. 燃烧法

燃烧法是指在各种助燃剂以及耐火围油栏的辅助下，将海上溢油直接燃烧。燃烧法具有高效、迅速、成本低的优点；但是会产生大量的大气污染物，对生态平衡造成不良影响。因此对这种方法的选择一定要慎重，一般应用于距离海岸较远且偏僻的公海。

此外，油品特性不同，适用条件也不同。新鲜溢油使用燃烧法的处理效果较好，而风化油、乳化油使用该方法的处理效果相对较差。并且若要点燃海上溢油，油膜厚度至少要大于2 mm，因此需要使用耐火围油栏。海面的风浪也影响燃烧法的处理效果。通常条件下，风速低于8 m/s，波高低于1 m，溢油才能够燃烧或维持燃烧。

在美国，就地燃烧法已经被多次应用于湿地、浅湖、内河以及其他处理方法不适用的场合中。结果表明，在含水率、油层厚度等合适的情况下燃烧法是一种有效的处理溢油的方式（率鹏等，2013）。

2. 化学处理剂法

化学处理剂包括化学分散剂、凝油剂、集油剂、沉降剂等。化学处理剂法的原理主要是喷洒各种化学药剂把海面的浮油分散成极小的颗粒，使其在海水中乳化、分散、溶解或沉降到海底。此方法一般与物理方法结合使用，用于物理方法处理后无法再处理的薄油层处理。在无法使用物理方法的情况下，该法也可以单独使用。

（1）分散剂。对于厚度不大于3 mm的薄油层，可以通过喷洒分散剂来改变油水界面的表面张力，从而分散溢油，清除油膜。分散剂具有见效快、能够在恶劣天气条件下短时间内对大面积溢油进行处理的优点（图12-15），但同时也具有浪费能源、可能产生二次污染、使用条件受限制（水温不能低于5℃）的缺点（于沉鱼和李玉琴，2000）。因其只对中、低黏度的油有效，各个国家对其使用都有专门的条例限制。此外，分散剂还会通过食物链对海洋生物造成一定的影响，因此美国、德国、挪威等国家在使用分散剂后，一直跟踪观察其对海洋生物可能产生的毒性作用。我国生产的水基型J-DF-2溢油分散剂是一种不会造成二次污染的化学分散剂，由利用天然原料合成的多种非离子表面活性剂、溶剂、微星的湿润剂、稳定剂等多组分复配而成，是一种高科技环保产品。该分散剂具有高效、易被生物降解的优点，是当今国际上较受瞩目的第二代溢油分散剂产品（姜乃锋，2004）。各种分散剂的使用条件见表12-12。

图12-15　溢油分散剂

表12-12　各种分散剂的使用条件（D）（引自王辉和张丽萍，2007）

分散剂种类	溢油黏度（cSt）及R（R=分散剂/溢油）		溢油流动点	风速/(m/h)	浪高/m	海面风力等级	效率（回收量）/(m³/h)
	<1 000	1 000~2 000					
传统分散剂（1）	1:2~1:3		空气温度	7~33	0.5~6	3~6	10
浓缩无水分散（2）	1:10~1:20		高于空气温度	7~33	0.5~6	3~6	10

续表

分散剂种类	溢油黏度（cSt）及R（R=分散剂/溢油）		溢油流动点	风速/（m/h）	浪高/m	海面风力等级	效率（回收量）/（m³/h）
	<1 000	1 000～2 000					
浓缩无水分散剂（2）		1:10	高于空气温度	7～33	0.5～6	3～6	
稀释10%分散剂（3）	1:1～1:2		高于空气温度	7～33	0.5～6	3～6	低于浓缩无水分散剂
稀释10%分散剂（3）		1:1	高于空气温度	7～33	0.5～6	3～6	

注：D代表分散剂；括号内的数字表示分散剂的种类。

（2）凝油剂。凝油剂是一种化学处理剂，可使水面溢油快速胶凝，形成固态或半固态块状物飘浮于水面，从而有效防止油品的扩散，方便机械打捞回收，消除对环境的污染，是种很有潜力的溢油处理方法。国外对溢油剂的研究始于20世纪六七十年代而国内始于八十年代末。氨基酸类、蛋白类、山梨糖醇类、羧酸酯类等多种凝油剂相继问世（李忠义，1996）。但目前国内外的这些研究都还远不能满足实际应用的需要，存在着凝油速度慢、成本高、易造成二次污染等问题。因此，凝油剂的主要研究方向是开发见效快、低成本、低污染的新型凝油剂。

（3）集油剂。集油剂是一种将溢油集中而不使其凝固的化学处理剂，可防止溢油的进一步扩散，便于溢油的回收。因此，集油剂又被人们形象地称为"化学围油栏"。集油剂的扩散速度决定了其集油效果，而扩散速度取决于温度、集油剂的活性成分及溶剂的性质。集油剂适用于控制大面积薄油膜，其压缩溢油的最终厚度一般不超过1 cm。集油剂不能与分散剂同时使用，也应避免与吸油材料共用，使用时不能混入碱类或洗涤剂，且使用过程中需注意人体保护。另外，在风速大于2 m/s时，使用效果较差；当其含水率大于50%时，不会起到集油作用。目前国外主要使用的集油剂有聚丙烯酸胺系列、丙烯酸胺系列、繁烯醇系列以及早期的间苯二酚和木素磺化盐。这些产品在满足环境毒性容忍度的条件下，在不同的场合使用，都取得了良好的效果（Moradi，2000）。目前研制开发的国产集油剂有国产QS系列、N，N－二烷基胺类表面活性剂等（李世珍和侯正田，1995）。

3. 物理法和化学法的综合应用

化学修复法通常需要配合物理方法使用。

以2010年墨西哥湾钻井平台爆炸、漏油为例介绍物理法和化学法的综合应用。2010年4月20日夜间，位于美国墨西哥湾的深水地平线（Deepwater Horizon）号钻井平台发生爆炸并引发大火，大约36 h后沉入海中，11名工作人员失踪。至少有500万桶原油从钻井平台底部油井喷涌入墨西哥湾，影响路易斯安那、密西西比、亚拉巴马、佛罗里达和得克萨斯州长达数百千米的海岸线。此次事故的漏油量已大大超过1989年埃克森瓦尔迪兹（Valdez）号油轮溢油事故，成为美国历史上最大的溢油事故。埃克森瓦尔迪兹号油轮溢油事故中原油泄出1 100多万加仑，被原油污染的海+岸线长约2 250 km。据世界自然基金会（WWF）数据统计，有25万只海鸟，4 000只海獭，250只秃头鹰和超过20只虎鲸在石油泄漏后的短短几天内被杀死。埃克森公司用于清理石油和损害赔偿的资金超过38亿美元，是世界上损失最大的海洋事故之一。而墨西哥湾溢油事故，由于应急响应及时，治理措施得当，与瓦尔迪兹号油轮溢油事故相比，造成的环境和经济损失较小（图12 – 16；表12 – 13）。墨西哥湾溢油来自海洋深处，易与海水乳化形成让"吃油"微生物难以吃掉的黏稠物。所以，处理这次事故使用了围油栏与机械清除、燃烧溢油以及化学分散剂的方法。美国在墨西哥湾布放了超过1 944 km的围油栏，确保了对环境敏感区域的有效保护。对易于回收的溢油，美国海岸警卫队使用由Elastec公司设计制造的V-型收油系统进行机械清污与回收，取得了明显的效果。对于不易回收的溢油进行了250次可控燃烧（共燃烧约15万桶原油），并使用了3 554 m^{3}海面分散剂和1 719 m^{3}海底消油剂（王祖纲和董华，2010）。

图12 – 16 墨西哥湾溢油事故中的修复船（来源：新华网）

表12－13　瓦尔迪兹油轮溢油事故和墨西哥湾溢油事故的损失对比

类别	埃克森瓦尔迪兹号油轮溢油事故	墨西哥湾溢油事故
漏油量/万桶	26	＞500
污染海岸线/km	1 900	约900
死亡海鸟/万只	10～30	28
海獭/头	约4 000	数千

（四）生物修复法

生物修复是指生物（特别是微生物）催化降解环境污染物，减少或最终消除环境污染的受控或自发过程。生物修复法所使用的生物一般是细菌，因为其结构简单，更能适应极端环境，从而达到修复生境的目的。目前，海洋环境中能够降解石油的微生物有200多种，分属于70个属，其中细菌有40个属。与自然修复过程相比，生物的使用，可以大大加速污染物降解进程；与物理、化学方法相比，生物修复法不会引起二次污染，且修复费用仅为传统方法的30%～50%（毛丽华等，2006）。

20世纪80年代末美国瓦尔迪兹号石油泄露的生物修复项目在短时间内成功清除了污染，开创了生物修复在海洋污染治理中应用的先河（Bragg等，1994）。目前，常用的生物修复方法有投加表面活性剂、添加石油降解菌、施加营养盐三种。

1. 投加表面活性剂

在溢油污染区，石油烃一般以油珠或油滴分离相的形式存在，而微生物只能生长在水溶性环境中。因此，微生物不能和石油烃与氧气充分接触。向溢油污染区投加表面活性剂，油滴可被分散成微小的颗粒，大大增加了微生物与氧气、石油烃的接触面积。

由于化学合成的表面活性剂对生物有一定的毒性，从1970年起，加拿大、英国等开始研发各种安全有效的生物表面活性剂。Zajie 实验室已经有几种产品商品化。而国内对生物表面活性剂的研究起步较晚，目前技术还不够成熟。

2. 添加石油降解菌

用于修复污染区的微生物可以分为土著微生物、基因工程菌和外来微生物三种。

土著微生物生长在被污染区或者其附近，受到石油污染时，可以大量繁殖。在一个未受烃污染的海洋环境中，烃降解菌只占全部异养菌的1%或更少。当污染发生后，烃降解菌的比例可上升至10％，并能以不同速率降解各种烃类物质。但一种微生物可降解的烃类范围有限，因此，通常添加外来微生物构成混合菌群，促进降解过程。此外，可以利用转基因技术将降解污染物的多种功能基因转到一种微生物细胞中，构造出一种具有广谱降解能力的超级细菌。然而，欧美等国家对基因工程菌的利用有严格的立法限制，迄今还未见到其在油污染海域修复中实际应用的报道。

3. 施加营养盐

污染区的石油中含有微生物能利用的大量碳源，海水中也存在大量的无机盐，但是可利用的氮和磷不足，因此会限制石油烃的生物氧化。目前，广泛使用的营养盐主要有以下三种形式。

（1）缓释型。该类型营养盐具有合适的释放速率，通过海潮可以将营养物质缓慢地释放出来。

（2）亲油型。亲油肥料可使营养盐"溶解"到油中，在油相中螯合的营养盐可以促进细菌在油表面生长。

（3）水溶型。该类产品会被海水溶解，可以解决下层水体及沉积物污染的问题。

值得注意的是，在施加营养盐修复的过程中，应避免海藻大量繁殖，防止发生富营养化和赤潮。

三、不同海况海洋石油污染处理方法优化配置

上面介绍了众多种修复方法，实际修复过程中要根据不用的海面状况配合使用。可供参考的具体步骤如下。

（1）观察石油污染区的海面状况。记录风速、水流速度、浪高、海面风力等级和溢油黏度等。

（2）基于第二节中不同风速、水流速度、浪高、海面风力等级和溢油黏度下围油栏、撇油器等选择的基础（表12-7、表12-9、表12-11、表12-12），以及张丽萍等（2006）总结的在海面风力、水流速度和溢油黏度影响下如何优化配置等相关内容，归纳适合的处理方法，见表12-14、表12-15、表12-16。

（3）综合考虑比较各个方法的成本和使用风险等，确定出最佳的处理方法组合。

表12-14　不同海面风力等级下方法选择表（引自王辉和张丽萍，2007）

海面风力等级	围油栏	撇油器	吸油材料	分散剂
0	A	B	C	
1	A	B	C	
2	A	B	C	

海面风力等级	围油栏	撇油器	吸油材料	分散剂
3	A1, A2, A4	Bc2, Bc3, Bc4	C1, C2, C3, C4	D1, D2, D3
3~4	A1a, A1b, A2a, A2b, A4	Bc5	C4	D1, D2, D3
4				D1, D2, D3
5				D1, D2, D3
6				D1, D2, D3

注：围油栏、撇油器、吸油材料、分散剂中数字与字母组合分别来自表12-7、表12-9、表12-11、表12-12。

表12-15　不同水流速度下方法选择表（引自王辉和张丽萍，2007）

水速/（m/l）	围油栏	撇油器	吸油材料	分散剂
0.6	A	B	C	D1, D2, D3
0.6~0.7	A1, A2, A4	B	C	D1, D2, D3
0.7~1.0	A1, A2, A4	Bc	C	D1, D2, D3
1.0~1.5	A1, A2, A4		C	D1, D2, D3
1.5~2.0	A1c, A2c		C	D1, D2, D3

注：围油栏、撇油器、吸油材料、分散剂中数字与字母组合分别来自表12-7、表12-9、表12-11、表12-12。

表12-16　不同溢油黏度下方法选择表（引自王辉和张丽萍，2007）

黏度（cSt）	围油栏	撇油器	吸油材料	分散剂
<1 000	A	Bb, Bc1, Bc2, Bc3, Bc4	C3, C4（<250 cSt）	D1, D2, D3
1 000~2 000	A	Bb1, Bb2, Bb3, Bc2, Bc3, Bc4	C1, C2（>1500 cSt）	D1, D2, D3
2 000~3 300	A	Bb1, Bb2, Bb3, Bc2, Bc3, Bc4	C1, C2	
3 300~20 000	A	Bb1, Bb2, Bb4, Bc2, Bc4	C1, C2	
20 000~30 000	A	Bb1, Bb2, Bb4, Bc2, Bc5	C1, C2	
30 000~50 000	A	Bb1, Bb4, Bc5	C1, C2	
>50 000		重油撇油器		

注：围油栏、撇油器、吸油材料、分散剂中数字与字母组合分别来自表12-7、表12-9、表12-11、表12-12。

四、海洋溢油生态修复监测与评估

（一）生态修复监测

海洋溢油生态修复的主要监测对象列举如下：① 溢油污染区的海水水质、海洋地质沉积物；② 溢油污染区的浮游生物、游泳生物、底栖生物以及潮间带生物；③ 溢油污染区的叶绿素a、初级生产力；④ 海滩污染状况；⑤ 海岛污染状况；⑥ 敏感区污染状况。

（二）生态修复评估

海洋溢油生态修复评估的标准应当基于生态修复的目标而定，包括评估海水水质、海洋地质生境、潮间带生境、敏感区生境以及海洋生物的变化等。

第三节　水体及底泥富营养化修复方法与技术

一、富营养化污染现状及评价方法

富营养化是指氮、磷等植物所需的营养物质大量进入湖泊、水库、河口、海湾等水体，引起藻类大量繁殖、水体透明度和溶解氧下降、水质恶化的污染现象。这些营养物质的过量富集（图12-17）会引起藻类及其他浮游生物的迅速生长、繁殖，使水体溶解氧含量下降，造成水生动、植物衰亡，甚至绝迹。

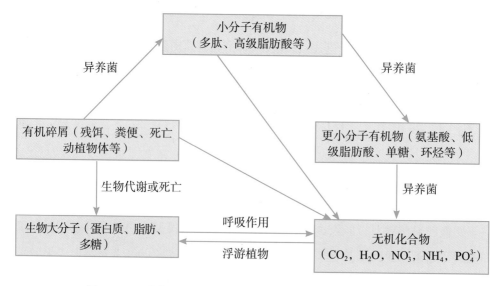

图12-17　水体中营养物质循环示意图（引自李秋芬和袁有宪，2007）

（一）富营养化污染的现状

近年来，大量工业、农业废水和生活污水排入海洋，导致近海、港湾富营养化程度日趋严重。近海富营养化是指在人类活动影响下，过量营养盐输入近海，改变海水中的营养盐浓度和组成，影响近海生态系统正常的结构和功能，并损害近海生态系统服务功能和价值的一系列变化过程。营养盐过量输入导致的近海富营养化破坏了水体原有的生态系统的平衡，是驱动近海生态系统变化的重要因素。底层水体缺氧、有害藻华（包括大型藻藻华和微藻藻华）暴发、水母旺发、生境退化等生态系统的异常变化都与近海富营养化问题密切相关。目前，富营养化及其所引发的赤潮和水华，已经成为了全球性的污染问题。

（二）富营养化程度的评价

近岸海域营养盐的分布存在一定的时空变化，富营养化水平也会随之改变。所以应该动态地评价特定海区的富营养化程度。根据近岸海域的富营养化普遍受营养盐限制的特征，近几十年，国内外学者对近海富营养化评价方法进行了研究，提出了几十种方法，从最简单的单因子法、综合指数法，到目前正在兴起的"压力—状态—响应"的综合评价体系。邹景忠（1983）提出了富营养化指数法。富营养化指数E=化学需氧量×无机氮×活性磷酸盐×$10^6/4\,500$，其中E≥1为富营养化，1≤E≤3为轻度富营养化，3<E≤9为中度富营养化，E>9为重度富营养化。俞志明（2011）参照国际上近些年提出的近海富营养化评价体系，以长江口海域为典型，构建了适合我国近海富营养化评价的指标体系和评价模型。但目前在我国海洋和环保部门，大多仍采用较简单的评价方法（表12-17）。

表12-17 潜在富营养化评价模式营养级的划分原则（引自郭卫东等，1998）

级别	营养级	DIN/（μmo/L）	POCP/（μmo/L）	N：P
I	贫营养	< 14.28	< 0.97	8~30
II	中度营养	14.28~21.41	0.97~1.45	8~30
III	富营养	> 21.41	> 1.45	8~30
IV$_P$	磷限制中度营养	14.28~21.41	0.97~1.45	> 30
V$_P$	磷中等限制潜在性富营养	> 21.41	—	30~60
VI$_P$	磷限制潜在性富营养	> 21.41	—	> 60
IV$_N$	氮限制中度营养	—	—	< 8

续表

级别	营养级	DIN/（μmol/L）	POCP/（μmol/L）	N：P
V_N	氮中等限制潜在性富营养	—	＞1.45	4~8
VI_N	氮限制潜在性富营养	—	＞1.45	＜4

二、水体富营养化修复技术

根据富营养化程度不同制订切实可行的污染控制方案是富营养化防治的重要措施之一。

（一）物理修复

主要是以实验室中培养的藻类生长测定结果为依据，对于外源性污染采取内源性和外源性防治措施，控制、减弱水体及底泥中的富营养化程度，并对其进行修复。

1. 截污削减外源性污染

国内外湖泊水污染治理的经验表明，截污和污水深度处理是削减污染负荷的有效措施。通过控制氮和磷的排放来防治富营养化，对河口和近岸水域生境有着十分重要的意义。首先要根据海区的自净能力确定城市生活污水、工业污水、畜牧业排水和农田排水的流入量。其次禁用或限用含磷洗涤用品，有效控制地表水中的磷浓度，从而减少排入海洋中的磷元素。最后对入海河流流域中的废水进行进一步处理。

在我国，对于污水处理，国家质检总局1998年颁布了《污水综合排放标准》，该标准的实施可对控制水污染，保护江河、湖泊、运河、渠道、水库和海洋等地面水以及地下水水质的良好状态，保障人体健康，维护生态平衡起到一定的效果。

2. 絮凝沉降

该方法主要是利用具有吸附特性的材料，如黏土、活性炭、壳聚糖等，对大量繁殖的藻类进行吸附沉淀。由于物理材料具有天然无毒、操作方便、价格低廉、吸附效果良好等优势，这种方法在淡水水体富营养化的治理中得到了广泛的应用。这种方法的缺点主要是不能杀死浮游藻类，因而不能防止赤潮的再次发生。

3. 曝气复氧

曝气复氧是目前国内外比较常用的修复受污染水体的一种方法。曝气复氧技术是根据水体受到污染后缺氧的特点，人工向水体中充入空气或氧气，加速水体复氧过程，迫使有毒气体逸出，以提高水体的溶解氧水平，恢复和增强水体中好氧微生物的活力，使水体中的污染物质得以净化，从而改善受污染水体的水质，进而恢复水体的生态系统（林建伟，2005）。常用的人工增氧设备包括增氧机、臭氧发生器等。

4. 机械捕捞收获

对于富营养化非常严重、已产生水华的水域，可在短期内用机械方法收获其中大量的藻类（见插文；图12-18）。为了防止残留的植物残骸引发二次污染，在打捞过程中需要对藻体进行彻底清理。这种方法见效很快但需要耗费大量的劳力资金。随着藻类的生长，往往需要反复地对水体进行清理。鉴于某些藻类自身的特性，打捞过程中的机械扰动可能降低藻类的密度，但也可能促使藻类继续增长。如果大量繁殖的藻类没有商业价值，那么此种方法的成本过高，且无法产生直接的经济效益。

在某些特定的环境中，利用自然动力收获藻类可有效地减轻富营养化的危害。国内已有使用该法，成功治理淡水富营养化问题的先例。例如，在太湖水域利用自然风能和洋流作用在富营养化水域建造富集藻类的设施，目前已经取得了良好的效果。

浒苔打捞

为提高浒苔清理速度，胶州市海洋与渔业局与青岛市鑫海渔业公司网具研制中心积极调配科研力量，研制出清除浒苔的多种专用网具。一是对船浮拖网。将传统渔网去掉深水层的拖动缆绳，使渔网浮在水面上层作业。该网具由两艘钢壳渔船拖动，最大优势是浒苔不挂网，便于装卸。二是小围网。该网具幅面窄，由小马力渔船拖动作业，便于操作。三是顶层围拖网。根据外海浒苔分散的特点，开发研制了200~400米的顶层围拖网。该网具由大马力拖船拖动，在外海作业。作业时利用围拖网将大面积浒苔聚拢，然后利用大型机械船机械手直接抓运浒苔（图12-18）。

5. 浮体控藻

浮体控藻主要是利用一些漂浮在水面上的物理设施（称为浮床）遮光，以起到控制藻类过量繁殖的效果。浮床通常采用塑料、泡沫板、竹料等材质制成，成本较低。在日本霞浦湖的修复过程中，浮床能够削减94%的浮游植物，起到了良好的效果。但是浮床抗风浪或防腐的能力较差，腐烂破碎后容易造成水体的二次污染。

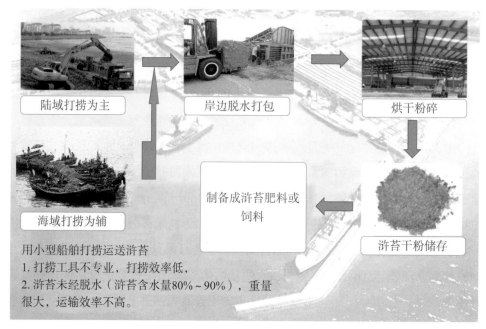

陆域打捞为主

岸边脱水打包

烘干粉碎

海域打捞为辅

制备成浒苔肥料或饲料

浒苔干粉储存

用小型船舶打捞运送浒苔

1. 打捞工具不专业，打捞效率低，

2. 浒苔未经脱水（浒苔含水量80%～90%），重量很大，运输效率不高。

图12-18 浒苔打捞处理方式及流程（来源：http://www.docin.com/p-520998788.html）

（二）化学修复

1. 钝化营养盐

为了控制水体中的营养盐浓度，可在入水口处直接添加化学药品或向水体中直接投洒化学药品以钝化沉淀水体中的营养盐（主要是磷）。

在处理湖泊富营养化问题时，通常添加碳酸钠过氧水合物、茵多杀铵盐、铝盐（明矾、氯酸钠）、铁盐、石灰等使磷沉积到水底，减少磷的释放和营养盐循环。但在实际应用中，这些化学药品对富营养化的控制均不成功；且从生态毒理学角度看，使用化学药品对生态系统具有潜在威胁。

2. 化学除藻

化学除藻是用化学药品（如硫酸铜和其他除藻剂）控制富营养化水域的藻类的方法。化学除藻剂一般可分为氧化型和非氧化型两大类。非氧化型主要为无机金属化合物及重金属抑制剂，如铜、汞、锡、有机硫、有机氯、铜化合物和螯合铜类物质等；氧化剂主要为卤素及其化合物、臭氧、高锰酸钾等（张饮江等，2013）。

化学药品可以快速杀死藻类。但死亡的藻类所产生的二次污染及化学药品的生物富集和放大作用对整个生态系统也会产生很大的负面影响。此外，长期使用低浓度的化学药物还会使藻类产生抗药性。因此，除非在应急处理中，或得到特别的安全许可的情况下，一般不建议采用化学除藻法。

（三）生物修复

作为营养盐控制的一种替代技术，生物调控是通过重建生物群落以得到一个有利的响应，常用于减少藻类生物量，保持水质清澈并提高生物多样性。但在生物修复过程中，水生动物、大型海藻等生物修复过程并非是相互孤立进行的，上行效应和下行效应往往相伴出现，且生态系统中复杂的系统结构和非线性过程难于控制，所以在运用生物修复技术对富营养化水体的治理过程中，也要考虑到物种间的相互影响及生态安全。

1. 以水生动物为主的生物调控

利用水生动物来净化富营养化水体，主要是通过放养滤食性和噬藻体的鱼类、浮游动物或其他生物来减少藻类等浮游植物对水体造成的危害。从群落水平上看，部分植食性浮游动物和滤食性的鱼类能把富营养化水域的藻类生物量控制在极低的水平，从而限制浮游植物的过量增长，改良水质。通常情况下，海胆、鲍、蚌等可作为修复生物来养殖以降低底泥中的富营养化程度。同时，在切斯皮克湾的修复实验证明了养殖牡蛎也是一种理想的修复手段（Cerco，2007）。

需要注意的是，在以水生生物为主的生物调控过程中，所饲养的生物量不能超过水体的养殖容量和环境容量。

2. 以大型海藻为主的生物调控

在近海海域栽培大型海藻，是一种对环境进行原位修复的有效手段。大型海藻具有很高的营养盐吸收速率、光合作用速率和生长速率。大型海藻在生长过程中，可通过光合作用吸收利用海水中的无机碳、氮、磷等元素，对富营养化水域中的大量氮、磷起到过滤的作用。人工栽培海藻易形成规模，且易于收获，快速生长的同时能从周围环境中大量吸收Pb、Au、Cd、Zn、Co、Cu、Ni、As、Fe、Mn等重金属，放出氧气，调节水体pH，并在水生生态系统的碳循环中发挥重要作用（徐姗楠，2006）。在富营养化水域，盐度、温度、光照、溶解性无机碳和溶解氧等环境条件通常具有很大的波动性，而大型海藻对此具有较强的耐受能力，是修复富营养化水域的理想生物。

按照理论上大型海藻组织中氮、磷的含量可推算出海藻转移水体中氮、磷的能力（表12-18）。经济价值较高的大型海藻，如江蓠属、紫菜属、海带属、石莼属、墨角藻属、麒麟菜属海藻可充当海洋生态系统的修复者。浒苔属的海藻对富营养化水体的生态修复也有一定的效果。

表12-18　不同种类大型海藻对氮、磷转移能力

海藻（1 t）	从水体中转移出的氮/kg	从水体中转移出的磷/kg
紫菜	6.2	0.6
海带	2.2	0.3
江蓠	2.5	0.03

目前，已有大量研究证实，在富营养化海区和养殖海区栽培大型海藻，可达到环境、生态、经济等诸效益相互协调统一的良好效果。大型海藻的生命周期较长，在同一片污染海域中，根据季节变化和不同海藻的生活习性交替种植，可以大大降低水域中的营养物质含量，具有良好的环境效益。此外，人工栽培海藻广泛用于食品加工业中，且藻体还可作为制造化妆品和药物的原料，并可被加工成牲畜饲料或生物肥料（李春雁，2002）。大型海藻可以降低水域内的生态足迹（见插文），提高物质和能量利用效率，提高生物多样性，增强生态系统的功能。因此，这种生物修复的方法是切实可行的。

生态足迹

生态足迹（ecological footprint），就是能够持续地提供资源或消纳废物的、具有生物生产力的地域空间（biologically productive areas），其含义是指要维持一个人、地区、国家的生存所需要的或者能够容纳人类所排放的废物的、具有生物生产力的地域面积。生态足迹估计要承载一定生活质量的人口，需要多大的可供人类使用的可再生资源或者能够消纳废物的生态系统，又称之为"适当的承载力"（appropriated carrying capacity）。这里具体指的是消除1 m²养殖活动所带来的富营养需要的开阔近海面积。

例如，1 m²鲑鱼养殖释放的氮和磷分别需要340 m²和400 m²浮游植物同化，对应的生态足迹分别是340 m²和400 m²。利用智利江蓠和鲑鱼混养，可将氮和磷的生态足迹分别降低到150 m²和25 m²。

（1）龙须菜（*Gracilaria lemaneaformis*）。龙须菜是红藻门（Rhodophyta）杉藻目（Gigartinales）江蓠科（Gracilariaceae）江蓠属（*Gracilaria*）的一个种（图

12－19），可进行大规模的生产养殖，是提取琼胶的重要原料之一（汤坤贤，2005）。龙须菜可以大面积减轻养殖污水对海区的污染，防止水体富营养化，并在一定程度上抑制微藻的生长，对抑制赤潮发生有积极作用。在富营养化的近海海域养殖龙须菜可起到良好的修复效果。

图12－19　龙须菜（来源：http://pendiva.com/seaweed/wp-content/uploads/2010/02/gracilaria.jpg）

通常将龙须菜吊养于竹架或绳架上（图12－20），苗绳上每隔10～20 cm夹一簇10 g的龙须菜，初始养殖密度为750 kg/hm²。

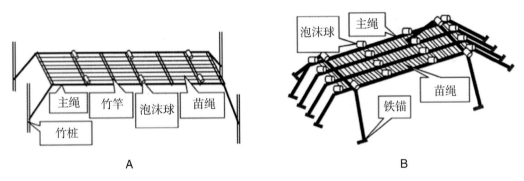

图12－20　龙须菜养殖方法（引自汤坤贤，2005）

A.竹架结构示意图；B.绳架结构示意图

修复过程中需在修复区内潮流方向上的内侧非修复区、生物修复区、外侧非修复区布设定点监测站位，在与潮流垂直和平行的方向上均布设监测断面。检测指标包括温度、透明度、盐度、pH、溶解氧（DO）、DO饱和度、氨氮、亚硝酸氮、硝酸氮、无机磷、叶绿素a。

在海区内的实验研究表明，龙须菜修复区的DO浓度明显高于非修复区，无机氮、无机磷、叶绿素a浓度低于非修复区。养殖污水流经龙须菜养殖区后，无机氮、无机磷得到有效的吸收，DO浓度得到提高。

龙须菜的生长率在一定范围内会随营养盐的增加而增大。一般而言，工厂化海水鱼类养殖排放的养殖废水中溶解态无机氮和溶解态无机磷的浓度分别在75 μmol/L和15 μmol/L以下，此含量的营养盐不会抑制龙须菜的生长（赵先庭，2007）。因此在富营养化海域通过种植龙须菜来进行生态修复，既可以获得较高的经济收益，又可以达到良好的修复、净化效果。

（2）真江蓠（*Gracilaria verrucosa*）。真江蓠是红藻门（Rhodophyta）杉藻目（Gigartinales）江蓠科（Gracilariaceae）江蓠属（*Gracilaria*）的一个种（见图12-21），是提取琼胶的重要原料。其藻体紫褐色，有时略带绿色或黄色；直立；单生或丛生；高通常30～50 cm，最高可达2 m。真江蓠具有小盘状固着器，多生长在潮间带至潮下带上部的岩礁、石砾、贝壳以及木料和竹材上。真江蓠在我国北起辽宁，南至广东、广西沿海均有分布。

图12-21　真江蓠

（来源：http://www.niobioinformatics.in/seaweed/images/Gracilaria_verrucosa.jpg）

经研究发现，除真江蓠（*Gracilaria verrucosa*）外，细基江蓠繁枝变型（*Gracilaria tenuistipitata*）、菊花心江蓠（*Gracilaria lichenoides*）等对养殖区的富营养化海水也具有较好的修复效果。以江蓠与大麻哈鱼共养为例发现，江蓠可去除鱼类养殖过程中排放到环境中可溶性铵的50%～95%（何培民，2006）。

富营养化海区内江蓠的养殖模式有浮筏和网箱两种。

浮筏养殖（图12-22）。将新鲜真江蓠苗种平铺式装入孔径为0.5 cm、规格为0.5 m×10 m的聚乙烯网袋中，每个网袋装真江蓠苗种10 kg。网袋口用聚乙烯绳缝合，将网袋长边悬挂在250 m长的缆绳上，每条缆绳悬挂5~6个，相邻缆绳上的网袋间隔排挂。缆绳两端用竹桩固定，中央部分用5~6个浮子等距离支撑。通过在缆绳上悬挂重物，调整网袋位置为水面以下1~2 m（霍元子，2010）。

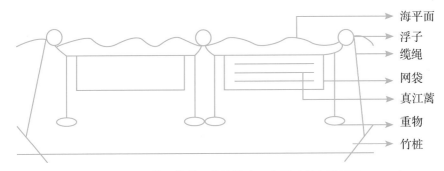

图12-22 真江蓠网袋养殖栽培模式示意图（引自霍元子，2010）

网箱养殖。在饲养鱼类的网箱中，用粗绳夹苗的方式养殖江蓠。苗绳大约每隔15 cm夹一簇10 g左右的江蓠，两端系在网箱内相对的两侧，并使江蓠完全浸没于海绵之下0.2~0.5 m。苗绳间距0.4~0.5 m。每个网箱悬挂6条苗绳。

孔石莼（*Ulva lactuca*）。孔石莼属绿藻门（Chllorophyta）丝藻目（Ulotrichales）石莼科（Ulvaceae）石莼属（*Ulva*），藻体呈片状，近似卵形的叶片体由两层细胞构成，高10~40 cm，鲜绿色，基部以固着器固着于海湾内中、低潮带的岩石上（图12-23）。孔石莼广泛分布于西太平洋沿岸海域，在我国辽宁、河北、山东和江苏省沿海均有分布。

图12-23 孔石莼

（来源：http://study.nmmba.gov.tw/Portals/Biology/thumb_%e5%ad%94%e7%9f%b3%e8%93%b4_1.jpg）

实验证明，在实验室静态净化实验中，孔石莼能同时吸收富营养化水体中的氮、磷，尤其是对氨氮具有极强的吸收能力（表12-19）。在养殖水体中，还具有净水和节能的综合效果。此外收获后的孔石莼可作为鲍鱼饵料（李秀辰，1998；顾宏，2007）。

表12-19 孔石莼滤池中水质的变化（引自李秀辰和张国琛，1998）

滞留时间/h	氨氮	亚硝酸盐	硝酸盐	磷酸盐	COD	溶解氧	pH
	mg/L						
0	0.800	0.160	0.460	0.165	2.480	7.29	8.06
1	0.479	0.093	0.390	0.155	—	—	—
2	0.321	0.091	0.335	0.150	—	—	—
3	0.239	0.088	0.316	0.147	2.291	7.98	8.31
6	0.115	0.084	0.281	0.136	2.290	7.20	8.52
9	0	0.083	0.213	0.135	2.110	6.50	8.64
24	0	0.079	0.165	0.133	2.333	6.55	8.46

3. 以水生高等植物为主的生物调控

以水生高等植物为主的生物调控方法也是防治水体富营养化的有效措施。高等植物和藻类在光能和营养物质上是竞争者。大量修复实验的检测结果显示，水生高等植物群落稳定性较高，而且能够有效净化重富营养化水体，对过量繁殖的藻类也有明显的抑制作用，可取得很好的成效。

此方法的主要优势在于以下几点：① 净化环境所需要的能源由植物的光合作用提供；② 许多植物能改善生态景观，具有美学价值；③ 植物体在富集营养盐后可被收割，部分植物具有经济价值；④ 植物体本身可作为环境污染程度的指示生物；⑤ 植物的根系能圈定底泥中的污染区，防止污染源进一步扩散；⑥ 植物能为相关微生物提供良好的生存条件（宋关玲，2007）。

4. 水生动植物组合的生物调控

利用大型海藻进行修复时，常常通过与双壳贝类混养的方式来控制水体中藻类的密度，改善水质，最终消除富营养化。

（1）麒麟菜与沟纹巴非蛤组合：可通过混合养殖热带、亚热带类型双壳贝类沟纹巴非蛤（*Paphia exarata Philippi*）和热带大型海藻异枝麒麟菜（*Eucheuma muricatum*）来进行水体生态修复。二者最佳混养组合为麒麟菜养殖量6 kg/立方米、沟纹巴非蛤养殖量60只/立方米（黄通谋，2010）。

（2）鱼、藻、沙蚕组合：该法已在实验生态条件下取得良好的效果。卢光明等（2011）以菊花江蓠（*Gracilaria lichenoides*）、双齿围沙蚕（*Perinereis aibuhitensis*）和黑鲷（*Sparus macrocephlus*）为试验动物，在浙江省三门湾蛇蟠岛上的四期围垦养殖池塘内分别对单养鱼、鱼+藻、鱼+藻+沙蚕以及鱼+沙蚕4种不同养殖模式系统中水体及沉积物中的氮、磷等进行了跟踪监测，分析其环境效应。

在总面积为6 666.7 m²的养殖池塘内设置陆基围隔，围隔中设置长15 m、宽10 m、高1.5 m的网箱。每个箱子内放养黑鲷鱼苗200尾。菊花江蓠分别采用绳筏和网箱的方式，放置于养鱼网箱的上、下通风处养殖；养殖密度为1.5 kg/m²。沙蚕每亩放养1.5 kg，将其均匀地播撒在围隔内。

在实验过程中，对于各处理围隔内的理化指标进行定点跟踪测定，水化项目每周监测一次，沉积物每10天监测一次。水化监测项目主要包括水体温度、pH、DO饱和度、COD、氨氮、亚硝酸氮、硝酸氮、总无机氮、无机磷、总氮、总磷等，沉积物中主要监测总氮、总磷、无机磷。

实验证明，养殖菊花江蓠 1.5 kg/m²、双齿围沙蚕 22.5 kg/hm²的密度下，能够对水体及沉积物起到较好的净化效果，并且能够有效提高黑鲷的收获规格及产量；其中菊花江蓠的主要作用在于对水体中溶解态无机氮和溶解态无机磷的净化，双齿围沙蚕的主要作用在于去除沉积物的氮、磷污染物。综合考虑，鱼+藻+沙蚕的模式具有最佳的环境效益、产量效益和综合效益（表12－20）。

表12－20 各处理收获生物状况

处理	鱼收获体长/cm	鱼收获体重/g	鱼成活率/%	鱼产量/kg	沙蚕产量/kg	藻产量/kg
单养鱼	13.015 ± 0.601 a	92.895 ± 1.294 a	73.550 ± 0.778 a	13.661 ± 0.041 a	—	—
鱼+藻	15.810 ± 0.028 c	121.885 ± 0.021 c	85.950 ± 0.354 c	20.953 ± 0.089 b	—	265.305 ± 5.254
鱼+沙蚕	14.505 ± 0.318 b	109.765 ± 1.704 b	83.550 ± 1.061 b	18.340 ± 0.113 c	4.405 ± 0.191 a	—
鱼+藻+沙蚕	15.865 ± 0.064 c	124.125 ± 1.266 c	86.850 ± 0.495 c	21.562 ± 0.342 d	4.970 ± 0.071 b	274.190 ± 1.485

注：a，b，c，d表示各指标在各处理间的差异显著（$P < 0.05$）。

5. 以微生物为主的生物调控

生物修复的基础是自然界中微生物对污染物的生物代谢作用。微生物修复富营养化水体的原理是利用微生物分解有机物的过程将水体中的污染物经过厌氧或好氧代谢，转化为无害物质，如二氧化碳、硝酸盐等；同时有效地降低水体COD和BOD值，改善水质。另外，一些微生物释放酶或抗生素，作用于富有藻类，可以使得藻类裂解，从而达到抑制藻类水华和赤潮的效果。

修复菌种选取的主要标准为菌群的生物学、遗传学特性稳定，对于水体中的生物无毒无害。此外，微生物需要有较快的生长速率，适合大规模培养，并且能够长时间保藏。菌株还需要具有较强的抗逆性，适应各种水质环境。常见的修复菌种有光合细菌和海洋酵母。

光合细菌是研究最早、应用最广泛的微生态制剂菌群，在淡水养殖领域应用较广，在海洋生境的修复中的应用目前研究较少。光合细菌在生长繁殖过程中能利用有机酸、氨、硫化氢、烷烃以及低分子有机物作为碳源，和供氢体进行光合作用，提高水体的溶氧量，保持水质（徐升，2006）。同时，部分菌种在防治虾病、促进虾类生长等方面也表现出了良好性能。常用的菌种有球形红假单胞菌、芽孢杆菌、硝化细菌、海洋噬菌蛭弧、双歧杆菌、鞘氨醇单胞菌属（*Shpingomonas*）等。

海洋酵母在水质调节中也能起到良好的效果。它可以有效分解水体中的糖类，迅速降低生物耗氧量。并且，酵母作为一种单细胞生物，含有较高的蛋白质、维生素，可作为鱼虾等经济生物的饵料添加剂，提高水产养殖产量。

以微生物为主的调控方法的主要优点在于其在降解水体中的有害物质的同时，能够促进养殖水体中微生态的平衡。虽然微生物在水产养殖上有较为广泛的应用，但是利用微生物，尤其是病毒和细菌，来控制水体富营养化的做法可能会引起水体的二次污染，修复的长期效果仍有待深入研究，一般在应用生物修复技术引入菌种之前，应先进行风险评估。

三、 底泥富营养化修复技术

（一）物理修复

1. 底泥覆盖

底泥覆盖属于原位修复技术，是在富营养化底泥上方铺设一层或多层覆盖物，将其与底栖生物、湖泊水体物理性地隔离开来，阻隔沉积物中的营养盐和上覆水的接触与物质交流，阻止沉积物向上覆水迁移和扩散的方法。通常情况下，覆盖物主要是未受污染的底泥、河流石沙、砾石、劣质黏土或塑料薄膜、颗粒材料等一些人造复合材料。覆盖层的厚度大约为0.1 m。

这种修复技术操作简便，成本较低廉，所以应用较广泛。目前在湖泊、河口、近海等多种生态系统中均有应用。但是，物理覆盖后，湖泊水深也会随之降低，这将改变水生植物和底栖生物的生活环境，对底栖生态系统具有不可避免的破坏性，且该技术在悬浮污泥较多的水域不太适用。此外，有些覆盖物还可能存在二次污染的风险。所以，覆盖底泥对生态系统的破坏效应可能要高于它对营养盐释放的抑制作用。

2. 底泥疏浚

对富营养化的底泥进行清淤并灌入相对清洁的水以恢复原水位是目前常用的方法。在处理过程中，需要将底泥全部移除、进行冲洗，待将底泥浸泡几天后，重新注回。

在清淤结束后的短时间内效果明显，但一段时间后随温度、光照等气候条件变化，修复效果会出现反弹。底泥清淤方法的处理费用很高，且技术难度较大。这种方法虽然能大幅度降低底泥中的有机物含量，但是无法彻底解决养殖水体中由于饵料、代谢物等有机物污染所造成的富营养化问题。大规模的底泥清淤将会破坏生态系统原有的生物种群结构及其生境，削弱生态系统的自净功能。此外，影响清淤结果的因素也较多，有时不能达到预期的效果。

3. 底泥曝气

正常条件下曝气复氧可以控制比较封闭水体底泥氨氮的释放。曝气条件下温度对底泥氨氮和总氮的释放影响较大。温度越高，抑制氨氮和总氮的释放效果越好；而低温会导致底泥氨氮和总氮的大量释放。除此之外，曝气条件下搅动底泥会导致更多氨氮和总氮的释放。

（二）化学修复

主要是指化学覆盖作用。化学覆盖技术也是在沉积物表面铺设一层覆盖物，并通过覆盖物与沉积物发生化学反应而封闭、抑制营养盐的扩散。其覆盖层的厚度相对较薄，一般为2~5 mm。常用的覆盖物包括方解石等矿物，硫酸铝，明矾，改性金属镧等材料，铝镁、硝酸盐等盐类改性沸石。

总体而言，化学覆盖物的成本较低，操作工艺简单，可与沉积物发生积极的反应、具有物理和化学稳定性、对生态环境影响较小、不会产生二次污染、水力传导性好等优势。国外对此也有较多报道和应用。

（三）生物修复

对于富营养化的底泥，往往利用快速繁殖的多毛类来消除养殖池底的污染。常用的多毛类生物包括小头虫（*Capitlla* sp.）、日本刺沙蚕（*Neanthes japonica*）、双齿围沙蚕、多齿围沙蚕（*Perinereis nuntia*）等。

多毛类在沉积物中往往占有很大的密度，且在摄食过程中会大量摄取沉积物，每日处理沉积物的质量不小于其自身的体重（干重），因此可以通过它们的生命活动，包括钻透、掘穴、爬行、蠕动和呼吸等，影响周围的沉积物结构，改变沉积物的物理、化学性质，对海洋生态环境进行修复。在此过程中，污染物会被传递和重新分布，一部分也会被多毛类等摄食，这个传输和再循环过程会使沉积物中的一部分污染物被吸收利用和分散传递，使其重新进入再循环过程中（杨国军，2012）。在存在大量残饵、虾蟹等养殖生物的粪便、其他生物尸体和有机碎屑的水体中，多毛类动物往往能起到良好的修复效果。除外，在养殖池塘还可兼养一些定生藻以改善水环境。

第四节　海岸工程生态恢复

一、海岸环境现状概述

（一）海岸与海岸线分类

海岸（sea coast，coast）指多年平均低潮线向陆到达波浪作用上界之间的狭长地带，是人类经济活动频繁区域。而海洋与陆地的分界线（在我国系指多年大潮平均高潮位时的界线）称为海岸线（coastline）。世界海岸线总长约44万千米。一般海岸线包括自然岸线和人工岸线。自然岸线按海岸的形态、成因、物质组成等分为基岩海岸、砂砾质海岸、淤泥质海岸、珊瑚礁海岸和红树林海岸五大类型。人工岸线指由人工构筑物建成的岸线，可分为永久性人工岸线和非永久性人工岸线。永久性人工岸线主要包括填海工程和防潮堤、防波堤、护坡、挡浪墙、码头、堤坝、防潮闸以及道路等挡水构筑物形成的岸线，多为石块、混凝土结构，较为稳定，不易改变。非永久性人工岸线主要由池塘、盐田的土质堤坝组成，岸线结构相对永久性人工岸线容易改变。

（二）海岸保护与开发利用存在的问题

随着海岸资源利用范围和规模的迅速扩大，海岸自然环境和生态系统面临巨大压力，出现了许多不容忽视的矛盾和问题。

1.海岸功能退化，部分海岸生态平衡遭到破坏

我国部分岸段已出现海岸生态平衡遭到破坏，海岸功能严重退化的问题。这突出表现在：海湾湿地功能退化；近岸海域生物多样性降低，渔业资源减少；部分岸线被高度人工化和稳固化，自然岸线锐减；自然礁石基岩岸线和砂质海岸遭到圈占、破坏；部分海岸滩面侵蚀，沙滩流失严重；沿岸黑松海防林、沙坝等滨海景观资源遭到破坏；港口海湾和入海河口水环境质量堪忧；海岸抵御风暴潮、海水入侵等自然灾害的能力减弱等等。

2.海岸线保护利用缺乏统一规划与系统科学论证

目前涉海管理与开发类规划日益增多，但是各类行业专项规划统筹协调性不足，已有规划的实施效果并不理想，导致海岸线资源配置不够合理，岸线开发利用中出现了许多不协调问题，主要表现在：局部岸线开发利用布局不合理、岸线功能混乱；部分港口码头重复建设、盲目建设，小规模修造船项目占用深水岸线，海岸和海域资源浪费严重；局部建设用海需求难以满足；滨海公共休闲空间、亲水空间受到挤压；毗邻岸线开发利用功能相互冲突等。

3.海岸开发利用仍比较粗放，产业集中度与综合效益不高

目前，我国海岸开发利用仍比较粗放，综合开发效益不高。这主要表现在以下方面：以池塘养殖、滩涂养殖为主的粗放模式仍占较大比重；港口、码头利用率和集约化程度相对较低；滨海旅游开发模式单一、雷同，且开发层次较低；临海船舶工业产业配套能力差等。随着集中、集约用海理念的实施，海岸线和海域资源的这种"粗放式"利用模式将会有所改观。

4.海岸开发利用监管力度不够，缺乏规范的管理制度和政策

海岸线管理职能分散且监管责任模糊，缺乏有效的综合协调机制。现有的涉及岸线开发利用的管理法规和政策缺乏可操作性，缺失使用产权管理和动态管理，造成岸线开发利用监管薄弱，岸线"乱圈乱占、未批先建、少批多建"等现象时常发生，岸线开发利用矛盾突出，而且生态敏感的岸线资源没有得到有效保护。

二、 海岸工程生态恢复方法

目前，海岸修复方法基本以生态修复法为主，通过筛选出适宜的修复工具种和修复方法来建立人工岸段示范区。

通过前期对人工岸段生态环境调查的结果，掌握该区域土壤、气候、水动力等

各种环境条件以及生物分布现状，结合研究文献及历年调查资料，对该区域以及与该区域相似环境下的常见物种进行调查，分析各物种的的丰度、生物量、时空分布等情况。在此基础上，筛选出可能成为修复工具种的生物种类，然后通过专家咨询法对修复工具种进行初步筛选。

1. 修复工具种筛选原则

总的来看，为了筛选出适宜示范岸段的功能生物，修复工具种的筛选应尽量综合考虑以下原则。

（1）修复工具种应与参照系统中物种相同或相似，应尽量来源于当地；修复工具种的组合应与参照系统生物群落结构相同或相似，且最大程度上由当地物种组成。

（2）修复工具种能够适应生态系统（区域）的物理环境，修复后能够维持种群稳定和发展。

（3）修复工具种具有种群自我维持能力；修复工具种组合具有自我维持能力。

（4）修复工具种及工具种组合对可预测的环境压力具有抵抗力。

（5）修复工具种及工具种组合对生态系统的功能恢复和维持具有促进作用。

（6）修复工具种能够与周围环境进行生物和非生物交流；修复工具种组合能够与周围环境整合为大的生态场和景观。

（7）修复工具种及工具种组合对生态系统健康和整合性具有促进作用。

（8）修复工具种能够人工获得足够的种质资源，具有可行的种群恢复技术；修复工具种组合具有可行的群落构建技术。

（9）修复工具种及工具种组合应符合经济可行原则。

（10）修复工具种种群及工具种组合具有视觉美学和景观功能。

2. 修复工具种筛选评价标准

对专家进行咨询，可对生物种类进行了排序，筛选得分靠前的几种作为修复工具种。筛选标准分为三大项，10小项，每一小项10分，总分100（表12-21）。分值取各专家所打分数的平均值。

表12-21 修复物种筛选打分标准

项目编号	标准名称	包含的筛选原则	分值
Ⅰ	修复工具种环境适应性及种群繁殖发展能力	原则1、2、3、4	40
Ⅱ	修复工具种的生态功能性	原则5、6、7	30
Ⅲ	修复工具种的修复技术、经济可行性及景观价值	原则8、19、10	30

3.获得修复工具种筛选结果

根据打分排名情况并结合岸段生态环境现状，充分考虑相关专家指导意见，筛选出合适的物种作为人工岸段的修复工具种。

三、海岸工程生态恢复效果评估

（一）评价模型的构建

运用结构功能指标法构建人工岸段的生态系统健康评价模型一般需要分为 5 个步骤，如图12－24所示。

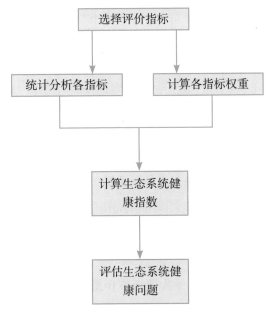

图12－24　人工岸段生态系统健康评估模型

（二）评价指标的选择

由于生态系统的复杂性与可变性，一个生态系统健康状况的评估需要综合生态系统中物理、化学和生物等多方面的指标。选择生态系统健康状况评估指标应遵循以下3个原则：① 所选指标需要考虑到其对人工岸段区域环境变化的敏感性；② 所选指标应适于长期连续监测，即监测指标应该易于获得；③ 所选指标应涵盖物理、化学、生物三个领域。

常用的生态系统健康状态的评估指标自上而下分为两个层次。第一个层次分为海洋环境、生物群落、生态系统功能三个因子。第二个层次根据生态系统健康评价指标选择需要遵循的必要性、易得性和充分性原则，参照海洋生态系统健康评价相关的文献，将以上三个因子分为13个评价指标。其中，海洋环境因子包括溶解氧、pH、COD，生物群落因子包括游泳动物多样性、底栖生物多样性、底栖生物生物量、附着生物多样性、附着生物生物量、浮游植物多样性、浮游植物生物量、浮游动物多样性、浮游动物生物量，生态系统功能因子有初级生产力因子。

（三）评价方法及标准

利用生态系统健康综合评价模型对人工岸段区生态系统健康进行初步评价，评价标准主要遵循三个原则：① 若相关指标有国家标准，则优先考虑国家标准；② 若相关指标缺乏国家标准，则参考国内外相关科学研究成果；③ 如果前两者都欠缺，则选用常年监测的平均值作为相应标准。

第五节　沙滩修复技术与方法

滨海旅游业是海洋经济的重要组成部分，但海岸侵蚀已成为全球沿海国家和地区共同关注的问题（李广雪等，2013）。采取筑堤的方式对海岸防护的效果并不理想，甚至会使海岸侵蚀恶化，而人造沙滩和养滩技术由于其有效性，得到了广泛认可。根据自然海滩的形态要素、物质组成与演变规律，结合需修复地区的水动力和泥沙运动情况，设计适当的人工沙滩，在海岸侵蚀的防护方面具有显著效果。

建造人工沙滩后，不仅能够有效发挥保护作用，还能够促进旅游业的发展，从而促进经济的发展。最早采用人工沙滩方法的国家是美国。自1922年第一个人工沙滩在纽约建成后，养滩和人工沙滩成为美国海岸防护的最主要方式。1984年，美国编制了《海滨防护手册》，20世纪70～90年代美国养滩费用占海岸防护总费用的80%～90%（张振克，2002）。欧洲最早开始进行人造沙滩工程的国家是荷兰，其于1987年编制了《人工海滩养滩手册》。德国于1951年起进行了抛沙养滩的尝试并取得了较好效果，又于1990年将抛沙养滩引进到法定框架内，养滩工程得以迅速发展。英国抛沙补滩始于1954年，并于1996年编制了《沙滩管理手册》。抛沙养滩在法国起始于1962年，在意大利始于1969年，在西班牙起始于1983年（胡广元等，2008）。日本作为岛国，也越来越重视养滩技术，以对海岸进行有效保护。其在1979年出版了《人工海滩手册》，在海滩养护和修复方面的研究经验丰富（表12－23）。我国海滩修复最早于香港南岸浅水湾开展，此后在青岛、北戴河、三亚小东海等地也进行了相关研究和实践（Finkl，1981；姚国权，1999；任美锷，2000）。

一、沙滩修复方式

沙滩修复对海岸与海滩侵蚀的防护有着重要作用，是简单而有效的保护方式。沙滩修复包含两个内容：一是在没有沙滩的海岸修建人造沙滩，称之为造滩；二是在原有沙滩基础上对其采取加宽稳固等优化措施，称之为养滩。

沙滩修复可采用固定工程、养滩（beach nourishment）和人工沙滩（artificial beach）三种方式进行。建造人工海滩必须遵循海岸演变的自然规律，依据该海域的水动力条件和泥沙补给及运动情况进行合理设计。欧洲及美国海滩养护与人工海滩工程实践见表12-22。

表12-22 欧洲及美国的海滩喂养护与人工海滩工程实践

国家（有记载的第1次养滩工程的时间）	总填沙量/10^6m^3	养滩工程数	养滩地点数	年平均填沙量/10^3m^3	年平均工程数	平均每个地点工程数	长期策略	主要资金来源
法国（1962）	12	26	115	104	0.7	4.4	无	地方
意大利（1969）	15	36	36	420	1	1	无	国家/地区
德国（1951）	50	60	130	385	3	2.1	有	联邦政府/国家
荷兰（1970）	110	30	150	733	6	5	有	国家
西班牙（1983）	110	400	600	183	10	1.5	无	国家
丹麦（1974）	31	13	118	263	3	1.9	有	国家/地方
英国（1950s）	20	32	35	570	4	1.1	无	国家/地方
全欧洲					27.5			
美国（1922）	>360				30		无	联邦政府/地方

（一）固定工程

筑堤方式是最早采用的抵御海滩侵蚀的方式。但实践表明，其可导致波能集中在堤角消散，导致泥沙横向运动失衡，向深海漂移。长此以往，堤脚会被淘空，海滩坡度大大增加，滩面物质粗化，海滩遭受侵蚀的威胁加重，暴风浪作用时造成堤坝坍塌，海滩迅速侵蚀后退（王广禄，2008）。但近些年也有建设水下浅堤以保护沙滩流失的举措。

（二）养滩

无论是自然还是人工沙滩，加强养护至关重要。若海滩自然供沙不足时，则采用水利或机械的方法，将一定粒级的砂石运至受到侵蚀的部位，增加海岸平均高潮位以上海滩后滨的宽度，并辅以导堤促淤或外防波堤(或潜堤) 掩护。实践表明，该方法是保护海岸不受侵蚀最有效的方法。养滩的具体技术路线如图12-25所示。在秦皇岛海水浴场，因海沙流失严重，通常当地有关部门在冬季利用汽车拉沙的方式对局部缺沙严重的地方进行填补。而青岛市汇泉海水浴场在20世纪经历了两次较为严重的石油污染。当地采取将受污染海沙移除，再由别处干净海沙填补的方式来维持海水浴场的生态服务功能。

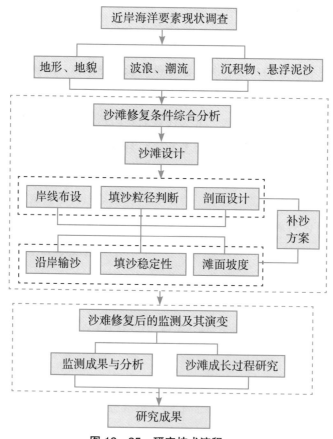

图 12-25 研究技术流程

（三）人工沙滩

是指在没有沙滩的海岸，通过船挖或管道输送，将来自附近海岸或外海的沙源采用人工填沙的方法营造沙滩。一般采用机械或水利方式填沙，营造稳定的海滩。人工沙滩具有景观和保护双重作用（季小梅等，2006，2007）。

二、沙滩修复规划

（一）修复规划原则

沙滩修复既有护岸作用又有开发旅游的经济价值，所以在修复前有必要对修复岸段的社会属性和自然属性进行分析，以确立其沙滩修复的潜质。

1. 海洋功能规划

海滨资源的开发利用必须与城市建设和海域使用功能相一致。进行沙滩修复，应协调海滨附近各类海洋开发活动的综合效益，符合海洋功能区划，有利于科学合理地配置海域资源。

2. 水动力条件

水动力条件是维持沙滩动态平衡的重要因素。这其中既包括波浪条件，也包括潮汐条件。因此，在进行沙滩修复或建造时要给予充分考虑。

3. 水质条件

沙滩修复后可作为海水浴场使用。按《海水水质标准》，海水浴场水质应符合第二类海水。海水浴场附近，不应有城市工业和生活污水排放口。

（二）沙滩修复规划

1. 沙滩岸线布设

海滩的稳定形态可用静态平衡和动态平衡来描述。静态平衡的岬间砂质海岸稳定的平面形态有抛物线形、对数螺线形、双曲螺线形等多种模式。动态平衡适用于多种形式的砂质海岸，认为波浪与海岸有一定夹角存在沿岸输沙，但在上游沙源补给下仍能维持岸线的稳定。

为了降低对相邻岸段的影响，沙滩修复工程中结合了动态平衡理念作为设计依据，并以附近海域波浪要素作为设计参数，设计岸线尽可能垂直于常浪向。

此外，养滩工程设计应借助数学模型，以预测海滩剖面形状以及水边线的变化。

2. 填沙、平衡剖面设计及补沙方法

Dean等人认为人造沙滩或补沙中填沙粒径应大于原有的海滩沙粒径，才能使填沙更稳定。在确定填沙粒径时，应该考虑人造沙滩的稳定性及沙子对人体的舒适度。

平衡剖面设计可以采用Bruun-Dean的模式。Bruun和Dean指出波控近岸平衡剖面可表达为：

$$h = Ax^m$$

式中，h为当地水深；x为离岸线距离；A、m为经验拟合常数，$A=0.067\omega^{0.44}$，ω为沙粒沉降速度（cm/s），$\omega=14D1.1$，D为沙粒的平均直径（mm）；通常以2/3作为平衡剖面的指数常值。

人造沙滩的补沙方式通常有滩丘补沙、干滩补沙、剖面补沙及水下沙坝补沙四种。其中干滩补沙使用较多。其技术难度中等，且具有能够迅速增加滩肩宽度，投资效果显著等优点，但后期海滩地形调整较大。

3. 沙滩设计适宜性分析

（1）修复后海滩稳定性：补沙后，海滩在波浪的横向搬运作用下分选、净化填沙，将细粒、密度低的物质带到外海。最佳的填沙粒径是与天然海滩中自然泥沙的粒径相同或者填沙略粗略重。这里采用数学模型进行填沙和海滩天然沙之间平均粒径和分选度的比较分析。

$$M_{\Phi}=（\Phi_{16}+\Phi_{84}）/2$$
$$\sigma_{\Phi}=（\Phi_{16}-\Phi_{84}）/2$$

式中，粒径用Φ值表示，M_{Φ}为平均粒径；σ_{Φ}为分选度。

可能的情况包括：① $M_{\Phi b}>M_{\Phi n}$和$\sigma_{\Phi b}>\sigma_{\Phi n}$；② $M_{\Phi b}<M_{\Phi n}$和$\sigma_{\Phi b}>\sigma_{\Phi n}$；③ $M_{\Phi b}<M_{\Phi n}$和$\sigma_{\Phi b}<\sigma_{\Phi n}$；④ $M_{\Phi b}>M_{\Phi n}$和$\sigma_{\Phi b}<\sigma_{\Phi n}$。式中，$b$代表填沙；$n$代表海滩天然沙，4种可能性分别在图12-26（a）相应的4个象限内。公式（$M_{\Phi b}-M_{\Phi n}$）/$\sigma_{\Phi n}$表示填沙和天然沙的分选情况，R_A为填补因素(或超填率)。图12-26（a）上一系列曲线的数值表示要保持1 m³海滩稳定所需填沙的情况。图12-26（b）中，R_J是再养护因素，表示填沙被侵蚀掉的数量和天然沙被侵蚀掉的数量的比例。结合沙滩修复实际情况可以算出R_A、R_J在下面两个图中所处的位置，这样就可以判断出填筑沙在沙滩修复后的稳定情况。

（2）滩面坡度：不同的沙滩剖面类型，可以通过泥沙、坡度和波要素关系描述（Hattori & Kawamata，1980），其公式表达为：

$$\frac{（H_0/L_0）\tan\theta}{\omega/gT}=K$$

式中，H_0、L_0、T为深水有效波高、波长、周期，θ为滩面坡度，ω为泥沙颗粒沉降速度；K值是无因次判数，$K>0.3$时为侵蚀型剖面，$K<0.7$时为淤涨型剖面，$0.3<K<0.7$时动态平衡剖面。

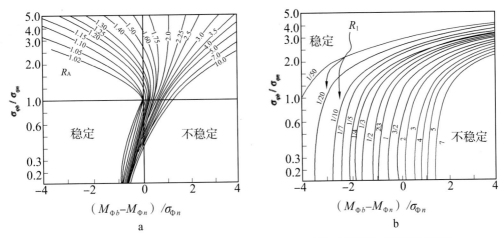

图 12-26 填沙与自然沙相互关系（a）以及填沙与自然沙侵蚀量关系（b）

（3）沿岸输沙：沿岸输沙是塑造海岸形态的重要因素，设计动态平衡砂质海岸时，使其沿岸输沙量越小越易于维护。采用年沿岸净输沙率作为判断指标，采用风要素简化算法，将整个设计岸线以100 m为单元划分为若干平直小段，然后计算每个小段内的年净输沙率，以判定此设计在适当辅助建筑下是否可以维持沙滩稳定（表12-23）。

表12-23 设计岸线各段沿岸净输沙值

序号	1	2	3	4	5	6	7	8	9	10	11	12	13	14
年净输沙量值/万立方米	0.45	0.09	0.26	0.41	0.30	0.07	0.72	0.06	0.23	0.85	0.42	0.06	0.10	0.08
方向（+代表南 –代表北）	+	+	+	–	–	–	–	–	+	+	+	+	–	–

此外，考虑到砂质海岸对海平面缓慢上升的响应主要是造成岸线平衡蚀退，其蚀退量（R）与海平面上升量（S）可表示为：$R=S/\tan\theta$，θ为滩面坡度。人造沙滩能够迅速增加滩宽，海平面上升这个相对缓慢过程对人造沙滩的影响甚微。

三、沙滩修复的监测评估技术方法

沙滩修复的评估主要通过沙滩稳定性的监测进行。在受长期侵蚀的砂质海岸，进行充分的稳定性监测对于侵蚀防护工程的建设有很重要的作用。监测内容以沙滩设计参数为主，包括：剖面对比、沉积物变化、岸线变化以及动力条件。由于沙滩在动力作用下不断运动和变化，各个参数之间相互关联，在监测时应综合考虑。

（一）剖面对比

剖面可以进行空间和时间变化描述。在同一时间里不同位置的剖面比较，可以反映不同地形地貌对滩面的控制作用。同理，在不同一时间相同位置的剖面比较可以反映波浪对沙滩横向作用的方式和强度。例如，在整个工程区岸段均匀布设数个固定监测剖面，由电子全站仪测量获取剖面形态变化数据，由Auto CAD软件成图后，绘制出监测剖面的阶段性变化，进一步计算而得到沙滩剖面滩肩宽度和前滨滩面坡度阶段性变化的具体数值（雷刚等，2013）。

（二）沉积物变化

由于接受动力的分选作用，抛沙后沉积物在高、中、低潮位的重新分布反映了滩面坡度与粒径应对波浪作用的调整过程。最佳的填沙粒径是与天然海滩中自然泥沙的粒径相同或者填沙略粗略重（严恺，2002）。在不同地点进行采样，采用数学模型进行填沙和海滩天然沙之间平均粒径和分选度的比较分析（U.S. Army Corps of Engineers，1984）。

（三）岸线变化

岸线变化主要通过遥感技术获得数据，处理遥感资料，合成卫星影像，用卫片解译水边线，进行岸滩坡度的测定、高程的推算等（黄海军等，1994）。

（四）动力作用

采用快速剖面测量仪逐日对剖面进行重复测量，每天测至低潮时涉水最深处。采样不足的剖面以多项式曲线拟合及线性插值外推的方法，获取每条剖面在大潮低潮位以上的剖面高程点数据。同时记录同步波、流变化数据，对实测的海滩剖面，分别计算各剖面平均大潮低潮线以上、平均海面以上和平均高潮线以上海滩单宽体积。对逐日波高序列及逐日风速序列分别计算波能时序和风应力序列。同时计算各个测量点在测量期间的单宽冲淤体积量。计算波能与海滩体积、风能与海滩体积的交叉谱以及风与浪的相关性，最后进行动力作用分析（戴志军等，2001）。

小结

1. 重金属污染是一种常见的生境污染。目前，对海洋沉积物、水体中的重金属污染的修复是一个难题。通常会采用外源控制和内源控制这两条可能的基本途径对水体中重金属污染进行探索性修复。在内源控制方面，以修复方式为依据来划分，主要包括物理修复、化学修复和生物修复三大类。

2. 近年来，随着海上石油开采和邮轮运输的不断发展，溢油事故频发。溢油对海洋生态环境、海洋生物造成显著危害。目前国际针对海洋石油污染常用的治理技术方法有自然修复法、物理修复法、化学修复法以及生物修复法。而在实际修复过程中，要根据不同的海面状况配合使用。

3. 近年来，大量工农业废水和生活污水进入海洋，导致近海、港湾富营养化程度日趋严重。根据富营养化程度不同确定切实可行的污染控制方案是富营养化防治的重要措施之一。常见的水体和底泥富营养化修复技术包括物理修复、化学修复和生物修复等。在生物修复中，往往利用水生生物、大型海藻以及微生物为主的生物调控方法。

4. 随着海岸资源利用范围和规范的不断扩大，海岸自然环境和生态系统面临巨大压力，出现了许多不容忽视的予盾和问题。目前，海岸修复方法基本上以生物修复法为主，通过筛选适宜的修复工具种和修复方法来建立人工岸段示范区。

5. 海岸侵蚀已成为全球沿海国家和地区共同关注的问题。根据自然海滩的形态要素、物质组成和演变规律，结合需修复地区的水动力和泥沙运动情况，设计适当的人工沙滩和养滩技术，在海岸侵蚀的防护方面具有显著效果。

思考题

1. 请简述利用大型海藻对重金属污染水体进行生物修复的技术路线。

2. 试比较针对重金属污染各种生物修复方法的优缺点。

3. 简述造成海洋石油污染的原因。

4. 简述海洋石油污染的危害。

5. 试比较石油污染采用的物理、化学和生物修复法的优缺点，并简述其各自的适用的条件。

6. 在石油开发、运输等过程中，应当采取哪些措施预防海洋石油污染？

7. 什么是富营养化？如何对水域的富营养化程度进行评价？

8. 简述水体富营养化修复技术。

9. 简述底泥富营养化修复技术。

10. 简述为什么要保护海岸。

11. 简述我国海岸的分类。

12. 简述人工岸段修复的步骤。

13. 如何对人工岸段修复示范区进行评估？

14. 沙滩恢复规划的原则是什么

15. 沙滩修复的监测评估技术方法有哪些？

拓展阅读资料

1. Atlas R M, Philp J. Bioremediation: applied microbial solutions for real-world environmental cleanup [M]. New York: ASM Press, 2005.

2. Atlas R M. Microbial hydrocarbon degradation-bioremediation of oil spills[J]. Journal of Chemical Technology and Biotechnology, 1991, 52(2): 149 - 156.

3. Borja Á, Dauer D M, Elliott M, et al. Medium-and long-term recovery of estuarine and coastal exosystems: patterns, rates and restoration effectiveness [J]. Estuaries and Coast, 2010, 33(6): 1249 - 1260.

4. Burns K A, Garrity S D, Levings S C. How many years until mangrove ecosystems recover from catastrophic oil spills? [J]. Marine Pollution Bulletin, 1993, 26(5): 239 - 248.

5. Dell'Anno A, Mei M L, Pusceddu A, et al. Assessing the trophic state and eutrophication of coastal marine systems: a new approach based on the biochemical composition of sediment organic matter [J]. Marine Pollution Bulletin, 2002, 44 (7): 611 - 622.

6. Garmendia M, Borja Á, Franco J, et al. Phytoplankton composition indicators for the assessment of eutrophication in marine waters: present state and challenges within the European directives [J]. Marine Pollution Bulletin, 2013, 66(1 - 2):7 - 16.

7. George E R, Glenn A B. Indicator tissues for heavy metal monitoring-additional attributes [J]. Marine Pollution Bulletin, 2004, 1(7): 353 - 358.

8. Humood A N. Assessment and management of heavy metal pollution in the marine environment of the Arabian Gulf: a review [J]. Marine Pollution Bulletin, 2013, 72(1): 6 - 13.

9. Idil A, Filiz K, A biomonitoring study: heavy metals in macroalgae from eastern Aegean coastal areas [J]. Marine Pollution Bulletin, 2011, 62(3): 637 - 645.

10. Ing E A, Ramiro R, Herbert R. Beach restoration with geotextile tubes as submerged breakwaters in Yucatan, Mexico [J]. Geotextiles and Geomembranes, 2007, 25(4 - 5): 233 - 241.

11. João G F, Jesper H A, Angel B, et al. Overview of eutrophication indicators to assess environmental status within the European Marine Strategy Framework Directive [J].

Estuarine, Coastal and Shelf Science, 2011, 93(2): 117 - 131.

12. Lewis Iii R R. Ecologically based goal setting in mangrove forest and tidal marsh restoration[J]. Ecological Engineering, 2000, 15(3): 191 - 198.

13. Liu D, Zhu L. Assessing China's legislation on compensation for marine ecological damage: a case study of the Bohai oil spill [J]. Marine Policy, 2014, 50: 18 - 26.

14. Micallef A, Williams A T. Theoretical strategy considerations for beach management [J]. Ocean & Coastal Management, 2002, 45(4 - 5): 261 - 275.

15. Mitsch W J. Ecological engineering and ecosystem restoration[M]. John Wiley & Sons, 2004.

16. Palmer M A, Bernhardt E S, Allan J D, et al. Standards for ecologically successful river restoration [J]. Journal of applied ecology, 2005, 42(2): 208 - 217.

17. Philip S R. Biomonitoring of heavy metal availability in the marine environment [J]. Marine Pollution Bulletin, 1995, 31(4 - 12): 183 - 192.

18. Reboreda R, Cacador I. Halophyte vegetation influences in salt marsh retention capacity for heavy metals [J]. Environmental Pollution, 2007, 146(1): 147 - 154.

19. Shannon G, Framework development for beach management in the British Virgin Islands [J]. Ocean & Coastal Management, 2007, 50(9): 732 - 753.

20. Shepard A N. Restoring deepwater coral ecosystems and fisheries after the Deepwater Horizon oil spill [J]. Interrelationships Between Corals and Fisheries, 2014:147.

21. Strokal M, Yang H, Zhang Y C, et al. Increasing eutrophication in the coastal seas of China from 1970 to 2050 [J]. Marine Pollution Bulletin, 2014, 85(1): 123 - 140.

22. Swannell R P, Lee K, McDonagh M. Field evaluations of marine oil spill bioremediation [J]. Microbiological Reviews, 1996, 60(2): 342 - 365.

第十三章　生态系统恢复技术与方法

高危退化生态系统的生态恢复研究是恢复生态学的前沿研究领域之一，其中典型海洋生态系统——红树林、珊瑚礁、海藻场生态系统的退化引起了特别的关注。与种群恢复侧重于单独种群数量恢复不同，生态系统恢复更加注重结构与功能的恢复，以及生态系统的自我维持能力和稳态调节能力的恢复。因此，受损生态系统结构和功能的恢复重建过程是恢复生态学理论的核心，也是恢复生态学方法与技术的关键。海洋生态系统恢复方法与技术，依托于生境恢复技术和种群恢复技术，关键在于根据恢复目标和种群之间的相互关系构建合理的群落组成与食物网结构，并在生物组分与非生物组分之间建立畅通的能流和物流联系。本章以典型海洋生态系统为例，介绍海洋生态系统恢复的流程、方法与技术。

第一节　海藻场生态系统恢复技术与方法

海藻场生态系统是典型近岸生态系统，除了能够提供重要的生态系统服务外，其独特的结构和功能在海洋生态系统生态学研究中也引起国际学术界关注。由于人类活动和自然灾害的影响，全球范围内的海藻场出现了急剧衰退，由此也促进了海藻场生态系统的研究以及海藻场人工恢复技术的发展。本节主要介绍了海藻场和海草床恢复的方案、常用技术路线、生境整治方法、监测与养护方法以及成效评估方法，进而对海藻场和海草床生态系统服务价值的恢复程度进行评价。

一、恢复方案

（一）恢复方案编制

无论采用何种人工恢复方法，海藻场和海草床的恢复均应按照一定的步骤进行设计与实施（于沛民等，2006；章守宇和孙宏超，2007）。

1. 现场调查与评估

对目标区域自然环境和人类活动情况进行调查，建立海藻场和海草床动态信息库，评估海藻场和海草床退化程度，确定退化原因。

2. 重点恢复区域选择

选择重点恢复区域，恢复局部区域的海藻场和海草床，以点带面，通过海藻和海草的自然繁殖带动周围区域海藻场和海草床的恢复。

3. 建群种种类选择

根据目标区域海藻场和海草床现状，结合自然环境条件和已有研究基础，确定恢复区域建群种植物种类。

4. 生境整治

生境整治包括生境保护与基底整治，主要内容为沙、泥、岩比例的调整，底质酸碱度的调节，基底坡度和基底形状的整备等，以满足海藻和海草对生存空间、能量和营养的需求。

5. 植物体获取与移植

主要包括获得植物成熟植株或幼植体（或种子），并对其进行固着处理，然后投播于恢复目标区域。

6. 监测与养护管理

在海藻场和海草床人工构建过程中需要进行定期监测与管理，包括在建设初期防止草食动物对增殖植物的摄食，及时清除附着杂藻等；对未成熟的海藻场生态系统进行定期监测，及时补充营养盐等无机物；修整生态系统的各级生产力，进行人工、半人工的生物病害防治工作以及生物种质的改良工作等。

7. 恢复效果评价

需要及时对海藻场和海草床的恢复效果进行评价，主要指标包括移植种苗的成活率、生长长度、生长密度、成熟状况等。如果监测指标良好，有孢子产生并萌发成新藻体，则说明人工藻场构建成功。同时，还需要对海藻场和海草床生态系统服务价值的恢复程度进行评价。

（二）常用恢复技术路线

海藻场常用的生态恢复技术路线如图13-1所示。

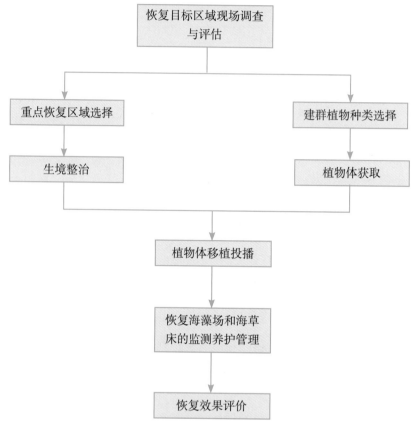

图13-1　海藻场生态恢复技术路线图

（三）方案可行性分析

对方案中各部分工作的材料、技术、设备和成本进行可行性分析。

二、技术方法

（一）恢复区域调查技术方法

1. 实地调查技术方法

根据国家海洋局《海洋化学调查技术规程》《海洋生物生态调查技术规程》进行现场调查。

调查内容包括指定海域的水文、理化及生物因素。对于潮下带海草床植物现状，可以通过地面勘察和采样进行调查（黄小平等，2006；高亚平，2010）。

2. 遥感遥测调查技术方法

通过3S技术、航空摄像和水下摄像等野外调查的辅助工作，可以完成大尺度范围的分布调查及浅水区绘图等工作（杨顶田，2007；许占洲等，2009）。

3. 资料搜集方法

对恢复目标区域的相关研究文献进行搜集，同时通过相关政府部门获得目标区域水文、气象的长期监测资料。

（二）建群种的选择及生物学研究方法

根据藻类和海草生长繁殖对环境的要求与海区自然条件的符合程度，确定大型海藻和海草的种类。对于恢复或重建型海藻场和海草床，原则上以原种类的大型海藻和海草作为底播种。对于新营造的海藻场和海草床，原则上以周围海域存在的大型海藻和海草作为底播种。

对建群种的研究方法主要包括繁殖生物学研究方法（潘金华等，2007）、生理学研究方法、生态学研究方法（陈勇等，2008）。

（三）生境整治方法

1. 自然保护法

停止对海藻场和海草床生境的破坏和开发，采取保护措施，杜绝或减少人类活动对海藻场和海草床的干扰，借助海藻和海草的自然繁衍，逐步恢复（李森等，2010）。

该方法的优点为对现有海藻场和海草床不产生破坏，对生境的人为影响小，资金投入少。但该法恢复周期长；要求现有海藻场和海草床必须具有一定规模，具备自我恢复能力；无法应用于重建型和营造型海藻场和海草床生态工程。

2. 基底整治法

基底整治主要应用于潮间带及浅湾。基底整治包括沙、泥、岩比例的调整，底质酸碱度的调节，基底坡度和基底形状的整备等。一般来说，多数海藻都需要坡度较缓、水深较浅的硬质底，而海草则需要淤泥质与砂质基质。

基底整治法对现海藻场无影响。但该法恢复周期长，藻礁的制造、运输工作工程量大，费用高。

（1）基底清理法。清理恢复目标区域基底附着物，为恢复植物的附着和生长提供基质空间。

（2）潮间带筑槽法。在恢复目标区域（一般为岩基潮间带）用高标号水泥修筑网格水槽，减少潮汐水流以及干露的影响。

（3）潮间带筑台法。在砂质基底上利用水泥构建阶梯状平台以利于海藻附着

（图13－2；Terawaki，2003）。

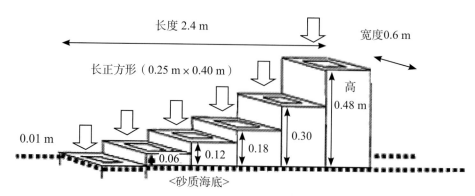

图13－2　潮间带fc筑台法示意图（引自Terawaki，2003）

（4）人工藻礁法。人工藻礁法是在恢复目标区域投放人工藻礁，等待大型海藻自然附着（于沛民等，2007）。面积较大且表面粗糙的构件有利于海藻的固着。而以炼钢炉渣与$CaCO_3$混合物为材料的藻礁具有环保、安全、稳定、与海洋地质相协调的特点，并且更有利于海藻的固着与生长（Oyamada，2008）。现阶段研究侧重于对人工藻礁的材质、形状、规格等方面进行改进（图13－3；Choi，2002）。

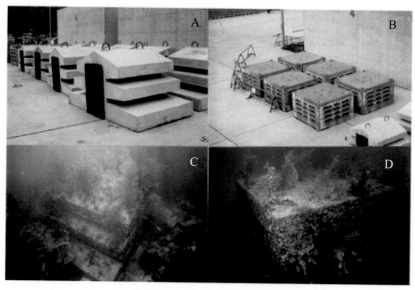

图13－3　人工藻礁法示意图（引自Choi，2002）
A、B.不同形状人工藻礁；C、D.海藻生长情况

（四）植物体的获得、移植或撒播方法

1. 植株移植法

植株移植法是海藻场和海草床恢复的常用方法。成熟植株的获得方法一般为在此种植物生长茂盛的区域进行采集，但是对于能够人工养殖的一些大型海藻（如鼠尾藻）而言，获取植株的最优途径为人工繁育（见第十一章）。

（1）绑藻投播法。将成熟的海藻藻体或海草根状茎固定在碎石、贝壳或可降解的木料上，然后投播在潮间带或潮下带。

（2）网袋（格）固定法。将成熟的海藻装入网袋，然后将网袋固定于基质上（Ohno等，1990），或者将海藻固定在塑料制成的固定网上，然后在岩礁的适当位置钻孔，最后使用不锈钢钉将塑料支撑网固定在岩礁上（图13-4；Correa等，2006）。

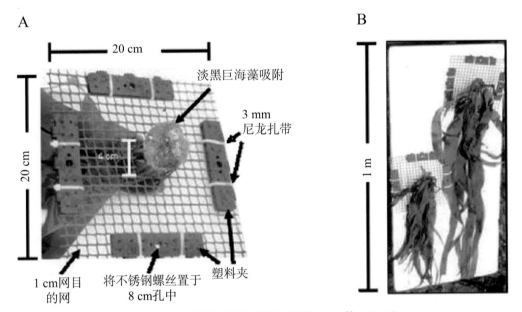

图13-4 网格固定法示意图（引自Correa等，2006）

A. 结构规格；B. 总体外观

（3）框架投播法。将成熟的海草根状茎固定在金属网状框架上，然后将框架放置在海底，待海草生出新根后将框架回收。

（4）草皮（块）移植法。在海草生长旺盛的区域采集扁平状的草皮直接平铺在恢复目标区域的底质上；或者采集较厚的草块，在恢复目标区域的底质上挖掘与草块规格相同的空洞，然后将草块放入。采集工具可以使用PVC管、铁铲等，国外已有能够

实现大规模草块移植的机械（李森等，2010）。

植株移植法的优点在于植物植株便于获得；草皮（块）中植株保存完好。但采集植物植株对海藻场和海草床破坏较大；植株的采集、运输、移植工作工程量大，费用高。

2. 种子撒播法

种子撒播法用于海草床的修复与重建，虽然播撒处理方法较多，但是首先均需要通过潜水采集或退潮时人工收集海草种子（李森等，2010）。

（1）直接撒播法：将收集到的种子直接撒播在恢复目标区域的底质上。

（2）底质播埋法：将收集到的种子埋入底质之下。国外已有机械设备可以将海草种子比较均匀地撒播在底质中1~2 cm深处。

（3）漂浮网箱法：将种子置于小孔径网袋或者浮箱中。

（4）发芽移植法：将种子置于环境条件可控的室内进行培养，待其发芽后移植到恢复目标区域。

种子撒播法的优点是该方法通过植物的有性繁殖方式恢复海草床，可提高海草床的遗传多样性；种子较成熟植株便于运输，尤其适于交通不便的海岛周边海草床的恢复。与成熟植株移植法相比，该方法对现有海草床的影响相对较小。种子撒播法的缺点为由于海草床生产种子的数量和成熟时间具有不确定性，同时海草种子体积微小，因此大量收集种子十分困难；种子由于淤埋、随水流失或遭到取食而损失；大规模收集种子也会影响现有海草床的自然补充；种子撒播产生的海草年龄结构单一，稳定性较差。

3. 幼植体撒播法

幼植体撒播法可用于海藻场的恢复与重建，虽然撒播处理方法较多，但是首先均需要采集成熟且即将释放配子的植株，诱导配子放散，而后收集幼植体。成熟植株的获得方法一般为在此种植物生长茂盛的区域进行采集，但是对于能够人工养殖的一些大型海藻（如鼠尾藻）而言，获取成熟植株的最优途径为人工繁育。

（1）泼洒播种法：将收集的幼植体泼洒在潮间带水面上，使其自然沉降在岩礁上。

（2）固着投播法：将收集的幼植体喷洒在预制附着基上（如混凝土藻礁、石块、贝壳等），进行室内固着培育，培育至5 mm大小后，投播在恢复目标区域。

（五）监测与养护方法

1. 监测技术方法

藻场恢复过程中需要进行定期的监测，主要指标包括：① 移植种苗的成活率；

② 生长长度；③ 生长密度；④ 成熟状况；⑤ 植食性动物种群增长情况；⑥ 杂藻附生情况。

2. 养护技术方法

藻场恢复过程中需要不断地进行养护管理。

（1）幼植体、种子的保护。无论是撒播幼植体恢复的海藻场，还是撒播种子恢复的海草床，都需要对幼植体和种子进行保护，防止流失。在撒播后覆盖网罩，一方面可以防止幼植体和种子随水流失，另一方面可以阻止植食性动物对幼植体和种子的取食。

（2）喷洒营养盐。对于使用幼植体撒播法恢复的潮间带海藻场，需要在幼植体固着生长初期喷洒营养盐，促进幼植体生长，使其快速形成优势种群。

（3）干露防护。对于在潮间带岩基区域恢复的海藻场，可以在恢复区域上方铺盖遮阳网，同时喷洒海水以防止干露和阳光曝晒对幼植体的不利影响。

（4）杂藻控制。在恢复目标植物尚未形成优势种群之前，需要对群落中的其他植物的数量进行控制。其中人工清除法和药剂控制法（如喷洒柠檬酸溶液控制浒苔）最为常用。

（六）恢复成效评估方法

评估技术方法涉及海藻场和海草床的种群丰度、生物多样性指数、生物量增长情况。相关指标可以参照国家海洋局《海洋生物生态调查技术规程》。另外还需对海藻场和海草床的生态系统服务价值进行评估（韩秋影等，2007）。

第二节 红树林生态系统恢复技术方法

由于人口增长、海岸过度开发、污染、砍伐、旅游及过度养殖等因素影响，世界范围内红树林不断减少。近30～40年，全球红树林面积以每年0.7%的速度退化。我国红树林面积最多曾达到 $25 \times 10^4 \ hm^2$，现在仅为 $1.5 \times 10^4 \ hm^2$。鉴于红树林生态系统重要的生态、经济及社会价值，红树林的保护和恢复具有重要意义。

一、 红树林生态系统恢复方案

（一）恢复方案编制

1.红树林退化现状调查

通过对红树林本地物种多样性、外来入侵植物、土地利用及养殖捕捞等状况进行调查分析发现，我国红树林生态系统主要存在以下问题。

（1）受城市扩张、环境问题及人类活动等干扰，生态系统面积大幅度减少、植被破坏。

（2）生物多样性降低，食物网简单化，从而导致生态系统稳定性降低。

（3）外来物种入侵威胁本地物种生存繁殖。

（4）病虫害的暴发使红树林植物死亡。

2.红树林及周边环境评价

即红树林生境状况调查，包括土壤、水质、气候等自然状况及与周边的联系。

我国红树林生态系统水质状况大多较差，因此必须通过治理水污染改善红树林动植物生存条件。红树林生态系统一般土壤盐度较高，气候也较为温和，在植被恢复时应充分考虑此类环境因素。考察红树林生态系统与周边城市系统的联系，确保能够进行能量、物质和信息交流，利于红树林系统的稳定与发展。

恢复前对生态系统中动植物种类及群落分布进行调查，并测定红树林适宜生长的盐度范围（沈凌云等，2010）。

3.确定重点恢复区域

根据红树林生态系统的环境状况及退化状况，确定重点恢复区域。例如，大围湾为淇澳岛红树林分布最多的海湾，但其受入侵的互花米草影响严重，需重点恢复（王树功等，2005）。

4.确定恢复目标

针对各红树林生态系统的不同问题，确定不同的恢复目标。例如，针对人为干扰、污染及物种多样性降低等问题，可确定协调生产活动与红树林保护的冲突、控制污染、人工造林的恢复目标（吕佳和李俊清，2008）；根据红树林资源衰退及适宜红树林生长的滩涂急需绿化的现状，提出申请保护区、加强管理、提高科技水平以提高造林成活率的恢复目标（庄晓芳，2008）；针对互花米草入侵、潮滩地占用、石油制品污染等问题，可确定控制入侵种互花米草生长、恢复适宜种植红树林滩涂，形成分布均匀、结构合理、生态功能稳定、景观优美的红树林体系的恢复目标（张苏玮，

2010）；根据滩涂退化、红树林外围受围垦且被互花米草占据、工农业污染及捕捞活动的影响等问题，可提出对天然残次红树林进行修复并扩大红树林面积的恢复目标（彭辉武等，2011）。

5. 树种选择

结合红树林现有物种、退化现状及自然条件等因素，在目前已有的研究成果（林文欢等，2014）与经验的基础上对建群种植物进行选择。目前适宜在我国红树林生态系统种植的红树植物主要有如下几类：① 抗逆性强、生长迅速的无瓣海桑，其具有发达的呼吸根，果实可提取优质果胶；② 体高大通直的海桑树；③ 有较高观赏价值的木榄和红海榄，二者均已成功引种至深圳市；④ 可作药用、具有观赏价值、能在多种生境条件下生长的银叶树；⑤ 天然分布的树种，如白骨壤、桐花树、秋茄、海漆、假茉莉和黄槿等。

6. 生境整治

主要包括水污染治理和垃圾废物处理。可采取以下措施。

（1）红树林周边地区项目必须建设完善的排污管道，并接入污水排海工程，或污水经深度处理达到排污标准后才可排放并控制排放量（何奋琳，2004）。

（2）通过截污管道对污染源进行截留并输送至水处理设施。污水处理可采用以蚝壳为填料的生态生化处理工艺。尾水通过人工植物塘进行最终净化后，排放至红树林，达到改善红树林水体的目的（沈凌云等，2010）。

（3）开发水利控导系统，控制各围基水位，满足不同生境动植物的需要。

7. 监测、管理与保护

红树林生态系统恢复后，要及时监测恢复状况、管理保护恢复树种，制定相关法律法规，加大保护力度。

8. 恢复效果评价

根据恢复后的树种存活率、物种多样性、群落构成变化、景观格局变化等方面对红树林恢复效果进行评价。

（二）常用恢复技术路线

常用恢复技术路线如图13-5所示。

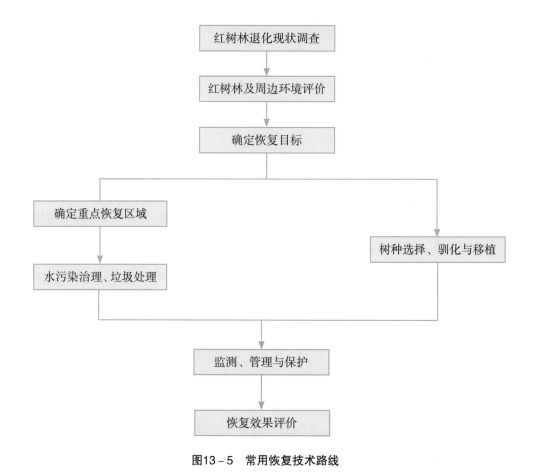

图13－5　常用恢复技术路线

（三）方案可行性分析

从恢复物种获得、技术、成本等方面，对规划方案进行可行性分析。

二、 红树林生态系统恢复技术方法

（一）红树林调查方法

1. 遥感技术

由于红树林生境的特殊性，采用常规手段调查不仅费时费力，且对红树林具有较大的破坏性。遥感技术有效克服了该问题，测量精度高，是目前国内外红树林调查研究的主要技术手段。利用卫星遥感图像调查红树林资源的原理是红树林植物叶片、植被高度、光合作用能力及物质积累等与其他植物具有明显差异，将这些差异通过计算机处理后，可产生有差异的影像图（邓国芳，2002）。

遥感技术的技术关键包括信息源的选择（Landsat TM、CASI、SPOT等）、图像校正、增强与复合、图像判读、生态群落研究等。目前主要运用的遥感技术有3S技术

（李伟等，2008）、基于Contourlet变换的红树林群落研究技术（吴宇静，2012）、基于神经网络红树林景观特性的遥感技术（于祥等，2007）及基于TM影像的遥感技术（王思扬，2013）。

2. 资料搜集

根据目标恢复区域已有的森林资源二类调查资料、资源分布图、造林档案、调查报告等红树林资源相关资料，对红树林现状进行调查（彭华兴，2001）。

由于红树林资源的特殊性，一般在调查时需要将遥感技术与资料搜集相结合，确保调查结果的丰富性和准确性。

（二）建群树种的选择方法

选择造林树种时，要充分考虑红树林的耐寒性、向海性和生态安全（刘荣成，2008）。一般选择原有红树树种进行人工建植，如红树林常见树种白骨壤、桐花树、秋茄等（张苏玮，2010）；或根据当地生境条件（盐度、底质状况、潮汐等），种植已成功引进当地的物种，如无瓣海桑等（彭辉武等，2011）。

造林时要注意多种植物搭配种植，以减少病虫害的产生；还要充分考虑到植物形态学、花期等，尽可能提高红树林观赏价值。

（三）生境治理方法

1. 自然整治法

设立自然保护区，加强红树林周边土地使用权的管理，防止人类活动干扰红树林恢复；制定相应法律规范，杜绝过度捕捞，减少养殖压力；加强对旅游业的管理，合理配置旅游资源。

2. 水污染治理方法

（1）建设污水控制系统。红树林周边建设完善的排污管道，排放的污水经过污水处理后通过海底扩散器排放至深海，而非直接排放至红树林生态系统中（何奋琳，2004）；或将污水拦截后对其进行深度净化再排放至红树林生态系统，从本质上改善水质（沈凌云等，2010）。

（2）建设水利控导系统。在河道、围基间设置水涵和闸门，河道闸门可冲刷河道并在污水处理系统取水，围基闸门可控制各围基水位，满足不同生境动植物生存需要（沈凌云等，2010）。

（四）红树林造林技术

1. 建植技术

主要有胚轴苗法、容器苗法以及树苗移植法等。

2. 种植方式

（1）单株种植法。如株行距1 m×1 m，单株种植（陈粤超，2008）。该方法初期用胚轴数较少，但存活率较低，需补苗数较多。

（2）丛状种植法。如采用每6株一丛的方式，株间距为20 cm，六角形排列，丛行距为2 m×2.5 m（冯顺简等，2013）。该方法初期用胚轴数较多，但存活率高，需补苗数少，且对海面垃圾的疏通更为有效。

3. 施肥技术

（1）散施肥法：即在造林区均匀施撒化肥。该法对红树林幼苗生长有一定促进作用，但用肥量较多。

（2）泥球施肥法：即将肥料集中施撒于种苗下方。该法用肥量较少，且对幼苗的生长促进作用优于散施肥法。

4. 种植滩位的选择

根据红树植物在不同潮位的适应性差异进行种植滩位选择。例如，与秋茄、白骨壤相比，桐花树在潮位较低的潮间区成活率较高。

5. 树种建植季节的选择

不同地区应根据不同的环境条件和建植树种对种植季节进行选择。由于红树植物为喜温物种，一般4～8月比较适宜造林，之后根据生长状况在9～10月进行补植。

（五）恢复后评估技术

从以下几个方面对恢复后红树林生态系统的结构、功能和价值进行评估。

1. 可持续发展

运用该理论评价该生态系统恢复后是否具有可持续发展的能力，能否使生态发展与当地的经济和社会发展相协调。

2. 环境承载力

对红树林生态系统环境承载力的评价包括土地开垦利用、养殖及污染状况等是否超过生态系统的承载能力（见插文）。

> 生态承载力是指在一定时期内，在目前资源开发利用情况下，一定尺度生态系统的自我维持、自我调节能力及其可维持的社会经济强度和具有一定生活水平的人口数量。生态承载力包括两层基本含义：第一层涵义是指生态系统的自我维持与自我调节能力，以及资源与环境子系统的供容能力，为生态承载力的支持部分；第二层涵义是指生态系统内社会经济子系统的发展能力，为生态承载力的压力部分（孟凡静，2003）。

3. 景观格局

用遥感技术分别对生态系统的格局、功能及动态变化进行评估。

（六）恢复后监测技术

1. 指示物种监测

该方法主要用于红树林环境质量监测。例如，以红树林两栖动物海蛙（*Rana cancrivora*）作为指示物种，通过测定其肝脏和肌肉中超氧化物歧化酶、过氧化氢酶、乙酰胆碱酯酶等的活性及丙二醛含量，分析海蛙受到环境胁迫的大小，评估红树林生态系统的环境质量（洪美玲等，2012）。

2. 卫星遥感技术

采用卫星遥感技术，对红树林种群的动态变化进行监测。结合森林分布图及红树林造林规划设计、土地利用状况，采用分类后对比法提取遥感图像信息（张怀清等，2009），具体技术路线如图13－6所示。

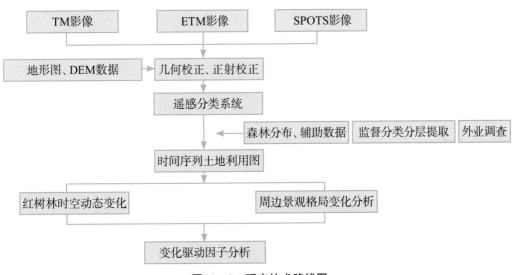

图13－6 研究技术路线图

（七）恢复后管理与保护

对红树林进行恢复后，需要通过一系列措施对生态系统进行管理和保护，主要包括以下几个方面。

（1）红树植物种植后，抚育和管理对植物成活非常重要（彭辉武等，2011）。监测建植树种，扶直倒伏幼苗，清除死亡植株并及时补植。记录病虫害发生情况，若出现病虫害，需移除发生病虫害的植株防止蔓延。

（2）定期清除系统内垃圾，以确保生态环境良好，防止对植物生长产生不利影响。

（3）制定相应法律规范，减少人类活动的干扰：① 完善旅游规则，减少旅游活动对红树林生态系统的破坏；② 制定养殖和捕捞业行为规范，防止土地过度开发与利用，杜绝过度捕捞；③ 设立自然保护区，完善法律法规，禁止保护区内的各项活动，促进红树林生态系统的恢复。

（4）加强科技投入，提高造林成活率。加强各个部门的分工合作，协调管理。

（八）我国红树林保护法律

国家和南方沿海省市对红树林的保护高度重视，《中国人民共和国海洋环境保护法》第二十条规定："国务院和沿海地方各级人民政府应当采取有效措施保护红树林、珊瑚礁、滨海湿地、海岛、海湾、入海河口、重要渔业水域等具有典型性、代表性的海洋生态系统，珍稀、濒危海洋生物的天然集中分布区、具有重要经济价值的海洋生物生存区域及有重大科学文化价值的海洋自然历史遗迹和自然景观。对具有重要经济、社会价值的已遭到破坏的海洋生态，应当进行整治和恢复"。沿海省市也专门颁布了红树林保护的地方法规，如《海南省红树林保护规定》（1998年9月24日海南省第二届人民代表大会常务委员会第三次会议通过，根据2004年8月6日海南省第三届人民代表大会常务委员会第十一次会议《关于修改〈海南省红树林保护规定〉的决定》修正，2011年7月22日海南省第四届人民代表大会常务委员会第二十三次会议修订）、《广西壮族自治区山口红树林生态自然保护区管理办法》（1994年7月1日桂政发(1994)51号发布，根据1997年12月22日发布的广西壮族自治区政府第16号令《广西壮族自治区人民政府关于清理政府规章的决定》和2004年6月29日发布的《广西壮族自治区人民政府关于修改部分自治区人民政府规章的决定》进行修正）、《三亚市红树林保护管理办法》（三亚市人民政府2007年12月发布）。

（九）我国主要红树林自然保护区

为了对红树林生态系统进行有效保护，我国已经在多地建立了红树林自然保护区（表13-1）。

表13-1　中国红树林自然保护区

序号	名称	地点	红树林面积/hm²	成立时间	级别	红树植物种类
1	东寨港红树林自然保护区	海南琼山	1 733	1980	省级	19
				1986	国家级	

续表

序号	名称	地点	红树林面积/hm²	成立时间	级别	红树植物种类
2	北仑河口红树林自然保护区	广西防城	1 207	1990	省级	9
				2000	国家级	
3	山口红树林生态自然保护区	广西合浦	730	1990	国家级	9
4	湛江红树林自然保护区	广东湛江	933	1990	省级	7
			12 423	1997	国家级	
5	福田红树林鸟类自然保护区	广东深圳	111	1984	省级	7
				1988	国家级	
6	清澜港红树林自然保护区	海南文昌	2 000	1981	省级	21
7	米埔红树林鸟类自然保护区	香港米埔	85	1984	省级	9
8	漳江口红树林自然保护区	福建云霄	170	1997	省级	6
				2003	国家级	
9	九龙江口红树林自然保护区	福建龙海	67	1988	省级	5
10	淡水河口红树林自然保护区	台湾台北	50	1986	省级	1
11	关渡自然保留区	台湾台北	19	1988	市级	—
12	北门沿海保护区	台湾台南	—	1986	县级	—
13	花场湾红树林自然保护区	海南澄迈	—	1983	县级	—
14	新盈红树林自然保护区	海南临高	—	1983	县级	—
15	彩桥红树林自然保护区	海南临高	—	1986	县级	—
16	新英红树林自然保护区	海南儋州	—	1983	市级	—
17	三亚河口红树林自然保护区	海南三亚	14	1990	市级	—
18	青梅港红树林自然保护区	海南三亚	63	1989	市级	

第三节　珊瑚礁生态系统恢复技术方法

珊瑚礁生态系统由于生物多样性丰富、生产力水平高，被称为"海洋中的热带雨林"。它可为人类提供各种原料及海产品，且具有很高的观赏价值。

全球珊瑚礁面积约为284 300 km²，主要分布区域及面积如表13－2所示。由于人类活动、气温升高、海洋酸化、过度开采等因素的影响，珊瑚礁生态系统受到严重威胁，不断退化（徐兵，2013）。

表13－2　全球珊瑚礁分布情况

地区		面积/km²	占总面积比/%
大西洋和加勒比海	大西洋	1 600	0.6
	加勒比海	20 000	7.0
印度—太平洋	红海和亚丁湾	17 400	6.1
	阿拉伯湾和阿拉伯海	4 200	1.5
	印度洋	32 000	11.3
	东南亚	91 700	32.3
	太平洋	115 900	40.8
东太平洋		1 600	0.6

一、珊瑚礁恢复方案

（一）恢复方案

1. 珊瑚礁受损状况调查

调查目标地区珊瑚的分布、面积、种类、生物多样性及珊瑚死亡、白化的状况。

2. 珊瑚礁生境调查

调查目标地区气候、自然灾害情况；调查海水水质（包括温度、酸碱度、盐度、营养盐浓度、溶解氧等）、水文条件等；由于造礁珊瑚需附着于基质上，还需调查底质类型及分布。

3. 人类干扰及敌害生物

调查目标地区周围人类活动（工农业、旅游业）的影响，主要是污染、珊瑚礁开采及过度捕捞等情况。同时应该掌握目标地区珊瑚竞争及捕食珊瑚生物种类。

4. 珊瑚礁受损原因及受损程度分析

通过搜集资料及对自然环境及人类干扰等的现场调查，分析造成珊瑚礁生态系统受损的主要原因，以便确定适宜的恢复措施。

5. 确定恢复目标

根据自然条件、珊瑚礁受损程度及现有的技术条件和经验，确定恢复目标。

6. 恢复方法选择

破坏程度不同的珊瑚礁生态系统恢复方法不同。破坏程度较小的可采用自然修复法，包括设立管理区、防止人为干扰等。破坏较为严重的地区需采用人工恢复的方法，主要通过珊瑚移植的方式进行。

7. 生境整治

可以采用自然恢复法或人工恢复法对移植区域内的污染物或杂物进行治理。（Edwrds，1998）。

8. 恢复区管理与保护

包括建立保护区、提高污染处理技术、纳入环境评价标准体系、制定相应法律、加大珊瑚礁保护宣传力度等方面。

（二）恢复技术路线

珊瑚礁生态系统的恢复技术路线如图13－7所示。

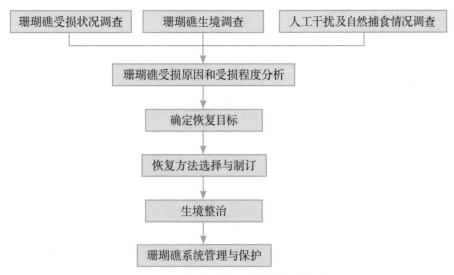

图13－7　珊瑚礁生态系统恢复的技术路线

（三）方案可行性分析

从珊瑚移植的技术方法、经济成本等方面进行可行性分析。

二、 技术方法

（一）珊瑚受损状况调查方法

1. 现场调查

即采取潜水的方法。此法为最原始的调查方法，费时费力，无法获得大面积的数据，也较难对偏远地区珊瑚礁生态系统的状况进行调查（图13-8）。

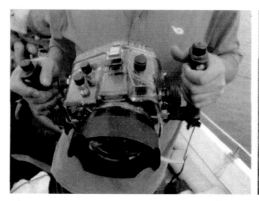

a   b

图13-8 现场调查（引自徐兵，2013）

a. 现场调查水下相机；b. 潜水员水下工作

2. 珊瑚礁遥感技术

根据目标和监测对象不同，珊瑚礁遥感可以分成两大类：直接珊瑚礁遥感和间接珊瑚礁遥感（Andrefouet等，2004）。前者的监测对象是珊瑚礁本身，主要目的是对珊瑚礁进行制图、生长状况的健康调查和变化监测；后者对珊瑚礁的生境进行监测，以预警珊瑚礁灾害事件为目标。

用于珊瑚礁遥感监测的传感器种类较多，包括主动式遥感传感器（如激光雷达）和被动式传感器（如QuickBird、IKONOS、ETM+、SP0T5等）。也可根据应用环境不同分为空中的机载、星载传感器，地面和船载传感器（潘艳丽等，2009）。被动式光学遥感价格低并能够快速对大面积珊瑚礁进行监测，目前被广泛应用和研究（Andrefouet等，2004）。

获得监测数据后，要进行影像处理、数据处理、信息提取、结果分析与校正等后续步骤。

3.资料搜集

通过查阅文献资料、走访调查等方式，对目标地区珊瑚礁历史状况及现状进行调查。

（二）珊瑚礁生境调查技术方法

1.取样调查法

通过现场取样的方法，对海水水质（如盐度、温度、pH、营养盐浓度等）进行测定。

2.遥感法

运用遥感法调查底质类型及分布，监测目标地区海洋及大气环境，预测灾害发生等。

（三）人工干扰及自然捕食情况调查方法

可采取走访调查方式，对破坏性开采、捕捞、污染物排放等情况进行调查；向有关部门搜集资料，对周围工农业、旅游业情况进行调查。

（四）珊瑚礁受损原因及程度分析方法

珊瑚礁生态系统受损原因可能来源于自然和人为干扰，通过资料收集和现场调查、查访，分析生态系统受损原因。

从不同层次对珊瑚礁受损程度进行分析（表13-3），主要包括珊瑚健康状况、底质、大型底栖藻类、生物种类及数量。珊瑚健康状况指标包括形态、高度、覆盖度、长度、死亡率等。

表13-3 珊瑚礁生态系统受损的层次及产生的结果

受损程度	损害量度	在珊瑚礁系统上产生的结果
生物体	生理学上的特征（如生长和繁殖力下降等）	发生在生物个体而不影响结构和功能
物种	物种丰富度、珊瑚覆盖率和物种多样性改变	结构受到影响但不影响功能
群落	珊瑚礁机能失常的指示物（如转变为一个藻类占优势的群落）	结构和功能都受到影响
珊瑚礁框架	丧失生境、珊瑚礁框架和地形的复杂性	结构和功能受到严重影响

（五）恢复方法与技术的选择

1.自然恢复法

当珊瑚礁生态系统受到的破坏较轻微时，即自我恢复速度大于退化速度时，可在停止人为干扰后，采取自然恢复的方法。自然恢复的措施主要包括建立自然保护区、开发污染治理技术、纳入环境评估体系、提高珊瑚礁保护意识等。

2. 人工恢复法

当生态系统的退化速度大于自我恢复速度时，需采取人工恢复的方法。人工恢复主要通过珊瑚移植的方法进行。

（1）移植适宜性分析

珊瑚移植前要进行评估，分析目标地区是否适宜珊瑚移植。评估项目主要包括水质、底质、退化程度等。

适合进行珊瑚移植恢复的主要有以下几种情况：① 受干扰的珊瑚区正处在优势种由石珊瑚向软珊瑚和微藻转变的过渡时期；② 珊瑚区由于珊瑚幼虫的减少或是底质的不稳固导致其本身的后备补充不足；③ 存在大量的可移植珊瑚；④ 珊瑚区的水质适合珊瑚的生长等（李元超等，2008）。

（2）底质整治

如果底质不稳定，附着的珊瑚幼虫可能会发生脱落。国外主要采用用水泥把碎石区覆盖或者把碎石搬走的方法固定底质。在许多珊瑚礁保护区，工作人员将活动的碎石用水泥等胶合在一起以稳定底质，取得显著的效果，被广泛应用于珊瑚礁的恢复工作中（李元超等，2008）。

（3）水污染治理

首先应建立完备的污水处理系统，采用"控、净、停"的办法（兰竹虹等，2006），改善水质状况。珊瑚礁生态系统周围的工农业废水经处理达标后方可排放入海；不达标的则应严格控制，禁止排放。对于已经污染的水域，应进行生态治理。治理方法包括物理法、化学法和生物法。

（4）珊瑚种类的选择

不同海域适宜生长的珊瑚种类不同，在移植时要选用环境适应性较强的种类。同时，还要考虑移植后生态系统遗传多样性的问题，选择多种珊瑚，以利于生态系统的稳定。

（5）珊瑚大小的选择

珊瑚大小以适中为宜。若移植个体较小，易被捕食；若移植个体较大，则会影响供体珊瑚的繁殖。

（6）移植试验

即在恢复前进行小规模、不同种类珊瑚的移植试验，选取存活率高的珊瑚作为移植种。

（7）珊瑚移植

珊瑚移植的方法主要有直接移植和养殖移植两种（Oren，1997；Heyward，2002；Okamoto等，2004；Rinkevich，2006）。珊瑚养殖照片如图13－9。

图13－9 珊瑚养殖

（六）恢复后监测与评估

珊瑚移植后利用遥感技术、实地调查法等拍摄并记录珊瑚生长状况，包括死亡率、病虫害情况、补植情况及生物多样性等，并对以上指标进行评估。

（七）恢复后保护与管理

（1）设立自然保护区，防止人为干扰对珊瑚礁生态系统产生影响。

（2）制定法律，加大执法力度，对破坏珊瑚礁生态系统的行为进行处罚。

（3）各部门合作，加强对珊瑚礁生态系统的管理。

（4）加强宣传力度，提高公民的保护意识。

（八）我国主要的珊瑚礁生态系统保护区

我国主要的珊瑚礁生态系统保护区如表13－4所示。

表13-4　我国主要的珊瑚礁生态系统保护区

名称	地理位置	建立时间	面积/hm²	主要保护对象
海南三亚国家级珊瑚礁自然保护区	东经109°20′50″~109°40′30″ 北纬18°10′30″~18°15′30″	1990年	8500	造礁珊瑚、非造礁珊瑚、珊瑚礁及其生态系统和生物多样性
福建东山珊瑚礁海洋自然保护区	福建南部的海岛县和渔业县	1997年	3630	生物多样性、海洋生态旅游
广东徐闻珊瑚礁自然保护区	东经109°50′12″~109°56′24″ 北纬20°10′36″~20°27′00″	2003年（省级）2007年（国家级）	14378.5	生物多样性
广西涠洲岛珊瑚礁国家级海洋公园	北海市南部海域	2001年	2512.92	生物多样性、渔业资源及海岸线

（九）我国珊瑚礁生态系统保护法律

除了《中华人民共和国海洋环境保护法》明确规定对珊瑚礁生态系统进行保护外（见本章第二节），以下法律和地方法规也专门规定。

《中国人民共和国海岛保护法》：由中华人民共和国第十一届全国人民代表大会常务委员会第十二次会议于2009年12月26日通过，自2010年3月1日起施行。

《海南省珊瑚礁保护规定》：1998年9月24日海南省第二届人民代表大会常务委员会第三次会议通过，2009年5月27日海南省第四届人民代表大会常务委员会第九次会议修订，自2009年7月1日起施行。

第四节　河口生态系统恢复

河口是陆地径流与海水的交汇区域，水的盐度从河水的接近于零连续增加到正常海水的数值，水体中的生态群落处于陆地与海洋生态系统之间的过渡状态，有着重要的物理、化学、地质和生态意义（张娇和张龙军，2008）。在河口水域，径流、潮流、风浪共存，水流、泥沙运动具有很强的非恒定性，形成了有别于淡水和海洋的独特河口环境。正是由于河口特殊的地理位置和水文条件，产生了比海洋更为剧烈的物理化学和生物化学作用。河口通常被认为是河流到海洋的过滤器（王华新，2010；图13-10）。

河流携带的陆源物质进入河口区域后，由于海陆交互作用而在河口地区沉降、堆积，形成滨岸潮滩，并随着输入的持续，不断向海推进和演替。河口滨岸潮滩作为海陆过渡带，一方面受到咸淡水交互、暴露和淹没交替（季节性河流河口地区）、泥沙冲淤等海陆相互作用的影响，环境因子变化显著，生态环境相当脆弱；另一方面，江河流域内各种物质通过吸附作用富集在河口地区，使河口滨岸潮滩成为河流到海洋的过滤器，某些难降解、惰性物质一旦进入沉积环境后便很难再迁出，因此，河口及近岸区域的沉积物是陆源污染物的重要归宿之一（张娇和张龙军，2008）。河口-近海系统位于沿海经济带，是海陆相互作用最为活跃、对流域自然变化和人类活动响应最为敏感、与近岸环境变化关系最为密切的区域。沿海经济带的快速发展对海岸带资源与环境有着极大的依赖性，同时也赋予海岸带沉重的环境压力，大量工农业以及生活污水的沿河排放使得河口潮滩的自然生态环境遭到了不同程度的破坏。

图13-10 黄河口生态系统

一、河口生态系统恢复方案

（一）河口恢复方案编制

1. 现场调查与评估

对目标区域的生境和生物种群、群落情况进行调查，进行河口水环境样品采集与检测，建立河口动态信息库，评估河口污染和功能退化程度，确定退化原因。

2. 确定河口污染类型

根据对目标河口区域的现场调查与评估，确定河口主要污染类型，如重金属污染、有机质污染等等。

3. 污染物控制

清查目标河口区域附近的排污口，且对排放污染物进行有效控制。

4. 重要生境的整治及修复

生境的整治包括污染物的去除和改善底质环境。

5. 重要种群的保护及恢复

根据目标区域生物种群现状，结合自然环境条件和已有研究基础，确定恢复区域建群种植物种类。

6. 动态监测、综合管理与保护

目标河口生态系统恢复后，要动态监测恢复状况、管理保护生境及种群，制定相关法律法规，加大保护力度。

7. 恢复效果评价

需要及时对河口恢复效果进行评价，主要指标包括水域的水质、表层沉积物、以及浮游生物贝类和鱼类的监测数据等。如果各项监测指标良好，则说明河口恢复成功。

（二）常用恢复技术路线

河口生态系统常用的生态恢复技术路线如图13-11所示。

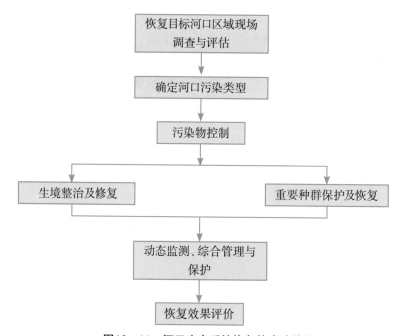

图13-11 河口生态系统恢复技术路线图

（三）方案可行性分析

对方案中各部分工作的材料、技术、设备和成本进行可行性分析。

二、 技术方法

（一）恢复区域调查技术方法

1. 实地调查技术方法

河口水环境要素变化主要体现在水量、水质、泥沙（河岸形态）、咸潮四个分布场方面。实地调查内容包括指定河口的水文、理化及生物因素。根据调查结果，综合分析河口水环境的构成、特征、功能以及水环境现存主要问题。

2. 遥感遥测调查技术方法

相对一般调查手段，遥感技术具有宏观、快速等特点，同时它可以记录历史、回溯历史的真实情况。因此在调查大范围的河道及口门长期变化，河口及海区的泥沙平面分布以及涨潮、落潮时的流向分布等方面，遥感技术具有较其他常规手段更为独特的优势。例如，彭静等（2004）利用遥感分析的先进手段，通过历时较长的影像解析和分析，对比研究了珠江河口西北江河道、岸线及口门区水域面积变化，并获取了特定时相的口门外潮流分布场和悬浮沙分布场；结果与水沙模型进行了宏观印证，取得了综合性的研究成果。

3. 资料搜集方法

对恢复目标区域的相关研究文献进行搜集，同时通过相关政府部门获得目标区域的长期监测资料。

（二）确定河口污染类型

河口作为一个海水与陆地径流交汇的复杂生境交错带，河流、湿地、潮间带等各种生境类型都有分布。因此"河口生态系统"并非严格意义上的生态系统名称，而是多种生态系统的集合，其自身具有一定的复杂性，这就决定了对河口生态系统进行恢复研究需要具有很强的针对性（杨志等，2011）。

1. 重金属污染型河口

关于河口的重金属污染物问题，国内外大量研究表明，通过各种途径排入水体的重金属污染物绝大部分迅速地由水相转为固相，即迅速地转移至沉积物和悬浮物中。悬浮物在被水搬运过程中，当其负荷量超过水的搬运能力时，便逐步转变为沉积物。另外，在受重金属污染的水体中，水相中重金属含量甚微，且随机性很大，常随排放情况与水文条件而变化，分布往往无规律；但在沉积物中，重金属常得到积累，表现出明显的分布规律性（刘绮等，2008）。

去除重金属的措施主要有化学沉淀法，氧化法和还原法，浮上法，电解法，吸附法，离子交换法，膜分离法。

2. 有机质污染型河口

据报道，全球河流每年向海洋输送约1 t的碳，其中约40%为有机碳（Hope等，1994），而河口是陆源有机碳向海洋运输的必经之处。因水滞留时间长，盐度、pH、氧化还原电位、离子强度等物理化学参数变化梯度大，导致大量有机质在河口区域沉降（张龙军等，2007；王华新，2010）。河口和海岸地区汇聚的有机质成分复杂，主要由腐殖质、类脂化合物、糖类化合物等（李学刚等，2004）。有机物既是主要的生原物质，也可能成为重要污染物，在河口生态系统中是一个极其重要的控制因素（张娇和张龙军，2008）。

研究表明，随着社会经济的高速发展和城市化进程的加快，有机物在河口、海湾区域的累积加剧。我国河口区域有机污染情况十分突出。《2009年中国海洋环境质量公报》指出，河流携带入海的污染物总量较上年有较大增长。2009年，对全国40条主要河流的监测结果显示，全年由河流入海的CODcr为1 311万吨，比上年增加209万吨。牟平三八河河口潮滩污染情况如图13－12所示。对珠江河口沉积物中有机物累积规律的研究表明，随着珠江三角洲经济的快速发展，沉积物中有机质累积速率迅速升高（Jia & Peng，2003）。有机质在河口潮滩中的分布与当地的水动力条件、与排污口距离等因素有关（刘娇，2011）。

图13-12　牟平三八河河口潮滩污染情况

（三）污染物控制

河流携带的污染物在河口潮滩中累积，造成沉积物中重金属、有机质含量的升高。沉积物中大量有机质的降解容易形成缺氧环境，引起有害物质的累积，严重时会导致河口生态系统的退化。因此必须严格控制来自上游河流的污染物排放。

（四）重要生境整治方法

1. 自然整治法

设立自然保护区，加强对河口周边土地使用权的管理，防止人类活动的干扰；制定相应法律规范，加强对旅游业的管理，合理配置旅游资源。

2. 水污染治理方法

（1）建设污水控制系统：河口周边建设完善的排污管道，污水需经过处理后排放至深海；或将污水拦截后对其进行深度净化再排放至河口生态系统，从本质上改善水质。

（2）建设水利控导系统：在河道、围基间设置水涵和闸门，河道闸门可冲刷河道并在污水处理系统取水，围基闸门可控制各围基水位，满足不同生境动植物生存需要（沈凌云，2010）。

（3）生态修复法：针对不同污染类型的河口生态系统，可供选择的生物修复常见技术方法包括以下几种，且可以综合应用。

植物修复：主要利用植物直接吸收有机污染物、通过植物根部释放的酶催化降解有机污染物、或是利用在植物根系共生的微生物降解有机物。植物修复在污染物修复中的作用已被大量研究证实，并逐渐成为原位修复的主要技术手段之一。可处理的污染物包括PCBs、PAHs、含氮芳香化合物、链烃等（刘娇，2011）。

动物修复：主要利用一些耐污的大型底栖动物，通过摄食及生物扰动作用，改善底质环境，提高污染物的去除率。大型底栖动物在自然界物质循环和生态平衡中起着巨大作用，在改善环境方面具有一定潜力（Cuny & Miralles，2007；陈惠彬，2005）。以沙蚕为例，定期跟踪监测结果表明，沙蚕投放后对改善底质结构、增加底质透气性、调节氧化还原电位、促进底质微食物环的形成等均起到良好作用。沙蚕修复区沉积物中石油烃、总氮、砷、总汞和有机质的含量呈明显下降趋势。但目前国内外在该领域的研究相对较少（刘娇，2011）。

微生物修复：是在人为优化的条件下，利用自然环境中生长的微生物或人为投加的特效微生物来分解有机物质。与动物和植物相比，微生物具有比表面积大、繁殖快、适应性强、使用范围广等优点，具有强大的降解与转化能力（金志刚等，1997）。目前，利用微生物进行污染环境的修复倍受国内外研究学者的重视，具体工作主要集中在寻找高效降解菌、提高污染物的可利用性以及为微生物提供更合适的环境三方面。

在河口修复的过程，要将各种修复技术有机地结合起来，才能提高对河口水体的治理效率，进一步形成有效的生态修复技术。

3. 制定相关环境保护条例

根据《中华人民共和国海洋环境保护法》，结合地区的特点，可制定如下的环境管理条例：① 海区与河区划分条例，地区环境功能区划条例；② 海域保护条例；③ 海域环境监测条例；④ 地下水管理条例（内容包括地下水限量开采，地下水收费，限制建井，禁止向地下水排放有害物质等）；⑤ 渔业资源保护条例（包括在鱼类产卵期限制排放污染物，浅海水域的管理等）；⑥ 放射性污染的管理条例，石油事故防止及处置条例；⑦ 环境影响预测评价管理条例；⑧ 环境损害补偿条例，排放收费、处理条例；⑨ 工业废渣管理条例；⑩ 工业废物投海、掩埋、堆放管理条例。

（五）重要种群的保护及恢复

根据物种生长繁殖对环境的要求与河口区自然条件的符合程度，确定重要种群的种类。具体种类及恢复方法见第十章。

（六）监测、管理与保护方法

（1）对于重金属污染型河口，需严格控制污染源的重金属排放，加强对污染源的治理（刘绮和欧阳莱，2008）：① 使用含重金属量低的原料；② 对原料进行预处理；③ 改革工艺，控制污染；④ 推行综合利用三废，实现化害为利；⑤ 对工业污染源实行总量控制。

（2）对于有机质污染型河口，需提高对污染物的去除率，通过适当手段去除过量有机质，改善沉积物环境。

（3）建立健全该地区的环境保护机构和法律、法规、政策。可针对该地区环境保护工作的特点，建议设立如下管理、监测、科研等机构：① 海域污染状况监测预报站（负责对海区和沿岸排污口和河口的监测，并且定期预报海域污染趋势，以便采取对策）；② 工业废物管理中心（负责三废的管理、收费、存放、处理等）；③ 污染事故处理机构（负责事故的报警和处理，如石油事故的报警和对排到海上石油的回收等）；④ 建立或充实本地区的环保科研机构，加强对该地区环境保护的科研工作。

我国海河流域首部河口管理规章《海河独流减河永定新河河口管理办法》于2009年7月1日正式施行。《办法》的颁布实施，标志着海河、独流减河、永定新河河口(以下简称三河口)管理进入了依法管理的新阶段（韩清波，2009）。

（七）修复成效评估方法

鉴于河口生态系统复杂的环境因素及重要的生态服务功能，开展河口生态系统评价指标体系研究很有必要。Ferreira（2000）综合考虑物理和生化特性，建立了河口质量综合评价方法，其中包括了抗干扰能力、水质、沉积特性和营养动力学等4个方面。Roy等（2001）通过对河口结构与功能的关系的比较分析，得出河口管理应当综合考虑人为干涉因素的影响，而不能仅仅依据简单的河口评价指标，要给出切合实际的管理对策。

孙涛和杨志峰（2004）综合考虑河口生态系统对全流域及人类生活的影响，分别从生态系统的环境部分、生物部分以及对人类的影响等3方面，采用集水面积、人口密度、入海量、河口断流时间、水质、生物多样性指数和生物量等7项指标对河口生态系统状况进行评价，建立了河口生态系统恢复评价指标体系。

第五节　滨海湿地生态系统恢复

滨海湿地是指海平面以下6 m至大潮高潮位之上与外流江河流域相连的微咸水和淡浅水湖泊、沼泽以及相应的河段间的区域（陆健健，1996；喻龙等，2002），由潮上带土地、潮间带滩涂和潮下带浅海（表13－5）3个部分组成（赵焕庭和王丽荣，2000）。滨海湿地在净化污水、保护海岸线和控制侵蚀、保护生物多样性等方面发挥着重要作用，有着"地球之肾""物种基因库"和"科普博物馆"的美誉（张绪良等，2011）。

表13－5 滨海湿地分类及特点（引自赵焕庭和王丽荣，2000）

带型		特点
潮上带	冲积平原	由河流、扇形地前缘和泛滥平原组成，呈陆相淡水相生物面貌。
	老海积平原	全新世中期以来形成的，由海拔1~5 m的海积平原和洼地组成，土壤多已脱盐，生物为陆相；少数为未完全脱盐或存在"返盐"现象的盐碱地，生长耐盐植物。
潮间带	海滩（砂砾质）	湾头波浪堆积砂砾滩，高位海滩生物较贫乏，中潮位以下海洋生物多。
	滩涂（淤泥质）	现代潮流输送泥沙在河口三角洲及其邻近岸段堆积，废弃河口三角洲改造而成的淤积。
	珊瑚岸礁坪	造礁石珊瑚建造，喜礁动植物种多量大，有游禽。
	岩滩	浪蚀地形发育，附着的软体动物和藻类多。
潮下带	水下岸坡	是潮间带的水下延伸部分，水浅，底质有泥、砂、砾和礁岩等类型，沿岸水团盘踞。
	潟湖	分海岸沙坝-潟湖和环礁潟湖，分海岸沙坝-潟湖水下岸坡，环礁潟湖水深，生物多样性高。

我国大陆海岸线长度达1.8×10^4 km，海岸滩涂和河口沼泽面积广阔，潮间带和潮下带海产品丰富，同时也是洄游性鱼类、虾类与蟹类的重要产卵场、育幼场和索饵场（喻龙等，2002）。我国滨海湿地退化，一方面是由于自20世纪50年代以来，随着人口增长和社会经济迅速发展，每年有大量的工业废水和生活污水未经达标处理直接排放入海，工业固体废弃物和生活垃圾大量堆积在岸滩或任意弃置入海，内陆地区污染物经河流携带入海，导致污染较为严重；另一方面是由于大规模围填海改变了滨海湿地的自然属性，其生态服务的功能降低或丧失。

一、滨海湿地恢复方案

滨海湿地处于海水和陆地径流交汇地带，受河流、海流潮汐的影响，物理化学条件较为特殊、复杂多变，物种单一，为恢复带来了一定的难度。

（一）恢复方案

滨海湿地位置特殊，具有生态敏感性。我国目前湿地受损较为严重，已不能简单地通过自然恢复方法进行恢复。必须通过人工辅助的方法维持湿地生态系统功能并恢复其生境（张韵等，2013）。

1. 退化状况调查

对湿地生态系统的自然地理状况、人为干扰程度进行调查，建立相应数据库，评估退化状况，确定退化原因。

2. 确定恢复区域

通过对退化程度的评估，确定需恢复的重点区域。对该地区的底质、水质等进行改造，建植适当植被，逐步恢复生态系统。

3. 确定恢复目标

根据不同的地域条件，以及不同的社会、经济、文化背景要求，所提出的生态功能恢复目标、湿地恢复的目标也会不同（崔保山和刘兴土，1999）。有的目标是恢复到原来的湿地状态，有的目标是重新获得一个既包括原有特性，又包括对人类有益的新特性状态（包维楷和陈庆恒，1999）。根据恢复区域的受损状况和现有的技术条件和经验，确定相应的恢复目标。

4. 生境整治

对需恢复湿地的基底和水文条件进行整治。例如，黄河三角洲生境盐碱化较为严重，需对其进行改善（张韵等，2013）；湿地常受到石油烃的污染，也需要进行治理。根据湿地存在的不同问题，选择适合的方法进行修复。

5. 植物建植

根据恢复湿地的自然状况，选择适宜生长的植被，播种或移植于目标区域，进行植被恢复。

6. 恢复后监测、保护与管理

湿地恢复后要建立监测系统，实时观测恢复状况，监测植被的生长状况、病虫害状况；加强各部门管理，减少人为活动的干扰；制定相应法律法规，加大对破坏湿地行为的惩罚力度。

7. 恢复效果评价

评价内容主要包括移植植被的成活率和生长状况、生物完整性（美国水污染控制法案）、水文功能等。若这些指标结果较好，则认为恢复成功。另外，还要对滨海湿地的服务功能恢复程度进行评估。

（二）恢复技术路线

滨海湿地生态系统恢复的技术路线如图13-13所示。

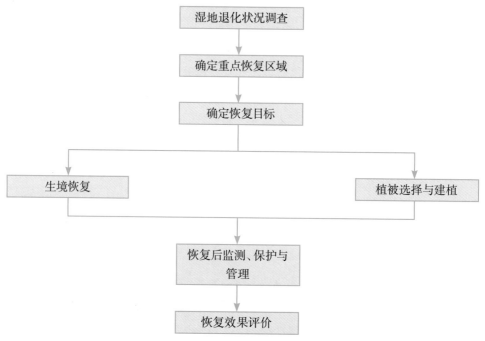

图13-13 滨海湿地生态系统恢复技术路线图

（三）方案可行性分析

对恢复方案所采用的技术、材料、设备及经济成本的可行性进行分析。

二、湿地生态系统恢复的技术方法

（一）湿地退化状况调查

1. 实地采样调查

取湿地水样分析pH、温度、营养盐浓度、油类、溶解氧、化学需氧量、生物需氧量等指标（李团结等，2011）。

取底质样品分析有机碳、油类、重金属元素（铜、铅、锌、镉和总汞）、硫化物等含量（李团结等，2011）。

2. 遥感技术

采用3S技术、航空摄影技术等，并结合计算机技术，进行大范围湿地调查。

例如，牛振国等（2009）对我国湿地进行了遥感制图及相关地理特征分析，具体方法如下。以Landsat ETM+遥感影像为基本数据源（http://glcf.umiacs.umd.edu/data/2007），获得不同时段的湿地影像。图像处理后，进行影像的拼接和投影转换，利用空间分辨率为1 km的全国高程数据（GTOPO30）、全国2000年土地利用/覆盖数据（1∶10万）、Google Earth地图数据和全国沼泽数据等作为辅助数据进行检查与分析。最后进行解译（牛振国等，2009）。

3. 资料搜集法

通过查阅我国沼泽湿地数据库（张树清，2002）及国家林业局组织的统计调查结果（雷昆和张明祥，2005）等，了解我国滨海湿地基本情况。

（二）生境整治技术方法

1. 水文条件整治

水文条件（酸碱度等）的调整，主要通过工程修复的方法进行，如修建堤坝、挖出填埋等。

例如，黄河三角洲主要通过修筑堤坝，在雨季和黄河丰水期蓄积淡水、旱季引水补充，降低生境酸碱度（唐娜等，2006）；美国德拉华湾采用人工构建排水系统的方法，改善盐沼湿地的水文条件。

2. 基底整治

基底整治主要包括沉积物填充、清淤等，如填充沉积物以弥补退化的湿地或重新构建湿地。

有研究分别对比了美国路易斯安那州湿地西部原生盐沼和恢复3年至19年的盐沼结构参数，结果表明恢复时间越久，结构特征越接近原生盐沼；恢复几年后，其群落也会向原生盐沼方向发展（陈彬等，2012）。但是也有调查显示，填充沉积物成分与原基质成分差异较大，因此可能需要几十年才能达到与原生盐沼基质相当的水平（Edwards & Proffitt, 2003）。

3. 污染治理

主要包括水体及基底污染的治理，修复措施有物理技术、化学技术和生物技术。实际修复过程中，往往需要多种方法综合使用，才能达到理想效果（请参考第十二章）。

4. 土壤改良

向土壤中加入改良剂，如有机质（污泥、堆肥等）和无机肥料（尿素等），主要针对于土壤质地较粗的恢复区域。改良剂的加入可以促进微生物的生长，有助于滨海湿地生态系统的恢复。

（三）植被恢复

植被恢复不仅能够改善生态系统的生境条件，对于增加物种多样性、维持生态系统的稳定、保证生态系统的正常功能也有着重要作用。如种植大型藻类、芦苇等。

1. 物种选择

选择植被物种时，要优先选择本地物种，或已在本地成功驯化的物种；一般选用抗污染能力强、根系发达且具有良好的环境适应能力的植物（吴建强等，2005），同时还要考虑物种多样性以及群落结构的合理性。

经济价值和生态美观也是在选择树种时需要考虑的因素。

2. 种植方法

植被建植的方法主要有播种、移植和种植（陈彬等，2012）。为保证其成活率，种植时要采用合适的种植方式，考虑不同植物的适宜生长条件，同时要考虑种植季节。湿地植物在春季栽种容易成活，如在冬季应做好防冻措施，如在夏季应做好遮阳防晒措施（冯杰，2009）。

（四）恢复后的监测、管理与保护

1. 恢复后的监测与管理

湿地恢复后采用实地调查、遥感技术等对恢复情况进行监测，及时发现并解决存在的问题。监测内容主要包括以下几个方面：① 温度、pH、营养盐浓度等水文条件；② 土壤有机质含量、沉积物种类及比例等；③ 污染改善状况；④ 植被种类、成活率、健康状况、密度、高度、覆盖率等；⑤ 动物种类、丰度等；⑥ 群落层次状况。

2. 保护措施

一是建立自然保护区（图13 – 14、图13 – 15、表13 – 6），减少人类活动的干扰；二是有关各部门合理分工，对湿地生态系统进行监督和管理；三是建立完善的法律体系，明确奖励和惩治制度。

（五）恢复效果评价技术方法

目前，恢复效果评估主要采用参照系统对照类比法。若选取原生态系统作参照具有一定的困难，可选用历史的自然残留区或自然恢复区，或选取未受破坏或破坏程度较轻的邻近区域作为参照（陈彬等，2012），如美国旧金山湾湿地恢复项目（Hinkle & Mitsch，2005）。

图13-14 广西北海滨海国家湿地公园

图13-15 万鹤山湿地公园

此处需要指出的是，恢复效果的评估并不是短期内就能完成的。有研究表明，至少要花50年的时间土壤中的碳、氮含量才能恢复（Craft & Casey，2000）。美国旧金山湾湿地恢复评估结果表明，植被覆盖率恢复至50%至少需要3年；还有研究者认为，至少需要5年才能使恢复区的功能与参照区域相当（Simenstad & Cordell，2000）。

（六）我国湿地保护法律

我国目前没有针对湿地而立的法律，不过有一系列法律法规涉及到湿地保护。其中与湿地保护有关的法律主要有《中华人民共和国环境保护法》《中华人民共和国森林法》《中华人民共和国水污染防治法》《中华人民共和国土地管理法》《中华人民共和国野生动物保护法》《中华人民共和国水法》《中华人民共和国水土保持法》《中华人民共和国海洋环境保护法》《中华人民共和国环境影响评价法》等。与湿地保护有关的主要行政法规有《风景名胜区管理暂行条例》《森林法实施条例》《河道管理条例》《水土保持法实施条例》《矿产资源法实施细则》《防止船舶污染海域管理条例》

《陆生野生动物保护实施条例》《水生野生动物保护实施条例》《近岸海域环境功能区管理办法》《基本农田保护条例》《自然保护区条例》等（任青萍，2005）。

表13-6　我国已列入《湿地公约》国际重要湿地名录的湿地

名称	地理位置	面积/hm	主要保护对象
扎龙自然保护区	黑龙江省齐齐哈尔市 东经124° 00′~124° 30′，北纬46° 55′~47° 35′	210 000	鹤类
向海自然保护区	吉林省西部的通榆县境内 东经122° 05′~122° 31′，北纬44° 55′~45° 09′	105 467	鹤类、白鹳和蒙古黄榆
东寨港自然保护区	海南省琼山县 东经110° 32′~110° 37′，北纬19° 57′~20° 01′	3 337.6	国际性迁徙水禽
青海鸟岛自然保护区	青海省的青海湖 东经97° 53′~101° 13′，北纬36° 28′~38° 25′	695 200	迁徙水禽
湖南东洞庭湖自然保护区	湖南省东北部 东经112° 43′~113° 15′，北纬28° 59′~29° 38′	190 000	候鸟
鄱阳湖自然保护区	江西省北部 东经115° 55′~116° 03′，北纬29° 05′~29° 15′	22 400	迁徙水禽（白鹤、白鹳、天鹅和多种雁鸭类）
米埔和后海湾国际重要湿地	香港西北部 东经113° 59′~114° 03′，北纬22° 29′~22° 31′	2 500	鸟类及其栖息地

第六节　海岛生态系统修复

海岛作为海洋的重要组成部分，在海洋生态权益、海洋经济系统中起着极其重要的作用。与陆地相比，海岛环境独特，生态条件严酷，生态环境脆弱，极易受到破坏，且破坏后很难恢复。近年来，随着对海岛的开发利用，加之全球气候异常导致的自然灾害的影响，加速了对海岛生态环境的破坏，部分海岛的生态平衡受到严重威胁。因此，对被破坏海岛进行生态修复，对于海岛的保护、开发利用及可持续发展具有十分重要的意义（庄孔造等，2010；图13–16）。

图13–16　海岛生态系统

一、海岛生态系统恢复方案

（一）恢复方案编制

海岛生态系统退化主要受到自然影响和人类活动影响。前者包括风暴潮、水土流失和物种入侵等自然因素，后者主要包括炸岛、围填海工程、植被砍伐和水体污染等。因此，海岛生态恢复的重点包括陆域、潮间带以及周边水域等几方面的生态系统修复（唐伟等，2013）。

1.资源环境特征调查

对海岛的地理状况、植被覆盖、土壤状况以及水资源等进行调查（廖连招，2013）。

2.海岛开发利用现状及生态状况调查

调查海岛上工程项目，如基本建设（道路、房屋等）、航标灯塔等，分析项目工程对海岛生态系统的破坏状况。

3.确定恢复目标

根据对海岛环境特征及破坏情况（包括自然因素导致的破坏状况和人为破坏状况）以及开发或保护目的，确定恢复目标。

4.工程设计与修复

对于某些生态破坏较为严重的海岛，如海岸受到侵蚀、沙滩退化等的海岛，需要采取工程修复的方法对其进行生态修复。工程修复技术方法包括岛陆护坡，海岛沙滩修复、人造梯度湿地等（庄孔造等，2010）。例如，位于美国东南部的Hambleton岛屿由于海岸受到长期侵蚀而一分为二，成为2个岛屿，Garbisch等人通过创造潮间带沼泽地将2个岛屿连成一片，并在沼泽地上栽种草本植物来稳定沼泽地，利用工程措施对海岛进行生态修复，并取得了良好的效果（Garbisch，2005）。

5. 植被恢复

根据海岛自然状况、土壤条件及气候条件等，选择适宜生长的植物（主要为耐盐碱、抗海风及适宜贫瘠土地的植物），按照早期种植草本与蕨类植物、中期草本植物为主、后期灌木和乔木为主的顺序进行种植（廖连招，2013）。

6. 景观恢复

通过修复形成不同层次的生态景观，如乔木生态景观、灌木生态景观、草本植被景观等。

7. 生态恢复管理与保护

恢复后进行监测，及时进行死亡植株补植。明确政府各部门职责，加强对海岛生态系统地管理。制定相应的法律法规，对破坏海岛环境的行为进行处罚。

（二）常用恢复技术路线

海岛生态系统常用的恢复技术路线如图13-17所示。

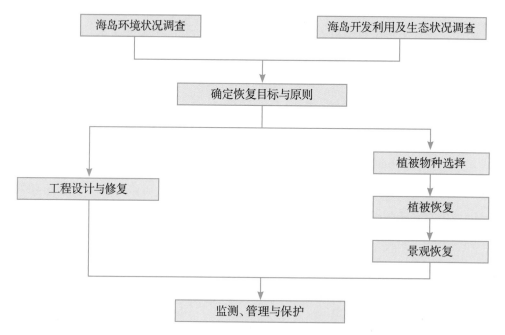

图13-17 海岛生态系统常用的恢复技术路线

（三）方案可行性分析

对方案中的各步骤所需技术、设备及成本等进行可行性分析。

二、 技术方法

（一）资源环境特征调查技术方法

利用实地调查、遥感测量以及文献资料查找等手段对海岛的自然状况，包括地理、土壤、水文、气候及动植物种群数量与分布等进行调查。

1. 海岛基本信息调查

可采用现场测量、取样、拍照、摄像等方式记录下海岛的基本信息，也可以通过卫星遥感等获取相关信息。

2. 自然资源和环境调查

包括土壤调查、植被物种调查、植被群落样地调查、植物资源综合调查以及岛陆动物、潮间带生物和岛基底栖藻类和底栖动物调查等。调查方法主要包括目视鉴别法及样地法。

3. 海岛生态破坏区调查

采用现场拍照、摄像和笔记的方式记录下海岛生态破坏区域的影像和文字资料。也可采用地形图调绘，航片判读、地形图与实地调查相结合的方法进行调查（毋瑾超等，2013）。

（二）海岛开发利用现状调查

即调查海岛上土地利用情况、电力系统、水利设施等开发状况。

（三）确定恢复目标

根据海岛调查结果，针对具体问题，明确需要重点恢复的区域，并确定适宜的恢复目标。

（四）工程设计与修复技术方法

工程修复技术方法包括岛陆护坡，海岛沙滩修复、人造梯度湿地等。

1. 岛陆护坡工程

传统的岛陆护坡工程主要考虑的是工程结构的安全性及耐久性，多采用砌石、混凝土或钢筋混凝土等硬材料，隔断了水域生态系统和陆地生态系统的联系，海洋生物栖息地减少，同时导致周边水域污染，其生态过程遭到破坏等一系列问题。如今岛陆护坡工程技术方式有很大的改进，如绿化混凝土、植草三维土工网、三维植被网、金属线材填石六角格宾网等，一定程度上解决了传统岛路护坡存在的问题（唐伟等，

2013；图13－18）。

图13－18　岛陆护坡工程

2. 潮间带工程修复技术

海岛潮间带有岩礁、泥滩和沙滩等不同类型，针对各自特点，可以通过人工鱼礁、人造沙滩、人工导流堤、人工海藻场等工程修复技术恢复岛屿潮间带（廖连招，2013）。

3. 连岛坝工程整治技术

连岛坝是为了交通方便而建造的陆连岛或岛连岛的连岛坝，但其影响坝体两侧水体交换，对生态环境产生不良影响。连岛坝工程整治包括全部拆除工程和部分拆除工程。

部分拆除工程主要包括以下几个步骤：考察并选择适当的拆除部分；选择对环境伤害最小的拆除方式；拆除后及时清理场地；对拆除后的生态环境进行评估。

全部拆除工程主要包括以下步骤：从各个方面对拆除的必要性进行考虑；选择合适的拆除方式；彻底拆除坝体，避免残留；清理场地；监测评估拆除后环境变化。

4. 海岸防护技术

可根据自然条件采取以下四种结构保护海岸免遭破坏。

（1）丁坝。适用于沿岸输沙为主，且主要为单向输沙的海岸（图13－19）。

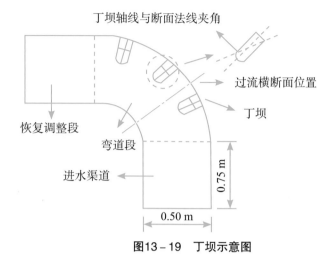

图13-19 丁坝示意图

（2）离岸堤。适用于横向输沙为主的海岸，也可拦截沿岸输沙（图13-20）。

图13-20 岸堤示意图

（3）海滩捕沙。适用于横向泥沙运动的岸滩，不能用于沿岸输沙海岸。

（4）护岸。护岸不宜单独使用，而要与其他工程方法结合使用（图13-21和图13-22）。

图13-21 护岸示意图

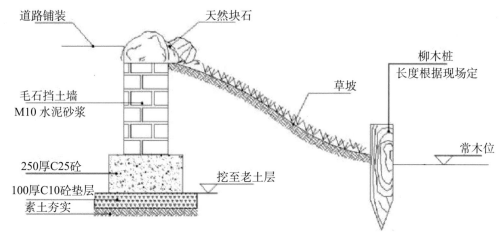

图13-22　水泥仿木护岸桩示意图

5. 固体废弃物处理技术

（1）固体废弃物收集：对废弃物进行分级分类，并根据不同分类分别进行处理。有居民海岛可根据面积大小采取上门收集和定点收集的方式，并及时对街道等进行清扫。海面废弃物可用打捞船收集并存放。

（2）固体废弃物的处理：废纸、玻璃等制品属于可回收废弃物，可进行回收利用。不能回收利用的废弃物可打包转运至大陆处理，也可采用微生物降解或卫生填埋的方式处理。焚烧是传统的处理方法，可在垃圾焚烧炉中进行，但该方法可能对环境产生更大的污染，一般不采用。排泄物可用微生物降解处理。

6. 海岛土壤改造技术

土壤改造主要针对盐碱化、沙化及水土流失严重的土壤。

（1）人工干预技术。用于表层土壤修复，如建造人工梯田、挡水墙、挡风栅栏等。

（2）施肥。施肥可补充土壤中的营养成分，促进植物的生长。肥料包括有机肥和无机肥，一般两者搭配使用。根据不同的土壤条件采取合理的施肥方式，包括散施肥法（均匀施肥）和泥球施肥法（集中施肥），控制用量，改善土壤条件。

（3）动物改良技术。引进土壤动物，改变土壤的结构。例如，引进蚯蚓，可疏松土壤、分解污染物，其粪便还可作为土壤肥料。

（4）植被种植。植被可改善土壤性质，具有保水固氮等作用。

7. 水污染处理技术

水污染主要包括生活污水、工业废水及行船油污等。

（1）物理法。① 沉淀法：适用于固体污染，固体污染物沉降后与水分离。② 格栅法：使用金属栅条制成框架，以60°～70°的倾角置于废水流经区域，可用于截留块状污染物。

（2）生物法。即用好氧微生物、兼性微生物和厌氧微生物对污染物或氮、磷等物质进行分解。也可种植植物吸收富营养化水体中的氮、磷。

（五）植物物种选择

由于海岛具有海风大、土壤盐碱度高、水分缺乏、土壤贫瘠等特点，因此在选择树种时需要特别考虑这几点因素。根据不同的土壤和气候条件选择合适的树种，一般选择本地树种，适当引进外来树种，以乔木和灌木为主，多种树种混合种植，营造不同层次的植被景观。

（六）植被恢复技术方法

针对不同自然条件的海岛，植被恢复的技术方法也有所不同。

1. 盐碱地植被恢复技术

（1）土壤改良。盐度0.4%以上的土壤需要通过化学（施肥）、生物或物理（设置隔离层、排盐沟等）方法进行改良，盐度0.4%以下的土壤可直接种植耐盐碱植物进行恢复。

（2）种植时间。一般选择春秋两季温度适宜时期进行建植，此时雨水较多，土壤含盐量下降，利于植物存活。

（3）建植密度。应根据恢复地区条件确定适宜的种植密度，一般种植密度较大，株行距为1.5 m×2.0 m，可根据实际情况进行调整。

（4）建植技术。① 容器苗法：将苗木在容器中培育一段时间后再植于造林地，可提高成活率。② 插条法：对于抗逆性强、适于插扦的树种可采取插条的方法种植。插穗长度一般为20～40 cm，直径0.5～1.5 cm。将插条的2/3埋入土中并浇水。③ 环涂栽植法。在树苗根茎交界处涂白涂剂，减少土壤盐碱对根茎的腐蚀，提高成活率。④ 平穴浅栽法。由于土壤表层含盐度较低，可将土壤平整后采取浅栽法（30 cm内），并浇水2～3次。⑤ 饱水移植法。树种水分饱和时进行移植，有利于减少移植伤害并促进移植后的恢复。

2. 裸露山地与迎风坡粗骨土立地植被恢复技术

海岛裸露山地一般土壤较为贫瘠、缺乏水分，石砾、岩体较多，需种植具有保水固土作用且抗海风能力较强的植被。少石砾薄土山地常以乔木为主，乔木、灌木混合种植；多石砾薄土山地常以灌木为主，乔木、灌木混合种植；岩体为主的山地，则要以藤本植物为主，乔木、灌木、藤本植物结合种植，以增加植被覆盖率。

（1）清理造林地。将造林地中有可能对建植植被生长产生影响的物体清除。

（2）挖穴。定植植被前挖杯状坑以便移植植被，可达到保水的作用，体积以30 cm×30 cm×30 cm或40 cm×40 cm×30 cm为宜。

（3）施肥。在杯状穴中施肥，改良土壤条件。

（4）植被定植。① 容器苗法：先将树苗在保水纸袋中栽培，再一起移植至坑穴中。此方法耗时较长，但可减少灌溉次数，植株成活率高。② 直播法：直接将种子播种至杯状穴中。此方法较为省时，可减少水土流失，但成活率低，可用种衣包裹种子后直播。

3.受损山体边坡植被恢复技术

边坡可分为坡顶边坡、坡面边坡、马道边坡及坡脚边坡几种类型。不同的边坡植被种类需求不同。坡顶边坡要以藤蔓为主；坡面边坡中坡度大于65°的岩石坡面，以藤本植物为主，辅以小乔木和灌木；坡度小于65°的岩石坡面，按比例种植草本植物、乔木和灌木植物；泥质坡面要以木本植物为主，乔木、灌木、草本植物结合种植；马道边坡以乔木和灌木为主，乔木、灌木、草本植物、藤本植物相结合；坡脚边坡需先回填种植土，再定植乔木灌木为主，乔木、灌木、草本植物、藤本植物相结合的林地。

（1）机械喷播法。适用于坡度缓的岩体边坡和风化土质边坡。① 厚层基质喷播：主要包括坡面清理、铺钉网、喷附植生基质、混喷植物种子及前期护养等步骤。② 客土吹附：包括坡体修整、混喷植物种子和前期护养三个步骤。

（2）植苗法。适用于坡度30°以下的泥质边坡、强风化缓坡及坡脚边坡和马道边坡。

（3）凿坑法。适用于中风化的软质岩石边坡及缓坡。① 人工造坑法：土壤较疏松地段可采取人工凿挖的方法。② 植生袋围堰造坑法：在坡面小平台或凹陷处，用装有营养基质的植生袋围堰形成坑穴，再在坑内回填土。③ 石砌围栏造坑法：人工不易造坑处可用石块堆砌围栏，再在坑内回填土。

（4）人工撒播法。适用于马道边坡、坡脚边坡、风化缓坡，可采用块播、穴播或条播的方式。

（七）景观恢复技术方法

海岛景观生态恢复的研究也越来越引起重视。例如，2005年厦门首先开始对西海域的部分无居民海岛进行了生态景观恢复设计，取得了明显效果。2007年底，福建省分批开展了无居民海岛生态修复工程，改善受损的红树林、珊瑚礁、海草床等生态系统的水文环境条件，对被破坏的沙滩、泥滩、礁石滩等实施清理整治，使海岛生态系统的结构和功能得到有效恢复（庄孔造等，2010）。

（八）监测、管理与保护

1. 恢复后监测

海岛监测内容主要包括海岛自然属性及其变化、海岛开发利用及其变化、海岛管理与执法情况和特殊用途海岛情况。由于海岛具有远离陆地、人烟稀少、交通不便的特点，海岛监测主要采取以航空遥感为主，辅以船舶巡航、卫星遥感、登岛调查、和专项调查的方法（林宁等，2013）。

2. 恢复后管理与保护

（1）定植植被管理与保护。植被定植后，要进行抚育养护，定期浇水、除草、施肥；防治病虫害，感染病虫害的植株要及时移除；歪倒植株扶正支撑，死亡植株及时补植等。

（2）水资源保护。海岛普遍缺乏淡水，因此水资源的保护对海岛恢复尤为重要。① 制定相应法律规范，对海岛淡水开采和使用进行限制，加强淡水污染惩罚措施。② 开发污水处理技术，实现水资源循环使用。③ 植树造林，涵养水源，防止水土流失。④ 修建水库，可在降水丰沛时储存淡水，降水量较大、可修建水库的海岛适用。⑤ 通过蓄水池等收集雨水，但该方法收集的淡水只能用于灌溉，不能饮用。⑥ 海岛海水资源丰富，可通过多种技术方法淡化海水。不同类型、不同面积、能源匹配方式不同的海岛适宜的海水淡化方式不同（表13 - 7）。⑦ 修建坑道井（图13 - 23），其可收集基岩裂隙水，且水质较好，一般不需要净化处理，可直接饮用。

表13 - 7　海岛海水淡化模式

海岛一级类型	海岛二级分类	能源匹配方式	海水淡化技术	装置安装方式	其他供水方式
大型岛	陆连岛	并网	RO MED	固定式	引水
	沿岸岛	并网/建有电站	RO MED	固定式	引水
	近岸岛	建有电站	RO MED	固定式	—
	远岸岛	建有电站	RO MED	固定式	—
中小型岛	陆连岛	并网	RO MED	固定式	引水
	沿岸岛	并网/柴油/可再生能源	RO	固定式/移动式	岛际流动
	近岸岛	柴油/可再生能源	RO	固定式/移动式	岛际流动
	远岸岛	柴油/可再生能源	RO	固定式/移动式	岛际流动

注：RO为反渗透法；MED为多效蒸馏法。

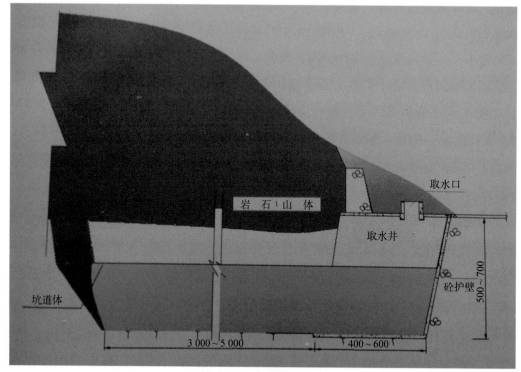

图13-23　坑道井示意图

（九）海岛生态恢复管理与保护方法

近年来海岛生态问题日益引起有关部门的重视，但我国海岛生态恢复的研究与国外相比还相对滞后。《中华人民共和国海岛保护法》的出台为海岛生态恢复的研究提供了良好的机会（庄孔造等，2010）。

（1）加强海岛生态系统种群和群落关系的研究，为海岛生态恢复提供理论基础。

（2）查清海岛生态现状包括外来物种及生态受损状况等。

（3）设立海岛生态恢复典型示范区，并推广成功经验。

（4）建立生态恢复统一技术标准，在此基础上针对不同海岛生态系统编制特定的恢复方案。

（5）在生态恢复的同时，还以应加强生态恢复的管理工作，建立合理的管理机制（庄孔造等，2010）。

（6）建立多渠道的海岛生态恢复投资体系。

要探索建立海岛生态恢复建设的多元化投融资机制，充分发挥市场机制作用，吸引社会资金的投入。应综合运用经济、行政和法律手段，研究制定有利于海岛生态恢复建设的投融资、税收等优惠政策，拓宽融资渠道，吸引各类社会资金参与海岛生态恢复建设。

（7）加强海岛生态恢复的宣传工作，积极吸收志愿者进入海岛生态恢复实践中。

（十）海岛保护相关法律

《中国人民共和国海岛保护法》：由中华人民共和国第十一届全国人民代表大会常务委员会第十二次会议于2009年12月26日通过，自2010年3月1日起施行。

《厦门市无居民海岛保护与利用管理办法》：2004年6月4日厦门市第十二届人民代表大会常务委员会第十二次会议通过，2004年7月22日福建省第十届人民代表大会常务委员会第十次会议批准，自2004年11月1日起施行。

小结

1. 海藻场和海草床生态系统是典型近岸生态系统之一，由于人类活动和自然灾害的影响，全球范围内的海藻场和海草床急剧衰退，由此也刺激了海藻场和海草床生态系统的研究以及海藻场和海草床人工恢复技术的发展。进行海藻场和海草床恢复要明确恢复方案、技术路线、生境整治方法、监测与养护方法以及恢复成效评估方法，进而评价海藻场和海草床生态系统服务价值的恢复程度。

2. 红树林被称为"地球之肾"，具有重要的生态、经济和社会价值，但世界范围内的红树林面积正不断减少。红树林生态系统恢复技术中，最重要的是进行生境整治及造林技术研究。我国已设立了很多红树林自然保护区，但保护法律还有待完善。

3. 珊瑚礁生态系统是海洋中的"热带雨林"，不仅有很高的观赏价值，还具有很高的生物多样性和生产力。在进行珊瑚礁生态系统恢复时，要对目标区域的人类活动进行调查与控制。另外，珊瑚移植也需采取适当的方法。我国已设四个珊瑚礁自然保护区。

4. 河口作为一个海水和陆地径流交汇的复杂生境交错带，河流、湿地、潮间带等各种生境类型都有分布，使得河口生态系统具有复杂性。不同的河口生态系统的实际情况可能大不相同，河口生态系统进行恢复研究需要具有很强的针对性，采用相对应的预防、控制和整治方法，并进行监测、管理、保护和评估。

5. 滨海湿地在净化污水、保护海岸线和控制侵蚀、保护生物多样性中发挥着重要作用。由于工业的发展，滨海湿地正遭受着严重的污染。湿地恢复需根据不同湿地的自然状况确定相应的方法。其生境的修复主要包括水文条件整治、基底整治、污染治理和土壤改良。植被恢复时要注意尽量选择本地物种，用适宜的方法建植。我国具有多个已列入《湿地公约》国际重要湿地名录的湿地。目前没有针对湿地而立的法律，不过有一系列法律法规涉及到湿地保护。

6. 由于对海岛的开发利用以及全球气候异常带来的自然灾害，海岛脆弱的生态环境遭到破坏，且很难恢复。严重破坏的海岛生境需借助工程措施进行恢复，包括岛陆护坡，海岛沙滩修复、人造梯度湿地等方法。植被恢复要选择抗逆性强的本地树种。除此之外，还要进行海岛景观恢复。

思考题

1. 海藻场的生境整治方法主要包括哪些？

2. 红树林调查方法包括哪些？各自的优缺点是什么？

3. 红树林植被恢复时最适宜采用的方法是什么？分析其可行性。

4. 针对我国红树林资源现状，编制一个红树林恢复的具体方案。

5. 珊瑚移植的技术方法都有哪些？适用于什么情况？

6. 如何提高珊瑚移植的成活率？

7. 针对我国珊瑚礁保护现状，说明我国在保护珊瑚礁方面的不足，并说明应在哪些方面加强对珊瑚礁生态系统的保护。

8. 针对不同污染类型的河口生态系统进行恢复，常用的技术方法包括哪些？

9. 滨海湿地生态系统生境整治主要包括哪些内容？技术方法是什么？

10. 滨海湿地植被恢复都有哪些目的和作用？

11. 你还知道哪些滨海湿地恢复效果评价的技术方法？

12. 海岛生态系统恢复方案一般主要包括哪些组成部分？

拓展阅读资料

1. Ainodion M J, Robnett C R, Ajose T I. Mangrove restoration by an operating company in the Niger Delta [C]//Society of Petroleum Engineers（SPE）. International Conference on Health Safety and Environment in Oil and Gas Exploration and Production. March 20～22, 2002, Kuala Lumpur, Malaysia. Texas: SPE.

2. Ammar M S A. Coral reef restoration and artificial reef management, future and economic [J]. Open Environmental Engineering Journal, 2009, 2: 37 - 49.

3. Boesch D F, Josselyn M N, Mehta A J, et al. Scientific assessment of coastal wetland loss, restoration and management in Louisiana [J]. Journal of Coastal Research, 1994: 1 - 103.

4. Burruss A. Coastal wetland restoration [J]. Wetlands, 2002, 22(4): 801 - 802.

5. Buxton R T, Jones I L. Measuring nocturnal seabird activity and status using acoustic recording devices: applications for island restoration [J]. Journal of Field Ornithology, 2012, 83(1): 47 - 60.

6. Carrion V, Donlan C J, Campbell K J, et al. Archipelago-wide island restoration in the Galápagos Islands: reducing costs of invasive mammal eradication programs and reinvasion risk[J]. PloS One, 2011, 6(5): e18835.

7. Conservation L C W, Force R T. The 2000 evaluation report to the US Congress on the effectiveness of Louisiana coastal wetland restoration projects [R]. Baton Rouge: Louisiana Department of Natural Resources, 2001.

8. Dean R G. Models for barrier island restoration[J]. Journal of Coastal Research, 1997: 694 - 703.

9. Edwards A J, Gomez E D. Reef restoration concepts and guidelines: making sensible management choices in the face of uncertainty [M]. St Lucia: Coral Reef Targeted Research & Capacity Building for Management Program, 2007.

10. Epstein N, Bak R P M, Rinkevich B. Applying forest restoration principles to coral reef rehabilitation [J]. Aquatic Conservation: Marine and Freshwater Ecosystems, 2003, 13(5): 387 - 395.

11. Finkl C W, Khalil S M, Andrews J, et al. Fluvial sand sources for barrier island restoration in Louisiana: geotechnical investigations in the Mississippi River [J]. Journal of coastal research, 2006: 773 - 787.

12. Hester M W, Mendelssohn I A. Long-term recovery of a Louisiana brackish marsh plant community from oil-spill impact: vegetation response and mitigating effects of marsh surface elevation [J]. Marine Environmental Research, 2000, 49(3): 233 - 254.

13. Khemnark C. Ecology and management of mangrove restoration and regeneration in East and Southeast Asia: proceedings of the Ecotone IV, Surat Thari, Thailand, January 18 - 22, 1995 [C]. Surat Thari: [s.n.], 1995.

14. Jaap W C. Coral reef restoration [J]. Ecological Engineering, 2000, 15(3): 345 - 364.

15. Lin Q, Mendelssohn I A, Carney K, et al. Salt marsh recovery and oil spill remediation after in-situ burning: effects of water depth and burn duration [J]. Environmental science & technology, 2002, 36(4): 576 - 581.

16. Macintosh D J, Mahindapala R, Markopoulos M. Sharing Lessons on Mangrove

471

Restoration: proceedings and a call for action from an MFF regional colloquium, Mamallapuram, India, August 30 - 31, 2012 [C]. Bangkok: Mangroves for the Future and Gland, Switzerland: IUCN, 2012.

17. Michael P W. Linking restoration ecology and ecological restoration in estuarine landscapes [J]. Estuaries and Coasts, 2007, 30(2): 365 - 370.

18. Mitsch W J, Wang N. Large-scale coastal wetland restoration on the Laurentian Great Lakes: determining the potential for water quality improvement [J]. Ecological Engineering, 2000, 15(3): 267 - 282.

19. Precht W F, Robbart M. Coral reef restoration: the rehabilitation of an ecosystem under siege [J]. Coral reef restoration handbook. Taylor and Francis, Boca Raton, 2006: 1 - 24.

20. Rauzon M J. Island restoration: exploring the past, anticipating the future[J]. Marine Ornithology, 2007, 35: 97 - 107.

21. Ren H, Wu X, Ning T, et al. Wetland changes and mangrove restoration planning in Shenzhen Bay, Southern China [J]. Landscape and Ecological Engineering, 2011, 7(2):241 - 250.

22. Saenger P. Mangrove restoration in Australia: a case study of Brisbane International Airport [G].//Field C D. Restoration of mangrove ecosystems. Okinawa: International Society for Mangrove Ecosystems, 1996: 36 - 51.

23. Teal J M, Weishar L. Ecological engineering, adaptive management, and restoration management in Delaware Bay salt marsh restoration [J]. Ecological Engineering, 2005, 25(3): 304 - 314.

24. Towns D R. Ecological restoration of New Zealand islands: papers presented at conference on ecological restoration of New Zealand islands, University of Auckland, Auckland, New Zealand, November 20-24, 1989 [C]. Wellington: Department of Conservation, 1990.

25. Turner R E. Approaches to coastal wetland restoration: Northern Gulf of Mexico [M]. Kugler Publications, 2002.

26. William F. Precht. Coral Reef Restoration Handbook [M]. CRC Press, 2006.

27. 叶属峰，刘星，丁德文. 长江河口海域生态系统健康评价指标体系及其初步评价[J]. 海洋学报. 2007，29(4)：128 - 136.

第四篇 应用案例篇

　　海洋生态恢复重在实践、应用，其主要目的是对已受损害的海洋生境、生物资源、生态系统进行恢复。同时，海洋生态恢复实践，也是对海洋生态学理论的科学检验。实践需要理论指导，理论来自实践。只有通过生态恢复实践，才能推进科学的发展，为保护海洋资源和环境、促进海洋生态文明建设作出贡献。

　　本篇共分三章，包括典型海洋生态受损区的恢复、典型海洋环境污染区的恢复及典型海洋生态灾害发生区的恢复，着重介绍国内外有关海洋生态恢复的案例。每一个成功或较成功的案例，都是在科学观念的指导下，通过大胆实践，不断探索，经历了曲折的过程才取得的。尽管书中所举的案例还不能说是完美无缺的典范，但有利于我们吸取国内外较成功的经验和教训，培养创新思维，学习先进的技术方法和综合管理模式，进行科学地规划等；对我们从事海洋生态恢复活动显然是必要的。

第十四章　典型海洋生态受损区的恢复

生态恢复的模式可以划分为三大类，即自然恢复、人工促进生态恢复和生态重建。生态恢复过程是按照一定的功能水平要求，由人工设计并在生态系统层次上进行的，因而具有较强的综合性、人为性和风险性。目前生态恢复的基本思路是运用地带性规律、植被演替规律及生态位原理等选择适宜的先锋植物，依照灌木与乔木，种草与造林相结合的原则进行种群和生态系统的构建，实行土壤、植被与生物同步分级恢复，以逐步使生态系统恢复到一定的功能水平。生态恢复需要复杂的工程和技术手段，不同条件下的恢复工程措施侧重不同，但始终遵循生态学的基本理论，强调尊重自然规律，保护自然的生态系统。

典型的海洋生态系统包括滨海湿地生态系统、海湾生态系统、海岛生态系统、海藻场生态系统、海草床生态系统、红树林生态系统、珊瑚礁生态系统等。这些典型的海洋生态系统的演变甚至退化有可能会严重影响整个海洋生态系统的功能及其提供的服务，并最终损害人类社会的福祉。生态受损包括生物资源的退化及生境的破坏。近年来，近海受损生境的恢复与生物资源养护开始成为研究前沿和热点。欧美等发达国家高度重视海洋恢复生态学原理的研究与应用，积累了大量经验和教训。在这方面我国起步较晚，但近几年发展迅速，也涌现了一批经典案例，如小黑山岛海藻场的恢复等。因此，本章选取了海藻场、滨海湿地、海湾、海岛、红树林、珊瑚礁等不同类型的典型海洋生态受损区恢复的案例，突出案例恢复工程及恢复过程管理的可借鉴性。

第一节 海藻场的恢复

海藻场是由在温带大陆架区的硬质基质上生长的大型藻类与其他海洋生物群落所共同构成的一种近岸海洋生态系统。形成天然海藻场的大型藻类主要有马尾藻（*Sargassum*）、巨藻（*Maerocystis*）、昆布（*Ecklonia*）、裙带菜（*Undaria*）、海带（*Laminaria*）和鹿角藻（*Pelvetia*）等，它们是海藻场生态系统内部的支持生物，也是形成海藻场生态系统的最关键因素。

海藻场具有很高的初级生产力，是海洋食物链的起点。海藻场生态系统生物多样性丰富，生活着许多大型藻类、海绵动物、腔肠动物、甲壳动物、棘皮动物及鱼类等（Hemminga & Duarte，2000）。

海藻场可以消减波浪，改变海流动力学，从而形成水温较周围变化小的静稳海域，是许多大型海洋生物赖以生存的栖息场所。海藻场能够形成日荫、隐蔽场及狭窄迷路，是海洋动物躲避敌害的优良场所。海藻场内的大型海藻及其附生生物可作为鱼类等多种海洋生物的饵料。同时，海藻场是多种鱼类的产卵场。

另外，海藻场可改善海域环境，对近岸碳循环过程有着非常重要的影响，是海洋生物地球化学循环的重要组成部分（邹定辉等，2004）。大型底栖海藻能够吸收大气中的二氧化碳，降低全球温室效应。海藻场内的大型海藻个体通常较大，以叶片直接吸收海水中的营养盐类，其吸收面积大，对一些无机盐类、金属及重金属等的吸收作用明显（章守语等，2007）。例如，在近岸排污口附近海域，一些大型海藻仍然能够很好地生长，对海域环境具有显著的改良作用。因此，海藻场不仅具有较高的经济价值，而且对于稳定周边海域生态系统起着重要的作用。

19世纪以来，由于人类不合理的经济活动，全球海域范围内出现了海水污染严重、海域富营养化、海藻场生态系统遭到严重破坏等状况，尤以近岸海域最为严重。造成海藻场破坏的原因有以下几方面。

（1）人类的滥捕滥采致使潮间带、潮下带的各种贝类、鱼类和藻类都明显减少，甚至消失。

（2）围垦填海改变了潮间带海域的生态环境，致使流速变小，滩涂板结，海水交换周期变长，从而使海洋生物失去了生存空间。

（3）陆源污染导致海域水质下降。

（4）缺乏科学管理，人为过度"密养"。20世纪80年代以后，我国掀起了水产养殖的热潮，养殖品种不断增多，养殖规模迅猛扩大。由于近岸内湾海域相对比较安全，所以这些海域普遍出现了"过密"养殖的现象。人们为了充分利用水域资源，不断地缩小架距、绳距和株距。有的为了扩大养殖面积，缩小航道宽度，甚至连航道也利用起来，结果，使海流变小，海水交换能力变低，各种病害频发。

20世纪90年代以来，日本、美国等国家用人工恢复或重建海藻场生态系统的手段恢复正在衰退或已经消失的海藻场生态系统，或直接在目标海域营造新的海藻场生态系统，从而达到改善近岸海域环境等的目的，并取得了良好的经济效益。我国相关研究开展的较少，鲜见有关我国海藻场生态恢复的系统研究的报道。

海藻场底质一般可分为软底质（如沙滩、泥滩底质等）和硬底质（如岩礁底质、砾石底质等）两种，在不同的底质上进行海藻场的恢复采取的技术方法也有所差别。由此，本节分别选取了在岩礁底质和泥沙底质上进行海藻场恢复的两个典型案例进行介绍。

Ⅰ. 岩礁底质海藻场的恢复

——以山东小黑山岛、褚岛和潮里岛礁的海藻场恢复为例

一、背景

本案例所选择的恢复区域位于山东半岛。山东半岛三面环海，地跨渤海和黄海，所处海域是北温带大陆架区的典型代表，历史上有非常丰富的海藻资源。但由于沿岸居民不合理的经济活动，此处的海藻场生态系统遭受了严重的破坏。本案例所选三处恢复区是各自所在区域海藻场现状的典型代表：小黑山岛的海藻场遭受破坏已经消失，褚岛的海藻场遭受破坏急剧衰退，潮里岛礁历史上没有海藻场。这三处海域海藻场恢复生态工程具有很高的示范意义。鉴于海藻场恢复的必要性和紧迫性，在"海岛生态建设及恢复示范（国家海洋局海岛司资助）""岛群综合开发风险评估与景观生态保护技术及应用示范（海洋公益性行业科研专项）"项目资助下，中国海洋大学环境生态系科研小组对小黑山岛、褚岛、潮里岛礁进行了海藻场的恢复。下面对三个恢复区域及其选择的依据进行分别介绍。

小黑山岛，位于山东省烟台市，中心地理坐标为北纬37° 57′ 43″～37° 58′ 44″，东经120° 38′ 21″～120° 39′ 12″（图14-1）。小黑山岛地处渤海，距南长山岛7 km，东部与庙岛、西与大黑山岛相邻，岛陆面积约1.29 km²，人口稀少。南北长约1.9 km，东西宽约1.2 km。东部和南部潮间带多平缓开阔，为砾石潮间带；西部和北部岸峭水深，为岩礁潮间带。整个海域盐度在21.9～31.5之间，北部高于南部。常年平均水温12.3℃。最高水温出现在8月，达23.8℃；最低水温出现在1月，达1.4℃。水温夏季南部高于北部，冬季北部高于南部。海水透明度北部高于南部。该岛历史上潮间带海藻丰富，近些年由于近岸海洋环境的恶化以及大型海藻的无序采收，海藻场严重衰退，呈现出一定程度的荒漠化，是渤海海藻场现状的典型代表。选择此地对重建型海藻场生态工程具有示范意义。

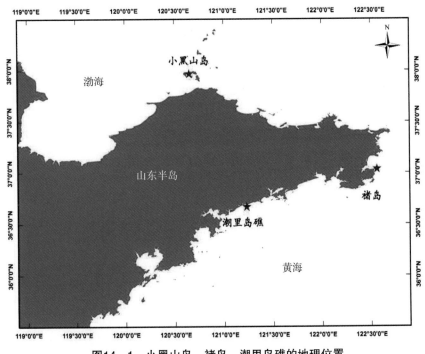

图14-1 小黑山岛、褚岛、潮里岛礁的地理位置

褚岛，位于山东省威海市，中心地理坐标为北纬37° 34′ 07″，东经122° 04′ 49″（图14-1）。褚岛，位于渤海、黄海交界处，岛岸线长约3 km。其潮间带高低起伏、沟壑众多，生态环境条件适于鼠尾藻的固着、生长、繁殖。近几年随着周围海参养殖业的发展，褚岛原有的鼠尾藻藻场遭到严重的破坏，生物量锐减，鼠尾藻藻场呈零星分布，失去了原来的优势地位，但是生境保护较为完好，是渤海、黄海交界处海藻场现状的典型代表。选择此地对恢复型海藻场生态工程具有示范意义。

潮里岛礁，位于山东省海阳市，中心地理坐标为北纬37°58′14″，东经120°38′46″（图14-1）。潮里岛礁位于黄海，岛陆面积约1.260 3 km²，岛岸线长约5.793 2 km。该岛礁潮间带较窄，属于平板岩礁，每日干露时间约18个小时，潮汐流速大。据历史资料记载潮里岛礁只有零星石莼等绿藻的分布，没有大面积海藻场的存在，而且长期受海浪冲刷和人类活动的影响，生境遭到了毁灭性的破坏。选择此处尝试进行海藻场生境的营造，对营造型海藻场生态工程具有示范意义。

二、恢复目标

针对小黑山岛、褚岛、潮里岛礁这三个海岛不同水生植被的状况，以三种不同的方式（重建、恢复、营造）分别进行海藻场恢复工作的尝试，即通过局部构建人工藻床对原海藻场消失的海域（小黑山岛）进行重建、对正在急剧衰退的海域（褚岛）进行恢复、对无海藻场的海域（潮里岛礁）进行营造，构建海藻场，发挥海藻场的生态功能，改善海域环境。

三、恢复过程

小黑山岛、褚岛和潮里岛礁的海藻场的恢复都按如下过程：恢复前的调查与评估——恢复建群种的选择——生境的恢复——建群种的恢复——海藻场生态功能的恢复。

（一）小黑山岛海藻场的恢复

小黑山岛的地理位置如图14-2所示。

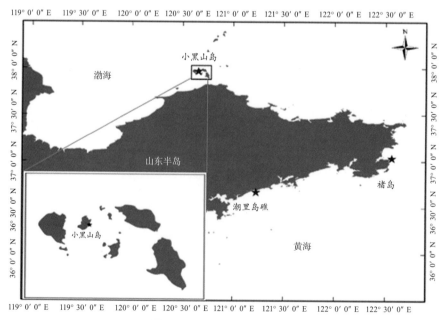

图14-2 小黑山岛位置图

1. 调查与评估

在恢复工作开始前即2009年对小黑山岛的大型底栖海藻物种多样性与丰富度进行了现场调查，结合有关该海藻场的历史文献资料，得到如下结论。

小黑山岛潮间带大型底栖海藻种类季节交替现象明显，物种数夏季明显多于其他三个季节。四个季节藻类群落的共有种为12种，分别是绿藻门的孔石莼（*Ulva pertusa*）和肠浒苔（*Ulva intestinals*），褐藻门的鼠尾藻（*Sargassum thunbergii*），红藻门的日本异管藻（*Heterosiphonia japonica*）、珊瑚藻（*Corallina officinalis*）、海萝（*Geloiopeltio furcata*）、角叉菜（*chordrus ocellates*）、石花菜（*Gelidium amansii*）、叉枝伊谷草（*Ahnfeltia furcellata*）、拟鸡毛藻（*Pterocladiella capillaea*）和单条胶黏藻（*Dumontia simplex*），以及被子植物门的大叶藻（*zostera maiina*）。

小黑山岛1991年11月份采得大型底栖海藻37种，2009年10月份采得23种，其中甘紫菜，三叉仙菜，顶群藻，凹顶藻等消失，新出现了蜈蚣藻（*Grateloupia turuturu*）等红藻。小黑山岛1991年11月份样方鲜重生物量平均值为1 090 g/m²，2009年10月份样方鲜重生物量平均值为266.2 g/m²。时隔20年，小黑山岛的海藻种类组成发生了变化，物种多样性和生物量明显降低，部分海藻场已经消失。小黑山岛潮间带底栖海藻群落遭到了极大的破坏，加强潮间带藻场的维护与恢复势在必行。

2. 建群种的选择

经综合比较分析，选择鼠尾藻为海藻场恢复建群种。选择理由如下：

（1）鼠尾藻生态幅广，适应能力强。鼠尾藻是小黑山岛潮间带的优势种，容易建立种群。

（2）鼠尾藻具有性生殖和营养生殖两种生殖方式，局部区域建群后，其幼殖体可以通过水流的作用进行长距离的空间拓展。

（3）鼠尾藻经济价值高，在水产养殖、医药、保健及化工等方面具有许多用途，供不应求。

（4）鼠尾藻的人工养殖已经形成规模，能够获得大量恢复材料。

（5）鼠尾藻的生理学和生态学研究已经具备一定基础。

> 鼠尾藻隶属于马尾藻属，主要分布在潮间带，是潮间带海藻场的支持生物，系北太平洋西部特有的暖温带性海藻，在我国北起辽东半岛南至雷州半岛均有分布。可作制胶工业原料，是海参、鲍鱼等水产动物

的天然优质饵料。

　　藻体黑褐色，形似鼠尾，通常高3～50 cm，可达120 cm。生长在中潮带岩石上或石沼中。全年可见，生长盛期为3～7月。鼠尾藻雌雄异株，其自然繁殖方式有有性繁殖和营养繁殖两种，以固着器再生植株的营养繁殖方式为主，有性繁殖为辅。没有一般藻类植物的世代交替，缺少配子体阶段。鼠尾藻的盘状固着器为多年生，当藻体成熟放散卵和精子后，精卵结合，经过一段时间沉落到岩石或牡蛎壳上附着生长。

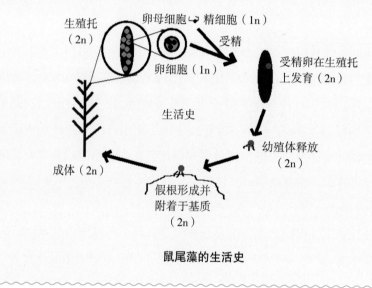

鼠尾藻的生活史

3. 生境营造和基底整治

　　2010年5月，对小黑山岛海藻场进行了重建。根据现场调查，对恢复目标区域进行生境整治，以满足大型海藻附着生长的基本要求。海藻场人工生境的营造采用礁岩筑槽法。使用高标号水泥构筑槽坝，低潮期间将水泥注入模具内，即时操作，即时凝固。根据现场情况，充分利用地形地貌，沿潮汐垂直方向筑槽（图14 – 3）。槽高5～10 cm，槽坝间距30 cm或60 cm。筑槽时尽量清除平板礁上自然附着的牡蛎与藤壶，防止日后沟槽断裂。

图14-3　小黑山岛海藻场生境营造前、后图片
A. 生境营造前；B. 生境营造后

4. 种藻获取与移植播种

根据分析比较，采用鼠尾藻幼殖体直接播撒法进行海藻场恢复。获得幼殖体所需的种藻来源于浙江省温州市洞头县的养殖群体。洞头县是我国鼠尾藻的主要养殖海区，养殖技术成熟，养殖面积大，鼠尾藻产量高，供应稳定。洞头鼠尾藻养殖群体个体大，绝对生殖力高，不但容易获得，而且避免了因大量采集种藻对自然资源的破坏。洞头鼠尾藻养殖群体成熟时间在6月初，此时北方海水温度15℃左右，正适合鼠尾藻幼殖体生长。

鼠尾藻种藻成熟的标志为生殖托膨大，表面出现颗粒状突起或明显的生殖窝。2010年5月底和6月初，养殖群体集中成熟时采集种藻1 t左右，置于泡沫箱中，由冷藏车运送至育苗场。

5. 鼠尾藻幼殖体的培育

种藻运到后立即转入育苗场进行培养和幼殖体采集。鼠尾藻幼殖体的培育过程如图14-4。将成熟种藻（生物量500～1 000 g/m²）置于室内育苗池中充气悬浮培养，定时换水并随时调节光照和水温，保证环境条件适合鼠尾藻幼殖体的放散。定时取样观察幼殖体生长发育状态。待幼殖体达到一定密度时，将放散后的种藻自培养池转移至另一育苗池。转移前轻柔搅动种藻，使附着在生殖托表面的幼殖体脱落。转移后的种藻继续蓄养、二次采集幼殖体。培养池中幼殖体的收集采用倒池虹吸法。首先用80目筛绢滤除体积较大的杂质，再用200目筛绢制成的网箱进行过滤收集。收集后的幼殖体经流动海水反复冲洗，去除杂质后置于容器中沉淀，然后再倾去上清液以去除悬浮颗粒。如此反复数次，浓缩得到高密度鼠尾藻幼殖体。

种藻蓄养　　　　　　　　　种藻倒池养

显微镜下的幼殖体　　　浓缩的幼殖体　　　　虹吸收集幼殖体

图14－4　鼠尾藻幼殖体的培育过程

6. 鼠尾藻幼殖体的撒播

2010年7月先后进行了3次幼殖体的散播（图14－5）。

图14－5　幼殖体的撒播

收集到的幼殖体经短时间充气培养，然后运至恢复地点，于当日进行撒播，以提高成活率。撒播前对沟槽进行冲洗，去除泥沙与其他沉积物，同时使沟槽内积累一定量的海水，以利于幼殖体附着生长。撒播前充分搅匀，以1万～5万株/平方米的密度将幼殖体撒播至沟槽内。注意撒播均匀，防止区域密度过高影响日后生长。

7. 监测观察

播种后每周观察记录鼠尾藻附着和生长情况，同时进行照相与录像（图14－6）。

播种1天后，基质上出现固着生长的鼠尾藻幼殖体。体长约3 mm。

3天后，固着生长的鼠尾藻幼殖体逐渐形成规模（图14－6b）。

18天后，鼠尾藻继续生长，大多数出现分蘖，鼠尾藻生物量逐渐占据优势（图14－6d）。

43天后，鼠尾藻个体继续增大，出现三分蘖。

45天后，鼠尾藻藻体由枝状体转变为叶状体。

67天后，大部分鼠尾藻出现侧枝生长。

79天后，鼠尾藻生长迅速，侧枝达到30 mm，鼠尾藻优势种群已经形成（图14－6e）。

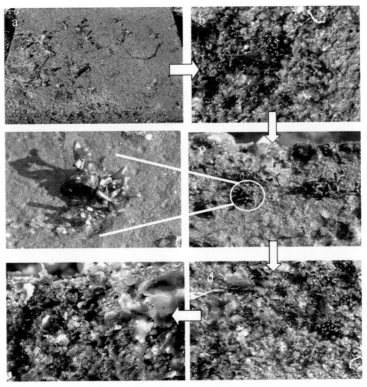

图14－6 鼠尾藻幼殖体的生长

8. 海藻场的养护管理

在幼殖体撒播后，每天进行养护管理，包括遮阴网覆盖、施肥、杂藻处理、泥沙冲刷等（图14－7）。

撒播后幼殖体面临两大威胁：潮汐、海流会将尚未附着的幼殖体携带至深海区域，使其无法附着生长，造成幼殖体的流失；而干露、高温则会造成幼殖体的大量死亡。播种后及时使用遮阴网覆盖，可以有效解决上述问题，是鼠尾藻幼殖体顺利附着生长的关键环节。

图14-7　幼殖体的养护管理

幼殖体撒播一周内，将化肥溶液洒在幼殖体固着的岩礁上。幼殖体前期的快速生长非常重要。其前期的快速生长不仅增强了附着能力，也可在一定程度上避免被沉积物的掩埋。及时施用肥料对提高幼殖体存活率也具有重要的意义。

海浪水流携带的泥沙容易在沟槽内沉积，影响鼠尾藻幼殖体的附着和生长，因此需要及时冲洗沟槽中的泥沙，但力度不宜过大，防止刚附着的幼植体被冲刷掉。

在本案例中，待恢复海域鼠尾藻在幼殖体快速生长期发生了浒苔暴发，密集生长的浒苔抢占了鼠尾藻的生长空间，影响了鼠尾藻生长。为了抑制浒苔的过度繁殖，保证鼠尾藻正常生长，采用5%的柠檬酸水溶液进行喷洒，喷洒5分钟后进行冲洗。结果显示此方法可以使浒苔藻体白化死亡，而对鼠尾藻生长无明显影响。

建立管理队伍与制度，对恢复区域进行管理，防止人为活动的干扰破坏。

9. 恢复效果

经过三个月的海藻场恢复工作，小黑山岛海藻场的重建初见成效，恢复前、后对比效果非常明显，之前无藻类生长的平板礁沟槽内已经形成以鼠尾藻为优势种群的潮间带海藻场（表14-1、图14-3和图14-8）。

表14-1　小黑山岛恢复区恢复前后结果对比

	恢复前	恢复后
生物量/（g/m^2）	0	137.9
大型海藻分布状况	荒漠化-无藻分布	成片分布
优势种	无藻生长	鼠尾藻、孔石莼

图14-8　小黑山岛恢复区恢复后

（二）褚岛海藻场的恢复

褚岛的地理位置如图14-9所示。

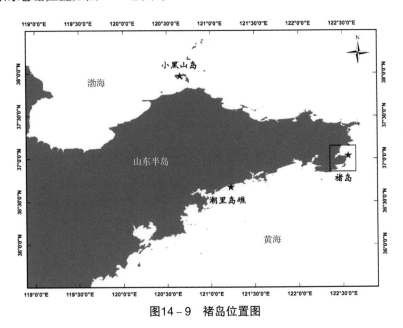

图14-9　褚岛位置图

485

1. 现场调查与评估

在恢复工作开始前即2009年对褚岛的大型底栖海藻物种多样性与丰富度进行了现场调查，结合有关该海藻场的历史文献资料，得到如下结论。

褚岛群落构成以红藻为主。大型底栖海藻物种数秋季略多于春季。四季度样方鲜重平均总生物量秋季高于春季。

1991年11月份采得潮间带底栖藻29种；2009年10月份采得25种，其中甘紫菜（*Porphyra tenera*）、小石花菜（*Gelidium divaricatum*）、匍匐石花菜（*Gelidium pusillum*）、对丝藻（*Antithemnion cruciatum*）、波登仙菜（*Ceramium boydenii*）、凹顶藻（*laurencia obtusa*）、水云（*Gladosiphon okamuranus*）、刚毛藻（*cladophora glomerata*）等均消失，新出现了角叉菜。褚岛1991年11月份样方鲜重生物量平均值为2 480 g/m²；2009年10月份样方鲜重生物量平均值为1 962 g/m²。时隔20年，褚岛的海藻种类组成发生了变化，物种多样性和生物量降低，部分海藻场已经退化。

2. 建群种种类选择

调查发现，鼠尾藻是褚岛潮间带的优势种，容易建立种群。综合比较分析，选择鼠尾藻作为海藻场恢复建群种。

3. 生境营造和基底整治

2011年6月，对褚岛进行恢复工作。褚岛恢复区鼠尾藻已遭受严重破坏，但有较多的石莼等其他藻类。这些藻的存在一方面为鼠尾藻幼殖体撒播后提供了栅栏式的庇护，减少了鼠尾藻幼殖体的流失，另一方面低潮干露期间可以保湿，降低了干燥、高温对鼠尾藻幼殖体的伤害。鉴于此，褚岛恢复区没有筑槽。

对褚岛海藻场恢复过程中，种藻获取与移植播种、鼠尾藻幼殖体的培育及撒播、海藻场的养护管理等与小黑山岛海藻场重建过程中的一样。

4. 恢复效果

由于褚岛离岸较远，生境相对完好，原有海藻场虽遭到破坏但仍有零星分布，因此褚岛海藻场的恢复工作取得了良好的效果（表14-2和图14-10）。褚岛鼠尾藻种群的成功恢复证明，作为潮间带大型海藻，鼠尾藻种群可以通过绑石投苗法和直接播种法相结合的方式加速恢复，也证明了无居民海岛鼠尾藻藻场恢复方案是切实可行的。

表14-2 褚岛恢复区恢复前后结果对比

	恢复前	恢复后
生物量/（g/m²）	11.2	265.4
大型海藻分布状况	零星分布	成片分布
优势种	孔石莼等	鼠尾藻等

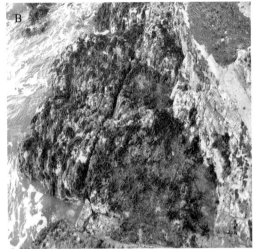

图14-10 褚岛恢复区恢复前、后对比

A. 恢复前；B. 恢复后

（三）潮里岛礁海藻场的恢复

潮里岛礁的地理位置如图14-11所示。

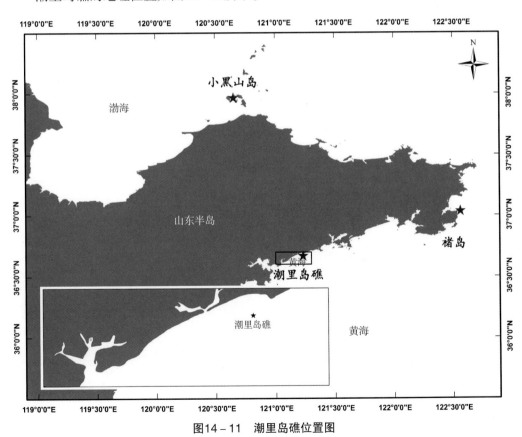

图14-11 潮里岛礁位置图

1. 现场调查与评估

在恢复工作开始前即2009年对潮里岛礁的大型底栖海藻物种多样性与丰富度进行了现场调查，结合有关该海藻场的历史文献资料，得到如下结论。

潮里岛礁群落构成以绿藻为主。5月份样方鲜重生物量平均值为2 g/m²；8月份样方鲜重生物量平均值为10 g/m²；10月份和1月份样方鲜重生物量平均值为0 g/m²。

1991年11月份采得潮间带底栖海藻1种，2009年10月份未采得底栖海藻。潮里岛礁1991年11月份样方鲜重生物量平均值为0 g/m²。可见潮里岛礁没有大面积海藻场的存在。另外，其海藻场生境遭受了毁灭性的破坏。对潮里岛礁进行了海藻场的营造，整个恢复过程同小黑山岛海藻场的重建。

2. 恢复效果

潮里岛礁历史上就没有海藻场的存在，荒漠化严重，虽对其进行了生境的营造，但可能由于所处的海域环境条件并不适合海藻场这种近海海洋生态系统的存在，因此，对其海藻场的营造工作并没有取得成功（表14-3和图14-12）。

表14-3　潮里岛礁目标区恢复前后结果对比

	恢复前	恢复后
生物量/（g/m²）	0	0
大型海藻分布状况	荒漠化-无藻分布	荒漠化-无藻分布
优势种	无藻生长	无藻生长

图14-12　潮里岛礁目标区恢复前、后对比
A.恢复前，B.恢复后

Ⅱ. 泥沙底质海藻场的恢复

——以河北祥云岛的海藻场恢复为例

一、背景

河北省唐山市祥云岛，中心地理坐标为北纬39° 9′ 14″，东经118° 79′ 33″。该海区距岸边2海里，沿海地势平坦，海岸坡度2％。水深均处于8～10 m等深线范围内。由于海浪潮汐及滦河与蓟河水洗的迁移，祥云岛岸线以砾石为主，沙岸为辅，周边海域底质为泥沙质。

祥云岛周边海域年平均气温10.7℃左右，平均降水为613.2 mm。根据历史资料，海域内台风、风暴潮等灾害性天气少见，无恶劣海况记录。波型以风浪为主，涌浪较少，海流主要呈现潮流往复式运动，潮汐余流较弱，大潮实测最大流速0.86 m/s，流向252°。

祥云岛与渤海湾口相对，处于滦河与蓟河的入海口处。滦河入海形成了天然多幅沙砾质海床带，是渤海渔业生物重要的繁殖场之一。这里牡蛎繁多，一般生活在低潮线附近至水深5 m的海区，历史上形成了多处牡蛎礁。在附近的七里海俵口村南拥有一片距今6700~1800年的牡蛎滩，排序清晰、密集程度高、保存完好。在大吴村地表沉积层2 m之下也发现了数米厚的牡蛎礁，礁体中的贝壳宽大肥厚。牡蛎礁的发现地与现今海岸的直线距离近3 km，多条牡蛎礁线几乎平行于现今海岸线走向，海拔4～6 m。

近几十年来，由于过度采捕、环境污染、病害以及港口兴建等原因，祥云岛海域牡蛎种群数量持续下降，难以形成新的牡蛎礁体，甚至原有的牡蛎礁也很难看到。为恢复近岸海域生态系统，自2005年开始唐山海洋牧场实业有限公司联合中国海洋大学和国家海洋局海洋一所共同进行技术攻关，以恢复牡蛎礁为突破口，建设了以人工藻礁为主体的海洋牧场。通过多年来的探索，营造了泥沙质人工藻礁生态系统"小样"试验场，建设了1 500亩藻礁生态繁育"基地"，在"小样"与"基地"两项试验成功的基础上，复制扩大为2.35万亩泥沙质人工藻礁生态系统示范工程，收到了良好的生态效益、经济效益和社会效益。本案例选择的是其中利用人工藻礁技术方法恢复1 500亩海藻场的工作。

二、恢复过程

祥云岛岸线以砾石为主，沙岸为辅，其周边海域底质为泥沙质。这点与小黑山岛、褚岛及潮里岛礁周边海域以岩礁底质为主不同，因此，在海藻场恢复过程中应采取不同

的恢复技术。本案例采取的是人
工藻礁的办法。恢复过程如下。

（1）在祥云岛海域5 m等
深线位置，修筑一条长13 km、
上底宽4 m、下底宽6 m、高3 m
的断带式潜堤型藻林带附着基
（如图14-13绿线所示），构建
花岗岩渔礁。其中，附着基由
花岗岩构成，外加金属框架维
护，每段附着基长度为300 m，
相邻附着基距离300 m。

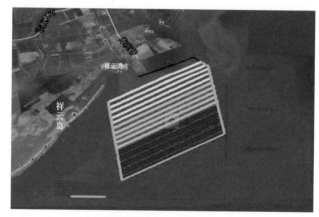

图14-13　人工藻礁布设方案（图中带状区域为修筑的潜堤型藻林带附着基）

（2）在潜堤型附着基的内侧延伸至500 m的范围内，构筑网格状海底藻林。其中，有4条长13 km、间距120 m、平行于潜堤型附着基的藻林带附着基以及433条长480 m、间距30 m的垂直于潜堤型附着基的藻林带附着基。藻林带附着基由三种不同规格的混凝土沉箱组成，沉箱尺寸为长2 m，宽2 m，高分别为2 m、1.7 m及1.4 m（图14-14）。三种不同规格的沉箱布设比例为1:1:1（图14-15）。

（3）在藻林带附着基上，移植马尾藻等大型海藻。移植前先在池塘中暂养一段时间使藻苗能够牢固地附着在苗帘上，然后将苗帘移植到藻林带的基床上，最终使其自然生长，形成稳定的生物群落和生态系统。

图14-14　三种不同规格的混凝土沉箱（A图长、宽、高分别为2 m、2 m和1.4 m；B图长、宽、高分别为2 m、2 m和1.7 m；C图长、宽、高分别为2 m、2 m和2 m）

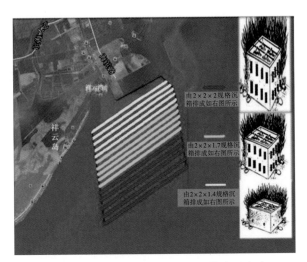

图14-15 三种不同规格混凝土沉箱布设方案

三、恢复效果

恢复工作2年后对恢复区及周边海域进行调查，结果显示周边海域水质优良，春季和秋季的水环境和沉积物环境各项指标均符合第一类海水水质标准和第一类海洋沉积物质量标准。礁区内生物量及生物密度远远高于礁区外，游泳动物明显增加。礁区内黑鲻（*Gymnocorymbus teinetzi*）幼鱼数量较多，成为优势种群（图14-16）。

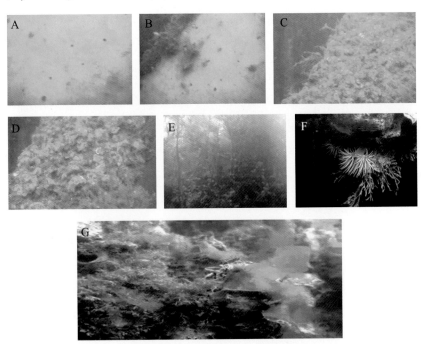

图14-16 恢复区前、后对比图
A、B.恢复前泥沙底质上的海藻附着情况；
C、D.恢复初期混凝土沉箱上的海藻附着情况；
E、F、G.恢复2年后混凝土沉箱及周边海域的海藻附着情况

案例分析

（一）恢复技术要点总结

本节分别选取了岩礁底质和泥沙底质海藻场恢复的典型案例，总结其恢复工作。

1. 大面积鼠尾藻场恢复

鼠尾藻床构建的主要技术路线为生境营造、种藻蓄养、幼殖体播种、遮阴网前期覆盖。

"生境营造"：干燥胁迫决定了生活史早期阶段的鼠尾藻存活，故营造的生境必须具有降低干燥程度或减少幼殖体干露时间的功能。鉴于此，拟建藻床或人工筑槽或者选择水洼地带或选择有石莼等其他大型海藻着生的潮间带岩礁，后两者相比前者实施更加简单，为优选方案。

"种藻蓄养"：种藻发育程度决定了室内蓄养中幼殖体获取的成败，蓄养条件决定了幼殖体获取的数量，故育苗室选用具有自然光采光设施功能的温室，种藻入室时机把握在种藻集中成熟并大量排放配子前2~3 d，培养水温略高于自然海区水温，幼殖体采收方法采用虹吸倒池法。

"幼殖体播种"：播种方法决定了幼殖体实际播种的效率，播种时机选择在退潮后，播种方法采用人工方法直接喷洒浓缩的幼殖体。

"遮阴网覆盖"：播种后幼殖体能否牢固地附着在岩礁上决定了藻床建群的成败。播种后采用遮阴网覆盖，起到了类似栅栏的庇护作用，避免了水流和波浪对幼体的冲刷流失；同时也降低了干露、高温对幼殖体的伤害。

2. 利用人工藻礁技术恢复海藻场

唐山祥云岛周边海域以泥沙底质为主，再加之牡蛎礁的破坏使得该海域并不适合海藻的附着、生长。因此采用了人工藻礁恢复海藻场的办法。关于利用人工藻礁恢复海藻场的技术方法可参照第十章第六节内容。

总结该案例有两点可供借鉴。

（1）带状海底藻林附着基，是一道由岩石和缝隙组成的遮蔽透水型潜堤，与京唐港西挡浪堤相接，围成相对封闭稳定的海湾。其主要作用是为祥云岛海域遮蔽减缓涌浪湍流，维护项目区海域的相对稳定，保持项目区海域水质的相对清洁；附着基同时具备良好的透水性，不会改变海流的基本走向，在水动力的减缓中，完成附着基内外海水的交换，确保该海域源头活水；附着基高度随着海底深度的变化升降，以顶部保持在低潮带2~3 m处满足藻类日照需求为基准，为藻类提供生长繁育的基础条件。

（2）条格化辐射区，不同规格的混凝土沉箱藻礁形成具有一定规模的藻礁群。根据海域不同深度阶梯设置条格式藻礁附着基群，作用是以链状形态引渡海藻孢子使其得以蔓延着床形成假根，为多种海藻提供必要的日照高度和生长附着载体，同时又可为众多海洋生物提供避敌空间，饵料场以及产卵、孵化、栖息的生活环境，增殖渔业资源。

（二）恢复过程中存在的问题

在荒漠化潮间带进行的营造型海藻场构建还存在尚未解决的技术难题。潮里岛礁海藻场营造失败的原因有以下两个。

1. 生境

潮里岛礁历史上就没有海藻场的存在，荒漠化严重，虽对其进行了生境的营造，但可能由于所处的海域环境条件并不适合海藻场这种近海海洋生态系统的存在，因此，对其海藻场的营造工作并没有取得成功。

2. 技术手段

幼殖体播撒后的养护管理是关键环节之一，此环节一方面需要劳力每天养护，另一方面需要技术人员定期频繁指导，工作量大。一旦管理跟不上，就会出现死亡现象。另外，由于潮里岛礁海区海水透明度低，泥沙含量大，掩埋了播种的幼殖体，造成该区域建种失败。如何进行幼殖体播撒后的养护和避免海水泥沙对播种幼殖体的掩埋是解决该地区荒漠化的关键。

思考题

（1）论述海藻场退化的主要原因。

（2）恢复海藻场选取恢复物种的依据有哪些?

拓展阅读资料

（1）Whitaker S G, Smith J R, Murray S N. Reestablishment of the Southern California rocky intertidal brown alga, *Silvetia compressa*: an experimental investigation of techniques and abiotic and biotic factors that affect restoration success [J]. Restoration Ecology, 2010, 18: 18 – 26.

（2）Busch K E, Golden R R, Parham T A. Large – scale *Zostera marina* (*eelgrass*) restoration in Chesapeake Bay, Maryland, USA. Part I: A comparison of techniques and associated coasts [J]. Restoration Ecolgy, 2010, 18(4): 490 – 500.

（3）Marian S R, Orth R J. Innovative techniques for large–scale seagrass restoration using *Zostera marina* (eelgrass) seeds [J]. Restoration Ecology, 2010, 18(4): 514 – 526.

（4）Fishman J R, Orth R J, Marion S, Bieri J. A comparative test of mechanized and manual transplanting of eelgrass, *Zostera marina,* in Chesapeake Bay [J]. Restoration Ecology, 2004, 12: 214 – 219.

（5）Harwell M C, Orth R J. Seed bank patterns in Chesapeake Bay eelgrass (*Zostera marina* L.): A baywide perspective [J]. Estuaries, 2002, (25): 1196 – 1204.

（6）Harwell M C, Orth R J. Long distance dispersal potential in a marine macrophyte [J]. Ecology, 2002(83): 3319 – 3330.

（7）Orth R J, Batiuk R A, Bergstrom P W, Moore K A. A perspective on two decades of policies and regulations influencing the protection and restoration of submerged aquatic vegetation in Chesapeake Bay, USA [J]. Bulletin of Marine Science 2002, (71): 1391 – 1403.

第二节　湿地的恢复

湿地、森林和海洋并称为地球三大生态系统，其中，湿地因其在地球环境中至关重要的作用以及在生物多样性保护和食物提供方面的巨大贡献而被誉为地球之肾、生物超市和基因库等。滨海湿地是湿地与海洋两大生态系统的结合体，滨海湿地不仅是极其重要的种质资源库，还是重要的碳汇与氮汇场所，对全球碳、氮循环起着至关重要的作用。而且滨海湿地具有诸如涵养水源、分洪蓄洪、调节局部气候、截留及降解污染物等生态服务功能。受近些年来全球气候变化和人类生产活动的影响，全球约80%的滨海湿地丧失或退化，严重干扰了湿地服务功能的发挥。

一、背景

特拉华河（Delaware river）流域是美国一个重要的流域。它流经特拉华州、新泽西州和宾夕法尼亚州。特拉华河河口是大西洋海岸最大的河口之一，支撑着世界上最大的重工业中心、世界最大的淡水港和美国第二大石化产品精炼中心。工业的发展使特拉华海湾（Delaware Bay；图14-17）面临巨大的环境压力，当地的环境保护部门也一直致力于减轻工业的发展对海湾自然环境的破坏。位于特拉华海湾的塞勒姆发电厂（Salem Generating Station）所使用的一次性冷却系统在进水网口处释放污染物，严重危害水生动物。此外，塞勒姆电站的冷却水需要从河口以550万立方米/分钟的速度吸入。在这个过程中，水生生物的幼体被吸引到萨勒姆的冷却系统或被截留在过滤网中，造成一些生物的死亡。因此，1990年新泽西州环境保护署要求特拉华海湾的塞勒姆发电站减少污染物的排放，并要求更换冷却系统以减少对无脊椎动物和鱼类的危害。这需要电厂建造两个新冷却塔，而更换的费用非常高昂。发电厂决定采取恢复特拉华沿岸的盐生沼泽湿地的方案，通过使鱼类等水生动物的生境得到改善来弥补电厂造成的损失。

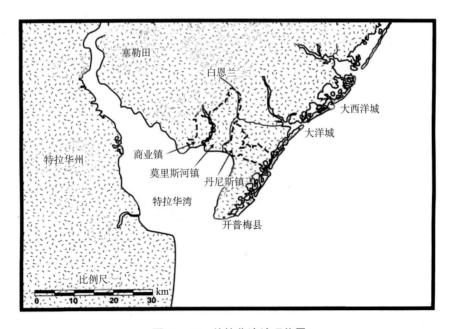

图14-17　特拉华湾地理位置

1994年，位于美国新泽西州的公共服务企业集团（Public Service Enterprise Group，PSEG）实施了该计划。具体方案包括湿地生境的恢复、鱼梯安装、新的冷却水引入技术的引进以及生物监测方案。它主要涉及两种类型的湿地：干盐草农场（Salt Hay Farm）湿地和芦苇湿地。湿地生境恢复是方案的核心组成部分，本案例选择的就是这个计划中的湿地恢复部分。

潮汐湿地由开放水域的潮汐小溪、潮间带泥溪和草本植物组成，整个湿地呈复杂的斑块状。潮汐水流强烈影响湿地的生态过程，潮汐交换决定了湿地植物和动物的栖息地，为不同大型植物、底栖大型无脊椎动物、鱼、水鸟等创造了特定的空间区域。

康涅狄格州大西洋沿岸的潮汐湿地

来源：维基百科

二、恢复区域

恢复区域（图14－18）位于新泽西的商业镇（Commercial Town，CT）、丹尼斯镇（Dennis Town，DT）和莫里斯河镇（Maurice River Town，MRT）的3处筑有堤坝的干盐草农场。

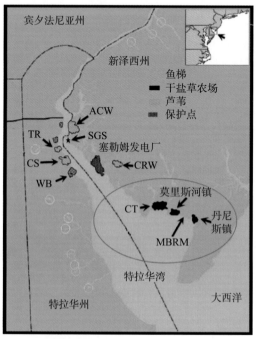

图14－18　特拉华湾湿地恢复区域（图中橙色标识区即为恢复区域）

三、恢复目标

（1）构建沟渠网络，恢复3处盐沼湿地的日常潮汐。

（2）恢复区优势大型植物主要是互花米草（*Spartina alterniflora*）和狐米草（*Spartina patens*），使植被覆盖率达76%以上。

（3）为河口食物网增加碎屑的产生。

（4）为鱼类提供栖息地、索饵场和产卵场。

四、恢复过程

（一）湿地破坏背景分析

20世纪初，新泽西州和特拉华州鼓励将自然盐沼开垦为农田，种植干盐草。他们建设1~2 m高的堤坝来消除或者控制潮汐水流（图14-19）。但是，这些堤坝在暴雨期间经常被淹没，于是他们在湿地中建设排水沟，并在堤坝上建设水控制结构用于排水。水控制结构另一个作用是在春季向湿地灌溉，给干盐草供给盐分和营养物质，但同时抑制了陆生植物的生长。

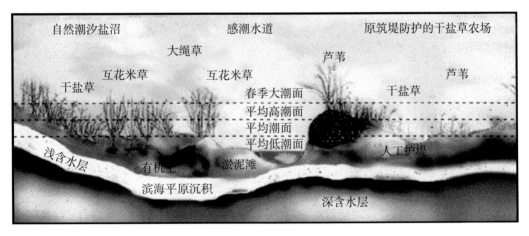

图14-19 自然湿地和筑有堤坝的干盐草农场

围堤和农业活动对干盐草农场湿地生态系统具有负面影响。

（1）自然的小溪被用来服务农业活动，每天不再经历原来的两次潮汐。潮汐的减弱和雨水的冲刷降低了土壤盐分，这为芦苇的生长提供了条件。同时，堤坝阻止了沉积物流入盐沼平原，使湿地高度不断降低。

（2）围堤将数千公顷的湿地与河口环境隔离，为堤内湿地提供水源的潮沟的进水量明显降低，进水量的降低导致了沉积物的减少，一些小的潮沟逐渐消失。

（3）通常湿地的植被能有效削减水浪的能量。干盐草农场和周围的堤坝看似能抵御风暴潮，但当堤坝破裂，沼泽平原将遭受灾难性的洪水，洪水将涌入之前受保护的高地。在自然的沼泽湿地，洪水会迅速退去，但是在干盐草农场，由于堤坝的存在洪水会滞留数周或者数月。

（4）河流携带的泥沙能够帮助海湾沙滩免遭侵蚀，但是堤坝降低了许多河道对河口的输沙量。特拉华河河口的许多河流或者海滨沿岸的泥沙供应显著减少，最终导致了海岸的侵蚀。

（5）将大面积的湿地与河口生态系统隔离，湿地向河口净输出的藻类、沉积碎屑和动物等有机质大量减少，使得鱼类等水生动物的食物减少。

（二）具体解决方案

基于上述背景分析，主要目标为恢复3处干盐草农场湿地的自然潮汐作用，使盐沼湿地的功能得到恢复。具体方案如下。① 构建沟渠网络（图14-20），恢复盐沼湿地的日常潮汐，疏通湿地与河口，增加碎屑等有机质的沉积，增加河道对河口的输沙量，为鱼类等水生动物提供栖息地、索饵场和产卵场。② 恢复护花米草和狐米草等湿地植物。

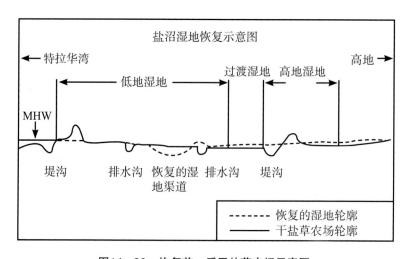

图14-20 恢复前、后干盐草农场示意图

1. 早期恢复

新泽西州早期的恢复活动主要是去除围堤，通过种植植被使其得到自然恢复。但是围堤的拆除并没有经过合理的设计，因此产生了许多不同的结果。拆除围堤致使湿地被层流侵蚀，植被被冲走。产生了许多辫状水道，不利于沉积作用。与邻近的自然湿地相比，平均的"自然"恢复结果是达到50%植被覆盖率需要用十年；而最差的恢复造成了恢复区域地表水聚集，大大减缓了植被覆盖（图14-21）。

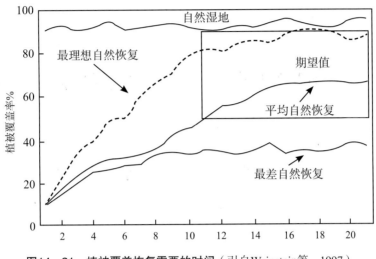

图14-21　植被覆盖恢复需要的时间（引自Weinstein等，1997）

2. 日常潮汐的水动力学条件的恢复

恢复过程采用生态工程的原则，全面考虑整个生态系统而不仅仅是某一区域或者一些物种。干盐草农场湿地恢复需要将这些区域重新连接到河口。因此，恢复过程的基础是重建日常潮汐的水动力学条件。设计工程师设计了一个完整的渠道系统，模拟邻近的自然湿地，但这需要巨大的工程量。因此，干盐草农场湿地恢复使用了工程与自然过程相结合的生态工程方法，即人工建造主要的沟渠（一级和二级渠道），三级和四级渠道、渠道深度、倾斜度、浅滩的位置以及渠道的截面积等都任其自然发展形成。当这种排水系统发展为一系列沟渠的时候，干湿水文周期在湿地恢复，这时候不需要人为干预湿地植被就可自然恢复。

渠道设计的主要步骤如下。① 恢复区域的地形概貌分析。② 设计出渠道示意图和潮汐水流图。③ 使用二维水利数值模型生成渠道。④ 将设计方案与邻近的自然湿地进行比对校验。

渠道设计的关键因素如下。① 潮水速率。渠道设计需要确定湿地开口数目和大型潮沟，然后将模型与邻近自然湿地进行比对校验。当设计渠道流速小于0.6 m/s时，湿地环境不会被侵蚀，同时又保障湿地有足够多的进水量。② 稳定的渠道截面。稳定的渠道截面可以使幼鱼留在浅水区从而远离天敌。最初的设计是模拟自然盐沼的渠道截面而建立梯形截面，但是梯形截面施工难度极大，设计人员试验了多种截面来达到自然梯形截面的效果（图14-22）。试验表明，任何一种截面都会演变成自然梯形截面。

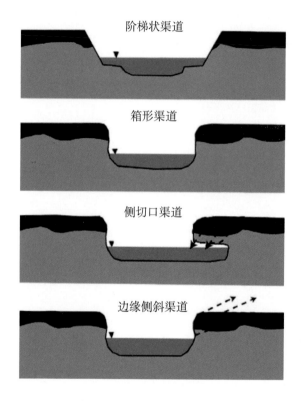

阶梯状渠道

箱形渠道

侧切口渠道

边缘侧斜渠道

图14-22　不同的渠道截面

以丹尼斯镇恢复地点为例，渠道数目明显增加。1999年统计结果显示，与1996年相比一级、二级、三级、渠道数目分别增加了232%、103%和260%，三级以下的渠道从无到有（图14-23）。

3. 植被的恢复

（1）使用除草剂减少芦苇这种单一类型植被的覆盖率，增加互花米草和狐米草的覆盖率，这一过程增加了滨海湿地生态系统的稳定性。

（2）植被恢复是在自然潮汐条件得以恢复的基础上进行的。通常来讲，在生境恢复到自然状态的时候，自然植被即可恢复。考虑到种植的人力物力消耗过大，而且恢复区周围有生态条件较为完好的其他自然盐沼，因此植被恢复采用了依靠邻近种源、再结合自然恢复过程的方法。

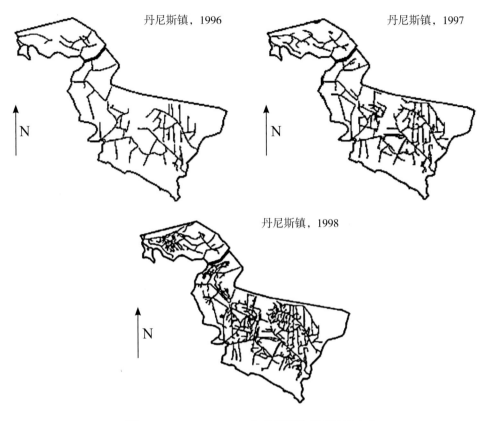

丹尼斯镇，1996   丹尼斯镇，1997

丹尼斯镇，1998

图14-23   1996~1998年丹尼斯镇渠道数目变化

（三）恢复效果

渠道设计构建的成功为后续的植被生长提供了必要的条件。构建的渠道可以向湿地输送营养物质和沉积物，鱼类等生物也可借助渠道进入湿地，同时湿地的产物也可通过渠道进入河口。图14-24为新渠道的形成和刚累积的沉积物。

图14-24   新渠道的形成以及刚累积的沉积物

用生态工程原理进行湿地恢复，恢复的湿地面积约4 550 hm²，加上受恢复湿地保护的高地缓冲区和其他土地，共有8 701 hm²（表14-4）。利用红外线拍照技术对恢复地进行跟踪监测，随时记录植被的恢复情况，结果显示丹尼斯镇和莫里斯河镇在6年内达到了植被恢复目标（图14-25和图14-26）。

表14-4　湿地恢复区域及面积（单位：hm²）

恢复类型	恢复地点	湿地恢复面积	高地缓冲区	其他区域	总面积
原筑堤防护盐农场	商业镇	1 171	137	380	1 688
	丹尼斯镇	149	6	78	234
	莫里斯河镇	459	44	62	565
新泽西芦苇地	阿洛韦溪流域	648	547	58	1 253
	克罕瑟依河流域	368	59	0	427
特拉华芦苇地	雪松温地	754	0	3	757
	兰昂地带	102	0	4	106
	银色流动地区	125	0	1	126
	岩石地区	298	0	0	298
	林地海滩	476	0	3	479
其他新泽西区域	贝塞德地带	N/A	737	1 046	1 783
	海斯勒维尔WMA平原	0	75	0	75
	米尔维尔WMA平原	0	151	0	151
	新瑞典WMA平原	0	126	0	125
	丹尼期WMA平原	0	46	0	46
其他特拉华区域	米塞兰尼尔斯高地	N/A	N/A	588	588
总计		4 550	1 927	2 223	8 701

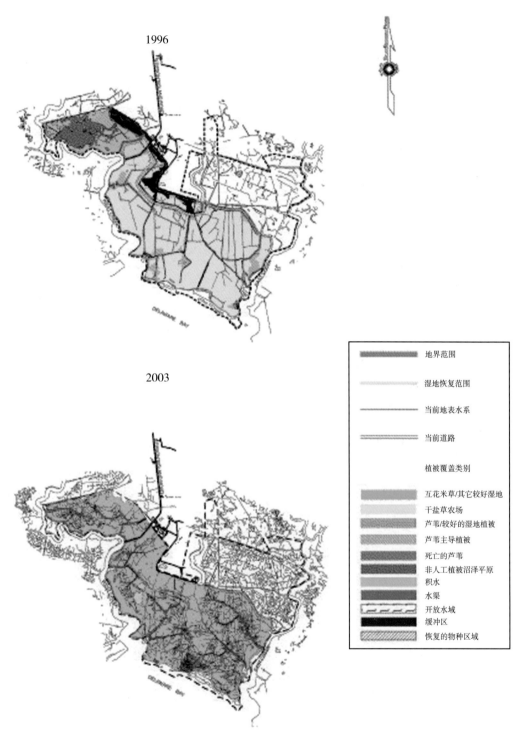

图14-25 丹尼斯镇湿地恢复点1995年和2003年植被覆盖图

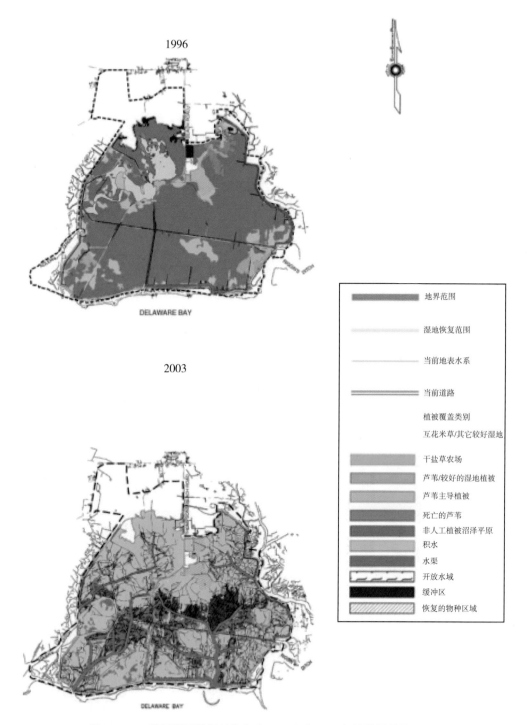

图14-26 莫里斯河镇湿地恢复点1995年和2003年植被覆盖图

除本案例叙述的湿地恢复外，特拉华海湾其他恢复措施包括安装了八个鱼梯以帮助河鲱鱼返回到先前产卵地。PSEG还引进了先进的冷却水引入技术，以减少无脊椎动物和幼鱼的损失。生物监测计划，将继续监测特拉华河河口沿海洄游鱼类物种的数量和分布，评估鱼类和无脊椎动物对湿地的影响。

案例分析

特拉华海湾盐生沼泽湿地的恢复是成功的恢复案例。3个盐生沼泽湿地中的2个在6年的时间内达到了植被恢复的目标。工作人员认为其成功的原因主要是面积相对较小，临近恢复种的种源，以及适当的水利情况。第三个湿地也在恢复的过程中。但第三个湿地面积较大，其自然渠道的形成、种子的分布都需要更长的时间，也许还要经过几年才能达到恢复目标。

近年来，我国北方滨海湿地生态系统的恢复重建也有了一定的发展。2002年国家投资近亿元进行黄河三角洲湿地生态恢复和保护工程。工程的实施使黄河三角洲湿地的生态环境得到改善，为进一步救治、保护动、植物，进行滨海湿地的研究提供了有利的条件。同时，作为东北亚内陆和环西太平洋鸟类迁徙的重要中转站，黄河三角洲在珍稀鸟类的越冬栖息地和繁殖地上将发挥更重要的作用。

湿地恢复相关网站：

Society of Wetland Scientists http://www.sws.org/

Association of State Wetland Managers http://www.aswm.org/

Environmental Laboratory Wetlands http://www.wes.army.mil/el/wetlands/wetlands.html

USGS National Wetland Research Center http://www. nwrc. usgs. gov/

Handbook for Wetlands Conservation & Sustainability:a Guide for Planning and Implementing a Community Wetlands Projects http://www.iwla.org/sos/handbook/

EPA Wetlands Homepage http://www.epa.gov/OWOW/wetlands/index.html

An Introduction and User's Guide to Wetland Restoration, Creation, and Enhancement? http://www.epa.gov/owow/wetlands/pdf/restdocfinal.pdf

U.S. Fish and Wildlife Service National Wetlands Inventory http://wetlands. fws. gov/

Classification of Wetlands and Deepwater Habitats of the United States http://www.npwrc.usgs.gov/resource/1998/classwet/classwet.htm

Society for Ecological Restoration International http://www.ser.org

Estuarine Research Federation http://erf.org

Environmental Concern http://wetland.org

Wetlands International http://www.wetlands.org

思考题

（1）论述滨海湿地生态退化和受损的主要原因。

（2）滨海湿地生态恢复目标可以从哪些方面考虑？

（3）滨海湿地生态恢复的技术措施有哪些？

拓展阅读资料

（1）Weinstein M P, Balletto J H, Teal J M, et al. Success criteria and adaptive management for a large-scale wetland restoration project [J]. Wetlands Ecology and Management, 1996, 4(2): 111-127.

（2）Shuman C S, Ambrose R F A. Comparison of remote sensing and ground-based methods for monitoring wetland restoration success [J]. Restoration Ecology, 2003, 11(3): 325-333.

（3）Smith S M; McCormick P V, Leeds J A. Constraints of seed bank species composition and water depth for restoring vegetation in the Florida everglades, U.S.A[J]. Restoration Ecology, 2002, 10(1): 138-145.

（4）Konisky R A, Burdick D M, Dionne M A. Regional assessment of salt marsh restoration and monitoring in the Gulf of Maine [J]. Restoration Ecology, 2006, 14(4): 516-525.

（5）Stagg C L, Mendelssohn I A. Restoring ecological function to a submerged salt marsh [J]. Restoration Ecology, 2010, 18: 10-17.

第三节　海湾的恢复

海湾三面环陆一面为海，有U形及圆弧形等，通常以湾口附近两个对应海角的连线作为海湾最外部的分界线。海湾多具有非常优越的地理位置、环境和自然资源，海湾的开发利用已经给当地带来了巨大的经济、社会效益。同时，海湾生态环境正面临着巨大的挑战，水体富营养化，沿岸生物多样性下降。海湾生态系统的健康状况可直接影响到沿海地区经济的可持续发展，因此，海湾生态系统的恢复日益引起各国政府的重视。海湾生态系统是多资源、多领域、多层次的复杂生态系统，因此对其恢复是个非常庞大的系统工程，动辄需要几十年甚至上百年的时间。美国的旧金山湾和切萨皮克湾的生态恢复是世界上比较著名的海湾恢复案例，两个案例均有可供我们借鉴的经验。下面就以这两个案例来介绍海湾的恢复。

世界十大海湾

孟加拉湾

孟加拉湾，位于印度洋北部，西临印度半岛，东临中南半岛，北临缅甸和孟加拉国，南在斯里兰卡至苏门达腊岛一线与印度洋本体相交，经马六甲海峡与暹罗湾和南海相连，是太平洋与印度洋之间的重要通道。面积约217万平方千米，深度为2 000～4 000 m，南半部较深。沿岸国家包括印度、孟加拉国、缅甸、泰国、斯里兰卡、马来西亚和印度尼西亚。印度和缅甸的一些主要河流均流入孟加拉湾，这些主要河流包括恒河、布拉马普特拉河、伊洛瓦底江、萨尔温江、克里希纳河等等。孟加拉湾中著名的岛屿包括斯里兰卡岛、安达曼群岛、尼科巴群岛、普吉岛等。孟加拉湾沿岸贸易发达，主要港口有印度的加尔各答、金奈、本地治里，孟加拉国的吉大港，缅甸的仰光、毛淡棉，泰国的普吉，马来西亚的槟榔屿，印度尼西亚的班达亚齐和斯里兰卡的贾夫纳等。

墨西哥湾

墨西哥湾是北美洲南部大西洋的一海湾，以佛罗里达半岛–古巴–尤卡坦半岛一线与外海分割，东西长约1 609 km，南北宽约1 287 km，面积约154.3万平方千米。平均深度1 512 m，最深处为4 023 m。有世界第四大河密西西比河由北岸注入。北为美国，南、西为墨西哥，东经佛罗里达海峡与大西洋相连，经尤卡坦海峡与加勒比海相接，是著名的墨西哥湾洋流的起点。大陆沿岸及大陆架富藏石油、天然气和硫磺等矿产。湾内有新奥尔良、阿瑟、休斯敦、坦皮科等重要港口。

几内亚湾

几内亚湾位于非洲西岸，是大西洋的一部分，面积约153.3万平方千米。赤道与本初子午线在这里交会。几内亚湾有尼日尔河、刚果河、沃尔特河注入，为海湾带来大量有机沉积物，经过数百万年形成了石油，令沿岸国家备受国际社会重视。沿岸有加纳、多哥、贝宁、尼日利亚、喀麦隆、赤道几内亚等国，主要港口有洛美、拉各斯、哈尔科特、杜阿拉和马拉博等。

阿拉斯加湾

阿拉斯加湾是太平洋东北部一个宽阔海湾。位于美国阿拉斯加州南缘，西邻阿拉斯加半岛和科迪亚克岛，东接斯潘塞角。面积约153.3万平方千米。平均水深2 431 m，最深处为5 659 m。沿岸多峡湾和小海湾。陆地上的河流不断地把断裂下来的冰山和河谷中的泥沙、碎石带入海湾中。沿岸主要港口有奇尔库特港等。大陆沿岸地区多火山，渔业资源较丰富。

哈德孙湾

哈德孙湾位于加拿大东北部巴芬岛与拉布拉多半岛西侧的大型海湾，面积约120万平方千米。平均水深257 m。北部时常有北极熊出现。主要港口有彻奇尔等。

卡奔塔利亚湾

卡奔塔利亚湾位于澳大利亚东北部。三面环陆，北面是阿拉弗拉海（一片位于澳大利亚与新几内亚之间的水体）。从地质学角度来说，卡奔塔利亚湾相当年轻，在上一次冰河时期，它还是干涸的。包围卡奔塔利亚湾的陆地较平坦，地势较低。其西面是安恒地区，东面是约克角半岛，南面则是昆士兰州的一部分。面积约31万平方千米。

巴芬湾

巴芬湾位于大西洋与北冰洋之间，其实是大西洋西北部在格陵兰岛与巴芬岛之间的延伸部分。巴芬湾是英国航海家威廉·巴芬航行此地后，依照其名字命名的。以戴维斯海峡到内尔斯海峡计算，巴芬湾南北长约1 450 km，面积约为68.9万平方千米。

大澳大利亚湾

大澳大利亚湾，西起澳大利亚的帕斯科角，东至南澳大利亚州的卡诺特角。东西长约1 159 km，南北宽约350 km，面积约48.4万平方千米。海湾北岸近海区水浅，向远海深度逐渐加深，平均水深950 m，最深处5 600 m。海岸平直，有连绵不断的悬崖。冬季在强劲西北风控制下风浪甚大，素以风大浪高闻名，船舶难以停泊；只有东岸的斯特里基湾风浪较小，便于船舶安全停泊。海湾内有勒谢什群岛、纽茨群岛和调查者号群岛。林肯港为大澳大利亚湾中的主要港口。

波斯湾

波斯湾位于阿拉伯半岛与伊朗之间，在阿拉伯语中被称作阿拉伯湾，通过霍尔木兹海峡与阿曼湾相连，总面积约23.3万平方千米，长约990 km，宽58～338 km。水域不深，平均深度约50 m，最深约90 m。它是底格里斯河与幼发拉底河入海的地方。北至东北至东方与伊朗相邻，西北为伊拉克和科威特，西到西南方为沙特阿拉伯、巴林、卡塔尔、阿拉伯联合酋长国、阿曼。

暹罗湾

暹罗湾，又称泰国湾，是泰国的南海湾。其东南部通南中国海，泰国、柬埔寨、越南濒临其北部和东部，泰国、马来西亚在其西部。水域面积大约32万平方千米，平均水深仅45 m，平均盐度为35。

其他著名海湾

（1）苏尔特湾，是利比亚以北地中海的一个海湾，苏尔特位于该海湾沿海。捕捞鲔鱼是该区主要的商业活动。

（2）比斯开湾，是北大西洋的一个海湾，海岸线由法国西岸的布列塔尼至西班牙北岸的加利西亚。这个海湾的名字是来自西班牙的比斯开省，比斯开省属于巴斯克自治区的一部分。

（3）芬兰湾，是波罗的海的一个海湾，位于芬兰、爱沙尼亚之间，伸展至俄罗斯圣彼德堡为止。芬兰湾形状细长，长度约为400 km，平均水深为40 m。主要注入的河流有从圣彼德堡出海的涅瓦河。湾内主要城市有芬兰的赫尔辛基、爱沙尼亚的塔林及俄罗斯的圣彼德堡。

（4）格但斯克湾也称但泽湾，位于波罗的海东南部，得名于附近的波兰城市格但斯克。格但斯克湾的西方是普茨克湾，南方是波兰格但斯克，东南方是维斯图拉潟湖，中间隔着维斯图拉岬，有波罗的斯克海峡相连，东方是俄罗斯加里宁格勒州的桑比亚半岛。格但斯克湾水最深处为120 m，盐度为7。

（5）基尔湾，是波罗的海西南部的一个海湾，西、南两面为德国石勒苏益格–荷尔斯泰因州，北为丹麦诸岛。该湾东接梅克伦堡湾，往北通过大贝尔特海峡和小贝尔特海峡与卡特加特海峡相接。基尔湾因西南角的基尔港而得名，并通过基尔运河和北海相连，是重要的国际水道。

（6）渤海湾，是渤海西部的一个海湾，位于我国河北省唐山、天津、河北省沧州和山东省黄河口之间。海河注入渤海湾。渤海湾盆地形成于中生代和新生代。渤海湾中有丰富的石油储藏。其北部是著名的旅游和度假区，西部塘沽是重要港口。

（7）北部湾，是位于南海西北部分沿陆封闭式海湾。地理上东临琼粤，北抵桂南，西到越南。总面积大约12.93万平方千米。

（8）缅因湾，位于大西洋西部，是美国和加拿大之间的一个半闭海湾，东北通芬迪湾，南部连接大西洋。湾内最深200 m。缅因湾自然环境好，又有陆上径流注入，鱼类资源丰富，有鳕鱼、鲽鱼、鲱鱼、鲭鱼、扇贝、龙虾、金枪鱼、鲑鱼、鲨鱼等。美国和加拿大在20世纪60~70年代曾因该地区大陆架划界问题发生过争执，最终由国际法院于

80年代裁决解决。

（9）旧金山湾，是美国加利福尼亚州中部的一个海湾，位于萨克拉门托河下游出海口。海湾呈南北链型，周围的主要城市有旧金山、奥克兰、圣荷西。湾内有两个主要岛屿，一是天使岛，为州立公园；二是阿拉米达岛，属于阿拉米达市。

来源：百度百科和维基百科

一、背景

（一）旧金山湾的生态功能

旧金山湾是美国西海岸最大的河口，也是太平洋西海岸最具生物价值的海湾。旧金山湾由苏珊湾区、北湾区、中心湾区和南湾区四个子湾区组成（图14-27）。著名的旧金山市介于太平洋和旧金山湾之间，北邻金门海峡，成为仅次于洛杉矶的美国第二大港口，素有"西海岸门户"之称。港口自然条件优越，内侧的旧金山湾

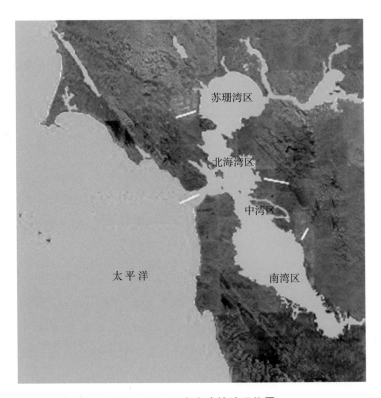

图14-27　旧金山湾的地理位置

长约104 km，宽6.4～16 km，面积约1 160 km²；通向太平洋的出口金门海峡最窄处仅610 m，主要航道水深16.7 m；湾内潮差较小，南流的萨克拉门托河和北流的圣华金河汇合后向西注入旧金山湾。旧金山三角洲接收了加利福尼亚州40%的径流量，为加州2 310万人提供饮用水，为较大面积的农田提供灌溉水，并为生活在其生态系统中的750多种动、植物提供生存环境。

旧金山湾连同其三角洲4 000多平方千米的面积内，囊括了美国现存90%的海湾湿地。大约有100万只水禽在这里安家，还有几百万只以旧金山湾作为迁徙的中转站及食物补给点。据加利福尼亚州1998年对鱼类等野生动物调查，海湾容纳了1999年越冬的斑背潜鸭（*Aythya marila*）种群数量的85%，帆布潜鸭（*Aythya valisineria*）的70%（见插文）。此外，旧金山海湾湿地及相邻的高地为许多珍稀濒危物种的重要栖息地。

斑背潜鸭

体长42～47 cm，翼展68～75 cm，体重750～1 350 g，是中等的体矮型鸭。雄鸟体比凤头潜鸭长，背灰，无羽冠。多在沿海活动，群栖。繁殖季节主要栖息于北极苔原带、苔原森林带和西伯利亚北部开阔的泰加林带。分布范围包括全北界，于亚洲北部繁殖，在温带沿海越冬。是罕见冬候鸟。

斑背潜鸭雄鸟头和颈黑色，具绿色光泽。上背、腰和尾上覆羽黑色；下背和肩羽白色，满杂以黑色波浪状细纹。翅上覆羽淡黑褐色，具棕白色虫蠹状细斑。外侧初级飞羽黑褐色，内侧初级飞羽的外侧近白色，羽端和内侧仍为黑褐色。次级飞羽白色，具黑褐色羽端，形成明显的白色翼镜和黑褐色后缘。胸黑色，腹和两肋白色，下腹杂有稀的褐色细斑。尾羽淡黑褐色，尾下覆羽黑色，腋羽白色。

雌鸟头、颈、胸和上背褐色，具不明显的白色羽端，形成鱼鳞状斑。下背和肩褐色，有不规则的白色细斑。翅与雄鸭相同；翼镜也为白色，但较小。嘴基有一白色宽环。腹部灰白色，肛周杂以褐色，两肋、浅褐色，羽端具明显的白斑。尾下覆羽褐色，腋羽和翼下覆羽白色。虹膜亮黄色，嘴蓝灰色，跗蹠和趾铅蓝色，爪黑色。

帆布潜鸭

最受欢迎的猎禽之一。雄性体型较大，体重约1.4 kg。繁殖季节雄鸟的头和颈为红色，胸部为黑色，背部和两肋为白色，并有灰色细纹。脱掉婚羽后，雄鸟的羽衣与雌鸟相似，头部棕褐色，背部灰褐色。于北美西北部繁殖，在加拿大不列颠哥伦比亚和美国马萨诸塞向南至墨西哥中部沿岸一带越冬。在有大叶藻的地方喜食其根，亦食许多其他植物甚至动物性食物。

无具金属光泽的翅斑，但大多数翅膀带白色。雄鸟头部通常为黑色或红色。雌鸟纯褐色。在典型的求偶仪式中，雌鸟对着它所选中的雄鸟鸣叫，诱发它进行求偶表演。雄鸟协助选择营巢地点（在地面刨的浅坑或一堆苇草）。产7～17枚淡黄色或暗绿色卵，或产于自己巢里，也常产在其他鸟的巢内。孵化期23 d。长有绒羽的幼雏出壳后立即由雌鸟带进开阔的水里，数天即学会潜水，6～8周便能飞行。大多数种类在沿海或较大的湖泊越冬。

（二）海湾面临的生态环境问题

1. 湿地丧失

湿地作为旧金山湾的心脏和肺，在海湾生态系统中起着至关重要的作用，是超过500种野生动物生活的重要生境。除此之外，湿地在维持海湾生态系统可持续发展方面扮演着重要的角色，其主要生态功能如下：① 过滤除掉水中的有害物质以提高水质；② 吸收并储存大气中的温室气体以减缓温室效应；③ 作为海湾生态系统抵御风暴、洪水等自然灾害的缓冲区域；④ 是人们旅游、垂钓以及其他休闲生活的主要场所。

然而，自18世纪中期以来，随着人口的增长和沿岸社会经济的发展，湿地围垦、生物资源的过度利用、湿地环境污染、湿地水资源过度利用、水利工程建设、泥沙淤积、海岸侵蚀与破坏、城市建设与旅游业的盲目发展等不合理利用导致旧金山湾湿地生态系统退化，造成了湿地面积大幅缩小，水质下降，生物多样性降低，严重影响了湿地的生态功能，并一度影响到了旧金山湾周边的社会经济的可持续发展。

2. 水质下降

旧金山湾是美国重要的城市化海湾。在经济快速发展的同时，大量的工业、农业、生活垃圾被排入旧金山湾，对海湾周围的野生动、植物和人居生活造成严重威胁。目前主要存在以下问题。① 富营养化：农业化肥的大量使用以及城市污水的未达标排放，造成旧金山海域氮、磷含量增加，藻类大量繁殖，消耗了水中的溶解氧，水质急剧恶化。② 有毒物质污染：由于沿岸工业的快速发展，大量工业废水流向旧金山湾，造成湾内水和沉积物中重金属以及有毒物质含量增加。

3. 淡水补给及鱼类产量减少

汇入旧金山湾的淡水资源为旧金山湾水域带来丰富的有机物，提高了该区域的水质，降低了河口生境的盐度，提高了该区域的生物多样性，是许多生物赖以生存的栖息地。由于上游大规模水利工程的兴建，汇入旧金山湾的淡水大量减少。另外，受全球气候变化的影响，干旱等自然灾害频发，也使得淡水资源大幅减少。

海湾是重要的渔业水产中心。受旧金山湾海域水质降低、污染物增加和淡水补给减少的影响，1980～2001年间，原生鱼类的产量下降了50%，个别鱼类数量下降了90%。

二、恢复目标

旧金山湾生态恢复的主要目标就是恢复海湾的生态健康以及水资源供应，具体可以细分为以下几个方面。

（一）湿地恢复

海湾湿地恢复（图14-28）主要是保护、恢复原有湿地，并增加湿地、河岸和相关高地的面积；加强对海湾生境、季节性湿地、河湖和相关高地的管理；同时对恢复区进行监测与评估目的监测与评估，支持相关的研究，提高海湾生态系统的功能。

（二）生态系统恢复

海湾生态系统恢复是指提高水生生境以及陆地生境的质量，从而维护海湾及其三角洲的生态功能以支持海湾多样的动、植物种群及其可持续发展。

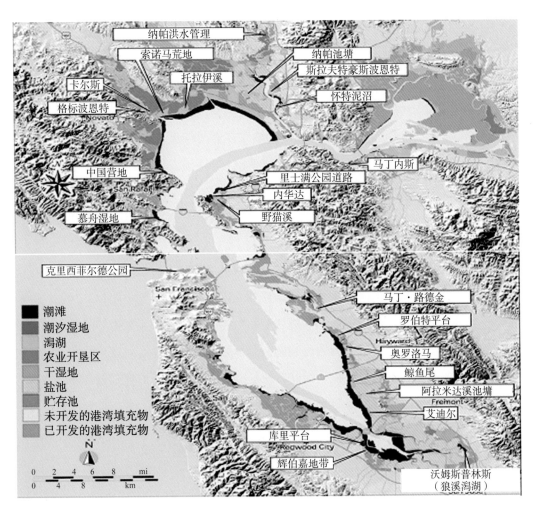

图14-28　旧金山湾湿地恢复地点（引自EcoAtlas（SFEI 1999））

（三）水质恢复

海湾水质恢复即提高整个流域的水质状况，为海湾居民提供清洁、可靠、经济上可以承受的饮用水，同时促进海湾及其三角洲生态系统的健康。

（四）淡水供给的调控

通过淡水供给的调控缓解三角洲水资源的供应不足和分配不合理的状况，更有效、灵活地利用水资源。

三、恢复过程

（一）典型湿地的恢复

盐沼湿地恢复和保护的关键是恢复生态系统的自然水文特征。因此水源是调控盐沼水盐平衡的决定因素。水源亏缺，蒸发作用会造成盐沼含盐量增加，从而影响生物的正常生长；相反，如果水量过多，会影响盐沼水体和基底土壤含盐量，导致盐生植物退化和消失。除恢复水文要素外，还必须恢复适宜的土壤、植物和动物，这样才可以使系统稳定运作。同时盐沼的恢复还需要遵循湿地生态系统恢复八大原则，即地域性原则、生态学原则、可行性原则、可持续发展原则、最小风险和最大效益原则、稀缺性和优先性原则、美学原则。目前，盐沼湿地的恢复、保护主要采取以下模式与技术。① 水文要素恢复技术；② 土壤植被恢复技术；③ 盐沼湿地综合开发利用模式与技术；④ 保护区建设模式与技术。

旧金山湾湿地恢复初期主要是采用种植的方法进行单个盐沼湿地的恢复。90年代后，恢复的重点从单个的湿地恢复项目转移到大尺度的湿地恢复（图14-29）。一般来讲，物理过程是潮汐湿地形成及功能恢复的主要影响因子，而生物群落的演替会对形成物理景观的水温、地理过程做出响应，而不会相互影响。这就意味着潮汐湿地的整体性的恢复是恢复的关键所在。因此，恢复过程中应该重视物理过程，即充分利用自然的物理过程促进潮汐盐沼的演化。

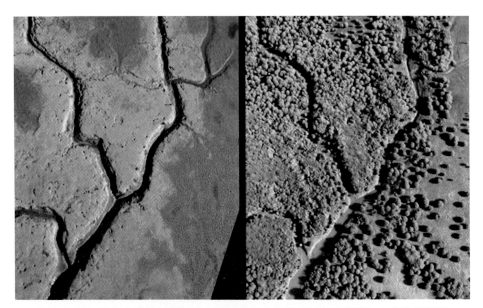

图14-29 旧金山湾湿地恢复前、后对比（左图为2008年恢复前，右图为恢复后原生盐沼植物覆盖在盐沼新生地上）

1. 物理过程恢复

湿地恢复初始阶段，并没有认识到湿地物理因素在整个湿地恢复过程中的重要性，所以在恢复计划的设计过程中没有进行系统的规划，仅仅停留在防洪堤上破几个孔等简单的水平（图14-30）。建设的防洪堤破孔导致许多恢复区太高没有足够的潮汐循环，从而导致恢复计划受阻。湿地恢复后期（1998年）则加入了潮沟的疏浚处理（图14-31），逐步恢复了自然潮汐的物理过程。由于后期重视了湿地物理因素的作用，使整个恢复过程取得了良好的效果，为湿地植被的恢复奠定了基础（图14-32）。

图14-30 位于中北湾区的穆齐沼泽（Muzzi Marsh）在恢复初期的防洪堤破孔处理遥感图（1980年）

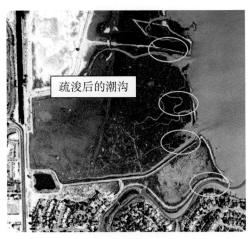

图14-31 位于中北湾区的穆齐沼泽（Muzzi Marsh）在恢复后期的潮沟的疏浚处理遥感图（1998年）

图14-32　1980年、1984年和2003年位于北湾区的穆齐沼泽（Muzzi Marsh）恢复过程的对比

2. 植被恢复

湿地植物主要生长在常年积水或浅水的环境中，因此，湿地植物是介于水生和陆生之间的过渡型植物。在旧金山湾湿地恢复过程中，采用了当地物种大米草（*Spartina foliosa*）和外来物种密花独脚金（*S. densiflora*）进行盐沼湿地恢复（图14－33）。总体来说，盐沼湿地植被恢复需要注意一下几个问题：因地制宜地选取适合当地水质、环境的植被；在恢复计划的设计阶段，需要充分考虑物理因素以保证盐沼植被生长的需要。

图14－33　位于南湾的沃姆斯普林斯（Warm Springs）植被恢复前、后的对比（上图为1992年的植被情况，下图为2003年的植被情况）

　　而对于典型的湿地生境而言，生态恢复一般都需要达到这些目标：实现湿地内生物丰富度与多样性的最大化；促进湿地自我维持体系的（特别是那些有利于无脊椎动物、鱼类以及鸟类的体系）发展；设定合理的缓冲区域，保障湿地能有利于濒危动物的生活，有效减少洪水灾害。此外，还需要了解有关洪水的潜在影响、湿地的排水机制、公众在特定湿地区域的活动特点、对周围廊道的利用情况、外来物种的入侵情况、不同类型湿地之间的相互转化关系等。然后，再针对湿地的情况制定具体的恢复方法和策略。

　　对于湿地中的高滩地、鸟类繁殖区和潮间带的泥滩地等可利用淤泥来恢复，即使用从河道、港湾里疏浚出的淤泥用作垫层来回填已下陷且机能已退化的湿地，以便湿地植物扎根。还可将脱水后的淤泥用来做防风及防波浪的土堤，以保护湿地植物成长。

　　最初多用征地工程或人工控制的方法来加速湿地的恢复以达到平衡。但经验表明，只要有足够的时间，湿地恢复到一定程度最后都可达到某种程度的平衡，只是恢复的效果却不一定理想。一般较高的地方通常很少有潮汐水道的形成，较低的地方却会出现复杂弯曲的水道，因此淤泥置填过高会使湿地水道难以形成，甚至根本无法形成。后期的湿地恢复经验表明，潮间带湿地是由泥滩地演化而成，其最后的状况是由潮位的涨落、泥沙的冲淤、海平面的上升和地层的下陷等不同现象共同达到的平衡状态。因此，现在的方法是从湿地演化的角度来设计样板模式（图14-34），预留下空间使恢复的湿地不致淤积过高，让自然的力量帮助湿地达到恢复的平衡状态。

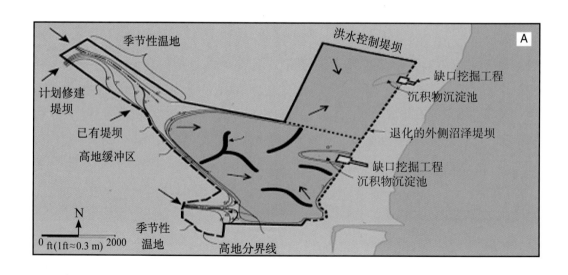

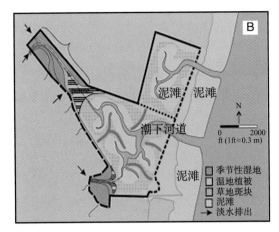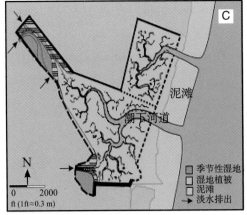

图14-34　湿地的演化模式图

A.施工图；B.施工10年后的预想图；C.施工50年后的预想图

（二）生态系统恢复

要实现海湾生态系统的长期恢复，仅仅关注特定生境，或者是珍惜濒危物种显然是不够的，必须从整个生态系统层面上开展恢复与管理。而海湾目前所应用的最有效和最基本的一个方法就是建立生态指数，通过量化测定系统的特征来评估与监测整个系统的健康状况或是系统特定方面的情况，从而为生态系统的有效恢复提供科学参考。生态指数主要就生态系统的生境结构、生物群落组成以及基本的水文地质与生态过程进行评估，建立生态指数时主要以易于测量和便于大尺度生态性状对比为原则。基于对海湾自然生态系统的结构、功能，以及组织、发展情况的充分认识，美国海湾研究所提出了海湾生态指数，从生境、淡水补给、水质、食物网、贝类、鱼类、休闲、饮用水、管理9个方面分别进行评估，综合成9项指标，并划分了明确的评价等级，同时估测海湾生态恢复及健康的短期与长期发展趋势，较为客观地反映海湾的生态系统状况。

（三）全流域水资源管理

海湾三角洲及其支流对整个加州的经济和环境的可持续发展具有重要的作用，因此加州政府和美国联邦政府于1994年合作制订并发起了CALFED计划（http://calwater.ca. gov/），通过对海湾三角洲及其支流进行统一管理，缓和水资源利用的矛盾。CALFED计划包括了1 000多个计划和工程，主要解决水质、供水保障、生态系统恢复、流域水利工程4个领域的问题；如果完全实施，需要30多年的时间。该计划有公众和所有用水户、大学等科研机构的参与以及企业的资助，其主要使命在于维持依赖于海湾三角洲供水的加州的自然、经济和社会环境可持续发展。

（四）生态恢复的实施效果

1. 生境恢复

通过对海湾生境的恢复，2005年的潮滩湿地比1998年增加了10 km^2，仅2003~2005年间就恢复了1.8 km^2，然而即使这样也离恢复的预期目标还很遥远，以目前的速度计算，完全恢复还需要150年的时间。

2. 淡水恢复

2004年总径流量的75%汇入了海湾，较前两年50%的水平有所提高。春季淡水量与历史同期相比少了30%。此外，低盐度生境的位置向上游移动了7 km，较2002年上移15 km的情况有所好转，也低于自2000年至2004年上移10 km的平均速度。而海湾生物的丰富度有10%～60%的下降，低于2002年30%～80%的下降水平。2004年淡水洪峰的频率降低了33%，而2000年以来的平均值是减少了68%。

3. 生态系统的恢复

除苏珊湾区的情况仍不乐观以外，其他几个湾区的浮游生物的丰富度基本维持稳定。此外，上游湾区的生物量减少主要是由于淡水补给减少以及外来物种入侵造成。

4. 水质的恢复

虽然检测的水质各项指标仍然超标，但与2002年比较，海湾的水质整体有小幅度的改善，最大的污染问题还是多氯联苯。

案例分析

1. 美国旧金山湾生态恢复经验

美国旧金山湾主要遵循以下流程对整个流域在地理区域上进行生态恢复建设：① 概念性规划；② 重建和最小人为干预下的完全恢复；③ 遗留问题的解决和经验总结；④ 宣传教育。海湾生态恢复建设过程中，美国环境保护局（EPA）和旧金山水质控制委员会对海湾生态健康实施实时监测与公告，以保证监测数据的有效性，同时保护并关注那些对于生态系统健康至关重要的基础物种。这样将会大大减少在维持生态系统健康方面的投入。恢复建设后期科学管理体系的应用和实施过程中公众与社区的参与使生态系统健康和水质状况逐步提高。

从目前的恢复效果看旧金山湾的生态恢复建设不单单是一项生态恢复工程，同时也是一项成功的生态、政治结合体。该项目得到了前美国总统克林顿、州政府及相关利益群体的密切关注和相关政策及法律、法规的支持。海湾带恢复项目的贯彻和执行也并非是以政府为主导，官方指示为导向，而是由普通民众、政府相关部门和社会组织等相关的利益群体相互协商、相互协作、共同努力完成的。旧金山海湾带生态恢复与建设也为国际上其他类似的生态恢复建设项目提供了经验和指导。

2. 其他海湾生态恢复的经验

各国政府逐渐认识到海湾生态系统健康可持续发展对区域生态环境的重要作用，针对各自海湾生态系统面临的主要环境问题，制订了庞大、完善的恢复计划。为使我国环渤海地区进入可持续发展的轨道，2001年，我国环保部制订了生态恢复《渤海碧海行动计划》，对富营养化、有机污染、石油污染和其他污染及非污染性破坏等不同环境及生态问题采取不同的控制策略（见插文）。此外，国外也有许多国家组织进行了多层次的海湾生态系统恢复计划。除上述的旧金山湾恢复外，美国的切萨皮克湾潮汐湿地（见插文）恢复实践也为其他地区制订恢复计划提供了许多宝贵的经验。

《渤海碧海行动计划》

渤海三面环陆，一面临海，素有"鱼仓"、"盐仓"、"油仓"之美誉。2007年，环渤海经济区海洋生产总值超过长江三角洲和珠江三角洲，位列全国之首，堪称我国北方的"金项链"。然而，经济发展的代价是，这一湾昔日鸟飞鱼跃的碧海却在逐渐变成一方"污水池"。海洋环境专家警告：渤海可能变成"死海"。《渤海碧海行动计划》（以下简称《计划》）正是应着"拯救渤海"的呼声出台的。

该《计划》是我国"十五"期间重点环保工作"33211"工程之一，总投资555亿元，实施427个项目，用于渤海及周边地区的污染治理、生态建设恢复、改变传统生产方式、环境管理监测及科研，实施区域包括津、冀、辽、鲁辖区内的13个沿海城市和渤海海域，总面积近23万平方千米。《计划》的目标是力争到2015年渤海海域环境质量明显好转，生态系统初步改善。《计划》从2001年至2015年，以五年为一期，共分三期；以控制陆源污染为重点，以恢复和改善环境为立足点，突出对海岸带的有效管理。值得关注的是，该《计划》是我国首次联合各省市、各部门就海洋环保进行的规划。

近几十年来，切萨皮克湾的水质严重恶化，许多野生动物濒临灭绝，鱼类产量急剧下降，生态环境遭到严重的破坏，周边居民的生活受到干扰。为此，美国联邦政府组织几十个相关单位对切萨皮克湾的环境状况进行调查，发现了以下较为突出的环境问题。

（1）水体富营养化。由于农业化肥的大量使用和城市未达标污水的大量排放，湾内水体中营养成分尤其是氮、磷浓度大幅增高，造成藻类快速繁殖形成藻华，水体中的溶解氧降低，水质恶化。

（2）夏季水体缺氧加剧。切萨皮克湾中溶解氧较低的水域比过去30年增加了15倍，缺氧时间也由原来的7、8月份延长为5~9月份。缺氧问题的加剧使得大部分水生生物的生境遭到严重破坏。

（3）水体污染严重。沿岸工业经济的快速发展，给切萨皮克湾带来了一些列的环境问题。工业废水的排放，导致湾内水域重金属、持久性有机污染物等对人类和环境有严重危害的有毒物质超标。研究表明，某些有毒物质已经被浮游生物、贝类和鱼类所吸收。

（4）水生动、植物大幅减少。受海湾岸线水土流失、水质恶化等影响，水生动、植物的繁衍受到极大的威胁。例如，湾内水利工程的兴建，改变了河道产卵地和幼鱼栖息地的自然条件，造成鱼类洄游障碍，鱼类产量下降。另外，重金属、持久性有机污染物等有毒物质超标以及溶解氧含量降低导致了底栖生物尤其是贝类品种和数量的减少。

切萨皮克湾地理位置

切萨皮克湾（Chesapeake Bay）是世界最大的潮汐河口之一，流域面积约166 000 km²，覆盖美国大西洋中部地区，有4条主要支流汇入海湾。切萨皮克湾有大约5 000 km²湿地，其中约2 000 km²为潮汐湿地。切萨皮克湾为微潮型海湾，平均潮汐最大值为1.2 m。海湾水体盐度对湿地植被种类及分布有着重要影响，在海湾最南端盐度最高，在其源头及支流中盐度为0。

由于挖泥、造陆及城市化发展，切萨皮克湾下游的潮汐湿地大量流失。1972年《湿地法案》通过之前，弗吉尼亚潮汐湿地平均每年流失2.43 km²；法案通过后，可允许的流失量降低到约每年10 hm²。最近一项关于海湾下游湿地流失的研究表明，1982年至1990年，入海口处灌木型沼泽地损失超过15 hm²；而1988年，海湾下游植被潮汐湿地流失量总计为1.8 hm²。洪水泛滥及水中的盐度限制了在海湾低处的沼泽中所能生存的生物种类。在河流的上游处，盐度很低，这种情况使该地可以生存多种脉管型植物。在这些潮汐淡水地带中，每公顷有50多个物种。而在下游，只有很少数的脉管型植物可以承受洪水及较高的盐度。人们已经发现切萨皮克湾的潮汐湿地正发挥着一系列重要的生态功能，其中最重要的是初级生产力、供养野生生物、缓解海岸带侵蚀和水质净化。

来源：维基百科

根据全面、系统的环境调查结果，美国国会批准了切萨皮克湾整治项目，该项目由美国环保署联合各州政府以及联邦政府的十几个部门共同计划实施。经过十几年的整治，切萨皮克湾的生态恢复取得明显的成效。主要的成功经验如下：① 强有力的领导和必要的组织机构；② 有效的协调和密切合作；③ 广泛的宣传教育，充分调动公众的积极性；④ 系统全面的规划；⑤ 依靠科技；⑥ 可靠的投资保证和严格的投资管理。

思考题

（1）美国旧金山湾和切萨皮克湾两个海湾的生态恢复给我们什么启示？

（2）海湾恢复效果评估采用的技术方法。

拓展阅读资料

（1）Williams P B, Orr M K. Physical evolution of restored breached levee salt marshes in the San Francisco Bay estuary [J]. Restoration Ecology, 2002, 10(3): 527 – 542.

（2）Mossman H L, Brown M J H, Davy A J. Constraints on salt marsh development following managed coastal realignment: dispersal limitation or environmental tolerance? [J]. Restoration Ecology, 2012, 20(1): 65 – 75.

（3）Aronson J, Alexander S. Ecosystem restoration is now a global priority: time to roll up our sleeves [J]. Restoration Ecology, 2013, 21(3): 293 – 296.

（4）Tanner C E, ParhamT. Growing *Zostera marina*（eelgrass）from seeds in land–based culture systems for use in restoration projects [J]. Restoration Ecology, 2010, 18(4): 527 – 537.

（5）Roe E, van Eeten M. Reconciling ecosystem rehabilitation and service reliability mandates in large technical systems: findings and implications of three major US ecosystem management initiatives for managing human-dominated aquatic–terrestrial ecosystems [J]. Ecosystems, 2002, 5(6): 509 – 528.

（6）Furukawa K. Regional and governmental action plan for integration of port development and environmental restoration [G]//Ceccaldi H, Dekeyser I. Global Change: mankind–marine environment interactions. Berlin: Springer Netherlands, 2011: 185 – 190.

第四节　海岛的恢复

海岛作为海洋的重要组成部分，在海洋生态系统中起着极其重要的作用。海岛蕴藏着丰富的自然资源，在海洋的可持续发展战略中也有着重要的地位。但由于海岛本身面积小、地域结构简单、生物多样性低、稳定性差，使得海岛成为一个脆弱的生态系统。近年来，海岛开发利用以及全球气候异常带来的自然灾害，加速了对海岛生态环境的破坏，一些海岛生态失衡严重（杨文鹤，2000）。因此，对被破坏的海岛进行生态恢复，对于保护海岛、合理利用海岛和促进海岛可持续发展具有十分重要的意义。

关于海岛生态系统研究工作，最早可以追溯到1963年MacArthur和Wilson提出"岛屿动物地理学平衡理论"。该理论主要观点体现在其1967年出版的《岛屿生物地理学理论》一书中（MacArthur和Wilson，1967）。自此，对海岛生态恢复的研究开始引起国际社会的关注。Towns和Ballantine认为海岛生态恢复可以增强稀有物种的抗压能力，提高物种相互关系的机会，促使生态系统良性发展（Towns & Ballantine，1993）。同时，保护生物物种和栖息地，对海岛生态系统的恢复都有积极的意义。1998年，Whittaker等人出版的《海岛生物地理学》一书，采用案例分析方法探究了海岛生态及其演化、海岛的生态保护和恢复方式。该专著在研究海岛生物地理学以及海岛生态保护和恢复方面具有很大的参考价值，在社会上收到很好的反响，已于2006年再版。

一、定义

海岛生态恢复可以理解为：根据一般的生态恢复理论，结合海岛生态系统的特点，以生物恢复为基础，通过优化组合各种物理恢复、化学恢复以及工程技术措施，使海岛受损生态系统得到恢复。

海岛生态恢复一般包括海岛生态干扰分析、生态恢复技术研究和生态恢复管理研究等。对于海岛干扰分析，Lugo根据干扰对海岛能量流动的影响程度将海岛的干扰现场分为5类（1988）。第1类其能量被海岛利用前能改变海岛能量的性质及量的事件；第2类干扰是海岛自身的生物地球化学途径；第3类是能改变海岛生态系统的结构但不改变其基本能量特征的事件；第4类是改变海岛与大气或海洋间的正常物质交换率的事件；第5类是破坏消费者系统的事件。

二、恢复目标

（1）恢复和保护海岛生物多样性。

（2）维持和提高海岛生态系统的可持续经济生产力。

（3）保护和提升海岛的自然资源与生态系统服务功能。

（4）满足人类精神文化需求。

三、恢复技术及案例

根据国内外海岛恢复研究情况可将海岛生态恢复分为三种模式。

（1）重新设计模式。海岛生态系统已经遭到严重破坏，原初物种可能已经完全消失或大量消失，生态系统退化或完全改变而无法挽回，无法进行生态完整性恢复。

（2）恢复模式。海岛生态系统的原始性维持在较高水平，原生物种保持较好，只有很少部分灭绝，海岛生态系统的完整性可以恢复到较高的水平。

（3）自我恢复模式。海岛虽然受到各种因素的影响，表现出轻微破坏状态，但是没有超过海岛生态系统的承受能力。

虽然国内外海岛生态恢复采取各种不同的技术，但迄今没有形成一套完整的技术体系。目前海岛生态恢复技术主要以生物技术与工程技术为主，也有学者开始关注工程与生物相结合的景观恢复技术；主要包括物种引入与恢复技术，种群动态调控技术，群落演替控制与恢复技术，物种选育与繁殖技术，土壤肥力恢复技术，水土流失控制与恢复技术，水体污染控制技术，节水与保水技术生态评价与规划技术，生态系统组装与集成技术等。在生物技术方面国内外的研究已经达到一定水平，其中物种引入与恢复技术运用较多，除此之外还综合运用到种群动态调控、群落演替控制与恢复、物种选育与繁殖及土壤肥力恢复等技术。海岛陆域生态系统的恢复中最重要的问题是恢复和维持退化海岛的水分循环与平衡过程，其中最常用的手段是恢复海岛植被。下面就以我国澳门离岛和美国汉布尔顿岛两个实例具体分析海岛生态恢复中的生物技术与工程技术。

（一）澳门离岛植被生态恢复与重建

1. 澳门离岛植被生态恢复与重建的过程

澳门（图14-35）位于南海之滨，珠江口西侧，属于西群小岛的一员，在地理上是珠江三角洲的一部分，原属于广东香山县（今珠海市）。明朝时澳门被称为"濠镜"，后又有别称"濠江"、"海镜"、"镜湖"、"香山澳"、"莲岛"等。澳门由澳门半岛和两个离岛（凼仔岛、路环岛）组成。由于不断填海造地，澳门总面积已由1910年的10.94 km^{2}增至1994年的23.5 km^2。

凼仔岛（113°32′ E，22°10′ N）和路环岛（113°35′ E，22°06′ N）是澳门的两个离岛，位于澳门半岛以南，面积分别约为6.3 km^{2}和8.3 km^2。年平均气温为22.3℃；月平均气温最低为10℃（1968年2月），最高为29.8℃（1990年8月）；平均湿度80%，年均降水2 031 mm。

因为水土条件恶劣，离岛的生物多样性并不高。离岛的主要植物群落是低灌林、草地或其混合体（共占78.67%）。植被的垂直分布明显，低灌林和草地多见于山坡的上半部，而小片的高灌林和树林可在山坡的下半部或较荫蔽的山谷找到。

图14－35　澳门位置图

　　长期以来，澳门在植被重建与生态恢复方面做了大量的工作，取得了长足的进展，其中包括城市林业、湿地生态系统（主要是红树林）重建和离岛的植被建设等，而最有成效的是离岛的植被重建。

　　在植被恢复过程中，离岛上季节性缺水成为植物生长的限制因子。为了保证离岛植被的恢复，20世纪70年代中期建成 2个水库（图14－36A）。此外，在山上根据地形和采用一些工程措施挖掘沟槽蓄水（图14－36B）。这些措施有效地减缓了缺水状况。实践证明，开挖蓄水槽可以通过收集地表雨水并经下渗，使土层的含水量大大提高，减少植林区的有机物的流失；可利用蓄水槽分解有机物，节省整体长期补充基肥的成本。与同一地带没有蓄水槽的小区比较，植苗的长速有十分明显的优势（图14－37）。但开挖蓄水槽所投入的成本和对植被的伤害面均较大。1997年6月出版的葡萄牙文书籍《离岛绿化区的发展》，总结了植被恢复与重建的情况（表14－5；施达时，2002）。

图14-36　离岛水库（A）和根据地形采用工程措施挖掘的沟槽（B）

（引自彭少麟，2004）

图14-37　无蓄水槽的区域（A）与有蓄水槽的区域（B）植被对照

（引自彭少麟，2006）

表14-5　离岛植被恢复与重建的情况

时间	恢复地点	恢复情况	投入（澳元）
1983	路环岛	造林10 hm²，主要树种为木麻黄、台湾相思和樟树	—

时间	恢复地点	恢复情况	投入（澳元）
1985～1986	路环岛海拔 100 m地区	造林78.53 hm²；栽种苗木118 720 株，作用11种	3 517 433.20
1985～1988	路环岛海拔 100 m 以下地区，路环东北	造林 97.6 hm²；栽种苗木130 796 株，共14种。路环东北以直接管理方式重新造林 7 hm²	4 084 927.60
1991	凼仔大潭山	栽种68 408 株乔木和大型灌木，共23 种	2 736 900
1982～1995	路环岛	178.74 hm²；栽种苗木239 027株，共16种	—

通过多年的努力，离岛重建了植被，1999年，路凼新城绿化面积增加了107 308 m²。

2. 离岛植被恢复与重建的效果

（1）土壤理化性质提高：分析发现，速效性养分含量以氮最多，其次是磷，最少是钾；而全量养分含量恰好相反。这意味着土壤中固有的肥力在一定程度上具有稳定性。故造林时施肥（包括施过磷酸钙），改善了土壤中缺磷少钾的情况，而已栽植的相思树种可通过根瘤菌固定空气中的游离氮，起到先锋树种的作用。这些措施使土壤的物理性质亦有改善，土壤变得较疏松、透气，吸水、保水能力得到加强。

（2）空气环境质量提高：对澳门62个代表性环境点进行空气负离子浓度测定，结果显示重植林区空气负离子浓度为路凼非林区的3.46倍，市区的4.65倍。对澳门15个代表性环境点进行空气中细菌含量的测定，结果显示，重植林区空气中的细菌含量为市区的38.6%。

（3）离岛植被恢复与重建的效益：离岛植被恢复与重建的效益，包括直接效益和间接效益。直接效益主要为林产品和旅游价值。间接效益主要是生态系统服务功能提高后所创造的效益。总体而言，重植林苗木存活率为89.27%，现林分平均高度7 m，郁闭度80%；前后引入树种55种，重植林404.53 hm²，总投资2 000 余万元，每年创造2亿元以上的生态经济价值，产出与投入的比率高于10，生态经济效益极高。

> 植被林分改造，最有效和最省力的是顺从生态系统的演替发展规律来进行。森林演替是一个动态过程，是一些树木取代另一些树木，一个森林群落取代另一个森林群落的过程。在自然条件下，森林的演替总是遵循着客观规律，从先锋群落经过一系列演替阶段而达到中生性顶极群落，通过不同的途径向着气候顶极和最优化森林生态系统演进。南亚热带区域，在排除人为干扰的情况下，森林演替的进程，一般遵循如表1的6个过程。

南亚热带森林群落演替模式

第一阶段	第二阶段	第三阶段	第四阶段	第五阶段	第六阶段
针叶林（或其他先锋性群落）	以针叶树种为主的针阔叶混交林	以阳性阔叶树种为主的针阔叶混交林	以阳生植物为主的常绿阔叶林	以中生植物为主的常绿阔叶林	中生群落（顶级）

表1简洁地概括了南亚森林经历的不同演替阶段，最终趋向演替顶极。其生态学机理是很明了的，马尾松等松树或其他先锋种群在荒地具有高的生活力并生长很快，但成林后结构简单，盖幕作用小，透光率大，高温低湿，日夜温差较大。但其生长为阔叶阳生性树种，诸如椎粟、荷木等提供较好的环境，这些阳生性树种入侵先锋林地并生长良好，林内盖幕作用和阴蔽条件增加。结果，先锋种群不能自然更新而消亡，但中生性树种，诸如厚壳桂和黄果厚壳桂等却有了合适的生境而发展起来，群落更为复杂，阳生性树种也渐渐消亡，群落趋于以中生性树种为优势的接近气候顶极的群落。用马尔柯夫模型可以计算出演替过程不同树种的成分变化（表2）。

南亚热带森林群落演替过程林木成分预测

树种 \ 林龄/年	0	2	5	7	1	1	1	1	2	8
马尾松等先锋树种数	9	2	7	2	0	0	0	0	0	0
椎树、荷树等阳性树种数	1	6	5	3	1	1	1	9	8	6
后壳桂、黄果厚壳桂等树种数	0	1	4	6	8	8	8	9	9	9

应遵循这个规律进行森林植被的重建，在不同的演替阶段采用不同的植物进行人工林的林分改造，才可能加速物种多样性的发展，加快演替的进程，在较短的时间里提高人工林的质量。

来源：彭少麟. 热带亚热带植被恢复生态学的理论与实践［M］.北京：科学出版社，2003.

（二）汉布尔顿岛生态工程恢复

某些生态破坏较为严重的海岛，如本案例中汉布尔顿（Hambleton）岛屿，往往需要借助庞大的工程措施对其进行生态恢复。

1. 恢复背景

汉布尔顿岛屿位于切萨皮克湾的东岸圣迈克尔斯镇（St. Michaels，MD）附近（图14－38A）。在1849年，汉布尔顿岛是一个独立的岛屿（图14－38B，岛1+岛2+岛3），主要从事农业生产，占地22 hm²。后来农业活动停止后，汉布尔顿岛逐渐荒芜，岸滩植物逐渐退化，岛岸受到了严重的侵蚀。到1939年，汉布尔顿岛被侵蚀成两个岛屿（图14－38B，岛1、岛2+岛3），占地也减为12 hm²。到1971年，这两个岛屿中较大的一个（图14－38B，岛2+岛3）又被30 m宽的缺口隔开，面积又减少了6 hm²。这30 m宽的缺口就是本案例的恢复地点。

图14－38　汉布尔顿岛地理位置（A）及在1971年被侵蚀成的三个岛（B）

2. 人工湿地的构建

（1）沙地基质的构建。Garbisch等人计划通过创造一片面积约0.8 hm²的潮间带湿地将岛2与岛3连成一片。为此，他们动用了500条船（每船负载6 m³）载着总共3 000 m³的清洁石料（石料由4.4%的砂砾，79.3%的沙子和16.3%的泥组成）填充到两个岛之间的缝隙中（图14-39）。

图14-39　沙子装船并运输到汉布尔顿岛

船舶在高潮时将沙子运送到工作地点，然后用高压水泵将沙子冲洗下船（图14-40）。

图14-40　高压水泵冲洗沙子

在湿地植被恢复之前，为确保沙基人工湿地的稳定他们使用了塑料防波堤（图14-41）。

图14-41　在湿地植被建立之前用于保护缺口区域的塑料防波堤

（2）湿地植物的移栽与恢复。随后他们栽种草本植物来稳定人工湿地（图14-42和图14-43）。1972年4月1日到9月16日，超过60 000株盆栽草本植物（年龄从6周到16周）被移植到创建的沙地的83个小块区域。一共种植了九种草本植物（表14-6）。除了高地沙丘植物美国滨草（*Ammophila breviligulata*）外，其他都是湿地植物，且95%以上面积移种的是互花米草（*Spartina alterniflora*；见插文）。

图14-42　湿地植物种植情况

图14-43 汉布尔顿岛人工湿地植被恢复地点（区域A是1972进行恢复的区域，
区域B是1973年之后进行恢复的区域）

表14-6 1972年在汉布尔顿岛恢复区恢复的9种草本植物

植物学名（俗名）	种子来源	生长期（月）	种植周期	种植海拔高度
Ammophilla breviligulata（演草）	A	8～12	05-13～06-08	风暴潮海拔以上
Distichlim spicata（盐草）	A	10～15	04-03～07-05	平均高潮水位到大潮高潮水位
Panicum virgatum（柳枝稷）	C	7～12	04-19～05-13	平均高潮水位到大潮高潮水位
Phragmites australis（芦苇）	C	11～16	04-18～09-16	平均高潮水位到大潮高潮水位
Spartina alterniflora（互花米草）	A；B	7～15	04-18～08-03	中潮水位到平均高潮水位
Spartina cynosuroides（大绳草）	A	8～14	04-11～08-30	平均高潮水位
Spartina patens（干草）	A	6～13	04-12～07-05	平均高潮水位
Typha angustifolia（狭叶香蒲）	C	8～13	04-01～07-02	高于平均潮位20%
Typha latifolia（宽叶香蒲）	C	8～13	04-01～08-30	高于平均潮位20%

互花米草

互花米草（*Spartina alterniflora*）隶属禾本科、米草属，是一种多年生草本植物。地下部分通常由短而细的须根和长而粗的地下茎（根状茎）组成。根系发达，常密布于地下30 cm深的土层内，有时可深达100 cm。植株茎秆坚韧、直立，高可达3 m，直径在1 cm以上。茎节具叶鞘，叶腋有腋芽。叶互生，呈长披针形，长可达90 cm，宽1.5～2 cm，具盐腺。根吸收的盐分大都由盐腺排出体外，因而叶表面往往有白色粉状的盐霜出现。圆锥花序长20～45 cm，具10～20个穗形总状花序，有16～24个小穗。小穗侧扁，长约1 cm；其花为两性花。子房平滑，两柱头很长，呈白色羽毛状。雄蕊3个，花药成熟时纵向开裂，花粉黄色。种子通常8～12月成熟，颖果长0.8～1.5 cm，胚呈浅绿色或蜡黄色。

互花米草起源于美洲大西洋沿岸和墨西哥湾，适宜生活于潮间带。由于互花米草秸秆密集粗壮、地下根茎发达，能够促进泥沙的快速沉降和淤积，因此，20世纪初许多国家为了保滩护堤、促淤造陆，先后加以引进。虽然互花米草在海岸生态系统中有重要的生态功能，但是其在潮滩湿地生境中有着超强的繁殖力，威胁着全球的海滨湿地土著物种，所以许多国家正在将其作为入侵植物实施大范围的控制计划。

3. 恢复效果

本案例利用工程措施对海岛进行生态恢复，取得了良好的效果。图14－44显示的是汉布尔顿岛人工湿地构建前、后的对比图。汉布尔顿岛人工湿地的构建是美国历史上第一次大规模人工湿地构建的尝试。

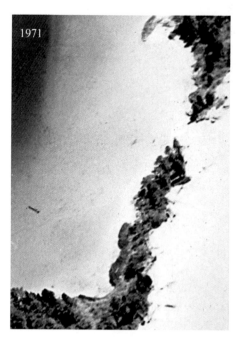

图14－44　汉布尔顿岛人工湿地构建前、后的对比图

四、海岛生态恢复研究趋势

海岛生态恢复研究虽然已取得一定进展，但目前仍处于基础研究阶段，尚未总结出适合海岛恢复的一般性理论，对海岛生态恢复模式研究不够深入，恢复的技术方法以及实践应用尚不成熟。海岛生态恢复研究的趋势主要体现在以下几个方面。

（1）海岛生态恢复研究仍以理论研究为基础，通过借鉴先进成功的生态恢复经验及理论，总结适合海岛生态恢复的一般性理论，为海岛生态恢复研究及实践提供理论指导。

（2）海岛生态恢复研究的重点之一在于对海岛生态恢复模式的深入研究，系统分析海岛生态恢复模式，以便更精确地指导不同地域不同类型海岛的生态恢复过程。

（3）研究高效的海岛生态恢复技术，总结用以指导恢复物种的选择及合理搭配等的原则，以生物恢复技术为核心结合工程恢复、景观恢复等技术，为海岛生态恢复提供强有力的技术支撑，这将是海岛生态恢复研究的另一个重点。

（4）除此之外，研究运用信息技术手段监督与管理海岛生态恢复的全过程，保障海岛生态恢复进程，防止人为原因对恢复过程中的海岛造成再破坏，也是海岛生态恢复未来研究的重点之一。研究海岛生态恢复的根本目的在于保护海岛，因此恢复的同时必须加强对海岛生态及资源的保护，要根据《中华人民共和国海岛保护法》的要求恢复保护及合理利用海岛，对开发利用的海岛生态实施补偿，才能最大限度地保护海岛生态，减少海岛生态破坏，实现海岛的可持续利用。

思考题

（1）与陆地相比，海岛生态恢复面临哪些环境问题？

（2）海岛生态恢复技术有哪些？

（3）论述植被恢复在海岛生态恢复中的作用。

拓展阅读资料

（1）Florens, F B V, Baider C. Ecological restoration in a developing island nation: How useful is the science? [J]. Restoration Ecology, 2013, 21(1): 1 – 5.

（2）Travis S E, Proffitt C E, Lowenfeld R C A. Comparative assessment of genetic diversity among differently-aged populations of Spartinaalterniflora on restored versus natural wetlands [J]. Restoration Ecology, 2002, 10(1): 37 – 42.

（3）Buisson E,Holl K D, Anderson S. Effect of seed source, topsoil removal, and plant neighbor removal on restoring California coastal prairies [J]. Restoration Ecology, 2006, 14(4): 569 – 577.

（4）Boutin C, Dobbie T, Carpenter D. Effects of double-crested cormorants (Phalacrocoraxauritus Less.) on island vegetation, seedbank, and soil chemistry: evaluating island restoration potential [J]. Restoration Ecology, 2011, 19(6): 720 – 727.

（5）Roman C T, Burdick D M, Adamowicz S C. Drakes island tidal restoration // Roman C T, Burdick D M. Tidal marsh restoration. Washington, D. C.: Island Press/Center for Resource Economics, 2012: 315 – 332.

（6）Brown D, Baker L. The Lord Howe Island biodiversity management plan: an integrated approach to recovery planning [J]. Ecological Management & Restoration, 2009, 10: S70 – S78.

第五节　潟湖的恢复

潟湖（lagoon）曾一度被写为"泻湖"（如1983年版《现代汉语词典》第1 276页），但现已重新规范为"潟湖"（见1996年版《现代汉语词典》第1 354页）。常有人把"潟湖（xì hú）"误作"泻湖（xiè hú）"。其实"潟"字和简体或繁体的"泻"字，读音、意义都不同，"潟"字并不是"泻"的繁体字。"潟"，含义是指海边咸水浸渍的土地，也称咸卤地。潟湖就是指那些位于海边咸卤地带的湖泊。

潟湖是海岸带上由堡岛、沙坝或沙咀与海洋隔开，或围拦河口、或包络海湾的封闭、半封闭的浅海水域，是一种特殊类型的海岸带湿地。它和外海之间常有一条或多条汉道相连。潟湖地处海陆相交的地带，常有陆地河流注入，其所处的特殊位置受河流和海洋的共同影响，在水文特征和沉积作用上都具有其特殊性。潟湖的结构图见图14-45。

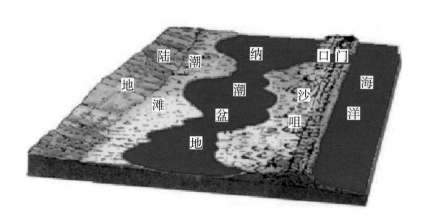

图14-45　潟湖结构图（来源：维基百科）

对潟湖的研究主要集中在地质地貌学、海面上升、沉积学和动力学领域。研究指出海侵泥沙陆向转运是多数沙坝形成的主要原因，潟湖纳潮量与口门过水截面积之间存在平衡关系。在沙坝潟湖的演变机制上，国际上一直存在不同的说法。Bruun（1962）最早提出，沙坝-潟湖演变是海侵环境下，滨面带向陆地迁移的结果。随后，在此研究的基础上，Kraft（1979）提出了该机制的海侵发育演变模式；Dillenburg（2000）认为沙坝形成与陆地沙源有着密切的关系。Dubois（2002）讨论了沙坝与海平面上升之间的内在联系。Moore（2010）等模拟了海面上升时沙坝的演变活动。Stapor（2004）等总结了沙坝出现平衡阶段的特征。

潟湖不但具有湿地几乎所有的生态价值功能，还有某些特有的价值。首先，潟湖是由沙坝（咀）和纳潮沙坝组成，因此许多潟湖可以作为船舶的天然良港，如高雄港。其次，潟湖中潮差低，波浪受外围沙坝的影响传入湖内后较小，且潟湖海域中的营养成分较外海海域丰富，这为鱼、虾等海洋生物提供了重要的繁殖、觅食的场所，非常适于水产品养殖。最后，古潟湖是重要的泥炭、煤、铁、盐、石油等资源的矿区。因此，潟湖在国民生产生活中有着不可忽视的作用。

潟湖的稳定性很大程度上取决于入湖河流和海洋的水动力环境。水文条件能直接改变湿地的物理化学性质，进而影响到物种组成和丰度、初级生产力、有机物质的积累和营养循环。潟湖生态系统的生态过程是以稳定的水文为基础的。也正是由于其对水文环境的依赖性，潟湖生态系统非常脆弱，一旦水交换终止，其地貌特征便会发生根本性的转变，甚至导致生态系统的崩溃。不同类型的潟湖的脆弱性不同。简单的说，如果水流不畅，潟湖容易淤塞并最终走向消亡；如果水流通畅，则有利于潟湖内外泥沙和能量交换，保证潟湖的寿命。因此，目前对潟湖生态系恢复统的重点是恢复入湖河流和近岸海域原有的水动力环境和沉积作用。

一、背景

该项目是位于加利福尼亚州（California）迪玛（Del Mar）市南部的San Dieguito潟湖的生态恢复（图14 – 46）。San Dieguito潟湖在San Dieguito河口门处，是典型的河口型潟湖，与其东面的南北沙坝、口内涨潮三角洲、入湖河流三角洲、潮汐通道口门共同组成完整的沙坝 – 潟湖体系，如图14 – 47所示。San Dieguito河的健康对该湖的水质和沉积物起到至关重要的作用。

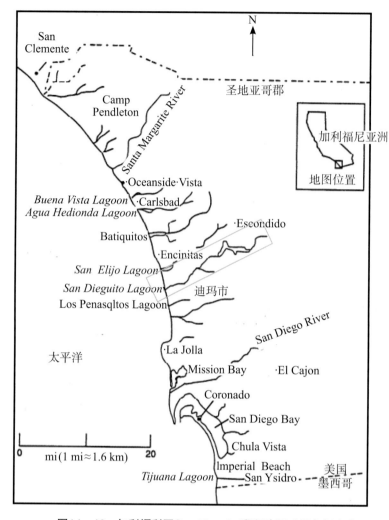

San Clemente 圣克利门蒂
Camp Pendleton 彭德尔顿营
Santa Margarite River 圣玛格丽特河
Oceanside Vista 欧申塞德维斯特
Buena Vista Lagoon 比尤娜维斯特潟湖
Agua Hedionda Lagoon 亚库海德昂德潟湖
Carlsbad 卡尔斯巴德
Batiquitos 巴蒂魁托斯潟湖
Escondido 埃斯孔迪多
Encinitas 恩西尼塔斯
San Elijo Lagoon 圣艾利吉欧潟湖
San Dieguito Lagoon 圣迭吉托潟湖
Los Penasqltos Lagoon 罗斯朋那斯考托斯潟湖
La Jolla 拉由拉
San Diego River 圣地亚哥河
Mission Bay 弥申湾
El Cajon 埃尔卡洪
Coronado 科罗纳多
San Diego Bay 圣地亚哥湾
Chula Vista 丘拉维斯特
lmperial Beach 因皮里尔海滩
Tijuana Lagoon 蒂华纳潟湖
San Ysidro 圣伊西德罗

图14-46 加利福利亚San Dieguito潟湖地图（橙色框内为San Dieguito潟湖所在地）

　　San Dieguito潟湖附近的生态环境状况原本良好。长期以来潮汐通道口外海风浪、潮流作用、堆积地形以及潟湖纳潮量变化，导致了潮汐通道淤浅、断面缩窄、口门位置迁移等复杂变化，对潮汐通道的功能产生影响，也直接影响到潟湖的稳定。2006年恢复工作开始前San Dieguito潟湖状况如图14-47所示。San Dieguito潟湖有三个主要通道，即口门通道、南面和北面通道各一个。该湖形成于San Dieguito河下游，南面通道是1980年先恢复的潮汐沙坝（南沙坝）。恢复前，高于平均海平面（MSL）1.8 m的潟湖表面积约为75 hm^2，平均水深约1 m。

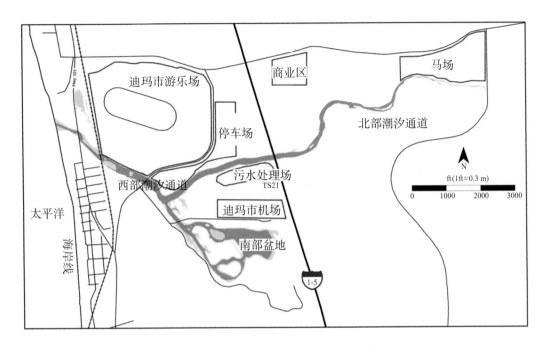

图14 – 47　2006年潟湖恢复工程前San Dieguito潟湖结构

红色区域表示潟湖恢复工程之前的已经存在的人工建筑（购物中心、马场等）。蓝色区域表示潮汐
通道和潮汐沙坝（南沙坝）。绿色斑块状的区域表示潮间带湿地。

潮水冲刷是保持潟湖水质，维持盐沼泽和潟湖生态系统良好状态的重要因素。当潮水冲刷时，季节性的暴雨径流积聚，由此带来的富含营养物质的淡水或微咸水使得潟湖中植物生物量和沉积物蓄积。另一方面，由于与外海水体交换，潟湖水体中积累的有机物将减少，富营养化程度大大降低；渔业资源和盐沼栖息的环境将得到改善；湖内生物物种丰富度、多样性和营养复杂性也将增加。潮水持续的冲洗使得次级生产力提高并影响近岸海洋环境。

加利福尼亚州2010年实施了针对南部潟湖海岸带的恢复计划，主要是通过疏浚挖捞稳定潟湖沙坝和保护湿地，从而使潟湖口变得稳定，并进而维持潮水对潟湖的连续冲刷。

二、恢复目标

此项目的主要目的是利用生态恢复手段保护San Dieguito潟湖。运用历史地图对比方法，结合现场考察及水文泥沙测量资料，分析San Dieguito潟湖口近20年来的变化过程，找出潟湖口在人为作用下的演变规律，通过生态恢复手段恢复San Dieguito潟湖。

（1）设计实施一套生态管理措施，生态恢复San Dieguito潟湖，使San Dieguito潟湖具有美学价值，并且尽量降低成本。项目竣工后，能满足公众要求，尽量减少对现有生态系统的影响。

（2）构建一套方法，解决San Dieguito潟湖海岸生态恢复带来的负面影响，例如，恢复对临近沙坝的影响，岸输沙对沙坝稳定性的影响。

（3）开发一种生态恢复潟湖的设计模型。

三、恢复过程

整个San Dieguito潟湖恢复工程由三部分组成：① 疏浚工作前期沙坝剖面、沙坝宽度和沙量的调查；② 疏浚工作，填补潟湖口南北沙坝；③ 疏浚工作后效果评估。

设计内容主要包括以下几项。

（1）构建三个护堤。

（2）保护潟湖现有的资源。

（3）保持潟湖的物理和生物学特性，同时增加栖息地的生物多样性。

（4）构建新的沙坝，断开河流通道，减缓悬崖北部区域坡度，增加潟湖表面区域。

（5）在河流道通的沙坝上提供鸟类筑巢位点，并保证该位点在洪水期不被淹没。

（一）疏浚工作前期沙坝剖面、沙坝宽度和沙量的调查

1. 疏浚工作和沙的放置

疏浚W17潮汐通道能增强潮流对潟湖的连续冲刷，如图14－48。这样设计的目的在于以最低的成本，最小的环境干扰保持潟湖开放。选择适当的宽度和深度，保持潟湖与潮汐的良好交流，同时避免过度挖深渠道而导致沙的侵入加速。

W17通道分为5个区域（图14－48），将这5个区域内多年蓄积的沙移走。区域3、区域4和区域5的沙置于潟湖东部的鸟类筑巢位点，该工作于2011年4月29日完成。区域1和区域2的沙放置在迪玛市沙坝新口门通道的南部和北部，并分级设计高度。在挖掘过程中，尽量减少沙坝沙粒的损失。这两个区域挖出的沙体积大约是30 400 m³，其中28 880 m³置于新口门通道的南部，1 520 m³置于的新口门通道北部的悬崖下。口门通道的南部28 880 m³沙中大约7 904 m³用来填补旧的潟湖口通道（与石基和新口门通道南部相邻）。区域1和区域2的工作在2011年9月6日开始，于当月29日完成。在疏浚工作进行的过程中潟湖口关闭，但是要人工开放两次以保护海洋资源和提高潟湖溶解氧、溶解氮的含量。

图14－48　San Dieguito潟湖W17潮汐通道区域1、区域2、区域3、区域4和区域5

2. 沙坝剖面数据

沙坝剖面数据的搜集是San Dieguito湖恢复计划和执行过程中的关键。沙坝剖面区域SIO1，SIOA，SIOB，SIOC和SIO2位于San Dieguito潟湖口门的南部，SIO5和SIO6位于口门的北部，如图14－49。"SIO"是本项目最初的命名，后来由于美国陆军工兵部（U.S. Army Corps of Engineers, USACE）的资助改变了名称。"SIO1"变成"dm0590"，"SIO2"变成"dm0580"。随后圣地亚哥政府联盟（the San Diego Association of Government, SANDAG）发起的水流监测仍使用USACE系统。

San Dieguito潟湖恢复过程中基准线见图14－49，海拔参照表如表14－7所示。

表14－7　海滩恢复位点海拔参照表

海滩位点	海拔/m
SIO1	4.1
SIO2	4.1
SIO5	4.5
SIO6	5.5

续表

海滩位点	海拔/m
SIOA	4.5
SIOB	4.5
SIOC	4.7

图14−49 沙坝剖面和基准位置地图（沙坝剖面区域SIO1、SIOA、SIOB、SIOC、和SIO2位于San Dieguito湖口门的南部，SIO5和SIO6位于口门的北部区域。SIO1对应DM0590，SIO2对应DM0580）

3. 沙坝宽度的变化

区域SIO5和SIO1分别位于San Dieguito湖口门的北部和南部。区域SIO6位于SIO5以北600 m，区域SIO2位于SIO1以南约600 m。

Del Mar沙坝比周围其他沙坝季节周期大。北部、Encinitas和Carlsbad沙坝季节周期沙坝宽度约13.5 m，然而Del Mar沙坝宽度高达45 m。临近潟湖口门的SIO1和SIO5变化实质上比离口门稍远的SIO2和SIO6大。在建造的过程中对每个区域进行适当的调整，参照表14-8。

表14-8 Del Mar市海岸线保护区域沙坝宽度调整

海滩位点	调整距离/m
SIO1	+0.4
SIO2	+0.3
SIO5	+3.7
SIO6	0
SIOA	+0.5
SIOB	-1.3
SIOC	+2.8

4.沙量的变化

近岸沙量决定沙坝的宽度和高度，并能指示其健康和稳定性。宽度更直接地指示沙坝的可用空间。沙量用于评估当地沙预算，即针对近海和沿岸输沙率，评估沙的补给需求。通常波浪冲刷引起沙坝、滩面和护堤上的沙流失，导致沙坝宽度的减少。尤其是大风暴，可以使滩面沙远离海岸，而夏季河口连续的波浪使沙无法运输回岸。长此以往，会导致沙坝宽度永久下降。历年来对区域SIO1、SIO2、SIO5和SIO6的调查发现沙量降低，沙坝宽度减少。

（二）疏浚工作

2010年10月以及2011年1月、4月、6月和10月对Del Mar沙坝区域SIO1、SIO2、SIO5、SIO6、SIOA、SIOB和SIOC七个沙坝剖面进行调查，收集并分析剖面数据。SIO1、SIO2、SIO5和SIO6属历史剖面，在2011年前已进行多次调查。SIOA、SIOB和SIOC的沙坝剖面调查工作在2010年10月开展，沙坝在涨潮和退潮时的情况如图14-50和图14-51所示。2011年每季度均对沙坝调查，计算沙坝宽度，与1992至2010年沙坝剖面数据对比。根据2011年沙坝剖面数据，计算冬季（3~5月）和夏季（9~11月）沙坝宽度和沙量的改变。

图14 – 50　2010年10月8日照片，显示涨潮时
的潮水和潟湖口

图14 – 51　2010年10月14日照片，显示退潮
时的潮水和潟湖口

2011年8月23日进行疏浚工作的前期调查，2011年9月6日开始疏浚工作。过程如下。

（1）2011年9月9日关闭San Dieguito潟湖口门（图14 – 52）

图14 – 52　2011年9月9日，关闭潟湖口门

（2）将挖掘的区域1和区域2的沙填补口门南北沙坝和旧的口门通道，并且将口门向北移动45 m（图14 – 53～图14 – 58）。

图14－53　2011年9月13日照片，退潮期挖区域1和区域2的沙，填补潟湖口南北沙坝和旧的潟湖口通道

图14－54　2011年9月16日照片，挖掘潟湖口的沙放置于潟湖口南的沙坝

图14－55　2011年9月19日照片，将从区域1和区域2挖出的沙加于潟湖南沙坝

图14－56　2011年9月20日照片，经区域1和区域2的沙填后的南沙滩

图14－57　2011年9月21日照片，经区域1和区域2的沙填后的潟湖口北部悬崖下沙滩

图14－58　2011年9月23日照片，放置在潟湖口北部悬崖下沙滩的沙正在被推土机分级

（3）整个疏浚工作于2011年9月29日结束，下午5:15打开新的口门以便潮水冲刷（图14-59和图14-60）。

图14-59　2011年9月29日照片，打开新的San
Dieguito潟湖口

图14-60　2011年10月4日照片，涨潮期新潟
湖口南，北部的沙坝

（4）分别在2011年10月4日、2011年10月10日、2011年10月21日对沙坝剖面进行调查，进行疏浚效果评估。

（三）恢复效果评价

1.增加南北沙坝宽度

区域SIO1、SIO2、SIO5B、SIO6、SIOA、SIOB和SIOC的沙坝宽度在疏浚前（2011年8月23日）和疏浚后（2011年10月4日、10日、21日）调查结果如表14-9所示。在这期间波浪适度在1.2到1.5 m之间，春潮发生在十月中旬，潮汐的高度平均约1.74 m。2010年10月和2011年10月潟湖口南、北沙坝涨潮与退潮时的对比图见图14-61和图14-62，2011年10月退潮期南部与北部沙坝的区别见图14-63和图14-64。

表14-9　2011年8月23日至2011年10月21日沙坝宽度的变化

日期	宽度变化/m						
	SIO1	SIO2	SIO5	SIO6	SIOA	SIOB	SIOC
2011年8月23日	9.8	51.9	37.3	46.1	46.3	40.7	55.1
2011年10月4日	31.0	59.3	36.5	51.9	47.4	54.7	51.1
2011年10月10日	23.1	65.6	38.3	50.2	52.5	57.9	46.4
2011年10月21日	25.1	55.8	50.4	45.1	51.0	50.3	61.7
平均宽度变化	26.4	60.2	41.7	49.1	50.3	54.3	53.1

图14-61 2010年10月（左）和2011年10月（右）涨潮时潟湖口南北沙坝对比

图14-62 2010年10月（左）和2011年10月（右）退潮时潟湖口南北沙坝对比

图14-63 2011年10月13日照片，退潮
期潟湖口北部沙坝

图14-64 2011年10月13日照片，退潮期
潟湖口南部沙坝

2. 增加沙坝沙量

沙坝疏浚前（2011年8月23日）和疏浚后（2011年10月4日，10日，21日）区域SIO1、SIO2、SIO5B、SIO6、SIOA、SIOB和SIOC的沙量调查如表14-10所示。

表14-10 疏浚前后口门通道沙坝沙量宽度变化

	总沙量变化/km³	宽度变化/m						
		SO1	SO2	SO5	SO6	SOA	SOB	SOC
疏浚前后变化	0	7.1	1.8	4.0	-1.7	20.3	13.2	-0.8
疏浚总量	0.9	3.9	1.2	2.8	-1.7	18.7	10.6	0.2

3. 成功恢复San Dieguito潟湖

恢复后San Dieguito潟湖面积已增加到大约134.4 hm²，沙坝口向北移动45 m（如图14-65）

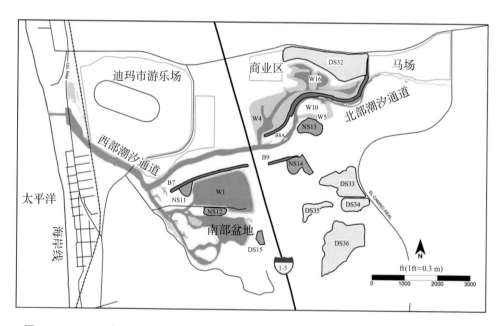

图14-65 2011年San Dieguito潟湖恢复后构型（蓝色和绿色（W）表示潮汐沙坝和潮间带湿地增加面积较大的区域；黑色区域（B）表示新的洪水护堤；灰色区域（NS）表示新的鸟类筑巢地点；阴影部分（DS）表示调节疏浚位点。）

案例分析

San Dieguito潟湖恢复方案主要采取建筑结构恢复，利用临近San Dieguito河岸常年沉积的沙重新填充San Dieguito潟湖口南部的沙坝，扩建北部悬崖下的沙坝，并北移潟湖口，以防止潟湖口海岸的侵蚀和海岸带沙的迁移。

此外，增强潟湖自主调控，提高潟湖自身恢复能力也应该受到重视。对潟湖来说，水质是至关重要的，提高水质涉及到以下方面：① 保持潟湖口门比平时更长的开放时间；② 小范围的改善潟湖内湖水循环；③ 提高盐沼的健康，增加湖内物种多样性；④ 减少进入潟湖的污水排放；⑤ 减少入侵物种。

我国也有潟湖生态恢复的案例，如山东省荣成的天鹅湖（见插文）。

历史上由于围填海、堵口、疏浚排干等围垦湿地活动或者将潟湖湿地用于养殖和盐业生产，天鹅湖生态系统遭到了毁灭性地破坏，面临以下主要问题：① 养殖废水、工农业生产废水、城市生活污水和机动渔船含油污水等的输入引起的污染；② 河流输沙、潮流输沙以及风沙沉积引起的泥沙淤积；③ 海岸侵蚀等（谷东起，2003）。

荣成天鹅湖

天鹅湖又名月湖，位于山东省最东端荣成市境内，是我国北方最大的天鹅越冬栖息地。作为黄海、渤海交界处最重要的湿地之一，天鹅湖湿地以其优美的风景和独特的生态景观，被列为省级自然保护区。山东荣成大天鹅（*Cygnus cygnus*）自然保护区（36°58′N~37°25′N，122°23′E~122°35′E）地处胶东半岛最东端，主要由朝阳港、马山港和八河港3个潟湖组成，总面积105 km²（谷东起，2004）。该自然保护区是世界四大天鹅栖息地之一，被国内外学者誉为"东方天鹅王国"。

在地质构造上，自然保护区位于鲁东隆起带的胶北凸起东端、乳山-威海复背斜东南翼。出露的地层主要有元古界胶东群、白垩系、第三系，出露的岩浆岩为中生代燕山期晚期辉石闪长岩。第四系冲积、残积、残坡积、风积、海积等成因的松散沉积物主要分布在沿岸地带、河谷、剥蚀平原和残丘上。受褶皱和断裂构造的控制及长期风化剥蚀和侵蚀作用影响，保护区内地貌多为剥蚀准平原或低缓丘陵，海岸属岬角两海湾相间类型，海湾滨岸地带多为海积平原和潟湖。

荣成大天鹅自然保护区以保护大天鹅等23种国家一、二级保护水禽为主。这些珍稀濒危水禽的主要栖息地环境是保护区内的潟湖湿地。朝阳港、马山港（即天鹅湖）和八河港都是6 000年前全新世海侵后海面下降形成的典型潟湖。

荣成大天鹅自然保护区潟湖湿地植物区系由59属192种单细胞浮游藻类、40科58属74种底栖多细胞大型海藻和55科134属194种湿地维管束植物构成（包括12种入侵维管束植物）。其中单细胞浮游藻类以近岸广布种为主；湿地维管束植物分盐生植物（24种）、水生植物（22种）、湿生植物（35种）、沙生植物（4种）、中生植物（103种）和旱生植物（6种）六大生态类群，和高位芽植物（20种）、地上芽植物（4种）、地面芽植物（54种）、地下芽植物（48种）和一年生植物（68种）5种生活型。湿地维管束植物属的地理分布区类型有14个，以世界分布属、温带分布属为主，热带分布属也占较大的比重。从属的分布区类型与种的生活型、生态类群对应关系看，世界分布属、温带分布属中地面芽植物、地下芽植物的种数较多，属于世界分布属、热带分布属的一年生植物种数较多，水生植物、湿生植物主要属于世界分布属。

来源：百度百科

为恢复天鹅湖生态系统采取了以下主要措施：① 改造天鹅湖拦湾坝、增加纳潮量以改善天鹅湖水体的水质；② 通过工程措施清除潟湖泥沙淤积；③ 建立自然湿地占用生态补偿制度，控制盐田及养殖池规模（将养殖池面积控制在100 km²以内），避免湿地面积减小和景观破碎化；④ 严格按照国家污染物质排放标准要求排放城市生活污水，加强对在保护区内作业的机动渔船含油废水排放的管理；⑤ 通过节约淡水资源、实施跨流域调水等措施满足湿地生态环境需水量，恢复退化湿地的植被及湿地生态系统的结构与功能。

通过以上恢复措施有效恢复天鹅湖海岸湿地生态系统，保护了大天鹅赖以生存的生态环境，提高了近岸海域生态系统服务功能。但天鹅湖仍存在以下问题。历史上天鹅湖湖口（潟湖与大海之间的潮汐连接口）处建设了围坝以增加海产品产量，湖内养虾池规模不断扩大，导致湖区纳潮量减小，淤积加剧。在天鹅湖恢复过程中也认识到了这一问题，但对于围坝的改造并不彻底，天鹅湖与外海之间的通口并没有完全打开，致使天鹅湖与外海水流交换并不充分，湖区仍存在大面积的无氧区。

San Dieguito潟湖的恢复以及本章第四节旧金山湾的恢复的成功经验启示我们应继续改造天鹅湖湖口。解决的办法是彻底清除拦湾坝，合理扩大潟湖口面积。拆除拦湾坝可增加潟湖的纳潮量。据估算，拆除小埋岛拦湾坝后天鹅湖的纳潮量可增加2×10^5 m³。扩大潟湖口面积可加快潟湖与外海间的水体交换，将对潟湖水体生态环境的改善起到积极的作用，为天鹅湖的自我恢复创造条件。

思考题

（1）造成潟湖岸线侵蚀的原因有哪些？

（2）对潟湖的恢复可以从哪些方面考虑？

（3）潟湖恢复效果评估采用哪些技术方法？

拓展阅读资料

（1）Roman C T, Garvine R W, Portnoy J W. Hydrologic modeling as a predictive basis for ecological restoration of salt marshes [J]. Environmental Management, 1995, 19(4): 559 – 566.

（2）Rozsa R. Restoration of tidal flow to degraded tidal wetlands in Connecticut [M]// Roman CT, Burdick DM. Tidal Marsh Restoration. Washington, D.C.: Island Press/Center for Resource Economics, 2012: 147 – 155.

（3）Roman C T, Burdick D M, Reiner S E L. Restoration of tidally restricted salt marshes at rumneymarsh, Massachusetts [J]. Tidal Marsh Restoration, Roman C T, Burdick D M. ed. Island Press/Center for Resource Economics, 2012, 355 – 370.

（4）Friedl G, Wüest A. Disrupting biogeochemical cycles–Consequences of damming

[J]. Aquatic Sciences, 2002, 64(1): 55 – 65.

（5）Wijnhoven S, Escaravage V, Daemen E. The decline and restoration of a coastal lagoon(Lake Veere)in the Dutch Delta [J]. Estuaries and Coasts, 2010, 33(6): 1261 – 1278.

第六节　红树林的恢复

一、背景

红树林是自然分布在热带、亚热带海岸潮间带的木本植物群落。红树林主要由几十种红树植物和半红树植物、许多藤本植物、草本植物和附生植物组成。红树林具有生物多样性高、生产力高、归还率高、分解速度快等特点。作为一种重要的海岸生态系统，它具有促淤沉积、护堤防坡、净化水质等生态功能，为许多动物提供了重要的食物和栖息地。由于对红树林的不合理利用和破坏，红树林资源急剧减少，主要体现在红树林面积和红树植物种类减少、红树林生态系统结构和功能下降。红树林是属于遭受严重威胁的沿海生境之一，尤其是在热带发展中国家，这种现象尤为突出。

《1980~2005年世界红树林报告》指出，1980年全球红树林面积为1 880万公顷，但到2005年已经减少至1 520万公顷；其中亚洲红树林损失严重，已经减少190万公顷。过去几十年菲律宾、越南、泰国、马来西亚的红树林减少了7 445 km^2；美国佛罗里达的红树林从2 600 km^{2}减至2 000 km^2；波多黎各红树林面积从243 km^{2}减少为64 km^2。历史上在华南地区曾有大面积红树林分布在海岸地区，然而过去几十年，该地区红树林的面积急剧减少。1956年我国红树林面积为40 000～42 000 hm^2。由于20世纪70年代围海造田和80年代初围垦养殖，我国红树林至1986年锐减为21 283 hm^2。80年代末我国红树林又遭围垦造陆活动的破坏，至90年代初仅余15 122 hm^2。在我国海岸线最长、红树林分布面积最大的广东省，1956年、1986年和90年代初的红树林面积分别为21 273 hm^2、3 526 hm^{2}和3 813 hm^2，减少了将近85%，而且现存林分中80%以上为生态防护功能较差的低矮退化次生林。红树林的减少导致海岸带地区的生态环境严重退化，动植物资源衰退，风暴潮等自然灾害增加。

如何进行红树林恢复，使红树林资源在有效保护的前提下支持我国南部沿海区域社会、经济、环境的健康、稳定和持续发展，已成为摆在我们当前的重要课题。为了实现红树林资源的恢复和发展，我们已经开展了许多宜林滩涂的红树林恢复工程。

二、恢复目标

红树林湿地的恢复总体目标是采用适当的生物、生态及工程措施，逐步恢复退化的红树林湿地生态系统的结构和功能，最终达到自我持续状态。与其他湿地生态系统一样，红树林湿地恢复的目标主要包括以下几方面。

（1）实现生态系统的表基底的稳定性。

（2）恢复湿地良好的水状况。

（3）恢复植被和土壤，保证一定的植被覆盖率和土壤肥力。

（4）增加物种组成和生物多样性。

（5）实现生物群落的恢复，提高生态系统的生产力和自我维持能力。

（6）恢复湿地景观，增加视觉和美学享受。

（7）实现区域社会、经济的可持续发展。

三、保护策略

（一）海南东寨港红树林生态系统保护和开发战略

美兰区是海口市下辖的四个县级区之一，是海南省委、省政府所在地，是海南的政治、经济、文化中心城区。美兰区环境优美，依江傍海，有连绵100多千米的海岸线和广袤、肥沃的红土地。境内有美兰机场和东寨港红树林国家自然保护区，南渡江、美舍河、海甸溪穿越城区流入大海，海文高速公路、琼文国道横贯全区，具有得天独厚的自然资源优势。在美兰区演丰镇和三江镇辖区内，有我国建立的第一个红树林保护区——东寨港国家级自然保护区（图14-66）。该保护区1992年被列入《关于特别是作为水禽栖息地的国际重要湿地公约》组织中的国际重要湿地名录，是我国7个被列入国际重要湿地名录的保护区之一。区内生长着全国面积最大、种类最齐全、保存最完整的天然红树林，在世界红树林中占有重要位置，具有极为重要的生态、旅游和科研价值。美兰区红树林面积的变化如图14-67所示。

1.红树林生态系统保护战略

通过加强管理和恢复退化区域，保护红树林和潮间带滩涂生态系统；确保以持续利用的方式开发利用保护区及周边地区的湿地资源；确保以负责任的方式发挥保护区在生态旅游、科学研究、环保宣传等方面的服务功能。

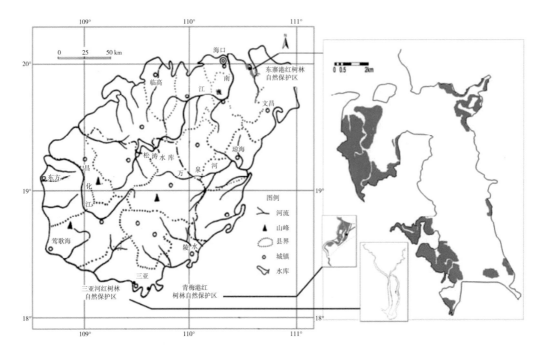

图14-66 东寨港国家级自然保护区地理位置（右图灰色区域为恢复区域）

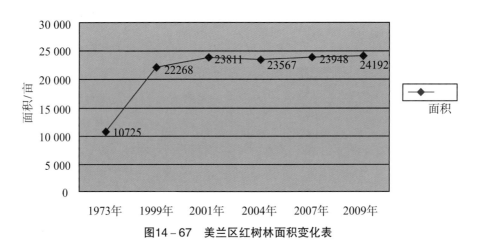

图14-67 美兰区红树林面积变化表

（1）保护红树林生态系统。加强保护管理，保护红树林生态系统；恢复和扩大红树林湿地面积；加强红树林生态系统研究。

（2）保护红树林生物多样性。开展自然资源普查和监测；合理利用保护区内的生物资源；加强濒危物种的研究。

（3）红树林保护的宣传教育。增强公众对红树林和生物多样性的认识；扩大红树林生态旅游的影响；提高保护区职工能力，促进保护管理和宣教工作的开展。

（4）保护滩涂生态系统，科学规划和管理潮间带滩涂资源。

（5）水域的保护和管理。控制陆地、旅游、船舶等污染源；建立保护区水环境监测系统。

2.红树林生态系统开发战略

（1）实施可持续旅游发展战略。保护资源与环境并最大限度地增加旅游者享受乐趣和给当地带来效益的同时，将旅游开发对所在地区的消极影响维持在最小限度内，是可持续旅游发展的主要指导原则之一。显然，发展（即满足现在需要）与保护是可持续旅游发展的核心。这与自然保护区开发与保护是相吻合的。可见，可持续旅游发展可以也应该成为自然保护区生态旅游开发和保护关系问题的衡量标准之一。

（2）导入知识经济内涵。知识经济是一种以高新科技产业群为支柱，以信息产业为龙头，建立在知识和信息的生产、分配和使用之上的新型经济。导入知识经济是新时代旅游资源开发和保护的要求，也是旅游业参与国际竞争、走可持续发展道路的必经之路。

（3）正确处理好发展中开发与保护的关系。自然保护区生态旅游发展过程中，以保护为根本前提，以可持续发展为最大目标，强调利用性保护。既然保护不是暂时的，而是贯穿于整个发展过程中，从可持续发展角度看，自然保护区发展中应贯彻"保护性开发"的原则，以促进其旅游资源的永续利用与可持续发展。

（4）红树林生态系统开发需要政策引导、加强管理，实现自然保护区的综合发展。生态旅游开发保护和可持续旅游发展都是一个长期的复杂过程。自然保护区生态旅游开发和保护中需要政策支持、引导和适度的管理力度，以规范自然保护区的开发和保护。

3.展望

红树林是独特的、复杂的湿地森林生态系统，具有极其重要的保护和利用价值。从长远利益看，红树林资源的保护管理同其他自然资源管理一样要求遵循可持续发展的原则；从区域经济看，红树林的保护管理与区域大农业发展的保障有着密切的关系，红树林的保护管理对区域经济发展战略上的意义应引起足够的重视。东寨港红树林国家级自然保护区是我国最早成立的国家级红树林保护区，并且是我国 7 个国际重要湿地之一，其地位举足轻重。由于东寨港红树林国家级自然保护区位于城市边缘地带，随着城市化进程的加速，以休闲旅游业为主的开发活动日益活跃，而迄今为止周边地区群众的经济来源大部分都依靠在红树林区的传统捕猎、养殖等活动，必须妥善保护红树林资源。

（二）特呈岛红树林资源保护与利用现状

雷州半岛红树林湿地是我国政府2002年指定保护的国际重要湿地之一，也是我国沿海地区生物多样性最丰富的区域之一。雷州半岛红树林湿地目前隶属湛江红树林国家级自然保护区办公室管理，其保护管理获得荷兰国家的援助。保护雷州半岛红树林湿地对改善沿海生态环境，促进沿海地区经济可持续发展，具有特别重要的意义。

从2001年开始，结合雷州半岛红树林综合管理和沿海保护项目，湛江红树林国家级保护区开展了大面积的红树林人工营造，至2006年累计种植约2000 hm^2。森林资源调查资料显示，湛江红树林面积已回升到9 000 hm^2（吴晓东等，2008）。1998年以来，深圳通过造林和生态恢复措施，以本地种源秋茄、桐花树、木榄营造人工红树林90 hm^2，以外来种源如海桑、无瓣海桑、红海榄等造林约10 hm^2，主要种植在宝安沙井、福永、西乡、福田红树林保护区等地（李海生等，2007），迄今已全部成林。1998年5月，澄海市林业局在澄海的新溪、溪南、东里、盐鸿等地沿海滩涂人工种植红树林约3 000亩。同年9月，从湛江成功引进2 000株无瓣海桑。1999～2001年，先后引进海桑、红海榄、木榄、长柄肖槿等树种。

雷州半岛主要岛屿有东海岛，南三岛，硇洲岛，特呈岛，调顺岛等。其中特呈岛位于湛江市霞山区东南方向的湛江港海域，距离湛江市中心码头仅3 km，南北宽约1 400 m，东西长约2 700 m，岛上陆地面积约3.6 km^2，海岸线长约7.4 km，有约4 500人。

特呈岛居民十分重视红树林资源的保护。在雷州半岛沿海大部分红树林资源蒙受不同程度的破坏后，特呈岛红树林仍然由许多成年乔木与古树组成，红树林面积达50.7 hm^2。爱护红树林资源已经成为了特呈岛居民的共同责任。目前特呈岛红树林资源保护所面临的问题是林地地貌侵蚀严重。主要原因是湛江港大型船只不断增多，增加了近岸水能，红树林的大量土壤基质流失。

特呈岛红树林是岛上居民重要的生产资源，其主要利用方式包括林区围网捕鱼，养殖贝类，石碟捕鱼、捕虾、挖虫、挖贝，获取材薪等。

1. 特呈岛红树林资源保护规划

红树林在特呈岛海岸生长的历史久远。特呈岛的海岸、渔船及滩涂养殖与"赶小海"收入等都得益于有红树林的保护。例如，特呈岛中有红树林生长的滩涂，生物多样性丰富，贝类养殖产量高，每日退潮后可见不少群众在这些滩涂上"赶小海"——

采集底栖的沙虫和贝类；而群众很少去没有红树林的海岸段"赶小海"，因为没有红树林的海岸段一般水位较深，水流较急，多为砂砾质，底栖贝类少。临港口作业区的特呈岛北侧海岸段为砂砾质，因为有港口的清淤作业，近岸坡面狭坡度较大，不适合红树林生长。

特呈岛红树林是湛江国家级红树林保护区的一部分。2006年5月湛江红树林保护区管理局在特呈岛红树林区设置了界桩，标明特呈岛的红树林林地属国家所有，并要求按国际重要湿地的保护管理水平开展管护工作。由于林地侵蚀严重以及红树林生态旅游开发会对红树林产生负面影响，所以有必要针对特呈岛现有红树林林地进行保护规划。

（1）在红树林外缘及林地上设置科学的消浪防护物，调整与改善林地水动力特性，保护林地的地貌，避免林地侵蚀进一步发展。

（2）林地道路要在现有渔民下海小道上进行规划建设。道路建设不应砍伐林木，应保护道路两侧的林地自然状态。

（3）林地内浮桥不宜多建，浮桥长度不宜超过林带宽度，不得设置与岸线平行的浮桥。浮桥要有钢筋混凝土柱作支架，不得使用木桩等临时材料。要保证维护经费，有专人维修管理，避免浮桥不安全对红树林造成破坏等事件的发生。

（4）红树林内缘退池还滩，逐步优化红树林生态环境。特呈岛东村至里村海边的几个养殖池的外堤紧靠红树林内缘，对红树林生长及红树林景观观赏性影响很大，应退池还滩，逐步优化红树林生态环境。但在退池还滩过程中，应保护好外缘池堤，并进行维护防止缺口产生，保护其与堤外红树林所形成的地貌现状。

2011年，特呈岛国家级海洋公园建立，红树林资源得到更有效保护（图14-68）。

2.特呈岛红树林资源发展规划

（1）在潮间带裸滩种植以白骨壤和红海榄为主，以可就地取材的木榄、秋茄与桐花树为辅。在外缘宜种植白骨壤，在林内可种植白骨壤、红海榄、木榄；在内缘可种植白骨壤、红海榄、木榄、秋茄、桐花树、草海桐、银叶树等丰富红树林物种多样性。在单优群落内宜种植相同种类的红树植物。

（2）在高潮线以上海岸种植半红树植物，扩大半红树林面积，在沙地以外种植要以黄槿为主（沙地种植木麻黄为主），以水黄皮、草海桐、海芒果、海漆、单叶蔓荆为辅，均可就地采种。因为海芒果、海漆含有诱导人体细胞癌变的因子，不宜多种，更不宜种植在房前屋后。房前屋后可种植龙眼、荔枝、木波罗、酸豆树、红阳桃等热带果树以及樟树、竹节树、光叶柿、鸭脚木、黄牛木、榕树、桉树等。通过广泛种植半红树树木，形成以黄槿为主的半红树防护林。

图14-68 特呈岛国家级海洋公园成立前后红树林资源状况

A.特呈岛国家级海洋公园建立前红树林状况；B.特呈岛国家级海洋公园建立后红树林状况

3. 特呈岛红树林旅游资源

红树林独特的生理、生态特性和涨潮、落潮时林地外观的变化，给红树林生态旅游带来了许多神秘的色彩。红树林景观给游客带来了直观的美学享受，为海岸带观光游览增添了崭新的内容，成为热带、亚热带海岸线上的旅游亮点和海岸带最美的自然艺术。红树林旅游功能的实现将原来被视为低值荒地的红树林滩涂转变成为当地经济发展的重要窗口和服务林区社区的风水宝地，促进了红树林林区经济的可持续发展。我国红树林生态旅游在香港、海口、台湾等地的红树林保护区已经开展，并形成了一定的规模，正随着世界生态旅游的兴起而逐步发展起来。

四、工程保障措施与展望

1. 保护现存红树林

建立红树林自然保护区，并加强红树林的管理，主要包括管护、补植、防治病虫害等，为红树林创造良好的生长环境。同时，禁止将红树林滩涂改造成农田、盐场、城市建筑区、交通运输区、工业区以及海产养殖场等。以红树林生态系统的维持和保护为前提，进行合理的开发利用。

2. 加强关于红树林的法规建设

虽然专家学者已对红树林的结构、生产力和生态系统动态进行了长期的生物学研究，红树林为人类所提供的生物价值和社会经济的贡献也已被广泛认可，但人类的干扰仍在不断减少红树林面积。因此，有关红树林的法规建设十分必要。我国在自然保护方面已经制定了一系列的法律，但在目前还缺乏专门针对红树林保护的法规。由于红树林生境的特殊性及其重要性，应加强红树林有关的法规建设，以免红树林遭受进一步的破坏。

3. 我国今后在红树林湿地恢复研究展望

（1）开展红树林湿地恢复工程设计、监测和评价的理论与应用研究，提高工程建设的质量。

（2）重视外来引进种对红树林生态系统及生态安全的影响研究，促进红树林资源的可持续发展。

（3）加强半红树植物在沿海防护林体系工程建设中的应用研究，构建"纵深防御型"红树林防护体系。

（4）继续进行红树植物对潮汐水位适应能力研究，确定各树种（尤其幼苗）的临界淹水时间。

（5）开展红树人工林生态恢复过程中的长期综合定位研究，揭示其生态恢复过程和机制，为红树林生态工程提供科学依据。

思考题

（1）简述红树林湿地生态系统退化机制。

（2）红树林生态系统健康评价的方法有哪些？

（3）简述红树林的生态、社会、经济意义。

拓展阅读资料

（1）Chen L, Peng S, Li J, et al. Competitive control of an exotic mangrove species: restoration of native mangrove forests by altering light availability [J]. Restoration Ecology, 2013, 21(2): 215 – 223.

（2）Walters B B. Local mangrove planting in the Philippines: are fisherfolk and fishpond owners effective restorationists? [J]. Restoration Ecology, 2000, 8(3): 237 – 246.

（3）Proffitt C E, Devlin D J. Long-term growth and succession in restored and natural mangrove forests in southwestern Florida [J]. Wetlands Ecology and Management, 2005, 13(5): 531 – 551.

（4）Rovai A S, Soriano-Sierra E J, Pagliosa P R. Secondary succession impairment in restored mangroves [J]. Wetlands Ecology and Management, 2012, 20(5): 447 – 459.

（5）Ren H, Wu X,Ning T. Wetland changes and mangrove restoration planning in Shenzhen Bay, Southern China [J]. Landscape and Ecological Engineering, 2011, 7(20: 241 – 250.

第七节　柽柳林的恢复

在全球变暖的大趋势下，海平面上升造成的海水入侵以及海岸带土壤盐渍化日趋严重。海岸带盐渍化区的植被减少的同时，地下水的矿化度高且蒸腾比高，进一步加剧了土壤的盐渍化，形成了植被稀少加剧土壤盐渍化，土壤盐渍化进一步破坏植被的恶性循环（见插文）。在以往的盐渍化区生态恢复的过程中，多采取如淡水洗盐、挖沟排盐、暗管排碱、种稻改碱、修筑台田等方法以改善地下水和土壤状况，增加植被的种类和密度。但上述由于措施受到淡水资源的限制以及其较高的成本，而不易大范围推广。因此，在充分了解盐渍化土壤的具体属性的基础上筛选适宜的耐盐植物，通过快速繁殖的技术，继而根据生态位差异性建立耐盐植物立体组合模式，是改善海岸带盐渍化区的有效方法。下面以昌邑柽柳自然保护区为例，阐述莱州湾滨海盐渍化区域的恢复。

全球变暖带来的影响不仅仅是单纯的海平面上升以及海洋酸化，海平面上升所造成的沿海地质灾害亦十分严重。这主要包括海水入侵和土壤盐渍化。海平面上升，地下水位下降，致使海滨地区含水层中的淡水与海水的平衡被打破，加剧了海水沿着含水层向陆地方向的入侵程度，加重了滨海地区土壤的盐渍化。土壤盐渍化使得本就十分宝贵的土地资源受到破坏，无法被人利用。目前我国山东，辽宁，天津等地均遭到这种灾害的影响。此外，我国上海多次出现咸潮入侵的情况，对当地的居民用水造成了影响。

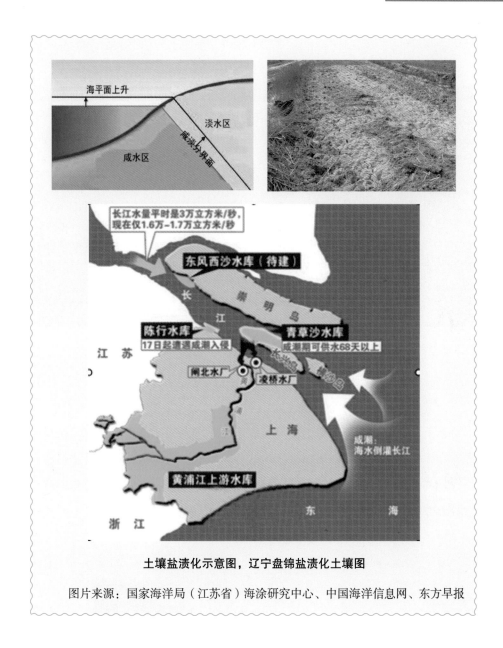

土壤盐渍化示意图，辽宁盘锦盐渍化土壤图

图片来源：国家海洋局（江苏省）海涂研究中心、中国海洋信息网、东方早报

一、背景

针对海岸带盐渍化与海水入侵、浅海滩涂生物资源衰退、典型滨海湿地遭破坏等亟待解决的代表性环境问题，本案例介绍以耐盐植被恢复为核心的昌邑市北重盐渍化区的生态恢复项目。恢复区位于昌邑海洋生态特别保护区（见插文）的资源恢复区内（图14–69），中心位置坐标为37°05′01″N，119°21′11″E。

图14-69 柽柳恢复示范区的位置

山东昌邑国家级海洋生态特别保护区位于潍坊，占地总面积约4.4万亩，主要保护以柽柳为主的多种滨海湿地生态系统和海洋生物。保护区内植被茂盛，野生动物和水生动物种类丰富，尤其是区内有天然柽柳林3.1万多亩，其密度和规模在全国滨海盐碱地区罕见。保护区具有极高的科学考察和旅游开发价值。

本案例通过人工移植、撒播方法进行柽柳–翅碱蓬恢复。根据对恢复区域翅碱蓬分布情况的调查结果，在恢复过程中应尽量不破坏该区域的自然形式，在当年种子萌发前大面积撒播翅碱蓬种子，以增加恢复区域翅碱蓬种子库总量，增加恢复区域翅碱蓬数量。柽柳采用成体移植的方式进行恢复。在恢复位置选定后，根据自然地形，以散点–成行结合的方式进行恢复性种植。

盐碱地

土壤中含有过多的可溶性盐类，以至危害农作物生长或使农作物根本不能生长的一类土壤。广泛分布于世界各地的干旱地带和沿海地区。根据联合国教科文组织和粮农组织不完全统计，全世界盐碱地的面积为9.543 8亿公顷，其中我国盐碱地面积为9 913万公顷。在我国，盐碱地主要分布在华北、东北、西北的一些地区以及渤海、黄海沿岸。根据盐分种类的不同，可分为氯化物（如氯化钠）盐土、硫酸盐（如硫酸钠）盐土、苏打（碳酸钠和重碳酸钠）盐土等。采用降低地下水位，灌排冲洗和种植水稻等方法，使其脱盐，再结合采用增施有机肥料和种植绿肥作物等措施，可以使土质逐渐得到改良。

来源：百度百科

二、恢复目标

该案例以生物多样性和湿地景观恢复和保护为目标，选择莱州湾典型柽柳湿地为研究对象，在研究并建立生物种群繁殖技术的基础上，构建柽柳湿地的恢复技术，恢复柽柳–翅碱蓬生物群落并形成一定规模的柽柳湿地恢复区。

三、恢复过程

该恢复项目主要通过两步途径来实现：一是建设防潮大坝；二是构建恢复柽柳-翅碱蓬生物群落。

（一）建设防潮大坝

2010年和2012年分两期在昌邑国家海洋生态特别保护区建设防潮大坝（图14-70），有效阻止了海水上漫，较大程度减低了土壤耕层盐分（图14-70）。其土壤盐在2011和2012年年末分别下降了0.1 g/kg和0.3 g/kg。

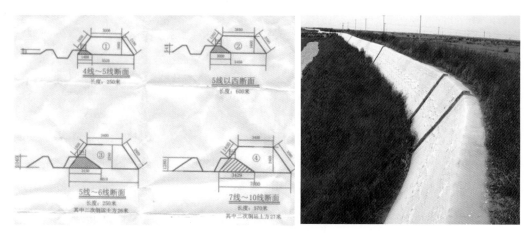

图14-70　防潮大坝建设工程示意图及建成的防潮大坝

（二）人工构建恢复柽柳-碱蓬生物群落

1. 生物恢复种的选择

（1）莱州湾南岸滨海湿地维管束植物的区系特征。2003~2005年，多次实地调查并参照相关资料基础上，对莱州湾南岸滨海湿地进行了植被类型划分和湿地维管束植物生态类群划分，分析了湿地维管束植物区系较大科、属的构成，蕨类植物种的地理分布区类型，种子植物属的地理分布区类型，维管束植物区系保护面临的问题及对策。研究表明，莱州湾南岸滨海湿地植被分4个植被型、25个植物群落，由48科129属197种维管束植物构成。这些维管束植物分盐生植物，水生植物，湿生植物和中生、旱生植物4大生态类群（表14-11）。维管束植物区系的主体为菊科、禾本科、莎草科等13个科。从维管束植物属的分布区类型构成来看，种子植物中世界分布属最多，达40属，占种子植物总属数的32%，这反映了湿地植被的隐域性特征；温带和热带分布区成分作为区系成分的主体共80属，占种子植物总属数的64%（表14-12）。

表14－11 莱州湾南岸滨海湿地自然植被类型划分

湿地植被型	湿地植物群落
盐生湿地植被	（1）盐角草群落（*Salicornia europaea*） （2）盐地碱蓬群落（*Suaeda salsa*） （3）盐地碱蓬＋中华补血草群落（*Suaeda salsa+Limonium sinensis*） （4）盐地碱蓬＋芦苇群落（*Suaeda salsa+Phragmites communis*） （5）盐地碱蓬＋芦苇＋柽柳群落（*Suaeda salsa+Phragmites communis+Tamarix chinensis*） （6）盐地碱蓬＋獐毛群落（*Suaeda salsa+Aeluropus littoralis*） （7）碱蓬群落（*Suaeda glauca*） （8）柽柳群落（*Tamarix chinensis*）
湿生湿地植被	（9）芦苇群落（*Phragmites communis*） （10）香蒲群落（*Typha orientalis*） （11）菖蒲群落（*Acorus calamus*） （12）荻群落（*Miscanthus sacchariflorus*） （13）灯心草群落（*Juncus effusus*）
水生湿地植被	（14）紫萍群落（*Spirodela polyrhiza*） （15）满江红群落（*Azolla imbricate*） （16）凤眼莲群落（*Eichhonia crassipes*） （17）大叶藻群落（*Zostera marina*） （18）莲群落（*Nelumbo nucifera*） （19）睡莲群落（*Nymphaea tetragona*） （20）慈姑群落（*Sagittaria sagittifolia*） （21）金鱼藻群落（*Ceratophyum demersum*） （22）轮叶狐尾藻群落（*Myriophyllum vesticillatum*）
中生、旱生湿地植被	（23）虎尾草＋狗尾草群落（*Chloonis virgata+Setaria viridis*） （24）獐毛群落（*Aeluropus littoralis*） （25）结缕草群落（*Zoysia japonica*）

表14-12　种数不少于5种的科的组成统计

科　名	属　数	占总属数比例/%	种　数	占总种数比例/%
杨柳科Salicaceae	2	1.6	5	2.5
蓼科Polygonaceac	2	1.6	7	3.6
藜科Chenopodiceae	4	3.1	6	3.0
豆科Laguminose	8	6.2	8	4.1
伞形科Umbelliferae	6	4.7	6	3.0
报春花科Primulaceae	3	2.3	6	3.0
龙胆科Gentianaceae	4	3.1	5	2.5
唇形科Labiatae	5	3.9	6	3.0
玄参科Scrophlariaceae	4	3.1	7	3.6
菊科Compositae	16	12.4	28	14.2
眼子菜科Potamogetonaceae	3	2.3	5	2.5
禾本科Gramineae	17	13.2	20	10.2
莎草科Cyperaceae	8	6.2	22	11.2
合　计	82	63.7	131	66.4

（2）生物恢复种的选择。首先，经资料查阅和现场调查，选择了耐盐植物10种［其中，草本植物6种（翅碱蓬、星星草、碱茅（*puccinellia diotans*）、高羊茅（*Festuca arundinacea*）、狗牙根（*Cynodon dactylen*）、早熟禾（*kentucky bluegrass*）），木本植物4种（柽柳、毛白杨（*Dopulus tomentosa*）、红花槐（*Fraxinus velutina*）、绒毛白蜡（*Cynodon datylon*））］进行进一步筛选，以获得海岸带盐渍化区恢复工具种。最终通过研究不同的氯化钠浓度对植物种子的发芽率，幼苗的生根率以及植物体本身的伤害的影响，确定了以柽柳（*Tamarix chinensis*）、翅碱蓬（*Suaeda heteroptera*）和星星草（*Puccinellia tenuiflora*）作为恢复的主要植物种（见插文）。

盐渍化土地的恢复物种

　　碱蓬：为一年生黎科碱趁属草本植物，又叫盐蓬、黄须菜等。根群较弱，入土浅，大多分布于30 cm左右的土层中。株高20～80 cm。茎直立，侧枝发达，斜展，圆柱形，带有纵向红色条纹，条纹生长后期转淡。单叶互生，无叶柄，条状，长10～30 mm，宽2～3 mm。全株光滑无毛，生长初期为鲜红色；随后逐渐转为根部、茎部红色，上部茎叶为绿色。花两性或兼有雌花，3～5朵聚集成团伞花序，排列成间断的穗状花序。花被5，微呈肉质，卵形，具有白色膜质边缘。雄蕊5，外露，花药卵形或长圆形（花极多，花粉量大）。柱头2，果实包藏在花被内。果皮膜质，易裂。种子双侧凸或歪卵形，黑色，有光泽。花、果期7～10月。

星星草：禾本科碱茅属的多年生草本植物。秆丛生，直立。叶片通常内卷，长3~8 cm，宽1~2 mm。圆锥花序开展，分枝细弱。小穗长3.2~4.2 mm，含3~4花，紫色。第一颖长约0.6 mm，先端尖，具1脉；第二颖长1.2 mm，具3脉，先端钝。花药条形，长1~1.2 mm。花期5~6月。种子小，长1~1.5 mm，宽约0.5 mm，于6~7月成熟。产于东北及华北各省，生于盐化草甸，为优良牧草。它耐旱、耐寒、耐盐碱，是优质牧草和盐碱地改土先锋植物。

中国柽柳：别名红荆条、红柳。为柽柳科柽柳属落叶灌木或小乔木。一般高3~5 m，少数高8~12 m。树皮红褐色。枝细长，紫红色；嫩枝绿色，纤细下垂。鳞叶长1~3 mm，叶端尖，鳞片状，无柄，也无托叶，基部抱茎，在小枝上排列紧密，覆盖着许多分泌盐分的腺点，鳞叶长0.5~2 mm，呈浅蓝绿色。花小，淡红色或白色，总状花序集生为疏散的圆锥花序，花期4~6月，一年可开花3次。蒴果角状，先端长尖。花期在夏季，果熟期7~10月。是优良的固沙和盐碱地造林树种，在黄河流域和淮河流域的低洼盐碱地上有大量的分布。黄河三角洲有保存完整的天然柽柳林。此外在我国的西北广大沙漠地带也分布着各种柽柳。它喜光、耐干热、耐旱、耐水湿、耐盐碱，萌生力强，生长较快。

天然柽柳分布在总盐量为0.5%～2%的土壤中，沼泽、低洼地都有分布。自然状态下常为灌木，人工栽培修剪可长成小乔木。常与盐地碱蓬、獐茅等植物伴生，是典型的泌盐植物，也是盐碱地的重要指示植物。

来源：百度百科

2. 恢复过程

（1）建立恢复种的繁殖与栽培技术。

该案例通过对植物激素的使用量及条件的摸索，利用外植体培养技术以及扩大培养技术（图14-71和图14-72），实现了柽柳种群的快速繁殖（见插文）。

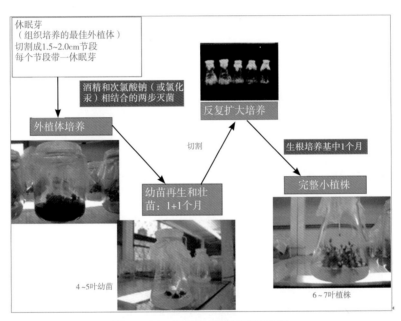

图14-71 柽柳的快速繁殖流程图

图14-72 柽柳室内扦插实验和柽柳室外移植

柽柳种群快速繁殖技术

（1）外植体的选择。研究发现，柽柳的休眠芽为组织培养的最佳外植体。取当年形成的直径在3 mm左右健康无病虫害的枝条，用解剖刀切成长度为1.5～2.0 cm的节段，每个节段带一休眠芽。

（2）外植体灭菌技术。采用酒精和次氯酸钠（或氯化汞）相结合的两步灭菌技术。

将外植体切段先用自来水冲洗干净，再用70%～75%酒精浸泡30 s，同时不断用玻璃棒搅动。倒掉酒精后，立即用无菌水冲洗3～5遍，去除残留的酒精。然后用5%的次氯酸钠溶液或用0.1%氯化汞溶液浸泡7～8 min。倒掉消毒液，再用无菌水冲洗3～5遍。

（3）外植体培养技术。将处理好的外植体放在预培养基（MS+0.01 mg/L BA+0.01 NAA mg/L）上，经一周的观察，将没有被污染的外植体转接至正式诱导分化的培养基（MS+0.5 mg/L BA +0.02 mg/L NAA+ 200 mg/L水解酪蛋白+5%蔗糖）。培养室温度25 ℃～27 ℃，光照周期14 h，光照强度2 000 lx左右。

（4）幼苗再生和壮苗技术。经1个月培养茎段可以分化出芽。将诱导出的幼芽从基部切下，转接到新配制的壮苗培养基（1/2MS +2%蔗糖+100 mg/L水解酪蛋白）。经1个月左右培养，即可长成带有4～5个叶的健壮小幼苗。培养室温度25 ℃～27 ℃，光照周期14 h，光照强度2 000 lx左右。

（5）扩大培养技术。将小苗进行切割成带有叶的茎段，再次分别插入分化培养基中如此反复循环培养，即可获得大批的无根苗。培养光照周期为12 h，光强为1 500 lx。

（6）完整植株再生技术。将无根苗分别插入生根培养基（1/2MS +0.5 mg/L IBA+0.05 mg/L NAA+5%活性炭+2%蔗糖）中进行培养。培养光照周期为12 h，光强为1 500 lx。经1个月左右培养，即可长成带有6～7个叶的健壮完整小植株。

柽柳种群栽培技术

柽柳的栽培技术主要有扦插、播种、压条和分株。

（1）扦插育苗。选用直径1 cm左右的一年生枝条，剪成长25 cm左右的插条，春季、秋季均可扦插。采用平床扦插，床面宽1.2 m，行距40 cm，株距10 cm左右；也可以丛插，每丛插2~3根插穗。为了提高成活率，扦插前可用ABT生根粉100 mg/kg浸泡2 h左右。扦插后立即灌水，以后每隔10 d灌水1次，成活率可达90%以上。

（2）播种育苗。

种子的采集和处理：柽柳夏秋开花，花期不一，果熟期不一。由于种子小，易飞散，待少数果实开裂和较多果实为黄色时抓紧采种，边熟边采。采种时选择生长旺盛、花枝繁茂的植株。经过晾晒处理，果皮开裂，除去果皮杂质，即可用于播种。

育苗地的选择：柽柳对土壤要求不严格，既耐干旱，又耐水湿和盐碱。但是为了培育全苗、壮苗，育苗地以肥沃、疏松透气的沙壤土为好。土壤特别黏重、盐碱过重或沙性大，也不宜作育苗地。细致整地，整地深度30 cm以上为宜，清除杂物，平整地面，多施底肥。做带有引水沟的平床，床面长8~10 m，宽2 m，中间开一条深20 cm、宽25 cm的引水沟（目的是为了减缓水的流速，避免冲刷和防止种子漂浮）。灌水时，水从引水沟漫到床面上。

播种：柽柳一般在夏季播种，也可以在来年春季播种。播种前先灌水，浇透床面，然后将种子均匀撒在床面上。由于种子细小，可混入沙子一起撒播，一般5 g/m^{2}左右，再以薄薄的细土或细沙覆盖，也可以不覆盖，任其随水渗入土壤，并与土壤紧密接触。播种后3 d大部分种子发芽出土，10 d左右出齐苗。

苗期管理：一要保证水分充足。因为柽柳种子在发芽期和幼苗期要求湿润的土壤环境，所以要勤灌水，每隔3 d浇1次水，保持床面湿润。二要遵循除早、除小、除了的原则，除掉各种杂草。三要适时追肥，施腐熟的有机肥或尿素等化肥。实生苗1年可长到50~70 cm，直接出圃造林。

（3）压条繁殖。选择生长健壮的植株，在枝条离地40 cm的近地一侧剥去树皮3~4 cm，露出形成层，然后将剥去树皮的枝条压入土壤中，用带杈的木桩固定，使其与土壤紧密接触，适时浇水。5 d左右即可生出不定根。10 d左右，将其与母株分离、移植。

（4）分株繁殖。柽柳一般成簇分布，1簇柽柳有上百个枝条。在春天柽柳萌芽前，可将其连根刨出，1簇柽柳可分成10株左右，然后重新栽植。

碱蓬多采用播种繁殖的方式。露地播种一般在3月下旬至4月上旬进行（见插文）。

碱蓬的繁殖与栽培技术

整地施肥：碱蓬适合沙土、沙壤土等多种类型的土壤生长。选择田块，将地整成1.2 m宽的平畦，留30 cm宽的作业行。播种前每667 m² 施腐熟有机肥2 500 kg，将土耙细整平，浇足底水。

适期播种：播前浸种6~8 h，播种量每亩用种1~1.2 kg。由于种子小，千粒重约2.7 g，要与细土拌匀撒播于畦面，用楼耙均匀整理畦面一遍，撒上1 cm厚的细土，再稍压实畦面，以利于保墒出苗（畦面可覆上地膜，3~4 d幼苗顶土后抽去地膜）。

田间管理：苗期气温高，要保证一定的湿度，出苗后保证畦面湿润。冬季温度低时，畦上可拱小棚，棚内温度不低于5 ℃。苗期生长过程中，要结合田间除草，或在播种前喷一次灭生型除草剂，以减少苗期杂草，避免频繁拔草伤害幼苗根系。露地栽培到5月份会有少量蚜虫发生，要适当加以防治。

湿度与土壤：盐地碱蓬喜湿怕旱，相对湿度在85%以上的生态条件下，如前期水分供不应求，会使子叶期时间延长；中期缺水，嫩梢的木质化程度加快，对植株生长、侧枝萌发均有影响，单位面积出梢率降低；后期缺水，果实不饱满，空壳率高，茎杆变脆，易倒伏。

星星草采用播种方式繁殖见插文。

星星草的繁殖与栽培技术

整地：星星草种子细小，幼芽细弱，顶土能力差，播前要精细整地，地面要平整，耙糖保墒，消灭杂草。

播种：一般在3月下旬至4月上旬播种最为适宜。幼苗抗旱能力较弱，而又喜群生，因此播种时应加大播种量。在土壤水分适宜时，以春播为好，春旱严重又无灌溉条件的可在夏季雨后抢墒播种。为提高种子发芽率和出苗整齐，播种前种子要在25 ℃温水或在生根粉、增产菌或15%的氢氧化钠水溶液中浸种12 h，晾半干后，与细沙均匀拌和播种，散播、条播均可。条播播种量约7.5 kg/hm²，撒播播种量12～15 kg/hm²。星星草种植可分为开沟种植法和平撒种植法。开沟种植法用人工开沟，沟深15 cm，沟距尽量小，然后将种子播入沟帮、沟底部即可，不用覆土。平撒播种法种植星星草前应用耙子等工具把草地耙好，然后把种子撒在地表上，再用耙子等工具进行搂耙或镇压，以利出苗。播种后严禁人畜践踏幼苗。发现缺苗的地方，要及时进行育苗移栽或补种。

田间管理：播种当年的星星草生长缓慢，幼苗抗杂草能力较弱，一般应该在出苗后至封垄前进行2～3次中耕除草。

（2）人工构建柽柳－翅碱蓬生物群落。在恢复区域，翅碱蓬和星星草采取播种的方式进行栽培。根据对恢复区域翅碱蓬分布情况的调查结果，在恢复过程中应尽量不破坏该区域的自然形式，在当年种子萌发前大面积撒播翅碱蓬和星星草种子，以增加恢复区域翅碱蓬和星星草种子库总量，增加恢复区域翅碱蓬和星星草数量。在种子萌发后，根据生长情况，在生长较为稀疏的部分区域，进行重点补种。在基面上翻起浅层（1～2 cm）泥土，撒播种子。为了不破坏翅碱蓬和星星草自然种群形态，一般采取点状播种的方法，而不采取长垄状或斑块状的恢复样式。

柽柳的栽培技术包括扦插、播种、压条和分株。在恢复区域，柽柳采用成体移植的方式进行恢复。在恢复位置选定后，根据自然地形以散点-成行结合的方式进行恢复性种植。同时，在后续的检测中发现，柽柳林的密度宜控制在3 600株/公顷。

田间管理根据不同的植物及不同的物理环境进行浇水和除草，保证植物的生长。

（三）恢复结果及后续管理

1. 植被生长情况监测与评估

在柽柳－翅碱蓬生物群落恢复区内进行随机取样，通过2 m×2 m样方获得单位面积内柽柳和翅碱蓬植株数量与生物量，计算示范区域柽柳和翅碱蓬种群平均密度与生物量。同时，在非示范区内通过上述方法进行柽柳和翅碱蓬种群密度与生物量调查。示范区内共取样30个，柽柳密度28.5株/100平方米，植被覆盖度15.3%。非示范区面积内共取样15个，植被覆盖度10.6%。恢复区柽柳－翅碱蓬生物群落恢复前、后的植被状况如图14－73所示。

图14－73　恢复区柽柳－翅碱蓬恢复后的植被图
A. 为恢复区恢复前稀疏的柽柳林；B. 为恢复区恢复后高密度的柽柳－翅碱蓬生物群落

2. 恢复区土壤结构和肥力监测与评估

柽柳－翅碱蓬恢复组合在重度盐碱护坡地上生长2年后对土壤结构和肥力具有显著改善作用（表14－13）。

表14－13　示范区柽柳－翅碱蓬组合生长2年后对土壤含盐量的影响

处理	种植前土壤含盐量/（g/kg）			种植后土壤含盐量/（g/kg）			种植后土壤脱盐率%		
	0~20 cm	20~40 cm	40~60 cm	0~20 cm	20~40 cm	40~60 cm	0~20 cm	20~40 cm	40~60 cm
柽柳－翅碱蓬	14.3	12.4	10.5	12.8	11.3	10.0	10.49	8.87	4.35
裸地	14.2	12.4	10.5	14.9	12.8	10.8	−4.93	−3.23	−2.86

柽柳－翅碱蓬组合种植2年后，60 cm土层内土壤含盐量减小。0~20 cm、20~40 cm、40~60 cm土层的脱盐率分别为10.49%、8.87%和4.35%。脱盐率由底部到表层逐渐增大，说明在重盐碱地上，种植柽柳和翅碱蓬后，增加了地面覆盖，减少了地面水分蒸发，一定程度上抑制了土壤盐分的上升。同时种植耐盐植物后，随着植物

的蒸腾作用，能吸收土壤中的部分盐分，且该部分盐分随着植物的收获而带走，使得土壤表层脱盐率要高于下层土壤脱盐率。作为对照的裸地，由于植被稀少或基本没有植被覆盖，地面水分蒸发，使地下水水位上升，造成返盐，土壤的含盐量没有下降，反而上升了。

柽柳–翅碱蓬植物组合在重盐碱地上生长2年后，土壤容重减小0.07 g/cm³，孔隙度增加6.2%，土壤变得疏松，说明土壤结构向良性发展（表14–14）。而裸地由于重度盐碱，只有很稀少的野生碱蓬覆盖，土壤的容重变大，土壤的孔隙度减少，土壤板结。

表14–14　示范区柽柳–碱蓬组合生长2年后对土壤物理性质及肥力的影响

| 处　　理 | 容重变化 / (g/cm³) | 孔隙度变化/% | 氮、磷、钾变化/% | | | 有机质变化/% |
			氮	磷	钾	40～60 cm
柽柳–翅碱蓬	–0.07	6.2	42	34	15	27.2
裸地	0.02	–0.4	–19	–15	–12	–16.3

柽柳–翅盐碱植物组合2年后，土壤的氮、磷、钾水平都有所提高，氮提高了42%，磷提高了34%，钾提高了15%，有机质含量比种植前的重盐碱地提高27.2%，说明种植柽柳–翅碱蓬组合后，根系的代谢活动促进了土壤微生物的增加，落叶和残留在土壤中的根系腐烂分解后增加了土壤中的有机物质，土壤有机质的增加必然导致微生物数量、氮、磷、钾等含量增加。而裸地由于缺少植被覆盖，雨水的淋溶，使土壤中的部分养分流失，还有一部分养分被土壤固定，氮、磷、钾及有机质含量都要比春季时低。

案例分析

海水入侵及土壤盐渍化是沿海地区的重大地质灾害，能够造成巨大的经济损失及环境破坏，不利于人与自然的和谐发展（Zhang等，2006；宋希坤，2008）。根据《国务院关于印发中国应对气候变化国家方案的通知》文件，国家海洋局在2007年下半年开始，加强了对滨海盐渍化的检测力度。同时，对于盐渍化土地的恢复也亟须研究。

该恢复项目的成功实施，给我国今后滨海盐渍化区域的恢复带来了很多启示。

（1）应当具体问题具体分析，对当地的物种进行充分的调查分析，针对不同的地理、物理、化学环境，选择适合的物种进行生物恢复。

（2）对于土壤盐渍化来说，除在后期采取适当的恢复措施，在前期亦应当合理规划滨海土地的利用及开发，做好防范措施。

（3）滨海土壤盐渍化的恢复是一个长期的过程。在未来，应当注重于恢复区域生物物种的丰富度及生物量的恢复，注重恢复过程中遗传多样性的保护，增加恢复区域物种对不同环境的抵抗力。

思考题

（1）请查阅资料，了解其他的洄游通道的恢复案例，并结合本书所举案例，分析其优缺点及创新点。

（2）试阐述柽柳作为盐渍化土地恢复的恢复物种的优势，并列举5种以上的常见的盐渍化土壤恢复物种。

（3）试阐述盐渍化土壤的危害。

拓展阅读资料

（1）DeWine J M, Cooper D J. Habitat overlap and facilitation in tamarisk and box elder ztands: implications for tamarisk control using native plants [J]. Restoration Ecology, 2010, 18(3): 349 – 358.

（2）Shafroth P B, Beauchamp V B, Briggs M K. Planning riparian restoration in the context of tamarix control in western north America [J]. Restoration Ecology, 2008, 16(1): 97 – 112.

第八节　索饵场、越冬场、产卵场和洄游通道的恢复

我国是世界知名的水产养殖大国，水产品的出口量和国内的消费量均十分庞大。根据《2013中国渔业年鉴解读》一文中的阐述，我国渔业养殖面积正稳步上升。但与水产养殖产业的蓬勃发展伴随而来的，是过度捕捞、水域环境污染等问题，如溢油漏油事件、重金属排放超标以及有机污染物的排放等。另外，水电站及防洪坝的筑建，

导致鱼类的产卵场、索饵场以及洄游通道均遭受了不同程度的损害，这对鱼类种群的繁衍造成了极大威胁。针对种种潜在的危险，世界上许多国家尝试对鱼类生境进行恢复，我国也不例外。例如，为了更好地保护我国珍贵水产种质资源，国家农业部建立国家级水产种质资源保护区，其保护地理范围广，保护种类多。尽管渔业资源的恢复有诸多困难，但是包括我国在内的许多国家均已采取了一定的恢复措施，其中主要包括通过建立人工渔礁、恢复鱼类栖息地、通过重建洄游通道来提供鱼类洄游的场所以及制定相关法规和实施休渔等，不少措施取得了不错的效果，这些措施值得我们去借鉴和发展。

一、洄游通道的恢复

洄游（mitigation）这个词对于许多读者来说并不陌生。由于许多鱼类的索饵、产卵及越冬在不同的水域环境中进行，故这些鱼类具有周期性地主动集群，定向地在不同水域间进行迁徙活动的特征，这一特征行为我们称之为洄游（图14－74）。洄游通道的恢复就是指根据不同鱼类的洄游习性在其洄游路线上人为地增设一定辅助设施，帮助其完成洄游行为。这种恢复措施可以缓解水电站以及水坝等对洄游路线造成的影响。根据鱼类洄游方向的上行和下行的不同，其主要措施包括上行过鱼设施鱼道、集运鱼船、鱼闸和升鱼机以及下行过鱼设施物理栅栏和行为栅栏，以防止鱼类进入水轮机受到伤害，同时建造表层或侧、下辅助通道等让鱼类安全通过水坝（常剑波等，2006）。

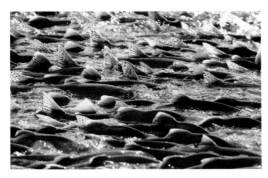 

图14－74　鱼类洄游图片（来源：国家地理杂志）

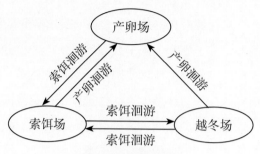

鱼类洄游周期示意图

索饵场：鱼类和虾类等群集摄食的水域。主要位于河口附近海区及寒暖流交汇处。该水域有机质和营养盐类丰富，饵料生物繁生，鱼类常群集进入索饵、生长、育肥。索饵场是渔业生产的良好作业区。

越冬场：鱼类和虾类等冬季群集栖息的水域。因种类的适温要求不同，越冬场的位置各异。一般多为低纬度的暖水域深水区。越冬时间一般为12月至翌年3月。越冬场也是渔业捕捞的重要场所，要加强管理，防止捕捞过度。

索饵场和越冬场是重要的捕捞场所，对于恢复渔业资源来说，应当注重加强鱼类捕捞的管理，防止过捕，同时应当维持此处区域内海水质量以及气候物理条件的稳定，为鱼类等提供良好的生长环境。

（一）背景

洄游通道恢复的案例选择德国易北河（Elbe）的渔梯建设。易北河位于德国境内（图14-75），其水流源自于捷克，全长700 km，只有在恢复位置盖斯特哈赫特（盖斯特哈赫特）处有一水坝。1989年，在坝的南岸建造了一处洄游通道（图14-76），

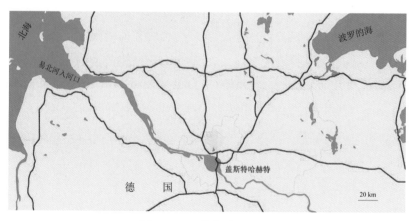

图14-75　恢复地位置图

但是由于构造和水文学上的缺陷，鱼类的洄游数量没有明显的提升。因此，该处的电力公司在2009年建立了一个附加的双槽沟槽式渔梯（图14-77）来解决这一问题。

图14-76 早期在盖斯特哈赫特水坝的南岸构建的洄游通道

（二）恢复措施

新的洄游通道的建立是为了保护当地的鱼种，确保鱼类能够找到并使用这一通道。即使有其他水文因素影响的情况下，该通道也能达到每年300天的使用率。所以每一个物种的游泳能力。形态学特征以及洄游通道的物理容量均需要被考虑到。渔梯的设计情况如下。

（1）渔梯的入口直接设计于水坝底部，以确保上行洄游鱼类不至于死亡。

（2）在洄游通道上建立一个额外的排水口，其流量能够达到0.3 m/s的速度。这一设计有助于渔梯不在未来受到潮汐等影响。

（3）通过一个五向斜槽使水流流向渔梯尾部，完成尾水排放；其水坝的水流阈值为10 m³/s。

（4）双槽洄游通道由49个盆状下凹组成，每个宽16 m，长9 m。两槽之间的分割墙宽1.2 m。这些尺寸能够满足成年欧洲鲟鱼（*Acipenser sturio*）游泳。

（5）洄游通道的水文学特征亦经过评估，使游泳能力不足的鱼类如胡瓜鱼（*Osemrus eperlanus*）等能够在水流速度达到最大的时候（1.4 m/s）伴随水流进入沟槽。

（6）沟槽的盆状结构为鱼类提供了缓冲区域，使其在电厂达到最大功率时，受到的干扰程度最低。

图14-77　在盖斯特哈赫特水坝北岸的双槽洄游通道

（7）一个连续性的水流路径与550 m长的沟槽结构相连接，能够通过5个附加的注水设施维持至少0.3 m/s的水流速度。

（8）圆形的鹅卵石（直径15 cm左右）被置于沟槽下，以减弱水流的影响并保护微生境。

（9）在渔梯入口处，增加了4个鳗鱼渔梯，以帮助不能通过沟槽的欧洲鳗鱼进行上游迁移。

（三）恢复评估及后续管理

在工程后期，建立观测站点（图14-78），以方便对洄游通道运作的监测。许多物种通过这种双槽通道进行洄游，其中包括许多濒危物种，如白鲑（*Coregonus* sp.）等。因此，我们可以总结出，这种恢复方式能够改善因水电站等建立导致的鱼类洄游通道受阻的状况。但是在未来具体的实践中，仍需我们就恢复的具体环境做出具体的调查以确定恢复方式。

图14-78 后期观测站的建立

二、产卵场的恢复

产卵场是指鱼类和虾类等水生生物在生殖繁育阶段所处的水域。大多数水生生物在产卵时,对环境的温度,底质,水流以及盐度等有较高的要求。海洋中鱼、虾的产卵场常位于沿岸大型江河的入海口附近。鱼类在进行生殖活动时,具有一定的群聚性,适于捕捞,但是如果捕捞的规模或是时机不对,会对渔业资源造成极大的破坏。现以挪威鲑鱼的产卵场的恢复作为案例,简单介绍下产卵场的恢复。

鲑鱼:主要分布于太平洋、欧洲、亚洲、美洲的北部地区。大多数鲑鱼为溯河洄游性鱼类,其习性是在河溪中生活1~5年,游入海洋生活2~4年。其产卵期为8月至翌年1月。鲑鱼洄游至其出生的河流产卵,洄游场景极其壮观。由于鲑鱼的肉质鲜美,营养成分高,越来越多的人喜欢食用鲑鱼,同时鲑鱼也是人们公认的绿色食物。值得一提的是,欧洲各国对于鲑鱼疫苗的研发工作十分出色。

图片来源:维基百科

（一）背景

大西洋鲑（*Salmo salar* L.）和鳟（*Salmo trutta* L.）对其产卵区域具有极高的选择性。其产卵巢穴的安置受到碎石尺寸、水深以及水流速度等限制（Heggberget等，1988；Crisp and Carling，1989；Grost等，1990；Moir等，1998）。适宜于产卵场的恢复的碎石尺寸受限于恢复区域特殊的水文环境。在受控水域，水流排放以及管路铺设等物理改变影响了产卵区域的可利用性。具体来说，这些改变可能会影响水深或者沉积物的性质等，进而能够影响鲑鱼在受控水域的生殖行为。

鲑鱼的生殖行为大致如下。雌性通过尾巴击打，在碎石区形成一个小洞，然后将卵排放于小洞中，由雄鱼受精。此后雌鱼会立刻移动到上游，通过尾巴的运动来隐藏受精卵（Webb and Hawkins，1989；Baglinie`re等，1990；Barlaup等，1994；Garant等，2001；Taggart等，2001）。本案例的施工流域位于挪威，具体介绍如下。

（二）恢复过程

项目通过在五个流域的七处位置增加碎石以建立新的产卵场。其中，有四个区域的碎石投放依靠该区域水坝设施来实施，具体如表14-15所示。其恢复原理的示意图可以通过图14-79来表示。

表14-15　区域，时间，目标种的表层及整体卵石的增加量

河流及地域	碎石填充时间	恢复目标物种	碎石增加面积/m²
Nidelva河，Rygenefossen坝	2002年秋	大西洋鲑鱼和海鳟	136
Nidelva河，Kalvehagefossen坝	2002年秋	大西洋鲑鱼和海鳟	210
Modalselva河，Almeli坝	2002年秋	大西洋鲑鱼和海鳟	110
Matreelva河，Matreelva湖	1999年秋	海鳟	300
Daleelva河坝	2001年秋	海鳟	240
Daleelva河坝	2002年秋	大西洋鲑鱼和海鳟	80
Bjomesfjorden湖的出口	2002年冬	常驻褐鳟鱼	493

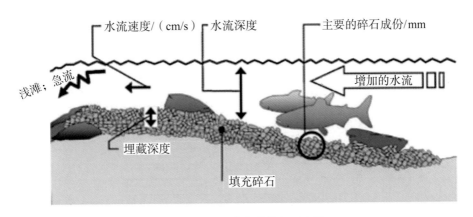

图14-79　产卵巢恢复示意图

通过对巢穴和受精卵的存活率的取样检测来判断产卵场恢复的成功与否，通过对受精卵进行基因分析确定物种（Mork and Heggberget，1984；Vuorinen and Piironen，1984）。在对每一个巢穴的取样过程中，操作人员同时记录其水深以及水流平均水速。这些参数的统计有助于我们判断产卵场的诸多参数与恢复区域距水坝距离间的关系。

（三）恢复结果及后续管理

在所有七个位点，鱼类的产卵量均有所提高，证明了这种恢复措施是可行的。其具体的数据见表14-16。这些结果表明了随时间变化，恢复效果的好坏。基于该表，我们可以看出，这一措施能够快速地对产卵场进行恢复。

表14-16　增加卵石数量后巢穴的年增加量

河流及地域	碎石填充后巢穴的年增加量				
	第1年	第2年	第3年	第4年	第5年
Nidelva河，Rygenefossen坝	13	5	4	0	↑
Nidelva河，Strubru坝	11	37	34	32	↑
Nidelva河，Kalvehagefossen坝	17	10	23	21	↑
Modalselva河，Almeli坝	7	↑	13	10	15
Matreelva湖出口，Matrevatn河	5	26	↑	49	48
Daleelva河坝	43	30	0	↑	↑
Bjomesfjorden湖的出口处	9	7	31	29	↑

注：表中箭头表示巢穴数量增加但并没具体统计数目。

同时，通过表14-15的数据结合恢复区域气候变化资料我们可以看出，除了两次在洪水发生过后造成了碎石的流失使其产卵量的恢复没有达到恢复预期外，其余的恢复区域均出现了良好的恢复结果。图14-80和图14-81是一些统计结果的展示。

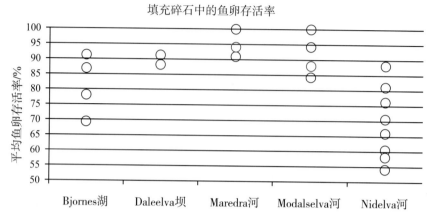

图14-80　在不同的增加卵石的巢穴卵平均存活率（每个点代表在每个生殖季后平均存活率）

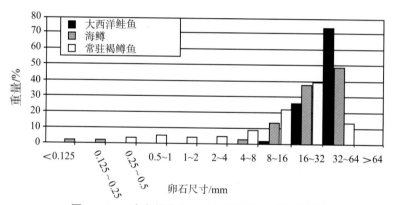

图14-81　产卵巢内卵石随机取样的尺寸和重量分配

通过上述情况，我们可以得出如下结论，通过碎石恢复鱼类的产卵场，能够对鱼类的产卵环境以及栖息地进行恢复。但是对于不同的鱼类以及相应的不同的栖息地环境，投放物材质的选择及投放位置的确定等均需科学的研究论证来决定。目前，人工渔礁的发展亦能够对我国近海鱼类养殖及其产卵场恢复起到重要的作用。

三、我国长江口的恢复

河口是一类较为特殊的生境，处于海洋和河流的交汇处，物理化学特征复杂特殊，富含营养物质，能够为不同的水生生物提供不同生理活动所需的环境。例如，我国的长江口为中华绒螯蟹提供产卵场，为中华鲟（见插文）等重要的珍稀鱼类及其他经济鱼类提供索饵场和洄游通道。河口对于渔业的捕捞及养殖具有十分重要的意义。

中华鲟（*Acipenser sinensis Gray*）：中华鲟具有溯河洄游的习性，是一种大型鱼类，主要分布于我国长江、珠江流域，在黄河，淮河等水域亦有发现，1988年被列为国家一级保护动物。鲟

类最早出现于2亿3000万年前，是世界现存的最原始的鱼类种类之一，用"活化石"来形容中华鲟一点也不为过，其具有极高的科研价值。随着我国近年来水电站及防洪坝的修筑工作，中华鲟的产卵场受到极大的威胁，这对中华鲟造成了极大危害。我国科学家也曾通过人工繁殖育苗放流的方法，尝试在长江流域对中华鲟进行恢复。

以长江口为代表的河口区域，是集水生生物的产卵场、越冬场、索饵场及洄游通道多重功能于一身的特殊环境区域。因此，我们以长江口的恢复项目为例，综合介绍鱼类产卵场、索饵场、越冬场和洄游通道的恢复。

（一）背景

长江是我国的第一大河，具有水系支流多，流域面积广等特点。长江渔业以及水利资源丰富，也是我国河运的主要通道以及电力来源。近年来，由于工业污染以及生活污水的排放等问题，长江口环境退化，水质变差，生态功能破坏严重，并因此造成了一些优质的产卵场，越冬场，索饵场及洄游通道退化甚至消失。2002年，中国国家海洋局东海分局正式启动了长江口、杭州湾海洋生态环境恢复工程。

（二）恢复目标

该恢复目标主要包括以下诸方面：长江沿岸陆域达标排放，重点江河达到初步整治，海洋污染有所控制；初步遏制重点海岸、海洋工程对海洋生态环境的破坏；通过渔业资源恢复，增加近海生物的多样性；及时预测赤潮等海洋灾害，从而保护长江三角洲地区近岸海洋生态环境（中国区域海洋学，2012）。

（三）恢复过程

针对长江口环境日益恶化的现状，陈亚瞿、全为民等于2003、2005、2006、2007年率先在长江口开展了生态恢复工程。恢复措施主要包括筛选恢复物种、恢复物种的投放以及后续的监测管理等。

该回复项目通过收集长江口的历史资料，分析目标水域内物理化学条件，利用

2000至2003年春夏长江口水质、浮游生物以及表层沉积物的检测结果，运用综合指数法对长江口当时的生态环境状况及变化趋势进行评价。根据评价结果，陈亚瞿等提出了通过增值贝类来净化水体的方案（陈亚瞿，2005；沈新强等，2006）。对该水域的调查结果表明，水域内盐度随季节变化显著，故增殖的贝类对盐度需要具有极强的适应能力。基于此情况，陈亚瞿（2005）等决定依据如下原则对供选物种进行筛选：① 引入物种必须是本地种，防止外来物种入侵；② 该物种能够适应长江口深水航道的理化条件。通过反复的验证和讨论，最终恢复物种选择为牡蛎。

牡蛎具有诸多适宜于长江口水体恢复的特征：① 贝类作为滤食性动物，能够有效的降低河口营养盐、藻类的密度及数量，同时，贝类具有极强的富集沉积物中重金属离子的能力；② 牡蛎能够为该水域内的底栖生物和鱼类提供栖息地和食物的来源，有助于提高生境内的生物多样性；③ 牡蛎具有能量耦合功能，能够将水体中的大颗粒物质输入到沉积物的表面，为底栖碎屑生产提供支持（全为民，2006，2007）。

由于牡蛎必须生长于硬底底物上，因此该恢复项目在投放区域进行了牡蛎固着礁体的构建。该恢复项目依据牡蛎的生态特点以及长江口的自然生态环境条件，创造性地使用长江口深水航道整治工程的水工建筑物作为牡蛎的固着礁体，构建了面积约为14.5 km^{2}的特大型人工牡蛎礁（陈亚瞿2005；沈新强2006；Quan等，2012）。该项目分别于2002年和2004年在长江口的南导堤和北导堤极其附近水域进行了牡蛎的增殖流放，并取得初步成效（图14-82和图14-83）。

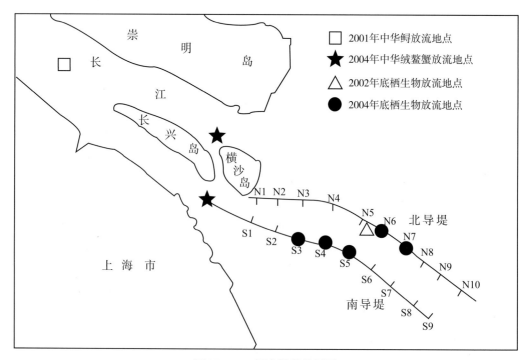

图14-82　历次投放位置图

图14-83 作为牡蛎固着礁体的南导堤、北导堤及丁坝等水工建筑物中的混凝土构件

（引自陈亚瞿2011）

考虑到牡蛎的产卵期等特征，牡蛎放流选择于3月进行。牡蛎选择1龄贝，经2月时间适应，其性腺发育成熟。投放导堤河流流速相对稳定，利于其固着。在流放5个月后的后续检测中，能够检测到600亿牡蛎幼体。

（四）恢复结果及后续管理

通过后续对长江口导堤及附近水域牡蛎种群及生态系统的跟踪监测，可见牡蛎的密度和生物量均呈现增长，同时水域内底栖生物物种数、密度和生物量均有所增加（表14-17）。现已将南导堤、北导堤逐步建成一个长达147 km、面积达到75 km²的自然牡蛎礁生态系统，开创了我国河口生态恢复工程的先河（陈亚瞿，2007）。

表14-17 2004年至2006年间长江口导堤牡蛎和底栖动物生物量变化

时间	牡蛎			底泥内的底栖动物	
	密度/（ind/m²）	生物量/（g/m²）	物种数	密度/（ind/m²）	生物量/（g/m²）
2004–04	43	1.81	3	4.3	0.16
2004–09	300	293.83	6	17.0	11.46
2006–06	3 410	3 175.20	5	10.0	4.02

伴随着后续的检测，项目人员发现牡蛎种群存在着明显"自疏"现象，平均密度下降，于2007年11月跌至最低，2007至2011年，其种群数量逐渐趋于稳定（Quan等，2012）。

同时，在后续的检测中发现，牡蛎对铜、锌和铅等重金属的富集能力较强（表14-18；全为民，2007）。

表14-18　牡蛎对重金属离子的富集作用（平均值±标准误差）

	Cu	Zn	Pb	Cd	Hg	As
BCFs	14.28 ± 2.41	12.75 ± 2.02	0.56 ± 0.79	14.51 ± 3.71	0.09 ± 0.04	0.59 ± 0.20
BSAFs	26.78 ± 4.53	23.24 ± 3.69	1.04 ± 1047	16.62 ± 4.25	0.41 ± 0.17	11.91 ± 4.11

注：BCFS和BSAFS为富集函数

　　根据2005年的估算，长江口导堤的牡蛎的存量为106.5万吨，鲜肉为17.5万吨，其对营养盐和重金属的改善能够产生的环境效益的价值约为317万吨/年，相当于每年净化河流污水731万吨。更加形象的说，这种净化能力相当于一个每天能够清理污水2万吨的大型城市处理厂的能力（陈亚瞿，2007；全为民 2007）。牡蛎能够提供栖息地的价值在当时达到510万元/年，合计生态服务价值约为827万元/年（陈亚瞿，2007）。随着项目的后续工作的继续进行，其价值还会有所增加。

案例分析

　　目前，我国的渔业等水产行业的发展已经从过去的以"捕捞为主"向"养殖为主"的方向转变。我国变为世界水产大国，繁荣的水产养殖业固然为我国现代化建设和经济发展作出了巨大贡献，但是同时也对养殖水域的生物量以及我国诸多水生生物的生境等造成了严重危害，对许多珍稀物种亦造成了重大伤害。尽管亦有不少恢复措施正在进行当中，但是恢复的过程具有长期性，短期内我们很难对恢复的结果作出正确的评价。针对这种情况，我们应对其做出诸多反思。

　　（1）从国家层面上讲，需要在科学的研究基础上，对水产捕捞和水产养殖的规模与模式进行规范化操作，完善相关法律法规、提高公众思想意识。

　　（2）对于我国目前建设的防洪堤坝以及水电站等，应当借鉴国外的成功恢复经验，在设计时考虑对当地生物环境的影响，在科学实验的指导下，通过恢复措施的选择与实施将其对生物环境的影响降到最低，保护生物多样性以及生物量。

　　（3）应加强国际合作，提高经济区域以及国际间的海洋环境保护，保护长距离洄游鱼类的数量。

　　（4）工业生产污水及人类生活污水在排放过程中，应当有污水处理的环节，尽最大可能降低对水域环境的影响。

　　（5）针对通过牡蛎对长江河口水质进行恢复的想法，我们可以考虑在更多滨海区域通过贝类的投放来净化水质。同时利用贝类的碳汇作用，减少海洋酸化的危害。

（6）在未来，经济鱼、虾的养殖等可以参考海洋牧场计划，使管理更加规范化。

思考题

（1）请结合案例，阐述鱼类生境恢复中所需注意的问题。

（2）请查阅海洋牧场的资料，论述我国建立海洋牧场所需考虑的问题及意义。

（3）请设想新型的鱼类生境恢复技术方法，并加以阐述，谈谈优缺点。

拓展阅读资料

（1）Korsu K, Huusko A, Korhonen P K. The potential role of stream habitat restoration in facilitating salmonid invasions: a habitat–hydraulic modeling approach [J]. Restoration Ecology, 2010, 18: 158 – 165

（2）Simmons K R, Cieslewicz P G, Zajicek K. Limestone treatment of Whetstone Brook, Massachusetts. II. Changes in the brown trout(Salmotrutta)and brook trout （Salvelinusfontinalis）fishery [J]. Restoration Ecology, 1996, 4(3): 273 – 283

（3）Baird R C. On sustainability, estuaries, and ecosystem restoration: the art of the practical [J]. Restoration Ecology, 2005, 13(1): 154 – 158

（4）Seaman W. Artificial habitats and the restoration of degraded marine ecosystems and fisheries [J]. Hydrobiologia, 2007, 580(1): 143 – 155

（5）Rilov G, Benayahu Y. Fish assemblage on natural versus vertical artificial reefs: the rehabilitation perspective [J]. Marine Biology, 2000, 136(5): 931 – 942

（6）As–Franco J M F, Roberts D. Early faunal successional patterns in artificial reefs used for restoration of impacted biogenic habitats [J]. Hydrobiologia, 2013, 727(1): 234 – 245.

第九节　珊瑚礁的恢复

　　珊瑚礁主要集中在印度－太平洋地区以及加勒比海地区，其中以印度－太平洋地区居多，其分布范围主要集中在南北纬30°之间（李元超等，2008；见插文）。全球珊瑚礁所占面积不超过世界海床面积的0.2%，但其物种丰富度却是海洋栖息地中最丰富的，全世界1/4海洋生物生活在珊瑚礁生态系统里（吴瑞，2014）。珊瑚礁生态系统生物多样性和初级生产力都非常的高，被称为"海洋中的热带雨林"（图14－84）。同时，珊瑚礁还有着非常重要的生态服务功能，它不仅可以作为药品，还可以为人类提供海产品、建筑及工业原材料。这些年来，因为全球环境变化，还有人类活动的影响，珊瑚礁破坏的问题逐渐凸显（赵美霞，2006）。据2004年世界珊瑚礁调查报告介绍，全世界有超过20%的珊瑚礁被完全破坏，长远估计有26%的珊瑚礁将会被破坏（Wilkinson，2004；图14－85）。

图14－84　我国南海的一处珊瑚礁生态系统（来源：新华网）

全世界珊瑚礁的分布

全世界的珊瑚礁总面积约为28.43万平方千米，其中印度洋–太平洋地区（包括红海、印度洋、东南亚和太平洋）的珊瑚礁占91.9%的面积。仅东南亚珊瑚礁就占32.3%的面积，太平洋（包括澳大利亚）珊瑚礁占40.8%。大西洋和加勒比海珊瑚礁仅占全世界珊瑚礁面积的7.6%。

美国西海岸和非洲西海岸基本上没有珊瑚礁，或者很少，其原因主要是上升的强冷海流降低当地的水温。从巴基斯坦到孟加拉国的南亚海岸的珊瑚礁也很少。南美洲东南海岸和孟加拉国沿岸缺少珊瑚礁的原因是因为亚马逊和恒河在这里有大量淡水入海。

澳大利亚的大堡礁是世界上最大的珊瑚礁。中美洲洪都拉斯的罗阿坦堡礁是世界上第二大的珊瑚礁。此外，世界上著名的珊瑚礁还有埃及红海海岸的珊瑚礁。

来源：维基百科

图14–85 被破坏的珊瑚礁（来源：新华网）

一、背景

珊瑚礁破坏的原因有很多，可以分为自然因素以及人为因素。海水温度升高、海洋酸化、臭氧消耗、自然灾害等都是导致珊瑚礁破坏的自然因素，而破坏性捕鱼、海水污染、珊瑚礁开采、旅游开发等人为因素也会破坏珊瑚礁生态系统（李元超等，2008）。

1. 海水升温

因为人类大量使用化石燃料，同时森林被大面积地破坏，二氧化碳等温室气体在大气中的含量越来越高。珊瑚对温度很敏感，海水升温使珊瑚释放掉与其共生的虫黄藻（虫黄藻80%的光合产物会提供给珊瑚，还会使珊瑚带有颜色），从而使珊瑚出现不同程度的"白化现象"（Gates，1990）。

2. 自然灾害

珊瑚礁会被海啸、飓风等自然灾害破坏，一旦被破坏需要数百年才可以恢复。此外长棘海星等生物也会以珊瑚为食，破坏珊瑚礁（Morgan，2005）。

3. 二氧化碳

二氧化碳在大气中的含量增加，使海水pH降低，海水碳酸盐浓度下降，这也就使得珊瑚骨骼生长的原材料越来越少，珊瑚富集碳酸盐的能力降低，珊瑚骨骼钙化速度变慢。如果海水中二氧化碳含量超过550 μmol/mol，珊瑚就不能再从海水里富集碳酸盐（Hoegh-Guldberg等，2007）。

4. 破坏性捕鱼

有些渔民在捕鱼的时候会采用氰化物毒杀、炸药炸鱼等极端手法，这些手段会对珊瑚礁造成破坏（Helen等，2007）。

5. 其他因素

CFCs等化学物质使臭氧层越来越薄，导致到达海面的紫外线强度以及种类增加，这会对浅水区域珊瑚礁造成破坏。一些地方珊瑚礁会被用作建筑、铺路的材料，或者用来烧制石灰，也有用来制作纪念装饰品的，这会造成珊瑚礁大量开采。石油、农药等造成海水污染，会增加海水中营养盐的含量，发生藻华，使珊瑚虫得不到充足阳光而死亡。旅游区各种垃圾、污水，以及游客自行采摘也会对珊瑚礁造成破坏（李元超，2008）。

二、恢复目标

要使已经被破坏或退化的珊瑚礁生态系统得以恢复，首先就是要消除破坏来源，为珊瑚礁的恢复提供一个良好的生境；然后对生境中状态良好的珊瑚礁进行保护，提高珊瑚数量以及生存能力；在实现以上目标后，还要提高珊瑚礁生态系统的生物多样性和生物量（陈彬等，2012）。

三、 恢复措施

以我国为例，我国大陆建立多个与珊瑚礁保护有关的自然保护区（见第三篇表13-4）。

但是，由于缺乏系统的管理方法，珊瑚礁的生态保护与管理工作仍然存在很多问题：① 没有正式的管理机构，没有专门的管理队伍；② 经费投入较少，缺乏管理设备，甚至没有执法船，较难进行日常管理工作；③ 管理人员专业素质不够，缺乏相关生态学专业人员；④ 地方生态旅游和水产养殖管理相对滞后（王丽荣等，2004）。

在珊瑚礁生态保护和管理方面，应该本着自然优先的原则，保护自然资源，管理过程中要综合考虑经济效益、生态和社会目标多个标准，综合分析（Fernandes 等，1999）。有菲律宾学者在20世纪70年代中期发现珊瑚礁环境恶化与渔业产量减少之间有一定的关系。20世纪80年代初，社会学家便开始要求注意生态灾难后果的研究，同时呼吁采取一种基于社区的海岸资源管理模式。由于牙买加珊瑚礁不断受威胁，全流域珊瑚礁管理的方法被提出，就是要保护岛屿附近受损的地区，包括珊瑚礁和海岸带，并与周围的流域作为一个单元进行管理（Bailey，1984）。

四、珊瑚礁保护与管理的两个实例

灯楼角在广东省雷州半岛西南，位于我国大陆最南端（图14-86）。2002年8月对此地进行实地调查发现，放坡村西北礁前长约1 km的水深1~5 m的鹿角珊瑚（*Acropora* sp.）等有30%~70%出现了白化死亡现象。通过问卷调查，得知当地居民在生活上对于珊瑚礁的依赖程度很大。于是提出将对珊瑚礁的保护与生产经营活动相结合，通过管理该保护区，获得可持续的渔业产量，维持一定的自然面积用来教育和研究，并且通过发展旅游业来增加社会、经济和生态效益（王丽荣等，2004）。

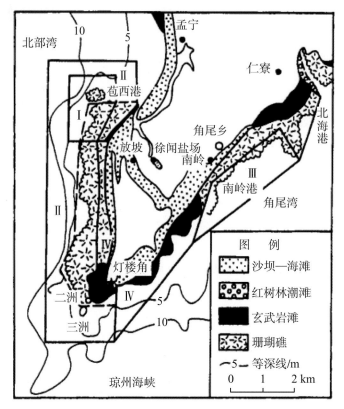

图14-86 灯楼角珊瑚礁保护区

一般来说，常规的珊瑚礁管理包括全面管理、周期性勘测、经常性海洋环境监测、建立数据库，同时还要协调好与社区联系问题（约翰，2000；张华国等，2001；吴小敏等，2002）。应该通过教育与培训，将科学研究得出的信息和知识讲授给当地居民和政府管理者，通过教育加强民众自觉性。同时将保护与效益结合起来，比如开发旅游资源，并让民众在这里面获益，这对于珊瑚礁的保护将有更深远的影响（王丽荣等，2004）。

（二）案例二

1. 背景

涠洲岛是位于广西沿岸海域最大的岛屿，在北部湾东北部，面积约26 km²，属于我国华南大陆沿岸和离岛的岸礁。涠洲岛地处21°00′~21°10′ N、109°00′~109°15′ E之间，属热带季风气候区，多年平均海水温度24.55℃，在造礁石珊瑚最适温度（24.5℃~29℃）范围。最低月平均水温出现在每年1月，约为16.5℃；最高月平均水温出现在8月，约为31.7℃。涠洲岛偶尔会出现最低水温低于造礁石珊瑚生长要求的极限温度（约14℃）的情况，这时往往造成造礁石珊瑚的白化，但此水温一般持续时间较短，不会造成造礁石珊瑚大量死亡，低温过后，造礁石珊瑚又重新恢复生机（黎广钊等，2004）。但也有猜测持续低温造成大量造礁石珊瑚死亡的报道（邹仁林，2001）。

邹仁林等（1988）曾于1964和1984年先后对涠洲岛海域造礁石珊瑚群落进行了定性的调查研究，系统采集和鉴定了造礁石珊瑚种类。梁文等（2002）初步研究了涠洲岛造礁石珊瑚群落的结构与分布，并提出相应的保护建议。黎广钊等（2005）初步研究涠洲岛珊瑚礁生态环境条件。陈琥（1999）记述了1998年极端高温造成的珊瑚礁大面积白化死亡事件。余克服等（2004）分析了涠洲岛42年来的海面温度变化，及其对珊瑚礁的影响。韦蔓新等（2005）初步探讨了涠洲岛珊瑚礁生态系中浮游动植物与环境因子关系。董晓理（2006）从珊瑚礁管理的角度初步探讨了涠洲岛珊瑚资源保护及其生态环境维护。

2. 现场调查

黄晖等（2011）于2005年7月对涠洲岛海域进行了珊瑚礁生态调查。这是第一次采用国际上通用的定量方法——截线样条法（Hill等，2004）调查涠洲岛海域珊瑚的种类、分布、覆盖率、敌害及病害等。该调查更全面地反映了涠洲岛珊瑚礁生态系统的现状，尤其是1984年以来涠洲岛的造礁石珊瑚群落结构的新的变化情况，同时对涠洲岛珊瑚礁变化的原因进行了分析并提出了保护和管理建议。

该项目在涠洲岛海域共设置6个调查站位进行潜水调查（图14-87）。站位布设主要参照以往的调查资料，重点在涠洲岛南—西南和北—东沿岸，因为其他地方很少有造礁石珊瑚分布。

调查人员重复潜入水底2~3次，游动50 m距离，如果没有珊瑚或仅见极少量的石珊瑚零星分布，则认为此站位的珊瑚覆盖率小于1%。对于没有石珊瑚分布或石珊瑚覆盖率小于1%的站位不进行录像，只做定性描述。如果有较多的造礁石珊瑚分布，则采用国际通用的截线样条法，在珊瑚礁集中区域进行调查。因为涠洲岛造礁石珊瑚的分布水深一般不超过5 m，所以在发现有较多造礁石珊瑚（覆盖率大于1%）的调查站位水下2 m（水深1~3 m）和4 m（水深3~5 m）等深线处布设两个调查断面，每个断面各布设3条样带，每条样带长10 m。断面沿珊瑚礁长轴（等深线）方向布设，各断面不能交叉重叠，应尽量具有代表性。

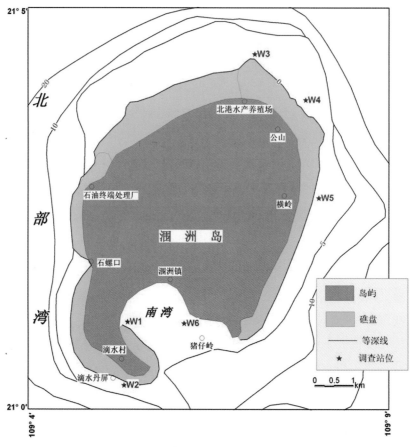

图14-87　涠洲岛海域珊瑚礁区珊瑚调查站位图

3. 调查结果

经过调查，共鉴定造礁石珊瑚5科10属14种。随着珊瑚分类学的进展，早期的很多其实为同物异名的物种已作合并。为便于比较，将历史资料和本次调查资料中涉及到的珊瑚均按《中国动物志　腔肠动物门》中的标准重新分类（邹仁林，2001）。邹仁林（邹仁林，2001）1964和1984年两次调查分别记录造礁石珊瑚8科22属32种和8科23属35种。与那两次调查结果相比，这次调查得到的涠洲岛造礁石珊瑚的种类明显减少，仅有14种。究其原因，一是此次调查重点不是种类数量，站位较少；第二，造礁石珊瑚种类明显减少也部分反映了25年来涠洲岛的海洋环境有了很大变化，珊瑚礁严重退化；例如，过去有造礁石珊瑚分布的3个站位（W4～W6），这次调查只发现有零星的造礁石珊瑚分布，说明珊瑚礁分布面积也大为减少。因此，本次调查结果总体上客观反映了涠洲岛珊瑚礁的现状。

涠洲岛活造礁石珊瑚覆盖率及其分布情况见表14-19和图14-88。涠洲岛珊瑚分布较好的南边和北边（站位W1～W3）总的平均覆盖率为 23.8%，其他地方造礁石珊瑚覆盖率小于1%，而在过去的研究记录中涠洲岛东边海域珊瑚礁覆盖率为 10%～20%（梁文等，2002）。涠洲岛东北－东南边海域，包括公山、横岭、猪仔岭的造礁石珊瑚已基本消失。

表14－19 2005 年涠洲岛海域活造礁石珊瑚覆盖率

调查站位	站位名	活造礁石珊瑚覆盖率/%		
		1～3 m	3～5 m	平均
W1	南 湾	5.67	0	2.83
W2	滴水丹屏	23	47.7	35.3
W3	北 港	2.67	63.7	33.2
W4	公 山	—	—	<1
W5	横 岭	—	—	<1
W6	猪仔岭	—	—	<1

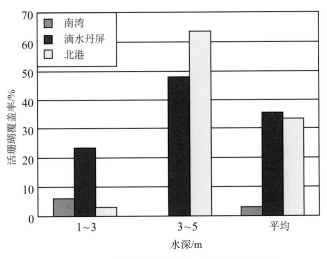

图14－88 涠洲岛海域活造礁石珊瑚覆盖率

造礁石珊瑚分布较好的3个站位，包括南湾、滴水丹屏和北港，活造礁石珊瑚覆盖率也普遍偏低，尤其在人类活动非常密集的涠洲岛南部（地质博物馆与火山口之间海域）的南湾（W1），水质很差，活造礁石珊瑚平均覆盖率为2.83%，却有较多海绵，水深4 m以深没有珊瑚分布。滴水丹屏和北港活造礁石珊瑚平均覆盖率较高，分别为35.3%和33.2%。

由表14-19和图14-88可知，南湾由于水质太差珊瑚礁已严重退化；珊瑚分布较好的滴水丹屏和北港，浅水区活造礁石珊瑚覆盖率也明显比深水区低。

由表14-20和图14-89可知，整个调查区死亡造礁石珊瑚覆盖率很高。死亡珊瑚的死亡时间主要在2年内，死珊瑚覆盖率平均31.4%，最高的北港浅水区死珊瑚覆盖率达到91.3%，滴水丹屏和南湾浅水区死珊瑚覆盖率也达到51%和39.7%。不过，深水区（3～5 m）死珊瑚覆盖率很低，说明涠洲岛浅水区比深水区珊瑚礁遭到的破坏程度更大。另外，珊瑚死亡时间大部分在2年内的事实可以说明近2年来有引起涠洲岛珊瑚礁死亡的事件发生。

表14-20 2005年涠洲岛海域2年内死亡的死珊瑚覆盖率

站位编号	站位名	死珊瑚覆盖率/%			备注
		1～3 m	3～5 m	平均	
W1	南　湾	39.7	0	19.8	3个站位平均死珊瑚覆盖率 31.4%
W2	滴水丹屏	51	6.67	28.8	
W3	北　港	91.3	0	45.7	

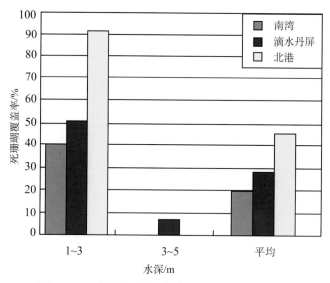

图14-89　涠洲岛海域2年内死亡造礁石珊瑚覆盖率

而表14-21说明整个涠洲岛造礁石珊瑚生物多样性很低，每个地方优势种都是单一绝对优势种，且优势度都在60%以上。涠洲岛南边海域（南湾）是造礁石珊瑚覆盖率较低的海域，优势种为滨珊瑚科的澄黄滨珊瑚。研究表明，珊瑚礁群落演替过程中初级群落以滨珊瑚为优势种（于登攀等，1996）。这说明该海域的珊瑚可能受到了严重破坏，导致群落退化。覆盖率较高的滴水丹屏海域的优势种为鹿角珊瑚科的多孔鹿角珊瑚，其在珊瑚礁群落演替过程中处于顶级群落，但该海域2年内死亡的珊瑚覆盖率为28.8%，说明该海域的珊瑚礁群落正受到相当程度的人为干扰。北港海域的优势种为菌珊瑚科的十字牡丹珊瑚，在珊瑚礁群落演替过程中处于中级群落。该海域2年内死亡珊瑚的覆盖率为45.7%，主要是浅水珊瑚大量死亡，可能是因为该海域的珊瑚礁群落受到自然的（如高温或过低温）或人为活动的影响。

表14–21 涠洲岛海域活造礁石珊瑚区域优势种及其优势度

区　域	优势种	优势度/%
南　湾	澄黄滨珊瑚（*Porites lutea*）	70.6
北　港	十字牡丹珊瑚（*Pavona decussate*）	81.4
滴水丹屏	多孔鹿角珊瑚（*Acropora millepora*）	62.3

注：优势度是指优势种覆盖率占总活造礁石珊瑚覆盖率的百分比。

4.讨论分析

综合以上分析可以得出初步结论，涠洲岛珊瑚礁状况不容乐观，种类组成变化大，多样性低，活的造礁石珊瑚覆盖率低，造礁石珊瑚的死亡率高。引起涠洲岛海域造礁石珊瑚大量死亡的可能原因如下。

（1）人为因素造成的海水水质差、沉积物多。研究证实海水污染是造成珊瑚礁退化的主要原因之一（赵美霞等，2006）。人类向海洋中倾倒生活污水或工业废水会对珊瑚礁造成破坏。这些污水增加了珊瑚礁海域中营养盐的含量，促使藻类暴发，使珊瑚虫得不到足够的光照而死亡。涠洲岛西北部的石油终端处理厂，工业废水排入近海，对珊瑚礁群落造成一定危害。随着旅游业不断发展，日益增多的潜水活动和船舶抛锚对珊瑚礁生态系统的破坏也越来越突出。此外，在南湾存在的大量网箱养殖和贝类吊笼养殖也造成大量的有机悬浮颗粒物滋生，这些沉积物对近岛海域珊瑚礁构成极大危害（黎广钊等，2004）。

（2）海水温度异常。近几年的涠洲岛水温观测数据表明，涠洲岛的海表温度呈缓慢上升趋势（余克服等，2004）。夏季异常高温的出现更可能对珊瑚礁产生不利影响。涠洲岛属于世界珊瑚礁分布的北缘地带，冬季海水温度过低也会造成"冷白化"，同样对珊瑚礁产生不利影响。2004年是涠洲岛近年来冬季最冷的一年，表层海水的最低温度14.2℃，可能是造成珊瑚的大片白化和死亡的主要原因。

（3）人为直接破坏。珊瑚被用作建筑材料或制作纪念品、装饰品和水族观赏动物。偷采偷运是涠洲岛附近海域珊瑚礁大量死亡的一个原因。

（4）破坏性的捕鱼作业。目前很多捕鱼作业都是破坏性的，例如使用氰化物、过度捕鱼、捕获幼鱼以及炸鱼。炸鱼、毒鱼、拖网和抛锚等行为在涠洲岛海域屡见不鲜。这些行为也是造成涠洲岛附近海域珊瑚礁死亡的因素之一。

5. 涠洲岛海域珊瑚礁保护建议

（1）建立珊瑚礁自然保护区。涠洲岛的珊瑚环岛生长（历史上西边没有成礁），群体大，种类多，岛周围自然环境均适宜珊瑚生长、繁衍。保护好涠洲岛珊瑚礁生态环境，对于该岛及其海区生物多样性的保持、渔业和旅游业的发展及科学研究和科普教育都具有重要意义。建立珊瑚礁自然保护区，是保护珊瑚礁生态环境和生物多样性的有利措施（马英杰等，2002）。1975年澳大利亚的大堡礁成为世界上第一个珊瑚礁保护区。在保护区及附近礁区，通常渔业产量稳定并有显著提高，而且还可带动生态旅游业，从而促进地方经济的发展。建立保护区，使珊瑚资源得到有效保护，并提供良好的研究基地，方便科研人员开展长期的生态监测、研究，为保护及管理提供科学依据。目前已在涠洲岛建立了广西涠洲岛珊瑚礁国家级海洋公园和涠洲岛火山国家地质公园。

（2）普及珊瑚礁知识，提高人们的保护意识。保护珊瑚礁是一项以保护全民利益为目标的长期任务，需要人们共同的关注和参与，因此普及珊瑚礁知识必不可少。加强珊瑚礁生态保护的教育工作，让公众了解珊瑚对当地自然环境和生活质量的长远影响，使其自觉避免破坏并参与保护。许多国际组织（国际珊瑚礁倡议，联合国环境规划署，国际自然保护联盟，国际海洋学委员会，联合国教科文组织等）通过国际研讨会，发表和出版珊瑚礁研究成果资料，引起各国各地区有关部门的重视，为其提供评价和管理的依据。

（3）实行造礁石珊瑚生存总体环境质量控制。通过以下必要措施，使保护区的环境适宜于珊瑚的生长：平时加强环境监测与管理工作，维持一定的溶解氧，任何情况下珊瑚礁区溶解氧不能低于5.5 mg/L；限制影响珊瑚礁区的农业和生活污水入海径流，限制水产养殖过度发展和生物需氧量工业源以及携带高生物需氧量负载的住宅区污水直接排入；采用各种已知的手段控制农业、房屋建设的泥沙源，保持海水较高的透明度；防止旅游开发过程中对珊瑚礁的物理损伤。

目前国际上对于珊瑚礁恢复并没有太好的办法，珊瑚移植在过去十几年里是相对比较流行的手段。其工作主要就是将珊瑚的一个完整个体或其局部移植到珊瑚礁生态系统被破坏的地方，以实现珊瑚礁生态系统恢复的目的（李元超等，2008）。要想成功地移植珊瑚，应该重点考虑移植珊瑚的成活率、死亡率同被移植珊瑚大小之间的关系。大部分研究结果认为移植珊瑚的大小是决定其成活率的关键因素。除此之外，珊瑚品种、群落构成、底质对珊瑚的影响也是影响珊瑚移植成功与否的关键。

（三）案例三

1.背景

这是一个有关东南佛罗里达珊瑚礁恢复的倡议（*Rapid response and restoration for coral reef Injuries in southeast florida guidelines and recommendations*，2007），倡议中介绍了在SEFCRI地区珊瑚礁破坏后的应急措施和恢复的建议。

东南佛罗里达珊瑚礁倡议涉及迈阿密—戴德（Miami-Dade）、布劳沃德（Broward）、棕榈海滩（Palm Beach）和马丁（Martin）的近海水域（图14-90）。

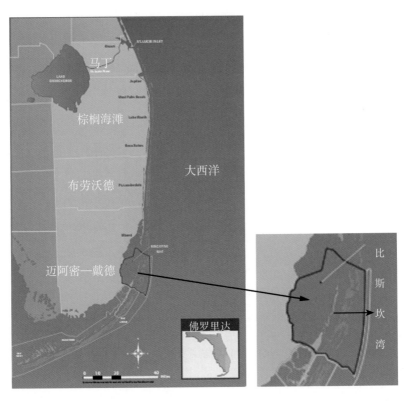

图14-90　东南佛罗里达珊瑚礁位置图（图中橙色区域为珊瑚礁分布区）

佛罗里达群岛横跨126英里（约合200 km）的区域。佛罗里达州南部拥有美国覆盖面积最大的活珊瑚礁。这也是世界上第三大活珊瑚礁。为了保护该地区的生态资源，佛罗里达群岛在1990年被设立为国家级海洋保护区。该保护区覆盖3 708平方英里（约合9 600 km²）的面积。

2002年佛罗里达群岛国家海洋保护区发生一起轮船碰撞事件。经过将近10年的努力恢复，被撞的珊瑚礁目前已经基本恢复原貌。

佛罗里达群岛国家海洋保护区（来源：美国国家地理杂志）

2002年8月，长达36英尺（11 m）的Lagniappe2号船在佛罗里达基韦斯特附近撞礁，致使376平方英尺（35 m²）的珊瑚礁遭受损坏。被破坏的珊瑚通常要经过长达100年的时间才能恢复。在保护区工作人员对珊瑚的损坏程度进行评估后，恢复生物学家使用特殊材质的水泥，将473片被撞碎的珊瑚碎片重新附着在礁体上。本次损坏的珊瑚品种以佛罗里达群岛的主要建礁珊瑚品种大石星珊瑚（*Montastrea annularis*）为主。

研究人员使用数码拍照及特殊的计算机软件对珊瑚恢复的过程进行监控，计算出被损坏区域的珊瑚品种及数量；同样也对未损坏的区域进行了监测，以便进行对比。这个珊瑚礁恢复历时8年，到2009年，重新附着的珊瑚礁碎片与邻近的未损坏的珊瑚礁已难以区分。一年以后，恢复位置的珊瑚数量已经远远多于之前的数量。

　　东南佛罗里达人口稠密。该地区镶嵌着城市社区、轻工业以及农业，并且沿海地区还有发达的旅游业。东南佛罗里达珊瑚礁系统就靠近市区，并且经受着外界各方面的影响，包括资源利用（潜水、钓鱼、划船）、海洋工程建设活动（下水道和处理后的废水排污口管道、光缆及管道安装、港口维修和扩展等）以及船舶搁浅和锚定。这里的资源管理机构经常面临由于船舶搁浅、锚拖动和其他人为干扰而造成的珊瑚礁损伤的问题的评估、恢复和管理，多年来积累了丰富的经验。

　　2.恢复经验总结

　　（1）要建立一套法律体系。佛罗里达环境保护部门（FDEP）一直以来都在处理不被许可的珊瑚礁损害问题，但遇到了很多麻烦，比如它需要依赖于更多的成文法但是可供参考的法律案例很少，并且已有法律在细节方面也需要进一步完善。同时，受托人和责任方之间如果遇到无法解决的问题，必须提起诉讼，这个过程将消耗大量的时间和精力，然而这样并不会有利于珊瑚礁的恢复。

　　（2）在管理方面也应该采取一些措施。比如可以建立一个专门的24小时珊瑚礁受损热线，该热线的功能是接收珊瑚礁受损的报告并及时采取有效措施予以应对。政府机构应该在事件发生后第一时间被通知到，如果有必要，应该派专员去现场。该热线的操作者应该进行专门的培训，同时也应该指导公众使其可以具体而准确地报告珊瑚礁的伤害情况。各部门应该进行积极的协调配合，以应对紧急情况。

　　（3）恢复过程应包括以下内容。

　　伤害损失评估（图14-91）。主要评估其所造成的损失。应该进行初步审查并进行详尽的现场评估以确定调查范围和最合适的、准确的伤失评估方法。这些措施包括从GPS设备获得数据，船舶跟踪系统，用航拍照片来定义潜在伤害的区域。

图14-91　潜水员评估脱落和断裂的要重新附着的珊瑚群落以及需要稳定的碎石
（来自Gilliam，NCRI）

碎片去除。船舶搁浅或者进行打捞作业时可能会导致在礁石附近积累碎片。碎片包括锚、电缆、专门放置的以方便船只拆卸的相关设备、打捞作业时偶然掉落的物件等。碎片对珊瑚礁构成了显著的威胁，应该去除掉。

珊瑚礁骨架恢复。当珊瑚礁骨架被压碎并折断，经常在礁石结构中出现的松散物质就会暴露出来。无论是松散的材料和结构都应该被稳定并恢复，以避免损伤面积进一步扩大。暴露的松散骨架材料来回移动会导致受伤面积进一步扩大并阻碍恢复。用水泥沙浆和其他加固材料稳定较小的骨架裂缝。机械加固的方法通常包括玻璃纤维和不锈钢棒。如果水流和波浪会造成影响，织物垫可以被放置在水泥处并用配重块或沙袋临时固定。

碎石稳定。碎石的稳定能够减少对周围生物资源及栖息地的损害。因为当暴雨发生时，碎石很容易松动，这会损伤、破坏附近的生物，所以应该尽可能对其进行固定。碎石可以用水泥来稳定，或者可以把它加到珊瑚礁骨架擦伤处或断裂处。合并的碎石还可以减少恢复珊瑚礁骨架所需的水泥沙浆的用量。碎石的稳定应该尽量减少对周围栖息地的影响。

生物重新附着。营救断裂的珊瑚时分类收集的生物应该被重新连接到结构良好并且远离沙石的区域。生物体应该恢复其原始位置以及深度。理论上，再连接的目标（生物体数目/礁石区域）的自然物种的丰富度、覆盖率和密度应该与受损前相似（图14-92）。

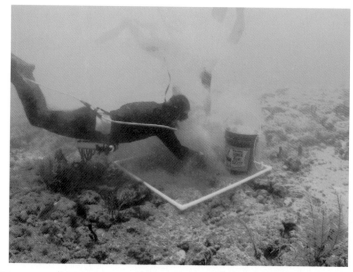

图14-92 潜水员使用1 m²样方以便于以所期望的密度重新连接聚居地

（来自Gilliam，NCRI）

（4）PDEP营救断裂珊瑚和海绵的几个重要措施。

断裂石珊瑚（Stony Corals）的重新连接。水泥用于石珊瑚移植的实验最早于20世纪早期在干龟群岛（Dry Tortugas）进行。目前，硅酸盐水泥或硅酸盐水泥和沙子的混合物是用于重新连接石珊瑚的最常用材料（图14-93）。其他材料包括环氧基树脂、螺栓、扎带以及不锈钢丝，但是这些材料在使用中仍然存在很多问题。波浪作用导致珊瑚移动，这会拉伸不锈钢丝和/或扎带，最终珊瑚表面被磨损受伤并且无法长到礁石基底上。

图14-93 一个用水泥重新连接石珊瑚的例子（来自Gilliam，NCRI）

硅酸盐水泥，又称波特兰水泥（Portland Cement），是由硅酸盐水泥熟料、0~5%石灰石或粒化高炉炉渣、适量石膏磨细制成的水硬性胶凝材料。

硅酸盐水泥熟料的主要成分为硅酸三钙$3CaO \cdot SiO_2$、硅酸二钙$2CaO \cdot SiO_2$、铝酸三钙$3CaO \cdot Al_2O_3$和铁铝酸四钙$4CaO \cdot Al_2O_3 \cdot Fe_2O_3$。当与水混合时，发生复杂的物理和化学反应，称为水合（hydrate）。从水泥加水伴和后成为具有可塑性的水泥浆，到水泥浆逐渐变稠失去塑性但尚未具有强度，这一过程称为"凝结"。随后水泥浆产生明显的强度并逐渐发展成坚硬的水泥石，这一过程称为硬化（harden）。凝结和硬化是人为划分的，实际上是一个连续的物理、化学变化过程。

断裂八放珊瑚（Octocorals）的重新连接。波浪运动是八放珊瑚重新连接的最大障碍。目前重新连接八放珊瑚的方法与石珊瑚的基本相同。将八放珊瑚残余部分连接到一块脱落的基底上（图14-94）。如果脱落的珊瑚体仍然有固着器，可以将固着器基底通过水泥或环氧树脂相连。柔软的重物或沙袋也可以用于临时支撑珊瑚体。如果没有固着器，应使用额外的结构支撑珊瑚体骨干。一种方法是在礁石基底里钻一个小孔，将珊瑚体嵌入孔里并用环氧树脂或水泥固定。另一种方法是用小的不锈钢棒固定到基底上，然后再将珊瑚体用不锈钢丝、扎带和/或水泥或者环氧树脂固定在不锈钢棒上。八放珊瑚也

图14-94　使用水泥连接八放珊瑚的例子
（来自Gilliam，NCRI）

可以通过将脱落的珊瑚体按压进已经出现的小的礁石裂缝上并用水泥或环氧树脂来固定以便于重新连接。小的碎石可以用于填补缝隙并增加珊瑚体的支撑力。

断裂海绵（Sponges）可以通过其残余的片段再附着。脱落的小碎片无需用黏合剂，可直接固定在礁石缝隙。较大的海绵，如*Xestospongia muta*，较难固定，应该使用前面所述的断裂石珊瑚的处理方法，用水泥和环氧树脂将碎片固定在礁石基底上（图14-95）。

图14-95　海绵的固着（来自Graham，NCRI）

案例分析

我国在珊瑚礁恢复方面的研究还处于起步阶段，需要从多方面进行开展。

（1）扩大保护区面积。目前最直接的珊瑚礁保护方法就是阻止破坏，成立保护区。扩大保护区面积，可以保护珊瑚礁生态系统的生物多样性，减缓珊瑚礁的退化。正如Epstein在红海地区比较了不同大小的保护区对珊瑚礁恢复的影响，发现如果只是简单的隔离，只有大的保护区才能起到作用（Epstein等，2005）。1975年澳大利亚就成立了1个珊瑚礁保护区，到2004年已经把此保护区的面积扩大了6倍多。

（2）加强保护区的管理，普及珊瑚知识。保护区不应只是简单地保护珊瑚礁生态系统，还应进行必要的恢复研究。对保护区人员进行培训，进行基本的恢复研究，如对长棘海星的防治、对石珊瑚的移植等。保护区还要处理好旅游和保护之间的关系，正确安排核心区和缓冲区，还要普及珊瑚知识提高人们的保护意识。

（3）加强珊瑚礁生态恢复机制的研究。在对受损区域进行恢复时，要考虑到该海域与珊瑚来源海域的不同，增加过渡期，减少移植珊瑚的死亡率。另外在移植之前要进行必要的可行性评估。此外，还要考虑到移植珊瑚的基因问题。如果移植的珊瑚都是来自相近的母体，那么该海域的珊瑚基因库就非常小，在种类的进化、抵抗疾病、基因构建等方面会失去动力，同时还影响到当地种，引起较高的遗传漂变，当地种可能消逝。遗传学方面的研究已经取得了一些有意义的结果，可为珊瑚移植种类的选择提供依据，使移植珊瑚更好地适应移植海域的气候、底质以及生物环境等。使用遗传学理论指导珊瑚礁恢复的策略在今后应该得到重视（Rinkevich，2005）。过去的十几年是珊瑚礁生态恢复工作的第1个阶段，是从最初的理论到实践的阶段，目标也只是简单地替换死亡的珊瑚。今后除了重建以前的结构，还应力图恢复生态系统的功能。随着遗传学、分子生物学和理论生态学等学科的引入，会有更多的理论和方法被提出，相信今后我国珊瑚礁的生态恢复工作会取得更大成绩。

思考题

（1）造成珊瑚礁生态系统破坏的原因有什么？

（2）珊瑚礁生态系统恢复目标是什么？

（3）对我国珊瑚礁生态系统恢复的建议有哪些？

拓展阅读资料

（1）Shaish L, Levy G, Katzir, G. Coral reef Restoration（Bolinao, Philippines）in the face of frequent natural catastrophes [J]. Restoration Ecology, 2010, 18(3): 285 – 299.

（2）Soong K, Chen T. Coral transplantation: regeneration and growth of acropora fragments in a nursery [J]. Restoration Ecology, 2003, 11(1): 62 – 71.

（3）Williams D E, Miller M W. Stabilization of fragments to enhance asexual recruitment in AcroporaPalmata, a threatened caribbean coral [J]. Restoration Ecology, 2010, 18: 446 – 451.

（4）McMurray S E,Pawlik J R. A novel technique for the reattachment of large coral reef sponges [J]. Restoration Ecology, 2009, 17(2): 192 – 195.

（5）Schopmeyer S A, Lirman D, Bartels E. In situ coral nurseries serve as genetic repositories for coral reef restoration after an extreme cold-water event [J]. Restoration Ecology, 2012, 20(6): 696 – 703.

第十五章　典型海洋环境污染区的恢复

海洋作为人类的资源宝库，为人类提供了众多宝贵的财富。然而人们在开发、利用海洋资源的过程中由于不合理的活动和突发事故，使得海洋生态环境受到不同程度的破坏。

随着石油工业的飞速发展，海洋石油开采活动日益频繁，石油运输船舶的泄漏、撞船、井喷、输油管道的泄漏等造成海上溢油事故，给海洋生态环境带来了极大的危害。近年来，墨西哥湾"深水地平线"钻井平台爆炸、渤海湾溢油事故、青岛输油管道爆炸等国内外一系列溢油事件给当地的生态环境造成了巨大的危害。同时，各国对溢油事故治理采取积极应对措施，海洋溢油生态恢复技术方法以及溢油事故应急反应体系日趋完善。另外，工业三废排放、农药的使用、生活垃圾的倾倒等向海洋中输送了大量的重金属和持久性有机污染物，严重影响了生态系统的平衡以及人类生活的健康有序发展。持久性有机污染物能够长期存在于环境中，具有很长的半衰期，通过食物网积累后对位于生物链顶端的人类，毒性效应可放大到7万倍。

在污染控制和海洋生态系统保护技术层面上，生态恢复技术具有重要的潜在应用前景。但对海洋污染的生态恢复需要漫长的过程和极大的人力物力的投入，如日本水俣湾汞污染的治理前后经历了近60年时间，资金投入达3 000多亿日元。因此，关于海洋污染最首要的任务是海洋污染的预防及前期的应急处理，这样不仅可以尽可能地减少污染物对海洋环境的损害，同时也可以大大缩短后期生态恢复的时间，减少资金的投入。本章选取了2010年墨西哥湾溢油污染的案例，着重分析了美国政府对溢油处理的应急机制。另外，也选取了日本水俣湾汞污染事件，分析了日本政府对该事件的前期处理及后续几十年的恢复过程，总结了值得我们学习的经验教训。

第一节 油污区的恢复

一、背景

海洋环境中的油类污染主要有以下两种来源：一是自然活动产生的，主要是指海底石油的渗漏、沉积岩的侵蚀输入、陆地渗漏、河流输送以及微生物对烃类的合成等；二是人类活动产生的，主要是通过城市污水排放、工业污水排放、陆地石油生产、海上石油勘探、开发、海上交通运输以及船舶溢油事故等途径进入海洋（图15－1）。

随着石油工业的飞速发展，海洋石油开采活动日益频繁，石油运输船舶的泄漏、撞船、输油管道的泄漏造成了一些列重大海上溢油事故。1989年，美国"埃克森·瓦尔迪兹"号巨型油轮在阿拉斯加州美国与加拿大交接处发生触礁事故并造成3.5万吨原油泄漏，超过1 300 km的海岸线受到污染，对食物链基层的浮游生物造成了毁灭性的打击，使得阿拉斯加地区一度繁盛的鲱鱼产业彻底崩溃。1987年，挪威埃科菲斯克油田，菲利普斯石油公司B－14号油井发生井喷，共计26.3万吨的原油泄漏到海洋中，清理溢油花费了巨大的财力物力。

据统计，1973～2006年我国沿海共发生大小船舶溢油事故2 635起，其中溢油50 t以上的重大船舶溢油事故共69起，总溢油量37 077 t，平均每年发生2起，平均每起污染事故溢油量537 t。特别是自2005年以来，全国沿海和内河水域共发生船舶污染事故253起，较大船舶油污事故也时有发生，其中溢油量50 t以上的事故9起。

石油在海洋中一般以溶解、乳化、吸附和沉降等状态为主，其中以溶解状态对海洋生物的毒害最大。石油的成分复杂，不但包括各种持久性有机污染物（见插文，如多环芳烃），也有很多活性高、相当不稳定的化合物。持久性有机污染物不仅难以降解，还有致畸致癌作用。因此，溢油会对生态系统造成严重而长期的危害。

溢油事故发生后，对海面溢油的清理程度直接关系到溢油对海洋生态的损害程度。溢油的清理和恢复措施按其性质可分为物理法、化学法和生物法。这些方法的详细资料请参阅本书第二篇相关内容。溢油治理与恢复措施应根据油品性质、溢油量、气象水文条件、事故海域特征，并结合经济效益分析，而确定出最佳方案。

图15－1　泄漏到海洋中的石油

持久性有机污染物（Persistent Organic Pollutants，简称POPs），是一类人为合成的在环境中能够长期存在，并且能够通过食物链和食物网传递，具有生物蓄积性，能够对人类和环境产生潜在危害的污染物。这类物质可以进行长距离的跨区域性的转运，从而对全球环境及人类安全造成危害。其通常具有如下特性：

（1）对人类和环境具有强烈的毒性；

（2）能够长期存在于环境中，对生物降解具有抵抗性；

（3）能够在陆地和海洋环境中存在并发生生物蓄积；

（4）能够进行远距离的跨界气相转运并沉积。

为加强化学物品特别是具毒化学品的管理，减少对环境和人类的危害，包括我国在内的诸多国家和经济组织在2001年5月签署了《关于持久性有机污染物的斯德哥尔摩公约》（简称《斯德哥尔摩公约》，又称为《POPs公约》），其目的是保护环境和人类免受持久性有机污染物的危害。该条约于2004年生效。在当时，该条约确定了几种物质为持久性有机污染物。

这几种持久性有机污染物的名称及结构如下（资料来源：www.chem.unep.ch/pops/）。

二氯丙酸（Aldrin）　　　　　　　　氯丹（Chlordane）

615

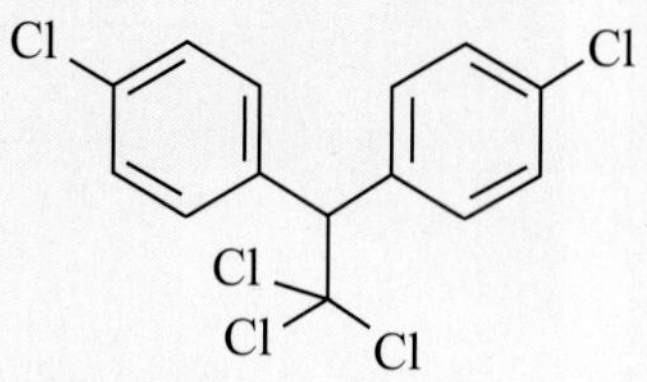

二氯二苯基三氯乙烷

（p，p'-Dichlorodiphenyltrichloroethane（DDT））

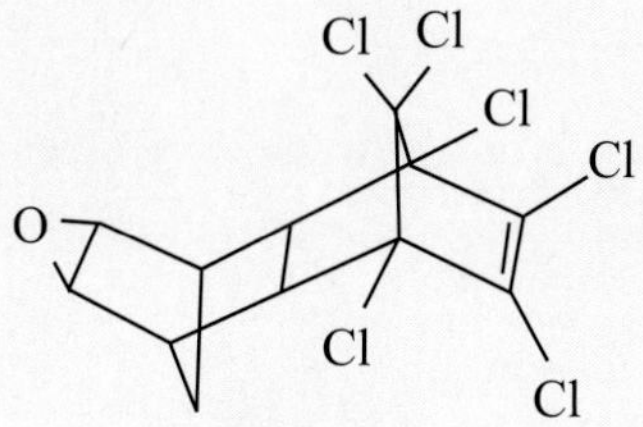

狄试剂

（Dieldrin）

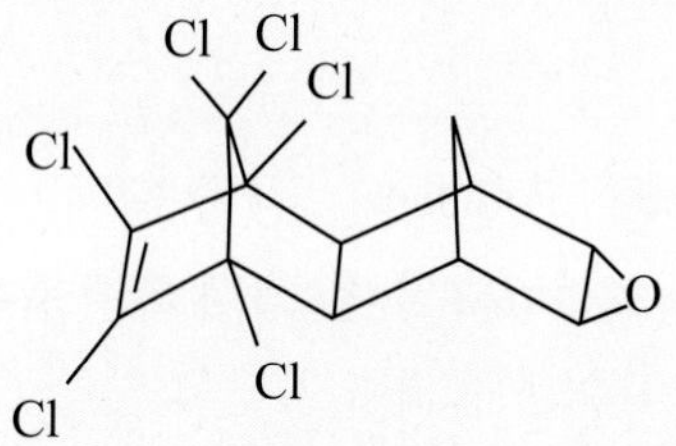

异狄试剂（Endrin）

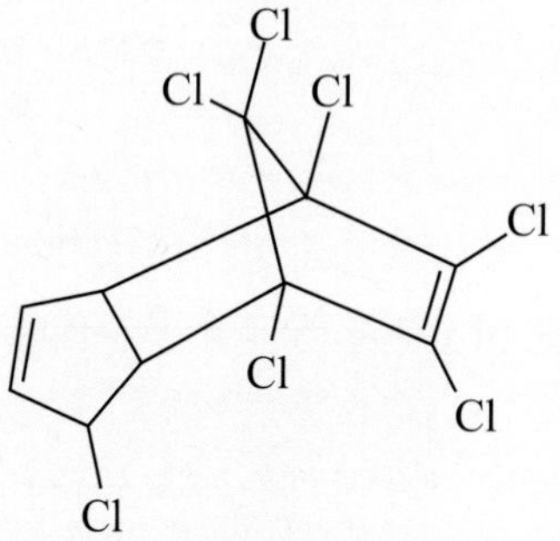

七氯（Heptachlor）

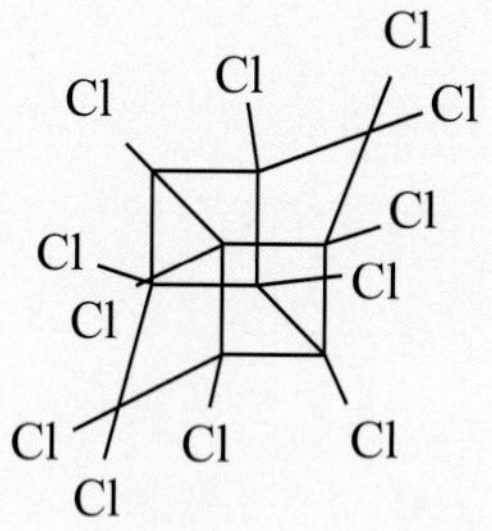

六氯苯

（Hexachlorobenzene（HCB））

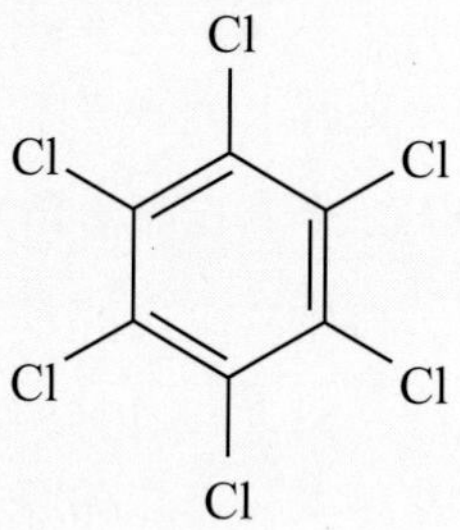

灭蚁灵（Mirex）

十二氯代八氢-1，3，4—次甲基-1H-环丁并（C、D）双茂

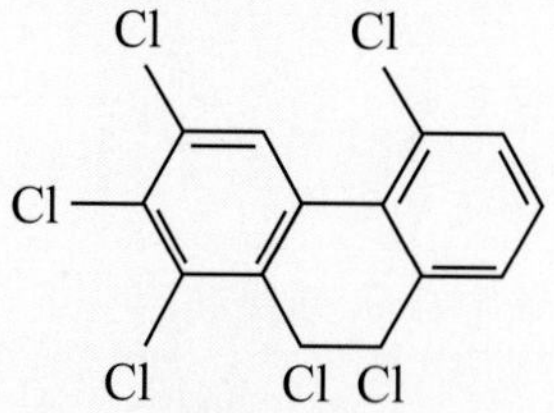

多氯联苯

（Polychlorinated biphenyls）

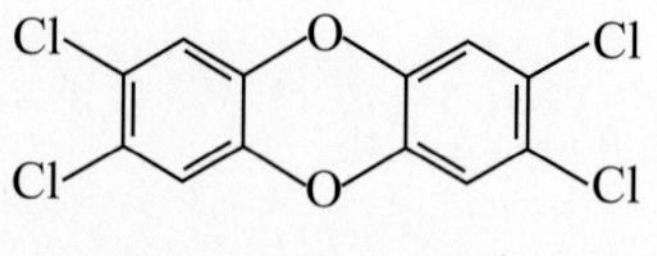

二恶英

Polychlorinated dibezo-p-dioxins

多氯（Polychlorinated）　　　　毒杀芬（Toxaphen）

这12种物质可以大致分为三类，分别是有机氯农药、多氯联苯类精细化工产品和化学衍生物及含氯物质燃烧产物。随着社会经济的发展，其名单上的物质也将随之增加。

二、 美国墨西哥湾溢油事故

（一）事故简介

2010年4月20日夜间，位于美国墨西哥湾的深水地平线（Deepwater Horizon）号钻井平台发生爆炸并引发大火，36小时后沉入海中，11名工作人员失踪（图15－2和图15－3）。这一平台属于瑞士越洋钻探公司，由BP公司租赁。钻井平台底部油井自2010年4月24日起漏油不止，截止到2010年7月15日（事故后87天）已经有490万桶原油喷涌入墨西哥湾，影响路易斯安那、密西西比、亚拉巴马、佛罗里达和得克萨斯州长达数百千米的海岸线（图15－4）。此次事故的漏油量已大大超过1989年埃克森瓦尔迪兹（Valdez）号油轮溢油事故，成为美国历史上最大的溢油事故。

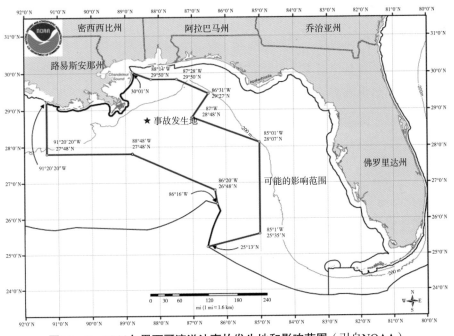

图15－2　2010年墨西哥湾溢油事故发生地和影响范围（引自NOAA）

图15-3 深水地平线号钻井平台发生爆炸并引发大火（来自Stumberg）

图15-4 2010年墨西哥湾溢油事故后被污染的近海（来源：www.boston.com）

（二）墨西哥湾溢油事故后美国政府的应急措施

墨西哥湾溢油事故发生后，包括美国国土安全部、美国国家海洋与大气管理局、美国海岸警卫队、美国内政部、美国环保署、美国小企业主利益保护局、美国国防部、美国劳工部、美国渔业和野生动物服务局、美国国家服务局在内的联邦政府诸多部门参与到溢油事故的紧急处理工作。相比较而言，我国政府处理大连湾石油泄漏事故中，政府部门并没有充分利用一切可以调动的力量，致使溢油事故污染面积从最初的几十平方千米扩大到四百多平方千米。另外，大连湾石油泄漏事故中参与清理油污作业的相关工作人员之前没有得到应有的培训。而在没有任何防护措施的情况下接触大量原油，会对工作人员的身体造成一定的负面影响。相比之下，美国政府为应对溢油事故的发生，对处理油污的工作人员制定了严格的培训体系，美国劳工部职业安全和健康管理局对整个培训进行严格的监督。

溢油发生后，美国政府为了切实保护公众利益和快速有效地处理溢油事故，专门设计了救助网站，以便于公众快速、全面地了解事故的处理、现状、进展以及获得救助的方式，并且充分利用了Flickr、Facebook、Twitter和YouTube等现代传播手段。美国联邦政府充分认识到公众的有效参与对解决重大环境事件的积极作用，动员各级志愿者积极参与到对溢油事故的处理中，号召公众提供技术、物资等救援，向政府报告溢油事故对海岸带的污染情况。

溢油事故发生后，BP公司和瑞士越洋钻探公司以及许多政府机构试图利用围油栏控制海水表面的浮油，并且通过化学消油剂使其在水下分解，控制石油向海滩和其他沿海重要生态系统扩散。此外，许多科学家和研究人员来到海湾地区收集数据，评估石油泄漏对墨西哥湾沿岸人类社会以及海洋生态系统的影响。

1. 围油栏

美国海岸警卫队在路易斯安那布设围油栏（图15-5）。到目前为止，在岸线周围布设的围油栏超过304 800 m。

2. 修建拦油防护堤坝

在海岸线附近用沙子修建拦油防护堤坝（图15-6）。

3. 喷洒消油剂

墨西哥湾溢油事故中，工作人员向事故海域喷洒了超过140万加仑的各种化学消油剂。通常消油剂是通过飞机或船舶喷洒到开放海域（图15-7），但在英国石油公司石油泄漏事故中，消油剂还被直接注入石油泄漏的源头——马孔多井口，以减少泄漏石油到达海水表面的数量。

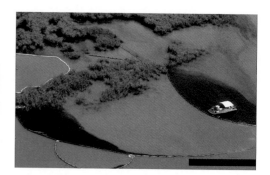
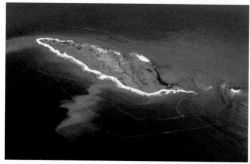

图15-5　事故发生后布设的围油栏（来自Stumberg）

图15-6　事故发生后修建的拦油防护堤坝（来自Stumberg）

图15-7　事故发生后飞机在喷洒消油剂

案例分析

我国近几年大型溢油事故——2010年大连新港溢油事故（图15-8）、2011年渤海蓬莱油田溢油事故（图15-9）、2013年12月中石化青岛输油管道爆炸事件（图15-10），给附近海域的养殖、旅游、生态乃至人类生命安全造成了巨大的危害。

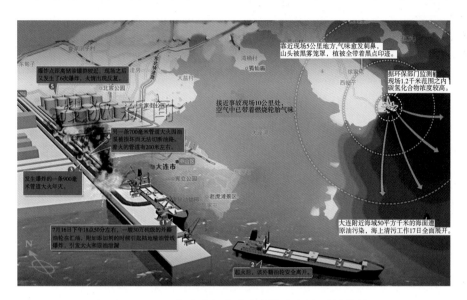

图15-8　2010年大连新港溢油事故（来源：搜狐网）

2010年7月16日18时，一艘30万吨级利比里亚籍油轮停靠在大连新港，因故导致一条直径900 mm输油管线爆炸，引发原油泄漏火焰高达20余米。爆炸地点附近建有众多储油罐，很可能导致连环爆炸。此次大连湾输油管道爆炸事故导致1 500多吨石油泄漏到大连湾海域，并对大连湾的海水质量、生态系统以及海洋生物产生巨大的威胁。

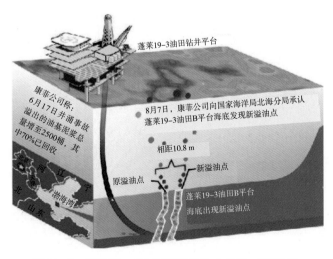

图15-9　蓬莱19-3油田溢油事故（来源：搜狐网）

图15-10　2013年中石化青岛输油管道爆炸现场图片（来源：网易网）

蓬莱19-3油田溢油事故（或"2011年渤海湾油田溢油事故"）是指中海油与美国康菲合作开发的渤海蓬莱19-3油田自2011年6月中上旬以来发生油田溢油事件，这也是近年来我国内地第一起大规模海底油井溢油事件。据康菲石油中国有限公司（简称"康菲"）统计，共有约700桶原油渗漏至渤海海面，另有约2 500桶矿物油油基泥浆渗漏并沉积到海床。国家海洋局表示，这次事故已造成5 500 km²海水受污染，大致相当于渤海面积（见插文）的7%。

渤海湾被誉为"中国的墨西哥湾"，是我国渤海三大海湾之一。位于渤海西部。北起河北省乐亭县大清河口，南到山东省黄河口。有蓟运河、海河等河流注入。海底地形大致自南向北、自岸向海倾斜，沉积物主要为细颗粒的粉砂与淤泥。渤海湾中有丰富的石油储藏。其北部是著名的旅游和度假区，西部塘沽是重要港口。

渤海油田是目前我国海上最大的油田，也是全国第二大原油生产基地，由中海石油（中国）有限公司天津分公司负责渤海油田勘探开发生产业务。渤海海域面积7.3万平方千米，其中可勘探矿区面积约4.3万平方千米。渤海油田与辽河油田、大港油田、胜利油田、华北油田、中原油田属于同一个盆地构造，有辽东、石臼坨、渤西、渤南、蓬莱5个构造带，总资源量在120亿方左右。其地质油藏特点是构造破碎、断裂发育、油藏复杂，储层以河流相、三角洲、古潜山为主，油质较稠，稠油储量占65%以上。

溢油事故发生后，虽然我国政府相关部门采取了相应的应急措施来应对石油泄漏事件，但是与美国联邦政府应对墨西哥溢油事件采取的应急机制相比，我国的应急体制的建立与完善任重道远。首先，在事故发生后，国家海洋海洋局、环保部等官方网站上并没有及时向公众公开事故的处理进展情况，公众仅能从国内几家主流商业网站上获取相关信息，在一定程度上反应了信息公开的滞后性。其次，虽然在一定程度上调动了社会力量参与事故的救援，但是，这方面的所做的努力还是不够，社会力量在重大环境问题的处理中可以起到更为积极的作用，如扮演水质检测者、事故影响评估者等诸多角色。因此，建立相对完善的溢油事故应急机制迫在眉睫。

因此，我国应该采取切实有效的措施防治溢油事故。建议如下。

（1）针对海上油气开采、石油储备基地、炼油化工基地、油气登陆点等，建立各重点港口和油品装卸区溢油监视系统，提高溢油监视和应急处理能力。

（2）积极预防溢油污染事故的发生。有计划地完善特殊航行区建设，保证海上交通安全。建立健全相关法律法规，做到有法可依，用法律规范海上作业行动。使用船舶污染物处理自动监控技术和设备，对船舶排污实施有效监督管理。

（3）加强海上溢油及有毒化学品的泄漏等污染事故应急能力的建设。进一步完善突发性事故应急处理中心的快速反应机制。建立溢油应急响应系统，建立油污染灾害防治基金。实现各海区环境监视立体化，应急措施现代化，建立一支完备的海上应急力量。

思考题

（1）简述溢油对海洋生态环境的危害。

（2）国外针对溢油事故建立的国家应急反应体系对我国应对溢油事故有哪些启示?

拓展阅读资料

（1）Weishar L, Watt I, Jones D A, et al. Evaluation of arid salt marsh restoration techniques [M]//Abuzinada A H, Barth H-J, Böer B, et al. Protecting the Gulf's Marine Ecosystems from Pollution. Basel: Birkhäuser Verlag AG, 2008: 273 – 279.

（2）Simons K L, Sheppard P J, Adetutu E M. Carrier mounted bacterial consortium facilitates oil remediation in the marine environment [J]. Bioresource Technology, 2013, 134(0): 107 – 116.

（3）Cuypers M P, Grotenhuis J T C, Rulkens W H. Characterisation of PAH-contaminated sediments in a remediation perspective[J]. Water Science and Technology, 1998, 37(6 – 7): 157 – 164.

（4）Pazos M, Iglesias O, Gómez J. Remediation of contaminated marine sediment using electrokinetic – Fenton technology [J]. Journal of Industrial and Engineering Chemistry, 2013, 19(3): 932 – 937.

第二节　重金属污染区的恢复

重金属污染区的恢复一般需要几十年甚至几百年的时间，原因是重金属与其他污染物不同，不少污染物可以通过自然界本身物理的、化学的或生物的净化作用，使有害性降低或解除；而重金属具有富集性，很难在环境中降解。随废水排出的重金属，即使浓度再小，也可在藻类和底泥中积累，被鱼和贝类吸附于体表或取食，沿食物链富集，引起海洋生物的遗传物质发生突变，从而降低胚胎、幼体及成体的存活率，出现生长缓慢、异常生长等现象，最后通过敏感种的灭绝导致生态退化，对生态系统构成直接和间接的威胁。而且重金属通过食物链的富集和放大作用，最终在人体内大量蓄积，破坏人体内正常生理代谢活动，损害人体健康。

正是由于重金属污染区生态恢复的长时间跨度和恢复的难度的关系，至今在有关重金属污染区生态恢复方面的成功案例十分有限。日本水俣湾汞污染区的生态恢复经历了近60年，投入了3 000多亿日元，在重金属污染区生态恢复上是个比较典型的案例，其中，不少措施取得了不错的效果，值得我们去借鉴与反思。

一、水俣湾汞污染事故

水俣市位于日本九州岛西南端，熊本县的最南部，与鹿儿岛县接壤，三面环山，一面朝海，树木葱茏，碧海蓝天，风光秀丽，是水俣湾东部的一个小城（图15 – 11）。目前有3 万多人居住，面积约163 km²。水俣市西面的八代海（Yatsushiro Sea）是一个被九州岛和天草诸岛等岛屿环绕的内海，由于旧历8月1日前后会出现神秘的如同火光的海市蜃楼景象，而别称"不知火海"。不知火海非常富饶，特别是水俣湾作为鱼类的产卵地，即使大量捕捞，鱼群依然滚滚涌来，因此又被称为"鱼涌海"。

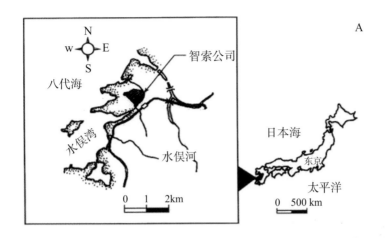

图15－11　水俣湾（Minamata Bay）

A.地理位置；B.水俣湾现貌

第二次世界大战之后，日本国内百废待兴，发展经济成为日本政府的首要任务。20世纪60年代，日本经济走上了高速增长的快车道。然而与此同时，由于环境政策不健全、环境管理松散、监督执法不严，导致了环境问题集中暴发，日本列岛一度成为"公害列岛"。20世纪"八大环境公害事件"是人类遭受的重大环境灾难，这些由工业污染造成的悲剧给人们留下了惨痛的记忆和教训。"八大公害事件"其中四起与日本有关：富山事件（镉中毒）、四日事件（废气污染）、米糠油事件（多氯联苯中毒）、水俣病事件（汞中毒）。

1. 水俣病

位于熊本县水俣市的新日本窒素（智索公司）肥料株式会社（"窒素"是指氮，现名为智索（智索公司）株式会社、以下简称"智索公司"）（见插文）的工厂和位于新潟县鹿瀬町（现阿贺町）的昭和电工株式会社（以下简称"昭和电工"）的工厂所排放的甲基汞化合物污染了鱼类和贝类。水俣病即是食用这些受污染的鱼类和贝类而引起的神经系统疾病。其主要症状有感觉障碍、运动失调、向心性视野缩小、听力障碍等。而且，母亲在妊娠中受到甲基汞影响，会引起胎儿性水俣病等，有时显现出不同于成人水俣病的病征。汞污染不仅损害健康，还对污染地区的自然和社会带来了严重的问题。

智索公司水俣工厂 1959年　　　　　　智索公司水俣工厂 2013年

　　1908年，"日本窒素肥料株式会社"在水俣建厂，开始生产化肥，逐渐成为日本主要的化学工厂，也成为支撑日本战后经济增长的企业之一。其纳税额占水俣市税收的一半以上，是水俣市民的生存支柱，并且是水俣市经济、政治、社会的中心。如今，智索公司在水俣市依然是一家大公司。1959年拍摄的照片显示工厂内一根根大烟囱浓烟滚滚，这可谓是20世纪工业化阶段的代表性景观。随着工厂的发展，水俣也得到发展。曾经的水俣村随着人口增加，成为一个工业城市，顶峰时人口达到5万多人。很多市民在工厂劳动，因此从经济和社会角度，水俣市都受到智索公司的强大影响。

　　智索公司当时是日本氮产量第一的企业，而日本经济的腾飞正是"在以氮为首的化学工业的支撑下完成的"，氮被广泛用于肥皂、化学调味料等日用品以及醋酸、硫酸等工业用品的制造上。这个"先驱产业"肆意发展，给当地居民及其生存环境带来了无尽的灾难。

　　智索公司生产的氯乙烯和醋酸乙烯，在制造过程中要使用含汞的催化剂，这使排放的废水中含有大量汞。当汞在水中被水生物食用后，会转化成甲基汞。这种剧毒物质只要有挖耳勺半勺的量就会毒死人，而当时水俣湾中的甲基汞含量大到"毒死日本全国人口两次都有余"。

2."水俣病"的确认过程

1956年4月，居住在水俣市月浦地区的一位少女出现了手足麻痹、不能张嘴、不能进食等严重症状，进入智索公司水俣工厂附属医院留医。该医院的细川院长认为事态严重，在同年5月1日向水俣保健所报告：在月浦地区也发生了呈现脑病症的原因不明疾病。这就是"水俣病的初期确认"（图15 – 12）。

图15 – 12 先天性水俣病患者Takako Isayama和她的妈妈（尤金·史密斯组照《水俣》）

紧接着，水俣市和熊本县政府委托熊本大学医学部对此进行调查后，发现该疾病并非传染病，而是一种中毒症状，是食用从水俣湾捕捞的鱼类和贝类引起的。

1956年，熊本大学和水俣保健所利用猫进行了实验。猫吃了水俣湾的鱼和贝类之后，1957年出现了与水俣市渔村的患病猫相同的症状。这个实验对于弄清病因发挥了巨大作用。

水俣病发生之后，日本政府实施了初期阶段的对策：① 对水俣湾的捕捞活动进行了限制；② 对渔业和水俣病患者进行了赔偿。虽然日本政府认识到致病物质——有机汞化合物有可能是智索公司所排放，却没有采取防止损害扩大的对策（关停工厂等）。

1963年2月，熊本大学医学院水俣病研究小组认定水俣病是由于患者食用了水俣湾的鱼类和贝类导致的神经系统疾病，而这些鱼类和贝类被海湾内的甲基汞污染。1965年5月31日，新潟大学的椿教授等向新潟县卫生部报告，新潟县发现有机汞中毒疑似患者。

直到1968年9月26日，日本官方才统一见解指出，在熊本发生水俣病的原因是智索公司水俣工厂"在乙醛乙酸设备内生成的甲基汞化合物"；新潟水俣病的中毒发生的原因是昭和电工的"乙醛制造工序中副生的甲基汞化合物"。

从1956年到1968年，水俣病正式确认前后经过了12 年，在此期间并未看到日本行政方面给出恰当的对策（如关停智索公司水俣工厂等）。据推算在此期间排放的包括甲基汞化合物（见插文）在内的汞量达80～150 t，而且其间出现了新的受害者。

汞

1. 汞的分类

无机汞为银白色的液态金属，常温中即有蒸发。汞中毒（mercury poisoning）以慢性为多见，主要发生在生产活动中，长期吸入汞蒸气和汞化合物粉尘所致。以精神－神经异常、齿龈炎，震颤为主要症状。大剂量汞蒸气吸入或汞化合物摄入即发生急性汞中毒。对汞过敏者，即使局部涂沫汞油基质制剂，亦可发生中毒。接触汞机会较多的有汞矿开采，汞合金冶炼，金和银提取，以及真空泵、照明灯、仪表，温度计、补牙汞合金、雷汞，颜料、制药、核反应堆冷却剂和防原子辐射材料等的生产工人。

有机汞化合物的毒性较无机汞（氯化汞口服中毒量为0.5 g，致死量1~2 g）大。人口误服氯化乙基汞在3 mg/（kg·bw）左右即重度中毒。因有机汞在细胞内抑制巯基，故使细胞色素氧化酶、琥珀酸氧化酶、琥珀酸、乳酸和葡萄糖脱氢酶以及过氧化酶皆失去活力，影响细胞呼吸系统，受影响的部位主要在神经组织。病理上主要损害神经系统（包括脑、脊髓和周围神经的变性），还可发生间质性心肌炎，肾体积增大，肾近曲小管上皮细胞脂肪变性或坏死，肝细胞脂肪变性等病理改变。有机汞经胃肠道进入人体后，与血液中红细胞结合，迅速遍及全身，并能通过胎盘。有机汞化合物在体内蓄积性很大，主要蓄积在脑、肝、肾、肌肉等组织。有机汞大部分经过肾脏排出，一部分由粪便排出，通过胆汁、唾液、乳汁和月经也可以排出一部分。烷基汞排泄缓慢，苯基汞排泄较快。

2. 水俣湾汞污染事件中汞的传播途径

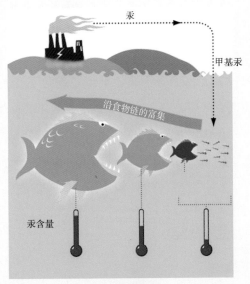

汞的传播途径

　　汞进入海洋的主要途径是工业废水的排放、含汞农药的流失以及含汞废气的沉降。此外，含汞的矿渣和矿浆也是其来源之一。智索公司在生产中采用氯化汞和硫酸汞两种化学物质作催化剂。催化剂在生产过程中仅仅起促进化学反应的作用，最后全部随废水排入邻近的水俣湾内，并且大部分沉淀在湾底的泥里。工厂所选的催化剂氯化汞和硫酸汞本身虽然也有毒，但毒性不很强。海底泥里中处理硫酸盐（SO_4^{2-}）的细菌吸收无机形式的汞，并通过代谢过程将其转变成毒性十分强的甲基汞。甲基汞每年能以1%速率释放出来，对上层海水形成二次污染。长期生活在这里的鱼、虾、贝最易被甲基汞所污染。

　　甲基汞（相对于无机汞）从一个营养级到下一个更高的营养级有选择性的富集作用。鱼类似乎与甲基汞绑定，肉食性鱼类体内累积的汞几乎100%都是甲基汞。鱼类组织中的甲基汞多数都与蛋白质的硫基共价结合。这种结合使得甲基汞降解的半衰期很长（约2年）。假设环境中甲基汞浓度稳定，由于甲基汞降解缓慢，再加上随着鱼体的增长，鱼类食用量增加并且捕食种类更多，所以鱼类个体内汞浓度趋向于随着年龄增长而增大。因此，较年长的鱼组织中的汞浓度比同类物种较年幼的鱼要高得多。每年仅有1 g空气传播的汞（87支4英尺（约10.1公顷）荧光灯的汞含量，一只水银温度计的典型汞含量）沉积到一个25英亩（约10.1公顷）的湖泊，即可以将其中的鱼污染至食用不安全水平。

据测定水俣湾里的海产品含有汞的量已超过可食用量的50倍。居民长期食用此种含汞的海产品，自然就成为甲基汞的受害者。一旦甲基汞进入人体就会迅速溶解在人的脂肪里，并且大部分聚集在人的脑部，黏着在神经细胞上，使细胞中的核糖酸减少，引起细胞分裂死亡。

二、水俣湾汞污染区的恢复

（一）污染区环境的治理

1. 针对经济生物的对策

（1）设置隔离网。1974 年，熊本县水俣湾口设立了隔离网，防止被污染的鱼类、贝类等扩散（图15–13）。随着环境的改善，经过数年的连续监测，确认湾内的鱼类、贝类体内总汞和甲基汞含量低于限制值后，直至1997 年熊本县发布了水俣湾的安全宣言，才撤去了隔离网。

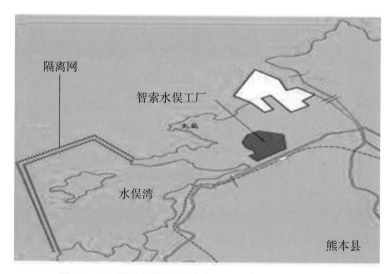

图15–13 隔离网设置图（截至1977 年10月1 日）

（2）限制捕捞。1956年日本政府认识到，水俣病是由于居民食用在水俣湾周围地区所捕捞的鱼类和贝类引起的，因此日本政府禁止渔民捕捞、禁止收买捕捞的鱼类和贝类，由政府捕捞受到污染的鱼，并作无害化处理。到1997年拆除隔离网，23年间政府共捕捞了487 t鱼。与此同时政府向附近居民发出了限制食用鱼类和贝类的倡议。这些禁令直至1997年10月水俣湾的隔离网完全撤去后才撤销。期间，智索公司、昭和电工等企业和地方政府进行了渔业赔偿。

2. 制定企业排放废水的标准

1970年12月，日本政府制定了《水污染防治法》，限定了工厂排污废水的有毒物质最高浓度，如总汞不得超过0.005 mg/L，甲基汞不得检出。

3. 污染底质淤泥的治理

昭和电工鹿濑工厂于1965年1月关闭了乙醛生产线，智索公司水俣工厂于1968年5月也停止了乙醛生产。但停止甲基汞化合物排放以后，相关水域的底层淤泥仍残存有汞，有可能成为水质和鱼类、贝类污染的原因，因此需要去除被污染的底层淤泥。为此，熊本县政府和智索公司利用13年时间（1977～1990年）对汞含量超过限定值（汞的质量分数为25×10^{-6}）的水俣湾底层淤泥进行了疏浚、挖出、填埋（封入），共计约150万立方米，填埋土地58.2 hm²（图15-14）。智索公司负担费用约300亿日元，国家及熊本县各负担费用约90亿日元。新潟县由昭和电工负担费用，于1976年对汞含量超过限定值的工厂废水口周围的底层淤泥进行了疏浚。

图15-14　水俣湾填埋地

4. 工程的监督

在清淤工程进行期间，由熊本县水俣湾污染防治监测委员会实施严格的监督以防止二次污染。该委员会由学者和当地居民代表组成，工程情况和监测结果在水俣市3处指定地点向市民公布。清淤前水域湾610个监测点的汞的质量分数在$0.04 \times 10^{-6} \sim 553 \times 10^{-6}$，至该工程结束，84个监测点的汞的质量分数已降至$0.06 \times 10^{-6} \sim 12 \times 10^{-6}$。

5. 加强环保立法

1967年，日本政府制定了《公害基本法》，并于次年获得通过。《公害基本法》把大气、水源、噪音、震动、地震、恶臭等污染确立为公害。1970年召开"公害国会"，又将土壤污染增补为公害，并制定和修改了14个防治公害的法律，明确规定了中央政府、地方政府、企业及公民各自的责任和义务。1993年和1994年日本还先后颁布《环境基本法》和《环境行动计划》，确定了减轻对环境的负担，实现循环社会系统、确保自然与人类的共同生存、在公平的职责下实现所有主体的参与和推进国际性协作的四项基本原则，以此达到人与自然和谐相处的可持续发展目标。完善的法律体系为治理污染和保护环境奠定了坚实的制度基础。

6. 完善环境保护的管理体制

日本逐步建立了完善的环境保护管理体制，从中央一直深入到企业。在中央层面，日本于1971年成立环境厅，集中处理与环保相关的事务，改变了之前分散式管理造成的政出多门、管理混乱的局面。日本还成立了环境审议会和公害对策会议，其中环境审议会是相对独立的环保咨询机构。进入21世纪，环境厅升格为环境省。在地方层面，各地也都成立了专门负责环保的政府机构。特别值得一提的是，日本在企业设置环境管理员，负责对企业的具体生产经营活动进行监督，确保其符合环保标准。环境管理员需通过严格的考试和资格认证，上任后的要求也很严格，若其严重失职，可能面临刑法处置。

7. 调整产业结构，发展先进的环保技术

1974年日本出台《产业结构长远规划》，"节约资源、环境保护"成为日本产业结构调整的重要目标。该规划提出，建设"福利型、生活保障型产业结构和资源、能源高效利用型产业结构"，发展技术密集型产业，促进产业结构高级化和国际协调。从此，日本的产业结构开始通过科技引进和自主研发逐步升级，从战后的资源密集型产业升级到知识和技术密集型产业。在能源方面，注重"低污染、无公害"能源的开发和利用，重点加强节能技术和能源加工技术的研发和推广，能源结

构从高硫燃料向低硫和脱硫化升级。日本还十分重视环保技术的研发，培养自主创新能力。具有自主知识产权的环保技术带动了一系列高新产业的发展，成为日本的一大经济增长点。

经历了水俣病带来的严重危害之后，日本的行政机关、产业界、市民各自承担自己的责任，团结一致对汞污染采取了多项措施，大大减少了汞在工业及日常生活中的使用，2010年日本汞使用量削减至1964年峰顶时的1/300左右。

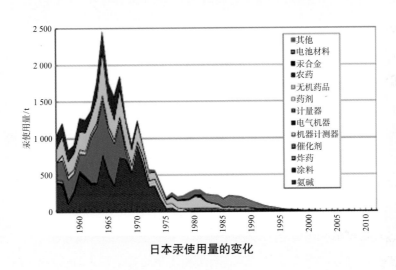

日本汞使用量的变化

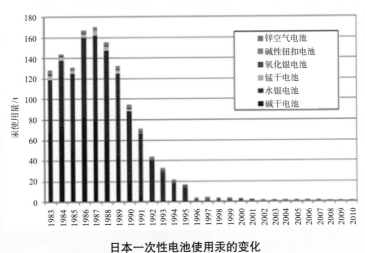

日本一次性电池使用汞的变化

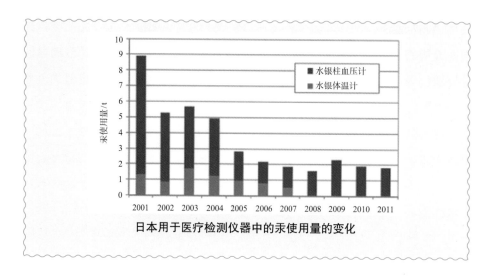

日本用于医疗检测仪器中的汞使用量的变化

8. 制订建设环境模范城市计划

1996年1月，水俣市政府批准"第3次水俣总规划"拟将水俣建设成为注重环保、健康和福利的"工业－文化城市"，同年3月批准的"环境保护基础规划"确立了建设环境模范城市计划。积极推动回收利用垃圾（见插文），减少污染排放，致力于"零排放"社会的构建，积极降低石油与电的消耗。1999年水俣市取得了ISO14001认证，在全日本是第五个获得该项认证的城市。

> 　　水俣市的垃圾分类处理极为精细。他们将垃圾分为23类。市区的每一片由志愿者负责定点回收，志愿者大都是义务服务的老人。这种大的活动每两个星期开展一次，市民自己将垃圾送至指定地点。垃圾分为塑料瓶类、废布类、电池类、灯管类、纸张类、金属制品类、玻璃瓶类等，不同颜色的玻璃瓶还要分开。水俣市污水处理厂、垃圾处理中心和垃圾填埋场的环保设施因为城市小而规模不大，但运转顺畅，污水处理能力完全能满足要求。出水水质除总氮稍大以外，BOD、COD、悬浮物和总磷等指标都很好。垃圾处理中心十分干净整洁。垃圾填埋场位于市区外大概20 km的山腰间，管理科学、规划合理并且建设得很隐蔽，没有影响周围景观。

居民在进行垃圾分类

（二）恢复效果

根据最新数据，2011年度熊本县水俣湾和新潟县周边水域水质均达到环保标准值（总汞0.000 5 mg/L 以下、甲基汞没检出），底层淤泥汞含量低于限定值，鱼类、贝类体内汞含量低于限定值。经过50多年的治理，水俣病这样的问题不再重演，并让日本及世界的人们了解和看到正在变身为环保城市的水俣市现在的身姿。

清除海底受污染淤泥产生的填埋地如今建成了面积广大的生态公园（图15－15），建有一大一小两个码头。生态公园旁的海中有一座小岛，这就是流传着神秘传说的恋路岛。面对小岛广场上，坐落着2006年落成的"水俣病慰灵碑"（图15－16），该碑是为了纪念水俣病被正式确认50周年而建的。每年5月1日，这里都会举行追悼水俣病受害者的仪式。

图15－15　水俣市生态公园

图15－16　水俣病慰灵碑

案例分析

水俣病事件给我们如下教训。

（1）水俣病事件的根本原因是政府和企业为了追求经济利益，忽视环境影响和人民群众的健康安全，最终导致了无法挽回的环境灾难。当时日本的时代背景就是优先发展经济，单纯追求物质的富裕，忘记了对大自然的尊重，而且对生命、人道的尊重观念也非常淡薄。水俣病事件就是在这样的时代背景出现的。

（2）缺乏及时的应急管理措施。在水俣病发现不久，制氮厂通过私下的内部试验已经发现了病情，但是他们隐瞒了真相，不去协助大学去查明原因，反而妨碍他们的研究。国家也没有对此进行病理学调查，在追查事故原因方面表现十分消极，对于被害范围的扩展、病情发生的机制、病症的进程等方面反应迟缓，缺乏整体的把握。尽管早就有研究表明发病原因是制氮厂的废水造成的，但是政府在长达12年的时间里没有对该厂的排污行为做出规定。在水俣病确认之后工厂反而三、四倍地增产，继续大量排放有机汞。据推算在此期间排放的包括甲基汞化合物在内的汞量达80～150 t。国家仅仅依靠当时的法律制度来处理这样的突发事件，缺乏及时的危机管理体制。正是因为当地政府应急管理不够及时，才拖延数十年，影响数万人，最终酿成这个岛国最大的工业灾难。

但是日本政府在长达60年的水俣湾汞污染区恢复治理的过程中也有值得我们学习的：像长达23年禁渔和13年污染底泥的疏浚等生态恢复工程，像环保立法、完善环保管理制度、促进产业调整产业结构、发展先进的环保技术等管制制度和法规的完善。

思考题

（1）海洋重金属污染的主要来源有哪些？

（2）海洋重金属污染的主要治理措施有哪些？

（3）从根源上防治海洋重金属污染应从哪些方面入手？

拓展阅读资料

（1）Holl K D, Howarth R B. Paying for Restoration [J]. Restoration Ecology, 2000, 8(3): 260 – 267.

（2）Moynahan O S,Zabinski C A, Gannon J E. Microbial community structure and carbon–utilization diversity in a mine tailings revegetationstudy [J]. Restoration Ecology, 2002, 10(1): 77 – 87.

（3）Eiseltová M. Restoration of lakes, streams, floodplains and bogs in europe: principles and case studies [M]. Berlin: Springer Nethtrlands, 2010.

（4）Zhang L, Feng H, Li X. Heavy metal contaminant remediation study of western Xiamen Bay sediment, China: Laboratory bench scale testing results [J]. Journal of Hazardous Materials, 2009, 172(1): 108 – 116.

（5）Chiang Y W, Santos R M, Ghyselbrecht K. Strategic selection of an optimal sorbent mixture for in-situ remediation of heavy metal contaminated sediments: framework and case study [J]. Journal of Environmental Management, 2012, 105: 1 – 11.

第十六章　典型海洋生态灾害发生区的恢复

　　科学技术是推动历史发展的决定性力量。科技的历史是人类对自然、对世界的认知史，也是人类智慧的发展史。在古代，世界科技未形成较完善的学科体系，主要以总结生活经验为主。18世纪60年代，在英国兴起了工业革命，自此以后，人类文明发展进入了一个崭新的阶段。现今，各个学科都有了飞速的发展，人类文明实现了质的飞跃。

　　虽然我们的物质文明得以快速发展，但也带来了一系列严重的环境问题。例如，氟利昂会破坏臭氧层，使得地球表面辐射增加；向大气中排放温室气体导致温室效应；二氧化碳增加导致海洋酸化；大量营养盐排入河流中，营养盐会伴随径流以及雨水冲刷进入海洋，导致海水富营养化。这些环境问题会导致不同的生态灾害，如海水富营养化会导致严重的有害藻华（harmful algal blooms，HABs）的发生。这些生态灾害会严重影响灾害发生区的生态系统结构和功能，同时也会给人们的生产和生活造成严重影响。因此，这些海洋环境问题的治理及海洋灾害发生区的恢复已成为世界性的问题。本章针对海水富营养化这一海洋环境问题，以及由其引起的赤潮、绿潮、褐潮等典型的海洋灾害，讲述了近年来比较常用的治理措施和灾害发生海区的恢复方法。本章分为两大部分，前三节是对赤潮、绿潮和褐潮及对其治理措施的介绍，第四节是一个利用大型海藻治理海水富营养化的案例。

第一节　赤　潮

赤潮主要是由于海水富营养化引发的。近几年，我国近海海域赤潮发生的频率、范围和危害程度呈逐年上升的趋势。尤其在我国广东珠江口及其邻近海域，赤潮多发，对当地的生态环境、水产养殖以及滨海旅游等造成了严重影响。另外，在日本的濑户内海也存在着严重的赤潮灾害。1970年以来，赤潮已逐渐成为全球性的海洋灾害，并且受到各国政府与公众的关注。

一、赤潮的定义

赤潮又称红潮（red tide），是水体中某些微小的浮游植物、原生动物在一定的环境条件下突发性地增殖和聚集，引起一定范围内、一段时间中水体变色现象（见插文）。

有害赤潮肆虐于世界各国沿海，是国际社会共同关注的重要的海洋环境问题以及生态灾害（Hallegraeff，1993；Anderson，1997）（图16-1）。近几年，我国近海赤潮发生频率、范围和危害程度呈逐年上升的趋势。从2000年到2005年，我国近海每年记录的有害赤潮次数都在30~80次之间。大规模的有害赤潮在渤海、东海、南海频频发生：1998年广东、香港近海海域发生大规模米氏凯伦藻赤潮（图16-2）；1999年渤海发生大规模夜光藻赤潮；从2000年起，东海长江口海域每年都发生大规模东海原甲藻（*Prorocentrum donghaiense*）赤潮，面积最高可达上万平方千米，世界罕见（周名江和于仁成，2007）。

> 赤潮可以分为有毒赤潮和无毒赤潮。无毒赤潮主要通过对鱼鳃堵塞、机械伤害以及造成环境缺氧等途径，损害其他海洋生物。有毒赤潮可以产生毒素，对海洋生物产生危害。
>
> 有害赤潮生物主要有甲藻类、硅藻类、针胞藻类、蓝藻类、定鞭藻类等。
>
> 甲藻类（Dinoflagellates）主要有裸甲藻、亚历山大藻、原甲藻、夜光藻等。

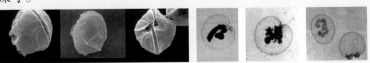

　　硅藻类（Bacillariophyceae）常形成链状、带状、扇状、星状等群体，有很多底栖种类，主要有骨条藻、角毛藻、拟菱形藻等。

　　针胞藻类（Raphidophyceae）常为单细胞体，呈球形或卵形，没有细胞壁，有两条鞭毛。易发生赤潮的主要有卡盾藻和异弯藻。

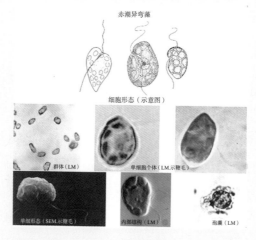

赤潮异弯藻

细胞形态（示意图）

群体（LM） 单细胞个体（LM.示鞭毛）

单细胞形态（SEM.示鞭毛） 内部结构（LM） 孢囊（LM）

　　蓝藻类（Cyanobacteria）是一类没有真正的细胞核和色素体的原生生物，如束毛藻等。细胞形状多种多样，有球形、椭球形、圆柱形、茄形、纤维形等。

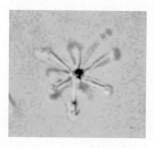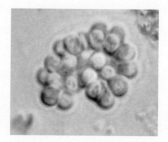

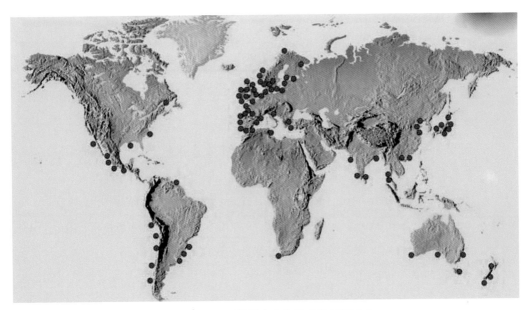

图16-1 世界范围内赤潮发生的区域分布

图16-2 2014年暴发于我国深圳湾的赤潮

二、赤潮的危害

自20世纪60年代至今，赤潮给人类带来的危害越来越严重（国家海洋局，2001）。

（1）影响海洋生态系统。赤潮藻可以分为能产生毒素的和不产生毒素的两类。当赤潮藻产生毒素后（见插文），较低营养级的生物会将毒素传递到较高营养级，产生富集效应，海洋哺乳动物或者鸟类因赤潮藻毒素中毒事件因此时有发生。即便赤潮藻未产生有毒物质，当赤潮藻达到一定密度，也会降低光线透过率，对海草床和珊瑚礁造成影响；赤潮藻死亡后藻细胞向下沉降，其降解过程会消耗底层溶解氧，对底栖生物产生破坏性影响（Zingone，2000）。

藻毒素介绍

由于海洋微藻毒素的发现多起源于贝类或鱼类，故又称为贝毒或鱼毒。有毒藻毒素的结构差别很大，既有复杂的多（聚）醚类化合物也有简单的氨基酸。根据毒素对人类引发的中毒症状和藻源来进行分类，常见的藻毒素可分为麻痹性贝毒（paralytic shellfish poisoning，PSP）、腹泻性贝毒（diarrhetic shellfish poisoning，DSP）、记忆丧失性贝毒（amnesic shellfish poisoning，ASP）、神经性贝毒（neurotoxic shellfish poisoning，NSP）及西加鱼毒（ciguatera fish poisoning，CFP）。产生藻毒素的主要赤潮藻如下：

☆麻痹性贝毒（PSP）：塔玛亚历山大藻

☆腹泻性贝毒（DSP）：尖鳍甲藻

☆神经性贝毒（NSP）：短裸甲藻

☆记忆缺失性贝毒（ASP）：拟菱形藻

☆鱼毒（CEP）：某些原甲藻

我国沿海地区因食用贝类引起的一些中毒事件

时间	地点	毒素	中毒人数	死亡人数	食用贝类名称	藻种
1967~1979	浙江	PSP	423	23	织纹螺（*Nassarius succinstus*）	未进行藻种鉴定
1986~1	台湾	PSP	30	2	紫贝（*Soletellina diphos*）	塔驼原漆沟藻（*Protogonyaulax tamarenses*）
1986~11	福建	（PSP）	136	1	蛤仔（*Ruditapes phillipenensit*）	裸甲藻属（*Gymnodinium* sp.）
1989~2	广东	PSP	5	—	栉江珧（*Pinna Pectinata*）	未进行藻种鉴定
1989~11	福建	（PSP）	4	1	织纹螺（*N. succinstus*）	未进行藻种鉴定

续表

时间	地点	毒素	中毒人数	死亡人数	食用贝类名称	藻种
1991～2	台湾	PSP	8	-	紫贝（*S. diphos*）	塔玛亚历山大藻（*Alexandrium tamarenses*）
1991～3	广东	（PSP）	4	2	翡翠贻贝（*Perna viridis*）	未进行藻种鉴定
1994～6	浙江	（PSP）	5	1	织纹螺（*N. succinstus*）	未进行藻种鉴定

（2）赤潮会破坏海洋生态结构，随之造成非常严重的经济损失。比如，我国1998年共计暴发过22次赤潮，其所带来的经济损失超过了10亿元；同时我国海洋生态服务价值为2 728亿美元/年，按照生态灾害对海洋生态服务价值负面影响来看，赤潮造成的损失超过生态服务总价值的4%（赵领娣等，2007）。

（3）对养殖业、渔业等的发展带来负面影响。赤潮藻会产生有毒物质，导致海洋经济生物死亡，造成经济损失。同时，这些毒素在海洋经济生物体内积累，被人们摄入后也会威胁到人们的身体健康，间接影响经济发展。

（4）当赤潮发生时，海水水质会发生改变，影响旅游业。

三、赤潮发生海区恢复的目标

（1）恢复海洋生态结构，改善相关地区的生态环境，恢复当地生态系统。
（2）恢复当地的养殖业和渔业，使当地人民获得更多的经济效益。
（3）改善水质，改善当地的环境状况。

四、赤潮发生海区恢复的策略

虽然目前对于赤潮发生及其危害机理已经研究得比较详细，但是目前为止针对赤潮的恢复工作还是很少。20世纪50年代，美国、日本等国都曾经探索过赤潮的治理方法，但是由于多方面原因，相关研究只能局限于实验室中，很难在现场展开。日本曾经于20世纪70年代开展过黏土法治理赤潮的现场研究，虽然成本低、无污染，但是去除效率较差。20世纪90年代我国提出改性黏土法治理赤潮的想法，提高了藻华治理的效率。以下介绍我国赤潮治理方面的研究。

有害赤潮的防治主要包括两个方面。一是从长远角度考虑，应降低海水的富营养化程度，减少赤潮发生的频率和规模。二是在赤潮发生后进行快速有效的应急处理，以最大限度降低赤潮造成的危害。

1. 降低海水的富营养水平

如果从长远角度考虑，应该控制向海中排放营养物质的量，比如控制化肥的使用，工厂产生的一些含有营养物质较多的废水应该先进行处理，以降低海水富营养化水平；并且应该加强对于航海、养殖等人类活动管理，降低有害赤潮传播的可能性。总之，应该尽可能降低人类活动引发赤潮的可能性。

以下介绍使用龙须菜对海水富营养化的恢复的案例。

造成赤潮最重要的一个原因就是富营养化，而要想实现赤潮发生后的恢复，关键就是要解决引起赤潮的富营养化问题。汤坤贤等（2005）研究了龙须菜对海水富营养化的恢复作用。

该研究从2002年至2004年共耗时两年，所选地点在福建省东山岛的八尺门鱼类网箱养殖区、西埔湾对虾养殖区、乌礁湾鲍鱼养殖区（图16-3），其实验包括围隔实验、海区恢复实验、海区推广实验。

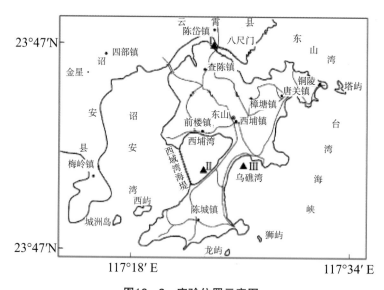

图16-3　实验位置示意图

围隔实验于2002年1~2月进行。在八尺门网箱养殖区养殖龙须菜。每个桶里放230 L海水，桶上缘露出水面15 cm，龙须菜在桶里采用吊养的方式养殖，养殖密度是

$600\ g/m^3$，换水的频率是每3~4 d换一次海水。

海区恢复实验时间是2003年1~5月，实验区选在西埔湾南部虾池的凹处，实验区内部的情况如图16－4所示。

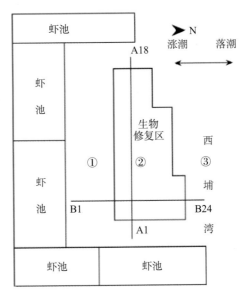

①、②、③为定点监测站位，A1—A18、B1—B24为监测断面

图16－4　西埔湾实验区及监测位置示意图

在恢复海区，用绳子将龙须菜苗夹住，采用筏架悬吊培养。所用筏架主要有竹架和绳架两种形式，以竹架占绝大多数。在苗绳上每隔10~20 cm夹10 g龙须菜，间距30~50 cm。初始养殖密度750 kg/hm²，恢复面积3 hm²。其样式如图16－5所示。

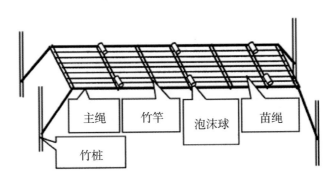

图16－5　竹架结构示意图

于2003年11月~2004年4月，以乌礁湾为试点，进行推广。将龙须菜吊养在绳架上，结果结构如图16－6所示。主绳间距4 m，苗绳间距50~80 cm，初始养殖密度与实验海区一样。

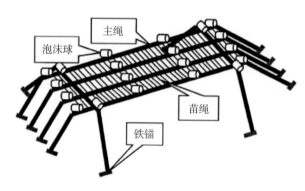

图16－6　围隔实验吊养图示

围隔实验中，本来缺氧的海区养殖龙须菜后，溶解氧达到过饱和状态，无机氮、无机磷去除率超过80%，如图16－7所示。

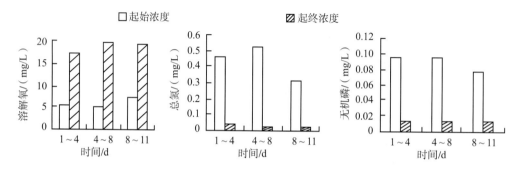

图16－7　围隔实验各恢复周期前后水质对比

恢复实验中，恢复区溶解氧比非恢复区高，无机氮、无机磷、叶绿素a浓度低于非恢复区，如图16－8和图16－9所示。

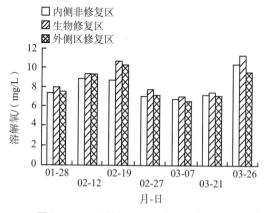

图16－8　西埔湾实验区定点溶解氧浓度变化

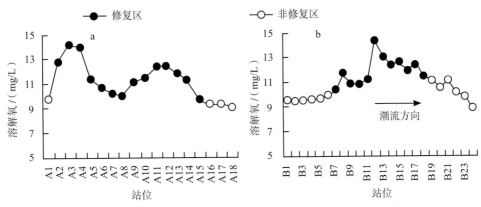

图16-9　西埔湾实验区断面溶解氧变化（2003-03-27）

在推广海区，无机氮、无机磷浓度均降低，溶解氧浓度得以提高，如图16-10、图16-11所示。

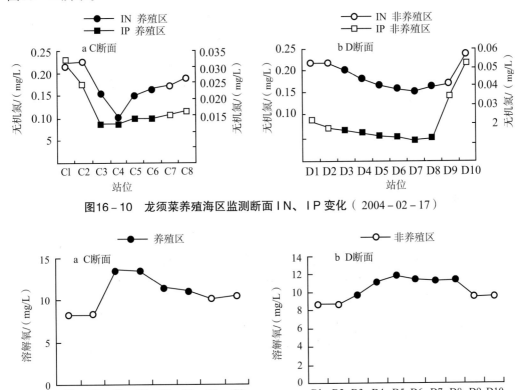

图16-10　龙须菜养殖海区监测断面IN、IP变化（2004-02-17）

图16-11　龙须菜养殖海区监测断面DO变化（2004-02-17）

该实验证实了利用大型海藻治理赤潮的可行性。鉴于物理方法效率较低，化学方法会在相关海区引入可能对环境有消极影响的化学物质，以生物恢复的手段治理赤潮可以成为今后考虑的方向。

2. 赤潮暴发的快速应急处理

现实生活中，赤潮发生得往往非常突然，这就需要一些应急手段来处理。目前比较常见的处理方法有物理法、化学法以及生物法。物理法就是以过滤等手段来达到分离去除有害赤潮藻的作用。化学法按照作用机理有化学品直接杀灭法、絮凝剂沉淀法、天然矿物絮凝法，其优点就是见效快，是研究最早、公认的可以有效应用的方法。化学法主要的问题是所加入的化学物质可能导致其他环境问题。生物法就是投入一些细菌等来杀灭赤潮藻，或者利用大型海藻、滤食性动物来减少赤潮藻的生物量。

以下介绍使用改性黏土去除赤潮藻的案例（图16-12）。

图16-12　黏土喷撒船在喷撒黏土

我国曹西华等（2006）研究了季铵化合物十六烷基三甲基铵（HDTMA）改性黏土的制备条件对去除赤潮藻的效果的影响，结果显示，HDTMA可以明显提高黏土的絮凝能力。在该研究中还说明，HDTMA改性黏土中有亚稳态HDTMA，可以增加改性黏土对赤潮生物的杀灭能力（图16-13）。

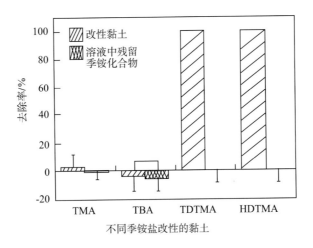

图16 – 13   不同改性黏土去除东海原甲藻的效果

思考题

（1）赤潮的定义是什么？

（2）赤潮可以分为哪几类？

（3）赤潮的危害有哪些？

（4）赤潮恢复的策略可以分为哪些？

第二节   绿   潮

绿潮（green tide）是指由绿藻过度增殖形成的藻类灾害。随着水体富营养化的日益严重，世界范围内，从北美、欧洲，到亚洲、大洋洲，近年来都不断有绿潮发生，给近岸生态环境和旅游经济造成日益严重的负面影响。2007 年以来，黄海海域也连年暴发大规模绿潮，其显著特征是规模大、漂移路径长、造成的损失大、且暴发呈周期性。

一、绿潮的定义

绿潮是大型定生绿藻脱离固着基后漂浮并不断增殖，导致生物量迅速扩增而形成的藻类灾害。绿潮与赤潮不同，引发赤潮的赤潮藻是微藻；而引发绿潮的绿潮藻均属于绿藻门绿藻纲石莼目石莼科，主要为莼属（*Ulva*）、浒苔属（*Enteromorpha*，现在有研究将浒苔属与石莼属并为一属——石莼属）、刚毛藻属（*Cladophora*）、硬毛藻属（*Chaetomorpha*）等属的大型绿藻。这些绿藻本来是固着生长的，在外力干扰下藻体脱离固着基营漂浮生活，环境适宜时会大量增殖而造成藻华灾害。

二、世界范围的绿潮

一般发生在春季和夏季，主要发生在河口、内湾、潟湖以及城市密集海岸等富营养化程度较高的水域，且常连续多年暴发。绿潮在世界各国沿海普遍发生（Taylor等，2001，Nelson等，2003，Nelson等，2008，Sun等，2008，Yabe等，2009，Kim等，2010；图16－14和表16－1），其发生频率和影响规模呈明显的上升趋势。

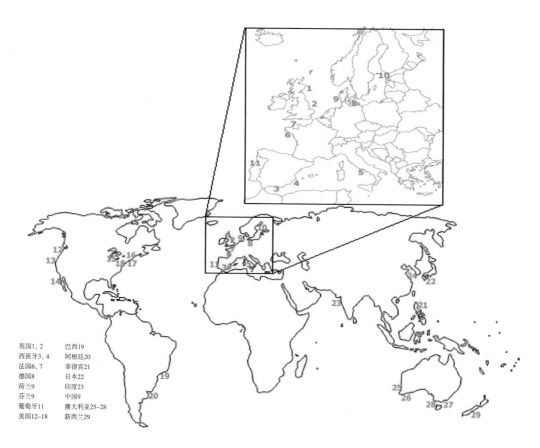

英国1, 2　　巴西19
西班牙3, 4　阿根廷20
法国6, 7　　菲律宾21
德国8　　　日本22
荷兰9　　　印度23
芬兰9　　　中国9
葡萄牙11　　澳大利亚25－28
美国12－18　新西兰29

图16－14　世界范围内的绿潮现象（数据源自唐启升等，2010）

表16-1　世界各地绿潮的主要构成种（唐启生等，2010）

绿潮主要构成种	暴发地点	绿潮主要构成种	暴发地点
硬石莼（*Ulva rigida*）	英国Langstone Harbour	孔石莼（*Ulva pertusa*）	法国Thau Lagoon
	意大利Sacca di Goro Lagoon	阿莫里凯石莼（*Ulva armoricana*）	法国Brittany
	巴西Cabo Frio Region	曲西石莼（*Ulva curvata*）	西班牙Palmones River Estuary
	阿根廷Golfo Nuevo Patagonia		荷兰Veerse Meer Lagoon
	荷兰Veerse Meer Lagoon	斯堪地那维亚石莼（*Ulva scandinavica*）	荷兰Veerse Meer Lagoon
	英国Ythan Esutary	肠浒苔（*Ulva intestinalis*）	葡萄牙Mondego Estuary
	荷兰Veerse Meer Lagoon		美国South California
硬石莼（*Ulva rigida*）	菲律宾Mactan Island		美国Hood Canal Belfair State Park
石莼（*Ulva lactuca*）	印度Jaleswar Reef		芬兰Espoo Haukilahti
穿孔石莼（*Ulva fenestrata*）	美国Nahcotta Jetty		芬兰West Coast
圆石莼（*Ulva rotundata*）	法国Brittany	浒苔（*Ulva prolifera*）	美国Tokeland
裂片石莼（*Ulva fasciata*）	巴西Cabo Frio Region		中国Yellow Sea
		缘管浒苔（*Ulva linza*）	美国Hood Canal Belfair State Park
网石莼（*Ulva reticulata*）	菲律宾Mactan Island	曲浒苔（*Ulva flexuosa*）	美国Muskegon Lake

　　法国布列塔尼地区（图16-15）、Lannion湾等早在20世纪70年代末就遭到绿潮灾害。仅1986年，一季就有25 000 m³石莼在Lannion湾聚集（图16-16）。在Lannion湾，每年为了处理这些绿潮藻，要损失掉500 t沙子，同时还要至少2 000台次卡车运送。布列塔尼地区通常绿潮藻就地腐烂。

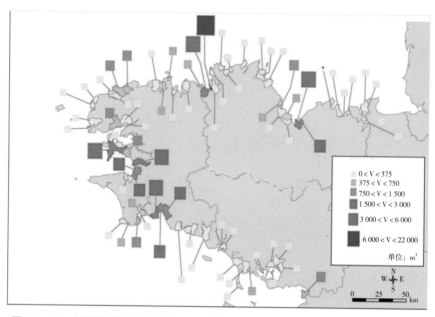

图16-15　布列塔尼海岸政府处理绿潮藻分布图（Charlier等，2007；图中标出的
为2004年所打捞的绿潮藻体积）

图16-16　处理前Lannion湾的绿潮情况（Briand，1989）

　　在法国的布列塔尼地区，造成绿潮的主要原因是当地以农业为主导，土地大量施肥，雨水将肥料冲刷入海，导致海水富营养化严重。另外，一些大气营养物会伴随雨水降下，还有一些固氮菌的存在，都是造成绿潮暴发的直接或间接因素。

　　自从2007年开始，我国黄海海域也连续多年发生绿潮灾害，被称为黄海绿潮（Yellow Sea green tide）。2008年的绿潮造成的影响尤为严重，威胁到当年北京奥运会青岛奥帆赛的举行（图16－17～图16－19）。

图16－17　青岛近岸浒苔（来自2010年国家海洋公报）

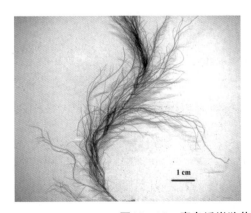
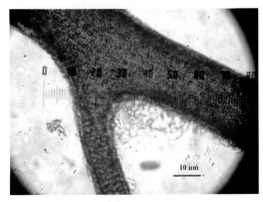

图16－18　青岛近岸浒苔的形态特征（Wang等，2012）

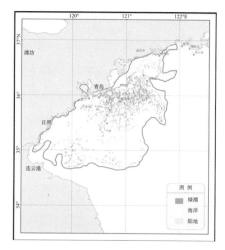

图16-19 2013年发生在青岛的浒苔绿潮（左图为2013年青岛第一海水浴场浒苔暴发的情景，右图为2013年6月30日青岛近岸浒苔暴发的遥感图）

2008~2013年我国黄海沿岸海域绿潮最大分布面积和最大覆盖面积见表16-2（资料来自2008~2013国家海洋公报）。

表16-2 2008~2013年我国黄海沿岸海域绿潮最大分布面积和最大覆盖面积

年　份	最大分布面积/km²	最大覆盖面积/km²
2008	25 000	650
2009	58 000	2 100
2010	29 800	530
2011	26 400	560
2012	19 610	267
2013	29 733	790

三、绿潮的危害

大规模暴发的绿潮能够阻断绿潮海域的航道，并且在海滨沉积，破坏该海区的生物群落结构，造成渔业、旅游业等方面的经济损失（Bolam等；2000；Pardal等，2004）。

（1）绿潮形成后，绿潮藻脱离固着基漂浮在海面上，削弱穿透进入海水的光强（Nelson等，2008），大量吸收海水中的营养盐，同时通过化感作用向环境释放物质，严重影响自然分布或养殖海藻的生长，破坏海洋生态系统的结构，降低生物多样性（Taylo等，2001，Nelson等，2003）。

（2）绿潮藻消亡过程中，藻体腐烂后会产生有毒次生产物，毒害其他水生动物（王超，2010）；同时消耗水体中大量氧气，导致水体缺氧（Nelson等，2003），引起水生动物的大量死亡，改变动物物种的多样性、丰度和总生物量，破坏动物种群结构（Nelson等，2008），造成沿海生态系统的受损。

（3）绿潮对沿海地区的水产养殖业产生破坏性的影响，造成巨大的经济损失。大量的浒苔进入养殖海区或养殖池后，如未被及时清除，会造成养殖区有毒物质的积累以及缺氧，导致大量海参、鲍鱼、扇贝、虾、蟹等养殖动物中毒死亡（刘英霞等，2009）。

（4）大规模的绿潮漂流在海上阻碍海上航运，来往于青岛—黄岛间的高速航运曾被迫逼停。绿潮藻随海浪堆积到海岸上，破坏海滨景观。特别是在2008年北京奥运会青岛帆船比赛期间，青岛沿海绿潮的出现威胁到了奥帆比赛的顺利进行。此外，绿潮藻腐烂后会产生腐败气味，严重危害沿海居民的身体健康。每当浒苔绿潮暴发，青岛市都会组织大量人力物力进行打捞。因此，绿潮的暴发不仅严重影响到了当地居民的正常生活，而且对当地的经济发展造成了巨大的损失。

四、绿潮暴发的机制

绿潮暴发包含一系列复杂的过程，受到多种因素的综合影响。这些因素可以概括为生物因素（即绿潮海藻自身独特的生物学特性）和环境因素（主要有海水富营养化、光照强度、温度和盐度等）两方面。

（一）生物学机制

容易形成绿潮的藻类通常为机会种。它们之所以引起绿潮暴发，是因为这些海藻对环境中的营养盐浓度较为敏感，具有很高的吸收营养盐的能力，在富营养化的水域环境中，能够迅速吸收大量营养物质并保持较高的生长速率，和其他海藻相比具有较强的竞争优势（Pedersen & Borum，1997，Wang等，2012）。绿潮藻的繁殖方式多样，有营养繁殖、无性生殖和有性生殖。以石莼属绿藻为例，其生活史存在典型的孢子体（二倍体）和配子体（单倍体）同形世代交替，生活史中的任何一个中间形态都可以单独发育为成熟的藻体（Merceron等，2007，Lin等，2008，Gao等，2010）；其生殖方式包括体细胞和断枝再生的营养繁殖，游孢子发育为配子体的无性生殖，雌、雄配子结合为合子的有性生殖（Lin等，2008；见插文）。

石莼属海藻生活史

石莼属海藻生活史有孢子体和配子体两个世代。成熟的孢子体除基部细胞外都可以形成孢子囊，孢子母细胞经减数分裂形成单倍体的游动孢子。孢子具有4根鞭毛，无趋光性，释放后游动一段时间便附着在不同的基质上萌发形成配子体。成熟的配子体产生同型配子，具有2根鞭毛，有趋光性。配子结合形成合子，合子萌发成为孢子体。同时配子体产生的单性配子也可以形成单倍的配子体。石莼属海藻有相同的细胞、亚细胞、生理和发育特征，孢子或由配子结合形成的合子附着后进行分裂，第一次分裂形成基部和顶端两个细胞，基部细胞发育形成假根，顶端细胞发育形成后来的藻体。石莼属海藻的繁殖主要包括营养繁殖、无性生殖和有性生殖3种方式，概括如下图。

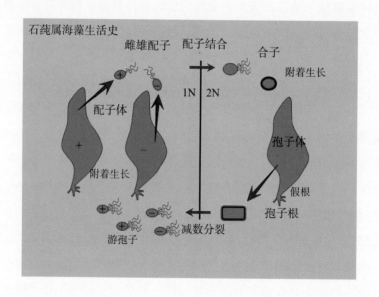

（二）环境因素

海水富营养化是引发绿潮灾害的最重要环境因素（Nelson等，2008）。海水富营养化是指以氮、磷为主的营养物质大量聚集在海水中，超出了海洋环境的自身调节能力，引起藻类及其他浮游生物迅速繁殖，大量消耗溶解氧使得水质恶化的现象。我国的江苏、山东沿海地区，经济快速发展，现代化工农业迅速发展，近海和沿岸水产养殖业规模不断扩大，城市居民数量高速增长，从而导致该区域附近海域海水富营养化程度严重。近几年影响严重的黄海绿潮，正是发生在这一海域（Sun等，2008，Ye等，2008）。

光照强度、温度和盐度等环境因素是绿潮发生的重要影响因素。在营养充足的前提下，光照强度和温度是诱导绿潮发生的关键因素（Taylor等，2001）。在区域性环境中，由于绿潮海藻具有广温广盐性，其生长最适温度和盐度范围较大，再加上其独特的生物学特性，在适宜的环境条件下，绿潮海藻跟其他海藻相比占据明显优势，因而能够加速营养生长和缩短生殖周期，致使海藻生物量不断增加，从而导致绿潮的暴发。而海水盐度的改变通常受到径流量的影响，径流量增加会将河流上游营养物质冲刷入海，加剧近海海域富营养化程度，从而增大绿潮发生的可能性。同时在生物圈大环境中，全球气候变暖（global warming）和海洋酸化（ocean acidification）的加剧在短期内都将有利于绿潮藻的生长（Wu等，2008），温室气体二氧化碳排放的增加为绿潮藻的快速生长提供了充足的碳源。

五、绿潮的治理

绿潮难于治理，且一旦暴发将造成很多危害，因此提前预防是很重要的。加强跟踪监测是这一过程中非常重要的环节。监测可以分为船舶监测、卫星监测、飞机监测以及建设海洋监测站监测等。应对绿潮措施主要有以下几方面：

1. 人工捞除和机械采收

目前对绿潮的应急治理主要是海上打捞和陆上机械采收（图16-20）。

图16-20 青岛对浒苔绿潮的应急处理措施

2. 化学法

有实验室内研究表明，氯化钠、硫酸铜、"84消毒液对浒苔均有一定的杀灭作用。但是绿潮往往大规模暴发，这样一来如果使用化学试剂，处理成本太大。而且将大量化学药品投入海中，可能对海洋环境造成破坏，得不偿失。

3. 资源化利用

目前对浒苔的资源化利用研究范围还很小，生产链主要划分为低端与高端两个层面。低端生产链主要集中于生物质肥料和生物质能源的开发，高端生产链主要围绕食品及其添加剂、饲料、药品、浒苔生物活性物质以及工程材料等几个方面。

（1）浒苔可用于食品、保健品、饲料等的开发。目前有研究表明，浒苔具有很高的营养价值和药用价值，陈灿坤等研究，浒苔当中含有丰富的粗蛋白、脂肪、多糖、粗纤维、各种维生素、各种矿物质盐分等。浒苔在日本被称作"青海苔"，在当地非常受欢迎，在我国的福建南部、江苏、浙江等地也以浒苔作为食品。浒苔氨基酸所含种类比较全面（表16-3）。浒苔中还含有活性物质，可用于制成肥料或饲料。如此，就可以将收集浒苔与经济收入联系起来，促使更多人收集浒苔，从而利于绿潮的治理。

表16-3　浒苔常规营养成分及氨基酸含量

（单位：%，干物质基础；林英庭等，2009）

项目	浒苔样本1	浒苔样本2
水分	87.37	89.21
干物质中灰分	27.11	17.33
粗蛋白	9.15	11.16
粗脂肪	0.75	1.50
粗纤维	6.02	6.70
盐分	8.42	0.85
钙	1.46	1.55
磷	0.08	0.10
天门冬氨酸(Asp)	1.19	1.27
苏氨酸(Thr)	0.48	0.49
丝氨酸(Ser)	0.50	0.53

续表

项目	浒苔样本1	浒苔样本2
谷氨酸(Glu)	1.23	1.37
甘氨酸(Gly)	0.56	0.60
丙氨酸(Ala)	0.88	0.97
胱氨酸(Cys)	0.20	0.20
缬氨酸(Val)	0.72	0.74
蛋氨酸(Met)	0.32	0.34
异亮氨酸(Ile)	0.34	0.36
亮氨酸(Leu)	0.59	0.60
酪氨酸(Tyr)	0.13	0.16
苯丙氨酸(Phe)	0.48	0.52
赖氨酸(Lys)	0.35	0.38
组氨酸(His)	0.11	0.12
精氨酸(Arg)	0.52	0.58
脯氨酸(Pro)	0.34	0.32
氨基酸总和	8.92	9.58

浒苔含有大量的浒苔多糖、绿藻蛋白、不饱和脂肪酸和天然的矿物质等。浒苔多糖的化学组分比较复杂，主要由糖醛酸、硫酸根和单糖组成，其中糖醛酸和硫酸根的含量相对比较稳定。浒苔多糖在单糖组成和含量方面既存在共性也存在差异性。在分析的多种浒苔多糖中，鼠李糖和葡萄糖是最稳定的单糖组分，在所有多糖中都存在，分布最广泛；半乳糖和木糖含量也比较多，在多种浒苔多糖中都存在；而甘露糖、阿拉伯糖和艾杜糖含量相对较少，仅在个别浒苔中存在（魏鉴腾，2014；见插文）。

现代科学研究表明，浒苔多糖等活性成分具有抗氧化、抗肿瘤、降血脂等生物学功能（Kim等，2011；Jiao L等，2009）。浒苔多糖应用广泛：作为海洋生物医药原料可以提高免疫力，清除人体自由基；在动物饲料中使用添加浒苔多糖，可以起到提高动物免疫力、预防动物流行病的传播等作用。

多　糖

多糖（polysaccharide）是由糖苷键连接的由醛糖或酮糖组成的聚合度大于 10 的大分子，其通式为（$C_6H_{10}O_5$）$_x$。根据分布情况可分为细胞壁多糖、胞间多糖以及胞内多糖。其化学性质如下：无甜味；不溶于水；不能通过细胞膜，不可直接被吸收，故必须先水解成单糖才可被细胞吸收和利用；只能形成胶体，非还原糖，无变旋性，有旋光性。

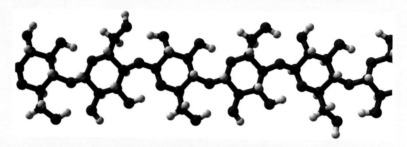

多糖的3D结构图（图片来自Mills B）

海藻多糖就来源可分为褐藻多糖、红藻多糖、绿藻多糖和蓝藻多糖四大类，其中前两者研究较多。

（1）红藻多糖：红藻多糖主要有琼胶、卡拉胶和琼胶－卡拉胶中间多糖，均是以半乳糖为单位结合而成的半乳聚糖。

（2）褐藻多糖：褐藻多糖主要来自海带、巨藻、泡叶藻和墨角藻等，有褐藻胶、褐藻糖胶和褐藻淀粉。

（3）绿藻多糖：绿藻多糖为构成绿藻细胞壁填充物的木聚糖和或甘露聚糖，还有少量存在于细胞质内的葡聚糖。

（4）蓝藻多糖：目前对蓝藻多糖的研究较少，主要以螺旋藻多糖为代表。

中国海洋大学海大生物集团于2013年8月建设浒苔资源高值化利用基地，总建筑面积达3.6万平方米。该基地主要用于海藻多糖提取、海藻寡糖制备、海藻微生物制剂生产，是国际上唯一的规模化进行绿藻多糖提取、纯化、制备以及绿藻多糖系列制剂生产的基地。该基地投入使用可大幅度提高青岛市的浒苔资源化利用能力，并实现浒苔资源的高值化利用，可形成年产高纯度的浒苔多糖1 000多吨、高端绿藻糖肽生物制品300 t、新型海藻有机水溶肥料20 000 t、动物免疫增强剂1 000 t，具有显著的经济效益和社会效益。

（2）海藻可以被用作燃料。有些国家收集绿潮藻，对其进行处理，制造生物气。绿潮藻的粗纤维含量为7%左右，虽低于陆生植物但因其总量巨大，所以应用前景非常广阔。处理过程包括水解和滤液甲烷化，在发酵过程中，在产酸和产甲烷阶段之间会发生固液分离，使得提取有机质成为可能，这也就为生物柴油、乙醇等清洁能源的制备提供了前提。图16-21一个浒苔滤液的酸化及产甲烷的装置（根据Morand，2006的文献绘制）。

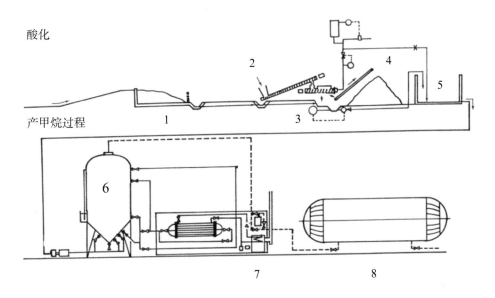

图16-21 浒苔滤液的酸化及产甲烷阶段装置
1. 酸化反应器；2. 预消化泥；3. 螺旋压榨；4. 压缩泥；5. 水解液储藏池；
6. 甲烷产生器；7. 沼气炉；8. 贮气器

4. 生态治理的方法

Valiela（1997）等研究表明，在较浅的河口以及港湾等近岸海域，通过上行效应以及下行效应的控制可以达到控制大型海藻暴发的目的。该方法包括以下几点：通过种质鉴定和遗传溯源技术寻找大型海藻的聚生地，控制限制性营养盐的过量输入；通过增殖浮游动物和藻食性动物以及应用营养竞争性海藻进行生态恢复；增加生态系统的多样性以减少绿潮藻的栖息地环境，转变其单一生物群落结构的生态系统，使系统能量和物质的输入、产出达到均衡状态。这是一种较物理、化学方法更为有效和健康的生态防治办法。

（1）绿潮会造成哪些危害？

（2）绿潮暴发的机理是什么？

（3）治理绿潮的方法有什么？

第三节 褐　潮

在赤潮、绿潮肆虐的同时，近年又发现了一种新的海洋灾害——褐潮（brown tide）。褐潮是由微微型藻类引发的藻华，褐潮暴发时由于其藻体密度极高，会使水体变为深褐色，因而得名。目前还没有直接的证据可以证明褐潮对人的健康有直接危害，但其对浮游动物和甲壳动物会产生影响，最终影响褐潮暴发地区生态系统和生物多样性。另外褐潮暴发时，由于其藻密度很大，会降低海水透明度，导致光线被阻隔，对海草床会产生不利的影响，使海草大量减少。同时，褐潮还会造成经济损失。

一、褐潮暴发的概况

褐潮最早出现在美国东北部沿岸多个海湾（Sieburth等，1988；Nuzzi，1995），随后沿美国东部沿岸向南扩张至新泽西州的Barnegat湾（Gastrich等，2004）、特拉华州的 Little Assawoman 湾（Popels等，2003）、马里兰和维吉尼亚的 Chincoteague 湾（Trice等，2004；Glibert等，2007；Mulholland等，2009）。

在我国，褐潮于2009年在渤海秦皇岛沿岸海域首次出现（图16-22）。藻华期间海水颜色呈褐色，细胞密度极高，对该海域的扇贝养殖业和滨海旅游环境造成了严重影响，引起公众和政府的密切关注。中科院海洋所"我国近海藻华灾害演变机制与生态安全"973项目组对2011年6月藻华期间浮游植物样品进行了色素分析和分子生物学分析等，确认该海域藻华的主要原因种是一种金藻（Pelagophyte）——抑食金球藻（*Aureococcus anophagefferens*；见插文）。

图16-22 2011年6月美国Moriches Bay褐潮暴发（左；来自Kuntz）和2012年7月河北沿岸褐潮暴发（右；来自孔凡洲）

抑食金球藻（*Aureococcus anophagefferens*）

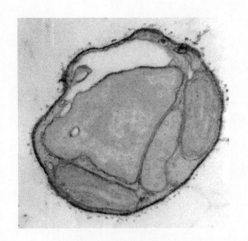

抑食金球藻的显微照片

2009年5月底，褐潮在河北沿岸首次出现。之后，每年的5月中下旬，在该海域就定期出现这种褐潮现象。2011年的研究结果发现，山东威海海域也出现了类似的褐潮。海洋所研究员周名江介绍，渤海秦皇岛近岸海域的褐潮从2009年开始连年暴发。相关海洋监测机构和水产研究部门都针对这一灾害开展了监测与研究。但是，由于引起灾害的微微型藻体积小、细胞脆弱、形态学特征不明显，应用传统方法进行藻种鉴定有很大难度，藻华原因种一直未能确定。

针对这一难题，海洋所研究员于仁成与国家海洋局北海监测中心积极协作，带领研究人员进行了实地调查研究，应用色素分析方法、分子生物学方法和特异性的抗体检测手段进行验证，最终查明渤海秦皇岛近岸海域有害藻华的主要原因种为海金藻类的"抑食金球藻"（*Aureococcus anophagefferens*）。相关研究成果发表在2012年30卷第三期的《海洋与湖沼》（英文版）和有害藻华研究的权威期刊*Harmful Algae*上。

抑食金球藻，个体直径2~3μm，是一种微微型藻。于仁成介绍："藻华期间藻细胞密度很高，细胞密度可以达到10亿个/升。从20世纪80年代至今，抑食金球藻多次在美国东海岸形成大范围有害藻华，因藻华期间细胞密度极高、能特异性地抑制贝类摄食、藻华水体呈黄褐色而被称作'褐潮'。该命名被美国研究与管理部门应用，也为国际有害藻华研究界所接受。"

据海洋所博士张清春介绍，抑食金球藻此前曾在美国和南非形成褐潮，渤海秦皇岛近岸海域的褐潮现象在我国近海属首次记录，我国也成为继美国、南非之后第三个出现褐潮灾害问题的国家。针对我国近海的褐潮问题，2011年海洋所已与美国石溪大学进行了合作研究，推进了褐潮藻种的鉴定工作。2013年6月，双方再次合作，明确提出抑食金球藻是河北沿岸褐潮的主要原因种。石溪大学海洋生态学家Gobler在《自然》（*Nature*）杂志中表示："藻种的鉴定是解决藻华问题的第一步。"

二、褐潮的危害

（一）抑食金球藻对滤食性贝类的危害

褐潮最明显的效应就是对滤食性贝类所造成的危害。1982年时，纽约州Peconic湾的海湾扇贝收获量为50万磅（1磅约等于0.45 kg），产值高达180万美元，大约占美国海湾扇贝总收获量的28%。1985年褐潮发生后，海湾扇贝种群数量大幅下降，Peconic湾的海湾扇贝资源受到沉重打击（Bricelj等，1989）。据估计，褐潮造成纽约州的经济损失每年高达200万美元（Kahn，1988）。

研究表明抑食金球藻可以降低贝类的存活率，抑制贝类生长和摄食。表16-4总结了抑食金球藻对贝类存活、生长以及摄食的危害效应。

表16-4 抑食金球藻对贝类存活、生长以及摄食的危害效应

滤食性贝类	藻细胞密度/（个/毫升）	危害效应	参考文献
硬壳蛤 （Mercenaria mercenaria）	$2.0 \times 10^5 \sim 8.0 \times 10^5$	幼贝存活率低	Bricelj等，1989
	1.0×10^6	幼贝存活率低	Greenfield等，2002
	$\geqslant 5.0 \times 10^4$	幼贝生长速率低	Bricelj等，1989；Padilla等，2006
	$\geqslant 2.0 \times 10^4$	幼贝生长速率低	Bricelj等，2004
	1.0×10^6	幼贝生长速率低	Laetz等，2003
	4.0×10^5	幼贝清滤率低	Bricelj等，1989
	$\geqslant 3.5 \times 10^4$	幼贝清滤率、摄食率、吸收率、吸收效率低	Wazniak等，2004；Bricelj等，1989；Bricelj等，2001
	$2.5 \times 10^5 \sim 5 \times 10^5$	成贝清滤率低	Tracey，1988；Harke，2011
海湾扇贝 （Argopecten irradians）	$1.9 \times 10^5 \sim 7.5 \times 10^5$	面盘幼贝存活率低，生长速率低	Gallager等，1989
	$0.8 \times 10^6 \sim 1.1 \times 10^6$	成贝存活率低	
紫贻贝 （Mytilus edulis）	$\geqslant 1.0 \times 10^6$	成贝存活率低	Tracey等，1988
	$1.7 \times 10^5 \sim 4.0 \times 10^5$	幼贝生长速率低	Bricelj等，1997；Bricelj等，2004
	1.0×10^6	幼贝清滤率低	Bricelj等，2001
	$2.5 \times 10^5 \sim 5 \times 10^5$	成贝清滤率低	Tracey等，1988
大西洋舟螺 （Crepidula fornicata）	1.0×10^6	清滤率低	Harke等，2011
太平洋牡蛎 （Crassostrea gigas）	2×10^5	清滤率低	Probyn等，2001

（二）抑食金球藻对浮游动物的危害效应

在海洋食物链中浮游动物是藻类和较高消费者之间的枢纽。因为浮游动物会直接摄食浮游植物，因此会和褐潮的发生及其生态效应有非常密切的关系（王丽平等，2003）。目前有涉及到抑食金球藻对纤毛虫、桡足类等浮游动物影响的研究。抑食金球藻对浮游动物的危害效应主要有降低浮游动物的存活率，抑制其生长、摄食，影响生殖等，进而影响浮游动物种群数量，以至于整个生态系统的结构。

（三）抑食金球藻对海草的危害效应

1985～1986年的褐潮暴发导致了Peconic-Gardiners海湾以及大南湾海草生物量显著下降（Lonsdale，1996）。经过研究，在长岛海湾褐潮暴发高峰时（藻密度达1.0×10^6个/毫升），抑食金球藻密度很高，这导致严重的光衰减（海水透明度下降50%）（Dennison，1989）。褐潮暴发时，因为光照强度的限制，海草的生长受到抑制，生物量降低，海草床面积减小，初级生产力下降。海草是海洋生态系统食物链当中重要的一环，它可以提供很高的生产力，而且还可通过提高海水透明度等为其他海洋生物提供良好的栖息地，因此有着重要的生态功能。抑食金球藻的大量繁殖对海草床产生严重的危害，这会间接威胁到底栖生态系统的平衡（Bricelj等，1997）。

（四）抑食金球藻对海洋生物的影响机制

1. 藻细胞体积小

有些学者认为抑食金球藻之所以会对海洋生物造成不利的影响是因为藻细胞太小。Riisgård（1988）认为，因为微微型藻（0.2～2 μm）细胞小，存留率低，因而对双壳类产生危害。研究表明，硬壳蛤可完全保留4 μm以上颗粒，而对2 μm的颗粒的存留率降至35%～70%；美洲牡蛎（*C. virginica*）与海湾扇贝（*A. irradians*）可完全保留5～6 μm的颗粒，对2 μm的颗粒的存留率分别降至50%和15%（Riisgard，1988）。Smith等（2008）认为汤氏纺锤水蚤（*A. tonsa*）无节幼虫可依据藻细胞大小有选择地摄食，与抑食金球藻（CCMP 1708）相比，汤氏纺锤水蚤无节幼虫明显倾向于食用较大的球等鞭金藻（*Isochrysis galbana*）（直径4～6 μm）；若单独投喂抑食金球藻（CCMP 1708）与单独投喂细小微胞藻（*Micromonas pusilla*）（直径0.6～1.6 μm），汤氏纺锤水蚤无节幼虫的摄食率无显著差异；单独投喂球等鞭金藻时，汤氏纺锤水蚤无节幼虫的发育速率比单独投喂抑食金球藻或细小微胞藻时的发育速率都要高。

然而，也有学者认为抑食金球藻的危害效应不能归因于藻细胞体积小。Tracey（1988）研究表明，当暴露于抑食金球藻中时，与暴露于同样大小的高岭土颗粒（2～2.5 μm）中相比，紫贻贝的清滤率要低十倍。因此他认为，抑食金球藻抑制贝类摄食与藻细胞大小无关。

因此，抑食金球藻的危害效应是否归因于藻细胞大小还存在争议。

2. 营养物质不全面

有专家认为对一些生物尤其是浮游动物来说，抑食金球藻所含的营养物质可能不全面。Smith（2008）等人认为，抑食金球藻抑制汤氏纺锤水蚤无节幼虫发育是由其所含营养物质不全面造成的。仅用抑食金球藻（5.0×10^5个/毫升；CCMP 1784）投喂水蚤时，纺锤水蚤（*A. hudsonica*）的桡足幼虫和猛水蚤（*C. canadensis*）的无节幼虫不能正常存活和生长。但是当添加其他浮游植物时，不会产生显著的危害效应（Lonsdale等，1996）。当混合饵料中抑食金球藻的比例低于80%时，急游虫（*Strombidium* spp.）的生长不会受到抑制（Caron等，2004）。Castagna等（Kraeuter等，2001）研究表明，摄食球等鞭金藻（*I. galbana*）的硬壳蛤幼体都有黄色脂滴，而摄食抑食金球藻的幼体都无此类液滴（Padilla，2006）。这说明摄食抑食金球藻的幼体可能营养供给不足。

但是，也有学者认为抑食金球藻并不存在营养物质不全面的问题。有研究表明，抑食金球藻的脂类包括诸如20：5n－3及22：6n－3的必需多不饱和脂肪酸，其含量与那些营养丰富的藻种相当（Bricelj等，1989）。

因此，抑食金球藻的危害效应是否归因于营养物质不完全，尚无定论。

3. 藻毒素

除了以上两种观点以外，还有人认为抑食金球藻抑制贝类生长主要是因为细胞产生抑制贝类摄食的毒素导致贝类饥饿（Bricelj V M等，2004）。这一点可以通过抑食金球藻"有毒藻株"对贝类有毒害效应而"无毒藻株"无毒害效应来证明。硬壳蛤暴露于"有毒藻株"（CCMP 1708）中，摄食率及生长率明显降低（Bricelj等，2004）；但可以正常摄食"无毒藻株"（CCMP 1784），并且具有相当高的吸收效率（91%～92%），即"无毒藻株"（CCMP 1784）促进硬壳蛤幼贝的生长。Robbins等证明，"有毒藻株"（CCMP 1708）会导致硬壳蛤鳃部肌肉收缩、滤水间断性停止，降低颗粒的流速、腹沟传送速度及单位时间捕获到的颗粒数目；而"无毒藻株"（CCMP 1784）不会产生上述效应。"有毒藻株"与"无毒藻株"对贝类的影响不同，可以排除上述抑食金球藻藻细胞小或营养物质不完全这两种原因，因此很多学者将抑食金球藻的毒害效应归咎为细胞产毒。

有研究表明，抑食金球藻产生的毒素存在于藻细胞中而不分泌到藻细胞外液中。Tracey等（1988）发现，抑食金球藻的藻细胞滤液对贝类的清滤率没有影响，而贝类与藻细胞的直接接触会引起清滤率下降。此外，通过离心去除藻细胞后的抑食金球藻培养液对海湾扇贝变态没有毒性效应（Bricelj等，1989）。

目前尚未查明该藻产生的毒素到底是什么物质。有学者推测抑食金球藻对敏感种侧纤毛活动的抑制作用可能是类似神经递质多巴胺（DA）的物质引起的（Bricelj等，

1989；Gainey等，1991）。在贝类当中，DA与血清素（5HT）分别可以抑制和激活侧纤毛的摆动（Aiello，1960），而抑食金球藻对侧纤毛的抑制作用与DA的作用相似。Gainey等（1991）实验表明，用DA拮抗剂麦角新碱对紫贻贝的鳃进行前处理，可阻止抑食金球藻对侧纤毛的抑制作用，进一步说明抑食金球藻产生的毒素可能与DA有关。但因为尚未真正检测到藻毒素的存在，因此抑食金球藻是否产生毒素以及产生何种毒素仍有待研究。

三、褐潮的防治

褐潮防治可以分为生物法、化学法、以及絮凝法三种。

（1）生物法：Cerrato（2004）等研究表明，增加帘蛤的量，可以使抑食金球藻保持较低的密度。

（2）化学法：Randhawa 等（2012）研究表明，H_2O_2对抑食金球藻有很好的去除效果，但是对绿藻、硅藻等12种藻没有明显抑制作用。

（3）絮凝法：目前在国内外已经有很多有关絮凝法治理赤潮的研究，但是有关该法治理褐潮的研究还很少，主要有Yu（2004）等在实验室内进行的抑食金球藻去除研究。

接下来介绍张雅琪（2013）有关改性黏土对抑食金球藻去除效率的研究。

图16－23中BG、HB、HW、JS、YH分别代表5种改性黏土，由上图可以看出，5种黏土改性后其对藻的去除率均有大幅提高。

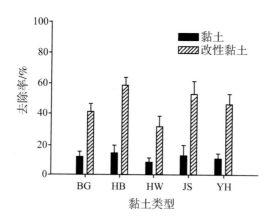

图16－23　不同类型黏土及其表面改性后对去除抑食金球藻效率的影响（引自张雅琪，2013；黏土和改性黏土浓度均为0.50 g/L）

由图16-24可以看出，随着改性剂比例上升，其去除率也逐渐升高。

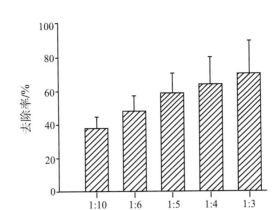

图16-24 不同改性剂/黏土质量比对去除抑食金球藻的影响

根据图16-25，改性黏土用量少于1.50 g/L时，去除率随其用量升高而增加，当达到2.00 g/L时，其去除率不再变化，这也说明改性黏土有某一合适的用量。

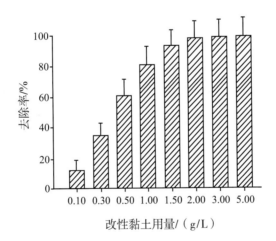

图16-25 改性黏土用量对抑食金球藻去除效率的影响

思考题

（1）褐潮的定义是什么?

（2）防治褐潮的方法有哪几种? 请分别具体介绍。

第四节　大型海藻对海水富营养区的治理

一、背景

虽然海洋对人类福祉具有十分关键的作用，但是特别在过去几十年，人类围绕海洋的活动，如过度捕捞、海岸开发、大规模的水产养殖、人口沿海岸线的聚集，甚至全球气候变化已经很大程度地改变了海洋生态系统，削弱了海洋继续为人类提供服务的潜力（Halpern等，2012；Anderson等，2012）。例如，按照发表于*Nature*的一个基于10个公共期望指标来评价人类-海洋生态系统健康程度的指数（满分100），所有海洋国家中只有5%得分在70以上，32%的国家得分在50以下；我国得分仅为53（Halpern等，2012）。海洋富营养化是影响海洋生态系统健康的最重要因素之一（Howarth等，2000；Rabalais等，2009；Smith & Schindler，2009；Glibert等，2010；Howarth等，2011）。海洋富营养化，主要由人口增加、能源需求增加、大量使用含氮、磷的化肥、畜牧业废物的增加和水产养殖业的发展造成排入水体的各类营养盐大量增加而导致的（Glibert等，2010）。海域富营养化的生态环境效应包括：出现低氧区或无氧区、重要生境（如沉水植物和珊瑚礁）消失、生物多样性减少、海洋有害藻华（包括大型藻类形成的藻华）暴发频度和强度增加等（Smith and Schindler，2009；Howarth et al.，2011）。此外，还会出现诸如消费者生物量增加、水母类旺发、底栖和附生藻类生物量增加、大型植被种类组成改变、鱼类死亡事件增加、渔获量下降、水体透明度下降、水体异味、美学效果降低等（Smith and Schindler，2009）。国内学者根据富营养化发展的历史，对海洋富营养化新定义为"海水中营养物质过度增加，并导致生态系统有机质增多、低氧区形成、藻华暴发等一些异常改变的过程"（俞志明等，2011），该定义包括富营养化的"原因、效应和过程"三大要素。而且，由于富营养化海域生源要素的生物地化循环特征，会进一步增加氮、磷浓度，减少硅的可利用性，这一正反馈机制会进一步加剧水体的富营养化问题（Howarth等，2011）。20世纪90年代，人类排入河流和近海的氮是工业革命前的3倍以上，磷是3～4倍以上。2000年以来，污水处理技术的进步使许多工业国家的磷排放量下降，但氮的排放量或污染程度仍然很高（Howarth等，2011）。美国等发达国家也有2/3的海湾、河口生态功能因为富营养化问题而退化（Howarth等，2011）。再以我国氮肥使用量为例，在1970年代为500万吨/年，现在增加到2000多万吨/年，占全世界氮肥使用量的25%（Glibert等，2010）。已有研究表明，我国近海富营养化具有营养盐污染面积广、河口和海湾营养盐污染问题严重、近岸海域氮污染问题突出等特征（俞志明等，2011；周名江等，2013）。

生物恢复法是近几年发展起来的环境恢复手段，由于它的生态安全性和可持续性，已被广泛用于各种生境的恢复实践中（Chen等，2003；Conner等，2000；Parrotta and Knowles，2001）。在近海海域的生态恢复方面，国内外已有一些学者开展了利用大型海藻恢复或改善海洋生态系统，尤其是吸收海水营养盐的研究（Cohen and Neori，1991；Fong，2004；Pedersen and Borum，1997；Neori等，1996；Lavery and McComb，1991；徐永健等，2004）。

大型海藻是海区重要的初级生产者，生命周期长、生长快，能通过光合作用吸收水体的碳、氮、磷等营养盐，同时增加水体溶解氧。因此，大型海藻被称为海洋环境中的生物过滤器。大型海藻的生物滤器作用通过对水体过剩营养盐的吸收、利用来实现。

本案例是利用大型海藻长心卡帕藻（*Kappaphycus alvarezii*）作为恢复工具藻恢复半封闭海湾的富营养化水体，主要参考路克国博士论文《大型藻类在工程治理海水富营养化和抑制病源微生物中的作用》（2008）。案例分为两个部分：一是自然海域恢复前的准备，主要通过室内实验和人工修建的藻类养殖系统中进行的长心卡帕藻去除氮、磷的半连续实验，探索并完善利用长心卡帕藻进行富营养水体恢复的技术；二是利用长心卡帕藻恢复半封闭海湾——黎安海湾富营养化的水体，评价恢复效果。

二、恢复目标

（1）通过室内实验和人工修建的藻类养殖系统中进行的长心卡帕藻去除氮、磷的半连续实验，初步评估长心卡帕藻生态应用价值，探索并完善利用长心卡帕藻进行富营养水体恢复的技术。

（2）利用长心卡帕藻的恢复半封闭海湾——黎安海湾富营养化的水体，评价恢复效果，构建一种半封闭海域富营养化治理模式。

三、恢复过程

（一）恢复区的选择

黎安海湾（图16-26）地处海南省东南部，是海南省最大的海湾和海水养殖基地之一。黎安海湾地理位置为：最北端N18° 26′ 42.43″，最南端N17° 24′ 24.58″，最东端E110° 03′ 53.40″，最西端E110° 02′ 17.01″。港湾风平浪静，海水清澈，浮游生物丰富，常年水温 24.5℃ ~ 25.5℃。海湾面积 150 000 亩，港内可供海水养殖的面积达6 990亩。海湾周围有 6 个渔村，人口 15 000 人，沿海而居。黎安湾的入海口狭窄，宽度仅十几米，而且水浅，即使涨潮时也不超过30 m，海水不容易倒灌，所以黎安海湾无论什么季节、什么天气，总是风平浪静。黎安海湾的地理优势，加上得天独厚的气候条件使得黎安港成为进行海水养殖的一流海港，可大力养殖石斑鱼、章雄鱼、对虾及贝类等。尤其是近几年来，珍珠贝养殖业的迅猛发展，加重了黎安海湾的污染，海水富营养程度增加。

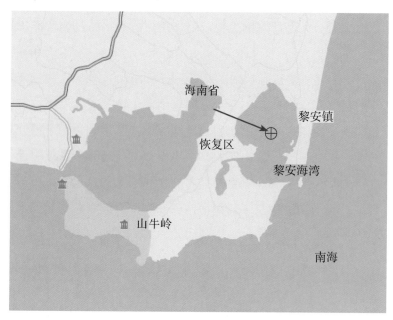

图16-26　恢复区位置图

（二）恢复工具种的选择

以大型经济海藻长心卡帕藻作为恢复工具种，分别在室内、室外藻类处理系统和海湾现场三种条件下，进行藻类去除海水中氮、磷的实验，研究了其对海水中无机氮、无机磷的吸收速率和去除能力，初步评估了其生态应用价值。

选择长心卡帕藻（见插文）作为恢复工具种原因如下。

（1）长心卡帕藻是一种经济价值很高的热带海藻，是当今世界上卡拉胶工业的主要原料。在实验海域作为经济海藻进行养殖，养殖条件成熟，可为本案例的进行提供技术和原材料的支撑。

（2）长心卡帕藻生长速度快，一年中可重复收获，可以每季度采收一次，从而可以连续地去除养殖水体中的营养物质。

（3）长心卡帕藻与其他经济生物混养不会带来二次污染。

（4）对养殖者而言，当前氮和磷的排放（未摄食和排泄的营养）较高，意味着相同投入产生的经济效益降低，而采用长心卡帕藻进行营养物质的吸收则可通过各种海藻食品和生化产品的形式挽回一定损失。

长心卡帕藻（*Kappaphycus alvarezii*）

长心卡帕藻（*K. alvarezii*），曾用名异枝麒麟菜（*Eucheuma striatum*），属红藻门、真红藻纲、杉藻目、红翎菜科、卡帕藻属，是热带、亚热带多年生海藻（夏邦美等，1999）。在我国，主要分布于海南、广东、广西、台湾等暖海区域，西沙群岛、东沙群岛也有分布。藻体多呈圆柱状或扁平状，有二权式或不规则分枝，一般分枝上有乳头状或疣状突起。新鲜藻体肥厚多汁、脆软，晒干后变硬，多为软骨质。长心卡帕藻生长的最佳温度范围是 25 ℃～30 ℃；24 ℃以下生长速度逐渐减慢，低于20 ℃则生长基本停止；30 ℃以上生长速度也减慢；根据在海南三亚的养殖试验，温度一旦高于33 ℃，部分藻体组织便开始白化，腐烂甚至死亡。长心卡帕藻是喜光性海藻，光强在7 000 lx时，藻体生长最快，低于 3 000 lx，藻体生长速度明显下降。其适宜生长盐度为33～37，海水密度在1.020以上时，生长正常；有时受降雨影响，海水密度下降至1.015时，短期内对长心卡帕藻生长还有利，持续下降则导致藻体腐烂。

673

（三）恢复前准备

1.室内条件实验

长心卡帕藻取自海南省陵水县黎安海港，清洗干净、去除藻体上的杂物后，在室内培养。培养温度为25℃±2℃，盐度为35，光强为100±50 μmol photons /（m² · s），光周期为12L∶12D。室内实验选取生长良好的长心卡帕藻，取同一生长部位的藻体做实验材料，测量长心卡帕藻鲜重时，要将藻体表面的水分吸干，再烘干使用。实验所用海水取自海南省三亚湾，海水盐度为35，pH为8.2，氨氮浓度为1.18 μmol/L，硝酸氮浓度为1.37 μmol/L，亚硝酸氮浓度为0.12 μmol/L，正磷酸盐浓度为0.25 μmol/L。

无机氮为氨氮、硝酸氮、亚硝酸氮的总和，无机磷主要指可溶性磷酸盐含量。采用以下方法测定实验水体中无机氮和无机磷的浓度：氨氮——次溴酸纳氧化法，硝酸氮——铜镉柱还原法，亚硝酸氮——氮萘乙二胺分光光度法，可溶性磷酸盐——磷钼蓝分光光度法。

室内实验研究发现，长心卡帕藻对氮、磷的吸收速率随底物浓度升高而升高。在氮磷比为10∶1，温度28℃条件下，氮浓度为50 μmol/L时，藻对氮、磷的吸收速率达到最大，分别为0.93 μmol/（g · h）（干重）和0.072 μmol/（g · h）（干重）。可见，长心卡帕藻对氮、磷的最适吸收温度与适宜长心卡帕藻生长的温度基本一致，去除海水富营养能力较强。

2.室外半连续性实验

室外半连续性实验中，利用人工修建的露天水池（水池面积100 m²，水深50 cm；图16－27和图16－28），水体由水池内搅拌机搅拌，养殖藻密度为10 g/L。每天添加氮、磷1次（氮磷比为10∶1），氮浓度每两天由低到高依次增加，实验期间氮浓度依次从10上升到20、30、50和

图16－27　实验现场

100 μmol/L⁻¹。每天添加营养盐时间确定在上午7点半，搅拌均匀后立即取样检测氮初始浓度。下午5点半水样检测氮终浓度，计算10小时内藻体吸收氮变化。每天日落之后换水1次。日水温在24℃～29℃之间变化。以太阳光作为光源，光照时间为13 h±1 h。

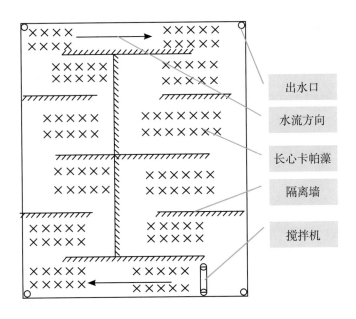

图16-28　藻类养殖池结构示意图

　　在人工修建的藻类养殖系统中进行长心卡帕藻去除氮、磷的半连续实验，结果表明该藻具有连续去除海水溶解无机磷、溶解无机氮的能力。只要保持足够的底物浓度，长心卡帕藻对无机氮、无机磷的吸收速率达到最大，分别为0.3 μmol/（g·h）（干重）和0.03 μmol/（g·h）（干重）。但是对氮、磷的吸收速率较室内实验有所降低。

（四）自然水域的恢复

1.富营养水平的调查

2003年3月至2004年2月，连续一年对海南省黎安海湾进行水质监测，每月采样1次。采样站点6个，由外到里分别是外海、湾口、码头、虾池、湾中部、湾底（图16-29）。

调查结果如下。

（1）不同位点氮、磷含量的相关性分析。从各位点之间氮含量的相关系数可以看出，外海与湾口呈极显著相关，外海与码头呈显著相关，而外海与湾内其他位点的相关性不显著，湾内各位点之间氮含量相关性都达极显著水平（表16-5）。相关性分析表明，湾口位点氮含量受外海的影响很大；而湾内各位点氮含量相互影响，密切相关。

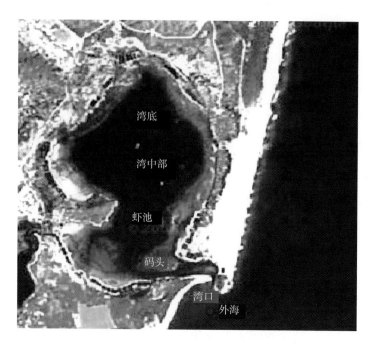

图16-29　黎安海湾及采样站点示意图

表16-5　各位点之间氮含量的相关性分析

	外　海	湾　口	码　头	虾　池	湾中部
外　海	1.000				
湾　口	0.794**	1.000			
码　头	0.643*	0.903**	1.000		
虾　池	0.451	0.911**	0.908**	1.000	
湾中部	0.405	0.870**	0.860**	0.954**	1.000
湾　底	0.443	0.812**	0.779**	0.906**	0.975**

注：**表示在0.01水平显著，$R_{0.01}=0.708$；*表示在0.05水平显著，$R_{0.05}=0.576$

从表16-6可以看出，湾口与外海磷含量的相关性达显著水平，说明湾口磷含量受外海影响较大，原因在于湾口与外海水交换比较频繁。虾池、湾中部、湾底三个位点之间磷含量均呈极显著相关，说明三个位点之间磷含量密切相关，这与三点在地理位置上相邻有关。

表16-6　各位点之间磷含量的相关性分析

	外　海	湾　口	码　头	虾　池	湾中部
外　海	1.000				
湾　口	0.662*	1.000			
码　头	0.529	0.652*	1.000		
虾　池	0.468	0.437	0.288	1.000	
湾中部	0.481	0.282	0.493	0.759**	1.000
湾　底	0.446	0.522	0.377	0.793**	0.815**

注：**表示在0.01水平显著，$R_{0.01}$=0.708；*表示在0.05水平显著，$R_{0.05}$=0.576。

（2）海水富营养状态评价。根据下列公式评价海水富营养状态：EI=COD×DIN×DIP/4 500，其中EI为富营养指数，COD为化学需要量（mg/L），DIN为海水无机氮浓度（μg/L），DIP为海水无机磷浓度（μg/L）。EI大于或等于1时，表明海水富营养化；EI小于1时，说明海水未发生富营养化（表16-7）。

表16-7　不同位点在不同季节的 EI 值

站　号	位　点	春　季	夏　季	秋　季	冬　季	全　年
A	外　海	0.082	0.055	0.051	0.080	0.066
B	湾　口	0.273	0.197	0.208	0.272	0.237
C	码　头	1.061	0.590	0.459	0.605	0.662
D	虾　池	2.571	1.474	1.660	2.205	1.950
E	湾　中	3.821	1.640	1.574	2.793	2.338
F	湾　底	6.720	3.106	3.131	6.726	4.699

湾口和码头海水未发生富营养化，主要是这两个位点和外海海水交换较充分的缘故。湾底是海产养殖区，剩余的饵料以及鱼、虾、贝的排泄物和居民生活垃圾导致湾底部污染较重，引起海水富营养化。

2.富营养水域的恢复

在黎安海湾湾中部有片段化的长心卡帕藻养殖区。2004年3月在原有养殖区基础上对长心卡帕藻进行了补种，使原片段化的养殖区连成一片，总面积共达到3 000亩。

2004年3至2005年2月，连续一年对海南省黎安海湾进行水质监测，每月采样1次。采样站点6个，由外到里分别是外海、湾口、码头、虾池、湾中部、湾底（图16－29）。黎安海湾是一半封闭海湾，湾口非常狭窄，只有数米宽，与外海海水交换很慢，海湾内营养盐含量受外海影响较小。

3. 恢复结果

黎安海湾6个位点，从外到里，即外海、湾口、码头、虾池、湾中部、湾底，DIN含量总体上呈递增趋势（图16－30）。各位点无机氮年变化趋势是先降低后升高，即2004年3月～8月无机氮浓度下降，8月份浓度达到最低；然后无机氮浓度又呈上升趋势，到2005年2月达到一个较高点。

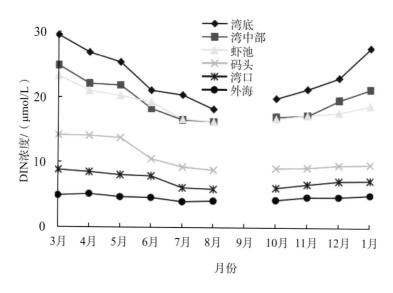

图16－30　海南省黎安海湾不同站位水质无机氮含量变化

不同位点无机磷浓度差异较大，从湾口到湾底无机磷的浓度呈升高趋势（图16－31）。即2004年3月～8月，各点无机磷浓度呈下降趋势，到8月份达到最低，从9月开始，无机磷浓度又呈上升趋势。

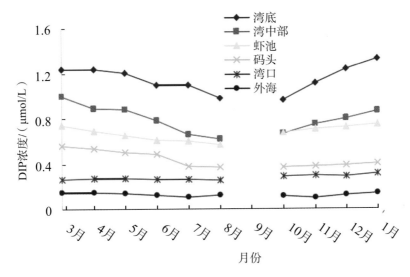

图16-31　海南省黎安海湾不同站位水质无机磷含量变化

各位点DIN、DIP含量年际变化呈先降低后升高，而含量最低时恰是长心卡帕藻生长那个最旺盛时。

占海湾面积最大的中部地区全年栽培长心卡帕藻，其无机总氮含量维持在$19 \pm 2 \, \mu mol/L$，无机磷含量为$0.8 \pm 0.2 \, \mu mol/L$，水质完全达到国家2级海水标准。卡帕藻吸收DIN、DIP并没有受到底物浓度的限制而全年可始终维持最大同化氮能力0.3 mol/（t·h）（干重），同化磷能力0.03 mol/（t·h）（干重）。因此，栽培的长心卡帕藻每小时从海区总共吸收330 mol的DIN（约合4.6 kg氮素）和33 mol的DIP（约合1 kg磷素）。如果每天吸收时间按20 h计算，1年内栽培该藻可从该海区DIN中吸收约33 t的纯氮素和7.5 t的磷素。

案例分析

室内实验主要是为了研究大型海藻在不同情况下对氮、磷的吸收情况。经证实，长心卡帕藻在一定情况下确实可以吸收营养盐。

室外半连续实验也证实这种藻可以连续去除海水中的DIN、DIP。只要保持足够的底物浓度，长心卡帕藻对无机氮、无机磷的吸收速率就可以达到最大。但是对氮、磷的吸收速率较室内实验有所降低。

利用长心卡帕藻对黎安海湾富营养化水体进行修复。该海区始终保持有1 100 t鲜重左右藻体，在日均生长速率平均4.5%的情况下，每天可生产出鲜藻50多吨，全年可生产18 000多吨鲜品（或3 000多吨干品）。卡帕藻栽培主要集中在海湾中部，该区域

无机氮始终维持在 $19\,\mu mol/L$ 左右，无机磷浓度为 $0.8\,\mu mol/L$ 左右，卡帕藻吸收DIN、DIP并没有受到底物浓度的限制而全年可始终维持最大同化氮能力 $0.3\ mol/（t\cdot h）$（干重），同化磷能力 $0.03\ mol/（t\cdot h）$（干重）。因此，栽培的长心卡帕藻每小时从海区总共吸收330 mol的DIN（约合4.6 kg氮素）和33 mol的DIP（约合1 kg磷素）。也就是说，如果每天吸收时间相对保守地按20 h计算，实际上，藻体在黑暗中也有很高的吸收DIN能力，光线对DIN吸收速率只有微弱的促进作用（刘建国等，2006），1年内栽培该藻可从该海区DIN中吸收约33 t的纯氮素和7.5 t的磷素。

在海南省陵水县黎安海湾相对封闭，湾内风平浪静，历史上曾经是非常好的海水养殖生产珍珠的地区。由于忽视海藻的生态作用，加上水交换差，海水富营养化一度非常严重，赤潮频繁发生，病害连连并最终导致整个珍珠养殖产业彻底溃败。近年来该海区非常重视长心卡帕藻栽培产业，形成家家户户栽培长心卡帕藻的新局面，在不用施肥不打虫药的情况下，以很少的投资获得可观的经济效益，同时海水质量已经明显好转，符合1~2级国家海水质量标准，产生了明显的生态效益。

拓展阅读资料

1. Jeppesen E，Søndergaard M，Jensen J P，et al. Recovery from eutrophication [M]//Kumagai M，Vincent W F. Freshwater management: global versus local perspectives. Tokyo: Springer-Verlag，2003：135 – 175.

2. Boesch D F. Challenges and opportunities for science in reducing nutrient over-enrichment of coastal ecosystems [J]. Estuaries，2002，25(4): 886 – 900.

3. Cerco C F，Noel M R. Can oyster restoration reverse cultural eutrophication in Chesapeake Bay? [J]. Estuaries and Coasts，2007，30(2): 331 – 343.

参考文献

[1] Aber J D, Jordan W R. Restoration ecology: an environmental middle ground [J]. BioScience，1985, 35(7): 7482–7482.

[2] Agee J K, Darryll R J. Ecosystem management for parks and wilderness [M]. Seattle: University of Washington Press, 1988.

[3] Aiello E L. Factors affecting ciliary activity on the gill of the mussel *Mytilus edulis* [J]. Physiological zoology, 1960: 120–135.

[4] Aizpuru M, Achard F, Blasco F. Global assessment of cover change of the mangrove forests using satellite imagery at medium to high resolution, EEC Research Project [R]. Ispra: Joint Research Centre, 2000.

[5] Akhter M S, Al–Jowder O. Heavy metal concentrations in sediments from the coast of Bahrain [J]. International Journal of Environmental Health Research. 1997, 7(1): 85–93.

[6] Alcamo J, Bennett E M. Ecosystems and human well–being: a framework for assessment [M]. Washington D.C.: Island Press, 2003.

[7] Aldrett S, Bonner J S, Mills M A, et al. Microbial degradation of crude oil in marine environments tested in a flask experiment [J]. Water Research, 1997, 31(11), 2840–2848.

[8] Allen E B. Restoration of biodiversity, overview [M]//Levin S. Encyclopedia of biodiversity. San Diego: Academic Press, 2000: 203–212

[9] Allen T F H, Starr T B. Hierarchy: perspectives for ecological complexity [M]. Chicago: University of Chicago Press, 1982.

[10] Anderson D M, Cembella A D, Hallegraeff G M. Progress in understanding harmful algal blooms: paradigm shifts and new technologies for research, monitoring, and management [J]. Annual Review of Marine Science, 2012, 4: 143–176.

[11] Anderson D M, Garrison D J. The ecology and oceanography of harmful algal blooms [M]. Paris: UNESCO, 1997.

[12] Anderson R J, Levitt G J, Share A. Experimental investigations for the mariculture

of Gracilaria in Saldanha bay, South Africa [J]. Journal of Applied Phycology, 1996, 8(4–5): 421–430.

[13] Andréfouët S, Riegl B. Remote sensing: a key tool for interdisciplinary assessment of coral reef processes [J]. Coral Reefs, 2004, 23(1): 1–4.

[14] Antunes W M, Luna A S, Henriques C A, et al. An evaluation of copper biosorption by a brown seaweed under optimized [J]. Electronic Journal of Biotechnology, 2003, 6(3): 174–184.

[15] Aronson J, Alexander S. Ecosystem restoration is now a global priority: time to roll up our sleeves [J]. Restoration Ecology, 2013, 21(3): 293–296.

[16] Asaoka S, Yamamoto T. Blast furnace slag can effectively remediate coastal marine sediments affected by organic enrichment [J]. Marine Pollution Bulletin, 2010, 60(4): 573–578.

[17] Aunders D A, Hobbs R J, Margules C R. Biological consequences of ecosystem fragmentation: a review [J]. Conservation Biology, 1991(5): 18–32.

[18] Baglinière J L, Maisse G, Nihouarn A. Migratory and reproductive behaviour of female adult Atlantic salmon, *Salmo salar* L., in a spawning stream [J]. Journal of Fish Biology, 1990, 36(4): 511–520.

[19] Bailey J A. Principles of wildlife management [M]. New York: John Wiley & Sons, 1984.

[20] Barange M, Field J. G, Harris R P, et al. Marine ecosystems and global change [M]. New York: Oxford University Press, 2011.

[21] Barbier E B, Koch E W, Silliman B R, et al. Coastal ecosystem–based management with nonlinear ecological function sand values [J]. Science, 2008, 321: 319–323.

[22] Barlaup B T, Gabrielsen S E, Skoglund H, et al. Addition of spawning gravel——a means to restore spawning habitat of Atlantic salmon (*Salmo salar* L.), and anadromous and resident brown trout (*Salmo trutta* L.) in regulated rivers [J]. River research and applications, 2008, 24(5): 543–550.

[23] Barlaup B T, Lura H, Sægrov H, et al. Inter–and intra–specific variability in female salmonid spawning behavior [J]. Canadian Journal of Zoology, 1994, 72(4): 636–642.

[24] Beaugrand G, Reid P C, Ibanez F, et al. Reorganization of North Atlantic marine copepod biodiversity and climate [J]. Science, 2002, 296: 1692–1694.

[25] Becker L C, Mueller E. The culture, transplantation and storage of *Montastraea faveolata, Acropora cervicornis and Acropora palmata*: what we have learned so far [J]. Bulletin Marine Science, 2001, 69: 881 – 896.

[26] Behrenfeld M J, O'Malley R T, Siegel D A, et al. Climate-driven trends in contemporary ocean productivity [J]. Nature, 2006, 444: 752–755.

[27] Benjamin S H, Catherine L, Hardy D, et al. An index to assess the health and benefits of the global ocean [J]. Nature, 2012, 488: 615–620.

[28] Bennett A F, Haslem A, Cheal D C, et al. Ecological processes: a key element in strategies for nature conservation [J]. Ecological Management & Restoration, 2009, 10(3): 192–199.

[29] Bian J, Wang G, Chen H, et al. Ozone mini-hole occurring over the Tibetan Plateau in December 2003 [J]. Chinese Science Bulletin, 2006, 51(7): 885–888.

[30] Björn L O. Stratospheric ozone, ultraviolet radiation, and cryptogams [J]. Biological Conservation, 2007, 135(3): 326–333.

[31] Bjrk M, Haglund K, Ramazanov Z, et al. Inducible mechanisms for HCO_3^- utilization and repression of photorespiration in protoplasts and thalli of three species of *Ulva* (Chlorophyta) [J].Journal of Phycology, 1993, 29: 166–173.

[32] Blumthaler M, Ambach W. Indication of increasing solar ultraviolet-B radiation flux in alpine regions [J]. Science, 1990, 248: 206–208.

[33] Bolam S G, Fernandes T F, Read P, et al. Effects of macroalgal mats on intertidal sandflats: an experimental study [J]. Journal of Experimental Marine Biology and Ecology, 2000, 249(1): 123–137.

[34] Bouillon S, Borges A V, Castañeda-Moya E, et al. Mangrove production and carbon sinks: a revision of global budget estimates [J]. Global Biogeochemical Cycles, 2008, 22(GB2013): 1–12.

[35] Bradshaw A D, Chadwick M J. The restoration of land: the ecology and reclamation of derelict and degraded land [M]. Berkely: University of California Press, 1980.

[36] Bradshaw A D. Restoration ecology as a science [J]. Restoration ecology, 1993, 1(2): 71–73.

[37] Bradshaw A D. Restoration: an acid test for ecology [M]//Jordan W R, Gilpin M E, Aber J D. Restoration ecology: a synthetic approach to ecological research. Cambridge:

Cambridge University Press, 1987: 23–30.

[38] Brady N C, Weil R R. The nature and properties of soils [M]. 12th ed. Upper Saddle River: Prentice Hall, 1999.

[39] Bragg J R, Prince R C, Harner E J, et al. Effectiveness of bioremediation for the Exxon Valdez oil spill [J]. Nature, 1994, 368(6470): 413–418.

[40] Bricelj V M, Kuenstner S H. Effects of the "brown tide" on the feeding physiology and growth of bay scallops and mussels [M]//Cosper E M, Bricelj V M, Carpenter E J. Novel Phytoplankton Blooms. Berlin: Springer-Verlag, 1989: 491–509.

[41] Bricelj V M, MacQuarrie S P, Schaffner R. Differential effects of *Aureococcus anophagefferens* isolates ("brown tide") in unialgal and mixed suspensions on bivalve feeding [J]. Marine Biology, 2001, 139(4): 605–616.

[42] Bricelj V M, MacQuarrie S P, Smolowitz R. Concentration–dependent effects of toxic and non–toxic isolates of the brown tide alga *Aureococcus anophagefferens* on growth of juvenile bivalves[J]. Marine Ecology Progress Series, 2004, 282: 101–114.

[43] Bricelj V M, MacQuarrie S P. Effects of brown tide (*Aureococcus anophagefferens*) on hard clam *Mercenaria mercenaria* larvae and implications for benthic recruitment [J]. Marine Ecology Progress Series, 2007, 331: 147–159.

[44] Brown D, Baker L. The Lord Howe Island biodiversity management plan: an integrated approach to recovery planning [J]. Ecological Management & Restoration, 2009,10(s1): S70–S78.

[45] Busch K E, Golden R R, Parham T A, et al. Large-Scale *Zostera marina* (eelgrass) Restoration in Chesapeake Bay, Maryland, USA. Part I: A Comparison of Techniques and Associated Costs [J]. Restoration Ecology, 2010, 18(4): 490-500.

[46] Cahoon D R, Reed D J, Day Jr J W. The influence of surface and shallow subsurface processes on wetland elevation: a synthesis [J]. Current Topics in Wetland Biogeochemistry, 1995, 3: 72–88.

[47] Cai H J, Tang X X, Zhang P Y, et al. Effects of UV–B radiation on the growth interaction of *Ulva pertusa and Alexandrium tamarense* [J]. Journal of environmental sciences, 2005, 17(4): 605–610

[48] Cairns J R. Restoration of aquatic ecosystems [M]. Washington D. C.: National Academy of Sciences, 1992.

[49] Cairns J. Encyclopedia of Environmental Biology [J]. Restoration ecology, 1995, 3: 223-235.

[50] Cairns Jr J. The recovery process in damaged ecosystems [M]. Michigan: Ann Arbor Science Publishers, 1980.

[51] Caldeira K, Wickett M E. Oceanography: anthropogenic carbon and ocean pH [J]. Nature, 2003, 425(6956): 365-365.

[52] Caldwell M M, Bjorn L O, Bornman J F, et al. Effects of increased solar ultraviolet radiation on terrresstrial ecosystems [J]. Journal of Photochemistry and Photobiology B: Biology, 1998, 46: 40-52.

[53] Caldwell M M, Flint S D. Stratospheric ozone reduction, solar UV-B radiation and terrestrial ecosystem [J]. Climatic Change, 1994, 28: 375-394.

[54] Carpenter S R, DeFries R, Dietz T, et al. Millennium ecosystem assessment: research needs [J]. Science, 2006, 314(5797):257-258.

[55] Carr M H, Neigel J E, Estes J A, et al. Comparing marine and terrestrial ecosystems: implications for the design of coastal marine reserves [J]. Ecological Applications, 2003, 13(1): S90-S107.

[56] Cerco F, Noel M R. Can oyster restoration reverse cultural eutrophication in Chesapeake Bay? [J]. Estuaries and Coasts, 2007, 30(2): 331-343.

[57] Cerrato R M, Caron D A, Lonsdale D J, et al. Schaffner. Effect of the northern quahog *Mercenaria mercenaria* on the development of blooms of the brown-tide alga *Aureococcus anophagefferens* [J]. Marine Ecology Progress Series, 2004, 281: 93-108.

[58] Charles W. The landscape urbanism reader [M]. New York: Princeton Archrtectural Press, 2006.

[59] Cho D O. The evolution and resolution of conflicts on Saemangeum Reclamation Project [J]. Ocean & Coastal Management, 2007, 50(11-12): 930-944.

[60] Cho J Y, Jin H J, Lim H J, et al. Growth activation of the microalga *Isochrysis galbana* by the aqueous extract of the seaweed *Monostroma nitidum* [J]. Journal of applied phycology, 1998, 10(6): 561-567.

[61] Choi Y D. Restoration ecology to the future: a call for new paradigm [J]. Restoration Ecology, 2007, 15(2): 351-353.

[62] Christensen N L, Bartuska A M, Brown J H, et al. The report of the Ecological Society

of America committee on the scientific basis for ecosystem management [J]. Ecological Applications, 1996, 6(3): 665–691.

[63] Clavero M, García–Berthou E. Homogenization dynamics and introduction routes of invasive freshwater fish in the Iberian Peninsula [J]. Ecological Applications, 2006, 16(6): 2313–2324.

[64] Cloern J E. Our evolving conceptual model of the coastal eutrophication problem [J]. Marine Ecology Rrogress Series, 2001, 210: 223–253.

[65] Clough B F. Economic and environmental values of mangrove forests and their present state of conservation in the South–East Asia/Pacific Region. Mangrove Ecosystems Technical Reports No. 1 [R]. Nishihara: International Society for Mangrove Ecosystems (ISME), International Tropical Timber Organization (ITTO), Japan International Association for Mangroves (JIAM), 1993.

[66] Condon R H, Graham W M, Duarte C M, et al. Questioning the rise of gelatinous zooplankton in the world's oceans [J]. Bioscience, 2012, 62(2): 160–169.

[67] Connell J H. Diversity in tropical rain forests and coral reefs [J]. Science, 1978, 199: 1302–1310.

[68] Constible J M, Sweitzer R A, Van Vuren D H, et al. Dispersal of non–native plants by introduced bison in an island ecosystem [J]. Biological Invasions, 2005, 7(4): 699–709.

[69] Corona P. Study outline on ecological methods in afforestation [C]//Bunce R G H, Ryszkowski L, Paoletti M G. Landscape ecology and agroecosystems. Boca Raton: Lewis Publishers, 1993: 169–176.

[70] Cosper E M, Dennison W C, Carpenter E J, et al. Recurrent and persistent brown tide blooms perturb coastal marine ecosystem [J]. Estuaries, 1987, 10: 284–290.

[71] Costanza R, d'Arge R, de Groot R, et al. The value of the world's ecosystem services and natural capital [J]. Nature, 1997, 387: 253–260.

[72] Costanza R, Folke C. Valuing ecosystem services with efficiency, fairness, and sustainability as goals [M]//Daily G C. Nature's services: societal dependence on natural ecosystems. Washington D. C.: Island Press, 1997: 49–70.

[73] Costanza R. The ecological, economic, and social importance of the oceans [J]. Ecological economics, 1999, 31(2): 199–213.

[74] Costanza R. Toward an operational definition of ecosystem health [M]//Costanza

R, Norton B G, Haskell B D. Ecosystem Health: New Goals for Environmental Management. Washington D. C.: Island Press, 1992: 42–60.

[75] Craft C B, Casey W P. Sediment and nutrient accumulation in floodplain and depressional freshwater wetlands of Georgia, USA [J]. Wetlands, 2000, 20(2): 323–332.

[76] Crisp D T, Carling P A. Observations on siting, dimensions and structure of salmonid redds [J]. Journal of Fish Biology, 1989, 34(1): 119–134.

[77] Cuny P, Miralles G, Cornet-Barthaux V, et al. Influence of bioturbation by the polychaete *Nereis diversicolor* on the structure of bacterial communities in oil contaminated coastal sediments [J]. Marine Pollution Bulletin, 2007, 54: 452-459.

[78] Daily G C. Restoring value to the world's degraded lands [J]. Science, 1995, 269: 350-354.

[79] Dale V H, Beyeler S C. Challenges in the development and use of ecological indicators [J]. Ecological Indicators, 2001, 1: 3–10.

[80] Danis B, Wantier P, Flammang R, et al. Bioaccumulation and effects of PCBs and heavy metals in sea stars (*Asterias rubens* L.) from the North Sea: a small scale perspective [J]. Science of the Total Environment, 2006, 356(1): 275–289.

[81] de Jonge V N, de Jong D J. Ecological restoration in coastal areas in the Netherlands: concepts, dilemmas and some examples [J]. Hydrobiologia, 2002, 478(1–3): 7–28.

[82] de Nys R, Coll J C, Price I R. Chemically mediated interactions between the red alga *Plocamium hamatum* (Rhodophyta) and the octocoral *Sinularia cruciata* (Alcyonacea) [J]. Marine biology, 1991, 108(2): 315–320.

[83] Delefosse M, Kristensen E. Burial of *Zostera marina* seeds in sediment inhabited by three polychaetes: laboratory and field studies [J]. Journal of Sea Research, 2012, 71: 41–49.

[84] Dennison W C, Marshall G J, Wigand C. Effect of "brown tide" shading on eelgrass (*Zostera marina* L.) distributions [M]//Cosper E M, Bricelj V M, Carperter E J. Novel phytoplankton blooms: causes and impacts of recurrent brown tides and other unusual blooms. Berlin: Springer-Verlag, 1989: 675–692.

[85] Dennison W C, Orth R J, Moore K A, et al. Assessing water quality with submersed aquatic vegetation [J]. BioScience, 1993: 86–94.

[86] Dennison W C. Effects of light on seagrass photosynthesis, growth and depth

distribution [J]. Aquatic Botany, 1987, 27(1): 15–26.

[87] Di Palma L, Mecozzi R. Heavy metals mobilization from harbour sediments using EDTA and citric acid as chelating agents [J]. Journal of Hazardous Materials, 2007, 147(3): 768–775.

[88] Diamond J. Reflections on goals and on the relationship between theory and practice [M] //Jordan W R, Gilpin M E, and Aber J D. Restoration ecology: a synthetic approach to ecological research. Cambridge: Cambridge University Press, 1987: 329–336.

[89] Diaz R J, Rosenberg R. Spreading dead zones and consequences for marine ecosystems. Science, 2008, 321(5891): 926–929.

[90] Diefenderfer H L, Thom R M, Adkins J E. Systematic approach to coastal ecosystem restoration [R]. Richland: Pacific Northwest Division of Battelle Memorial Institute, 2003.

[91] Dillenburg Sérgio R, Roy P S, Cowell P J, et al. Influence of antecedent topography on coastal evolution as tested by the shoreface translation–barrier model (STM) [J]. Journal of Coastal Research, 2000, 16(1): 71–81.

[92] Diop E S. Conservation and sustainable utilization of mangrove forests in Latin America and Africa regions. Part II. Africa. Mangrove Ecosystems Technical Reports No. 3 [R]. Nishihara: International Society for Mangrove Ecosystems (ISME), International Tropical Timber Organization (ITTO), 1993.

[93] Doney S C, Fabry V J, Feely R A, et al. Ocean acidification: the other CO_2 problem [J]. Marine Science, 2009, 1:169–192.

[94] Dubois R N. How does a barrier shoreface respond to a sea–level rise? [J]. Journal of Coastal Research, 2013, 18(2): iii–v.

[95] Dugdale R C, Goering J J. Uptake of new and regenerated forms of nitrogen in primary productivity [J]. Limnology and Oceanography, 1967, 12(2): 196–206.

[96] Edwards K R, Proffitt C E. Comparison of wetland structural characteristics between created and natural salt marshes in southwest Louisiana, USA [J]. Wetlands, 2003, 23(2): 344–356.

[97] Elliott M, Burdon D, Hemingway K L, et al. Estuarine, coastal and marine ecosystem restoration: confusing management and science——a revision of concepts [J]. Estuarine, Coastal and Shelf Science, 2007, 74(3): 349–366.

[98] Ellison A M. Mangrove restoration: do we know enough? [J] Restoration Ecology, 2000, 8(3): 219–229.

[99] Elwany M H S. Characteristics, restoration, and enhancement of Southern California lagoons [J]. Journal of Coastal Research, 2011: 246–255.

[100] Department of the Army, Waterways Experiment Station, Corps of Engineers, Coastal Engineering Research Center. Shore protection manual [M]. Vicksburg: Coastal Engineering Research Center, 1984.

[101] Epstein N, Bak R P M, Rinkevich B. Applying forest restoration principles to coral reef rehabilitation [J]. Aquatic Conservation: Marine and Freshwater Ecosystems, 2003, 13(5): 387–395.

[102] Epstein N, Vermeij M J A, Bak R P M, et al. Alleviating impacts of anthropogenic activities by traditional conservation measures: can a small reef reserve be sustainedly managed? [J]. Biological Conservation, 2005, 121(2): 243–255.

[103] Epstein P R, Ford T E, Puccia C, et al. Marine ecosystem health: implications for public health [M]//Wilson M E, Levins R, Spielman A. Disease in evolution: global changes and emergence of infectious diseases. New York: New York Academy of Sciences, 1994: 13–23.

[104] Fang X, Yang W. The current status of petroleum pollution of the ocean and the prevention [J]. Environmental Science and Management, 2007, 32 (9): 78–80.

[105] FAO, UNEP. Proyecto de evaluación de los recursos forestales tropicales: los recursos forestales de la Américatropical [R]. Rome:FAO, 1981b.

[106] FAO, UNEP. Tropical forest resources assessment project: forest resources of tropical Africa. Part II. Country briefs [R]. Rome: FAO, 1981a.

[107] FAO, UNEP. Tropical forest resources assessment project: forest resources of tropical Asia [R]. Rome: FAO, 1981c.

[108] FAO. Mangrove forest management guidelines [R]. Rome: FAO, 1994.

[109] FAO. The world's Mangroves 1980–2005 [R]. Rome: FAO, 2007.

[110] Farnworth E G, Golley F B. Fragile ecosystems [M]. New York: Springer–Verlag, 1974.

[111] Feng L, Li X, Wang J H , et al. Effect of UV–B radiation on the feeding behavior of the rotifer *Brachionus plicatilis* [J]. Acta Oceanologica Sinica, 2007a, 26(4): 82–92.

[112] Feng L, Tang X X, Wang Y, et al. Effect of UV–B radiation on ingesting and nutritional selecting behavior of rotifer *Brachionus urceus* [J]. Wuhan University Journal of Natural Sciences, 2007b, 12(2):361–366.

[113] Fernandes L, Ridgley M A, Van't Hof T. Multiple criteria analysis integrates economic, ecological and social objectives for coral reef managers [J]. Coral Reefs, 1999, 18(4): 393–402.

[114] Ferreira J G. Development of an estuarine quality index based on key physical and biogeochemical features [J]. Ocean and Coastal Management, 2000, 43(1): 99–122.

[115] Finkl C W. Beach nourishment, a practical method of erosion control [J]. Geo–Marine Letters, 1981, 1(2): 155–161.

[116] Fisher P, Spalding M D. Protected areas with mangrove habitat [M]. Cambridge: UNEP–World Conservation Monitoring Centre, 1993.

[117] Fletcher R L. Heteroantagonism observed in mixed algal cultures [J]. Nature, 1975, 253: 534–535.

[118] Flournoy P H. Marine protected areas: tools for sustaining ocean ecosystems [J]. Journal of International Wildlife Law and Policy, 2003, 6(1–2): 137–142.

[119] Fonseca M S, Kenworthy W J, Thayer G W. Guidelines for the conservation and restoration of seagrasses in the United States and adjacent waters [M]. Silver Spring: US Department of Commerce, National Oceanic and Atmospheric Administration, Coastal Ocean Office, 1998.

[120] Fonseca M S. Restoring seagrass systems in the United States [M]//Thayer G W. Restoring the nation's marine environment. Washington D. C.: Maryland Sea Grant Publication, 1992: 79–110.

[121] FAO. GESAMP reports and studies: monitoring the ecological effects of coastal aquaculture wastes [R].Rome: FAO, 1996.

[122] Forman R T T, Godron M. Landscape ecology [M]. New York: John Wiley&Sons, 1986.

[123] Forman R T T. Land mosaiacs: the ecology of landscapes and regions [M]. 2nd ed. Cambridge: Cambridge University Press, 1995.

[124] Stapor Jr F W, Stone G W. A new depositional model for the buried 4000 yr BP New Orleans barrier: implications for sea–level fluctuations and onshore transport from a

nearshore shelf source [J]. Marine Geology, 2004, 204(1): 215–234.

[125] Frankham F. Inbreeding and extinction: a threshold effect [J]. Conservation Biology, 1995(9): 792–799.

[126] Frazier J M. Bioaccumulation of cadmium in marine organisms [J]. Environmental Health Perspectives, 1979, 28: 75.

[127] Gainey L F, Shumway S E. The physiological effect of *Aureococcus anophagefferens* ("brown tide") on the lateral cilia of bivalve mollusks [J]. The Biological Bulletin, 1991, 181(2): 298–306.

[128] Gallager S M, Stoecker D K, Bricelj V M. Effects of the brown tide alga on growth, feeding physiology and locomotory behavior of scallop larvae (*Argopecten irradians*) [M]//Cosper E M, Bricelj V M, Carpenter E J. Novel Phytoplankton Blooms. Berlin: Springer-Verlag, 1989: 511–541.

[129] Gao K, Aruga Y, Asada K, et al. Influence of enhanced CO_2 on growth and photosynthesis of the red algae *Gracilaria* sp.and *G. chilensis* [J]. Journal of Applied Phycology, 1993, 5: 563–571.

[130] Gao K, Aruga Y, Asada K, et al. Enhanced growth of the red alga *Porphyra yezoensis* Ueda in high CO_2 concentrations [J]. Journal of Applied Phycology, 1991, 3: 355–362.

[131] Gao K, Zheng Y. Combined effects of ocean acidification and solar UV radiation on photosynthesis, growth, pigmentation and calcification of the coralline alga *Corallina sessilis* (Rhodophyta) [J]. Global Change Biology, 2010, 16(8): 2388–2398.

[132] Gao S, Chen X, Yi Q, et al. A strategy for the proliferation of *Ulva prolifera*, main causative species of green tides, with formation of sporangia by fragmentation [J]. PLoS One, 2010, 5(1): e8571.

[133] Garant D, Dodson J J, Bernatchez L. A genetic evaluation of mating system and determinants of individual reproductive success in Atlantic salmon (*Salmo salar* L.) [J]. Journal of Heredity, 2001, 92(2): 137–145.

[134] Garbisch E W. Hambleton Island restoration: environmental concern's first wetland creation project [J]. Ecological Engineering, 2005, 24(4): 289–307.

[135] Gastrich M D, Leigh-Bell J A, Gobler C J, et al. Viruses as potential regulators of regionalbrown tide blooms caused by the alga, *Aureococcus anophagefferens* [J]. Estuaries, 2004, 27(1): 112–119.

[136] Gates R D. Seawater temperature and sublethal coral bleaching in Jamaica [J]. Coral Reefs, 1990, 8(4): 193–197.

[137] Gattuso J P, Allemand D, Frankignoulle M. Photosynthesis and calcification at cellular, organismal and community levels in coral reefs: a review on interactions and control by carbonate chemistry [J]. American Zoologist, 1999, 39(1): 160–183.

[138] Glibert P M, Allen J, Bouwman A F, et al. Modeling of HABs and eutrophication: status, advances, challenges [J]. Journal of marine systems, 2010, 83(3): 262–275.

[139] Goksungur Y, Uren S, Guvenc U. Biosorption of cadmium and lead ions by ethanol treated waste baker's yeast biomass [J]. Bioresour Technol, 2005, 96: 103–109.

[140] Golden R R, Busch K E, Karrh L P, et al. Large–scale *Zostera marina* (eelgrass) restoration in Chesapeake Bay, Maryland, USA. Part II: A comparison of restoration methods in the Patuxent and Potomac rivers [J]. Restoration Ecology, 2010, 18(4): 501–513.

[141] Gómez I, Pérez–Rodríguez E, Vinegla B, et al. Effects of solar radiation on photosynthesis, UV–absorbing compounds and enzyme activities of the green alga *Dasycladus vermicularis* from southern Spain [J]. Journal of Photochemistry and Photobiology B: Biology, 1998, 47: 46–57.

[142] Goodwin B J. Is landscape connectivity a dependent or independent variable? [J]. Landscape Ecology, 2003, 18(7): 687–699.

[143] Gordon W T, Amy D N, Teresa A M, et al. Science–based restoration monitoring of coastal habitats. Volume One. A framework for monitoring plans under the Estuaries and Clean Waters Act of 2000 (Public Law 160–457). Silver-Spring: NOAA, 2003.

[144] Gough P, Philipsen P, Schollema P P, et al. From sea to source: international guidance for the restoration of fish migration highways [M]. Veendam: Regional Water Authority Hunze en Aa's, 2012.

[145] Gramling C. Rebuilding wetlands by managing the muddy Mississippi [J]. Science, 2012, 335: 520–521.

[146] Green E P, Short F T. World atlas of seagrasses [M]. Berkely: University of California Press, 2003.

[147] Greenfield D, Lonsdale D. Mortality and growth of juvenile hard clams *Mercenaria mercenaria* during brown tide [J]. Marine Biology, 2002, 141(6): 1045–1050.

[148] Groombridge B. Global biodiversity: status of the earth's living resources [M]. London: Chapman & Hall, 1992.

[149] Gross E M. Allelopathy of aquatic autotrophs [J]. Critical Reviews in Plant Sciences, 2003, 22: 313–339.

[150] Grost R T, Hubert W A, Wesche T A. Redd site selection by brown trout in Douglas Creek, Wyoming [J]. Journal of Freshwater Ecology, 1990, 5(3): 365–371.

[151] Grumbine R E. What is ecosystem management? [J]. Conservation Biology, 1994, 8(1): 27–38.

[152] Hall L A. The effects of dredging and reclamation on metal levels in water and sediments from an estuarine environment off Trinidad, West Indies [J]. Environmental Pollution, 1989, 56, 189–207.

[153] Hallegraeff G M. A review of harmful algal blooms and their apparent global increase [J]. Phycologia, 1993, 32(2): 79–99.

[154] Halpern B S, Longo C, Hardy D, et al. An index to assess the health and benefits of the global ocean [J]. Nature, 2012, 488(7413): 615–620.

[155] Han O, Mark E R. Fragmented nature: consequences for biodiversity [J]. Landscape and Urban Planning, 2002, (58): 83–92.

[156] Hanski I A, Gilpin M E. Metapopulation biology: ecology, genetics, and evolution [M]. San Diego: Academic Press, 1997.

[157] Hanski I A. Metapopulation dynamics [J]. Nature, 1998, 369: 41–49.

[158] HanskiI A. Single–species metapopulation dynamics: concepts, models and observations [J]. Biological Journal of the Linnean Society, 1991, 42(1–2): 17–38.

[159] Hany E. San dieguito lagoon restoration project: 2013 beach date annual report [R]. Rosemead: Southern California Edison, 2013.

[160] Harper J L. Self–effacing art: restoration ecology and invasions [M]//Saunders D A, Hobbs R J, Ehrlich P R. Nature eonservation 3: reconstruction of fragmented ecosystem, global and regional perspectives. Chipping Norton: Surrey Beatty and Sons, 1987: 127–133.

[161] Harris J A, Hobbs R J, Higgs E, et al. Ecological restoration and global climate change [J]. Restoration Ecology, 2006, 14(2): 170–176.

[162] Harrison P L, Babcock R C, Bull G D, et al. Mass spawning in tropical reef corals [J].

Science, 1984, 223: 1186–1189.

[163] Harrison S, Taylor A D. Empirical evidence for metapopulation dynamics [M]// Hanski, I A, Gilpin M E. Metapopulation Biology: ecology, genetics, and evolution. San Diego: Academic Press. 1997: 27–42.

[164] Hart J, Hunter J. Experimental project report: restoring slough and river banks with biotechnical methods in the Sacramento–San Joaquin Delta [J]. Ecological Restoration, 2004, 22: 262–268

[165] Harwell M C, Orth R J. Long–distance dispersal potential in a marine macrophyte [J]. Ecology, 2002, 83, 3319–3330.

[166] Head I M, Swannell R P J. Bioremediation of petroleum hydrocarbon contaminants in marine habitats [J]. Current opinion in Biotechnology, 1999, 10(3): 234–239.

[167] Heggberget T G, Haukebø T, Mork J, et al. Temporal and spatial segregation of spawning in sympatric populations of Atlantic salmon, *Salmo salar* L., and brown trout, *Salmo trutta* L[J]. Journal of Fish Biology, 1988, 33(3): 347–356.

[168] Hemming M A, Duarte C M. Seagrass ecology [M]. Cambridge: Cambridge University Press, 2000.

[169] Hendriks I E, Duarte C M, Alvarez M.Vulnerability of marine biodiversity to ocean acidification: a meta–analysis [J].Estuarine, Coastal and Shelf Science, 2010, 86: 157–164.

[170] Heyward A J, Smith L D, Rees M, et al. Enhancement of coral recruitment by in situ mass culture of coral larvae [J]. Marine Ecology Progress Series, 2002, 230: 113–118.

[171] Hilderbrand R H, Watts A C, Randle A M. The myths of restoration ecology [J]. Ecology and Society, 2005, 10(1): 19–23.

[172] Hill J, Wilkinson C. Methods for ecological monitoring of coral reefs [M]. Townsville: Australian Institute of Marine Science, 2004.

[173] Hinkle R L, Mitsch W J. Salt marsh vegetation recovery at salt hay farm wetland restoration sites on Delaware Bay [J]. Ecological Engineering, 2005, 25(3): 240–251.

[174] Hinton J, Veiga M. Mercury contaminated sites: a review of remedial solutions [C]// NIMD. Proceedings of the NIMD (National Institute for Minamata Disease) Forum, Minamata, Japan, March 19–20, 2001: 73–81.

[175] Ho S H. A note on Chinese mangrove [C]//Furtado J L. Tropical ecology &

development: proceeding of the Vth International Symposium of Tropical Ecology, 1980, 1103–1106.

[176] Hobbs R J, Harris J A. Restoration ecology: repairing the earth's ecosystems in the new millennium [J]. Restoration ecology, 2001, 9(2): 239–246.

[177] Hobbs R J, Norton D A. Towards a conceptual framework for restoration ecology [J]. Restoration ecology, 1996, 4(2), 93–110.

[178] Hoegh-Guldberg O, Mumby P J, Hooten A J, et al. Coral reefs under rapid climate change and ocean acidification [J]. Science, 2007, 318(5857): 1737–1742.

[179] Hoegh-Guldberg O. Coral reef sustainability through adaptation: glimmer of hope or persistent mirage? [J]. Current Opinion in Environmental Sustainability, 2014, 7: 127–133.

[180] Hoevenagel R. An assessment of the contingent valuation method [M]//Pethig R. Valuing the environment: methodological and measurement issues. Dordrecht: Springer Science+Business Media B. V., 1994: 195–227.

[181] Holan Z R, Volesky B. Biosorption of lead and nickel by biomass of marine algae [J]. Biotechnology and Bioengineering, 1994, 43(11): 1001–1009.

[182] Hootsmans, M J M, Vermaat J E, Vierssen W Van. Seed-bank development, germination and early seedling survival of two seagrass species from The Netherlands: *Zostera marina* L. and *Zostera noltii* hornem [J]. Aquatic Botany, 1978, 28: 275–285.

[183] Hope D, Billet M F, Cresser M S. A review of the export of carbon in river water: fluxes and processes [J]. Environmental Pollution, 1994, 84: 301–324.

[184] Howarth R W, Anderson D M, Church T M, et al. Clean coastal waters: understanding and reducing the effects of nutrient pollution [M]. Washington D. C.: National Academy of Sciences, 2000.

[185] Howarth R, Chan F, Conley D J, et al. Coupled biogeochemical cycles: eutrophication and hypoxia in temperate estuaries and coastal marine ecosystems [J]. Frontiers in Ecology and the Environment, 2011, 9(1): 18–26.

[186] Hozumi T, Tsutsumi H, Kono M. Bioremediation on the Shore after an oil spill from the Nakhodka in the Sea of Japan. I. Chemistry and characteristics of heavy oil loaded on the Nakhodka and biodegradation tests by a bioremediation agent with microbiological cultures in the laboratory [J]. Marine Pollution Bulletin, 2000, 40(4):

308–314.

[187] Hughes J D. American Indian ecology [M]. El Paso: Texas Western Press, 1983.

[188] IOC/UNESCO, IMO, FAO, UNDP. A blueprint for ocean and coastal sustainability [R]. Paris: IOC/UNESCO, 2011.

[189] Jackson J B C, Kirby M X, Berger W H, et al. Historical overfishing and the recent collapse of coastal ecosystems [J]. Science, 2001, 293(5530): 629–637.

[190] Jacobs B, Driscoll L, Schall M. Life–span dendritic and spine changes in areas 10 and 18 of human cortex: a quantitative Golgi study [J]. Journal of Comparative Neurology, 1997, 386(4): 661–680.

[191] Jacobs M. Environmental valuation, deliberative democracy and public decision–making [M]//Foster J B. Valuing Nature? Economics, ethics and environment. London: Rutledge, 1997: 211–231.

[192] Jeong J H, Jin H J, Sohn C H, et al. Algicidal activity of the seaweed *Coralli napilulifera* against red tide microalgae [J]. Journal of applied Phycology, 2000, 12(1): 37–43.

[193] Jia G D, Peng P A. Temporal and spatial variations in signatures of sediment organic matter in Lingding Bay (Pearl estuary), southern China [J]. Marine Chemistry, 2003, 82: 47–54.

[194] Jiang Q G, Ji Y J, Chang Y X, et al. Environmental chemical poison control manual [M]. Beijing: Chemical Industry Press, 2004: 473–492.

[195] Jiao L, Li X, Li T, et al. Characterization and anti–tumor activity of alkali–extracted polysaccharide from *Enteromorpha intestinalis* [J]. International Immunopharmacology, 2009, 9(3): 324–329.

[196] Johnston H. Reduction of stratospheric ozone by nitrogen oxide catalysts from supersonic transport exhaust [J]. Science, 1971, 173: 517–522.

[197] Jonsen I D, Taylor P D. Fine–scale movement behaviors of calopterygid damselflies are influenced by landscape structure: an experimental manipulation [J]. Oikos, 2000, 88: 553–562.

[198] Jordan W R. Sunflower forest: ecological restoration as the basis for a new environmental paradigm [M]//Baldwin A D, de Luce J, Pletsch C. Beyond preservation: restoring and inventing landscapes. Minneapolis: University of

Minnesota Press, 1994: 17–34.

[199] Jørdan, W R, Gilpin M E, Aber J D. Restoration ecology: a synthetic approach to ecological research [M]. Cambridge: Cambridge University Press, 1990.

[200] Jørgensen S E, Xu F L, Salas F, et al. Application of indicators for the assessment of ecosystem health [M]//Jorgensen S E, Costanza R, Xu F L. Handbook of ecological indicators for assessment of ecosystem health. Boca Raton: CRC Press, 2005: 5–66.

[201] Juhasz A L, Naidu R. Bioremediation of high mocular weight polycyclic aromatic hydrocarbons: a review of the microbial degradation of benao[a]pyrene [J]. International Biodeterioration & Biodegradation, 2000, 45: 57–88.

[202] Kahn J R. Measuring the economic effects of brown tides [J]. Journal of Shellfish Research, 1988, 7(1): 165.

[203] Kakisawa H, Asari F, Kusumi T, et al. An allelopathic fatty acid from the brown alga *Cladosiphon okamuranus* [J]. Phytochemistry, 1988, 27(3): 731–735.

[204] Karr J R. Defining and measuring river health [J]. Freshwater biology, 1999, 41: 221–234.

[205] Karsten U. Defense strategies of algae and cyanobacteria against solar ultraviolet radiation [M]//Amsler C D. Algal chemical ecology. Berlin: Springer Berlin Heidelberg, 2008: 273–296.

[206] Kathiresan K, Rajendran N. Coastal mangrove forests mitigated tsunami [J]. Estuarine Coastal Shelf Science, 2005, 65: 601–606.

[207] Keeling R F, Kortzinger A, Gruber N. Ocean deoxygenation in a warming world [J]. Annual Review of Marine Science, 2010, 2: 199–299.

[208] Kerr J B, McElroy C T. Evidence for large upward trends of ultraviolet–B radiation linked to ozone depletion [J]. Science, 1993, 262: 1032–1034.

[209] Kevin P, Wennergren U. Connecting landscape patterns to ecosystem and population processes [J]. Nature, 2003, (373): 299–30.

[210] Kim J H, Kang E J, Park M G, et al. Effects of temperature and irradiance on photosynthesis and growth of a green–tide–forming species (*Ulva linza*) in the Yellow Sea [J]. Journal of Applied Phycology, 2011, 23(3): 421–432.

[211] Kim J K, Cho M L, Karnjanapratum S, et al. *In vitro* and *in vivo* immunomodulatory activity of sulfated polysaccharides from *Enteromorpha prolifera* [J]. International

697

Journal of Biological Macromolecules, 2011, 49(5): 1051–1058.

[212] Kirchhoff V W J H, Schuch N J, Pinheiro D K, et al. Evidence for ozone hole perturbation at 30° South [J]. Atmospheric Environment, 1996, 30: 1481–1488.

[213] Kleypas J, Langdon C. Overview of CO_2-induced changes in seawater chemistry [C] //ICRS. Proceedings of the 9th International Coral Reef Symposium, Bali, Indonesia, October 23–27, 2000, 2: 1085–1089.

[214] König G M, Wright A D, Linden A. *Plocamium hamatum* and its monoterpenes: chemical and biological investigations of the tropical marine red alga [J]. Phytochemistry, 1999, 52(6): 1047–1053.

[215] Koo B J, Shin S H, Lee Seok. Changes in benthic macrofauna of the *Saemangeum* tidal flat as result of a drastic tidal reduction [J]. Ocean and Polar Research, 2008, 30: 373–545.

[216] Koontz T M, Bodine J. Implementing ecosystem management in public agencies: lessons from the US Bureau of Land Management and the Forest Service [J]. Conservation Biology, 2008, 22(1): 60–69.

[217] Kraeuter, J N, Castagna M. Biology of the hard clam [M]. Amsterdam: Elsevier Science, 2001.

[218] Kriwoken L K, Hedge P. Exotic species and estuaries: managing *Spartina anglica* in Tasmania, Australia [J]. Ocean & Coastal Management, 2000, 43(7): 573–584.

[219] Kurihara H. Effects of CO_2-driven ocean acidification on the early developmental stages of invertebrates [J]. Marine Ecology Progress Series, 2008, 373:275–284.

[220] Lacerda L D. Conservation and sustainable utilization of mangrove forests in Latin America and Africa regions. Mangrove ecosystems technical reports No. 2 [R]. Nishihara: International Society for Mangrove Ecosystems (ISME), International Tropical Timber Organization (ITTO), 1993.

[221] Lackey R T. Seven pillars of ecosystem management [J]. Landscape and Urban Planning, 1998, 40(1): 21–30.

[222] Laetz C A, Cerrato R C. Reconstructing the growth of hard clams, *Mercenaria mercenaria*, under brown tide conditions [J]. Journal of Shellfish Research, 2003, 22(1): 339.

[223] Laffoley D，等. 建设弹性海洋保护区网络指南[M]. 王枫，译. 北京：海洋出版

社，2009.

[224] Lake Champlain Basin Program. State of the lake and ecosystems indicators report [EB/OL]. (2012) [2014-11-20] http://sol.lcbp.org/biodiversity_lake-champlain-food-web-changing.html

[225] Laurance W F, Lovejoy T E, Vasconcelos H L, et al. Ecosystem decay of Amazonian forest fragments: a 22-year investigation [J]. Conservation Biology, 2002(16): 605-618.

[226] Lawsea, Yu G, Zhang Z L , et al. An introduction of the water pollution [M]. Beijing: Science Press, 2004: 431-474.

[227] Lee H J, Chu Y S, Park Y A. Sedimentary processes of fine grained material and the effect of seawall construction in the Daeho macrotidal flat-nearshore area, northern west coast of Korea [J]. Marine Geology, 1999, 157: 171-184.

[228] Lee K S, Park J I. An effective transplanting technique using shells for restoration of *Zostera marina* habitats [J]. Marine pollution bulletin, 2008, 56(5): 1015-1021.

[229] Levin S A, Lubchenco J. Resilience, robustness, and marine ecosystem-based management [J]. Bioscience, 2008, 58(1): 27-32.

[230] Li L X, Zhang P Y, Zhao J Q, et al. Effect of UV-B irradiation on interspecific competition between *Ulva pertusa* and *Grateloupia filicina* [J]. Chinese Journal of Oceanology and limnology, 2010, 28(2): 288-294.

[231] Li W T, Kim S H, Kim J W, et al. An examination of photoacclimatory responses of *Zostera marina* transplants along a depth gradient for transplant-site selection in a disturbed estuary [J]. Estuarine, Coastal and Shelf Science, 2013, 118: 72-79.

[232] Lin A, Shen S, Wang J, et al. Reproduction diversity of *Enteromorpha prolifera* [J]. Journal of Integrative Plant Biology, 2008, 50(5): 622-629.

[233] Lin P. The mangrove ecosystem in China [M]. Beijing: Science Press, 1999.

[234] Liu L, Xia X, Zhao L, et al. Petroleum contaminants in seawater and their bioremediation [J]. Transactions of Oceanology and Limnology, 2006, 3: 48-53.

[235] Liu S, Zhang Q S, Wang Y, et al. The response of the early developmental stages of *Laminaria japonica* to enhanced ultraviolet-B radiation [J]. Science in China: Series C, 2008, 51(12): 1129-1136.

[236] Lonsdale D J, Cosper E M, Woong-Seo K, et al. Food web interactions in the

plankton of Long Island bays, with preliminary observations on brown tide effects [J]. Oceanographic Literature Review, 1996, 134(1–3): 247–263.

[237] Lu L, Goh B P L, Chou L M. Effects of coastal reclamation on riverine macrobenthic infauna (*Sungei Punggol*) in Singapore [J]. Journal of Aquatic Ecosystem Stress and Recovery. 2002, 9(2): 127–135.

[238] Lubchenco J. The scientific basis of ecosystem management: Framing the context, language, and goals [M]//Zinn J, Corn M L. Ecosystem management: status and potential. Washington D. C.: Government Printing Office, 1994: 33–39.

[239] Lugo A E. Ecological aspects of catastrophes in Caribbean islands [J]. Acta Cientifica, 1988, 32 (2): 24–31.

[240] Ma Z H. How degree pollution oil cause marine environment [J]. Forest & Humankind, 2002, 12: 8–9.

[241] MacArthur R H, Wilson E O. The theory of island biogeography [M]. Princeton: Princeton University Press, 1967.

[242] Madsen E L. Determining in situ biodegradation [J]. Environmental Science & Technology, 1991, 25(10): 1662–1673.

[243] Maragos J E. Coral transplantation: a method to create, preserve, and manage coral reefs [R]. Honolulu: Hawaii University Sea Grant Advisory Report, 1974.

[244] Marion S R, Orth R J. Innovative techniques for large–scale seagrass restoration using *Zostera marina* (eelgrass) seeds [J]. Restoration Ecology, 2010, 18(4): 514–526.

[245] Maurice L S. The Bruun theory of sea–level rise as a cause of shore erosion [J]. The Journal of Geology, 1967: 76–92.

[246] Mearns A J. Cleaning oiled shores: putting bioremediation to the test [J]. Spill Science & Technology Bulletin, 1997, 4(4): 209–217.

[247] Meehan A J, West R J. Recovery times for a damaged *Posidonia australis* bed in south easter n Australia [J]. Aquatic Botany, 2000, 67(2): 161–167.

[248] Mercado J M, Javier F, Gordillo L, et al.Effects of different levels of CO_2 on photosynthesis and cell components of the red alga *Porphyra leucosticte* [J].Journal of Applied Phycology, 1999, 11: 455–461.

[249] Merceron M, Antoine V, Auby I, et al. In situ growth potential of the subtidal part of green tide forming *Ulva* spp. stocks [J]. Science of the Total Environment, 2007,

384(1): 293–305.

[250] Michael J, Samways A. Conceptual model of ecosystem restoration trige based on experience from three remote oceanic islands [J]. Biodiversity and Conservation, 2000, 9: 1073–1083.

[251] Michel J K, Martin A, Simon J, et al. Marine ecology: processes, systems, and impacts [M]. New York: Oxford University Press, 2006.

[252] Michigan Sea Grant. Food Chains and Webs [EB/OL]. [2014–11–20] http://www.miseagrant.umich.edu/lessons/lessons/by-broad-concept/life-science/food-chains-and-webs/.

[253] Middleton B. Wetland restoration, flood pulsing, and disturbance dynamics [M]. New York: John Wiley & Sons, 1999.

[254] Millennium Ecosystem Assessment. Ecosystems and human well-being: synthesis. Washington D. C.: Island Press, 2005.

[255] Millennium Ecosystem Assessment. 生态系统与人类福祉: 评估框架[M]. 张永民, 译. 北京: 中国环境科学出版社, 2007.

[256] Moir H J, Soulsby C, Youngson A. Hydraulic and sedimentary characteristics of habitat utilized by Atlantic salmon for spawning in the Girnock Burn, Scotland [J]. Fisheries Management and Ecology, 1998, 5(3): 241–254.

[257] Moore L J, List J H, S. Williams J, et al. Complexities in barrier island response to sea level rise: insights from numerical model experiments, North Carolina Outer Banks [J]. Journal of Geophysical Research, 2010, 115 (F3): 69–73.

[258] Moradi–Araghi A. A review of thermally stable gels for fluid diversion in petroleum production [J]. Journal of Petroleum Science and Engineering, 2000, 26(1): 1–10.

[259] Morand P, Briand X, Charlier R H. Anaerobic digestion of *Ulva* sp. 3. Liquefaction juices extraction by pressing and a technico–economic budget [J]. Journal of Applied Phycology, 2006, 18(6): 741–755.

[260] Morita M. High photosynthetic productivity of green microalga *Chlorella sorkiniana* [J]. Applied Biochemistry Biotechnology, 2000, 87(3): 208–218.

[261] Mork J, Heggberget T G. Eggs of Atlantic salmon (*Salmo salar* L) and trout (*S. trutta* L); identification by phosphoglucoisomerase zymograms [J]. Aquaculture Research, 1984, 15(2): 59–65.

[262] Mulholland M R, Boneillo G E, Bernhardt P W, et al. Comparison of nutrient and microbial dynamics over a seasonal cycle in a mid–atlantic coastal lagoon prone to Aureococcus *anophagefferens* (Brown Tide) blooms [J]. Estuaries and Coasts, 2009, 32(6): 1176–1194.

[263] Nan C, Zhang H, Zhao G. Allelopathic interactions between the macroalga *Ulva pertusa* and eight microalgal species [J]. Journal of Sea Research, 2004, 52(4): 259–268.

[264] Neckles H A, Dionne M, Burdick D M, et al. A monitoring protocol to assess tidal restoration of salt marshes on local and regional scales [J]. Restoration Ecology, 2002, 10(3): 556–563.

[265] Nelson S G, Glenn E P, Conn J, et al. Cultivation of *Gracilaria parvispora* (Rhodophyta) in shrimp–farm effluent ditches and floating cages in Hawaii: a two–phase polyculture system [J]. Aquaculture, 2001, 193(3): 239–248.

[266] Nelson T A, Haberlin K, Nelson A V, et al. Ecological and physiological controls of species composition in green macroalgal blooms [J]. Ecology, 2008, 89(5): 1287–1298.

[267] Nelson T A, Nelson A V, Tjoelker M. Seasonal and spatial patterns of "green tides" (ulvoid algal blooms) and related water quality parameters in the coastal waters of Washington state, USA [J]. Botanica Marina, 2003, 46(3): 263–275.

[268] Nicholls R J, Hoozemans F M J, Marchand M. Increasing flood risk and wetland losses due to global sea–level rise: regional and global analyses [J]. Global Environmental Change, 1999, 9: S69–S87.

[269] Niedowski N L. New York State salt marsh restoration and monitoring guildelines [R]. New York: New York State Department of State Division of Coastal Resources. New York State Department of Environmental Conservation Division of Fish, 2000

[270] Nielsen L A. Methods of marking fish and shellfish [M]. New York: American Fisheries Society Special Publication, 1992.

[271] Nienhuis P H, Gulati R D. Ecological restoration of aquatic and semi–aquatic ecosystems in the Netherlands: an introduction [J]. Hydrobiologia, 2002, 478(1–3): 1–6.

[272] Norman L C Ann M B, James H B, et al. The report of the Ecological Society of

America Committee on the scientific basis for ecosystem management [J]. Ecological Applications, 1996, 6:665–691.

[273] National Research Council. Marine Protected Areas: tools for sustaining ocean ecosystems [M]. Washington, D. C.: National Academy Press, 2000.

[274] Nuzzi R. The brown tide: an overview [J]. Brown Tide Summit, 1995: 13–23.

[275] Odum E P. 生态学基础[M]. 孙儒泳，等译. 北京:人民教育出版社，1982.

[276] Ohsawa N, Ogata Y, Okada N, et al. Physiological function of bromoperoxidase in the red tide marine alga, *Corallina pilulifera*: production of bromoform as an allelochemicals and the simultaneous elimination of hydrogen peroxide [J]. Phytochemistry, 2001, 58, 683–692.

[277] Okamoto M, Nojima S, Fujiwara S, et al. Development of ceramic settlement devices for coral reef restoration using in situ sexual reproduction of corals [J]. Fisheries Science, 2008, 74(6): 1245–1253.

[278] Omori M, Fujiwara S. Manual for restoration and remediation of coral reefs [M]. Tokyo: Nature Conservation B ureau, Ministry of Environment, 2004.

[279] Ong J E. The ecology of mangrove conservation & management [J]. Hydrobiologia, 1995, 295: 343–351.

[280] Oren U, Benayahu Y. Transplantation of juvenile corals: a new approach for enhancing colonization of artificial reefs [J]. Marine Biology, 1997, 127(3): 499–505.

[281] Orth R J, Marion S R, Granger S, Traber M. Evaluation of a mechanical seed planter for transplanting *Zostera marina* (eelgrass) seeds[J]. Aquatic Botany, 2009,90, 204–208.

[282] Orth R J, Marion SR, Moore KA, et al. Eelgrass (*Zostera marina* L.) in the Chesapeake Bay region of mid–Altanic coast of the USA: challenges in conversation and restoration [J]. Estuaries and Coast, 2010, 33(1): 139–150.

[283] Overbay J C. Ecosystem management [C]//Avers P E. Proceedings of the national workshop: taking an ecological approach to management, April 27–30, Salt Lake City, Utah. Washington D. C.: US Department of Agriculture, Forest Service, Watershed and Air Management, 1992: 3–15.

[284] Pan J H, Han H W, Jiang X, et al. Desiccation, moisture content and germination of *Zostera marina* L. seed [J]. Restoration Ecology, 2012, 20, 311–314.

[285] Pardal M A, Cardoso P G, Sousa J P, et al. Assessing environmental quality: a novel approach [J]. Marine Ecology Progress, 2004, 267(1): 1–8.

[286] Park J I, Lee K S. Site–specific success of three transplanting methods and the effect of planting time on the establishment of *Zostera marina* transplants [J]. Marine Pollution Bulletin, 2007, 54(8): 1238–1248.

[287] Park J K, Lee J W, Jung J Y. Cadmium uptake capacity of two strains of *Sacharomyces cerevisiae* cells [J]. Enzyme & Microbial Technology, 2003, 33: 371–378.

[288] Pickerell C H Schott S, Wyllie–Echeerria S. Buoy–deployed seeding: demonstration of a new eelgrass (*Zostera marina* L.) planting method [J]. Ecological Engineering. 2005, 25: 127–136.

[289] Pickett S T A, Cadenasso M L. Landsapce ecology: spatial heterogeneity in ecological systems [J]. Science, 1995, 269: 331–334.

[290] Gaines S, Jones P, Caselle J, et al. The science of marine reserves [M]. 2nd ed. United States Version. Partnership for Interdisciplinary Studies of Coastal Oceans, 2007.

[291] Pither J, Taylor P D. An experimental assessment of landscape connectivity [J]. Oikos, 1998, 83: 166–174.

[292] Platt T, Jauhari P, Sathyendranath S. The importance and measurement of new production [M]//Falkowski P G, Woodhead A D, Vivirito K. Primary productivity and biogeochemical cycles in the sea. New York: Springer Science+Business Media, 1992: 273–284.

[293] Popels L C, Cary S C, Hutchins D A, et al. The use of quantitative polymerase chain reaction for the detection and enumeration of the harmful alga *Aureococcus anophagefferens* in environmental samples along the United States East Coast [J]. Limnology and Oceanography–Methods, 2003, (1):92–102.

[294] Pratchett M S. Dietary overlap among coral–feeding butterflyfishes (Chaetodontidae) at Lizard Island, northern Great Barrier Reef [J]. Marine Biology, 2005, 148(2): 373–382.

[295] Pratchett M S. Dynamics of an outbreak population of *Acanthaster planci* at Lizard Island, northern Great Barrier Reef (1995–1999) [J]. Coral Reefs, 2005, 24(3): 453–462.

[296] Prince R C, Clark J R. Bioremediation of the Exxon Valdez oil spill: monitoring

safety and efficacy [M]//Hinchee R E, Alleman B C, Hoeppel R E, et al. Hydrocarbon bioremediation. Boca Raton: CRC Press, 1994: 107–124.

[297] Pritchard P H, Costa C F. EPA's Alaska oil spill bioremediation project. Part 5 [J]. Environmental Science & Technology, 1991, 25(3): 372–379.

[298] Probyn T, Pitcher G, Pienaar R, et al. Brown tides and mariculture in Baldanha Bay, South Africa [J]. Marine pollution bulletin, 2001, 42(5): 405–408.

[299] Pu W H, Zhou L X, Yang F, et al. Progress in oil spill recovery technology [J]. Science Scope, 2005, 29(6):73–76.

[300] Quan W, Humphries A T, Shi L, et al. Determination of trophic transfer at a created intertidal oyster (*Crassostrea ariakensis*) reef in the Yangtze River estuary using stable isotope analyses [J]. Estuaries and Coasts, 2012, 35(1): 109–120.

[301] Rabalais N N, Harper Jr D E, Turner R E. Responses of nekton and demersal and benthic fauna to decreasing oxygen concentrations, in Coastal Hypoxia Consequences for Living Resources and Ecosystems [M]//Rabalais N N and Turner R E. Coastal and Estuarine Studies 58. Washington D. C.: American Geophysical Union, 2001a, 115–128.

[302] Rabalais N N, Turner R E, Díaz R J, et al. Global change and eutrophication of coastal waters [J]. ICES Journal of Marine Science: Journal du Conseil, 2009, 66(7): 1528–1537.

[303] Rabalais N N, Turner R E, Sen Gupta B K, et al. Sediments tell the history of eutrophication and hypoxia in the northern Gulf of Mexico [J]. Ecological Applications, 2001b: 17: S129–S143.

[304] Ramsay M A, Swannell R P J, Shipton W A, et al. Effect of bioremediation on the microbial community in oiled mangrove sediments [J]. Marine Pollution Bulletin, 2000, 41(7): 413–419.

[305] Randhawa V, Thakkar M, Wei L. Applicability of hydrogen peroxide in brown tide control——culture and microcosm studies [J]. Plos One, 2012, 7(10): e47844.

[306] Rapport D J, Bohm G, Buckingham D, et al. Ecosystem health: the concept, the ISEH, and the important tasks ahead [J]. Ecosystem Health, 1999, 5: 82–90.

[307] Rapport D J. Ecosystem health [M]. Oxford: Blackwell Science, 1998.

[308] Rapport D J. What constitutes ecosystem health [J]. Perspectives in Biology and

Medicine, 1989, 33: 120–132.

[309] Rathke B J, Jules E S. Habitat fragmentation and plant–pollinator interactions [J]. Current Science, 1993(65): 273–277.

[310] Rdenac G, Fichet D, Miramand P. Bioaccumulation and toxicity of four dissolved metal in *Paracentrotus lividus* sea–urchin embyo [J]. Marine Environmental Reasearch, 2000, 51: 151–166.

[311] REEF Environmental Education Foundation. International Coral Reef Initiative's [OL]. REEF, 2014. http://www.coral.reef.org.

[312] Wang R J, Wang Y, Zhou J, et al. Algicidal activity of *Ulva pertusa* and *Ulva prolifera* on *Prorocentrum donghaiense* under laboratory conditions [J]. African Journal of Microbiology Research, 2013, 7(34): 4389–4396.

[313] Richard B P. 保护生物学简明教程[M]. 马克平，译. 北京：高等教育出版社，2009.

[314] Richardson A J, Bakun A, Hays G C, et al. The jellyfish joyride: causes, consequences and management responses to a more gelatinous future [J]. Trends in Ecology & Evolution, 2009, 24(6): 312–322.

[315] Richmond R H, Rongo T, Golbuu Y, et al. Watersheds and coral reefs: conservation science, policy, and implementation [J]. VioScience, 2006, 57: 598–607

[316] Chadwick H K, Ricker W E. I. B. P. Handbook NO.3. Methods for assessment of fish production in fresh water [J]. Journal of Wildlife Management, 1969, 33(3):725.

[317] Riebesell U, Zondervan I, Rost B È, et al. Reduced calcification of marine plankton in response to increased atmospheric CO_2 [J]. Nature, 2000, 407(6802): 364–367.

[318] Riisgard H U. Efficiency of particle retention and filtration rate in 6 species of Northeast American bivalves [J]. Marine Ecology Progress Series, 1988, 45: 217–223.

[319] Rinkevich B. Conservation of coral reefs through active restoration measures: recent approaches and last decade progress [J]. Environmental science & technology, 2005, 39(12): 4333–4342.

[320] Rinkevich B. Restoration strategies for coral reefs damaged by recreational activities: the use of sexual and asexual recruits [J]. Restoration Ecology, 1995, 3(4): 241–251.

[321] Rinkevich B. Steps towards the evaluation of coral reef restoration by using small branch fragments [J]. Marine Biology, 2000, 136(5): 807–812.

[322] Rinkevich B. The coral gardening concept and the use of underwater nurseries: lessons learned from silvics and silviculture [M]//Precht W E. Coral reef restoration handbook——the rehabilitation of an ecosystem under siege. Boca Raton: CRC Press, 2006: 291–301.

[323] Roleda M Y, van de Poll W H, Hanelt D, et al. PAR and UVBR effects on photosynthesis, viability growth and DNA in different life stages of two coexisting *Gigartinales*: implications for recruitment and zonation pattern [J]. Marine Ecology Progress Series, 2004, 281: 37–50.

[324] Roy P S, Williams R J, Jones A R, et al. Structure and function of south–east Australian estuaries[J]. Estuarine, Coastal and Shelf Science, 2001, 53(3): 351–384.

[325] Roy R. Lewis I. Ecological engineering for successful management and restoration of mangrove forests [J]. Ecological Engineering, 2005, (24): 403–418.

[326] Sabater M G, Yap H T. Growth and survival of coral transplants with and without electrochemical deposition of $CaCO_3$ [J]. Journal of experimental marine biology and ecology, 2002, 272(2): 131–146.

[327] Saenger P, Hegerl E J, Davie J D S. Global status of mangrove ecosystems by the working group or mangrove ecosystems of the IUCN Comission on Ecology in cooperation with the United Nations Environment Programme and World Wildlife Fund [J]. The Environmentalist, 1983(3): 1–88.

[328] Saenger P, Siddiqi N A. Land from the sea: the mangrove afforestation program of Bangladesh [J]. Ocean & Coastal Management, 1993, 20(1): 23–39.

[329] Sagoff M. Aggregation and deliberation in valuing environmental public goods: a look beyond contingent pricing [J]. Ecological Economics, 1998, 24(2): 213–230.

[330] Sahimi M. Applications of percolation theory [M]. New York: Taylor and Francis, 1994.

[331] Sala Cossich E, Granhen Tavares C R, Kakuta Ravagnani T M. Biosorption of chromium (III) by *Sargassum* sp. biomass [J]. Electronic Journal of Biotechnology, 2002, 5(2): 6–7.

[332] Santee M L, Read W G, Waters J W, et al. Interhemispheric differences in polar stratospheric HNO_3, H_2O, ClO, and O_3 [J]. Science, 1995, 267: 849–852.

[333] Sasaki T. Kurano N, Miyachi S. Cloning and characterization of high–CO_2–

specific cDNA from a marine microalga, *Chlorococcum littorale*, and effect of CO_2 concentration and iron deficiency on the gene expression [J]. Plant & Cell Physiology, 1998: 39(2):131–138.

[334] Saunders D A, Hobbs R J, Margules C R. Biological consequences of ecosystem fragmentation: a review [J]. Conservation Biology, 1991(5): 18–32.

[335] Scales H, Balmford A, Manica A. Impacts of the live reef fish trade on populations of coral reef fish off northern Borneo [J]. Proceedings of the Royal Society B: Biological Sciences, 2007, 274(1612): 989–994.

[336] Schmidt É C, Pereirab B, Santos R W, et al. Responses of the macroalgae *Hypnea musciformis* after *in vitro* exposure to UV–B [J]. Aquatic Botany, 2012a, 100: 8–17.

[337] Schmidt É C, Santos R W, de Faveri C, et al. Response of the agarophyte *Gelidium floridanum* after *in vitro* exposure to ultraviolet radiation B: changes in ultrastructure, pigments, and antioxidant systems [J]. Journal Applied Phycology, 2012b, 24: 1341–1352.

[338] Scragg A H. Environmental biotechnology [M]. Essex: Longman, 1999.

[339] Setchell W A. Morphological and phenological notes on *Zostera marina* L [J]. University of California Publications in Botany, 1929, 14: 389 –452.

[340] Shafer D, Bergstrom P. An introduction to a special issue on large–scale submerged aquatic vegetation restoration research in the Chesapeake Bay: 2003–2008 [J]. Restoration Ecology, 2010, 18(4): 481–489.

[341] Shiu C T, Lee T M. Ultraviolet–B–induced oxidative stress and responses of the ascorbate–glutathione cycle in a marine macroalga *Ulva fasciata* [J]. Journal of Experimental Botany, 2005, 56: 2851–2865.

[342] Short F T, Wyllie–Echeverria S. Natural and human–induced disturbance of seagrasses [J]. Environmental conservation, 1996, 23(01): 17–27.

[343] Sih A G, Bengt G., Luikart G. Habitat loss: ecological evolutionary and genetic consequences [J]. Tree, 2000(4):132–134.

[344] Simenstad C A, Cordell J R. Ecological assessment criteria for restoring *Anadromous Salmonid* habitat in Pacific Northwest estuaries [J]. Ecological Engineering, 2000, 15(3): 283–302.

[345] Simon H A. The organization of complex systems [M]//Pattee H H. Hierarchy theory:

the challenge of complex systems. New York: George Braziller, 1973.

[346] Smith J K, Lonsdale D J, Gobler C J, et al. Feeding behavior and development of *Acartia tonsa* nauplii on the brown tide alga *Aureococcus anophagefferens* [J]. Journal of plankton research, 2008, 30(8): 937-950.

[347] Smith V H, Schindler D W. Eutrophication science: where do we go from here? [J]. Trends in Ecology & Evolution, 2009, 24(4): 201-207.

[348] Society for Ecological Restoration. The SER international primer on ecological restoration [R]. Washington, D. C.: SER, 2004.

[349] Spalding M D, Blasco F, Field C D, et al. World mangrove atlas[R]. Okinawa: International Society for Mangrove Ecosystems (ISME), 1997.

[350] Spalding M, Ravilious C, Green E P. World atlas of coral reefs [M]. Berkeley: University of California Press, 2001.

[351] Status of Coral Reefs of the World 2004: summary [M]. Townsville: Australian Institute of Marine Science, 2004.

[352] Steere J T, Schaefer N. Restoring the Estuary: implementation strategy of the San Francisco Bay Joint Venture [R]. Oakland: San Francisco Bay Joint Venture, 2001.

[353] Stephen H. 海洋[M]. 江文胜, 等译. 北京: 中国大百科全书出版社, 2011

[354] Sun B, Zhao F J, Lombi E, et al. Leaching of heavy metals from contaminated soils using EDTA [J]. Environmental Pollution, 2001, 113(2): 111-120.

[355] Sun D, Dawson R, Li H, et al. A landscape connectivity index for assessing desertification: a case study of Minqin County, China [J]. Landscape Ecology, 2007, 22(4): 531-543.

[356] Sun S, Li Y, Sun X. Changes in the small-jellyfish community in recent decades in Jiaozhou Bay, China [J]. Chinese Journal of Oceanology and Limnology, 2012, 30: 507-518.

[357] Sun S, Wang F, Li C, et al. Emerging challenges: massive green algae blooms in the Yellow Sea [J]. Nature Proceedings, 2008, hdl:10101/npre.2008.2266.1.

[358] Sundareshwar P V, Morris J T, Koepfler E K. et al. Phosphorus limitation of coastal ecosystem processes [J]. Science, 2003,299, 563-565.

[359] Suzuki Y, Takabayashi T, Kawaguchi T, et al. Isolation of an allelopathic substance from the crustose coralline algae, *Lithophyllum* spp., and its effect on the brown alga,

Laminariareligiosa Miyabe (Phaeophyta) [J]. Journal of Experimental Marine Biology and Ecology, 1998, 225(1): 69–77.

[360] Swannell R P J, Mitchell D, Jones D M, et al. Bioremediation of oil-contaminated fine sediments [C]//USCG, USEPA, API, IPIECA, IMO. Proceedings of the 1999 International Oil Spill Conference, Seattle, Washington, March 8–11, 1999: 751–756.

[361] Taggart J B, McLaren I S, Hay D W, et al. Spawning success in Atlantic salmon (*Salmo salar* L.): a long-term DNA profiling-based study conducted in a natural stream [J]. Molecular Ecology, 2001, 10(4): 1047–1060.

[362] Tait R V, Dipper F. Elements of marine ecology [M]. London: Butterworth-Heinemann, 1998.

[363] Taylor R, Fletcher R L, Raven J A. Preliminary studies on the growth of selected 'green tide' algae in laboratory culture: effects of irradiance, temperature, salinity and nutrients on growth rate [J]. Botanica Marina, 2001, 44(4): 327–336.

[364] Teal J M, Weishar L. Ecological engineering, adaptive management, and restoration management in Delaware Bay salt marsh restoration [J]. Ecological Engineering, 2005, (25): 304–314.

[365] Temperton V M. The recent double paradigm shift in restoration ecology [J]. Restoration Ecology, 2007, 15(2): 344–347.

[366] Terry N, Banuelos G S. Phytoremediation of contaminated soil and water [M]. Boca Raton: CRC Press, 1999.

[367] Tischendorf L, Fahrig L. How should we measure landscape connectivity [J] Landscape Ecology, 2000a, 15: 633–641.

[368] Tischendorf L, Fahrig L. On the usage and measurement of landscape connectivity [J]. Oikos, 2000b, 90: 7–19.

[369] Towns D R, Ballantine W J. Conservation and restoration of New Zealand Island ecosystems [J]. Trends in Ecology & Evolution, 1993, 8 (12): 452–457.

[370] Traber MS, Granger S, Nixon S. Mechanical seeder provides alternative method for restoring eelgrass habitat (Rhode Island) [J]. Ecological Restoration, 2003, 21: 213–214.

[371] Tracey G A. Feeding reduction, reproductive failure, and mortality in Mytilus edulis during the 1985 "brown tide" in Narragansett Bay, Rhode Island [J]. Marine Ecology

Progress Series, 1988, 50: 73–81.

[372] Trice T M, Glibert P M, Lea C, et al. HPLC pigment records provide evidence of past blooms of *Aureococcus anophagefferens* in the Coastal Bays of Maryland and Virginia, USA [J]. Harmful Algae, 2004, 3(4): 295–304.

[373] Troell M, Halling C, Nilsson A, et al. Integrated marine cultivation of *Gracilaria chilensis* (Gracilariales, Rhodophyta) and salmon cages for reduced environmental impact and increased economic output [J]. Aquaculture, 1997, 156(1): 45–61.

[374] Tuncer G, Karakas T, Balkas T, et al. Land-based sources of pollution along the blank sea coast of Turkey: Concentrations and annual loads to the black sea [J]. Marine Pollution Bulletin. 1998, 36(6): 409–423.

[375] Turner M G. Landscape ecology: the effect of pattern on process [J]. Annual Review of Ecology and Systematics, 1989, 20: 171–197

[376] Uchida T, Toda S, Matsuyama Y, et al. Interactions between the red tide dinoflagellates *Heterocapsa circularisquama* and *Gymnodinium mikimotoi* in laboratory culture [J]. Journal of Experimental Marine Biology and Ecology, 1999, 241(2): 285–299.

[377] UNDP/GEF. The Yellow Sea: analysis of environmental status and trends. Volume 2. Part I. National reports——China [R]. Ansan: UNDP/GEF, 2007.

[378] Urbanska K M, Webb N R, Edwards P J. Restoration ecology and sustainable development [M]. Cambridge: Cambridge University Press, 1997.

[379] Valette J C, Demesmay C, Rocca J L, et al. Potential use of an aminopropyl stationary phase in hydrophilic interaction capillary electrochromatography. Application to tetracycline antibiotics [J]. Chromatographia, 2005, 62(7–8): 393–399.

[380] Vuorinen J, Piironen J. Electrophoretic identification of Atlantic salmon (*Salmo salar*), brown trout (*S. trutta*), and their hybrids [J]. Canadian Journal of Fisheries and Aquatic Sciences, 1984, 41(12): 1834–1837.

[381] Walker D I, Kendrick G A, McComb A J. Decline and recovery of seagrass ecosystems——the dynamics of change [M]//Larkum A W, Orth R J. Seagrasses: biology, ecologyand conservation. Dordrecht: Springer Netherlands, 2006: 551–565.

[382] Walters C J, Holling C S. Large-scale management experiments and learning by doing [J]. Ecology, 1990, 71(6): 2060–2068.

[383] Wang J H, Feng L, Tang X X. Effect of UV–B radiation on population dynamics of the

rotifer *Brachionus urceus* [J]. Acta Oceanologica Sinica, 2011, 30(2):113–119.

[384] Wang Q, Zhuang Z, Deng J, et al. Stock enhancement and translocation of the shrimp *Penaeus chinensis* in China [J]. Fisheries research, 2006, 80(1): 67–79.

[385] Wang R J, Feng L, Tang X X, et al. Allelopathic growth inhibition of *Heterosigma akashiwo* by the three Ulva spcieces (*Ulva Pertusa, Ulva Linza, Enteromorpha intestinalis*) under laboratory conditions [J]. Acta Oceanologica Sinica, 2012, 31(3): 138–144.

[386] Wang R J, Tang X X, Sun J. Effects of the macroalga *Corallina pilulifera* on the growth of red tide microalga *Prorocent rummicans* under laboratory conditions[C]// 2011 International Symposium on IT in Medicine and Education (ITME). IEEE, 2011, 2: 183–190.

[387] Wang R J, Wang Y, Tang X X. Identification of the toxic compounds produced by *Sargassum thunbergii* to red tide microalgae [J]. Chinese Journal of Oceanology and Limnology, 2012, 30: 778–785.

[388] Wang R J, Xiao H, Wang Y, et al. Effects of three macroalgae, *Ulva linza* (Chlorophyta), *Corallina pilulifera* (Rhodophyta) and *Sargassum thunbergii* (Phaeophyta) on the growth of the red tide microalga *Prorocentrum donghaiense* under laboratory conditions [J]. Journal of Sea Research, 2007, 58(3): 189–197.

[389] Wang R J, Xiao H, Zhang P Y, et al. Comparative studies on the allelopathic effects of Ulva pertusa Kjellml, *Corallina pilulifera* Postl et Ruprl, and *Sargassum thunbergii* Mertl O. Kuntze on *Skeletone macostatum*(Grev.) Cleve [J]. Journal of Integrative Plant Biology, 2006, 48(12): 1415–1423.

[390] Wang R J, Xiao H, Zhang P, et al. Allelopathic effects of *Ulva pertusa, Corallina pilulifera* and *Sargassum thunbergii* on the growth of the dinoflagellates *Heterosigma akashiwo* and *Alexandrium tamarense* [J]. Journal of Applied Phycology, 2007, 19(2): 109–121.

[391] Wang X W, Li C H, Shen N N. Effect of oil pollution on marine organism [J]. South China Fisheries Science, 2006, 2(2): 76–80.

[392] Wang Y, Wang Y, Zhu L, et al. Comparative studies on the ecophysiological differences of two green tide macroalgae under controlled laboratory conditions[J]. PloS One, 2012, 7(8): e38245.

[393] Wang Y, Yu Z, Song X, et al. Interactions between the bloom–forming dinoflagellates *Prorocentrum donghaiense* and *Alexandrium tamarense* in laboratory cultures [J]. Journal of Sea Research, 2006, 56(1): 17–26.

[394] Waters C J, Holling C S. Large–scale management experiments and learning by doing [J]. Ecology, 1990, 71: 2060–2068.

[395] Waycott M, Duarte C M, Carruthers T J B, et al. Accelerating loss of seagrasses across the globe threatens coastal ecosystems [J]. Proceedings of the National Academy of Sciences, 2009, 106:12377–12381.

[396] Webb J, Hawkins A D. Movements and spawning behaviour of adult salmon in the Girnock burn, a tributary of the Aberdeenshire Dee, 1986[M]//Scottish Fisheries Research Report. Department of Agriculture and Fisheries for Scotland, 1989: 40.

[397] Weishar L L, Teal J M, Hinkle R. Designing large–scale wetland restoration for Delaware Bay [J]. Ecological Engineering, 2005a, (25): 231–239.

[398] Weishar L L, Teal J M, Hinkle R. Stream order analysis in marsh restoration on Delaware Bay [J]. Ecological Engineering, 2005b, (25): 252–259.

[399] Wenzel W W, Adriano D C, Salt D, et al. Phytoremediation: a plant—microbe–based remediation system [M]//Adriano C. Bioremediation of contaminated soils. Madison: American Society of Agronomy, 1999: 457–508.

[400] Whisenant S. Repairing damaged wild lands: a process–orientated, landscape–scale approach [M]. Cambridge: Cambridge University Press, 1999.

[401] Whittaker R J, Fernández–Palacios J M. Island biogeography: ecology, evolution, and conservation [M]. Oxford: Oxford University Press, 2007.

[402] Wiencke C, Clayton M N, Schoenwaelder M. Sensitivity and acclimation to UV radiation of zoospores from five species of Laminariales from the Arctic [J]. Marine Biology, 2004, 145: 31–39.

[403] Wiencke C, Gómez I, Pakker H, et al. Impact of UV radiation on viability, photosynthetic characteristics and DNA of brown algal zoospores: implications for depth zonation [J]. Marine Ecology Progress Series, 2000, 197: 217–229.

[404] Wiens J A, Milne B T. Scaling of 'landscapes' in landscape ecology, or, landscape ecology from a beetle's perspective [J]. Landscape Ecology, 1989, 3: 87–96.

[405] Williams P, Faber P. Salt marsh restoration experience in San Francisco Bay [J].

Journal of Coastal Research, 2001, 27: 203–211.

[406] Wilson M A, Howarth R B. Discourse-based valuation of ecosystem services: establishing fair outcomes through group deliberation [J]. Ecological Economics, 2002, 41(3): 431–443.

[407] With K A. The application of neutral landscape models in conservation biology [J]. Conservation Biology, 1997, 11(5): 1069–1080.

[408] Wolf A. Conservation of endemic plants in serpentine landscapes [J]. Biological Conservation, 2001(100): 35–44.

[409] Wolf G, Riebesell U, Burkhardt S, et al. Direct effects of CO_2 concentration on growth and isotopic composition of marine plankton [J]. Tellus B, 1999, 51(2): 461–476.

[410] Wood L J. MPA Global: a database of the world's marine protected areas. Sea around us project. Cambridge: UNEP–WCMC &WWF, 2007.

[411] Wu H Y, Zou D H, Gao K S. Impacts of increased atmospheric CO_2 concentration on photosynthesis and growth of micro-and macro-algae [J]. Science in China Series C: Life Sciences, 2008, 51(12): 1144–1150.

[412] Wu J G, Huang J H, Han X G, et al. Three-Gorges Dam-experiment in habitat fragmentation[J]. Science, 2003(300): 1239–1240.

[413] Wu J G. Landscape Ecology-Concepts and Theories [J]. Chinese Journal of Ecology, 2000, 1: 007.

[414] Wu J, Levin S A. A spatial patch dynamic modeling approach to pattern and process in an annual grassland [J]. Ecological Monographs, 1994, 64: 447–464.

[415] Wu J, Vankat J L. Island biogeography: theory and applications [J]. Encyclopedia of Environmental Biology, 1995, 2: 371–379.

[416] Wu J. Hierarchy and scaling: extrapolating information along a scaling ladder [J]. Canadian Journal of Remote Sensing, 1999, 25: 367–380.

[417] Xiao H, Tang X X, Zhang P Y, et al. The effect of UV–B radiation enhancement on the interspecific competion between *Skeletonema costatun* and *Heterosigma akashiwo* [J]. Acta Oceanologica sinica, 2005, 24(2):77–84

[418] Xie Z H, Xiao H, Cai H J, et al. Influence of UV–B irradiation on the interspecific growth interaction between *Heterosigma akashiwo* and *Prorocentrum donghaiense* [J]. International Review Hydrobiology, 2006, 91(6):555–573.

[419] Xie Z, Xiao H, Tang X, et al. Experimental study on the interspecific interactions between the two bloom–forming algal species and the rotifer *Brachionus plicatilis* [J]. Journal of Ocean University of China, 2009, 8(2): 203–208.

[420] Xie Z, Xiao H, Tang X, et al. Interactions between red tide microalgae and herbivorous zooplankton: effects of two bloom–forming species on the rotifer *Brachionus plicatilis* (O.F. Muller) [J]. Hydrobiologia, 2008, 600(1): 237–245.

[421] Xu D, Zhou B, Wang Y, et al. Effect of CO_2 enrichment on competition between *Skeletonema costum* and *Heterosigma akashiwo* [J]. Chinese Journal of Oceanology and Limaology, 2010, 28(4): 933–939.

[422] Xu F L, Lam K C, Zhao Z Y, et al. Marine coastal ecosystem health assessment: a case study of the ToloHarbour, Hong Kong, China [J]. Ecological Modelling, 2004, 173: 355–370.

[423] Yabe T, Ishii Y, Amano Y, et al. Green tide formed by free–floating *Ulva* spp. at Yatsu tidal flat, Japan [J]. Limnology, 2009, 10(3): 239–245.

[424] Yan T, Zhou M J. Environmental and health effects associated with Harmful Algal Bloom and marine algal toxins in China [J]. Biomedical & Environmental Science, 2004, 17: 165–176.

[425] Yap H T, Alvarez R M, Custodio III H M, et al. Physiological and ecological aspects of coral transplantation [J]. Journal of Experimental Marine Biology and Ecology, 1998, 229: 69–84.

[426] Yap H T. The case for restoration of tropical ecosystems [M]. Ocean Coastal Manage, 2000, 43: 841–851.

[427] Ye N H, Zhuang Z M, Jin X S, et al. China is on the track tackling *Enteromorpha* spp. forming green tide [J]. Nature Precedings, 2008, hdl:10101/npre.2008.2352.1.

[428] Yu J, Tang X X, Tian J Y, et al. Effect of elevated CO_2 on sensitivity of six species of algae and interspecific competition of three species of algae [J]. Journal of Environmental Sciences, 2006a, 18(2): 353–358.

[429] Yu J, Tang X X, Zhang P Y, et al. Effect of CO_2 enrichment on photosynthesis, lipid peroxidation and activities of antioxidative enzymes of *Platymonas subcordiformis* subjected to UV–B radiation stress [J]. Acta Botanica Sinica, 2004, 46(6):682–690.

[430] Yu J, Tang X X, Zhang P Y, et al. Physiological and ultrastructural changes of *Chlorella*

sp. induced by UV–B radiation [J]. Progress in Natural Science, 2005, 15(8):678–683.

[431] Yu J, Xiao H, Tang X X, et al. The effects of enriched CO_2 and enhanced UV–B radiation on ultrastructure of *Dunaliella salina*, singly and in combination [J]. Acta Oceanologia Sinica, 2006b, 25(1): 137–146.

[432] Yu Z M, Sengco M R, Anderson D M. Flocculation and removal of the brown tide organism, *Aureococcus anophagefferens* (Chrysophyceae), using clays [J]. Journal of Applied Phycology, 2004, 16(2): 101–110.

[433] Zev N. 景观与恢复生态学：跨学科的挑战[M]. 李秀珍等，译. 北京：高等教育出版社，2010.

[434] Zhang L P, Wang H. Optimizationg design of counter messures to clean up the marine oil pollution in different sea surface conditions [J]. Ocean Technology, 2005, 25(3): 1–6.

[435] Zheng J Z, Wang J, Wang X Y. Oil spill cleanup methods for different types of coasts [J]. Chinese Journal of Environmental Enginerring, 2008, 2(4):557–563.

[436] Zingone A, Oksfeldt Enevoldsen H. The diversity of harmful algal blooms: a challenge for science and management [J]. Ocean & Coastal Management, 2000, 43(8): 725–748.

[437] Zinkevich M A, Blum A, Sandholm T. On polynomial–time preference elicitation with value queries [C]//Menasce D, Nisan N. Proceedings of the 4th ACM conference on Electronic commerce. New York: ACM, 2003: 176–185.

[438] Zobell C E. Bacterial degradation of mineral oils at low temperatures [M]//Ahearn D G, Meyers S P. The microbial degradation of oil pollutants. Baton Rouge: Louisiana State University, 1973: 153–161.

[439] Zou R L, Zhang Y L, Xie Y K. An ecological study of reef corals around Weizhou Island [J]. Xu G Z, Morton B. Proceedings on Marine Biology of the South China Sea. BeiJing: China Ocean Press, 1988: 201–211.

[440] 安桂荣. 我国重金属污染防治立法研究[D]. 哈尔滨：东北林业大学，2013.

[441] 安晓华. 中国珊瑚礁及其生态系统综合分析与研究[D]. 青岛：中国海洋大学，2003.

[442] 安鑫龙，李志霞，齐遵利，等. 河北省沿海赤潮的成因及调控对策研究[J]. 安徽农业科学，2009，37(2)：718–718.

[443] 包维楷，陈庆恒. 生态系统退化的过程及其特点[J]. 生态学杂志，1999，18(2)：

36-42.

[444] 包维楷，陈庆恒. 退化山地生态系统恢复和重建问题的探讨[J]. 山地学报，1999，17(1)：22-27.

[445] 薄治礼，周婉霞. 石斑鱼增殖放流研究[J]. 浙江海洋学院学报：自然科学版，2002，21(4)：321-326.

[446] 鲍鹰，周学家，黄美霞，等. 鹿角珊瑚人工养殖的初步研究[J]. 海洋科学，2012，01：69-72.

[447] 毕蓉，王悠，肖慧，等. CO_2加富对塔玛亚历山大藻和小新月菱形藻种群竞争的影响[J]. 海洋环境科学，2010，29(5)：667-670.

[448] 蔡程瑛. 海岸带综合管理的原动力：东亚海域海岸带可持续发展的实践应用[M]. 周秋麟，温泉，杨圣云，等译. 北京：海洋出版社，2010.

[449] 蔡恒江，唐学玺，张培玉，等. UV-B辐射和久效磷对三角褐指藻DNA共同伤害效应[J]. 中国海洋大学学报，2004，34(6)：993-996.

[450] 蔡恒江，唐学玺，张培玉，等. 不同起始密度对3种赤潮微藻种间竞争的影响[J]. 生态学报，2005，25(6)：1331-1336.

[451] 蔡恒江，唐学玺，张培玉. 3种赤潮微藻对UV-B辐射处理的敏感性[J]. 海洋科学，2005a，29(3)：30-32.

[452] 蔡恒江，唐学玺，张培玉. UV-B辐射增强对三种赤潮微藻DNA的伤害效应[J]. 应用生态学报，2005b，16(3)：559-562.

[453] 蔡俊欣. 雷州半岛的红树林资源及对其保护发展措施[J]. 广东林业科技，1991(02)：31-32.

[454] 蔡晓明，蔡博峰. 生态系统的理论和时间[M]. 北京：化学工业出版社，2012.

[455] 曹西华，宋秀贤，俞志明，等. 有机改性黏土去除赤潮生物的机制研究[J]. 环境科学，2006，27(8)：1522-1530.

[456] 曾呈奎. 海带和海底森林[J]. 生物学通报，1953，9：320-325.

[457] 曾明. 红树林的资源分布及其效益[J]. 广东园林，2012，04：58-6.

[458] 曾相明，管卫兵，潘冲. 象山港多年围填海对水动力的整体累积效应研究[J]. 海洋学研究，2011，29(1)：73-83.

[459] 曾星. 北方海域典型潟湖大叶藻（*Zostera marina* L.）植株移植技术的研究[D]. 青岛：中国海洋大学，2013.

[460] 常剑波，陈永柏，高勇，等. 水利水电工程对鱼类的影响及减缓对策[C]//国家环

境保护总局环境影响评价管理司. 水利水电开发项目生态环境保护研究与实践. 北京：中国环境科学出版社，2006：685-696.

[461] 常抗美，吴常文，吕振明，等. 曼氏无针乌贼增养殖开发与利用的研究进展[J]. 中国水产，2008，03：55-56.

[462] 陈彬，俞炜炜，等. 海洋生态恢复理论与实践[M]. 北京：海洋出版社，2012.

[463] 陈昌笃. 持续发展与生态学[M]. 北京：中国科学技术出版社，1993.

[464] 陈刚，谢菊娘. 三亚水域造礁石珊瑚移植试验研究[J]. 热带海洋，1995，14(3)：51-57.

[465] 陈琥. 涠洲岛珊瑚恢复：令人欢喜令人忧[J]. 沿海环境，1999，6：29.

[466] 陈惠彬. 渤海典型海岸带滩涂生境、生物资源修复技术研究与示范[J]. 海洋信息，2005，3：20-22.

[467] 陈家宽. 上海九段沙湿地自然保护区科学考察集[M]. 北京：科学出版社，2003.

[468] 陈建裕，毛志华，张华国，等. SPOT5 数据东沙环礁珊瑚礁遥感能力分析[J]. 海洋学报，2007，29(3)：51-57.

[469] 陈锦淘，戴小杰. 鱼类标志放流技术的研究现状[J]. 上海水产大学学报，2006，14(4)：451-456.

[470] 陈静生. 环境地球化学[M]. 北京：海洋出版社，1990.

[471] 陈兰芝. 珊瑚礁生态[J]. 湿地通讯，2000，4：13.

[472] 陈利顶，傅伯杰. 景观连接度的生态学意义及其应用[J]. 生态学杂志，1996，15(4)：37-42.

[473] 陈灵芝，陈伟烈. 中国退化生态系统研究[M]. 北京：中国科学技术出版社，1995.

[474] 陈茂，蔡英亚. 海产经济贝类及其养殖[M]. 北京：中国农业出版社，2007.

[475] 陈祺. 我国水生生物资源增殖放流管理体系的初步研究[D]. 上海：上海水产大学，2007

[476] 陈亚瞿，施利燕，全为民. 长江口生态恢复工程底栖动物群落的增殖放流及效果评估[J]. 渔业现代化，2007，02：35-39.

[477] 陈亚瞿，叶维均，徐兆礼，等. 长江口滨海湿地生态特征及生态恢复[M]//汪松年. 上海湿地利用和保护. 上海：上海科学技术出版社，2005：115-121.

[478] 陈亚瞿，叶维均，徐兆礼，等. 长江口滨海湿地生态特征及生态修复[M]//汪松年. 上海市水生态修复的调查研究. 上海：上海科技出版社，2005：129-134.

[479] 陈永年. 广西合浦海草场生态系统及其可持续利用[C]//广西壮族自治区科学技术

协会，广西环境科学学会. 科学发展观与循环经济学术论文集. 广西环境科学学会，2004：74–77.

[480] 陈粤超. 红树林造林技术[J]. 湿地科学与管理，2008，01：48–51.

[481] 成玉宁，张祎，张亚伟，等. 湿地公园设计[M]. 北京：中国建筑工业出版社，2012.

[482] 成玉宁. 现代景观设计理论与方法[M]. 南京：东南大学出版社，2010.

[483] 程家骅，林龙山，凌建忠，等. 东海区小黄鱼伏季休渔效果及其资源合理利用探讨[J]. 中国水产科学，2005，11(6)：554–560.

[484] 崔保山，刘兴土. 湿地恢复研究综述[J]. 地球科学进展，1999，14(4)：358–364.

[485] 崔竞进，丁美丽. 光合细菌在对虾育苗生产中的应用[J]. 青岛海洋大学学报：自然科学版，1997，27(2)：191–195.

[486] 崔勇，关长涛，万荣. 海珍品人工增殖礁模型对刺参聚集效果影响的研究[J]. 渔业科学进展，2010，02：109–113.

[487] 戴志军，陈子燊，李春初. 岬间海滩剖面短期变化的动力作用分析[J]. 海洋科学，2001，(11)：38–41.

[488] 邓超冰. 北部湾儒艮及海洋生物多样性[M]. 南宁：广西科学技术出版社，2002.

[489] 邓国芳. 遥感技术在红树林资源调查中的应用[J]. 中南林业调查规划，2002，21(1)：27–28.

[490] 邓景耀. 中国对虾的渔业生物学研究[C]//甲壳动物学分会，中国科学院海洋研究所. 甲壳动物学论文集. 第四辑：甲壳动物学分会成立20周年暨刘瑞玉院士从事海洋科教工作55周年学术研讨会论文（摘要）集. 北京：科学出版社，2003：24.

[491] 邓鹏. 沿海平原生态监测指标体系构建探索[J]. 环境与可持续发展，2012，6：65–70.

[492] 丁爱侠，贺依尔. 岱衢族大黄鱼放流增殖试验[J]. 南方水产科学，2011，7(1)：73–77.

[493] 丁德文，石洪华，张学雷，等. 近岸海域水质变化机理及生态环境效应研究[M]. 海洋出版社，2009.

[494] 丁峰元，程家骅. 东海区沙海蜇的动态分布[J]. 中国水产科学，2007，14(1)：83–89.

[495] 丁峰元，严利平，李圣法，等. 水母暴发的主要影响因素[J]. 海洋科学，2006，30(9)：79–83.

[496] 丁美丽，高月华，岑作贵. 胶州湾石油降解菌的分布[J]. 微生物学通报，1979，6(6)：11-14.

[497] 丁美丽. 有机污染与对虾病害[M]//李永祺. 海水养殖生态环境的保护与改善. 济南：山东科学技术出版社，1999：61-73.

[498] 丁明宇，黄健，李永祺. 海洋微生物降解石油的研究[J]. 环境科学学报，2001，21(1)：84-88.

[499] 丁平兴. 近50年我国典型海岸带演变过程与原因分析[M]. 北京：科学出版社，2013.

[500] 丁增明，滕世栋. 开展浅海人工鱼礁区增养刺参探析[J]. 齐鲁渔业，2005，11：12-13.

[501] 董世魁，刘世梁，邵新庆，等. 恢复生态学[M]. 北京：高等教育出版社，2009.

[502] 董晓理. 保护涠洲岛珊瑚资源，维护生态环境[J]. 广西水产科技，2006 (1)：17-21.

[503] 董智勇. 中街山列岛曼氏无针乌贼增殖放流、产卵场修复及效果分析[D]. 舟山：浙江海洋学院，2010.

[504] 杜建国，陈彬，周秋麟，等. 气候变化与海洋生物多样性关系研究进展[J]. 生物多样性，2012，20(6)：745-754.

[505] 杜丽娜. 辽河河口区河网生态修复技术空间配置方法研究[D]. 沈阳：沈阳大学，2012.

[506] 杜晓军，高贤明，马克平. 生态系统退化程度诊断：生态恢复的基础与前提[J]. 植物生态学报，2003，27(5)：700-708.

[507] 段美平. 渤海湾文蛤护养增殖技术[J]. 北京水产，2005 (3)：46-47.

[508] 范航清，何斌源. 北仑河口的红树林及其生态恢复原则[J]. 广西科学，2001，8(3)：210-214.

[509] 范航清. 红树林-海岸环保卫士[M]. 南宁：广西科学技术出版社，2000.

[510] 范延琛. 崂山湾日本对虾增殖放流效果评估与古镇口湾褐牙鲆增殖放流的初步研究[D]. 青岛：中国海洋大学，2009.

[511] 方芳. 日本黄姑鱼人工育苗及养殖技术研究[D]. 青岛：中国海洋大学，2006.

[512] 方建光. 规模化养殖对浅海生态系统的影响及多元养殖的生态效益[M]//王清印. 海水健康养殖的理论与实践. 北京：海洋出版社，2003：194-201.

[513] 方曦，杨文. 海洋石油污染研究现状及防治[J]. 环境科学与管理，2007，32(09)：

78–80.

[514] 冯杰. 人工湿地在横南铁路车站生活污水处理中的应用[J]. 铁道标准设计，2009，(5)：111–114.

[515] 冯蕾，韩洪蕾，唐学玺. UV-B辐射增强对皱褶臂尾轮虫摄食的影响[J]. 海洋环境科学，2007，26(3)：229–231.

[516] 冯蕾，肖慧，孟祥红，等. UV-B辐射对褶皱臂尾轮虫实验种群动态的影响[J]. 武汉大学学报，2006，52(2)：225–229.

[517] 冯蕾. 二种海水轮虫（*B. plicatilis&B. urceus*）实验种群动态和种间竞争对 UV-B 辐射增强的响应[D]. 青岛：中国海洋大学，2006.

[518] 冯顺简，程理，谭崇德，等. 阳江市红树林造林技术研究[J]. 安徽农学通报，2013(3)：107–108.

[519] 冯孝杰，杨琴，李永青，等. 南沙珊瑚礁生态系统的调查与保护对策[J]. 后勤工程学院学报，2011，27(4)：68–71.

[520] 弗雷德里克·斯坦纳. 生命的景观—景观规划的生态学途径[M]. 第二版. 周年兴，李小凌，俞孔坚，等译. 北京：建筑工业出版社，2004：3–4，10–16.

[521] 傅锦章，许咽. 南澳岛建成人工鱼礁经济效益显著[J]. 海洋渔业，2005，3：135–135.

[522] 高尚武，洪惠馨，张士美. 中国动物志无脊椎动物 第二十七卷 刺胞动物门 水螅虫纲 管水母亚纲 钵水母纲[J]. 2002.

[523] 高晓露，梅宏. 中国海洋环境立法的完善——以综合生态系统管理为视角[J]. 中国海商法研究，2013，24(4)：16–21.

[524] 谷东起. 山东半岛潟湖湿地的发育过程及其环境退化研究——以朝阳港潟湖为例[D]. 青岛：中国海洋大学，2003.

[525] 顾宏，徐君，张贤明，等. 孔石莼对养殖废水中营养盐的吸收研究[J]. 环境科学与技术，2007，30(7)：85–87.

[526] 顾继光，周启星，王新. 土壤重金属污染的治理途径及其研究进展[J]. 应用基础与工程科学学报，2003，11(2)：143–151.

[527] 管华诗，王曙光. 海洋管理概论[M]. 青岛：中国海洋大学出版社，2003.

[528] 郭江泓. 天津人工海岸生态功能构建机理研究[D]. 天津：天津大学，2012.

[529] 郭文等. 蛏蛤蚶牡蛎[M]. 济南：山东科学技术出版社，2008

[530] 郭一羽，李丽雪. 海岸生态景观环境营造[M]. 台北：明文书局股份有限公司，

2006.

[531] 国家海洋局. 2002年中国海洋环境质量公报[R]. 北京：国家海洋局，2003.

[532] 国家海洋局. 2013年中国海洋环境质量公报[R]. 北京：国家海洋局，2013

[533] 国家海洋局. HY/TO87—2005　近岸海洋生态健康评价指南.

[534] 国家海洋局海岛管理司. 海岛整治修复技术指南[M]. 2011. 155–166.

[535] 国家海洋局海洋发展战略研究所课题组. 中国海洋发展报告[R]. 北京：海洋出版社，2009.

[536] 国家海洋局海洋发展战略研究所课题组. 中国海洋发展报告[R]. 北京：海洋出版社，2010.

[537] 国家海洋局海洋发展战略研究所课题组. 中国海洋发展报告[R]. 北京：海洋出版社，2011.

[538] 国家质量技术监督局. GB/T 18190—2000　海洋学术语　海洋地质学[S]. 北京：中国标准出版社，2000.

[539] 国务院令第167号. 中华人民共和国自然保护区条例[S]. 北京：1994：4–9.

[540] 韩飞园，周非，刘雪花，等. 水生植物重建工程对小柘皋河富营养化水质的净化效果[J]. 环境科学研究，2011，24(11)：1263–1268.

[541] 韩厚伟，江鑫，潘金华，等. 基于大叶藻成苗率的新型海草播种技术评价[J]. 生态学杂志，2012，02：507–512.

[542] 韩维栋，蔡英亚，刘劲科，等. 雷州半岛红树林海区的软体动物[J]. 湛江海洋大学学报，2003(01)：1–7.

[543] 韩维栋，高秀梅，卢昌义，等. 雷州半岛的红树林植物组成与群落生态[J]. 广西植物，2003(02)：127–138.

[544] 郝彦菊，王宗灵，朱明远，等. 莱州湾营养盐浮游植物多样性调查与评价研究[J]. 海洋科学进展，2005，23(2)：197–204.

[545] 何斌源，范航清，王瑁，等. 中国红树林湿地物种多样性及其形成[J]. 生态学报，2007，27(11)：4859–4870.

[546] 何大仁，丁云. 鱼礁模型对赤点石斑鱼的诱集效果[J]. 台湾海峡，1995，14(4)：394–398.

[547] 何奋琳. 深圳福田红树林生态系统生态恢复对策研究[J]. 环境科学与技术，2004，27(4)：81–83.

[548] 何洁，陈旭，王晓庆，等. 翅碱蓬对滩涂湿地沉积物中重金属 Cu，Pb 的累积吸

收[J]. 大连海洋大学学报，2012，27(6)：539–545.

[549] 何培民，徐姗楠，张寒野. 海藻在海洋生态修复和海水综合养殖中的应用研究简况[J]. 渔业现代化，2006 (4)：15–16.

[550] 何培民. 海藻生物技术和生态修复在海水综合养殖循环系统应用研究进展[M] // 王清印. 海水健康养殖的理论与实践. 北京：海洋出版社，2003：14–19.

[551] 何培民. 紫菜栽培对海区去富营养化作用研究[M]//王清印. 海水健康养殖的理论与实践. 北京：海洋出版社，2005：216–221.

[552] 何书金，王仰麟，罗明，等. 中国典型地区沿海滩涂资源开发[M]. 北京：科学出版社，2005.

[553] 何兴元. 应用生态学[M]. 北京：科学出版社，2004.

[554] 何缘. 红树林生态恢复研究[D]. 厦门：厦门大学，2008.

[555] 洪波，孙振中. 标志放流技术在渔业中的应用现状及发展前景[J]. 水产科技情报，2006，33(2)：73–76.

[556] 洪华生. 中国区域海洋学–化学海洋学[M]. 北京：海洋出版社，2012.

[557] 洪惠馨，张士美. 中国沿海的食用水母类[J]. 厦门水产学院学报，1982 (1)：12–17.

[558] 洪美玲，王力军，魏守芳，等. 以海蛙作为红树林环境监测指示物种的初步研究[J]. 安徽农业科学，2012，40(7)：4194–4196.

[559] 胡恭任，于瑞莲. 泉州湾互花米草中重金属富集程度分析[J]. 华侨大学学报：自然科学版，2008，29(2)：250–255.

[560] 胡广元，庄振业，高伟. 欧洲各国海滩养护概观和启示[J]. 海洋地质动态，2008，24(12)：29–33.

[561] 胡涛. 人的生态位–调控者[J]. 应用生态学报，1990，1：378–384.

[562] 胡文佳. 福建深沪湾海湾生态系统评价研究[D]. 厦门：厦门大学，2008.

[563] 黄道建，黄小平，岳维忠. 大型海藻体内TN 和TP 含量及其对近海环境修复的意义[J]. 台湾海峡，2005，24(3)：316–321.

[564] 黄海军，李成治，郭建军. 卫星影像在黄河三角洲岸线变化研究中的应用[J]. 海洋地质与第四纪地质，1994，14 (2)：29–37

[565] 黄海涛，梁延鹏，魏彩春，等. 水体重金属污染现状及其治理技术[J]. 广西轻工业，2009，5：99–100.

[566] 黄晖，尤丰，练健生，等. 西沙群岛海域造礁石珊瑚物种多样性与分布特点[J].

生物多样性，2011，19(06)：710–715.

[567] 黄良民.中国海洋资源与可持续发展[M].北京:科学出版社，2007.

[568] 黄亮，吴乃成，唐涛，等.水生植物对富营养化水系统中氮、磷的富集与转移[J].中国环境科学，2010，30(51)：1–6.

[569] 黄铭洪.环境污染与生态恢复[M].北京:科学出版社，2003.

[570] 黄通谋，李春强，于晓玲，等.麒麟菜与贝类混养体系净化富营养化海水的研究[J].中国农学通报，2010，26(18)：419–424

[571] 黄小平，黄良民，李颖虹，等.华南沿海主要海草床及其生境威胁[J].科学通报，2006，51：114–119.

[572] 黄小平，黄良民.中国南海海草研究[M].广州:广东省出版集团广东经济出版社，2007.

[573] 黄永庆，陈学豪.复合微生态制剂在水产养殖中的应用[J].饲料研究，2004，7：42–43.

[574] 霍礼辉，林志华，朱东丽，等.单一与混合重金属在泥蚶体内的累积特征[J].海洋科学，2012，36(3).

[575] 霍元子，徐姗婻，张建恒，等.真江蓠杭州湾海域栽培试验及生态因子对藻体生长的影响[J].海洋科学，2010，34(8)：23–28.

[576] 季小梅，张永战，朱大奎.人工海滩研究进展[J].海洋地质动态，2006，22(7)：21–25

[577] 季小梅，张永战，朱大奎.三亚海岸演变与人工海滩设计研究[J].第四纪研究，2007，27(5)：853–860.

[578] 江志兵，曾江宁，陈全震，等.大型海藻对富营养化海水养殖区的生物修复[J].海洋开发与管理，2006，23(4)：57–63.

[579] 江志坚，黄小平.富营养化对珊瑚礁生态系统影响的研究进展[J].海洋环境科学，2010，29(2)：280–285.

[580] 焦念志，等.海湾生态过程与持续发展[M].北京:科学出版社，2001.

[581] 金志刚，张彤，朱杯兰.污染物生物降解[M].上海:华东理工大学出版社，1997.

[582] 鞠青.增强的UV–B辐射对角叉菜（*Chondrus ocellatus* Holm）各个阶段生长发育的影响[D].青岛:中国海洋大学，2011.

[583] 克拉克J R.海岸带管理手册[M].吴克勤，杨德全，盖明举，等译.北京:海洋出版社，2000.

[584] 孔红梅，赵景柱，姬兰柱，等.生态系统健康评价方法初探[J].应用生态学报，2002，13：486-490.

[585] 莱莉C M，帕森斯T R.生物海洋学导论[M].张志南，周红，等译.青岛：青岛海洋大学出版社，2000.

[586] 兰竹虹，陈桂珠.南中国海地区珊瑚礁资源的破坏现状及保护对策[J].生态环境，2006，15(2)：430-434.

[587] 蓝盛芳，钦佩.生态系统的能值分析[J].应用生态学报，2001，12(1)：129-131.

[588] 蓝盛芳，钦佩，等.生态经济系统能值分析[M].北京：化学工业出版社，2002.

[589] 雷刚，刘根，蔡锋.厦门岛会展中心海滩养护及其对我国海岸防护的启示[J].应用海洋学学报，2013，32(3)：305-315.

[590] 雷昆，张明祥.中国的湿地资源及其保护建议[J].湿地科学，2005，3(2)：81-86.

[591] 黎广钊，梁文，农华琼，等.涠洲岛珊瑚礁生态环境条件初步研究[J].广西科学，2005，11(4)：379-384.

[592] 李春雁，崔毅.生物操纵法对养殖水体富营养化防治的探讨[J].海洋水产研究，2002，23(1)：71-75.

[593] 李冠国，范振刚.海洋生态学[M].北京：高等教育出版社，2011.

[594] 李广雪，宫立新，杨继超，等.山东滨海沙滩侵蚀状态与保护对策[J].海洋地质与第四纪地质，2013，33(5)：35-46

[595] 李宏基，戚以满.石花菜人工育苗的试验[J].海洋湖沼通报，1990，2：72-79.

[596] 李洪远，鞠美庭，生态恢复的原理与实践[M].北京：化学工业出版社，2005.

[597] 李洪远，马春，等.国外多途径生态恢复40案例解析[M].北京：化学工业出版社，2010.

[598] 李继姬，郭宝英，吴常文.浙江海域曼氏无针乌贼资源演变及修复路径探讨[J].浙江海洋学院学报：自然科学版，2011，05：381-385.

[599] 李继姬.浙江近海曼氏无针乌贼资源演变、EGFP放流标志技术与增殖放流效果评估[D].舟山：浙江海洋学院，2012.

[600] 李金昌，姜文来，靳乐山，等.生态价值论[M].重庆：重庆大学出版社，1999.

[601] 李瑾，安树青，程小莉，等.生态系统健康评价的研究进展[J].植物生态学报，2001，25：641-647.

[602] 李进道，丁美丽，陈德辉，等.用长效肥料提高微生物分解海面油膜试验[J].青岛海洋大学学报，1990，20(3)：84-89.

[603] 李君华，刘佳亮，曹学彬，等. 芽孢杆菌与光合细菌协同作用对养殖刺参的影响[J]. 渔业现代化，2013，40(1)：7-12.

[604] 李丽霞，董开升，唐学玺. 2种潮间带大型海藻种间竞争作用对UV-B辐射增强的响应[J]. 环境科学，2008，29(10)：2766-2772.

[605] 李美真，詹冬梅. 人工藻场建设的意义、现状及可行性 [M]//王清印. 海水养殖业的可持续发展—挑战与对策. 北京：海洋出版社，2007：25-30.

[606] 李萍，黄忠良. 南澳岛退化草坡的植被恢复研究[J]. 热带地理，2007，27(1)：21-24.

[607] 李秋芬，袁有宪. 海水养殖环境生物修复技术研究展望[J]. 中国水产科学，2000，7(2)：90-92.

[608] 李荣欣. 基于生态系统的海湾综合管理研究[D]. 厦门：国家海洋局第三海洋研究所，2011.

[609] 李森，范航清，邱广龙，等. 海草床恢复研究进展[J]. 生态学报，2010(9)：2443-2453.

[610] 李世珍，侯正田. 沿海地区溢油污染防治技术研究[J]. 海洋技术，1995，14(3)：105-114.

[611] 李抒音. 风景区生态资源评价与生态规划研究[D]. 武汉：华中农业大学，2007.

[612] 李团结，马玉，王迪，等. 珠江口滨海湿地退化现状，原因及保护对策[J]. 热带海洋学报，2011，30(4)：77-84.

[613] 李伟，崔丽娟，张曼胤，等. 基于3S技术的中国红树林湿地监测研究概述[J]. 湿地科学与管理，2008，4(2)：60-64.

[614] 李武陵. 国家级湿地生态旅游资源空间分布特征及管理对策研究[D]. 上海：华东师范大学，2011.

[615] 李笑春，曹叶军，叶立国. 生态系统管理研究综述[J]. 内蒙古大学学报：哲学社会科学版，2009(4)：87-93.

[616] 李秀辰，张国琛. 孔石莼对养鲍污水的静态净化研究[J]. 农业工程学报，1998，14(1)：173-176.

[617] 李学刚，宋金明. 海洋沉积物中碳的来源、迁移和转化[J]. 海洋科学集刊，2004，46：106-117.

[618] 李永祺. 中国区域海洋学：海洋环境生态学[M]. 北京：海洋出版社，2012.

[619] 李元超，黄晖，董志军，等. 珊瑚礁生态恢复研究进展[J]. 生态学报，2008，

28(10): 5047–5054.

[620] 李战，李坤. 重金属污染的危害与修复[J]. 现代农业科技，2010，16: 18–20.

[621] 李智辉. 数据挖掘平台在珊瑚礁生态系统保护中的初步构建研究[J]. 环境污染与防治，2010 (7): 103–106.

[622] 李忠义. 油凝胶剂—G1的合成[J]. 大连理工大学学报，1996，36(1): 120–122.

[623] 国家海洋局海洋发展战略研究所. 联合国海洋法公约[M]. 北京: 海洋出版社，2013.

[624] 梁君，王伟定，林桂装，等. 浙江舟山人工生境水域日本黄姑鱼和黑鲷的增殖放流效果及评估[J]. 中国水产科学，2010，17(5): 1075–1084.

[625] 梁莎，冯宁川，郭学益. 生物吸附法处理重金属废水研究进展[J]. 水处理技术，2009，35(3): 13–17.

[626] 梁文，黎广钊. 涠洲岛珊瑚礁分布特征与环境保护的初步研究[J]. 环境科学研究，2002，15(6): 5–7.

[627] 辽宁省海洋与渔业厅. 辽宁省水生经济动植物图鉴[M]. 沈阳: 辽宁科学技术出版社，2011.

[628] 廖宝文，李玫，陈玉军，等. 中国红树林恢复与重建技术[M]. 北京: 科学出版社，2010.

[629] 廖宝文，郑德璋，郑松发，等. 红树植物桐花树育苗造林技术的研究[J]. 林业科学研究，1998，05: 23–29.

[630] 廖利平，赵士洞. 杉木人工林生态系统管理: 思想与实践[J]. 资源科学，1999，21(4): 1–6.

[631] 廖连招. 厦门无居民海岛猴屿生态修复研究与实践[J]. 亚热带资源与环境学报，2007，2(2): 57–61.

[632] 廖玉麟. 我国的海参[J]. 生物学通报，2001，09: 1–3.

[633] 林建伟，朱志良，赵建夫. 曝气复氧对富营养化水体底泥氮磷释放的影响[J]. 生态环境，2005，14(6): 812–815.

[634] 林金錶，陈琳，郭金富，等. 大亚湾真鲷标志放流技术的研究[J]. 热带海洋学报，2001，20(2): 75–79.

[635] 林龙山，程家骅，李惠玉. 东海区带鱼和小黄鱼渔业生物学的研究[J]. 海洋渔业，2008，30(2): 126–134.

[636] 林宁，赵培剑，丰爱平. 海岛资源调查与监测体系研究[J]. 海洋开发与管理，

2013，30(3)：36–40.

[637] 林鹏，傅勤. 中国红树林环境生态及经济利用[M]. 北京：高等教育出版社，1995.

[638] 林鹏，张宜辉，杨志伟. 厦门海岸红树林的保护与生态恢复[J]. 厦门大学学报：自然科学版，2005，44(B06)：1–6.

[639] 林鹏. 中国红树林研究进展[J]. 厦门大学学报：自然科学版，2001，40(2)：592–603.

[640] 林文欢，詹潮安，郑道序，等. 粤东沙质滩涂6种红树林树种造林试验研究[J]. 广东林业科技，2014，30(2)：69–71.

[641] 林英庭，朱凤华，徐坤，等. 青岛海域浒苔营养成分分析与评价[J]. 饲料工业，2009，30(3)：46–49.

[642] 林元华. 海洋生物标志放流技术的研究状况[J]. 海洋科学，1985，9(5)：54–58.

[643] 林志华. 文蛤种质资源的遗传基础及利用的研究[D]. 青岛：中国海洋大学，2007.

[644] 刘道玉，吴伟. 水产养殖水体污染及微生物修复的研究[J]. 现代农业科技，2011(17)：253–256.

[645] 刘抚英. 中国矿业城市工业废弃地协同再生对策研究[D]. 北京：清华大学，2007.

[646] 刘惠，方建光. 大规模海水养殖的生态安全影响[M]//中国科学院. 中国海洋与海岸工程生态安全中若干科学问题及对策建议. 北京：科学出版社，2014：109–144.

[647] 刘建国，王增福，路克国，等. 4种大型海藻去除海水无机氮能力的比较[J]，海洋与湖沼，2006，37：254–262.

[648] 刘剑. 海上溢油物理清污方法的评估、优化及快速决策[D]. 大连：大连海事大学，2011.

[649] 刘雷. 浅海海底植被修复播种机的设计与试验[D]. 泰安：山东农业大学，2013.

[650] 刘录三，孟伟，田自强，等. 长江口及毗邻海域大型底栖动物的空间分布与历史演变[J]. 生态学报，2008，28(7)：3027–3034.

[651] 刘鹏，周毅，刘炳舰，等. 大叶藻海草床的生态恢复：根茎棉线绑石移植法及其效果[J]. 海洋科学，2013，10：1–8.

[652] 刘绮，欧阳苿. 重金属 Hg，Cu，Pb，Cd 入海通量实例研究——兼论珠江河口重金属污染防治对策[J]. 丹东海工，2008，014：31–35.

[653] 刘荣成. 红树林造林树种的选择–以洛阳江湿地为例[J]. 福建林业科技，2008，35(1)：231–234.

[654] 刘舜斌，汪振华，林良伟，等. 嵊泗人工鱼礁建设初期效果评价[J]. 上海水产大

学学报，2007，16(3)：297–302.

[655] 刘思俭，揭振英. 细基江蓠密集型采孢子培育幼苗试验[J]. 湛江水产学院学报，1990，10(2)：89–91.

[656] 刘素，张全胜，李伟，等. UV-B辐射对海带幼孢子体生长和生理的影响[J]. 中国海洋大学学报，2008，38(6)：937–942.

[657] 刘晓收，赵瑞，华尔，等. 莱州湾夏季大型底栖动物群落结构特征及其与历史资料的比较[J]. 海洋通报，2014，33(3)：283–292.

[658] 刘燕山，张沛东，郭栋，等. 海草种子播种技术的研究进展[J]. 水产科学，2014，02：127–132.

[659] 刘英霞，常显波，王桂云，等. 浒苔的危害及防治[J]. 安徽农业科学，2009，37(20)：9566–9567.

[660] 卢光明，徐永健，陆慧贤. 围塘清洁养殖模式的构建及其环境效应[J]. 生态学杂志，2011，30(6)：1100–1106.

[661] 陆超华，谢文造. 近江牡蛎作为海洋重金属锌污染监测生物[J]. 中国环境科学，1998，18(6)：527–530.

[662] 陆健健，王伟. 湿地生态恢复的主要模式——湿地公园建设[J]. 湿地科学与管理，2007(2)：28–31

[663] 陆健健. 中国滨海湿地的分类[J]. 环境导报，1996 (1)：1–2.

[664] 路克国. 大型藻类在工程治理海水富营养化和抑制病原微生物中的作用[D]. 青岛：中国科学院海洋研究所，2008.

[665] 罗薇. 海上石油平台附近油膜光亮带的形成机理研究[D]. 大连：大连海事大学，2005.

[666] 罗章仁. 香港填海造地及其影响分析[J]. 地理学报，1997，52(3)：220–227.

[667] 骆天庆，王敏，戴代新. 现代生态规划设计的基本理论与方法[M]. 北京：中国建筑工业出版社，2008.

[668] 吕彩霞. 中国红树林保护与合理利用规划[M]. 北京：海洋出版社，2002.

[669] 吕佳，李俊清. 海南东寨港红树林湿地生态恢复模式研究[J]. 山东林业科技，2008，3：032.

[670] 率鹏，郭帅，曹竞祎等. 海洋石油环境污染的处理及其防治[J]. 中国造船，2013，54(A02)：571–575.

[671] 马德滋，刘惠兰. 宁夏植物志[M]. 银川：宁夏人民出版社，1986.

[672] 马庆涛，陈伟洲，康叙钧，等. 太平洋牡蛎与龙须菜套养技术[J]. 海洋与渔业，2011(11)：52–53.

[673] 马天，王玉杰，郝电，等. 生态环境监测及其在我国的发展[J]. 四川环境，2003，22(2)：19–24

[674] 马文漪，杨柳燕. 环境微生物工程[M]. 南京：南京大学出版社，1998.

[675] 马旭. 翅碱蓬对重金属吸收及对环境修复作用研究[D]. 大连：大连海事大学，2004.

[676] 马英杰，徐祥民. 试论我国海洋生物多样性保护的法律制度[J]. 海洋开发与管理，2002，2：23–28.

[677] 毛丽华，吕华，李子君. 石油污染土壤生物强化修复的机制与实施途径[J]. 有色金属，2006，58(1)：92–96.

[678] 毛雪英，闫子娟，邵雁群. 魁蚶人工育苗及保苗的新探索[J]. 河北渔业，2007(4)：38–39.

[679] 孟凡静. 基于生态承载力的阿克苏河——塔里木河流域可持续发展[D]. 西安：陕西师范大学，2003.

[680] 孟庆海，蒋微，郭健，海洋石油污染处理方法优化配置[J]. 油气田环境保护，2009，(S1)：24–28，83–84.

[681] 孟伟，马德毅，于志刚，等. 我国近岸海域污染现状与控制策略[C]//中国工程院. 中国工程科技论坛中国海洋工程与科技发展战略. 北京：高等教育出版社，2012：318–324.

[682] 牟奕林，刘亚军. 团块管孔珊瑚的饲养管理和切片繁殖[J]. 中国水产，2009，07：35–37.

[683] 尼贝肯. 海洋生物学生态学探讨[M]. 林光恒，李和平，译. 北京：海洋出版社，1991.

[684] 倪正泉，澄茂. 东吾洋中国对虾的移植放流[J]. 海洋水产研究，1994，15：47–53.

[685] 牛文涛，刘玉新，林荣澄. 珊瑚礁生态系统健康评价方法的研究进展[J]. 海洋学研究，2009(04)：77–85.

[686] 牛振国，宫鹏，程晓，等. 中国湿地初步遥感制图及相关地理特征分析[J]. 中国科学：D辑，2009 (2)：188–203.

[687] 潘进芬，林荣根. 海洋微藻吸附重金属的机理研究[J]. 海洋科学，2000，24(2)：31–34.

[688] 彭本荣，洪华生. 海岸带生态系统服务价值评估：理论与应用研究[M]. 北京：海洋出版社，2006.

[689] 彭国华. 家畜饲养学[M]. 南宁：广西科学技术出版社，1992.

[690] 彭华兴. 浅议红树林资源调查方法[J]. 中南林业调查规划，2001，20(4)：15-16.

[691] 彭辉武，郑松发，朱宏伟. 珠海市淇澳岛红树林恢复的实践[J]. 湿地科学，2011，9(1)：97-100.

[692] 彭静，王浩. 珠江三角洲：水文环境变化与经济可持续发展[J]. 水资源保护，2004，4：11-14.

[693] 彭少麟，侯玉平，俞龙生，等. 澳门植被恢复过程土坑法的效应机制探讨[J]. 生态环境，2006，15(1)：1-5.

[694] 彭少麟，陆宏芳，梁冠峰，等. 澳门离岛植被生态恢复与重建及其效益[J]. 生态环境，2004，13(3)：301-305.

[695] 彭少麟. 热带亚热带恢复生态学研究与实践[M]. 北京：科学出版社，2003.

[696] 彭逸生，周炎武，陈桂珠. 红树林湿地恢复研究进展[J]. 生态学报，2008，28(2)：786-797.

[697] 濮文虹，周李鑫，杨帆，等. 海上溢油防治技术研究进展[J]. 海洋科学，2005，29(06)：73-76.

[698] 齐磊磊. 东方小藤壶对重金属和持久性有机污染物的响应[D]. 青岛：中国海洋大学，2014.

[699] 齐雨藻. 中国沿海赤潮[M]. 北京：科学出版社，2003.

[700] 秦益民，陈洁，宋静，等. 改性海带对铜离子的吸附性能[J]. 环境科学与技术，2009，32(5)：147-149.

[701] 邱广龙，范航清，周浩郎，等. 基于SeagrassNet的广西北部湾海草床生态监测[J]. 湿地科学与管理，2013，01：60-64.

[702] 全国海岸带办公室环境质量调查报告编写组. 中国海岸带和海涂资源综合调查专业报告集——环境质量调查报告[R]. 北京：海洋出版社，1989.

[703] 全为民，沈新强，罗民波，等. 河口地区牡蛎礁的生态功能及恢复措施[J]. 生态学杂志，2006，25(10)：1234-1239.

[704] 全为民，张锦平，平仙隐，等. 巨牡蛎对长江口环境的净化功能及其生态服务价值[J]. 应用生态学报，2007，04：871-876.

[705] 任海，李萍，周厚诚，等. 海岛退化生态系统的恢复[J]. 生态科学，2001，

20(1，2)：60-64.

[706] 任海，彭少麟，陆宏芳. 退化生态系统恢复与恢复生态学[J]. 生态学报，2004，24(8)：1760-1767.

[707] 任海，彭少麟. 恢复生态学导论[M]. 北京：科学出版社，2001.

[708] 任海，邬建国，彭少麟，等. 生态系统管理的概念及其要素[J]. 应用生态学报，2000，11(3)：445-458.

[709] 任美锷. 海平面研究的最近进展[J]. 南京大学学报：自然科学版，2000，(3)：269-279.

[710] 沙爱龙. 海洋生物多样性的影响因素及保护对策[J]. 海洋与渔业，2009，12：19-20.

[711] 山东省质量技术监督局. DB37/T 1584-2010　黄河口文蛤养殖技术规范[S].

[712] 邵楚，王春琳，蒋霞敏，等. 曼氏无针乌贼室内水泥池人工育苗技术[J]. 中国水产，2011，01：49-50.

[713] 沈德忠. 污染环境的生物修复[M]. 北京：化学工业出版社，2002.

[714] 沈国舫. 浙江沿海及岛屿综合开发战略研究（生态保育卷）——浙江沿海及海岛地区生态保育研究[M]. 杭州：浙江人民出版社，2012.

[715] 沈国英，黄凌风，郭丰，等. 海洋生态学[M]. 3版. 北京：科学出版社，2010.

[716] 沈国英，施并章. 海洋生态学[M]. 2版. 科学出版社，2002.

[717] 沈凌云，宁天竹，吴小明，等. 深圳湾凤塘河口红树林修复工程[J]. 价值工程，2010，29(14)：55-57.

[718] 沈清基. 城市生态与城市环境[M]. 上海：同济大学出版社，2000，138.

[719] 沈善敏. 应用生态学的现状与发展[J]. 应用生态学报，1990，1：2-9.

[720] 沈文君，沈佐锐，王小艺. 生态系统健康理论与评价方法初探[J]. 中国生态农业学报，2004，12：159-161.

[721] 沈新强，晁敏，全为民，等. 长江河口生态系现状及恢复研究[J]. 中国水产科学，2006，04：624-630.

[722] 盛连喜. 环境生态学导论[M]. 北京：高等教育出版社，2002.

[723] 施达时，白加路. 离岛绿化区的发展[M]. 周庆忠，译. 澳门：澳门民政总署，2002.

[724] 石洪华，丁德文，郑伟，等. 海岸带复合生态系统评价、模拟与调控关键技术及其应用[M]. 北京：海洋出版社，2012.

[725] 石洪华，秦建运，郑伟. 海洋生态系统健康评价研究的几个问题 [C]//邓楠. 2007 中国可持续发展论坛暨中国可持续发展学术年会论文集. 哈尔滨：黑龙江教育出版社，2007：5.

[726] 史莎娜，杨小雄，黄鹄，等. 海岛生态修复研究动态[J]. 海洋环境科学，2012，31(1)：145-148.

[727] 宋关玲. 生物修复技术在水体富营养化治理中的应用[J]. 安徽农业科学，2007，35(27)：8597-8598.

[728] 宋金明，徐永福，胡维平，等. 中国近海与湖泊碳的生物地球化学[M]. 北京：科学出版社，2008.

[729] 宋希坤，刘志勇，蔡雷鸣，等. 福建省海岸带海水入侵和土壤盐渍化监测初步研究[J]. 海洋环境科学，2008，27(S1)，15-18.

[730] 宋秀凯，马建新，刘义豪，等. 隍城岛海域塔玛亚历山大藻赤潮发展过程及其成因 [J]. 海洋湖沼通报，2009，4：93-98.

[731] 宋志文，夏文香，曹军. 海洋石油污染物的微生物降解与生物修复[J]. 生态学杂志，2004，(06)：99-102.

[732] 苏纪兰，唐启升，等. 中国海洋生态系统动力学研究 Ⅱ——渤海生态系统动力学过程[M]. 北京：科学出版社，2002.

[733] 苏增建，谷慧宇，李敏海. 海洋石油污染修复研究进展[J]. 安全与环境学报，2009，(02)：56-65.

[734] 孙贺，刘德明，杨俊雷. 滨海湿地公园生态化规划设计途径探讨[J]. 华中建筑，2012，(3)：97-102.

[735] 孙贺. 滨海湿地实验区生态化规划设计策略研究[D]. 哈尔滨：哈尔滨工业大学，2013.

[736] 孙鸿烈. 中国生态系统(上册)[M]. 北京：科学出版社，2005.

[737] 孙会梅. 石油污染物质输入对滨海湿地根际微生物群落结构的影响研究[D]. 青岛：中国海洋大学，2013.

[738] 孙书存，包维楷. 恢复生态学[M]. 北京：化学化工出版社，2005.

[739] 孙松，于志刚，李超伦，等. 黄、东海水母暴发机理及其生态环境效应研究进展[J]. 海洋与湖沼，2012，43(3)：401-405.

[740] 孙涛，杨志峰. 河口生态系统恢复评价指标体系研究及其应用[J]. 中国环境科学，2004，24(3)：381-384.

[741] 孙伟，张涛，杨红生，等.龙须菜在滩涂贝藻混养系统中的生态作用模拟研究[J]. 海洋科学，2006，30(12)：72-76.

[742] 孙耀清，李大明.紫穗槐的繁殖栽培及利用技术[J].中国林副特产，2011，(2)：41-42.

[743] 谭海丽，孙广莲，于娟，等.指状许水蚤和太平洋真宽水蚤对UV-B辐射增强的敏感性比较[J].中国海洋大学学报，2010，40：117-121.

[744] 谭海丽.无居民海岛潮间带大型海藻生态修复研究[D].青岛：中国海洋大学，2012.

[745] 汤坤贤，焦念志，游秀萍，等.菊花心江蓠在网箱养殖区的生物修复作用[J].中国水产科学，2005，12(2)：156-161.

[746] 汤坤贤，游秀萍，林亚森，等.龙须菜对富营养化海水的生物修复[J].生态学报，2005，25(11)：3044-3051.

[747] 唐娜，崔保山，赵欣胜.黄河三角洲芦苇湿地的恢复[J].生态学报，2006，26(8)：2616-2624.

[748] 唐启升，陈镇东，余克服，等.海洋酸化及其与海洋生物及生态系统的关系[J].科学通报，2013，58：1307-1314.

[749] 唐启升，张晓雯，叶乃好，等.绿潮研究现状与问题[J].中国科学基金，2010，1(01)：5-9.

[750] 唐启升.中国区域海洋学——渔业海洋学[M].北京：海洋出版社，2012.

[751] 唐伟，陈燕珍，葛清忠，等.海岛生态修复措施探讨[J].海洋开发与管理，2013，30(9)：16-17.

[752] 唐学玺，蔡恒江，张培玉.UV-B辐射增强对亚历山大藻和赤潮异弯藻种群竞争的影响[J].环境科学学报，2005，25(3)：340-345.

[753] 唐学玺，黄健，王艳玲，等.UV-B辐射和蒽对三角褐指藻DNA伤害的相互作用[J].生态学报，2002，22(3)：375-378.

[754] 唐逸民，郑佩玉，李永明，等.中街山曼氏无针乌贼产卵场生态环境及其资源保护[J].浙江海洋学院学报：自然科学版，1984，2：002.

[755] 唐逸民，郑佩玉，吴常文，等.中街山曼氏无针乌贼产卵场生态环境及其资源保护Ⅱ[J].浙江水产学院学报，2005，5(2)：125-138.

[756] 唐运平.盐碱地区再生水景观河道水质改善与生态重建技术研究[D].天津：天津大学，2009.

[757] 田吉林，诸海焘，杨玉爱，等. 大米草对有机汞的耐性，吸收及转化[J]. 植物生理与分子生物学学报，2004，30(5): 577–582.

[758] 佟飞，张秀梅，吴忠鑫. 荣成俚岛人工鱼礁区生态系统健康的评价[J]. 中国海洋大学学报：自然科学版，2014，(04): 29–36.

[759] 涂书新，韦朝阳. 我国生物修复技术的现状与展望[J]. 地理科学进展，2005，23(6): 20–32.

[760] 王超. 浒苔（*Ulva prolifera*）绿潮危害效应与机制的基础研究[D]. 青岛：中国科学院海洋研究所，2010.

[761] 王德芬. 完善休渔制度巩固伏休成果[J]. 中国渔业经济，2002，(2): 11–12.

[762] 王飞久，刘坤，孙修涛，等. 大叶藻人工海草皮的培育方法: 中国，CN103098694A[P]. 2013-05-15.

[763] 王广禄. 海湾沙滩修复研究[D]. 厦门：国家海洋局第三海洋研究所，2008.

[764] 王国祥，成小英，濮培民. 湖泊藻型富营养化控制技术、理论及应用[J]. 湖泊科学，2002，14(3): 273–282.

[765] 王宏，陈丕茂，李辉权，等. 澄海莱芜人工鱼礁区集鱼效果初步评价[J]. 南方水产科学，2008，4(6): 63–69.

[766] 王华新. 长江口环境变化及表层沉积物中总有机碳，总氮的时空分布[D]. 青岛：中国科学院海洋研究所，2010.

[767] 王辉，张丽萍. 海洋石油污染处理方法优化配置及具体案例应用[J]. 海洋环境科学，2007，26(5): 408–412.

[768] 王家怡. 黄河三角洲湿地生态系统保护与恢复技术[M]. 青岛：中国海洋大学出版社，2005.

[769] 王建龙，文湘华. 现代环境生物技术[M]. 北京：清华大学出版社，2011.

[770] 王进河，冯蕾，唐学玺. UV-B辐射增强对壶状臂尾轮虫种群增殖的影响[J]. 海洋环境科学，2009，28(4): 345–348

[771] 王军，夏娜娜，邱少男. 如何避免重金属污染向海洋蔓延[J]. 环境保护，2012，17: 014.

[772] 王丽平，颜天，谭志军，等. 有害赤潮藻对浮游动物影响的研究进展[J]. 应用生态学报，2003，14(7): 1191–1196.

[773] 王丽荣，赵焕庭. 珊瑚礁生态保护与管理研究[J]. 生态学杂志，2004，23(4): 103–108.

[774] 王良臣，刘修业. 对虾养殖[M]. 天津：南开大学出版社，1991.

[775] 王其翔. 黄海海洋生态系统服务评估[D]. 青岛：中国海洋大学，2009.

[776] 王其翔，唐学玺，刘洪军，等. 黄海海洋生态系统服务评估[M]. 北京：海洋出版社，2013.

[777] 王其翔，唐学玺. 海洋生态系统服务的产生与实现[J]. 生态学报，2009，29(5)：2400–2406.

[778] 王仁君. 大型海藻对有害赤潮微藻克生效应的实验生态学研究[D]. 青岛：中国海洋大学，2007.

[779] 王树功，黎夏，周永章. 遥感与GIS 技术在湿地定量研究中的应用趋势分析[J]. 热带地理，2005，25(3)：201–205.

[780] 王树海，朱丰锡，宋传民，等. 文蛤苗种繁育及增养殖技术研究[J]. 科学养鱼，2006 (11)：34–35.

[781] 王思扬. 基于 TM 影像的广西沿海红树林遥感识别研究[J]. 现代农业科技，2013，(22)：232–235.

[782] 王卫民，纪玉娥，刘红蕾，等. 刺参浅海底播增殖技术研究[J]. 水产养殖，2012，03:25–26.

[783] 王宪礼，布仁仓，胡远满，等. 辽河三角洲湿地的景观破碎化分析[J]. 应用生态学报，1996，(3)：299–304.

[784] 王向荣，林箐. 西方现代景观设计的理论与实践[M]. 北京：中国建筑工业出版社，2002.

[785] 王霄，黄震方，袁林旺. 盐城海滨湿地生态旅游资源潜力分析与开发对策[J]. 安徽农业科学，2007，35(9)：2697–2699.

[786] 王鑫，王东晓，高荣珍，等. 南海珊瑚灰度记录中反映人类引起的气候变化信息[J]. 科学通报，2010，55：45–51.

[787] 王悠，杨震，唐学玺，等. 7种海洋微藻对UV–B辐射的敏感性差异分析[J]. 环境科学学报，2002，22(2)：225–230.

[788] 王友绍. 红树林生态系统评价与修复技术[M]. 北京：科学出版社，2013.

[789] 王圆圆，刘志刚，李京，等. 珊瑚礁遥感研究进展[J]. 地球科学进展，2007，22(4)：397–402.

[790] 王祖纲，董华. 美国墨西哥湾溢油事故应急响应、治理措施及其启示[J]. 国际石油经济，2010，(06)：1–4.

[791] 韦蔓新，黎广钊，何本茂，等. 涠洲岛珊瑚礁生态系中浮游动植物与环境因子关系的初步探讨[J]. 海洋湖沼通报，2005 (2)：34–39.

[792] 魏鉴腾，裴栋，刘永峰，等. 浒苔多糖的研究进展[J]. 海洋科学，2014，38(1)：91–95.

[793] 邬建国. Metapopulation（复合种群）究竟是什么？[J]. 植物生态学报，2000，24(1)：123–126.

[794] 邬建国. 景观生态学：格局、过程、尺度与等级[M]. 北京：高等教育出版社，2007.

[795] 邬建国. 自然保护和自然保护生物学：概念和模型[C]//刘建国，等. 现代生态学博论. 北京：中国科学技术出版社，1992.

[796] 毋瑾超，仲崇峻，程杰，等. 海岛生态修复与环境保护[M]. 北京：海洋出版社，2013.

[797] 毋瑾超. 海岛生态修复与环境保护[M]. 北京：海洋出版社，2013.

[798] 吴昌广，周志翔，王鹏程，等. 景观连接度的概念、度量及其应用[J]. 生态学报，2010，30 (7)：1903–1910.

[799] 吴常文，董智勇，迟长凤，等. 曼氏无针乌贼（*Sepiella maindroni*）繁殖习性及其产卵场修复的研究[J]. 海洋与湖沼，2010，01：39–46.

[800] 吴建强，阮晓红，王雪. 人工湿地中水生植物的作用和选择[J]. 水资源保护，2005，21(1)：1–6.

[801] 吴茜. 大叶藻（*Zostera marina* L.）愈伤组织体系的建立及优化[D]. 青岛：中国海洋大学，2012.

[802] 吴荣军，郑有飞，朱明远，等. 我国海岸带环境蠕变问题的若干实事及其适应性研究[J]. 海洋学研究，2007，25：66–73.

[803] 吴瑞，王道儒. 海南珊瑚礁生物多样性的保护现状与研究展望[J]. 海洋开发与管理，2014，31(1)：84–87.

[804] 吴瑞，王道儒. 海南省海草床现状和生态系统修复与重建[J]. 海洋开发与管理，2013，30(6)：69–72.

[805] 吴桑云，王文海，丰爱平，等. 我国海湾开发活动及其环境效应[M]. 北京：海洋出版社，2011.

[806] 吴诗宝，等. 雷州半岛湿地水鸟区系组成及生态分布的初步研究[M]. 动物学杂志，2002(02)：58–62

[807] 吴汪黔生，高洪峰，丁美丽，等. 合浦珠母贝代谢产物对异枝麒麟菜生长的促进作用[J]. 海洋与湖沼，1997，28(5): 453–457.

[808] 吴小敏，徐海根，蒋明康，等. 试论自然保护区与社区协调发展[J]. 农村生态环境，2002，18(2): 10–13.

[809] 吴宇静. 基于 Contourlet 变换的红树林群落空间格局研究[D]. 广州：广州大学，2012.

[810] 夏立江，华珞，李向东. 重金属污染生物修复机制及研究进展[J]. 核农学报，1998，12(1): 59–64.

[811] 夏娜娜，王军，史云娣，等. 海洋重金属污染防治的对策研究[J]. 中国人口资源与环境，2012 (S1): 343–346.

[812] 夏文香，林海涛，张英. 海上溢油的污染控制技术[D]. 青岛建筑工程学院学报，2004，25(01): 54–57.

[813] 夏文香，郑西来，李金成. 海滩石油污染的生物修复[J]. 海洋环境科学，2003，(09): 74–79.

[814] 夏文香. 海水——沙滩界面石油污染与净化过程研究[D]. 青岛：中国海洋大学，2005.

[815] 肖风劲，欧阳华. 生态系统健康及其评价指标和方法[J]. 自然资源学报，2002，17: 203–209.

[816] 谢志浩，陆开宏，唐学玺. 东海原甲藻对褶皱臂尾轮虫实验种群动态的影响[J]. 水产学报，2008，32(6): 884–889.

[817] 谢志浩，唐学玺，陆开宏. 藻类种类和浓度对中华哲水蚤摄食和消化酶活性的影响[J]. 生态学报，2009，29(2): 613–618.

[818] 谢志浩，肖慧，蔡恒江，等. 赤潮藻塔玛亚历山大藻对褶皱臂尾轮虫生活史特征的影响[J]. 应用生态学报，2007，18(12): 2865–2869.

[819] 谢志浩. 四种赤潮微藻对褶皱臂尾轮虫和中华哲水蚤影响的实验生物学研究[D]. 青岛：中国海洋大学，2007.

[820] 辛琨，谭凤仪，黄玉山，等. 香港米埔湿地生态功能价值估算[J]. 生态学报，2006，26(6): 2020–2026.

[821] 熊治廷. 环境生物学[M]. 北京：化学工业出版社，2010.

[822] 徐兵. 珊瑚礁遥感监测方法研究[D]. 南京：南京师范大学，2013.

[823] 徐炳庆. 山东近海中国对虾增殖放流的研究[D]. 上海：上海海洋大学，2011.

[824] 徐海根，强胜，孟玲，等.中国外来入侵生物[M].北京：科学出版社，2011.

[825] 徐汉祥，周永东.浙北沿岸大黄鱼放流增殖的初步研究[J].海洋渔业，2003，25(2)：69-72.

[826] 徐姗楠，何培民.我国赤潮频发现象分析与海藻栽培生物修复作用[J].水产学报，2006，30(4)：554-561.

[827] 徐姗楠，温珊珊，吴望星，等.真江蓠（Gracilaria verrucosa）对网箱养殖海区的生态修复及生态养殖匹配模式[J].生态学报，2008，28(4)：1466-1475.

[828] 徐升.对虾养殖水环境生物修复研究进展[J].河北渔业，2006，12：000.

[829] 徐晓群，廖一波，寿鹿，等.海岛生态退化因素与生态修复探讨[J].海洋开发与管理，2010，27(3)：39-43.

[830] 徐永炽.控制环境汞污染的处理技术[J].贵州环保科技，1988，1：004.

[831] 许博，周斌，鞠青，等.海洋微藻光合作用对CO_2加富的响应特征[J].海洋环境科学，2010，29(6)：790-793.

[832] 许国.南澳建设人工鱼礁前景广阔[J].水产科学，2001，5：2-2.

[833] 许文军.牙鲆人工育苗试验[J].海洋渔业，2003，25(1)：21-23.

[834] 许战洲，罗勇，朱艾嘉，等.海草床生态系统的退化及其恢复[J].生态学杂志，2009，28(12)：2613-2618.

[835] 薛高尚，胡丽娟，田云.金属污染治理中的研究进展[J].中国农学通报，2012，28(11)：266-271.

[836] 严恺.海岸工程[M].北京：海洋出版社，2002.

[837] 严利平，李建生.东海区经济乌贼类资源量评估[J].海洋渔业，2004，26(3)：189-192.

[838] 严利平，李圣法，凌建忠，等.东海区经济乌贼类资源结构和空间分布的分析[J].海洋科学，2007，04：27-31.

[839] 阎启仑，马德毅，王树芬.贻贝监测的作用及其监测技术和方法[J].海洋通报，1996，15(4)：86-92.

[840] 杨国军，关宇，宋永刚，等.多毛类沙蚕在沿岸海洋污染环境中的生物修复作用[J].河北渔业，2012，8：021.

[841] 杨沛儒.生态城市主义尺度、流动与设计[M].北京：中国建筑工业出版社，2010.

[842] 杨文鹤.中国海岛[M]北京：海洋出版社，2000.

[843] 杨正亮，冯贵颖，呼世斌.研究水体重金属污染研究现状及治理技术[J].干旱地

区农业研究，2005，(01)：219-222.

[844] 杨志，赵冬至，林元烧. 河口生态安全评价方法研究综述[J]. 海洋环境科学，2011，30(2)：296-300.

[845] 姚国权. 欧、美、日的人造海滩[J]. 海洋信息，1999，(4)：27-28.

[846] 叶昌臣，杨威，林源. 中国对虾产业的辉煌与衰退[J]. 天津水产，2005，01：9-14.

[847] 殷禄阁，张立坤，宫春光. 牙鲆的增殖放流技术[J]. 河北渔业，2008 (7)：25-27.

[848] 于沉鱼，李玉琴. 消油剂乳化率影响因素研究[J]. 交通环保，2000，21(1)：18-23.

[849] 于登攀，邹仁林. 鹿回头造礁石珊瑚群落多样性的现状及动态[J]. 生态学报，1996，16(6)：559-564.

[850] 于贵瑞. 略论生态系统管理的科学问题与发展方向[J]. 资源科学，2001a，23(6)：1-4.

[851] 于贵瑞. 生态系统管理学的概念框架及其生态学基础[J]. 应用生态学报，2001b，05：787-794.

[852] 于娟，唐学玺，李永祺. 紫外线-B辐射对海洋微藻的生长效应[J]. 海洋科学，2002，26(2)：6-8.

[853] . 于娟，唐学玺，田继远，等. UV-B辐射对3种海洋微藻的种间竞争性平衡的研究[J]. 中国海洋大学学报，2005，35(1)：108-112.

[854] 于娟，唐学玺，张培玉，等. CO_2加富对两种海洋微绿藻的生长、光合作用和抗氧化酶活性的影响[J]. 生态学报，2005，25(2):197-202.

[855] 于娟，张瑜，杨桂朋，等. 海洋酸化对大型海藻生长以及磷酸盐、硝酸盐吸收利用的影响[J]. 环境科学，2012，10：3352-3360.

[856] 于娟. 环境因子和UV-B辐射对三种海洋桡足类的实验生物学研究[R]. 青岛：中国海洋大学，2006.

[857] 于沛民，张秀梅，张沛东，等. 人工藻礁设计与投放的研究进展[J]. 海洋科学，2007，31(5)：80-84.

[858] 于沛民. 人工藻礁的选型与藻类附着效果的初步研究[D]. 青岛：中国海洋大学，2007.

[859] 于瑞海，李琪. 无公害魁蚶底播增养殖稳产新技术[J]. 海洋湖沼通报，2009 (3)：87-90.

[860] 于祥，赵冬至，张丰收. 遥感技术在红树林生态监测与研究中的应用进展[J]. 海

洋环境科学，2005，24(1)：76-80.

[861] 余辉. 日本琵琶湖的治理历程、效果与经验[J]. 环境科学研究，2013，26(9)：956-965.

[862] 余克服，蒋明星，程志强，等. 涠洲岛 42 年来海面温度变化及其对珊瑚礁的影响[J]. 应用生态学报，2004，15(3)：506-510.

[863] 余卫鸿. 大型水利工程对长江口生态环境的叠加影响[D]. 郑州：郑州大学，2007.

[864] 余作岳，彭少麟. 热带、亚热带退化生态系统植被恢复生态学研究[M]. 广州：广东科技出版社，1996.

[865] 俞志明，沈志良. 长江口水域富营养化[M]. 北京：科学出版社，2011.

[866] 喻龙，龙江平，李建军，等. 生物修复技术研究进展及在滨海湿地中的应用[J]. 海洋科学进展，2002，20(4)：99-108.

[867] 袁华茂，李学刚，李宁，等. 碱蓬（Suaeda salsa）对胶州湾滨海湿地[J]. 海洋与湖沼，2011，42(5).

[868] 苑旭洲，崔毅，陈碧鹃，等. 菲律宾蛤仔对6种重金属的生物富集动力学[J]. 渔业科学进展，2012，33(4)：49-56.

[869] 昝启杰，谭凤，李喻春. 滨海湿地生态系统修复技术研究——以深圳湾为例[M]. 北京：海洋出版社，2013.

[870] 张朝晖，周骏，吕吉斌，等. 海洋生态系统服务的内涵与特点[J]. 海洋环境学，2007，26(3)：259-263.

[871] 张成林. 中国海洋石油污染问题及政策研究[D]. 锦州：渤海大学，2013.

[872] 张成龙，黄晖，黄良民，等. 海洋酸化对珊瑚礁生态系统的影响研究进展[J]. 生态学报，2012，32(5)：1606-1615.

[873] 张澄茂，叶泉土. 东吾洋中国对虾小规格仔虾种苗放流技术及其增殖效果[J]. 水产学报，2000，02：134-139.

[874] 张宏峰，李卫红，陈亚鹏. 生态系统健康评价研究方法与进展[J]. 干旱区研究，2003，20：330-335.

[875] 张虎，朱孔文，汤建华. 海州湾人工鱼礁养护资源效果初探[J]. 海洋渔业，2005，27(1)：38-43.

[876] 张华国，周长宝，黄韦艮. 海洋自然保护区地理信息系统建设初探①[J]. 地球信息科学，2001，1：21-26.

[877] 张怀清，赵峰，崔丽娟. 红树林湿地恢复遥感动态监测技术研究[J]. 林业科学研

究，2009：32-36.

[878] 张娇，张龙军. 有机物在河口区迁移转化机理研究[J]. 中国海洋大学学报：自然科学版，2008，38(3)：489-494.

[879] 张璟. 两种多溴联苯醚对褶皱臂尾轮虫生殖与发育毒性效应及其作用机制的初步研究 [D]. 青岛：中国海洋大学，2013.

[880] 张婧. 胶州湾娄山河口退化滨海湿地的生态修复[D]. 青岛：中国海洋大学，2006.

[881] 张立斌. 几种典型海域生境增养殖设施研制与应用[D]. 北京：中国科学院海洋研究所，2010.

[882] 张丽萍，王辉. 不同海面状况海洋石油污染处理方法优化配置[J]. 海洋技术，2006，25(3)：1-6.

[883] 张龙军，张向上，王晓亮，等. 黄河口有机碳的时空运输特征及其影响因素分析[J]. 水科学进展，2007，18(5)：674-682.

[884] 张明亮，邹健，方建光，等. 海洋酸化对栉孔扇贝钙化呼吸以及能量代谢的影响[J]. 渔业科学进展. 2011，32(4)：48-54.

[885] 张培玉，唐学玺，蔡恒江，等. 3种海洋赤潮微藻蛋白质和核酸合成对UV-B辐射增强的响应[J]. 植物生态学报，2005a，29(3)：505-509.

[886] 张培玉，唐学玺，蔡恒江，等. UV-B辐射增强对海洋大型藻与微型藻种群生长关系的影响[J]. 生态学报，2005b，25(12)：3335-3342.

[887] 张沛东，曾星，孙燕，等. 海草植株移植方法的研究进展[J]. 海洋科学，2013，05：100-107.

[888] 张启刚，王书军，缪国荣，等. 魁蚶人工育苗技术[J]. 齐鲁渔业，2003，20(8)：22-23.

[889] 张起信. 魁蚶的人工底播增殖[J]. 海洋科学，1991，6：001.

[890] 张乔民，施祺，余克服. 珠江口红树林基围养殖生态开发模式评述[J]. 热带海洋学报，2001，29(1)：8-14.

[891] 张乔民，余克服，施祺，等. 全球珊瑚礁监测与管理保护评述[J]. 热带海洋学报，2006，02：71-78.

[892] 张少娜，孙耀，宋云利，等. 紫贻贝（*Mytilus edulis*）对4种重金属的生物富集动力学特性研究[J]. 海洋与湖沼，2004，(5)：438-445.

[893] 张圣照，王国祥，濮培民. 太湖藻型富营养化对水生高等植物的影响及植被的恢复[J]. 植物资源与环境，1998，7(4)：52-57.

[894] 张胜宇. 湖泊人工增殖放流品种选择与放流技术[J]. 江西水产科技，2007 (2)：2-6.

[895] 张树清. 中国湿地科学数据库简介[J]. 地理科学，2002，2：189.

[896] 张水浸，杨清良，邱辉煌. 赤潮及其防治对策[M]. 北京：海洋出版社，1994.

[897] 张苏玮. 漳浦县滨海湿地红树林生态恢复措施[J]. 安徽农学通报，2010 (1)：161-163.

[898] 张万隆. 我国文蛤Meretrix meretrix L. T增养殖技术现状及其发展前景[J]. 现代渔业信息，1993，8(6)：18-24.

[899] 张锡辉，王慧，罗启仕. 电动力学技术在受污染地下水和土壤修复中新进展[J]. 水科学进展，2001，12(2)：249-255

[900] 张夏梅，李永祺. 海洋沉积物中生物扰动对微生物降解石油烃的影响[J]. 青岛海洋大学学报：自然科学版，1993，23(3)：55-59.

[901] 张晓龙，李培英，李萍，等. 中国滨海湿地研究现状与展望[J]. 海洋科学进展，2005，23(1)：87-95.

[902] 张晓龙，李培英，李萍，等. 中国滨海湿地研究现状与展望[J]. 海洋科学进展，2005，23(1)：87-95.

[903] 张鑫鑫. 杜氏盐藻（Dunaliella salina）对UV-B辐射增强的响应及基于活性氧和钙离子信号通路变化的作用机制探讨[D]. 青岛：中国海洋大学，2014.

[904] 张绪良，肖滋民，徐宗军，等. 黄河三角洲滨海湿地的生物多样性特征及保护对策[J]. 湿地科学，2011，9(2)：125-131.

[905] 张雅琪，俞志明，宋秀贤，等. 改性黏土对褐潮生物种（Aureococcus anophagefferens）的去除研究[J]. 海洋学报，2013 (3)：197-203.

[906] 张永民，席桂萍. 生态系统管理的概念、框架与建议[J]. 安徽农业科学，2009，37(13)：6075-6079.

[907] 张永泽，王垣. 自然湿地生态恢复研究综述[J]. 生态学报，2004，21(2)：309-314.

[908] 张韵，蒲新明，黄丽丽，等. 我国滨海湿地现状及修复进展[C]. 中国环境科学学会. 2013中国环境科学学会学术年会论文集：第六卷. 中国环境科学学会，2013.

[909] 张振克. 美国东海岸海滩养护工程对中国砂质海滩旅游资源开发与保护的启示[J]. 海洋地质动态，2002，(3)：23-37.

[910] 张志强，徐中民，程国栋. 条件价值评估法的发展与应用[J]. 地球科学进展，2003，18(3)：454-463.

[911] 章家恩，徐琪. 恢复生态学研究的一些基本问题探讨[J]. 应用生态学报，1999，10(1)：109–113.

[912] 章家恩，徐琪. 生态退化研究的基本内容与框架[J]. 水土保持通报，1997，17(6)：46–53.

[913] 章守宇，孙宏超. 海藻场生态系统及其工程学研究进展[J]. 应用生态学报，2007，18(7)：1647–1653.

[914] 章守宇，孙宏超. 海藻场生态系统及其工程学研究进展[J]. 应用生态学报，2007，18(7)：1647–1653.

[915] 赵光强. 藻间相互作用及其对CO_2加富的响应研究[D]. 青岛：中国海洋大学，2009.

[916] 赵海涛，张亦飞，郝春玲，等. 人工鱼礁的投放区选址和礁体设计[J]. 海洋学研究，2007，24(4)：69–76.

[917] 赵焕庭，王丽荣. 中国海岸湿地的类型[J]. 海洋通报，2000，19(6)：72–82.

[918] 赵领娣，王君玲. 我国渔民收入影响因素分析[J]. 海洋环境科学，2007，25(4)：59–61.

[919] 赵美霞，余克服，张乔民，等. 近50年来三亚鹿回头岸礁活珊瑚覆盖率的动态变化[J]. 海洋与湖沼，2010，41(3)：440–447.

[920] 赵美霞，余克服，张乔民，等. 近50年来三亚鹿回头石珊瑚物种多样性的演变特征及其环境意义[J]. 海洋环境科学，2009，28(2)：125–130.

[921] 赵美霞，余克服，张乔民. 珊瑚礁区的生物多样性及其生态功能[J]. 2006，26(1)：186–194.

[922] 赵先庭，刘云凌，张继辉，等. 龙须菜处理海水养殖废水的初步研究[J]. 海洋水产研究，2007，28(2)：23–27.

[923] 赵晓光. 民用建筑场地设计[M]. 北京：中国建筑工业出版社，2005.

[924] 赵鑫，尚淑华，赵扑. 改性壳聚糖水面溢油凝油剂的合成与性能[J]. 化学世界，2005，(10)：621–624.

[925] 赵学伟，王东石. 微生态水质调节剂在水产养殖业上的研究与应用[J]. 中国水产，2003，3：70–71.

[926] 赵妍，于庆云，周斌，等. 小珊瑚藻对赤潮异弯藻的克生效应及其对UV–B辐射增强的响应[J]. 应用生态学报，2009，20(10)：2558–2562.

[927] 赵云龙，唐海萍，陈海，等. 生态系统管理的内涵与应用[J]. 地理与地理信息科

学，2004，06：94-98.

[928] 郑凤英，韩晓弟，张伟，等. 大叶藻形态及生长发育特征[J]. 海洋科学，2013，10：39-46.

[929] 郑天凌，李少菁，庄铁城，等. 微生物在海洋污染环境中的生物修复作用[J]. 厦门大学学报：自然科学版，2001，40(2).

[930] 郑天凌，骆苑蓉，曹晓星，等. 高分子量多环芳烃——苯并[a]芘的生物降解研究进展[J]. 应用与环境生物学报，2006，12(6)：884-890.

[931] 中国海湾志编纂委员会. 中国海湾志：第一分册[M]. 北京：海洋出版社，1999.

[932] 中国海洋可持续发展的生态环境问题与政策研究组. 中国海洋可持续发展的生态环境问题与政策研究[R]. 北京：中国环境出版社，2011.

[933] 中国环境与发展国际合作委员会. 机制创新与和谐发展[R]. 北京：中国环境科学出版社，2008.

[934] 中国环境与发展国际合作委员会. 生态系统管理与绿色发展[R]. 北京：中国环境科学出版社，2010.

[935] 中国科学院. 中国海洋与海岸工程生态安全中若干科学问题及对策建议[R]. 北京：科学出版社，2014.

[936] 中科院中国植物志编辑委员会. 中国植物志（第二十五卷 第二分册）[M]. 北京：科学出版社，1979.

[937] 种云霄，胡洪营，钱易. 大型水生植物在水污染治理中的应用研究进展[J]. 环境污染治理技术与设备，2003，4(2)：36-40.

[938] 仲霞铭，姚国兴，程滨. 江苏海洋底栖贝类资源状况及人工放流适宜性分析[J]. 中国渔业经济，2009 (3)：53-59.

[939] 周厚诚，任海，彭少麟. 广东南澳岛植被恢复过程中的群落动态研究[J]. 植物生态学报，2001，25(3)：298-305.

[940] 周立明，肖慧，唐学玺. CO_2加富对3种赤潮微藻种群动态的影响[J]. 海洋环境科学，2008，27(4)：317-319.

[941] 周艳波，蔡文贵，陈海刚，等. 10种人工鱼礁模型对黑鲷幼鱼的诱集效果[J]. 水产学报，2011，35(5)：711-718.

[942] 周媛，张哲，于娟，等. UV-B辐射增强对2种海洋桡足类生长发育的影响[J]. 武汉大学学报，2008，54(2) 215-220.

[943] 周媛，周斌，王悠，等. 赤潮微藻对指状许水蚤生殖、生长和发育的影响[J]. 中

国海洋大学学报，2010，40(10)：50–56.

[944] 周媛. 指状许水蚤与赤潮微藻相互作用的实验生态学研究[D]. 青岛：中国海洋大学，2010.

[945] 朱丽. 关于生态恢复与生态修复的几点思考[J]. 阴山学刊，2007，21(1)：71–73.

[946] 朱琳. 龙须菜（*Gracilariopsis lemaneiformis*）生活史不同发育阶段对UV–B辐射的响应特征及机理研究[D]. 青岛：中国海洋大学，2014.

[947] 朱鹏飞，卿贵华. 规划生态学[M]. 北京：中国建筑工业出版社，2009.

[948] 朱清. 大黄鱼人工育苗技术[J]. 水产养殖，2008，29(5)：21–22.

[949] 庄孔造，余兴光，朱嘉. 国内外海岛生态修复研究综述及启示[J]. 海洋开发与管理，2010，27(11)：29–35.

[950] 庄孔造，余兴光，朱嘉. 国内外海岛生态修复研究综述及启示[J]. 海洋开发与管理，2010，27(11)：29–35.

[951] 庄晓芳. 浅谈泉州湾红树林恢复与保护对策[J]. 安徽农学通报，2008，14(8)：53–54.

[952] 邹定辉，高坤山. 高CO_2浓度对石莼光合作用及营养盐吸收的影响[J]. 青岛海洋大学学报，2001，31(6)：877–882.

[953] 邹定辉，夏建荣. 海藻有性繁殖生态学研究进展[J]. 生态学报，2004，24(12)：2870–2877.

[954] 邹仁林，等. 中国动物志 腔肠动物门 珊瑚虫纲 石珊瑚目 造礁石珊瑚[M]. 北京：科学出版社，2001.

[955] 佐贺新闻. 用枯草菌净化海底堆物[J]. 养殖，1994，31(7)：135–140.